Andreas Knapp

Soziobiologie und Moraltheologie

VCH
Acta humaniora

Im Jahr 1975 veröffentlichte der amerikanische Biologe E. O. Wilson sein Hauptwerk „Sociobiology. The New Synthesis". Diese neue Wissenschaftsdisziplin der Soziobiologie beansprucht nicht nur, die Herkunft des menschlichen Sozialverhaltens, sondern auch die Erkenntnis und das Denken des Menschen und schließlich das Phänomen der menschlichen Ethik von ihrer evolutiven Entstehungsgeschichte her zu erklären.

Nach mehr als zehn Jahren heftiger Diskussion über Wilsons Thesen ist es an der Zeit, deren Ergebnisse zu sichten und kritisch zu werten. Das Buch von Andreas Knapp ist im deutschen Sprachraum die erste Gesamtdarstellung der Debatte. Da die Soziobiologie für sich selbst beansprucht, eine Synthese darzustellen, wird sie in diesem Buch einer synthetischen Kritik unterzogen, die die Ergebnisse der Auseinandersetzungen verschiedener Disziplinen mit ihr zusammenfaßt. Durch die Herausforderung dieser neuen Disziplin, insbesondere Religion und Ethik evolutionstheoretisch zu erklären, ist es angemessen, daß gerade von philosophischer und theologischer Seite aus die Positionen der Soziobiologie umfassend dargestellt und kritisiert werden. Als Ebene der Auseinandersetzung hat der Autor die eines philosophischen Gesprächs über die jeweiligen philosophischen und anthropologischen Voraussetzungen gewählt. Er zeigt, daß der Anspruch der Soziobiologie, eine umfassende Erklärung der Wirklichkeit zu liefern, aus wissenschaftstheoretischen Gründen zurückzuweisen ist. Die sittliche Erfahrung stellt eine ursprüngliche und damit nicht reduzierbare Erfahrung dar.

Auf dem Hintergrund der Auseinandersetzung mit der Soziobiologie wird in diesem Buch auch auf die vielschichtige Beziehungsstruktur zwischen Naturwissenschaft und Ethik eingegangen und der Zusammenhang von Anthropologie, Ethik und Naturrecht reflektiert. Diese Fragen gewinnen angesichts des heutigen Umgangs mit der Natur, man denke nur an die Genmanipulation, eine ganz besondere Bedeutung.

Andreas Knapp

Soziobiologie und Moraltheologie

Kritik der ethischen Folgerungen moderner Biologie

VCH
Acta humaniora

Dr. Andreas Knapp
Goethestraße 40
7800 Freiburg i.Br.

Imprimatur. – Freiburg im Breisgau, den 18. November 1988
Der Generalvikar: Dr. Bechtold

CIP-Titelaufnahme der Deutschen Bibliothek

Knapp, Andreas:
Soziobiologie und Moraltheologie : Kritik der ethischen
Folgerungen moderner Biologie / Andreas Knapp. –
Weinheim : VCH, Acta Humaniora, 1989
ISBN 3-527-17683-7

Satz: Lichtsatz Glaese GmbH, D-6944 Hemsbach
Druck: betz-druck GmbH, D-6100 Darmstadt 12
Bindung: Verlagsbuchbinderei Georg Kränkl, D-6148 Heppenheim
Printed in the Federal Republic of Germany

Meinen Eltern

Geleitwort

Unter den wissenschaftlichen Erklärungsmodellen für die Gesamtwirklichkeit von Mensch und Natur ist der Ansatz des Evolutionismus in den letzten Jahrzehnten bei weitem der wirksamste gewesen. Die in der „Neuen Synthese" zusammengeschlossenen, davor zum Teil weit auseinanderliegenden Disziplinen wie Kybernetik, Molekulargenetik, Verhaltensforschung und Paläontologie schienen ihrerseits noch einmal die ehedem erste Wissenschaft, die Philosophie, erklären zu können, wobei die „Evolutionäre Erkenntnistheorie" der Schule von Konrad Lorenz und die „Soziobiologie" von Skinner bis Dawkins die Bereiche der theoretischen und der praktischen Philosophie abzudecken behaupteten. Wenn die Philosophie in dieser Weise als erklärt gilt, dann um so mehr alle anderen kognitiven, sozialen, kulturellen Leistungen des Menschen. Die Theorie (früher: Hypothese) der Evolution natürlicher Arten geht über in die Weltanschauung des Evolutionismus, deren paradigmatischer Charakter sich darin äußert, daß ungelöste Probleme prinzipiell als *noch* nicht gelöst, nicht als unlösbar angesehen werden. Er äußert sich auch darin, daß die noch vorhandenen Kritiker keine Antwort mehr auf ihre Kritik erfahren, sondern daß sie in die Ecke der Unwissenschaftlichen oder Unbelehrbaren gestellt werden. Der Evolutionismus hatte und hat ein Interesse daran, daß als die einzige Alternative zu ihm ein biblischer Fundamentalismus gilt. Vermittlungsangebote, wie etwa von Hoimar von Ditfurth, setzen vor ihrer Diskussion voraus, daß der Evolutionismus als ganzer erst einmal als wahr zu akzeptieren sei.

In den letzten Jahren mehren sich allerdings die kritischen Stimmen, die offensichtlich nicht dem fundamentalistischen Lager zugeordnet werden können. Der Brückenschlag wird hier von der Anthropologie aus geführt, von der Auffassung z.B. der Naturwissenschaften als hochspezialisierter Handlungsweisen, des Menschen als eines

Wesens von Moralität und Transzendenz-Bezogenheit. Ihnen zugrunde liegt eine neue Auffassung des Erfahrungsbegriffs, der als Oberbegriff für mancherlei Erfahrungen zu gelten habe: der naturwissenschaftliche mit seinen Kennzeichen Gesetzmäßigkeit, Quantifizierbarkeit, Reproduzierbarkeit ist nur einer davon, beileibe nicht der höchste oder gar einzige. Liebeserfahrung, Schönheitserfahrung, Gotteserfahrung, kurzum: Erfahrungen von Einmaligkeit, von Sinn, sträuben sich nachdrücklich dagegen, kontingente Nebenfolgen des Auftretens von Hormon-, Farb- und Informationskonstellationen mit Selektionsvorteil zu sein.

Diese Art von Kritik hat, wie es scheint, der Evolutionismus noch nicht recht begriffen. Mit seiner Rückendeckung in den populärwissenschaftlichen Medien glaubt er, sie übergehen zu können. Vom Totschweigen allein sterben Kritik und Wahrheitsliebe nicht so leicht. Aber sie bedürfen der Stärkung, und darum ist es hocherfreulich, daß Andreas Knapp sich einer solchen Aufgabe an einem Spezialproblem gestellt hat: der Frage nach Gotteserfahrung und Theologie angesichts des großen Evolutionismus-Programms. Klug und kenntnisreich erörtert er die Methodenproblematik in der Anthropologie ebenso wie die Kompetenzfrage bei der Feststellung einer „Natur des Menschen". Die Darstellung der Soziobiologie, ihrer Wurzeln, ihrer Ansprüche ist geschickt, gescheit, prägnant. Sie macht den Gegner zum Teil sogar stärker als er ist, um dann, in der Kritik, *suaviter in modo, fortiter in re,* mit der Soziobiologie logisch und empirisch abzurechnen – ein Desiderat damit erfüllend, denn die meisten, auch prominenten, Philosophen meinten, derlei könne man gar nicht ernst nehmen. Man *muß,* denn der Evolutionismus ist konsequenter als die vielen „sowohl/als auch"-Varianten, die einen faulen, nämlich dualistischen Frieden zwischen Natur und Geist propagieren.

Die letzten beiden anthropologischen Kapitel des Buches leisten noch sehr viel mehr als nur eine philosophisch-theologische Antwort auf die Herausforderungen durch die Soziobiologie. Kant hielt die Frage nach dem Menschen für die immerwährende Zentralfrage der Philosophie. In ihrem Horizont entwickelt der Autor ein christlich-transzendenzbezogenes Verständnis des Menschen, das für sehr viel mehr taugt als nur zur Zurückweisung der Soziobiologie. Wert und Würde des Menschen zu erinnern gegen schicke agnostische Pluralismen oder den „atheistischen Humanismus" (de Lubac) geschieht nicht um ihret-, sondern um unsretwillen.

Andreas Knapp ist eine sorgfältige, ja glänzende Studie der Soziobiologie als Herausforderung von Philosophie und Theologie gelungen. Wie schön, daß christliche Geistesschärfe auch in der nachwachsenden Wissenschaftlergeneration ein verwendbares Attribut ist.

Hannover, im März 1989 Reinhard Löw

Vorwort

Bei diesem Buch handelt es sich um meine geringfügig überarbeitete Dissertation, die 1988 der theologischen Fakultät der Päpstlichen Universität Gregoriana in Rom vorgelegt wurde. Sie enststand im Auftrag meines Erzbischofs Dr. Oskar Saier und auf besondere Anregung durch den Personalreferenten der Erzdiözese Freiburg Dr. R. Zollitsch, denen ich dafür danken möchte.

Mein besonderer Dank gilt meinem akademischen Lehrer Prof. Dr. Klaus Demmer, der mir bei dieser Arbeit von Anfang an mit großem Interesse und mit vielen wertvollen Hinweisen zur Seite gestanden hat und das Vorankommen der Dissertation durch seine freundschaftliche Begleitung gefördet hat.

Die meisten Jahre meines Studiums durfte ich in der Gemeinschaft des Collegium Germanicum et Hungaricum in Rom verbringen und wurde dort menschlich, geistlich und theologisch sehr bereichert. Dem Kolleg, den Mitstudenten an der Gregoriana und allen Freunden in Rom danke ich für ihre Unterstützung.

Dieses Buch stellt den Versuch eines interdisziplinären Gesprächs dar. Ich danke meinen Gesprächspartnern aus Naturwissenschaft und Philosophie für manche Kritik und wertvolle Anregung: Dr. habil. H. Hemminger, Univ-Doz. Dr. F. M. Wuketits, Dr. F. Bestenreiner, Prof. Dr. H.-B. Wuermeling sowie ganz besonders Prof. Dr. Dr. R. Löw. Dr. G. Giesler von den „Acta humaniora" danke ich für die hervorragende verlegerische Betreuung, der Erzdiözese Freiburg für den großzügigen Zuschuß zu den Druckkosten.

Mein besonders herzlicher Dank gilt meinem Schwager Dipl. theol. Bernd Beck, meinen Geschwistern sowie meinen Eltern, denen diese Studie gewidmet ist.

Andreas Knapp — Freiburg i. Br., 30. 11. 88

Inhalt

„The time has come for ethics to be removed temporarily from the hands of the philosophers and biologicized."

(E. O. Wilson)

Einleitung

Die Behauptung des Soziobiologen E. O. Wilson, es sei nun an der Zeit, die Ethik den Philosophen aus der Hand zu nehmen und zu „biologisieren" [1], fordert zum Widerspruch heraus. Doch nicht nur die Philosophie wird durch solche naturwissenschaftlichen Ambitionen bedroht, sondern auch die Theologie und vor allem das Gebiet der Moraltheologie und der theologischen Anthropologie ist betroffen. Ja, der Angriff Wilsons scheint in ganz besonderer Weise der Theologie zu gelten: „Falls es gelingt, die Religion einschließlich der dogmatischen weltlichen Ideologien systematisch zu analysieren und als ein Produkt der Evolution des Gehirns zu erklären, wird ihre Macht als eine äußere Quelle der Moral für immer gebrochen sein." [2] Mehr noch: „Die Theologie wird als eine unabhängige intellektuelle Disziplin wahrscheinlich nicht überleben." [3]

Diese Sätze Wilsons erinnern an das Dreistadiengesetz A. Comtes, demzufolge der wissenschaftliche Positivismus die erste, theologisch-mythologische und die zweite, metaphysische Phase der Menschheitsgeschichte ablöst. Sie liegen damit auf der Linie jener positiven Humanwissenschaften, die vorgaben, die alte Moral zu ersetzen und eine wissenschaftliche, der positivistischen Ära angemessene Moral zu begründen. Auch die Soziobiologie scheint sich in das ursprünglich der Ethik und der Theologie vorbehaltene Geschäft zu drängen, indem sie versucht, deren Aufgabe zu übernehmen und sie am Ende gar überflüssig zu machen [4]. Ethik und Theologie sind es also, die von der Soziobiologie in besonderer Weise angefragt werden [5]. Der Verhaltensforscher W. Wickler fordert in diesem Zusammenhang die Theologie dazu auf, den Altruismus und die vom Christentum gebotene Nächstenliebe kritisch zu sichten [6].

Die folgende Arbeit stellt einen Versuch dazu dar. Sie will dabei in erster Linie den Theologen und insbesondere den Moraltheologen mit der Problematik der Soziobiologie vertraut machen. Die bisherige Diskussion um diese neue Disziplin soll umfassend dargestellt und für die (Moral-)Theologie fruchtbar gemacht werden. Das leitende Interesse dieser Arbeit ist damit ein theologisches. Da die Debatte über die Soziobiologie auf verschiedenen Ebenen ablief, ist eine gewisse Breite des hier dargebotenen Materials unumgänglich. Dessen Diskussion dient als Referenzpunkt für den ethischen und theologischen Teil der Dissertation und beschränkt diesen zugleich auf einige wesentliche Fragestellungen. Viele Aspekte wurden freilich schon in der Auseinandersetzung zwischen Moraltheologie und Ethologie vorweggenommen. Die hier vorgelegte Arbeit kann als Fortsetzung dieser Diskussion verstanden werden. Sie will damit ein weiteres Beispiel für einen interdisziplinären Dialog zwischen Theologie und Naturwissenschaften bieten.

Nun erhebt die Soziobiologie den Anspruch einer „neuen Synthese"[7)] und versucht entsprechend, die Gebiete der Soziologie, der anderen Sozial- und Humanwissenschaften, der Verhaltensforschung und der vergleichenden Psychologie zu vereinnahmen und schließlich sogar die Ethik zu „biologisieren". Somit könnte eine kritische Auseinandersetzung von seiten der jeweils betroffenen Disziplinen erfolgen. In dieser Arbeit soll hingegen der Versuch einer synthetischen Kritik unternommen werden[8)], welche die Ergebnisse der Auseinandersetzungen verschiedenster Disziplinen mit der Soziobiologie zusammenfaßt. Besondere Aufmerksamkeit gilt der philosophischen Kritik an der Soziobiologie mit dem Schwerpunkt auf der Ethik.

Ein solcher mehr systematischer Versuch bringt es mit sich, daß viele Fragen nur angerissen werden können. Auch kann die Überfülle der Literatur zur Soziobiologie nicht vollständig erfaßt werden. Die folgende Arbeit konzentriert sich daher vor allem auf die Veröffentlichungen des „Vaters der Soziobiologie" E. O. Wilson[9)], an dessen umfangreichem Werk „Sociobiology" (1975) sich die gesamte Diskussion entzündet hat und dessen Erscheinen als eine Art „Wasserscheide" in der Entwicklung der soziobiologischen Theorie gilt[10)]. Dieses Buch wurde schon als „Bibel"[11)] oder „Koran"[12)] der Soziobiologie bezeichnet oder gar mit Hitlers „Mein Kampf" verglichen[13)]. Ein weiterer Grund für das Interesse an Wilson liegt in der Verbreitung seines Werkes „Sociobiology"[14)]. Schließlich ist es gerade dieses Buch gewesen, das ein „media event"[15)] provoziert und zu heftigen Reaktionen und öffentlichen Auseinandersetzungen in Rundfunk und Fernsehen geführt hat. „Sociobiology" erhielt eine für ein naturwissenschaftliches Buch ungewöhnliche Aufmerksamkeit in Zeitungen und Zeitschriften[16)]; in seinem Gefolge wurden innerhalb kürzester Zeit fünf neue Fachzeitschriften für Soziobiologie ins Leben gerufen; allein 1979 erschienen nicht weniger als zehn englischsprachige Fachbücher zum Thema. Die Einzelbeiträge gehen in die Hunderte, wenn nicht in die Tausende[17)]. Nach Erscheinen von Wilsons Buch wurden sofort Vorlesungen und Kurse pro und contra „Sociobiology" gehalten, neue Lehrstühle für Soziobiologie errichtet und schließlich sogar eine Novelle geschrieben[18)]. Neben den Werken Wilsons werden auch die Beiträge von R. Alexander, D. Barash, R. Dawkins, R. Trivers und anderer bekannter Soziobiologen Beachtung finden[19)].

Es sei hier gleich angemerkt, daß diese Autoren auch innerhalb der Biologie nicht unumstritten sind. Ihre Thesen stellen eine extreme Variante der modernen Evolutionstheorie dar, die, wie sich zeigen wird, theoretisch sehr schwach ist. Dennoch dürfte sich eine Auseinandersetzung lohnen, da diese Autoren eine breite öffentliche Aufmerksamkeit auf sich gezogen haben. Besonders aber wurde das soziobiologische Welt- und Menschenbild von ihnen in gewisser Weise konsequent zu Ende gedacht, was die Kontroverse erleichtert[20)].

Die in dieser Arbeit vorgelegte Diskussion um die Soziobiologie wird in erster Linie anhand der Primärliteratur selber durchgeführt. Die philosophische Auswertung beschränkt sich konsequenterweise auf diejenigen Autoren, die sich der Herausforderung durch die Soziobiologie gestellt haben wie Ph. Kitcher, P. Koslowski, R. Löw, M. Ruse, P. Singer und R. Spaemann oder die sich zur Evolutionstheorie und zur Frage nach Leben, Bewußtsein und Sittlichkeit geäußert und somit ihre Kompetenz für die hier anfallenden Fragestellungen unter Beweis gestellt haben. Eigens genannt seien H.-E. Hengstenberg, H. Jonas, K. Popper und W. Stegmüller. Von den (Moral-)Theologen wurden vornehmlich solche ausgewählt, die ein für die hier anstehenden Fragen ausreichendes Problembewußtsein besitzen und sich beispielsweise mit wissenschaftstheoretischen oder interdisziplinären Fragestellungen beschäftigt haben wie etwa K. Demmer, W. Korff, D. Mieth, F. Rauh sowie W. Kasper, E. Link, L. Scheffczyk, K. Rahner und J. Ratzinger.

Die philosophiegeschichtlichen Bemerkungen erheben keinen Anspruch auf Vollständigkeit. Sie beruhen größtenteils auch nicht auf eigenen Recherchen, sondern fassen das Ergebnis von Einzeluntersuchungen zusammen und stellen diese in einen größeren Kontext. Das Interesse der Dissertation richtet sich nicht auf die detaillierte Darstellung eines philosophischen Autors, sondern auf Grundlinien der Philosophie des Lebens und der Ethik. Diese Methode erscheint vor allem deshalb sinnvoll, weil die Soziobiologie selber mit dem Anspruch einer Synthese auftritt. Als zeitlicher Rahmen legt sich die Diskussion um die Soziobiologie in den Jahren 1975–1985 nahe[21)].

Die Arbeit ist wie folgt gegliedert: Nach einleitenden methodischen Bemerkungen im ersten Kapitel wird im zweiten Kapitel die Soziobiologie allgemein dargestellt und sodann vornehmlich von biologischer Seite her kritisiert. Der Darstellung der Soziobiologie des Menschen im dritten Kapitel folgt im vierten eine kritische Bewertung der Humansoziobiologie, wobei diese beiden Kapitel parallel aufgebaut sind, so daß die jeweils sieben Abschnitte einander entsprechen. In der Kritik werden die bislang geäußerten Einwände gegen die „neue Synthese“ umfassend zusammengestellt. Vor allem sollen die von der Soziobiologie usurpierten Wissenschaften zu Wort kommen. Neben Biologie, Soziologie und Psychologie werden dies die Naturphilosophie, Erkenntnistheorie, philosophische Anthropologie und Ethik sein. Im fünften Kapitel werden die tragenden Argumentationen der Diskussion noch einmal gebündelt zusammengefaßt und philosophisch beziehungsweise moraltheologisch ausgewertet. Im Schlußkapitel soll dem soziobiologischen Menschenbild eine theologische Anthropologie gegenübergestellt werden.

1. Der Dialog zwischen Moraltheologie und Humanwissenschaften

Warum soll die Moraltheologie mit den Humanwissenschaften ein Gespräch führen? Ist dies eine Modeerscheinung oder sucht die Moraltheologie Schützenhilfe bei jenen Wissenschaften vom Menschen, weil ihre eigene Argumentation nicht mehr ausreicht[1)]?

Wie kann die Moraltheologie einen solchen Dialog führen? Ist sie als Gesprächspartner überhaupt ernst zu nehmen?

Um diese beiden Fragerichtungen kreist der erste Teil dieser Arbeit; sowohl historische Aspekte dieses Dialogs (1.1.1) als auch mehr systematische (1.2.2) sollen dabei Beachtung finden und sozusagen den methodologischen Boden für die dann folgende Auseinandersetzung mit der Soziobiologie bereiten.

1.1 Zur Notwendigkeit eines interdisziplinären Gesprächs

1.1.1 „vivere secundum naturam"

In der Moraltheologie spielt die menschliche Natur als Ausgangspunkt für die sittliche Beurteilung einer Handlung von je her eine wichtige Rolle[2)]. Was aber meint der Moraltheologe, wenn er sich beispielsweise in der Naturrechtsargumentation auf die menschliche Natur beruft?

Das Wort „Natur" (von lat. nasci, natum) weist auf etwas Geborenes, aus sich Gewordenes hin[3)]. Der etymologische Ursprung weist damit schon auf die wohl mythologische Vorstellung vom Universum als einem umfassenden belebten Wesen hin, das dynamisch geworden ist. Natur ist in diesem Sinn das Ursprüngliche, das Vorgegebene, das allem menschlichen Machen vorausliegt.

Unter dem „intensiven" Naturbegriff verstehen wir Natur als Wesen, Struktur, Eigenart eines konkreten Seienden. Wenn hingegen mit Natur eine begriffliche und sachliche Abgrenzung gegenüber einer „Nicht-Natur" gemeint ist (etwa das Verhältnis Natur – Mensch), so sprechen wir vom „extensiven" Naturbegriff. Als Gegenstand der Naturwissenschaft hat Natur eine „materielle" Bedeutung, nämlich die Gesamtheit der Dinge, die unserer Erfahrung vorgegeben sind[4)]. Von dieser Sichtweise ist eine formal-ontologische zu unterscheiden, die die Natur als das Wesen der Wirklichkeit als Wirklichwerden betrachtet.

Der Begriff „*menschliche* Natur" wird nun im Zusammenhang mit naturrechtlichen Begründungen mindestens in vierfacher Bedeutung verwendet:[5)]

1. Natura rationis (Thomas von Aquin): Als Kreatur hat der Mensch passiv-geprägt am ewigen Gesetz Gottes teil. Natur meint somit die Struktur des menschlichen Erkenntnisvermögens.
2. Natura metaphysica hominis (Vasquez): Diese unveräußerliche und unveränderliche Wesensnatur des Menschen meint das, was das „Menschsein" als solches bestimmt.
3. Natura metaphysica actus humani (Suarez): Der ethische Gehalt einer menschlichen Handlung soll aus deren vorgegebener Struktur abgeleitet werden.
4. Natura biologica physica: Hier ist die empirisch feststellbare biologisch-physiologische Natur des Menschen gemeint. Dieser Naturbegriff deckt sich mit dem der Naturwissenschaften.

Für die konkrete *inhaltliche* Bestimmung der Sittlichkeit konnten die metaphysischen Naturbegriffe kaum etwas beitragen[6)]. Aus der biologischen Natur dagegen konnten Normen interpretativ hergeleitet werden. Der Rekurs auf Empirie reicht von der griechischen Sophistik bis in die Gegenwart hinein und versucht, zumeist unter dem Leitwort „Naturrecht", „materiale Gesetzlichkeiten des Sittlichen aus dem zu begründen, was von sich aus da ist und wirkt, also aus der Natur des Menschen"[7)].

Gegenüber dem antiken Rechtspositivismus wollten schon einige Sophisten ein aus der „Physis" stammendes Recht (Natur-Recht) aufstellen. Antiphon versuchte beispielsweise, aus der biologischen Gleichheit der Menschen die politische Gleichberechtigung herzuleiten. Kallikles hingegen schloß von der verschiedenen Körperkraft der Menschen auf das Recht des Stärkeren. Dagegen verwahrte sich schon Platon, für den die wahre Natur des Menschen die Vernunft ist[8)].

Die ältere Stoa lehrte eine Bindung der Sittlichkeit an eine pantheistisch als göttlich und vernünftig verstandene Natur. Ihre Grundposition hieß: „secundum naturam vivere"[9)]. Die gesamte Wirklichkeit wird von einer Ordnung durchwaltet (Naturteleologie), in die sich der Mensch vernünftig einzuordnen hat. Das einzelne Naturgesetz gilt als Äußerung des Logos, die der Mensch kraft seiner Vernunft erkennen kann. Die mittlere Stoa hingegen betrachtete die Natur nicht mehr starr metaphysisch, sondern mehr von ihrer psychologisch-anthropologischen Seite her: Das subjektive Element, die menschliche Vernunft, tritt nun mehr in den Vordergrund. Auch Cicero sprach von der recta ratio, der rechten Vernunft, nach welcher der Mensch leben soll. Sofern der göttliche Logos nur als Natur besteht und waltet, muß nach Cicero der Mensch das, was die Natur und ihr Gesetz fordern, als sittliche Pflicht übernehmen [10].

So konnte sich Epiktet dagegen aussprechen, daß der Mann sich rasiere: „Dem Manne wachse von Natur ein Bart, damit er sich, schon von weitem sichtbar, deutlich von der Frau unterscheide. Das sei im Vergleich zum Kamm des Hahns und zur Mähne des Löwen ein weit schöneres und prächtigeres Unterscheidungsmerkmal. Darum sollte der Mann dieses Merkmal, das Gott ihm gegeben hat, erhalten, es nicht beseitigen." [11]

Auch in der christlichen Ethik finden sich ähnliche Argumentationsfiguren: Paulus versuchte in 1 Kor 11 die Frauen zum Tragen eines Kopftuchs im Gottesdienst zu bewegen: „Lehrt euch nicht schon die Natur, daß es für den Mann eine Schande, für die Frau aber eine Ehre ist, lange Haare zu tragen?" (1 Kor 11,14) Ähnlich wandte sich Tertullian mit einer schöpfungstheologischen Argumentation gegen den Gebrauch von Schönheitsmitteln und das Schminken der Frauen, denn gegen Gott verfehlen sich diejenigen, „welche sich die Haut mit Salben einreiben, die Wangen durch Schminke entstellen, die Augenbrauen durch Schwärze verlängern. Natürlich, ihnen mißfällt das Gebilde Gottes; natürlich, sie bekritteln sich damit selbst und tadeln den Schöpfer aller Dinge." [12] An stoisches Gedankengut anknüpfend, mahnte Tertullian, der Stimme Gottes und der Natur stets zu folgen; alles, was gegen die Natur ist, wird auch als Majestätsverbrechen gegen Gott als Herrn und Schöpfer der Natur verurteilt [13].

Das Naturverständnis der christlichen Ethik wurde des weiteren durch die Naturrechtslehre des römischen Juristen und Mitschöpfers des „Corpus Juris Civilis" Ulpian (170–258 n. Chr.) geprägt: Zum Naturrecht zählt all das, was sämtlichen Lebewesen auf Erden, im Meer und in den Lüften gemeinsam ist. Da beispielsweise die Sexualität von Mensch und Tier in ihrem Hinweis auf die Fortpflanzung übereinstimmt, wird die Verbindung von Mann und Frau lediglich unter dem Gesichtspunkt der Zeugung und Erziehung von Nachkommenschaft beurteilt.

Thomas von Aquin modifizierte das stoische Gedankengut und gab der christlichen Naturrechtslehre „ihre klarste und systematisch abschließende Prägung" [14]. Für Thomas liegt dem Naturrecht das ewige Gesetz zugrunde, das mit dem göttlichen Vernunftgesetz identisch ist und ausschließlich in der Vernunft Gottes existiert. Das sittliche Naturgesetz stellt dann die Übertragung des ewigen Gesetzes in die Schöpfung hinein dar. Während etwa die Tiere diesem Naturgesetz durch den Instinkt folgen, kann der Mensch als vernunftbegabtes Wesen (animal rationale) an der Vernunft des ewigen Gesetzes und somit an der Vernunft Gottes partizipieren. Dabei erkennt der Mensch aber nicht nur dieses Naturgesetz als ein von Gott gegebenes Gesetz, sondern kann es für sich und für andere schöpferisch nachbilden [15].

Somit konstituiert für Thomas die praktische Vernunft das natürliche Gesetz: „Lex naturalis est aliquid per rationem constitutum." [16] Die erkennende Vernunft findet das natürliche Gesetz nicht einfach vor, sondern konstituiert es in einem Akt praktischer Erkenntnis; die natürliche praktische Vernunft ist somit *Gesetzgeber* und nicht nur

Befolgerin eines Gesetzes. Die Vernunft wird dabei als Maßstab und Regel (mensura et regula) des Willens verstanden und zwar als *objektives* Maß. Die Vernunft ist folglich selbst Maßstab und damit Norm der Moralität [17)]. Sie darf von daher weder zu einem bloßen „Ableseorgan" einer im Bios vorgegebenen Naturordnung degradiert [18)] noch als „schöpferisch" tätige Instanz interpretiert werden. Nach Thomas ist die Vernunft vielmehr ein zur Natur des Menschen gehörender Maßstab [19)].

Nun lehrt der Aquinate weiterhin, daß alle Geschöpfe durch ihre passive Partizipation an der „lex aeterna" eine „impressio" besitzen, die sich in natürlichen Neigungen (inclinationes naturales) zu bestimmten Akten und Zielen äußert. Auch der Mensch besitzt eine Vielzahl solcher Neigungen. Während jedoch bei den unvernünftigen Lebewesen diese inclinationes durch wiederum naturhafte Ordnungsprinzipien auf angemessene Ziele ausgerichtet werden, stellen sie für den Menschen noch keinen angemessenen „ordo operationis" dar [20)]. Daher besitzt der Mensch zur „determinatio" dieser Neigungen ein eigenes aktives und kognitives Prinzip, nämlich die schon genannte natürliche Vernunft. Die naturalen Neigungen sind mithin noch keine Regel für das menschliche Handeln, sondern Regel und Maßstab für die „ratio naturalis", die dann durch ihre ordinatio *in den* inclinationes naturales Regel und Maßstab für das Handeln wird [21)]. Diese Neigungen dürfen demnach nicht als „bloße Materie" begriffen werden, in der der Mensch selbst eine vernünftige Ordnung zu schaffen hat [22)], „sondern vielmehr als elementares Dispositionsfeld menschlichen Seinkönnens, das der praktischen Vernunft zur normativen Gestaltung aufgegeben ist, sie aber zugleich der Beliebigkeit entzieht" [23)]. Für W. Korff bildet demzufolge die naturale Disposition so etwas wie einen „Strukturfahrplan" [24)]; W. Kluxen spricht von einem „Leitfaden", der zu einer näheren Bestimmung des Guten führt, welches der oberste Imperativ (bonum faciendum) zu tun vorschreibt [25)]. Thomas selbst faßt zusammen: „Wozu der Mensch eine naturhafte Neigung hat, das erkennt die Vernunft naturhaft als gut und folglich als ins Werk zu setzen, das Gegenteil aber als schlecht und zu meiden. So gibt es entsprechend der Ordnung der naturhaften Neigungen eine Ordnung von Vorschriften des Naturgesetzes." [26)] Zugleich haben diese Grundantriebe eine negative, begrenzende Bedeutung: „Sie setzen Bedingungen, ohne deren Erfüllung sinnvolles Dasein nicht möglich ist, und nur insofern sind sie von positiver Bedeutung, als durch sie der ursprüngliche Antrieb vielfach wirksam ist, der zu weiterer Konkretion drängt." [27)]

Thomas kennt drei Gruppen solcher inclinationes naturales beim Menschen:

1. „Einmal wohnt nämlich dem Menschen der Hang zum Guten inne gemäß der Natur, die er mit allen seienden Substanzen teilt, also die Neigung zur Selbsterhaltung. Demnach fällt all das in den Bereich des Naturgesetzes, womit das Leben des Menschen erhalten und das Gegenteil verhindert wird." [28)]
2. Weiterhin wohnt dem Menschen die Neigung inne, die er mit dem Tier gemeinsam hat. Es gehört also all das zum Naturgesetz, „quae natura omnia animalia docuit" [29)]. Hierbei denkt Thomas an die Verbindung von männlich und weiblich, an die Aufzucht von Nachkommen und so fort.

3. Schließlich hat der Mensch noch die Neigung zum Guten gemäß der Natur der Vernunft, die ihm eigen ist. Thomas intendiert hiermit die Neigung, die Wahrheit über Gott zu erkennen und in Gemeinschaft zu leben[30)].

Sodann nennt Thomas noch ein weiteres Feld empirisch vorgegebener Dispositionsgrößen, die in der Normfindung und der Normgestaltung zu beachten sind, nämlich die „determinationes". Er versteht darunter äußere Sachgesetzlichkeiten und Sachnotwendigkeiten, die menschliches Handeln mitbestimmen und daher ethisch relevant sind[31)].

Zusammenfassend kann man sagen, daß das eigentliche Prinzip der lex naturalis die praktische Entscheidungsvernunft des Menschen ist, die sich als solche in einer vom generellen Kriterium menschlicher Angemessenheit und Unangemessenheit bestimmten Strukturlogik bewegt[32)]. Damit unterscheidet sich Thomas von Aussagen der Stoa, die etwa biologische Gesetze direkt zur sittlichen Norm erhebt. Eine strikte Respektierung der Naturzwecke genügt noch nicht als Kriterium der Sittlichkeit, sonst müßte es nach Thomas ja auch eine Sünde sein, wenn einer auf den Händen geht. „Der Wille Gottes hinsichtlich der Forderung der natürlichen Sittlichkeit ist also nach Thomas gerade nicht aus biologischen Naturgesetzen zu entnehmen, sondern allein aus der objektiven Norm der natürlichen Sittlichkeit, dem bonum humanum."[33)]

Diese Andeutungen aus der Geschichte des Naturrechts zeigen, daß die Naturrechtslehre von Anfang an durch die Zweideutigkeit des Naturbegriffs belastet war. Je nachdem, ob man mehr auf die biologische Natur des Menschen oder auf seine Vernunftnatur zurückgreift, kommt man zu ganz verschiedenen Ergebnissen. Und wie schon das Beispiel der Sophisten deutlich macht, scheint es problematisch, biologische Gesetze unmittelbar zu sittlichen Normen zu erheben. Besonders B. Schüller hat gezeigt, daß man von richtigen Einsichten in Naturgesetze biologischer oder physiologischer Art nicht unvermittelt auf den Inhalt des sittlichen Naturgesetzes schließen kann: „Aussagen über den Willen des allwirkenden Gottes, zu denen auch viele Aussagen über den Willen des Schöpfers gehören, sind für die inhaltliche Bestimmung der sittlichen Forderung logisch völlig belanglos, und zwar deswegen, weil alles und jedes, indem es der Fall ist, notwendigerweise auf den Willen des allwirkenden Gottes zurückführbar ist."[34)]

Daraus ergibt sich die Notwendigkeit, das Naturrecht neu zu überdenken. Aus der Natur im metaphysischen Sinn können zwar formale Forderungen abgeleitet werden wie etwa, daß der Mensch gut und verantwortlich handeln solle. Inhaltliche Forderungen jedoch sind aus einem solchen Naturbegriff nicht unmittelbar herzuleiten. Andererseits genügt auch der bloße Hinweis auf die biologische Natur nicht zur konkreten Normbegründung. Deutlich wurde dies zum Beispiel, wenn die traditionelle Moraltheologie zwischen Sünden „intra" und „contra" naturam unterschied und demgemäß ein „unnatürliches" Verhalten zwischen Eheleuten als schlimmere Sünde einstufte als einen „naturgemäßen" Ehebruch[35)]. Auch von hier aus scheint ein Neuansatz nötig, der das Sein des Menschen, aus dem das Sollen folgen soll (agere sequitur esse), nicht auf das rein

Empirische und Faktische beschränkt, sondern zum intelligiblen Wesenscharakter menschlichen Seinkönnens vordringt[36].

Weiterhin darf die menschliche Natur nicht bloß als das schwer festzulegende metaphysisch-abstrakte Wesen des Menschen verstanden werden, sondern auch als jene Natur, „die wohl als Grundbestand zum Wesenskern des Menschen gehört, gleichzeitig aber auch seine Geschichtlichkeit mit bedingt“[37]. In einem Neuansatz des Naturrechts müßte von daher der Faktor der Geschichtlichkeit des Menschen eine größere Rolle spielen. Die Konstanz des Humanum erklärt sich ja nicht als Ausfluß metaphysischer Kenntnisse oder Setzungen, sondern stellt das Ergebnis einer kulturgeschichtlichen Entwicklung dar[38]. In diesem Sinne gibt es keine fertige, in sich abgeschlossene menschliche Natur, sondern diese bleibt offen für eine weitere Entwicklung dieses Menschseins und auch offen für eine theologische Integration. Der Mensch selbst ist der Entwicklung unterworfen, und seine Selbsterkenntnis ist geschichtlich geprägt. Die Natur im Sinne der Naturrechtstheorie muß folglich als wandelbar verstanden werden, „als vom Menschen formbar und geformt, die Einsicht in die Naturordnung als gesellschafts- und kulturspezifisch“[39]. Das Naturrecht kann infolgedessen nicht als überzeitliches Recht interpretiert werden, sondern hat eine geschichtliche Dimension.

Wir können zusammenfassend festhalten, daß die Moraltheologie auf den Naturbegriff nicht verzichten kann. Dieser ist freilich neu zu reflektieren. Wenngleich sich die menschliche Natur nicht im Biologischen erschöpft, so hat doch selbst das personale Handeln des Menschen biologische Grundlagen und Grenzen. Die Moraltheologie muß diesen Aspekt der Natur mit berücksichtigen, wenn sie sich zu konkreten Fragen inhaltlich äußern will, denn „sittliche Forderungen haben zu offensichtlich etwas mit objektiven, empirischen Gegebenheiten zu tun, also mit der Natur und ihren Gesetzen“[40].

1.1.2 Wer bestimmt die „Natur des Menschen“?

Gegenwärtige theologische Strömungen mühen sich zusehends um Korrelation zur Anthropologie. Dies gilt insbesondere für die Moraltheologie: „Es gibt keine erklärende Ethik – und alles andere wäre keine Ethik – ohne Anthropologie.“[41] Ethik ist nur möglich in methodologisch notwendigem Zusammenhang mit der Anthropologie: „Auf diesen Zusammenhang verzichten, hieße auf die Ethik zu verzichten.“[42]

Doch was ist in diesem Kontext hier mit Anthropologie gemeint? Genügt für die Ethik eine „bloß“ theologische Anthropologie? Wie weit sind humanwissenschaftliche Erkenntnisse für eine umfassende Anthropologie notwendig? Zu diesem Fragenkomplex ein paar kurze Hinweise:

Im Lauf ihrer Geschichte hat die (Moral-)Theologie immer schon auf die verschiedensten Erkenntnisse und Erfahrungen vom Menschen rekurriert, um ihre eigenen Urteile zu formulieren. Am klarsten trat dies zutage, wo sich die Moraltheologie auf eine biologische Natur des Menschen berief. Thomas von Aquin machte sogar das Wissen um die

Naturdinge, um die Geschöpfe zur Vorbedingung jeglicher Theologie. Denn eine irrige Auffassung von der Schöpfung führt zu einer falschen Erkenntnis Gottes[43)]. Thomas hat darum immer wieder Naturphänomene und zeitgenössische „naturwissenschaftliche" Erkenntnisse beachtet und von ihnen auf die Grundlage des Naturrechtlichen geschlossen.

Das neuzeitliche Heraufkommen der Naturwissenschaften förderte eine unübersehbare Vielzahl von Einzelerkenntnissen mit anthropologischer Relevanz zutage, ohne daß sich „als Summe daraus eine auf einen Nenner zu bringende Anthropologie"[44)] ergeben hätte. Gleichzeitig versuchten diese Einzelwissenschaften, ihre Autonomie gegen eine etwaige Vereinnahmung durch eine philosophische Anthropologie zu behaupten, so daß die Einheit des Ganzen mehr und mehr verlorenging. In der gegenwärtigen Anthropologie scheinen integrierende Ansätze, die neue empirische Erkenntnisse über den Menschen und seine Natur aufzugreifen und in ein einheitliches Menschenbild zu integrieren versuchen, weithin zu fehlen[45)]. Was Wunder, daß W. Lepenies angesichts der Lawine an anthropologischer Literatur der letzten Jahre eine interdisziplinäre Anthropologie fordert: „Ohne Zweifel sehen wir uns heute einer ‚Renaissance' anthropologischer Fragestellungen gegenüber. Anthropologie kann dabei nicht länger ... mit ‚philosophischer Anthropologie' assoziiert werden. Es läßt sich die Herausbildung einer interdisziplinären ‚Wissenschaft vom Menschen' prognostizieren, die Ergebnisse und Denkansätze der biologischen, ethnologischen und philosophischen Anthropologie in sich vereinigt; sie wird sozialwissenschaftlich orientiert sein."[46)]

Zwei Momente konstituieren den Renaissancecharakter gegenwärtiger Anthropologie: 1. Die anregende Begegnung mit den Humanwissenschaften. 2. Die generelle Unvoreingenommenheit der anthropologischen Fächer. H. G. Gadamer meint in diesem Sinne: „Ein ‚richtiges' Menschenbild, das ist vor allem ein durch Naturwissenschaft, Verhaltensforschung, Ethnologie wie durch die Vielfalt geschichtlicher Erfahrung entdogmatisiertes Menschenbild."[47)] Somit ist die Frage nach dem Humanum, nach dem, was den Menschen als Menschen betrifft, in unserem Jahrhundert längst keine Domäne der Ethik und der Theologie mehr. In den letzten Jahrzehnten sind vor allem die empirischen Humanwissenschaften zu einer wichtigen Grundlage für die menschliche Selbsterkenntnis geworden. Indem der Mensch nun sein gesamtes Dasein einschließlich seiner Herkunft und seiner Verhaltensweisen in biologische Strukturen eingebettet erfährt, bedürfen auch seine Aussagen über das „Humanum" einer Basis, auf der geistes- *und* naturwissenschaftliche Anthropologie konvergieren[48)].

Weil nach W. Pannenberg Erkenntnis immer nur mit dem Allgemeinen beginnen kann und erst zuletzt zum Konkreten kommt, „ist diejenige anthropologische Disziplin die grundlegende, die in der größten Allgemeinheit vom Menschen handelt und dabei den Begriff des Menschen überhaupt erst abgrenzt, wenn auch um den Preis äußerster Abstraktheit. Das ist die Humanbiologie."[49)] Dies wird auch von daher einsichtig, daß innerhalb der mehrschichtigen Wirklichkeit der menschlichen Natur die biologische Schicht die fundamentalste ist; daraus folgt, daß die Anthropologie insgesamt, die zweifelsohne mehr zu erfassen hat als eine nur humanbiologische Lehre vom Menschen, gut daran tun wird, ihre Synthese auf eine breite, allgemeinbiologische Grundlage zu stellen.[50)]

Die biologische Anthropologie, die als Teilbereich der Zoologie als naturwissenschaftliche Disziplin verstanden wird und deren Gegenstand der Mensch ist als eine Gattung, die sie morphologisch und physiologisch mit anderen Tiergattungen vergleicht und mit ihnen auch genetisch in Zusammenhang bringt[51)], erhebt teilweise zu Recht einen ganz besonderen Anspruch auf Kenntnis der Menschen: „Die Biologie ist der Schlüssel zur menschlichen Natur, und die Sozialwissenschaften können es sich nicht leisten, ihre immer unabweisbarer werdenden Gesetze zu ignorieren."[52)]

Keine Philosophie und auch nicht die Theologie kann an den grundlegenden Erkenntnissen und zentralen Konzepten der modernen Biologie vorbeigehen: Insbesondere stellen Probleme und Resultate der *Evolutionstheorie*, die heute besonders über die *evolutionäre Erkenntnistheorie* und die *Soziobiologie* in philosophische Diskussionen eindringt, eine geistige Herausforderung größten Ausmaßes dar: „Molekularbiologie und Biophysik erklären die Entstehung des Lebens auf der Erde als Folge von Prozessen materieller Selbstorganisation ...; die evolutionäre Erkenntnistheorie erhellt die stammesgeschichtlichen Bedingungen unserer Vernunft und vermag ... menschliches Erkennen und Denken aus den Vorgängen der organischen Evolution abzuleiten; die Soziobiologie beschreibt die elementaren biologischen Mechanismen des Sozialverhaltens der Lebewesen, führt die Strukturen auch der menschlichen Sozialität auf genetische Faktoren zurück und gibt zu verstehen, daß ebenso das moralische Verhalten (des Menschen) genetisch determiniert sei."[53)] Somit versuchen also evolutionäre Erkenntnistheorie und Soziobiologie, zentrale Probleme der Metaphysik und der philosophischen Erkenntnistheorie sowie der praktischen Philosophie auf ein naturwissenschaftliches Fundament zu stellen – und damit abzulösen. Durch diese beiden Disziplinen prätendiert die Biologie seit etwa zehn Jahren in einem ganz besonderen Maß, sich zu einer Art „Ersten Philosophie" zu etablieren[54)]. Auf alle Fälle fordern jedoch die Ergebnisse der modernen Biologie das Denken heraus, da sie ein neues Weltbild signalisieren. E. O. Wilson behauptet schließlich, daß sogar die Grundlage der theologischen Fachdisziplin durch den wissenschaftlichen Naturalismus verändert werde[55)].

Nun soll hier gegenüber totalisierenden Ansprüchen mancher Biologen, die ein einheitliches Fundament empirisch gewonnener und gesicherter Daten liefern wollen, auf dem andere Humanwissenschaften versuchen können, ihre Aussagen zu einem harmonischen Überbau zu ergänzen[56)], gleich bemerkt werden, daß die Biologie solche Erwartungen nicht erfüllen kann. Denn schon *innerhalb* der Naturwissenschaften werden unterschiedliche Auffassungen vom Wesen des Menschen vertreten. Zudem muß beachtet werden, daß auch die biologischen Aussagen Hypothesencharakter haben[57)]. Wenn auch die Absicht berechtigt ist, den Menschen als ganzen zu erklären, da dieser ja ein Wesen von innerweltlicher, das heißt von erfahrbaren Wirklichkeiten abkünftiger Herkunft ist, so bleibt dennoch festzuhalten, daß jede partikuläre Anthropologie wie die biologische oder soziologische den Menschen von einem bestimmten Standort aus angeht und darum nie beanspruchen kann, die eine und ganze Anthropologie zu sein[58]. W. Wickler faßt dies nüchtern zusammen: „Wir Naturwissenschaftler meinen, daß wir einige Aussagen über den Menschen beisteuern können. Daß unsere Aussagen nicht das ganze Menschenbild ergeben, das hoffen wir auch."[59]

Insgesamt scheint das bekannte Gleichnis von Descartes für die philosophische Ethik neue Geltung zu gewinnen: „Die gesamte Philosophie ist einem Baume vergleichbar, dessen Wurzeln die Metaphysik, dessen Stamm die Physik und dessen Zweige alle übrigen Wissenschaften sind, die sich auf drei zurückführen lassen, auf die Medizin, die Mechanik und die Ethik. Unter Ethik verstehe ich dabei die höchste und vollkommenste Sittenlehre, die eine umfassende Kenntnis der anderen Wissenschaften voraussetzt und deshalb die letzte und höchste Stufe der Weisheit ist."[60] Wenn demgemäß die anderen Wissenschaften unabdingbare Voraussetzung für die Sittenlehre sind, so ist die philosophische Ethik notwendigerweise auf das interdisziplinäre Gespräch angewiesen: „Die Aufgabe der Ethik scheint nicht zuletzt darin zu bestehen, das ebenso reiche wie heterogene Material der Erfahrungswissenschaften aus praktischem Erkenntnisinteresse auf einen Begriff und in systematische Ordnung zu bringen."[61]

Das gilt a fortiori für die Theologie, denn mit der Frage nach Gott stellt diese immer auch implizit die Frage nach dem Menschen; das Ereignis der Inkarnation schließlich macht offenkundig, „daß *Theologie* nur im *Medium von Anthropologie* betrieben werden kann"[62]. Doch muß die Theologie den Dialog mit den Humanwissenschaften nicht nur suchen, weil sie selbst zutiefst anthropologisch orientiert ist, sondern auch, weil sie ihre Botschaft in das jeweils bestehende, ganz konkrete Weltbild hinein zu sprechen hat und daher verständlich bleiben muß. „Soll die Theologie nicht in die Unerheblichkeit abgedrängt werden – weil sie als *auch* anthropologisch orientierte Wissenschaft nicht mehr konkrete Fragen konkreter Menschen beantwortet, sondern nur selbstgestellte – dann besteht die Gefahr, daß auch das, was sie verantwortlich verwaltet, die in *Jesus* von Nazaret an uns ergangene Wortoffenbarung, *de facto* bedeutungslos wird. Die Theologie ist also *existentiell* auf einen *sie orientierenden* Dialog mit den Profanwissenschaften angewiesen."[63] Ein solcher Dialog scheint dringend geboten, da die Herausforderung der Theologie durch das neue Weltbild immer noch nicht ganz durchgestanden sein dürfte. Man denke beispielsweise an das theologische Verständnis von Natur und der ihr innewohnenden Teleologie als Grundlage der Naturrechtsspekulation, welches vielfach einem Weltbild verpflichtet ist, das dem gegenwärtigen Forschungsstand nicht mehr entspricht. Wird nicht manchmal vergessen, daß die Zielgerichtetheit der Natur als Ausdruck der Weisheit der göttlichen Schöpfung das Ergebnis eines Deutungsprozesses und nicht unmittelbar aus den empirischen Daten ableitbar ist[64]? Diese Frage leitet schon zu der Feststellung über, daß die Moraltheologie in ganz besonderer Weise den Dialog mit den Humanwissenschaften suchen muß, setzt sie doch die Rationalität sittlicher Aussagen voraus und bedarf allein von daher schon der Kooperation mit den empirischen Wissenschaften. „Die ‚Ergänzung' des Glaubens durch die Vernunft reicht in den

Bereich naturwissenschaftlicher Kompetenz hinein. Das Naturrecht, mit dem der Moraltheologe operiert, hat seine empirische Dimension, für die direkt und unmittelbar der Naturwissenschaftler zuständig ist."[65] Wenn folglich Theologie und kirchliche Lehre sich nicht ideologischen Verdächtigungen aussetzen, sondern intellektuell redlich auf der Suche nach der „veritas semper maior" unterwegs bleiben wollen, so sind sie notwendig auf den Dialog mit den Humanwissenschaften, auf eine „Synopse" von Einsichten der philosophischen Anthropologie und der Erkenntnisse von Human- und Sozialwissenschaften angewiesen[66].

Dies bringt auch eine Veränderung des Verhältnisses von Theologie und Philosophie mit sich, was K. Rahner pointiert so ausdrückt: „Die Theologie kann heute der expliziten Philosophie im traditionellen Sinn nicht den Gefallen tun, sie allein als ihren weltlichen Partner zu betrachen ... Diese Monogamie ist vorbei."[67] Vielmehr müsse man nun an ein seltsames „Dreiecksverhältnis" zwischen Theologie, Philosophie und den Wissenschaften im modernen Sinne denken.

Daß ein solches „Verhältnis" nicht unproblematisch ist, liegt auf der Hand. Die damit zusammenhängenden Fragen sollen im nächsten Abschnitt behandelt werden.

1.2 Zur Möglichkeit eines interdisziplinären Gesprächs

Nach den Andeutungen über die *Notwendigkeit* eines Dialogs zwischen Ethik und den Wissenschaften vom Menschen soll im folgenden der Frage nach möglichen *Strategien* für ein solches Gespräch nachgegangen werden. Hierbei werden wissenschaftstheoretische und methodologische Fragestellungen im Vordergrund stehen. Die Moraltheologie darf den Anschluß an die allgemeine epistemologische Diskussion nicht verlieren, sonst riskiert sie, „wertvolle Anregungen aus diesem Denkraum zu übersehen" und ihre „eigene Wissenschaft mit einem nur ungenügend entwickelten Problembewußtsein zu betreiben"[68]. Allerdings werden wir uns hier auf die wichtigsten Vorbemerkungen beschränken; wissenschaftstheoretische Fragen sowie das Problem einer mehr inhaltlichen Verhältnisbestimmung von Ethik und Naturwissenschaft werden im fünften Kapitel auf dem Hintergrund der Auseinandersetzung mit der Soziobiologie zur Sprache kommen. In diesem Abschnitt hingegen werden uns folgende Fragen beschäftigen: Ist die (Moral-)Theologie überhaupt eine Wissenschaft? Gibt es eine Gesprächsgrundlage für den Dialog zwischen Moraltheologie und Humanwissenschaften? Wo gilt es Grenzen einzuhalten?

1.2.1 Moraltheologie als Wissenschaft

Humanbiologie und Soziobiologie verstehen sich als Naturwissenschaften und intendieren damit „ein System exakter, intersubjektiv überprüfbarer Fakten und Methoden, dem sich neue Hypothesen und Theorien ein- oder doch logisch stimmig anzufügen haben und so der Erweiterung von Wissen und Handlungsmöglichkeiten dienen können“ [69]. Grundsätzlich versteht sich die moderne Naturwissenschaft nicht so sehr als Besitzerin der Wahrheit, sondern als Weg zur Wahrheit (hypothetisches Wissen) [70].

Die wichtigsten methodischen Prinzipien des logischen Empirismus (von Gegnern mit dem eher pejorativ gemeinten Ausdruck „Positivismus“ versehen), die die metatheoretische Analyse und die Rekonstruktion der Wissenschaft leiten sollen, sind:

1. Die Theoriekonstruktion muß ihren Ausgang immer vom Sinnlichen her nehmen.
2. Die empirischen Daten werden mit Hilfe der induktiven Methode verarbeitet, wobei von einer endlichen Zahl von Beobachtungen aus zu Gesetzen verallgemeinert wird.
3. Theoretische Terme müssen auf Beobachtungsbegriffe reduziert werden.
4. Metaphysische Elemente sind aus der Wissenschaft gänzlich zu entfernen.
5. Die Wissenschaftsgeschichte spielt für die Rekonstruktion einzelner wissenschaftlicher Theorien keine entscheidende Rolle.
6. Die Wissenschaft ist auf Erkenntnisfortschritt angelegt.
7. Zur Klärung der sprachlichen Grundlagen der Wissenschaft sollen die Aussagen unter Verwendung der axiomatischen Methode präzisiert werden [71].

Wirklichkeitserfahrung geschieht durch Verifizierung im Experiment, dessen Bedingungen aber immer abstrakt bleiben, so daß der wissenschaftliche Satz nur bedingt gilt. Daneben gibt es auch die Falsifikation als Negation einer Theorie, welche zumeist eine Modifikation der entsprechenden Theorie nach sich zieht [72]. In den Naturwissenschaften paßt sich die Theorie ständig den jeweils bekannten Fakten an; „Fakten“ meint in diesem Zusammenhang begrifflich gefaßte Beobachtungen, die wegen ihrer möglichen Fehlerhaftigkeit der ständigen Nachprüfung durch die Wiederholung der Erfahrung bedürfen. Als naturwissenschaftlich anerkannter Begriff der Wissenschaft schält sich also heraus, „daß Wissenschaft es immer mit der modellmäßigen Interpretation der besten jeweils als gültig erachteten Fakten zu tun hat“ [73].

Besonders einflußreich für die gegenwärtige Wissenschaftstheorie ist der Ansatz K. Poppers: Theorien müssen immer der empirischen Prüfung und damit dem *Risiko des Scheiterns* ausgesetzt werden. Damit wird die Falsifikation zum Vehikel des Fortschritts in der Wissenschaft. Popper gibt den Begriff der Wahrheit auf und sieht den Fortschritt der Wissenschaft in immer größerer Annäherung an die Gesetzesstrukturen der Wirklichkeit („approximative Wahrheitsidee“, „regulative Idee der Wahrheit“, „verisimilitudo“). [74]

Dazu muß kritisch bemerkt werden, daß Popper für seine Kritik und seinen Alternativvorschlag selbstverständlich Wahrheit beanspruchen muß: „Da auch für die Falsifikation auf induktives Vorgehen nicht verzichtet werden kann, soll die falsifizierende Allgemeinaussage hinreichend abgestützt sein, erweist sich nunmehr die Falsifikation als ebensowenig endgültig durchführbar wie die Verifikation. Steht es aber demnach methodologisch mit der Falsifizierbarkeit im Prinzip nicht anders als mit der Verifizierbarkeit, so muß Poppers Falsifizierbarkeitskriterium einen ganz anderen Sinn haben als den eines abschließenden Geltungsentscheids für wissenschaftliche Sätze aufgrund eines einzigen formallogischen Schlusses."[75)]

Weiterhin kann der unabschließbare Prozeß der wissenschaftlichen Forschung als die Reihe aller denkbaren Wahrheitsgeschehen gedacht werden und setzt daher den Begriff einer unbedingten Wahrheit voraus. „Der Bezug des menschlichen Erkennens auf die Idee der Wahrheit ist keine erbauliche Zutat zu einem inzwischen profanisierten und autonom gewordenen Kulturgut namens wissenschaftliche Erkenntnis. Der Bezug ist vielmehr logisch gefordert, wenn das wissenschaftliche Arbeiten nicht defizient sein soll."[76)] Wissenschaft ohne eine Sinnorientierung durch die Idee der Wahrheit wäre letztlich zufällig und rein funktional; einen Sinn gewinnt sie erst, wenn sie aus einem Entschluß zur Wahrheit hervorgeht. Schon für Kant ist alles Bedingte, das sich nicht auf ein Unbedingtes bezieht, vernunftlos, selbst wenn es verständig sein sollte. Dementsprechend ist Wissenschaft ohne Bezug auf eine Idee, die Idee der Wahrheit nämlich, vernünftigerweise nicht möglich[77)]. Ähnlich kritisiert auch K. Hübner den Versuch, in der Wahrheit nur eine regulative Idee zu sehen. Es ist absurd, von einem Maß der Annäherung oder Entfernung von der Wahrheit dann zu sprechen, wenn sie, wie die absolute, nur eine Idee und überhaupt niemals erkennbar bleibt[78)]. „Poppers Korrespondenzauffassung der Wahrheit erweist sich so als ungetilgter Rest jener Metaphysik der Endgültigkeit, die er mit seiner Wissenschaftstheorie überwinden wollte."[79)] Popper selbst gibt zu: „Die Wahrheit ist absolut und objektiv, nur haben wir sie nicht in der Tasche... Wäre die Wahrheit nicht absolut und objektiv, so könnten wir uns nicht irren. Oder unsere Irrtümer wären so gut wie unsere Wahrheit."[80)]

Schließlich ist zu beachten, daß eine einzelne Falsifikation in der wissenschaftlichen Praxis noch nicht unbedingt eine neue Theorie hervorruft; I. Lakatos fordert daher, daß eine Theorie nur dann als falsifiziert gelten soll, wenn eine bessere Theorie bereitsteht. Ist das nicht der Fall, so muß die bestehende Theorie mit Hilfshypothesen vor einer Diskrepanz mit den Beobachtungstatsachen bewahrt werden[81)].

Die Diskussion der gegenwärtigen Wissenschaftstheorie hat auch auf die Grenzen wissenschaftlicher Erkenntnis aufmerksam gemacht. So liefert das Experiment keine „reinen Fakten", da es jeweils schon theoriegeleitet ist. „Ein bestimmter Hinblick produziert eine Methode, denn Methode ist nichts anderes als die strenge Selbstbindung eines Forschers an diesen Hinblick mit der asketischen Kraft, alles wegzulassen, was in diesem Hinblick nicht relevant ist."[82)] Auch bekommt keine Wissenschaft das Ganze in den Griff, denn sie beschränkt sich ja von vornherein auf einen ganz bestimmten, ausgewählten Hinblick. Das Ganze der möglichen Phänomene der Wirklichkeit ist mit den Methoden der Naturwissenschaften nicht faßbar, da sie keine Möglichkeit haben, dieses

Ganze „als solches auf einmal für eine aposteriorische Erfahrung sich gegenübertreten zu lassen“[83].

Naturwissenschaftliche Aussagen sind also immer an methodisch bedingte Grenzen gebunden. Das gilt auch für die Humanwissenschaften, die für weite Gebiete eine letzte Antwort offen lassen müssen. Gerade diese Wissenschaften, die den Menschen zum „Objekt“ haben, stoßen heute neu auf die Frage nach dem Menschen als Subjekt, auf den Menschen, der fragt: Wer bin ich? Was habe ich für ein Ziel? Welchen Sinn hat dieses Leben? Diese Lebensfragen, die den Menschen seit jeher beschäftigen, können von der Naturwissenschaft nicht beantwortet werden. Denn die Erfahrung von Sinn und von Einmaligkeit, ethische und religiöse Erfahrung also, entzieht sich dem durch ihre Methodik eingeschränkten Erfahrungsbegriff der exakten Naturwissenschaften. Wer Wissenschaft betreibt, muß zuvor jedoch leben können. Das heißt: Auch Wissenschaftler setzen für die Naturwissenschaft schon einen Sinn im Lebenszusammenhang voraus, den diese von sich selber her nicht hat[84]. Hier kann der Naturwissenschaftler einen Hinweis auf die jedem naturwissenschaftlichen Forschen notwendig gegebenen Aussagegrenzen erkennen, jenseits derer der legitime Aussagebereich für philosophische und theologische Reflexionen beginnt[85].

Nach dem Urteil von D. Mieth braucht sich die Theologie zu ihrer eigenen Rechtfertigung weder als das „Andere der Wissenschaft“ im Gegenzug zum positivistischen Wissenschaftsverständnis zu verstehen, noch um ihrer Wissenschaftlichkeit willen mit Einzelwissenschaften anzubändeln, noch sich als Mutter aller Wissenschaftstheorien zu präsentieren[86]. Vielmehr genügt das soziologisch erfaßbare Faktum des religiösen Bedürfnisses des Menschen, um die Theologie als legitime Wissenschaft auszuweisen, in der jene Bedürfnisse dann wissenschaftlich artikuliert werden[87].

Ähnlich ist für T. Styczeń die sittliche Erfahrung eine eigenständige Erkenntnisquelle und damit eine hinreichende Grundlage für die Wissenschaftlichkeit der Ethik. Wenn Ethik nicht von dieser eigenständigen Dimension her entworfen ist, wird sie dem Phänomen des Sittlichen nicht gerecht; denn es gibt eigene Formen sittlicher Einsicht wie auch sittliches Handlungswissen, das nicht mehr einfach auf richtig oder falsch zu überprüfen ist, sondern nach den Qualitäten gut oder böse beurteilt wird[88]. Der Eigenart des Gegenstandes entspricht die Besonderheit seiner Erkenntnis. Darauf hatte schon Thomas hingewiesen, der der Vernunft auf dem Gebiet der Naturphilosophie eine kontemplative Rolle zuschreibt: „ordo quem ratio non facit, sed solummodo considerat“, auf dem Gebiet der sittlichen Wahrheit jedoch eine konstitutive Funktion zuspricht: „ordo quem ratio considerando facit“. Damit gewinnt die sittliche Wahrheit ihre eigene Objektivität und ist nicht nach den Gesetzen etwa der „physikalischen“ Wahrheit darstellbar[89]. Auch Styczeń schließt, daß die Ethik aufgrund der Eigenart des Gegenstandes und der Besonderheit seiner kognitiven Erfassung eine *epistemologisch autonome* Disziplin darstellt. Das besagt weiterhin, daß die Ethik, zumindest was das Erfassen ihres eigenen Gegenstandes, nämlich des sittlich Gesollten, anbelangt, auch *methodologisch* unabhängig ist[90].

Die sittliche Erfahrung als eigenständige Erkenntnisquelle ist natürlich nicht im Sinne des positivistischen Wissenschaftsideals verifizierbar; so kann Ethik wie auch Theologie nur in einem dem empirischen Wissenschaftsbegriff analogen Sinn als „Wissenschaft" bezeichnet werden. Für den Wissenschaftstheoretiker P. Feyerabend ist sogar „die Frage, ob Theologie eine Wissenschaft sei, ... weder interessant noch gehaltvoll"[91]. Wissenschaft könne nicht philosophisch definiert werden. Es gebe kein Merkmal für Wissenschaftlichkeit, so daß es völlig illusorisch sei, die Theologie dadurch zur Wissenschaft zu machen, indem man ihr ein solches Merkmal der Wissenschaftlichkeit aufzwinge. Feyerabend kritisiert die „hündische Unterwürfigkeit", die viele Theologen den wissenschaftlichen Ergebnissen gegenüber an den Tag legen. Diese würden die Meinung vertreten, daß das, was jenen Ergebnissen widerspricht, nicht wissenschaftlich sei und daher aufgegeben werden müsse. Aber, so Feyerabend: In den Wissenschaften selbst wurde dieses Prinzip nicht eingehalten[92]. Die Theologie als Lehre von Gott befasse sich mit der Stellung des Menschen in der Welt, mit seiner Natur, mit seinen Pflichten, seiner Erlösung. Daß die kritischen Rationalisten wenig Interesse an solchen Problemen haben, sei ihr gutes Recht. Doch dürfe man nicht vergessen, daß ihr Interessenmangel ein höchst chauvinistischer sei[93]. An die Adresse der Theologen gewandt schlägt Feyerabend schließlich vor: „Baut doch eine Theologie auf, die die Probleme löst, die euch plagen, nach Kriterien, die euch in diesem Zusammenhang plausibel erscheinen und kümmert euch nicht um die Frage, ob, was ihr tut, ‚Wissenschaft' ist, denn die einzigen Antworten, die es auf diese Frage gibt, sind die Antworten von Schulmeistern, die von der wissenschaftlichen Praxis keine Ahnung haben."[94] Bei allem kritischen Vorbehalt gegenüber Feyerabends „anarchistischer Erkenntnistheorie" muß man ihm aber wohl darin recht geben, daß sich der Wissenschaftscharakter der Theologie nicht an den Kriterien heutiger Wissenschaften bemessen kann. Als Beispiel sei der zweifelhafte Versuch der Adaptation des Verifikationsprinzips auf theologische Aussagen genannt. Die Behauptung J. Hick's, religiöse und theologische Aussagen seien im Prinzip verifizierbar, die Verifikation müsse sich aber erst in der eschatologischen Zukunft zeigen[95], muß die kritische Frage entstehen lassen, ob die Entscheidung über den Wahrheitsgehalt theologischer Aussagen bis ans Ende der Geschichte hinausgeschoben werden kann und ob dann überhaupt noch Verkündigung möglich ist. Eine ähnliche Anfrage ist an W. Pannenberg zu richten, der den Begriff „Verifikation" durch „Bewährung" ersetzt[96]. Nun soll hier nicht bestritten werden, daß die Theologie von der modernen Wissenschaftstheorie sehr wohl lernen kann. Das darf aber noch keine unkritische Angleichung an das neuzeitliche Wissenschaftsverständnis zur Folge haben.

R. Spaemann bemerkt in diesem Sinne, daß die Theologie sehr schlecht beraten sei, „wenn sie aus ihrem alten, aus dem Mittelalter herrührenden Verständnis, Wissenschaft zu sein, sich jetzt dem modernen Wissenschaftsbegriff unterwirft und versucht, Wissenschaft im Sinne der modernen Wissenschaft zu sein. Ihr entgeht dann ihr spezifischer Gegenstand. Denn ihr spezifischer Gegenstand ist das Einmalige."[97] Es ist auch zu beachten, daß sich die Theologie eines anderen Sprachmediums bedient als die exakten

Naturwissenschaften. G. Ebeling meint sogar, daß die Sprache der Theologie mit der der Dichtung verwandt sei und sich folglich nicht mit der exakten Sprache der Naturwissenschaft vermischen dürfe. Während die Naturwissenschaft im wesentlichen zählend berechne, habe die Theologie als Wissenschaft erzählend Rechenschaft zu geben[98]. Dabei ist zu beachten, daß keine der beiden Sprachen die andere ausschließt.

So kann sich die Theologie mit keiner der vorherrschenden Wissenschaftsauffassungen vermählen, ohne sich selbst aufzugeben. Sie hat vielmehr eine sehr wichtige Funktion für das postmoderne Bewußtsein „unter der Voraussetzung, daß sie sich dem modernen Bewußtsein nicht mit Haut und Haaren ausgeliefert hat“[99]. Theologie behält infolgedessen nur dann ihre Überzeugungskraft, wenn sie nicht Denkformen, Wahrheitskriterien oder Terminologien übernimmt, in deren Gegenstandsbereich die Erfahrung Gottes überhaupt nicht vorkommt, wie dies in der Wissenschaftstheorie der Fall ist. Eine Anpassung an diese wäre ein Versuch, um jeden Preis modern zu sein. In einer Zeit universaler Wissenschaftlichkeit sollte die Theologie vielmehr kritisch darauf hinweisen, daß die modernen Wissenschaften wie auch die Wissenschaftstheorie bestimmte Bereiche unseres Daseins gar nicht in den Blick bekommen.

Zusammenfassend kann gesagt werden, daß es keinen Einheitsbegriff von Wissenschaft gibt. „Der Begriff weist vielmehr einen analogen Bedeutungsgehalt auf. Als solcher folgt er der vorausliegenden Analogie der Wahrheit samt der ihr jeweils eigenen Geltung und Normativität. Eine naturwissenschaftliche Wahrheit ist in einem anderen Sinn geltend und normativ wie dies von einer sittlichen Wahrheit ausgesagt wird.“[100] Die Theologie kann ihrem analogen Wahrheitsbegriff entsprechend nur in einem dem empirischen Wissenschaftsbegriff analogen Sinn als Wissenschaft bezeichnet werden. Im Gegensatz zur empirisch-naturwissenschaftlichen Arbeitsweise, die sich auf experimentell überprüfbare und empirisch verifizierbare beziehungsweise falsifizierbare Tatsachen beschränkt, zählt die (Moral-)Theologie zu den Geisteswissenschaften, die die Tatsache sinnhaften Handelns und die Sinnthematik menschlicher Erfahrung als ihren wissenschaftlichen Gegenstandsbereich haben und sich vornehmlich historisch-hermeneutischer Methoden bedienen. „Die ethische Empirie ist nicht die Sinneserfahrung, sondern die Sinnerfahrung.“[101] Innerhalb der „Theologie als Wissenschaft“, die von der Offenbarung ausgehend den Glauben wissenschaftlich reflektiert, können wir die Moraltheologie als „handlungsleitende Sinnwissenschaft“[102] definieren. Als solche setzt sie Sinn immer schon voraus, und ihr Ziel besteht darin, diesen Sinn jeweils besser zu verstehen. Ihr Wissenschaftscharakter muß sich vor allem in der methodischen Reflexion erweisen. In diesem Zusammenhang erscheint H.-H. Schrey ein solcher Streit um die Wissenschaftlichkeit der Ethik sinnlos, „weil es bei einer wissenschaftlichen Darstellung nicht darum geht, daß der Gegenstand der Darstellung selbst ein Produkt der Wissenschaft und wissenschaftlichen Denkens sei, sondern darum, daß die Art und Methode der Darstellung wissenschaftlichen Ansprüchen genügt. Wissenschaft ist kein materialer, sondern ein methodischer Begriff.“[103]

Die Moraltheologie muß folglich entsprechend der Eigenart des zugrundegelegten Wahrheitsbegriffs eine Leitvorstellung von Wissenschaftlichkeit und weiterhin eine adäquate Methodologie entwickeln. Dazu gehört die eigene Sprache, eine Hermeneutik für den eigenen Überlieferungszusammenhang, innere Kohärenz des Systems, die Plausibilität der Argumentation und schließlich Rechenschaft über die eigenen Voraussetzungen; damit wird der nachfolgende wissenschaftliche Diskurs um so plausibler und kommunikabler [104].

1.2.2 Strategien eines interdisziplinären Gesprächs

1.2.2.1 Vorbedingungen für einen „Dialog der Fakultäten"

Wir haben gesehen, daß sich Naturwissenschaften und Theologie als je eigenständige Wissenschaften verstehen. Da aber beide – wenn auch in methodologisch eigenständigen Reflexionen – die Welt und den Menschen zum Gegenstand haben, sind sie doch wieder aufeinander verwiesen. Folglich ist Interdisziplinarität für die (Moral-)Theologie kein Luxusartikel, sondern ein inneres Strukturelement der Theologie selbst. „Das Bekenntnis zu einem Gott der christlichen Botschaft als dem Schöpfer von Himmel und Erde bleibt ein bloßes Lippenbekenntnis, wenn nicht auch die Natur, mit der sich der Naturwissenschaftler befaßt, etwas mit diesem Gott zu tun hat." [105] In diesem Sinn sprach das II. Vatikanische Konzil von der Autonomie der verschiedenen Sachbereiche und Wissenschaften; die von Gott geschaffenen irdischen Wirklichkeiten sind der menschlichen Forschung und Wissenschaft grundsätzlich zugänglich, so daß das Lehramt zur Beantwortung vieler Fragen neben dem Licht der Offenbarung auch der menschlichen Sachkenntnis bedarf [106].

Die materiale Schnittfläche zwischen Moraltheologie und Humanwissenschaften ist nun der Mensch. Wenn auch Naturwissenschaft und Theologie in ihrem Vollzug voneinander absehen müssen, „so bedingen sie doch einander und machen an ihrer Wurzel erst, mit weiteren spezifischen Denkbewegungen zusammen, beide miteinander das Menschsein in seiner Totalität aus. Das Gespräch auch zwischen Theologen und Naturwissenschaftlern wird daher in erster Linie ein Gespräch um den Menschen sein, wie es bereits ein Gespräch zwischen Menschen ist." [107] Der *Mensch* beziehungsweise *das Bild des Menschen* – Gegenstand empirischer Forschung wie theologischer Reflexion – ist gemeinsames Materialobjekt beider Wissenschaftsbereiche [108].

Dabei geht es dem Theologen um die Sinngebung der Welt als ganzer, während die Natur- und auch die Humanwissenschaften sich ganz bestimmten Aspekten der Welt, des Menschen und seines Handelns widmen. Auf deren Ergebnisse ist die Theologie jedoch angewiesen: „Ihr kann nicht gleichgültig sein, was in der Philosophie, den Sozialwissenschaften, der Biologie und Medizin an Erkenntnis über den Menschen erarbeitet ist, wenn auch sie mit ihren Einsichten die Wirklichkeit des Menschen und nicht ein Phantomgebilde erfassen will." [109] Insbesondere die Moraltheologie ist um der geforderten Praktikabilität ihrer eigenen Aussagen willen dazu verpflichtet, in ein Gespräch mit den Humanwissenschaften einzutreten. Deren Erkenntnisse können etwa für eine sachgerechte Güterabwägung von Bedeutung sein. Wenn bei der Normenfindung und -begründung auch die Realisierbarkeit und Verwirklichung dieser Normen berücksichtigt werden und die „äußeren Bedingungen des Zumutbaren“ [110] festgestellt werden sollen, dann bedarf es einer „Zusammenschau“ aller ethisch relevanten wissenschaftlichen Disziplinen.

Umgekehrt ist die Naturwissenschaft auf das Gespräch mit der Theologie angewiesen, denn sie gelangt jeweils nur zu einer regionalen Erkenntnis des Menschen. Indem die Theologie den Einzelwissenschaften immer wieder die Frage nach der Eigenart der Erfahrungsperspektive stellt und die Humanwissenschaften auf die perspektivische Verkürzung ihrer Aussagen aufmerksam macht, wird sie zum Repräsentanten der kritischen Distanz und der Hoheit des „geheimnisvollen Humanum“, „des Geheimnisses schlechthin, das alle Wissenschaft erst wirklich human macht“ [111]. Wenn Theologie nämlich vom Menschen redet, dann steht diese Aussage in einem anderen Kontext, als dies bei den Humanwissenschaften der Fall ist. Es sei hier an den Aspekt der Freiheit, der Personalität oder des geglückten Lebens erinnert. „So sieht die Theologie den Menschen in einer anderen Konstellation, man könnte sagen, von seinem Lebensziel her, wobei unter Lebensziel nicht einfach das biologische Leben gemeint ist.“ [112]

Auch der Naturwissenschaftler muß sich solchen Fragen stellen: Weshalb treibt er überhaupt Naturwissenschaft? Welche ethischen Normen muß er dabei beachten? Wie ordnet er seine naturwissenschaftliche Arbeit in den Komplex seiner Existenz ein (er muß ja über seine Naturwissenschaft hinaus auch liebender, politischer, musischer Mensch sein)? Hier sind dem „Naturwissenschaftler Fragen auf Leben und Tod gegeben, die ihm seine Naturwissenschaft selber nicht mehr beantwortet“ [113]. Diese Fragen könnten den Naturwissenschaftler verstehen lassen, daß seine partikuläre Wissenschaft als Berufskrankheit eine partielle Blindheit mit sich bringt, die den Blick auf andere Wirklichkeiten erschwert oder ganz verstellt. Selbst ein Agnostizismus angesichts dieser Fragen wäre schon die Erwählung eines metaphysischen Systems und nicht mehr durch die Naturwissenschaft rechtfertigbar. So kann der Theologe das naturwissenschaftliche Forschen durch ein sinnvernehmendes Denken zu ergänzen suchen und damit zum Anwalt der komplexeren Wirklichkeit des Menschen werden [114]. Der Theologe, der die Aufgabe übernehmen will, das „geheimnisvolle Humane“ zu repräsentieren, muß freilich damit rechnen, daß er von den anderen Wissenschaften mit Vorbehalt und Mißtrauen empfangen wird.

Wegen dieser gegenseitigen Verwiesenheit von Naturwissenschaft und Theologie kann man die beiden Bereiche nicht völlig trennen. Nach den neuzeitlichen Konflikten zwischen Theologie und Naturwissenschaft war es freilich zu einem „kalten Schisma“ [115] gekommen: Eine Immunisierungsstrategie hatte schließlich zu einer Dualität der Wahrheit geführt (Wahrheit der Welt, Wahrheit des Heils). Diese schiedlich-friedliche Trennung von Theologie und Naturwissenschaft als zwei verschiedene Denkarten („zwei verschiedene Stellen im Gehirn“ [116]) scheint jedoch auf einem faulen Frieden zu beruhen [117].

St. N. Bosshard überträgt im Anschluß an K. Rahner den Unterschied zwischen apriorischer und aposteriorischer Erkenntnis auf das Verhältnis Theologie – Naturwissenschaft, so daß diese nicht grundsätzlich in einen Widerspruch geraten können. „Während die Naturwissenschaften auf ihrem aposteriorischen Erkenntnisweg Einzelphänomenen nachgehen und damit auf einen Blick auf die Totalität des Geschaffenen und letztlich auch auf eine Weltformel verzichten, ist die Theologie mit ihrer apriorischen Erkenntnisweise gerade diesem Ganzen zugewandt, dem Ganzen ‚der möglichen Phänomene der Wirklichkeit überhaupt als solchem'"[118]. Darum dürfe und solle auch die Naturwissenschaft methodologisch atheistisch sein.

Hier scheint aber der existentielle Bezug allen menschlichen Wissens doch zu wenig gesehen. „Eine *scheinbare* wissenschaftstheoretische Sauberkeit in der Methodentrennung übersieht, daß alle unsere Methoden aufeinander bezogen sind. Sie übersieht, daß die Welt für uns existentiell eine ist."[119] Weiterhin sollte auch auf die fahrlässige Rede vom methodischen Atheismus naturwissenschaftlichen Vorgehens verzichtet werden, da es gar keiner methodischen Anstrengung bedarf, in der naturwissenschaftlichen Fragestellung Gott nicht vorzufinden[120].

Wir fassen zusammen: Die Theologie, die den Zusammenhang des christlichen Glaubens mit der gegenwärtigen Welt sichtbar machen will, ist auf das Gespräch mit den anderen Wissenschaften angewiesen. Andererseits kann die Theologie Partner sein für wissenschaftstheoretische Grundlagenfragen wie auch für jene die Wissenschaften bedrängenden Fragen der Gesellschaft[121].

Eine wichtige Vorbedingung für einen „Dialog der Fakultäten" wäre demzufolge die Anerkennung der Komplexität der Wirklichkeit, die nach komplexen, einander ergänzenden Arbeitsmethoden verlangt. Wir haben gesehen, daß sich die einzelnen Wissenschaften als bewußte Selbstbeschränkungen des Denkens verstehen. Auch die Theologie kann eine Sinnaussage für die gesamte Wirklichkeit nur unter einem bestimmten Gesichtspunkt leisten, nämlich im Hinblick auf das endgültige und ewige Heil. Ein interdisziplinäres Gespräch zielt somit auf ein umgreifenderes Erfassen der Wirklichkeit ab und erfordert gleichzeitig das Durchschauen der Perspektivität der eigenen wissenschaftlichen Tätigkeit. „Es wird also eine Selbstreflexion der Einzelwissenschaften über ihren eigenen Status im Sinne einer Selbstbeschränkung der Weltsicht gefordert, die zugleich aber auch die Bereitschaft einschließen muß, sich in einen umgreifenden Gesamtrahmen einbeziehen zu lassen."[122] Ein Methodenmonismus würde sich von daher selbst zur Unwirksamkeit verurteilen[123]. Wenn Theologen und Humanwissenschaftler den Dialog ablehnen, so verschließen sie sich der Vertiefung ihres eigenen Gebietes! Und wer willkürlich Dimensionen des Menschen ausschließt, begibt sich in die Gefahr der Ideologisierung[124].

Als weitere Vorbedingung für das interdisziplinäre Gespräch ist die Theologie gehalten, naturwissenschaftliche Ergebnisse weder willkürlich noch blind zu rezipieren.

Dabei gilt es zwei Extreme zu vermeiden: Einmal werden von theologischer Seite gerne „katholische Naturwissenschaftler“ zitiert, die beispielsweise die für den Glauben vielfach unangenehme Evolutionstheorie wissenschaftlich zu widerlegen vorgeben [125)]. Das andere Extrem stellt die allzu unreflektierte Übernahme von naturwissenschaftlichen Ergebnissen einschließlich dem Weltbild und der Terminologie der entsprechenden Wissenschaften dar. Als Beispiel sei der jüngste Versuch des Theologen G. Theißen genannt, biblische Aussagen in evolutionäre Termini zu übersetzen. So wird Gott zum „Woraufhin aller Anpassungsstrukturen“ und „Ursprung selektiven Drucks“ und eine Offenbarung zu einer „Mutation“ des religiösen Bewußtseins [126)]. Schließlich wird das Erscheinen Jesu mit dem Auftauchen einer schwarzen Schmetterlingsmutante in Industriegebieten verglichen, die sich im Grau der Umgebung gegenüber weißen Artgenossen als besser angepaßt erweist (Industriemelanismus): „Jesus ist solch ein schwarzer Schmetterling, der aus dem Weg geräumt wurde, dessen Daseinsform aber später eine Überlebenschance darstellen könnte.“ [127)] Theißen übernimmt zudem Thesen der Soziobiologie in äußerst unkritischer Weise [128)].

Die Gefahr, daß die Theologie zur „ancilla biologiae“ [129)] herabsinkt, scheint tatsächlich gegeben. Durch die Faszination, die heute von den Natur- und Humanwissenschaften ausgeht, und durch die Besorgtheit der Theologie, „nicht mit gleichen Ergebnissen aufwarten zu können, entsteht hier ein einseitiges Gefälle des Einflusses, das die Theologie methodisch wie inhaltlich in die Abhängigkeit von den Wissenschaften geraten läßt“ [130)]. Es sollte folglich darauf geachtet werden, daß es bei einem interdisziplinären Gespräch nicht nur zu einem „Warenaustausch“ kommt, bei dem die Ergebnisse der andern Wissenschaft einfach konsumiert werden. Vielmehr bedarf es einer *kritischen* Auseinandersetzung, bei der auch nach den impliziten Voraussetzungen und dem leitenden Interesse der anderen Wissenschaft gefragt wird [131)]. Ebenso darf es nicht zu einer einseitigen, vom eigenen Interesse bestimmten Auswahl der naturwissenschaftlichen Autoren kommen. In Auseinandersetzungen sollten die Argumente der Gegner nicht von der schwächsten Seite genommen, sondern womöglich noch verbessert werden; nur so bleibt man auf der Suche nach der größeren Wahrheit [132)]. Schließlich soll noch vor Versuchen gewarnt werden, die Argumentationsebenen zu vermischen (etwa mit Hilfe von Bibelstellen gegen die Evolutionstheorie zu argumentieren) [133)].

Damit sind wir bei einer weiteren Vorbedingung für den interdisziplinären Dialog angelangt, nämlich bei der Frage nach der angemessenen Sprachebene. Wenn das Gespräch zwischen Naturwissenschaft und Theologie gelingen soll, muß vorab auch die Terminologie geklärt werden, das heißt die von der jeweiligen Methode abhängigen Aussagemöglichkeiten und Aussagegrenzen. Um dies zu gewährleisten, ist es nicht nötig, die durch die Geschichte bedingte, je eigene Sprache von Theologie und Naturwissenschaft zu ändern; wohl aber wären Sprachregelungen vonnöten, „die zwar nicht die Verwendung gleicher Begriffe in beiden Bereichen anzielen, aber den Gesprächspartnern das adäquate Verständnis der Termini des jeweils anderen Bereichs ermöglichen.“ [134)] Zudem sollten die jeweiligen Sprachen daraufhin untersucht werden, ob sie nicht „begleitende

Schatten" mit sich führen, die durch die jeweilige Kompetenz des Sprechenden nicht mehr gedeckt sind, etwa: „Wieweit schwingen in der Sprache des Naturwissenschaftlers, auch bei strikter Wahrung der eigenen Kompetenzgrenzen, weltanschauliche Betrachtungen mit, die dann das Gespräch mit dem Theologen erschweren, wenn nicht gar blockieren?" [135)] Solche Schatten finden sich in gleicher Weise im Sprachgebrauch des Theologen.

Nun kann man weiters einwenden, daß das gemeinsame Materialobjekt, das unter verschiedenen formalen Aspekten untersucht wird, noch nicht genügt, um ein interdisziplinäres Gespräch sinnvoll zu machen. Denn Interesse der einen Wissenschaft für das Ergebnis der anderen wäre nur dann gegeben, wenn die eine Wissenschaft Teilwissenschaft der anderen wäre. Damit käme aber gar kein echtes inter-disziplinäres Gespräch zustande. K. Rahner sieht jedoch in dem grundsätzlichen und ursprünglichen Unterschied zwischen Theologie und modernen Wissenschaften noch keinen ausreichenden Grund dafür, daß diese von vornherein so unterschieden wären, „daß dieser Disparatheit wegen überhaupt keine Begegnungsmöglichkeiten und somit Konfliktsituationen gegeben sein könnten" [136)]. Auf welcher Ebene ist aber dann eine Auseinandersetzung möglich?

Zunächst kann festgestellt werden, daß sie nicht auf der Ebene der empirischen Daten stattfinden kann. (Moral-)Theologie und empirische Wissenschaften haben disparate Funktionen und Zuständigkeiten und damit auch erkenntnistheoretisch und methodisch bedingte Aussagegrenzen: „Die Erkenntnisquellen der menschlichen Wirklichkeit sind so vielfältig und verschieden, daß sie nicht mehr adäquat in eine höhere Synthese aufgelöst werden können." [137)] Der Naturwissenschaftler kann aufgrund der Abgrenzung seines Erfahrungsbereichs seine isolierten Systeme der Theologie gegenüber als autonome Bereiche ausgeben, über die nur naturwissenschaftlich geurteilt werden kann. „Die Theologie kann keinen material-eigenen Beitrag an Wissen von der Art leisten, wie ihn naturwissenschaftliche Disziplinen untereinander austauschen." [138)]

Ein wahres interdisziplinäres Gespräch ist daher nur auf der Ebene der anthropologischen Entwürfe möglich. Empirische Daten begegnen nie als solche, sondern immer schon in ihrer Vermittlung durch eine bestimmte Interpretation. Wenn der Humanwissenschaftler sich über die vorausgesetzten Grundlagen seines Wissensgebietes nochmals reflex Klarheit zu verschaffen sucht, betreibt er damit schon Philosophie. Über ein solches reflexes Selbstverständnis der Humanwissenschaften kann ein Weg zur Theologie gebahnt werden, wobei freilich die systemimmanenten Methoden überschritten werden [139)]. Die Moraltheologie hat es also gar nicht direkt und unmittelbar mit Ergebnissen der Humanwissenschaften zu tun. „Immer sind noch philosophische und theologische Anthropologie als Bindeglieder zwischengeschaltet." [140)] Infolgedessen hat sich die Theologie ihrerseits zu bemühen, den Glaubensvollzug auf seine anthropologischen Implikationen hin eindeutig zu entschlüsseln. Damit erst schafft sie die gemeinsame Gesprächsebene des Menschenbildes, auf der eine Auseinandersetzung zwischen den empirischen Wissenschaften vom Menschen und der Theologie möglich ist [141)].

Hiermit haben wir eine zentrale Aussage erreicht: *Die Grundlage für einen Dialog zwischen Moraltheologie und Humanwissenschaften ist das jeweils vorausgesetzte Menschenbild.*

Der Streit um das Menschenbild, um die anthropologischen Implikationen, um das von der Theologie oder den Naturwissenschaften jeweils schon eingebrachte Weltbild ist aber ein *philosophischer* Streit. Theologie und Naturwissenschaften versuchen beide auf je verschiedene Weise, Wahrheit zu denken. Indem sie nach der Legitimation fragen, begeben sich beide auf die Ebene der Philosophie, auf der sie sich dann auch begegnen können. Ein Gespräch zwischen ihnen ist mithin erst dort möglich, „wo beide bereit sind, sich selber, das heißt ihre Aussagen, Methoden und Prämissen philosophisch zu durchleuchten und gegebenenfalls zu korrigieren“ [142).

An dieser Stelle sei noch eine kritische Bemerkung eingefügt zu Rahners Behauptung, die Monogamie zwischen Theologie und Philosophie sei zu Ende. Die Theologie könne sich „zu den profanen aposteriorischen Wissenschaften nicht mehr durch die Philosophie allein vermitteln lassen, sondern (habe) direkte und autonome Beziehungen zu ihnen“ [143). Sind aber solche direkten Beziehungen bei der von Rahner postulierten Methodendisparatheit überhaupt möglich? Kann sich der Mensch selber nur von den Wissenschaften her verstehen „ohne Vermittlung der Philosophie“? Gesteht Rahner nicht selbst zu, daß alle drei immer schon Philosophie treiben [144) und legt sich von daher nicht die Philosophie als entscheidende Gesprächsebene nahe?

Abschließend soll hier noch bemerkt werden, daß es für die Moraltheologie im interdisziplinären Gespräch nicht genügt, nur passive Anleihen zu machen, sondern sie hat „eine *aktive* Begegnung zu führen, in die sie nicht nur ihre eigenen wissenschaftsmethodischen Kriterien, sondern zugleich ihren inhaltlichen Beitrag einbringt“ [145). Und eine solche Auseinandersetzung mit den Humanwissenschaften kann auch einmal ohne den anwesenden Gesprächspartner von der anderen Seite geführt werden. „Denn die Fragen, die sich von den verschiedenen anthropologischen Forschungsrichtungen an die theologische Lehre vom Menschen stellen, müssen letztlich doch wir Theologen selber formulieren.“ [146)

Erschwert wird der Dialog durch den Umstand, daß eine Philosophie zu fehlen scheint, die die positiv-wissenschaftlichen Erkenntnisse in ein einheitliches „Menschenbild der modernen Humanwissenschaften“ integrieren könnte [147). Eine weitere Schwierigkeit besteht darin, daß die einschlägigen Einzelwissenschaften, die unter dem Sammelnamen „Humanwissenschaften“ zusammengefaßt sind, ihre vielfältigen Ergebnisse und Theorien keineswegs aufeinander abstimmen können; hierzu bedürfte es noch wissenschaftlich exakter Methoden [148).

1.2.2.2 Ansätze zur Strategie des Dialogs

Das Zueinander von theologischer und empirischer Argumentation in der Normbegründung scheint nach wie vor nur ansatzweise geklärt zu sein. Schon die unterschiedliche Nomenklatur („Kombinatorik", „Integration", „Dialog") weist auf ein breites Meinungsspektrum hin [149]. Einige wichtige Ansätze sollen kurz vorgestellt werden.

W. Korff [150] sieht die Ethik immer stärker an die Erkenntnisse der Einzelwissenschaften gebunden, was vor allem im Bereich materialer ethischer Sachfragen deutlich wird. Je konkreter eine Ethik, umso mehr fließen Ergebnisse von Einzeldisziplinen in den Normfindungsprozeß ein. „In all dem behält Ethik dennoch ihre eigene, unverwechselbare und nicht delegierbare Funktion als übergreifende, am Zielwert des Humanum orientierte und sich von ihm her konstituierende ‚Integrationswissenschaft' (Werner Schöllgen)." [151] Erst die Ethik vermag die Einsichten der Einzelwissenschaften in den jeweiligen konkreten ethisch-anthropologischen Gesamtzusammenhang einzuordnen, was die einzelnen Wissenschaften per definitionem gerade nicht können.

Der empirische Ansatz der Ethik ist zudem noch der Kombinatorik fähig, so daß er für den Ausbau einer auf Universalisierung zielenden ethischen Theorie besonders effizient erscheint, zumal sich mit ihm die tragenden Intentionen sowohl des transzendental-anthropologischen als auch des analytischen Ansatzes vermitteln lassen [152]. Die Humanwissenschaften sollten ihre materiale Fülle als *Weggestalt* des Humanen vor dem Forum der humanen Vernunft auf die Dauer offenhalten; dies können sie aber nur, wenn die Theologie zugleich die vom Menschen selbst uneinholbare *Zielgestalt* des Humanen vor Gott offenhält. Mit der Abklärung des theologisch-ethischen Grundlegungsproblems, in der sich zeigte, daß „theologische Ethik als *theologische* Wissenschaft von ihren eigenen Prämissen her legitimiert und gefordert ist, die im Zuge der Kombinatorik empirischer Argumentation einsichtig werdenden strukturellen Zusammenhänge menschlicher Lebenswirklichkeit konstruktiv aufzunehmen und sie im Horizont der sich erst im Glauben erschließenden Frage nach dem Gesamtsinn menschlicher Existenz neu zu bedenken" [153], ist die Frage nach der Zuordnung der theologischen Ethik zu den material-ethischen Strukturgesetzlichkeiten, die die menschliche Lebenswirklichkeit formen, noch nicht geklärt.

W. Korff setzt für die weitere Verhältnisbestimmung voraus, daß die empirischen Wissenschaften Daten zu liefern vermögen, die „ethisch relevant" sind. Dies kann einmal meinen, daß Ethik und Empirie scharf voneinander getrennt bleiben; die empirischen Wissenschaften würden dann nur Informationsmaterial über den Menschen liefern, dessen normative Beurteilung jedoch der Ethik vorbehalten bleibt. Die empirische Wissenschaft bliebe dann freilich rein instrumentell und könne für die eigentliche ethische Begründung von sich aus nichts einbringen. Die letzte Konsequenz eines so rigoros wertneutralen Wissenschaftsverständnisses wäre ein sittlicher Subjektivismus, da sich die Vernunft der Herrschaft einer von ihr in die Beliebigkeit freigegebenen Moral subjektiver Entscheidungen ausliefert [154].

Daher bleibt zur Bestimmung des Verhältnisses Ethik – Empirie nur ein Ansatz möglich, „der die spezifisch ethische Frage nach dem, *was sein soll*, zugleich immer auch schon als Frage nach konkreten, von sich aus wirkenden empirischen Strukturzusammenhängen als Bedingung seiner Möglichkeiten begreift und der die spezifisch empirische Frage nach dem, *was ist*, immer schon von einem je und je praxisbezogenen Interesse her bestimmt weiß, um derentwillen sie gestellt wird“ [155].

Dies führt zu einer Neubesinnung auf den naturrechtlichen Ansatz, der aus seinen Engführungen zu befreien ist. Vor allem sind jene Einseitigkeiten zu überwinden, welche die dem empirischen Dispositionsfeld innewohnende Logik schon als eine statisch definierte metaphysische Wesensordnung verstehen [156]. Korff gibt zu bedenken, daß ein solches Naturrechtsverständnis sich schon wieder von der Empirie unabhängig macht, indem nämlich die Ethik die Einzelwissenschaften mit objektiv übergreifenden Maßstäben beurteilt und der empirischen Wissenschaft folglich wieder nur eine rein instrumentelle Rolle bleibt. Korff betont demgegenüber den „unabdingbaren Verweisungszusammenhang“ zwischen Ethik und Empirie, der die kritische Kontrolle der empirischen Aussagen impliziert.

Schließlich gibt es noch wissenschaftlich kombinatorische Theoriebildungen, gemäß denen die Vernunft menschlichen Handelns von grundlegenden *empirischen* Bedingungszusammenhängen bestimmt wird. Dies kann als Heraufkunft eines neuen Typus von Ethik gedeutet werden, welche nicht nur als fallbezogene *Integrationswissenschaft* zu verstehen ist, sondern als universelle handlungsleitende *Integrationstheorie*. Eine solche Theorie begnügt sich nicht damit, human relevante empirische Daten ethisch zu integrieren, sondern sie will aus der Vielfalt dieser Einsichten jene ins Zentrum ethischer Reflexion rücken, die für das Gesamtsystem sittlichen Handelns von Bedeutung sind und damit als empirische Ausgangspunkte für eine universelle handlungsleitende Theorie gelten können [157].

D. Mieth fragt nach der Legitimation der Ethik als „integrierender Wissenschaft“ [158]. Einerseits soll nämlich die Anthropologie empirisch fundiert sein, andererseits aber soll sie die Empirie kritisch beurteilen können. Die Lösung Korffs, die Einheit von Ethik und Empirie letztlich doch weltanschaulich zu gründen, legt der Theologie die Last der Letztbegründung konkreter Normen auf. Mieth versucht, von der *ethischen Erfahrung* auszugehen, welche einem anderen Bereich als dem der naturwissenschaftlichen Empirie zugehört. Dieser Ausgangspunkt befähigt die Ethik zu einem besonderen Beitrag innerhalb des Integrationsverfahrens [159]. Dabei ist zu beachten, daß die verschiedenen Regionen der Erfahrung (empirische Erfahrung, ethische Erfahrung, ...) so füreinander erschlossen werden, daß deutlich wird, daß hier in verschiedenen Sprachen und Theorien dasselbe gedacht wird. „Das setzt voraus, daß keine Ergebnisse ohne Rekurs auf ihren Strukturzusammenhang adaptiert werden können.“ [160]

An anderer Stelle beschreibt Mieth den Typus integrierender Wissenschaft als einen ganz besonderen Wissenschaftstyp; da er in keiner Methode einer Einzelwissenschaft aufgeht, kann dieser Typus methodologisch nicht definiert werden. Integrierende Wissenschaften tendieren zur Anthropologie. Sie erhalten ihr Spezifikum nicht von einer Methode, sondern von den anthropologischen Voraussetzungen her [161]. „Die integrierende Wissenschaft bedarf des integrierenden anthropologischen Leitbilds.“ [162] Daher muß eine integrierende Wissenschaft auch das Leitbild selbst, ihre eigenen Voraussetzungen also, kritisch prüfen. Integrierung als wissenschaftliche Methode versucht eine Zusammenschau von Teilaspekten, die zunächst gesammelt werden müssen; mögliche Fehler in den Einzelergebnissen können von der integrierenden Wissenschaft selbst nicht ausgeschaltet werden. Dieses Unsicherheitsfaktors muß sie sich bewußt bleiben. Die einzelwissenschaftlichen Perspektiven werden dann in kritische Relation gebracht, wobei sie sich wechselseitig korrigieren können. Dabei werden nicht so sehr die Einzelergebnisse der Wissenschaften als vielmehr deren Voraussetzungen kritisch zueinander in Beziehung gebracht. Die Gesamtinterpretation verlangt schließlich nach einer übergeordneten Perspektive, die die anderen Perspektiven ohne Verlust ihres Eigenwertes subsumieren kann. „Die übergeordnete Perspektive kommt einer Hypothese gleich, deren Verifikation die Subsumierbarkeit von Einzelerkenntnissen ist; nachweisbare Nicht-Subsumierbarkeit erhält daher die Qualität der Falsifikation.“ [163)]

Integrierung ist auch eine Methode der Theologie, die sich ja durch ihre übergeordnete Perspektive spezifiziert. Integrierungskriterium ist der den Sinn des Humanum implizierende Christusglaube des Menschen. Die Integrierung durch die Theologie meint daher nicht nur eine nachträgliche Kombination von Konvergenzen, sondern eine den Bereich der Erkenntnis erst zusammenschließende Grunderfahrung.

Ch. Frey geht ebenfalls von der These aus, daß ein Dialog zwischen Ethik und den säkularen Wissenschaften nur auf der Ebene des Menschenbildes möglich ist [164)]. Das „Humanum“ ist folglich eine entscheidende Vermittlungsinstanz. Der Dialog darf nicht nur eine selektive, unkritische Verwertung von Erkenntnissen der modernen Wissenschaften darstellen, bei der ein humanwissenschaftlicher Problemansatz – methodologisch unverbunden – mit einem theologischen Kommentar versehen wird; ebensowenig dürfte ein Abbruch des Gesprächs noch eine Abstufungs- oder Ergänzungsstrategie (die Erkenntnisse der säkularen Wissenschaften werden von einem übergeordneten Gesichtspunkt her beschränkt oder hierarchisch eingeordnet) einer wirklichkeitsoffenen Theologie entsprechen [165)]. Der Weg eines methodisch ausgewiesenen Dialogs „in kritischer Solidarität“ müsse erst noch eingeübt werden.

B. Hintersberger nimmt die „Konvergenzargumentation“, wie sie J. Gründel formuliert, zum Ausgangspunkt ihres Versuchs eines Dialogs zwischen theologischer Ethik und Verhaltensforschung [166)]. Sie stellt die These auf, daß die Ethologie mit der Theologie im Höchstfall auf der Ebene einer kooperativen Interdisziplinarität zusammenarbeiten kann, da die Verhaltensforschung als naturwissenschaftliche Disziplin methodisch wie inhaltlich von der Theologie unabhängig sei.

Umgekehrt aber ist die interdisziplinäre Zusammenarbeit mit der Ethologie für die Theologie *konstitutiv*, da ethologische Daten und Erkenntnisse als Randbedingungen sittlichen Handelns notwendig in die theologische Ethik zu integrieren sind [167)]. Hintersberger schlägt als Methode für den interdisziplinären Dialog ein „Drei-Phasen-Konzept“ vor [168)]:

1. Die gegenseitige Information, innerhalb derer wichtige Begriffe zu klären sind.
2. Die Überprüfung beziehungsweise Relativierung von Arbeitshypothesen, wobei ein besonderes Augenmerk darauf zu richten ist, ob die Thesen, die aus dem Tierverhalten gewonnen wurden, auch für den Menschen gelten. Weiterhin sind die Einzelphänomene aus philosophisch-theologischer Perspektive auf ihre ethische Bedeutsamkeit hin zu befragen.
3. Das Aufarbeiten von Ergebnissen, wobei zu unterscheiden ist, ob eine naturwissenschaftliche Erkenntnis eine grundsätzliche Korrektur einer Norm erfordert oder nur deren bisherige argumentative Begründung in Frage stellt.

1.3 Ergebnisse

1.3.1 Die Grundlage des interdisziplinären Gesprächs

Die Grundlage für einen echten Dialog zwischen Theologie und Naturwissenschaft muß eine philosophische sein, „denn bei naturwissenschaftlichen Statements kann man höchstens nachfragen, ob die Experimente und Beobachtungen richtig angestellt wurden“ [169)]. Der Philosophie aber kommt es zu, „die Art und Weise, wie Ergebnisse und Hypothesen gewonnen werden, einer kritischen Prüfung zu unterziehen, das Verhältnis von Theorien und Einzelaussagen, den Status naturwissenschaftlicher Aussagen und deren Reichweite, insbesondere den eigentlichen Inhalt wissenschaftlicher Behauptungen von weltanschaulichen Extrapolationen zu unterscheiden“ [170)]. Ein echtes *Gespräch* ist infolgedessen nur möglich zwischen dem philosophierenden Naturwissenschaftler und dem philosophierenden Theologen. Naturwissenschaft und Theologie bringen beide implizite philosophische Voraussetzungen mit; beide treiben Philosophie, wenn sie über ihre Methoden und Grenzen reflektieren; beide leisten einen Beitrag für ein umfassendes Welt- und Menschenbild, was wiederum eine philosophische Reflexion auf das Ganze der Wirklichkeit evoziert. Naturwissenschaftler fordern zum Beispiel durch ihre Ergebnisse die Naturphilosophie oder die Ethik heraus; die Theologie beansprucht, dem Ganzen der Wirklichkeit einen Sinnhorizont zu verleihen.

Die Schwäche der bisherigen Auseinandersetzung zwischen Theologie und Naturwissenschaft liegt nach der Ansicht R. Spaemanns darin, daß die Theologie von sich aus Ergebnisse anderer Wissenschaften nur zur Kenntnis nehmen kann und unterstellen muß, daß sie arte legis gewonnen wurden [171)]. In der folgenden Arbeit soll der Schwerpunkt der Auseinandersetzung darum auf der philosophischen Ebene liegen. Das legt sich auch von daher nahe, weil die Soziobiologie explizit auf den Bereich der Philosophie übergreift [172)]. Dabei soll es auf keinen Fall um einen neuen Streit zwischen Naturwissenschaft und Glaube gehen. Wohl aber bedarf es dort, wo die Naturwissenschaft selber zur Philosophie wird, eines rationalen philosophischen Disputs, „der auf die Sachlichkeit rationalen Erkennens abzielt“ [173)].

Diese Überlegungen begründen auch den Aufbau der vorliegenden Arbeit: Naturwissenschaften (Kapitel 2–3) kommen nur über die Philosophie (4–5) in ein echtes Gespräch mit der Theologie (6).

1.3.2 Die kritische Rolle der Theologie

Der Naturwissenschaftler hat sich von seiner Methode her streng an eine ganz bestimmte Perspektive gebunden. Folglich kann er nicht zu den letzten Fragen über Herkunft, Wesen und Sinn des Seins vorstoßen. Der Naturwissenschaftler wird sich darum mit einem gewissen Skeptizismus heute mehr als früher hüten, aus den naturwissenschaftlichen Ergebnissen allzu schnell eine Gesamtweltanschauung zu extrapolieren [174)]. Der Grund für viele Konflikte zwischen Theologie und Naturwissenschaft liegt aber in solchen Grenzüberschreitungen, „die hinsichtlich einer bestimmten Sachfrage die Theologie oder die Naturwissenschaft oder beide begehen, wobei unter Umständen eine solche Grenzüberschreitung nicht sofort und leicht bemerkt werden muß, sondern sich erst unter dem Widerspruch der anderen Seite herausstellt“ [175)].

Daher kann sich für die (Moral-)Theologie die Aufgabe stellen, den humanwissenschaftlichen Gesprächspartner auf solche Grenzüberschreitungen aufmerksam zu machen, wie umgekehrt die Humanwissenschaften moraltheologische Argumentationen, die von falschen naturwissenschaftlichen Voraussetzungen ausgehen, kritisieren können.

Darüber hinaus ist die (Moral-)Theologie von ihrer Erfahrung und ihrer Geschichte her befähigt und aufgerufen, die Naturwissenschaften auf ihren Ideologiegehalt hin zu prüfen und sie dadurch ihrem eigenen Ziel, nämlich einer möglichst objektiven Erfassung von Wirklichkeit, näherzubringen [176)]. Zweifelsohne haben auch alle naturwissenschaftlichen Theorien metaphysische Implikationen sowie einen gesellschaftlichen und politischen Hintergrund; den Forschungen der empirischen Wissenschaften liegen immer schon Vorentscheidungen metaphysischer und weltbildhafter Natur zugrunde. Eine Ideologisierung der Ergebnisse kann schon bei einer Ideologisierung der Fragestellung ihren Anfang genommen haben [177)]. Gerade die auf streng funktionales Denken hin orientierten Wissenschaften stehen in Gefahr, nicht mehr abzusichernde philosophische Aussagen zu machen. Der Biologe kann wohl bestimmte endliche Sachverhalte zu anderen Sachverhalten in Beziehung setzen; er kann aber nicht die Frage nach der Sinnhaftigkeit eines einzelnen endlichen Verhaltens beantworten, weil die Sinnfrage nur innerhalb eines umfassenden Gesamtrahmens beantwortbar ist. „So steht es dem Ethiker und Moraltheologen durchaus zu, Äußerungen von Verhaltenswissenschaftlern auf eventuelle ‚Grenzüberschreitungen' hin zu befragen.“ [178)] Auch kann der Theologe stillschweigende Voraussetzungen aufzudecken versuchen, die in manchen humanwissenschaftlichen Argumenten wirksam sind: Gibt es überhaupt so etwas wie eine „wertfreie“ Forschung? Wieweit sind die Naturwissenschaften interessegeleitet? Geschieht die Auswahl bestimmter Perspektiven nicht aus gewissen Motivationen heraus [179)]?

Die Moraltheologie sollte also die wissenschaftstheoretischen Bedingungen der Naturwissenschaft – und natürlich auch ihrer selbst – reflektieren, „um deren Realitätsgehaltes, ihrer Hypothezität, ihres Abblendungscharakters und somit des Bereiches und der Bedingungen ihrer Gültigkeit ansichtig zu werden“ [180]. Der Theologe wird den Gesprächspartner leise und bescheiden fragen, „ob nicht da und dort doch ein blinder Fleck im Auge dieser Wissenschaft oder dieses Wissenschaftlers sei, den man berücksichtigen müsse, den auch der andere Wissenschaftler bei etwas methodischem Geschick und bei gutem Willen entdecken könne“ [181]. Die Theologie muß sich zum Anwalt der Selbstkritik der Wissenschaften machen, ihrer Bescheidenheit, des Bewußtseins ihrer Vorläufigkeit und ihrer nie ganz überwindbaren Ausschnitthaftigkeit. Sie kann die Dimensionen der Wirklichkeit zur Sprache bringen, die nicht im Netz der Kausalverknüpfungen einzufangen sind. „Sie kann den Wissenschaftler darauf aufmerksam machen, daß am Anfang – auch der wissenschaftlichen Frage – die allgemein menschliche Frage nach dem ‚was ist‘ steht. Sie kann das Unableitbare, Einmalige der Freiheit, der Liebe, des Guten, des Glücks und der Würde mit jener Rückfrage des Wissenschaftlers nach der ihm zugänglichen menschlichen Erfahrung verknüpfen.“ [182] Damit wird sie der jeder Wissenschaft innewohnenden Gefahr wehren, sich selbst absolut zu setzen und zu meinen, ihr Schlüssel passe für alle Türen [183].

Auf diesem Hintergrund erscheint uns der Ansatz von B. Hintersberger, welcher für die Beziehung von Ethologie zur Moraltheologie im Höchstfall eine kooperative Interdisziplinarität annimmt, zu niedrig gegriffen. Für jede Humanwissenschaft, die per definitionem auf der Suche nach der größeren Wahrheit bleiben will, müßte eine Ideologiekritik zu ihren konstitutiven Voraussetzungen zählen. Eine solche kann durchaus von der Theologie geleistet werden. Es gibt sogar eine spezifisch theologische Wissenschaftskritik: „Wissenschaftliche Einzelperspektiven geraten, sobald sie im Horizont des gläubigen Sinnverstehens diskutiert werden, in die Dimension der Kritik dieses Horizonts.“ [184] Somit steht der Theologie eine Kritik am Sinnhorizont zu, in den hinein jeweils die einzelwissenschaftlichen Ergebnisse gedeutet werden. Von hier aus wird auch die Behauptung N. Schiffers, der Naturwissenschaftler könne sich in seinem System aufgrund der Autonomie jede Bevormundung durch den Theologen verbieten [185], fragwürdig. Hat nicht der Theologe das Recht und sogar die Pflicht, den Naturwissenschaftler auf die philosophischen Voraussetzungen seines Tuns und auf seine Erkenntnisgrenzen aufmerksam zu machen? So meint auch K. Rahner: Daß die Theologie „die einzelne Naturwissenschaft, die und insoweit sie unweigerlich immer auch eine anthropologische Relevanz hat, auf Verkürzungen des Menschenbildes, das von der einzelnen Naturwissenschaft her droht, auf die menschliche Verantwortung, die mit jeder naturwissenschaftlichen Erkenntnis gegeben ist, aufmerksam machen kann und muß, das ist wohl auch selbstverständlich, aber ein immer neu zu realisierender Dienst, den die Theologie den Naturwissenschaften leisten kann und muß“ [186].

Der spezifisch *theologische* Beitrag wird sich im Dialog mit den Humanwissenschaften gerade dort zeigen, wo die Theologie allgemein wissenschaftliche Modellbildung und

Begrifflichkeit aus theologischen Gründen modifizieren muß. Diese spezifische Kritikfähigkeit dürfte auf dem Gebiet der *Anthropologie* am wirksamsten sein, da die Theologie mit Hilfe ihrer eigenen – entschlüsselten – anthropologischen Implikationen die den Naturwissenschaften unvermeidlich innewohnende anthropologische Relevanz etwa auf ein reduktionistisches Menschenbild hin kritisch hinterfragen kann. Dies wird auch die Hauptzielrichtung der hier vorliegenden Auseinandersetzung mit der Soziobiologie sein.

1.3.3 Offene Fragen

Einige Probleme sind noch offengeblieben:

1. Da der Moraltheologe keine *eigenen* Kriterien hat, um die Ergebnisse naturwissenschaftlicher Disziplinen zu beurteilen und gegenüber den Naturwissenschaften immer ein Nichtfachmann ist, wird er sich davor hüten müssen, aus den verschiedenen Schulen und Ergebnissen diejenigen opportunistisch auszuwählen, die am leichtesten in sein eigenes Denken passen [187)].

2. Der Widerstreit zwischen der operationalen Denkform der Naturwissenschaften und der hermeneutischen Methode der Theologie ist nicht auflösbar und wird zu einer Bewährungsprobe für das intendierte interdisziplinäre Gespräch werden [188)].

3. Wenn die Theologie Ergebnisse der objektivierenden Humanwissenschaften konstitutiv in das eigene Denken einbeziehen will, so muß dabei die Gefahr bedacht werden, daß die Theologie in dieser Selbstentäußerung in humanwissenschaftliche Zusammenhänge hinein ihre eigene Geschichte zu verlieren droht; in allen interdisziplinären Gesprächen muß daher die Theologie auf ihre Eigenständigkeit achten, die ihr die christliche Anthropologie verleiht; nur so kann sie ihren *spezifischen* Beitrag für den Dialog mit den Wissenschaften leisten [189)].

4. Schließlich ist auch die Misere nicht wirklich überwindbar, „daß bei der heutigen Unermeßlichkeit der Wissenschaft trotz aller Entschlossenheit zum interdisziplinären Dialog faktisch der Naturwissenschaftler eigentlich immer zu wenig von Metaphysik und erst recht von Theologie versteht und umgekehrt natürlich erst recht der Theologe nicht wirklich über eine recht dilettantische Erkenntnis der Ergebnisse und Methoden der Naturwissenschaften hinauskommt, und so der Dialog sehr mühsam ist und meist steckenbleibt, bevor er genauere, klare und von beiden Seiten angenommene Resultate erzielt hat“ [190)].

Exkurs: Der Dialog Moraltheologie–Verhaltensforschung

In den vergangenen zwanzig Jahren hat das Gespräch zwischen Moraltheologie und Ethologie eine bedeutende Rolle gespielt[191]. Viele Probleme, die sich in der vorliegenden Auseinandersetzung mit der Soziobiologie stellen, sind in jenem Dialog schon zur Sprache gekommen. Einige dieser Fragestellungen sollen daher kurz erwähnt werden.

Die Ethologie versteht sich als Naturwissenschaft, die mit empirischen Methoden arbeitet; sie vergleicht Merkmale, Arten und Leistungen. Dabei wird unterschieden zwischen Abstammungsähnlichkeiten (Homologien) und Konvergenzen (Analogien). Analogien wären etwa ähnliche Verhaltensweisen bei stammesgeschichtlich sehr verschiedenen Arten. Solche Analogien machen auf *funktions*gebundene Struktureigenschaften aufmerksam. Als Beispiel sei die monogame Lebensweise angeführt, die sich bei verschiedensten Tierarten findet, nicht jedoch beim dem Menschen nächst verwandten Schimpansen. Dieser besiedelt einen anderen Lebensraum als der Mensch und hat darum wohl auch ein anderes Sozialsystem entwickelt[192].

Die Verhaltensforschung kann aufgrund ihrer Ergebnisse auch im Tierreich soziale und vitale Werte feststellen; solche Erkenntnisse können Auskunft geben über Anlagen, Triebe und Gefühlsdispositionen, die auch dem Menschen von der Evolution „mitgegeben" worden sind[193]. Von der naturwissenschaftlichen Methode her muß freilich sofort eingeschränkt werden, daß Daten aus Tierexperimenten nur meßbare bzw. objektiv exakt beschreibbare Gegebenheiten darstellen können. Die biologisch-ethologische Wissenschaft kann nur Teile dessen erfassen, was wir als Wesen des Menschen in seiner Gesamtheit bezeichnen: „Methoden der exakten Wissenschaften reichen nicht aus, um menschliches Verhalten in seiner Fülle zu erfassen und den Sinn menschlichen Lebens nahezubringen."[194]

J. Gründel kritisiert darum auch folgende Thesen, die von dem Verhaltensforscher W. Wickler zur Vergleichsmethodik Tier-Mensch vorgeschlagen worden waren:

„1. Die Verhaltensforschung als Naturwissenschaft läßt offen, ob ihre Arbeitsmethoden bestimmte Besonderheiten der untersuchten Lebewesen (Tiere oder Menschen) unerfaßt lassen.

2. Derjenige, der eine Andersartigkeit des Menschen gegenüber dem Tier behauptet oder dem Menschen Besonderheiten zuspricht, die dem Tier abgehen, hat den Beweis dafür zu führen.

3. Dazu sind Methoden erforderlich, die sich auf Tier wie Mensch anwenden lassen. Methoden (naturwissenschaftlicher oder anderer Art), deren Anwendungsbereich entweder auf Tier oder Mensch beschränkt ist, sind deshalb nicht geeignet, die Frage nach der Andersartigkeit oder den Besonderheiten zu beantworten."[195]

Wenngleich die biologischen Gegebenheiten für den Menschen eine grundlegende Bedeutung haben, so kommt dem menschlichen Verhalten eine größere Offenheit und Freiheit zu als dem in seinem Verhalten stark fixierten Tier. Diese Offenheit bedarf der kulturellen Formung und Sinngebung durch das Geistige. „Dementsprechend wird auch die naturwissenschaftliche, empirische Methode schlechthin unzureichend bleiben, um menschliches Verhalten in seiner Fülle zu erfassen und um den Sinn menschlichen Lebens überhaupt zu begreifen."[196] Wertungen der Verhaltensforschung müssen auf der vitalen Ebene bleiben („gut ist, was der Arterhaltung dient") und können niemals zu der eigentlich menschlichen Wertung auf der Sinnebene vorstoßen. Sogar die Reflexion des Naturwissenschaftlers übersteigt schon seine eigene methodische Ebene. Daher ist die Forderung nach einem Beweis für die Andersartigkeit des Menschen (These 2), der sich ja gerade durch seine methodisch nicht mehr hintergehbare Reflexion auszeichnet, fragwürdig: Die naturwissenschaftliche Methode kann den Menschen nur begrenzt erfassen und bleibt von daher ergänzungsbedürftig.

Von daher kann J. Gründel auch die dritte These kritisieren, die in ihrer Konsequenz behauptet, man könne die Andersartigkeit von zwei Individuen nur beweisen, wenn diese mit der gleichen Methode verglichen werden. „Sobald dies jedoch geschieht, wird sich zeigen, daß eben die Methode des spekulativen, sinnvernehmenden Denkens gerade für den tierischen Bereich nicht annehmbar ist, daß sie aber wesentlich für die Erkenntnis der Eigenart des Menschen erforderlich erscheint. Bedient man sich aber mehrerer verschiedener naturwissenschaftlicher Methoden, so wird wiederum nur ein quantitativer Unterschied des Verhaltens zwischen Tier und Mensch aufweisbar sein. Dies würde schließlich einer Gleichschaltung von Tier und Mensch entsprechen. Das Metabiologische im Menschen (seine Geistigkeit) übersteigt eben das Biologische nicht nur quantitativ, sondern zieht dieses Biologische mit sich und durchformt es in einer nur dem Menschen eigentümlichen Weise."[197]

Die Auseinandersetzung zwischen Ethologie und Moraltheologie hat weiterhin auf die Bedeutung der Sprache aufmerksam gemacht: Allzu leicht werden mit den ins Tierreich hineinprojizierten Anthropomorphismen auch die Grenzen zwischen Mensch und Tier verwischt[198]. Hier wäre Kritik daran zu üben, daß sehr schnell auf Analogien oder gar Homologien geschlossen wird, wo der Mensch doch auch äußerlich perfekte Phänokopien von bei Tieren angeborenen Verhaltensweisen liefern könnte.

Die Diskussion Ethologie–Ethik ist somit vor allem für eine methodische Abklärung der beiden Bereiche fruchtbar gewesen; sie hat gezeigt, daß der Mensch eine pluriforme Wirklichkeit darstellt und sittliche Weisungen darum mit Hilfe einer Konvergenzargumentation gefunden werden können. „Wenn auch das Ganze mehr ist als die Summe seiner Teile, so sind diese Teile aber ihrerseits unerläßlich für das Verständnis des Ganzen: der Teilaspekt, den die Ethologie zur Gesamtschau des Humanum und seiner sittlichen Strukturen beiträgt, ist darum ein echtes und notwendiges Anliegen im Rahmen einer integralen Anthropologie."[199]

Was im Dialog der Moraltheologie mit der Ethologie bislang zu kurz kam, war jedoch eine intensive philosophische Auseinandersetzung mit den wissenschaftstheoretischen, naturphilosophischen und ethischen Implikationen der Verhaltensforschung. Genau in diesen Bereich möchte diese Dissertation ein wenig vorstoßen.

2. „Soziobiologie – die neue Synthese"

In diesem Kapitel sollen die wichtigsten Thesen der allgemeinen Soziobiologie vorgestellt werden. Dabei werden die Standardwerke zur Soziobiologie, insbesondere die Veröffentlichungen von E. O. Wilson, R. D. Alexander, D. P. Barash, R. Dawkins und R. L. Trivers Berücksichtigung finden[1].

2.1 Das Fundament der Soziobiologie

Die Soziobiologie versucht, das Sozialverhalten von Tier und Mensch auf der Grundlage der Darwinschen Evolutionstheorie zu erklären; denn „nichts in der Biologie ergibt Sinn außer im Licht der Evolution"[2].

Unter Evolution versteht man einen Naturvorgang, „eine Transformation der Organismen in Gestalt und Lebensweise, wodurch in Ahnenreihen die Nachfahren andersartig gegenüber den Vorfahren werden"[3]. K. Günther gibt folgende Definition: „Alle heute lebenden Organisationsformen haben sich in den durch lange geschichtliche Zeiten aufeinanderfolgenden Generationen in schrittweiser allmählicher Umbildung aus anders gearteten Organismen entwickelt. Hierbei müssen für die empirisch festgestellten, engeren und weiteren Verwandtschaftskreise der heute lebenden Organismen jeweils gemeinsame – bei enger Verwandtschaft in jüngerer, bei weitläufiger Verwandtschaft in weiter zurückliegender Erdvergangenheit anzunehmende – Ausgangs- oder Ahnenformen als Abstammungswurzel gefordert werden. Daher ist schließlich für alle Lebensträger oder Organismen auf unserer Erde eine gemeinsame Ursprungsform in freilich sehr weit zurückliegender Erdvergangenheit anzunehmen."[4]

Der Motor für dieses Entwicklungsgeschehen ist der „Kampf ums Dasein"; jedes Lebewesen strebt nach Selbsterhaltung; die Schwachen bleiben auf der Strecke, nur der Tüchtigste („fittest") überlebt[5]. H. Spencer beschrieb die natürliche Selektion (Auslese) als „survival of the fittest", was Ch. Darwin in einer späteren Ausgabe von „On the Origin of Species" übernommen hat. Die Frage aber, wer im Prozeß der natürlichen Auslese

„fit“ ist, konnte wissenschaftlich vor dem Aufkommen der Populationsgenetik in der Mitte des 20. Jahrhunderts nicht beantwortet werden[6]. Die Verschmelzung von Darwins Evolutionstheorie mit der von Gregor Mendel begründeten Vererbungslehre nennen wir Neodarwinismus (etwa Weismanns Evolutionstheorie); von diesem ist wiederum die Synthetische Theorie der Evolution zu unterscheiden, welche den Darwinismus, die klassische Genetik und die Populationsbiologie in sich vereinigt (Julian Huxley, Evolution. A Modern Synthesis). Für die synthetische Theorie, deren bedeutendster Vertreter heute E. Mayr ist, hat das Grundproblem der Evolution eine „gedanklich völlig befriedigende Lösung“ gefunden[7]. B. Rensch, R. Riedl und F. M. Wuketits versuchen eine Ergänzung durch die Systemtheorie und betrachten die Evolution „als komplexes Geschehen von Rückkoppelungen und Wechselwirkungen“[8].

Wir können nun den Vorgang der Evolution vereinfachend wie folgt beschreiben: „Alle Individuen variieren in ihren Merkmalen, deren Ausprägung durch Erbfaktoren (Gene) beeinflußt wird.“[9] Je nach Umweltbedingung vermehren sie sich unterschiedlich erfolgreich, da sie durch ihre Merkmale eben unterschiedlich gut angepaßt sind. Die Umweltbedingungen lassen es normalerweise nicht zu, daß alle Individuen so viele fruchtbare Nachkommen hinterlassen, wie sie nur erzeugen können. Wenn aber nur die besser angepaßten überleben, nimmt im Laufe der Generationen „der Anteil jener Gene in einer Bevölkerung zu, deren Träger einen höheren Fortpflanzungserfolg haben als die anderer genetischer Varianten (Allele)... Bei beschränkten lebensnotwendigen Ressourcen – Nahrung, Schutzmöglichkeiten vor Feinden oder ungünstiger Witterung usw. – muß es daher zu einer Konkurrenz zwischen den verschieden gut angepaßten Erbmalsträgern kommen. Daher können grundsätzlich nur solche Gene und Genkombinationen an Häufigkeit zunehmen, die ihren Trägern in diesem Konkurrenzprozeß eine gegenüber den im Wettbewerb stehenden Typen erhöhte Vermehrungsfähigkeit verleihen.“[10] Nur solche Gene, die quasi eigennützig die sie tragenden Körper dahingehend beeinflussen, daß diese ihre Vermehrung optimieren, haben in der Evolution eine Überlebenschance.

Die Größe, die durch die Selektion primär verändert wird, ist folglich nicht mehr das Individuum wie bei Darwin, sondern das gesamte Erbgut der Art, der „Genpool“, wobei Art definiert wird als alle Lebewesen, die zu einem Genpool gehören und in der Fortpflanzung ihr Erbgut austauschen können[11].

Zwei wichtige Prozesse liegen dem Evolutionsgeschehen somit zugrunde: Ein „schöpferischer“ Prozeß, in dem durch zufällige Mutationen von Genen und durch Rekombinationen bei der sexuellen Fortpflanzung neue Lebensformen hervorgebracht werden; und ein Vorgang der Auslöschung, in dem diejenigen Mutanten wieder verschwinden, „die unter bestimmten Umweltbedingungen nicht mindestens ebenso lebens- und fortpflanzungstüchtig sind wie die unveränderten Attribute“[12]. „Zufall“ meint in diesem Zusammenhang, daß ein Geschehnis von unberechenbar vielen Einzelursachen gesteuert wird. „Die ‚günstigen‘ Schritte erfolgen zwar zufällig, aber sie werden sofort fixiert und damit zu Konstanten, die nun nicht mehr dem Zufall unterliegen. Somit kann auch eine bestimmte Struktur in viel kürzeren Zeiten entstehen, als man nach den Gesetzen des Zufalls errechnet.“ [13)]

Auf dieser Grundlage konnte E. O. Wilson „Fitness“ neu definieren als „den Anteil eines Genotyps innerhalb einer Population für die nächste Generation im Verhältnis zu den Anteilen anderer Genotypen. Per definitionem führt dieser Prozeß der natürlichen Selektion schließlich zur Bevorzugung des Genotyps mit der höchsten Fitness.“ [14)] Unabhängig davon, welche Faktoren für den Evolutionsprozeß sonst noch verantwortlich sind, ist das allgemeine Erfolgsmaß in diesem Prozeß die Vermehrungsrate. Erfolg meint, „bei der nächsten Runde wieder mitzuspielen“, in den nächsten Generationen also durch möglichst viele Nachkommen vertreten zu sein. Die Prämie liegt darauf, im Gewinnen und Umsetzen von Energie besser zu sein als die Konkurrenten. „Jede Anpassung, die hier einen Vorteil bringt, wird automatisch gefördert. Und da der Organismus nichts tun kann, ohne dafür Energie zu verbrauchen, kann es auch hier keine organismischen Strukturen geben, die in diesem Geschehen ‚neutral‘ wären . . . Der Anpassungszwang besteht sozusagen total. Er betrifft sowohl den Bau und das innere Funktionieren des Organismus als auch seine Beziehungen zur Umwelt.“ [15)] Anpassungen (Adaptationen) können somit definiert werden als diejenigen Merkmale, die innerhalb einer Anzahl von alternativen Merkmalen die höchste Fitness vermitteln, welche gemessen wird mit Hilfe der Anzahl der Nachkommen oder Kopien eines Gens, das weitergegeben wird [16)]. Auch das Verhalten gehört zu diesen Anpassungen.

Die natürliche Selektion bewirkt ein „unterschiedliches Überleben von Allelen in Genpools“ [17)]: „Ausgehend von der Annahme, daß alle Organismen über ein bestimmtes Maß an Zeit und Energie verfügen, muß der Mechanismus der Selektion so wirken, daß solche Genotypen in ihrer Replikation begünstigt werden, die jenes Maß an Zeit und Energie optimal einsetzen.“ [18)] Wenn es beispielsweise durch das Auftauchen eines neuen Gens zu einem bislang unbekannten Verhalten eines Lebewesens kommt, so wird sich, wenn dieses neue Verhalten Überlebensvorteile bringt, das dafür verantwortliche Gen im Genpool ausbreiten und sich schließlich durchsetzen [19)].

Für die Soziobiologie spielt noch ein weiteres evolutionstheoretisches Konzept eine bedeutende Rolle, nämlich die „evolutionär stabile Strategie“ (ESS) [20)], die von der Spieltheorie her entwickelt worden war. Sie gründet auf der sogenannten „Mini-Max-Strategie“: Jeder versucht, die eigenen Verluste zu minimieren, die des Gegners aber zu maximieren, wobei die natürliche Auslese nur den Vorteil bewertet; es gibt in ihr kein Bestreben, dem andern möglichst großen Schaden zuzufügen. Nehmen wir als Beispiel die zwei Kampfstrategien von „Falken“ (kampfeslustige Artvarianten) und „Tauben“ (friedliebende Artvarianten) an, so ergeben Computersimulationen, ja sogar schon einfache Rechenbeispiele, daß nicht etwa die „Falken“ auf die Dauer die „Tauben“ einer Population verdrängen werden, sondern daß es zwischen beiden Varianten zu einem relativ stabilen Verhältnis kommt. Der Grund dafür liegt darin, daß bei einem Überhandnehmen der aggressiven Variante sich auch die Wahrscheinlichkeit erhöht, daß zwei kampfeslustige Tiere aufeinandertreffen, die dann im Kampf viel Energie vergeuden, während die „feigen“ Tauben diesen Energieverlust nicht haben. Solche evolutionär stabilen Strategien tauchen überall dort auf, wo es Konkurrenz und Interessenkonflikte gibt[21].

2.2 Zur Geschichte der Soziobiologie

Der Terminus „Sociobiology“ wurde 1946 von John P. Scott und unabhängig davon 1948 von C. F. Hocket verwendet. 1950 schlug Scott diesen Begriff als Bezeichnung für die interdisziplinäre Wissenschaft vor, die zwischen der Biologie (besonders Ökologie und Physiologie), Psychologie und Soziologie liegt[22]. Diesen Begriff übernahm E. O. Wilson, Professor am Harvard Museum of Comparative Zoology, der von Haus aus Spezialist für Ameisen ist und als einer der führenden Insektenbiologen der Welt gilt[23]. Im letzten Kapitel seines Buches „The Insect Societies“ (1971) kündigte Wilson eine neue Disziplin an: „The prospect for a unified sociobiology“[24]. Hierbei sollten die Prinzipien der Populationsbiologie, die sich bei den sozialen Insekten so gut bewährt hätten, auf die Wirbeltiere übertragen werden[25]. Dieser Schritt wurde dann mit dem Buch „Sociobiology. The New Synthesis“ (1975) vollzogen, dessen Erscheinen einen Einschnitt für die neuere sozialwissenschaftliche Theoriediskussion markierte; die einsetzende lebhafte Diskussion bezog sich vor allem auf das Verhältnis der Soziobiologie zu den etablierten Sozial- und Kulturwissenschaften[26].

Wilsons Hauptwerk gliedert sich in drei Teile: I. Die soziale Evolution; II. Soziale Mechanismen; III. Die sozialen Arten. Bei diesen unterscheidet er vier Hauptgipfel der sozialen Evolution: 1. Kolonien der Wirbellosen; 2. soziale Insekten; 3. Wirbeltiere; 4. der Mensch[27]. Im zweiten Teil integriert Wilson auch die ältere Verhaltensforschung. Ihr gegenüber ist an der Soziobiologie neu, „daß sie die wichtigsten Fakten über die soziale Organisation aus dem traditionellen Entstehungskontext der Ethologie und Psychologie hergeleitet und auf der Grundlage einer auf der Ebene der Population betriebenen Ökologie und Genetik neu zusammengestellt hat, um zu zeigen, wie soziale Gruppen sich durch Evolution an die Umwelt anpassen“[28]. Wilson definiert daher die Soziobiologie als „die systematische Erforschung der biologischen Grundlagen des Sozialverhaltens in seinen unterschiedlichsten Ausprägungen, wobei alle Tierarten erfaßt werden; die Soziobiologie ist demnach in erster Linie eine vergleichende Wissenschaft.“[29]

Zwei Modelle mit entsprechenden Theorien sind für die Soziobiologie relevant:

1. Das modifizierte Darwinsche Modell der natürlichen Selektion.
2. Alle Phänotypen entstehen aus der Interaktion zwischen dem Genotypen eines Organismus und seiner Umwelt. Das gilt auch für das Verhalten.

Die neue synthetische Theorie der Soziobiologie verbindet diese beiden Modelle und nimmt an, daß auch das Verhalten dem Prozeß der natürlichen Evolution unterliegt; daraus folgt, daß das Verhalten, das zumindest eine Komponente des Genotyps eines Individuums repräsentiert, die Fitness des betreffenden Individuums zu maximieren sucht[30]. Die Soziobiologie geht folglich von einer strikten Anwendung der neodarwinistischen Evolutionstheorie auf das soziale Verhalten von Tieren aus[31]. Sie ist von daher nicht so sehr eine neue Theorie, sondern eine neue Disziplin, eine „Mischdisziplin“ (Wilson), die Ergebnisse und Ansätze von Evolutionstheorie, Populationsbiologie, Verhaltensforschung, Biometrik, Ethnologie und Anthropologie zusammenfaßt mit der Zielrichtung, auch soziales Verhalten biologisch zu erklären[32]. Die Biologie soll somit als Grundlagenwissenschaft der Sozialwissenschaften installiert werden, so wie etwa die Physik die Grundlagenwissenschaft der Chemie ist, und den Sozialwissenschaften die Erklärungsschemata und Grundlagentheoreme sozialen Verhaltens liefern[33]. Die „neue Synthese“ soll schließlich „die bisherigen Aussagen der Psychologie, der Soziologie und der Philosophie teils überflüssig machen und teils als Spezialsätze in die Biologie integrieren“[34].

Die Soziobiologie unterscheidet sich in einem zentralen Punkt von der Verhaltensforschung, für die das Wesentliche bei der Evolution der Vorteil für die Art ist. K. Lorenz oder I. Eibl-Eibesfeldt vertreten eine „Gruppenselektionstheorie“, nach welcher diejenige *Gruppe (Art)*, deren einzelne Angehörige bereit sind, sich selbst für das Wohlergehen der Gruppe zu opfern, mit geringerer Wahrscheinlichkeit ausstirbt als eine rivalisierende Gruppe, deren einzelne Mitglieder ihren eigenen selbstsüchtigen Interessen den ersten Platz einräumen. Dagegen ist für die Soziobiologie das Wesentliche bei der Evolution der Vorteil für das *Individuum* (oder das Gen)[35].

Die Soziobiologie führt damit im Gegensatz zur Verhaltensforschung die Evolutionstheorie konsequenter und radikaler in das Erklärungsschema für das Verhalten ein; sie kritisiert an der klassischen Ethologie, daß diese dem unzureichenden Paradigma der Veränderung von Verhaltensweisen durch Erfahrung verhaftet geblieben sei und somit oft nur quasi-evolutionäre Erklärungen gegeben habe. Während die Verhaltensforschung einer primären Strategie folgend nur die unmittelbaren Vorbedingungen von Verhaltensweisen analysiert hat, will sich nun die Soziobiologie einer sekundären Strategie bedienen, indem sie den adaptiven Wert eines Verhaltens als Bestandteil des gesamten Verhaltensrepertoires einer Art untersucht[36].

2.3 Die zentrale These der Soziobiologie

Die Soziobiologen versuchen, die Entwicklung tierischen Verhaltens in der Evolution durch natürliche Auslese zu erklären: „Wie konnte unter den Bedingungen der Evolution soziales Verhalten entstehen? Warum setzt sich unter bestimmten Bedingungen ein bestimmtes Verhalten evolutionär durch?“[37] Die Vertreter der neuen Disziplin fragen nicht so sehr nach der Funktion eines Verhaltens, sondern nach dem Warum seiner Entstehung. Hauptthema ist dabei nicht die Aggression, sondern das uneigennützige Verhalten: der Altruismus.

Dieser stellt nämlich vom evolutionstheoretischen Standpunkt her eine Herausforderung dar: „Die Erscheinung, daß nicht nur der Mensch, sondern auch viele Tiere für Artgenossen eintreten und dabei das Risiko laufen, selbst Schaden zu nehmen, stellt ein besonderes evolutionsbiologisches Problem dar: In der Evolution können bestimmte Verhaltensweisen nur dann gefördert werden und erhalten bleiben, wenn die Erbfaktoren (Gene), die diese Verhaltensweisen bewirken, an die Nachkommen bei der Fortpflanzung weitergegeben werden. Wie also konnte altruistisches Verhalten im Darwinschen ‚Kampf ums Dasein‘ bestehen bleiben, wenn doch der einzige Maßstab für die ‚Tüchtigkeit‘ (Fitness) der Individuen deren Fortpflanzungserfolg ist, den ein altruistisches Individuum leicht verfehlt?“ [38] Warum warnen Vögel ihre Artgenossen und bringen sich dabei selber in Lebensgefahr? Warum betreiben Tiere Brutpflege? Wie kam es zu „sozialem“ Verhalten? Wie gar zu sterilen Arbeiterinnen im Insektenstaat, die zum Wohl der Königin auf eigene Fortpflanzung verzichten?

Schon für Ch. Darwin schien die Existenz von sterilen Ameisenarbeiterinnen eine unübersteigbare Schwierigkeit für die Theorie der natürlichen Selektion darzustellen [39]. „Die größeren Chancen, in der nächsten Runde wieder mitzuspielen, müßte nämlich der Egoist haben, der vor allem darauf achtet, daß er selbst in der Konkurrenz gut davonkommt und möglichst viele Nachkommen hinterläßt.“ [40]

Viele Biologen übergingen diese Schwierigkeiten oder gaben sich mit der Annahme zufrieden, daß Populationen mit Individuen, die zugunsten der Vermehrung anderer Mitglieder ihrer Gemeinschaft auf eigenen Nachwuchs verzichten, damit insgesamt Populationen ohne solche „Altruisten“ überlegen sind [41]. Dabei machte man allerdings Annahmen, die im Widerspruch zur Evolutionstheorie standen: „Wie sollte sich nämlich eine genetische Anlage durchsetzen, die ihre Träger veranlaßte, nicht sich selbst zu vermehren, sondern Individuen in ihrer Vermehrung zu begünstigen, die diese ‚altruistischen‘ Gene gar nicht besaßen? Die primäre Frage ist nicht, was einer Population nützt oder nicht nützt, sondern wie ein Genotyp häufiger werden soll, dessen Nachkommen seltener sind als die der genetisch nicht zu ‚Altruismus‘ disponierten Konkurrenten.“ [42]

Gerade diese schwierige Frage zu lösen, fremdnützige Verhaltensweisen also in das Theoriegebäude der modernen Evolutionstheorie zu integrieren, bildet das erklärte Ziel der Soziobiologie: „This brings us to the central theoretical problem of sociobiology: how can altruism, which by definition reduces personal fitness, possibly evolve by natural selection?“ [43]

Die Anwort der Soziobiologen auf das Problem ist höchst einfach: „Der Altruismus muß selbst zur Weitergabe der den Altruismus bestimmenden Gene beitragen, sonst könnte er nicht erhalten bleiben.“ [44] Die Theorie der Genselektion scheint die einfachste und plausibelste Erklärung für altruistisches Verhalten zu liefern; denn auf der Ebene der Gene gibt es keinen Altruismus. Ein Gen, das sich selbst zurückhält und anderen den Vortritt läßt, löscht sich selbst aus dem Gen-Pool aus. „Wenn es auf der Ebene der Organismen doch so etwas wie altruistisches Verhalten gibt, dann nur deshalb, weil

Gene, die Organismen mit altruistischen Verhaltensweisen zulassen, sich unter den gegebenen Umständen schneller ausbreiten als Gene, die dies nicht tun."[45]

Daher versucht die Soziobiologie nachzuweisen, daß Altruismus nur eine Form von genetischem Egoismus darstellt. Die typische Erklärungsstrategie der Soziobiologie ist ein dynamisches Tieferlegen der Erklärungsschicht. „Der genetische Ansatz, in dem die empirischen Phänomene in bezug auf ihren Überlebenswert gewichtet und mit den Prinzipien der Populationsgenetik verbunden werden, bedeutet nun eine Fundamentierung, welche explanative Fragen von der Form, *warum* sich bestimmte Verhaltensweisen in der Sozietät vorfinden, zu beantworten gestattet."[46] Es wird nicht mehr nach den unmittelbaren Funktionen (proximate functions) eines Verhaltens gefragt, sondern nach dessen letzter Funktion (ultimate function), das heißt nach dessen Beitrag für das Überleben der entsprechenden Gene. Dem individuellen Organismus kommt nur noch geringe Bedeutung zu, denn der evolutionäre Erfolg eines Organismus wird an der Menge gemessen, in der seine *Gene* in der nächsten Generation präsent sind[47]. Die Einheit der Selektion ist das Gen selber. Ein Gen wird dabei pragmatisch definiert als „jedes beliebige Stück der Erbsubstanz, welches wenigstens potentiell selbst oder als sein Reduplikat so lange bestehen bleibt, daß es als Einheit der Selektion unterliegen kann"[48].

Der Organismus hat nur die Funktion, Gene zu produzieren und ihr Träger zu sein: „In einem darwinistischen Sinne lebt der Organismus nicht für sich selbst. Seine wichtigste Funktion besteht nicht einmal darin, andere Organismen zu reproduzieren; er reproduziert Gene, als deren vorübergehender Träger er dient... Der individuelle Organismus ist nur ihr Vehikel... Der Organismus ist nur die Weise von DNS, mehr DNS zu machen."[49] Auf die Frage, warum denn die Gene sich nicht einfach in Einzellern replizieren und die ungeheure Last auf sich nehmen, so komplizierte Organismen wie Elefanten und Mammutbäume aufzubauen, wird geantwortet, daß die Mehrzahl der Lebewesen auf der Erde tatsächlich ja Einzeller seien. Vielzellige, komplizierte Organismen könnten jedoch andere ökologische Nischen besetzen als Einzeller, mit denen sie dann nicht mehr konkurrieren und somit zu einem Instrument zur Erhaltung und Ausbreitung der Gene würden[50]. Das Individuum ist nur „Gepäckträger" seiner Gene; es hat nicht evolviert zum Überleben (was ihm ja auch nicht gelingt), sondern zum Replizieren der Gene. Diese sind die eigentlichen Kämpfer um das Überleben. Für R. Dawkins ist der individuelle Organismus folglich nur eine „Überlebensmaschine", die blind programmiert ist zur Erhaltung der selbstsüchtigen Moleküle, die Gene genannt werden[51]. Gene sind Replikatoren. Organismen und Gruppen von Organismen sind hingegen keine Replikatoren, sondern vielmehr Vehikel, in denen die Replikatoren reisen[52]. Nicht das Individuum wird als das primäre Ziel der Evolution angesehen, sondern „die Durchsetzung bestimmter Gene in der nachfolgenden Generation gegenüber anderen Genen an derselben Chromosomenstelle"[53]. Der Eigennutz der Gene wird zum Motor der gesamten Evolution.

Komplementär zur Sichtweise des „egoistischen Gens" ist die Rede vom „erweiterten Phänotyp". Replikatoren (Gene) manipulieren ihre Umwelt zu ihrem eigenen Vorteil.

Der Einfluß des Gens reicht dabei über den Körper des Individuums hinaus: Auch das Netz der Spinne gehört zum Phänotyp, der von den Replikatoren gesteuert wird. Die Gene sind die eigentlichen Drahtzieher, während die Individuen völlig kontingente Erscheinungen sind[54)].

Auf diesem Hintergrund konnte Dawkins den Egoismus radikal zum Überlebensprinzip erklären, wobei sich der Egoismus des Gens im Egoismus des Verhaltens niederschlägt. Damit wird ein Zusammenhang zwischen der Ebene beobachteten Verhaltens und der Ebene der Gene impliziert. Der Überlebenswert von Verhaltensweisen kann nur dann bestimmt werden, wenn diese mit der Optimierungsstrategie der Gene verbunden werden können. Das Verhalten wird unter dem Kosten-Nutzen-Gesichtspunkt betrachtet. Denn ein bestimmtes Verhalten kann sich ja nur dann evolutionär durchsetzen, wenn es in Richtung Maximierung des Nutzens bei gleichzeitiger Minimierung des Kostenaufwandes tendiert[55)]. Mit Hilfe dieses aus der Ökonomie übernommenen Prinzips untersucht die Soziobiologie den Anpassungswert von Phänotypen, insbesondere von Verhalten; ein sich in der Evolution herausgebildetes Verhalten muß für die Weitergabe des diesen Phänotyp verursachenden Genes von Vorteil sein.

Die Verlegung der Erklärungsstrategie vom Individuum auf die Ebene der Gene hat den Vorteil, „daß Gene (1) quasi unsterblich sind und (2), daß die Replikationstendenz der Gene dem Verhalten auf der Ebene sinnlich unmittelbar beobachtbarer Organismen eine grundlegende Dynamik verleiht“[56)]. Nach Dawkins besitzen Gene die Eigenschaften der Langlebigkeit, Fruchtbarkeit und Kopiergenauigkeit[57)]. Gene bilden schließlich die allgemeinste Grundlage für Verhalten; auch die Fähigkeit zum Lernen ist letztendlich genetisch fundiert.

Wenn wir von der Knappheit der Nahrungsreserven und dem Ökonomieprinzip ausgehen, so können wir zusammenfassend festhalten, daß die natürliche Auslese Lösungen begünstigt, „die Zeit und Energie so einsetzen, daß die Repräsentation der Gene eines gegebenen Individuums dadurch maximiert (wird), anders gewendet, daß möglichst viele Kopien seiner selbst überleben“[58)]. Dies müßte sich vom evolutionären Standpunkt aus so manifestieren, daß die Verhaltensweisen eines Individuums den eigenen Genen insgesamt mehr Vorteile als Nachteile verschaffen.

2.4 Erklärungen für die Evolution des Altruismus

2.4.1 Die Verwandtschaftsselektion[59)]

„Altruismus“ wird von den Soziobiologen von den Folgen eines Verhaltens her definiert und setzt kein Bewußtsein voraus: Altruistisch heißt eine „Handlung, die den persönlichen Reproduktionserfolg des Handelnden mindert, während sie den Reproduktionserfolg anderer fördert“[60)].

Die meisten Soziobiologen erklären das stammesgeschichtliche Entstehen des Altruismus mit Hilfe der Theorie der Verwandtschaftsselektion (Sippenselektion, „kin selection"), entwickelt durch den Engländer W. D. Hamilton[61]. Dieser geht von dem Grundgedanken aus, daß Verwandte gemeinsame Gene besitzen. Die Wahrscheinlichkeit, daß sich ein bestimmtes Gen auch im Erbgut eines Verwandten befindet, hängt vom Verwandtschaftsgrad ab. So beträgt die Wahrscheinlichkeit eigenen Kindern gegenüber 1:2 (50%), Enkeln gegenüber 1:4 (25%) und so fort. Es muß daher im reproduktiven Interesse eines jeden Lebewesens liegen, dafür zu sorgen, daß diejenigen, die Gene mit ihm gemeinsam haben, sich vermehren, denn sie stellen Kopien von einem Teil der eigenen Gene her[62]. Altruistisches Verhalten gegenüber Verwandten zahlt sich aus, denn diese teilen ja Gene mit dem „Altruisten" und ihre Vermehrung dient der Vermehrung seiner Gene. Dazu muß natürlich der Verwandtschaftsgrad in einem entsprechenden Verhältnis zur Hilfeleistung stehen. So kann als Kernsatz der Verwandtschaftstheorie formuliert werden: „Gene für altruistisches Verhalten werden von der Selektion begünstigt, wenn $k > 1/r$, wobei k das Verhältnis zwischen dem Nutzen für den Hilfeempfangenden und dem Aufwand des Hilfeleistenden ist und r den Verwandtschaftsgrad zwischen Nutznießer und Altruist angibt, und zwar summiert über sämtliche Individuen, die in den Nutzen kommen."[63] Ein anschauliches Beispiel dafür bietet der Biologe und Mathematiker J. B. S. Haldane, der gefragt wurde, ob er sein Leben geben würde, um einen Bruder zu retten; seine Antwort lautete: „Für einen Bruder nicht, aber für drei!"[64] (Wenn ein Organismus sich opfert, um einen Bruder zu retten, so gehen 100% der eigenen Gene zugrunde, um das Überleben von 50% zu gewährleisten, denn dies wäre statistisch gesehen die mittlere Anzahl der gleichen Gene, die im Organismus des Bruders enthalten sind. Wenn durch das Selbstopfer aber drei Brüder gerettet werden, so sind es 150% dieser gleichen Gene, die überleben. Damit tut Haldane zur Vermehrung seiner Gene im Durchschnitt besser daran, drei Brüder zu retten als sich selbst).

„Die Evolution altruistischen Verhaltens ist somit im genetischen Modell nur möglich, wenn der Verzicht auf eigene Fortpflanzungschancen einem Artgenossen zugute kommt, der genetisch dem Altruisten am besten gleicht, wie in einem Tierstock, oder jedenfalls möglichst ähnlich ist, denn nur so haben Gene, die altruistisches Verhalten fördern, Durchsetzungschancen."[65]

Ein Paradebeispiel bieten die staatenbildenden Insekten. Deren Männchen entwickeln sich aus unbefruchteten Eiern, haben also nur einen haploiden Chromosomensatz. Daraus ergeben sich merkwürdige Verwandtschaftskoeffizienten: Schwestern haben zueinander einen Koeffizienten von 75%, Mutter und Tochter 50% und so fort. Hamilton leitet aus dieser Tatsache ab, „daß bei solchen Tierarten ein Weibchen mehr für die Verbreitung seiner Gene tut, indem es hilft, zusätzliche Schwestern aufzuziehen, statt selber Kinder zu haben. Damit sei erklärt, warum gerade Hautflügler für die Bildung von Staaten, in denen sich lauter Weibchen gegenseitig unterstützen, prädestiniert seien."[66] Die „kin selection"-Theorie kann damit auch erklären, wie sich Gene ausbreiten, die unter bestimmten Bedingungen bei ihren Trägern Sterilität programmieren. Dies ist dann möglich, wenn der Verzicht auf Nachwuchs dazu führt, daß Verwandte unterstützt werden und diese sich dadurch um so viel besser vermehren, daß insgesamt mehr Gen-Kopien in der nächsten Generation vorhanden sind, als wenn beide Teile nach Kräften jeweils nur ihre eigene Vermehrung betrieben hätten [67)].

Diese Theorie darf nicht dahingehend mißverstanden werden, als setzte sie bewußte Berechnung des Verwandtschaftsgrades durch die Tiere voraus; es genügt, daß der Selektionsprozeß im Laufe der Generationen jene genetischen Konstitutionen übrigbleiben läßt, deren Träger sich unbewußt den genannten Forderungen verwandtschaftsgemäßen Verhaltens entsprechend verhalten und dadurch ihre Gesamtfitness erhöhen. „Wir erwarten von der Theorie her nicht, daß Lebewesen rechnen, wohl aber, daß sie ein Verhalten an den Tag legen, das dem von uns berechneten entspricht.“ [68)] Das Problem des *Erkennens* von Verwandten ist lösbar etwa im Verhältnis Mutter–Kind (Brutpflege ist auch ein typisches Beispiel für die Sippenselektion) oder im geschlossenen Sozialverband (Herde, Rudel, Schwarm), wo genetische Verwandtschaft mit den anderen garantiert ist. Soziales Verhalten hätte sich also letztendlich aus familiären Brutpflegebeziehungen entwickelt [69)].

Die Sippenselektion kann beispielsweise eine Erklärung für den Warnruf von Vögeln liefern, der auf den ersten Blick nicht mit den Darwinschen Kategorien zur Deckung zu bringen ist: „Wohl vermindert der warnende Vogel seine eigenen Aussichten auf Nachwuchs, indem er die Aufmerksamkeit des Raubtiers auf sich lenkt, doch steigert sein aufopferndes Verhalten die Fortpflanzungsaussicht der Tiere im Schwarm, die unmittelbar mit ihm verwandt sind, und verstärkt damit seine ‚Gesamteignung‘ (inclusive fitness) für die Rolle eines in einer Gesellschaft lebenden Tieres.“ [70)]

Auch das bisher unlösbare Problem, daß Löwenmännchen, die einen Harem erobern, alle frischgeborenen Löwenkinder töten, kann mit Hilfe der „kin selection“ erklärt werden: Nach der Tötung der Neugeborenen, deren Vater der vorherige Haremsbesitzer war, werden die Weibchen wieder brünftig (dies würde sonst erst 20 Monate später – nach der Aufzucht der Jungen – wieder eintreten) und können nun vom neuen Männchen begattet werden. Nicht die *Arterhaltung* steht im Vordergrund, sonst würden die Kinder nicht umgebracht werden, sondern das Interesse an der Ausbreitung der eigenen Gene. Ein Löwe, der so „programmiert“ ist, wird sich und damit sein Programm stärker vermehren als einer, der die Kinder seines Vorgängers am Leben läßt.

Nicht mehr die individuelle Fitness ist die Maßeinheit, sondern die „inclusive fitness“, die definiert ist „als der Beitrag eines Genotyps (das heißt der Erbanlagen) zur nächsten Generation verglichen mit dem Beitrag anderer Genotypen in derselben Population“ [71)]. Wir können nun aber die Fitness nicht direkt messen, da wir die Ausbreitung der Gene, der eigentlichen Fitness-Maßeinheiten, nicht unmittelbar verfolgen können. So muß als praktische Einheit die Zahl der Träger dieser Gene dienen:

1. Die Zahl der eigenen Nachkommen (persönliche Komponente der Gesamtfitness).
2. Die Zahl der Nachkommen von Verwandten (kin-Komponente der Gesamtfitness).

Man kann auch von einer direkten Komponente (die Zahl der Gene in direkter Nachkommenschaft) und einer indirekten Komponente (die Zahl der Gene bei Verwandten) sprechen. Beide Komponenten bilden zusammen die Gesamtfitness und unterliegen der natürlichen Selektion[72]. Damit geht es letztlich, wie Dawkins konsequent ausführt, nicht mehr um eine Selektion auf der Ebene der Verwandtschaft (kin selection) oder des Individuums, sonderen um Replikator-Selektion. „Die Gesamt-Fitness ... ist jene Eigenschaft eines einzelnen Organismus, die scheinbar maximiert wird, wenn es in Wirklichkeit auf das Überleben des Gens ankommt."[73]

2.4.2 Der reziproke oder wechselseitige Altruismus

Eine andere Möglichkeit, die Evolution altruistischen Verhaltens zu erklären, bietet die Theorie vom reziproken Altruismus (Mutualismus); dieser beruht auf dem Prinzip der Gegenseitigkeit: „Wenn ich dir heute etwas Gutes tue und dabei kostbare Energie und Zeit verbrauche, erwarte ich morgen von dir ein Gleiches."[74]

Zwischen dem Altruisten und Nutznießer besteht keine genetische Verwandtschaft; die gegenseitige Hilfe beruht darauf, daß Hilfeleistende aus ihrem Verhalten einen Eigengewinn ziehen können, der in bezug auf ihre „inclusive fitness" letztlich größer ist als der Aufwand. „Der Gewinn für den Altruisten muß also größer als die mit der altruistischen Anfangshandlung verbundene Minderung der Gesamt-Eignung (sein). Dies ist eine Art Goldene Regel der Biologie. . ."[75].

R. Dawkins zeigte, daß der reziproke Altruismus durchaus im Sinn einer ESS verstanden werden kann. Freilich darf auch hier nicht das Mißverständnis aufkommen, die Tiere würden rechnen. Sie verhalten sich vielmehr, *als ob* sie kalkulierten. Das unbewußte Verhalten von Tieren hat bestimmte Folgen, nach denen die natürliche Selektion diese Tiere „beurteilt", das heißt, ihnen unterschiedlichen Fortpflanzungserfolg zuteil werden läßt[76].

Als Beispiel für den reziproken Altruismus werden etwa die Symbiose (Zusammenleben von Lebewesen unterschiedlicher Arten!) oder auch die gegenseitige Fellpflege bei Säugetieren genannt[77]. Freilich scheint bislang kein Fall von echtem innerartlichen reziproken Altruismus hinreichend belegt[78]. Da beim Mutualismus das Wiedererkennen des Wohltäters und damit das Ausschalten von „Betrügern", die sich helfen lassen, aber die Hilfe nicht erwidern, eine Rolle spielt, dürfte dieser am ehesten bei den höheren Säugetieren, Primaten und vor allem beim Menschen von Bedeutung sein[79].

2.4.3 Die Gruppenselektion

Die Idee, daß die Selektion an den Arten arbeitet, wurde von vielen Soziobiologen verworfen; da sie für manche Erklärungen eine Rolle spielen kann, sei sie noch kurz erwähnt.

Der Theorie von der Gruppenselektion liegt die Idee zugrunde, daß Gruppen von Organismen als Gesamtheiten miteinander konkurrieren, wobei diejenigen Gruppen die größeren Überlebenschancen haben, deren Mitglieder zum Wohl der Gruppe wirken[80)]. Neu entfacht wurde die Diskussion um die Gruppenselektion durch die Beiträge von V. C. Wynne-Edwards, der etwa Verhaltensweisen von Tieren anführt, die eine Überbevölkerung verhindern[81)]. Dagegen wandte G. C. Williams ein, daß Gruppen sich nur dann in ihrer Genausstattung unterscheiden können, wenn sich innerhalb der Gruppe ein Gen durch individuelle Selektion durchsetzt. Und selbst wenn sich ein Gen für Altruismus innerhalb einer sehr kleinen Gruppe einmal etabliert hätte, würde doch die individuelle Selektion ein solches Gen bald wieder ausschalten[82)].

Während Wilson die Gruppenselektion für durchaus möglich hält, lehnt Dawkins sie ab, da für ihn die Selektionseinheit das Gen und nicht die Art oder die Gruppe ist[83)]. Viele Beispiele für die Gruppenselektion wie etwa die „Kommentkämpfe“ von Tieren, die ihre Artgenossen dabei nicht verletzen, konnten in der Tat auch durch die Individualselektion erklärt werden[84)]. Damit Gruppenselektion wirken kann, müßten Bedingungen gegeben sein, die selten sein dürften wie geographische Isolation von verschiedenen Gruppen der gleichen Art, kleine Gruppengröße oder schnelle Austilgung von Gruppen mit nichtaltruistischen Mitgliedern[85)]. Am ehesten sind die Bedingungen für die Gruppenselektion noch in typischen Primatengruppen erfüllt, wo die Gruppenselektion die Individualselektion überwiegen kann. Dann können Verhaltensweisen entstehen, die ‚gut für die Art‘ sind, dem einzelnen Individuum aber keinen Selektionsvorteil bieten. Die Idee der Gruppenselektion kann von daher nicht ganz verworfen werden; die Sippenselektion wird aber wohl immer eine alternative Erklärungsmöglichkeit für altruistisches Verhalten abgeben können; beide Selektionsmechanismen könnten außerdem gleichzeitig und gleichsinnig wirken[86)].

2.4.4 Zusammenfassung

Altruismus ist ein Gruppenphänomen, bei dem Gene/Individuen, die als egoistisch betrachtet werden müssen, anderen nützen auf Kosten ihres eigenen Vorteils; der angenommene Egoismus und das Faktum des Altruismus werden versöhnt durch Verwandtschaftsselektion, Gruppenselektion und reziproken Altruismus, deren jeweilige Bedeutung umstritten bleibt[87)]. Der genetische und evolutive Vorteil sozialer Verhaltensweisen ist damit zum erstenmal mit berechenbaren populationsgenetischen Modellen geprüft worden; „hinter diese Sichtweise und den methodischen Zugriff werden die biologischen Verhaltenswissenschaften nicht wieder zurückfallen“[88)].

2.5 Kritik an der Soziobiologie

Die „neue Synthese" Wilsons ist unter Biologen sehr umstritten. Das Spektrum reicht von der euphorischen Zuversicht des Soziobiologen R. Alexander, für den mit der Soziobiologie der bedeutendste Schritt zum Verständnis der Evolution seit Darwin getan wurde, bis zur herben Kritik des bekannten Genetikers R. Lewontin, der die Soziobiologie für wenig mehr als ein Zerrbild des Darwinismus hält[89].

2.5.1 Kritik an der Evolutionstheorie

Biologen und Philosophen werfen der Soziobiologie vor, daß sie der Kritik, die der synthetischen oder neodarwinistischen Evolutionstheorie gilt, und den Modifikationen, die jene Kritik bewirkt hat, zu wenig oder keine Aufmerksamkeit schenkt[90].

Viele Biologen betonen gegenüber dem übertriebenen Optimismus J. Huxleys und J. Monods, für die die synthetische Theorie ein ausreichendes Erklärungskonzept für die Evolution bereithält, die Ergänzungsbedürftigkeit dieser Theorie[91]. So wird beispielsweise angeführt, daß man nicht einfach aus der Erfahrung der Variabilität der Arten schon eine *universale* Evolutionstheorie ableiten kann; zufällige Mutationen und ihre mechanische Auslese reichen nicht aus, um die Entstehung neuer, zweckmäßig funktionierender Organe gänzlich zu erklären. „Zufall" meint in diesem Zusammenhang nicht Abwesenheit von Ursachen[92], sondern ein Geschehnis, das von *unberechenbar* vielen Einzelursachen gesteuert wird; dieser „Zufall" scheint ein zu langsamer Prozeß zu sein, um das Evolutionsgeschehen voranzutreiben: Die nur punktförmigen genetischen Variationen im neodarwinistischen Modell reichen zur Erklärung der großen genetischen Variationen bei den höheren Organismen nicht aus; die nur allelomorphe Mutation kann den Unterschied so sehr verschiedener Arten nicht erklären. Selbst Monod räumt ein, es sei eine Zumutung an die Vernunft, die oft unerhört raffinierten und zweckmäßigen Strukturen durch den blinden Zufall zu erklären[93]. Die Entstehung neuer Gene aufgrund des uneingeschränkten blinden Zufalls ist praktisch unmöglich. „Durch Zufall sind im Grunde nur Verlustmutationen möglich, die allerdings unter bestimmten Umständen durchaus Gewinn bedeuten können. Man denke z. B. an die Vorfahren der heutigen Eisbären, die einen nicht unerheblichen Vorteil errangen, als sie ihre Fellfarbe zufällig verloren."[94] Die Entstehung komplizierter Strukturen scheint aber dadurch nicht erklärbar, was schon Darwin andeutete: „Ich bekomme Fieber, wenn ich an das menschliche Auge denke."[95] I. Eisenstein faßt diese Schwierigkeit zusammen: „Die Entstehung neuer zweckmäßig funktionierender Organe, neuer Lebensweisen und Anpassungsmechanismen, neuer Instinkte von vitaler Bedeutung können durch zufällige Mutationen und ihre mechanische Auslese nicht erklärt werden. Das bleibt das große Paradoxon der Darwinschen Theorie."[96]

Die Wirkungen von Mutationen konnte bisher nur im Bereich der Mikroevolution und bei Vorgängen innerhalb der Arten nachgewiesen werden. Die Umwandlung von Arten und Großtypen ineinander und auseinander ist somit durch die Evolutionstheorie in ihrer bisherigen Form nicht erklärbar[97)]. Von daher erscheint die Behauptung vieler Evolutionsbiologen, die Entwicklung der Artenvielfalt und der Biosphäre als Ganzes sei ein grundsätzlich gelöstes Rätsel, sehr fraglich. Die synthetische Theorie enthält sicher ein „großes Korn Wahrheit“, kann aber nicht genügen, die Evolution als Ganzes zu deuten[98)]. Wenn K. Lorenz oder R. Dawkins daher die Evolution fraglos als „Faktum“ hinnehmen[99)], so wird dies der Problematik nicht gerecht. Und auch die Behauptung von Lorenz, Mutation und Selektion seien die Hauptkonstrukteure des Artenwandels[100)], muß in Frage gestellt werden. Da über 99% der Mutationen eine schädigende Wirkung mit sich bringen, erweist sich die Rolle der Mutation als einziger *schöpferischer* Faktor der Evolution sehr fragwürdig. Auch die natürliche Selektion kann nicht als „schöpferisch“ bezeichnet werden, da sie keine positive Wahl treffen kann, sondern nur zu bestimmen vermag, welche Arten von Genen oder Individuen nicht überleben werden. Der Nachweis eines Selektionsvorteils zeigt nämlich nur, wieso das Merkmal beibehalten wurde, nachdem es einmal entstanden war; er besagt nichts darüber, *wie* das Merkmal entstand[101)]. „Die Eliminierung von Mißbildungen erklärt nicht die Evolution höherer Formen. Die Leistung eines Unkrautvertilgers ist sehr nützlich, aber sie erklärt nicht die Entwicklung neuer Pflanzenarten.“[102)] Für A. L. Caplan erklärt daher „natürliche Selektion“ *per se* noch gar nichts, sondern ist ein „Platzhalter“ für die Beschreibung verschiedenster Prozesse, die eine evolutionäre Veränderung herbeiführen[103)]. Die Auskunft, daß ein Merkmal durch Mutation und Selektion entstanden sei, besagt demnach in erster Linie, daß jenes Merkmal auf natürliche Weise entstanden ist; mehr jedoch ist damit noch nicht gesagt.

Auch die Isolation als weiterer Evolutionsfaktor kann nur neu kombinieren, aber grundsätzlich nichts qualitativ Neues schaffen. Ebenso ist das Konzept der Höherentwicklung problematisch: Denn die primitivsten Lebewesen haben ohne Höherentwicklung am längsten überlebt. Und schließlich können die Darwinschen Faktoren solche Merkmale wie „Innerlichkeit“ oder die über den Erhaltungswert hinausgehenden Darstellungswerte (Farbenpracht, Harmonie) nicht erklären[104)].

Damit wird die Bedeutung von Mutation und Selektion nicht geleugnet; ihr umfassender, absoluter Alleinvertretungsanspruch muß allerdings zurückgewiesen werden. Nicht alle Phänomene der Evolution können durch natürliche Selektion allein erklärt werden[105)]. Schon Darwin wußte um die Grenze seiner Theorie; er sah darum in der natürlichen Selektion den wichtigsten, nicht aber den einzigen Faktor für die Evolution[106)]. So muß die Evolutionstheorie zum Beispiel dahingehend modifiziert werden, daß Selektion nicht nur via Außenwelt geschieht, wie sie in Analogie des Züchters verstanden wurde. Es gibt auch eine Entwicklung ohne Umwelteinfluß: „Das gesamte Gefüge mit seiner Stoff- und Energiezehrung übt seinen Einfluß aus.“[107)] Auch wenn keine Konkurrenz besteht, findet unter dem Anbranden dauernder Mutationen Selektion statt, da diese den Energieaufwand bewertet und somit ständig die Evolution vorantreibt. Ausdrücke wie „Auslese", „Ausmerzung" und „Fitness" werden entbehrlich.

Besonders W. Gutmann und K. Bonik versuchen, eine solche zweite Art von Selektion aufzuzeigen, die sie eine „innere Selektion" nennen: Sie besteht aus einer Eliminierung von mißgebildeten Varianten, bevor diese der äußeren Selektion ausgesetzt werden. Daher kann Selektion „nicht mehr nur von den Umweltbedingungen her verstanden werden, da begründbar und belegbar ist, daß die innere Organisation des Organismus im Prozeß der Selbstorganisation die Entwicklung mitbestimmt" [108]. Dieser Ansatz wurde von F. M. Wuketits übernommen, für den im Rahmen der Systemtheorie auch innerhalb eines hierarchisch geordneten Organismus eine Selektion möglich ist [109].

Gegen das Konzept der inneren Selektion wurde vorgebracht, daß die Elimination von mißgebildeten „Systemen" doch gar keine Selektion darstellt, da sie für niemanden eine Konkurrenz bedeuten. „Hier geht doch einfach etwas Fehlentwickeltes aus was für Gründen auch immer an sich selbst zugrunde ... Kein erfolgreicherer Konkurrent schiebt es über die Kante... Diese innere Selektion ist ein Pseudofaktor. Selektion gibt es nur als äußere, nämlich als Konkurrenz zwischen voll, aber unterschiedlich gut funktionierenden Systemen. Ein Fußball-Klub, der nicht spielt, wird nicht wegselektioniert, er wird überhaupt nicht selektioniert." [110] Was Gutmann und Bonik nicht gelingt, ist eben die von Mutation und Selektion nicht zu leistende Erklärung der Makroevolution. „Wie es unmöglich ist, einen Kolbenmotor sprunglos in eine Gasturbine überzuführen, so ist es unmöglich, die verschiedenen Grundkonstruktionen der Lebewesen wirklich sprunglos, graduell derart auseinander hervorgehen zu lassen, daß jede Zwischenstufe nicht funktioniert, sondern sogar besser funktioniert." [111] Mutation und Selektion können folglich als Optimierungsmechanismen schon bestehende und funktionierende Systeme verbessern, sind aber keine „Konstrukteure".

Von philosophischer Seite wurde gegen die Evolutionstheorie vor allem der Einwand geltend gemacht, daß das Konzept der Anpassung tautologisch sei. „Die bestangepaßten Individuen einer Population, die man definiert als solche, die die meisten Nachkommen hinterlassen, werden die meisten Nachkommen hinterlassen." [112] Dies erinnert an das englische Sprichwort: „Nichts hat so viel Erfolg wie Erfolg." Wenn Anpassung aber als energetisches Problem betrachtet wird, dann ist „survival of the fittest" nicht mehr tautologisch. Angesichts der Beschränktheit der Ressourcen wird eine Prämie darauf liegen, im Gewinnen und Umsetzen von Energie besser zu sein als die Konkurrenten. Jede vorteilhafte Anpassung wird automatisch gefördert. Und da alles, was ein Organismus tut, Energie verbraucht, besteht dieser Anpassungszwang total [113]. Das Überleben der Tüchtigsten kann daher präzis nicht-tautologisch gefaßt werden als Überleben desjenigen, dessen Selektionswert gegenüber seinen Konkurrenten maximal ist [114]. Der Vorwurf der Tautologie ist auch mit dem Argument zurückgewiesen worden, daß die Evolutionstheorie unter gegebenen Bedingungen eine unterschiedliche Reproduktion von Artvarianten voraussagen und nicht nur in der Retrospektive analysieren kann [115]. Wenn allerdings das Prinzip der natürlichen Selektion nur mit der Feststellung der zahlreichsten Nachkommenschaft definiert wird oder mit Anpassungsfähigkeit, so bleibt es tautologisch, da die verschiedensten Tiere gleich gut angepaßt sind. Wären sie es nämlich nicht, so wären sie längst ausgestorben. „Niemand bezweifelt die Binsenwahrheit, daß eine Spezies nur dann überleben kann, wenn sie imstande ist, sich ihrer Umwelt anzupassen, aber es gibt zahllose Methoden, sich einer und derselben Umgebung anzupassen, und einige dieser Methoden sind so unglaublich umständlich und kompliziert, daß der Begriff ‚Anpassung‘ bedeutungslos wird.“ [116)] Der Philosoph F. Kambartel hat daher die Behauptung aufgestellt, „daß die universelle darwinistische Erklärungshypothese keine Erklärung in Konkurrenz etwa zu anderen Erklärungen ist, sondern, mit Wittgensteins Bild, als fünftes, empirisch gehaltloses, Rad am Wagen sonstiger Erklärungen mitläuft“ [117)].

Auch erkenntnistheoretisch müssen wir fragen, ob nicht das Paradigma der Evolution eben auch nur vorläufig ist. Die Behauptung, daß unser jetziges Evolutionsverständnis die Entstehung des Lebens vollständig erklären könne, hat ideologischen Charakter. „Bisher mußte noch jede naturwissenschaftliche Theorie mit dem Fortschritt der Erkenntnis verändert und ausgebaut werden, oder es wurden Grenzen ihres Gültigkeitsbereiches aufgezeigt.“ [118)] Wir müssen annehmen, daß die Natur auch andere Weisen des Wirkens und Schaffens kennt, die von unseren menschlichen Perspektiven her nicht faßbar sind. „Wenn unsere wissenschaftlichen Theorien Funktion und Produkt eines im Laufe der Zeit sich ändernden Verstandes sind, so können sie logischerweise keinen Anspruch auf objektive Gültigkeit und Wahrheit erheben, auch wenn sie *uns* hier und jetzt richtig erscheinen. Und so wird die Glaubwürdigkeit der Evolutionstheorie paradoxerweise als Konsequenz ihrer eigenen These in Frage gestellt.“ [119)]

Insbesondere R. Spaemann und R. Löw haben gezeigt, daß der Darwinismus daher keine „zur Überprüfung anstehende Hypothese, sondern ein wissenschaftliches Paradigma im Sinne von Thomas Kuhn ist“ [120)], was W. Stegmüller bestätigt [121)]. Gegenbeispiele werden nämlich nicht zur Falsifikation des Darwinismus herangezogen, sondern durch Zusatzhypothesen zu entkräften versucht. Man denke zum Beispiel an die von den Evolutionstheoretikern am Schreibtisch erdachten Zwischenformen („missing links“, „hopeful monsters“) [122)]. Als Paradigma beruht der Darwinismus oftmals auf „Glaubensentscheidungen“. Eine rein naturwissenschaftlich begründete Evolutionstheorie kann dagegen nur auf der Grundlage des Hypothetikodeduktionismus entwickelt werden, der Voraussetzung also, „daß die gesamte Wissenschaft auf Theorien beruht, die logisch strikt formuliert sein müssen und an Beobachtungen überprüft, aber nie endgültig bewiesen werden können“ [123)]. Die Evolution kann von daher nicht einfach als Tatsache bezeichnet werden, sondern hat „nach wie vor den Status einer Hypothese, die in vieler Hinsicht gut begründet ist und der andererseits weiterhin gewichtige Schwierigkeiten im Wege stehen“ [124)].

Nach diesen Anmerkungen zur Evolutionstheorie allgemein soll nun ein kritischer Blick auf die Verwendung der Evolutionstheorie durch die Soziobiologie geworfen werden.

Zunächst ist die Frage nach der Einheit der Selektion nicht unumstritten. Die Soziobiologen wählen dafür oft das Gen, weil es den kleinsten und quasi unzerstörbaren Teil des Lebens darstellt. Dabei ist jedoch fraglich, „ob und inwieweit die Bewegungsprinzipien der Gene kausal für die verschiedenen organismischen Ebenen sind“ [125)]. So betrachten R. Alexander und P. Sherman nicht das Gen, sondern das gesamte Genom als die relevante Einheit der Selektion [126)]. Einzelne Gene können nämlich kaum ihre „Fitness“ vermehren, da sie eine „genetische Umwelt“ brauchen. So werden Komplexe von Genen, die „tüchtige“ Phänotypen, das heißt Individuen, programmieren, der Selektion unterliegen [127)]. In diesem Sinn schreibt der große Evolutionstheoretiker E. Mayr: „Die Selektion greift nicht an einzelnen Genen an, sondern sie bewertet Genkombinationen, sie bewertet Systeme.“ [128)] Mayr führt zwei Gründe an:

1. Die natürliche Selektion begünstigt oder benachteiligt Phänotypen und nicht Gene oder Genotypen. Eine bestimmte Tarnfarbe ist eine phänotypische Eigenschaft, derentwegen ein Organismus von der Selektion begünstigt wird. Gene werden von der natürlichen Selektion nur indirekt betroffen.

2. Kein Gen hat einen festen selektiven Wert, sondern kann auf einem bestimmten genetischen Hintergrund vorteilhaft und auf einem anderen nachteilig oder gar letal sein [129)].

Ein Reduktionismus auf eine „fundamentalere Ebene“, die des Gens nämlich, ist somit nicht angebracht. Da das Gen immer in seinem genetischen Kontext und in seinem Entwicklungsprozeß bis zum ausgebildeten Phänotyp betrachtet werden muß, scheint die Selektion nicht direkt auf der Ebene der Gene anzusetzen [130)]. Im Gefolge von E. Mayr schlägt D. Hull darum die Unterscheidung Replikator (Gen) – Interaktor (das heißt Entität, die als ganze, etwa als Organismus, mit ihrer Umwelt interagiert und sich dann unterschiedlich stark repliziert) vor. Dabei können nicht nur Gene, sondern auch Organismen als Replikatoren bezeichnet werden. Die Evolution schreitet nach Hull auf der Linie von Replikatoren und gleichzeitig auf der Ebene der Interaktoren voran. Beide müssen zusammen gesehen werden [131)].

Auch für den Zoologen St. J. Gould ergeben Gene als Einheiten der Selektion keinen Sinn, da sie nicht direkt ein bestimmtes Merkmal codieren und infolgedessen erst auf der organismischen Ebene der Selektion ausgesetzt sind [132)]. R. Dawkins gesteht dies zu und akzeptiert die Kritik Goulds, daß die Selektion die Gene nicht sehen und unter ihnen direkt auswählen kann, sondern Körper als Vermittler benutzen muß. Er unterscheidet dann zwischen der Vehikelselektion (unterschiedliches Überleben der Vehikel) und dem Überleben der Replikatoren, wobei er über die individuellen Körper als Ebene der Selektion hinausgeht zum „ausgedehnten Phänotyp“. Damit ist aber letztlich nicht der einzelne Organismus, sondern doch wieder das Gen die Einheit der Selektion [133)].

Aus dem bisher Gesagten folgt wohl, daß die Selektion sowohl indirekt auf der Ebene der Gene als *auch* auf der Ebene der individuellen Organismen arbeitet; ja, nach

E. Mayr gibt es evolutionäre Prozesse auf der Ebene ganzer Arten[134]. Sodann wäre noch die Möglichkeit der Gruppenselektion, wenn auch nur unter selten vorkommenden Bedingungen, im Auge zu behalten[135].

Weiterhin bemängeln St. J. Gould und R. Lewontin an der Evolutionstheorie, wie sie die Soziobiologie voraussetzt, daß allzu schnell davon ausgegangen wird, daß es sich bei einem bestimmten Merkmal oder Verhalten um eine Darwinsche Anpassung (Adaptation) handelt. Das aber ist eine „panglossische“ Weltsicht. Gould und Lewontin erinnern an den optimistischen Dr. Pangloss in Voltaires Candide, der für jedes Ereignis einen positiven Zweck fand und damit bewies, daß unsere Welt die beste aller möglichen Welten sei[136]. Die neuen „Panglossianer“ in der Soziobiologie gehen ebenfalls davon aus, daß *alle* Merkmale und Verhaltensweisen der natürlichen Selektion unterworfen sind. Und so wie Dr. Pangloss die Form der menschlichen Nase durch ihre Funktion erklärt, eine Brille tragen zu können, so hat nach den „Adaptationalisten“ die natürliche Selektion die beste aller möglichen Welten konstruiert[137]. Dabei setzen die Soziobiologen voraus, daß (fast) alle organismischen Formen, Funktionen und Verhalten das Ergebnis eines Anpassungsprozesses sind und ihr Entstehungsgrund folglich durch eine „adaptive Geschichte“ aufgezeigt werden kann[138]. Gould und Lewontin nennen diese Erklärungsversuche der Soziobiologen das „adaptive storytelling“[139]. In der soziobiologischen Literatur findet sich eine Überfülle solcher „just-so-stories“[140], das heißt von Spekulationen über die Entstehung von Merkmalen und Verhaltensweisen durch das Wirken einer omnipotenten natürlichen Selektion. Selbst für Aberrationen, für die wahrscheinlich die Gegenselektion zur Ausmerzung einfach nicht ausgereicht hat, bemüht man sich, den Nachweis der Eignung zu bringen. Es gibt daher sogar Erklärungsversuche für Infantizid und Vergewaltigung bei Tier und Mensch[141]. Dazu werden ad-hoc-Geschichten erfunden – und wenn man die natürliche Selektion als ein a priori Prinzip akzeptiert, so kann man sich für *jedes* Merkmal irgendeine Geschichte ausdenken, die dessen adaptiven Wert zeigt und daher seine Entstehung durch die natürliche Auslese erklärt[142].

Das Prinzip „Eignung“ hat aber schon aus genetischen Gründen nur einen begrenzten Erklärungswert. Zunächst gibt es nämlich genetische Mutationen, die nicht zur Eignung beitragen, sondern neutral sind. Aus diesem Grund können auch Merkmale und Verhaltensweisen vorkommen, die weder die Eignung erhöhen noch sie übermäßig mindern und die folglich nicht als Anpassung an irgendeinen selektiven Zwang zu verstehen sind. Es bedarf beispielsweise keiner adaptiven Erklärung, warum in Afrika ein zweihörniges und in Indien ein einhörniges Rhinozeros existiert[143]. Manche Eigenschaften können sodann als neutrale Nebenerscheinungen von ganz anderen Anpassungszwängen „mitgeliefert“ worden sein; eine Funktion für diese Eigenschaft ergab sich dann erst in einer veränderten Umwelt. Ebenso gibt es Funktionserweiterungen oder Funktionswechsel von bestimmten Merkmalen[144].

Neben dem Mechanismus der Anpassung gibt es auch andere Ursachen für die Entstehung von Merkmalen und Verhalten. Viele Veränderungen bei Merkmalen sind zum

Beispiel das Ergebnis von „Pleiotropie“, das heißt, es gibt Gene, die für mehrere ganz verschiedene Merkmale zuständig sind. Daneben gibt es Merkmale, die auf das Zusammenwirken mehrerer verschiedener Gene zurückgehen, was zu einem „multiple selective peak“ (Lewontin) führt: Derselbe selektive Druck führt zu verschiedenen Ausbildungen eines Merkmals (man denke an das Beispiel der Nashörner)[145)].

All diese Faktoren werden in der Soziobiologie kaum berücksichtigt. Wilson und Dawkins gestehen zwar zu, daß die natürliche Selektion nicht der einzige Faktor der Evolution sei und daher nicht jedes Verhalten als Darwinsche Anpassung erklärt werden könne[146)], vergessen diese Einsicht aber im Verlauf ihrer Diskussionen, wo sie für fast *jedes* Verhalten nach einer Anpassungsgeschichte suchen und alternative Erklärungsmöglichkeiten wie Migration, genetische Drift oder Isolation nicht berücksichtigen[147)].

Darüber hinaus muß auch am Konzept der „Optimierung“ durch die natürliche Selektion Kritik angemeldet werden. Wie schon gezeigt, kommen manche Merkmale durch neutrale Mutationen zustande. Sodann gibt es viele Zufallsmomente in der Entwicklung des Phänotyps, dessen Entstehung nicht streng durch Genotyp und Umwelt determiniert ist. Die Variationen der Haare bei der Fruchtfliege sind in gleichem Maß dem Zufall wie den Variationen von Genen und Umwelt zuzuschreiben[148)]. Insgesamt sollte folglich von „Anpassung“ nur gesprochen werden, wenn man empirisch eine genetische Variante belegen kann, gegenüber der sich das in Frage stehende Merkmal tatsächlich als das besser angepaßte durchgesetzt hat[149)].

Aus dem bisher Gesagten ergibt sich folgender Schluß: Die meisten Lebewesen sind nicht maximal oder optimal angepaßt, sondern gerade ein bißchen besser als ihre Konkurrenten. „Die Natur läßt eine Menge von Unvollkommenheiten zu, wenn diese sich nicht allzu dramatisch auswirken.“[150)] Auch R. Alexander gesteht zu, daß ein Organismus ein „Bündel von selektiven Kompromissen“ darstellt und daher wahrscheinlich keine einzige seiner Eigenschaften optimiert ist[151)]. Die panglossische Sicht der Welt ist falsch: Die Evolution ist nicht der beste aller möglichen Architekten[152)].

P. Koslowski stellt daher die These auf, daß Optimierungsargumente in der Biologie „nur mit größter Vorsicht verwendet werden“ können. „Selektions- und Optimierungsargumente können nicht gleichzeitig Geltung haben“.[153)] Wenn das Selektionsmodell gilt, dann kann man nicht von Optimierung bei quasi vollständiger Voraussicht ausgehen. Gilt aber das Optimierungsmodell, „dann müssen Gene als intentional und voraussehend und die Natur als teleologisch zu Optima führend gedacht werden“[154)]. Nach Koslowski sind Optimierungsmodelle nur auf begrenzte Problembereiche anwendbar, wenn also der Ausgangszustand, die Strategien und die Zielfunktion klar definiert sind. „Es ist jedoch nicht möglich, optimale Lösungen für einen Universalzusammenhang der Natur anzugeben.“[155)]

Die panglossische Sicht von der besten aller möglichen Welten ist zudem sinnlos, da von der Evolution als einem einmaligen Entwicklungsprozeß ausgegangen wird. Zur wissenschaftlichen Rekonstruktion dieses einmaligen Prozesses kann man nicht auf irgendwelche möglichen Welten verweisen. Dies hätte nur Sinn für Teilwelten, nicht aber für die Gesamtevolution. „Allein ein absolutes und unendliches Bewußtsein vermöchte zu sagen, daß die Welt die beste von anderen denkbaren oder möglichen ist. Das Optimierungsargument auf die Evolutionstheorie als Resultat optimierender Gene im Ganzen anzuwenden, führt entweder in einen Superteleologismus der Gene als ewige Finalursachen oder in eine Theodizee, welche die Evolution als Entwicklung der besten aller möglichen Welten interpretiert.“[156] Erklärungen gemäß dem Optimierungsschema etwa bei Dawkins sind daher keine Erklärungen, sondern plausible Geschichten darüber, was Gene tun sollten, um ihr Überleben zu sichern. Als solche haben sie einen heuristischen Wert, können aber nicht zur Erklärung der Gesamtwirklichkeit verwendet werden.

Diese Kritik berücksichtigt allerdings nicht, daß die Annahme von Optimierung eben nur eine Annahme ist und daß Forschungsstrategien oft von idealen Bedingungen ausgehen[157]. Eine solche Strategie ist an und für sich noch nicht problematisch, wird es aber, wenn man sich der Wahl der Ausgangsbedingungen nicht mehr bewußt ist und die angenommenen idealen Bedingungen für die Wirklichkeit hält, was bei vielen Soziobiologen der Fall zu sein scheint.

Es bleibt noch die Kritik zu erwähnen, die Soziobiologie sei keine genuine Wissenschaft, da ihre Erklärungsstrategie nicht falsifizierbar sei. Für alle Merkmale könne ja eine just-so-story erfunden werden. Eine andere Ausweichstrategie wäre der „multiplier effect“, gemäß dem eine geringe genetische Variation weitreichende Verhaltensveränderungen hervorrufen würde[158].

Nun ist allerdings die Falsifizierbarkeit als Kriterium für Wissenschaftlichkeit nicht unumstritten. Der Versuch, die soziobiologische Theorie durch ad hoc Hypothesen zu stützen, kann zudem als „normal science“ (T. S. Kuhn) verstanden werden, um nämlich ein etabliertes Paradigma durch Zusatzhypothesen vor Falsifikation zu schützen[159]. Und wenn man das Falsifizierbarkeitskriterium anerkennt, so erlauben soziobiologische Modelle die Vorhersage von bestimmten Verhalten und Gen-Proportionen in einer Population; ein Nichtübereinstimmen von Vorhersage und empirischer Erhebung könnte somit die These falsifizieren[160].

2.5.2 Kritik aus den Reihen der Genetiker

Es wird allgemein anerkannt, daß der Genotyp auch den Phänotyp „Verhalten“ beeinflußt. Soziobiologen leiten daraus jedoch die höchst problematische Schlußfolgerung ab, daß deshalb der „Genotyp für ein bestimmtes Verhalten“ der natürlichen Selektion ausgesetzt ist und nach den Gesetzen der Evolution folglich nur adaptives Verhalten ausgelesen wurde.

Für den Genetiker J. C. King gilt als heute gut gesicherte Erkenntnis, daß selbst bei Tieren komplexere Merkmale meist von vielen Genorten, von vielen verschiedenen erblichen Informationen, beeinflußt und verändert werden[161]. Diese „polygenetische“

Basis für viele Merkmale und besonders für Verhalten, die Komplexität und Vernetzung der genetischen Interaktionen wird von vielen Soziobiologen, die die Beziehung Gen-Merkmal oft wie ein Verhältnis 1:1 behandeln, nicht ernst genommen[162]. Ihre Modelle über die Vererbung von „altruistischem Verhalten" werden schon aus diesem Grund vielfach kritisiert[163]. Auch der Soziobiologe R. Alexander sieht in der leichtfertigen Vernachlässigung der Komplexität des Vererbungsvorgangs eine mögliche Fehlerquelle soziobiologischer Argumentation[164]. Schon für äußere Merkmale ist das Verhältnis von Genom zu Phänom eine vielschichtige und völlig ungelöste Frage; noch komplizierter ist der Weg vom Genotyp bis zum „fertigen Verhalten"[165], so daß die Vorstellung, ein bestimmtes Verhalten entspreche einem bestimmten Gen, unhaltbar scheint.

Dann aber kann die natürliche Selektion, die beispielsweise ein bestimmtes Verhalten prämiert, nicht direkt an den Genen arbeiten und unter ihnen auswählen, so wenig wir die Struktur einer Uhr ableiten können, wenn wir auf das Ticken hören und die Zeiger beobachten[166]. Wenn die Selektion infolgedessen die äußeren Phänomene ausliest und wenn es das verborgene Genom ist, das den künftigen Generationen weitergegeben wird, dann können wir nicht verstehen, wie Evolution wirklich arbeitet, bevor wir nicht die ontogenetische Relation zwischen Genom und Phänom kennen[167].

Diese Einwände können freilich die Genselektion nicht völlig widerlegen: Wenn auch der Weg von den Genen bis zum fertigen Organismus noch voller Rätsel ist, so ist doch das Ganze, das natürlich etwas anderes ist als die Summe seiner Teile, von diesen Teilen abhängig. Man kann zwar aus der Funktion einer Uhr, dem Zeitmessen, nicht deren Mechanik direkt ableiten, aber bei der Auswahl einer Uhr wählen wir diejenige, deren Mechanik die genaueste Zeitmessung erlaubt. Die natürliche Selektion bevorzugt bestimmte Gene gegenüber ihren Allelen wegen ihrer Wirkungen auf den Körper. Ähnlich wehrt sich R. Dawkins gegen einen polemischen Artikel von M. Midgley und verteidigt seinen Genbegriff, der eben eine Differenz zwischen Individuen impliziert, unabhängig davon, wieviele Gene konkret beteiligt sind. Ein Gen für braune Augen stellt nicht allein ein braunes Pigment her, sondern ist ein Gen, das im Vergleich mit seinen Allelen für die Differenz der Augenfarbe verantwortlich ist[168]. Dawkins weist auch den Vorwurf zurück, in seinem Weltbild würde das Ganze des Verhaltens in Einheiten einteilbar sein, die separat vererbt würden: Nach einem Backrezept entsteht der Kuchen als Ganzes; man kann nicht jeden Krümel einem bestimmten Teil des Rezeptes zuordnen. Eine Veränderung im Rezept ändert den Kuchen, auch wenn es keine Relation „Wort des Rezeptes – Krümel" gibt. So wählt die natürliche Selektion zwischen Individuen und deren Rivalen aus, aber nur, wenn die Differenzen zwischen den Individuen Genen zu verdanken sind, so daß die natürliche Selektion evolutionäre Konsequenzen haben kann[169].

Hier wird aber zu wenig gesehen, daß Lewontin oder King ihre Kritik vor allem gegen die soziobiologischen Annahmen einer genetischen Codierung von Verhalten richten: Es bleibt eben umstritten, ob man die verschiedensten Verhaltensvariationen jeweils verschiedener genetischer Codierung zuschreiben kann. Der Weg vom Gen bis zum Verhalten ist ungemein komplizierter als etwa die Vererbung einer Augenfarbe. Eine Verhaltensvariante läßt daher noch nicht einfach auf eine genetische Variante schließen[170].

M. Daly macht darauf aufmerksam, daß hier vielfach zwei Konzepte verwechselt werden: Der populationsgenetische Sinn einer Verhaltensvariante meint, daß ein bestimmtes Verhältnis von phänotypischer Varianz einer entsprechenden genotypischen Varianz zugeteilt werden kann. Eine solche „Determinante“ bedeutet aber noch keine streng kausale Determination eines bestimmten Verhaltens durch ein bestimmtes Gen[171]. „Die allzu saloppe Redensart, eine Spezies besitze eine erbliche Anlage für Monogamie oder Aggressivität gegen Gruppenfremde, besagt also nichts anderes, als daß wir annehmen dürfen, diese Merkmale seien bei ihr *auch* durch genetische Veranlagungen beeinflußt.“[172]

Nun gesteht der Hinweis, daß die soziobiologischen Theorien nicht unbedingt im Sinne eines strengen genetischen Determinismus zu verstehen sind, sondern daß das evolvierte Verhalten auch probabilistisch interpretiert werden kann, eine gewisse Flexibilität und damit auch die Möglichkeit von Lernen zu. Dies wird freilich von den Soziobiologen selber kaum gestützt[173]. Vielmehr scheinen diese den sogenannten Uniformisten zuzugehören, die Gene als zerlegbare Einheiten entsprechend der Mendelschen Tradition verstehen, während viele Genetiker heute aufgrund neuer Einsichten den Variabilisten zuzuzählen sind, die die Interaktion zwischen den Genen betonen. Da die Selektion am Phänotyp arbeitet, welcher ein Produkt einer hochkomplexen Interaktion von vielen Genen, Entwicklungsprozessen, Umwelteinflüssen, Lernen und weiteren feedback-Prozessen ist, wobei es an den einzelnen Genloci sehr viele Allele geben kann, ist es unmöglich, den Beitrag eines einzelnen Gens für den individuellen Phänotyp zu bestimmen[174].

Eine Hauptursache für die Auseinandersetzung um die Soziobiologie ist daher eine terminologische Verwirrung, nämlich die Verwendung des Begriffs „Gen“ durch die Soziobiologen. Der Molekularbiologie war es gelungen, die Erbeinheit Mendels als die Einheit des Erbguts zu ermitteln, die in der Aminosäure-Sequenz eines bestimmten Proteins codiert ist (DNS). Nahezu alle Genetiker benutzen den Begriff Gen in diesem molekularbiologischen Sinn[175]. Um die Schwierigkeit der Beziehung von Genotyp zu Phänotyp zu verdecken, definiert Dawkins das Gen aber in folgender Weise: „Das Gen ist ein kleines Stückchen Chromosom, das potentiell viele Generationen überdauert“; „Gene besitzen keine Voraussicht, sie existieren ganz einfach“; „Ich habe ... Gen ... so definiert, daß ich ... recht habe.“[176] Hier wird Gen als die Einheit des Erbguts definiert, die von der natürlichen Zuchtwahl selektioniert wird. Dies ist aber kein Gen im Sinne der Genetik. Der Molekularbiologe G. Stent wirft Dawkins daher einen leichtfertigen Sprachgebrauch vor[177], da er Gen falsch definiert und diesem Gen dann die verschiedensten Eigenschaften zuschreibt: „egoistisch“, „glücklich“, „brutal“, „gesellig“[178]. Wenn Dawkins schließlich das Gen als „unsterblich“ oder als „individuelle Entität“ bezeichnet, so ist dies sogar metaphysikverdächtig[179].

Eine letzte Kritik gilt den Modellen der Populationsgenetiker. Deren Annahmen sind oft sehr vereinfachend und können der komplexen Wirklichkeit der Verhaltensphänomene nicht gerecht werden. Deutlich wird dies beispielsweise an der Schwierigkeit, den selektiven Vorteil eines Verhaltens zu messen. Denn dieser entsteht aus dem Zusammenspiel unzähliger ökologischer und genetischer Faktoren wie etwa Veränderungen von Klima und Jahreszeit, Futter und Feinden, Parasiten und Migration, Größe einer Population und deren Altersdurchschnitt[180]. Aus diesem Grund haben die „mathematischen Glasperlenspiele“[181] der Populationsgenetiker, die viele Faktoren nicht berücksichtigen können, nur einen sehr begrenzten Wert.

2.5.3 Weitere Einwände

Manche Biologen bezweifeln den „Altruismus“ gerade bei den Paradebeispielen der Soziobiologen. So sei der Bienenstock kein Muster des Altruismus, sondern ein System der Unterdrückung[182]. Auch scheinen die Verwandtschaftsverhältnisse bei den Hymenoptera (Hautflügler) keinen *zureichenden* Grund für die Evolution dieser sterilen Arbeiterkasten abzugeben[183]. Gegen die Argumente von R. Trivers und H. Hare wurde gezeigt, daß ihre Berechnung der Verwandtschaft im Ameisen- und Bienenstaat auf Voraussetzungen beruht, die in der Natur vielfach nicht gegeben sind: So wird zum Beispiel die Königin auf dem Hochzeitsflug oft von mehr als nur einem Männchen begattet, was die Verwandtschaftsverhältnisse im Staat völlig verändern kann[184]. Seit Alexanders und Shermans Kritik ist der Enthusiasmus für die soziobiologische Erklärung der sterilen Ameisenkasten daher etwas gedämpft[185].

Eine weitere Anfrage ergibt sich aus der Beobachtung, daß Termiten ein den Ameisen und Bienen sehr ähnliches Staatenwesen entwickelt haben, dabei aber nicht deren merkwürdigen Verwandtschaftskoeffizienten besitzen. Wenn bei Termiten ökologische Faktoren zum Staatenwesen geführt haben sollten, könnte diese Erklärung dann nicht auch für Ameisen und Bienen ausreichen?[186] Ferner gibt es haplodiploide Chromosomensätze bei anderen Insekten, ohne daß sich bei diesen eine besondere Form sozialer Organisation entwickelt hätte[187].

All dies zeigt, daß der Verwandtschaftskoeffizient bei Ameisen und Bienen weder eine notwendige noch eine ausreichende Bedingung für die Evolution von komplexen Gesellschaften darstellt. R. Alexander nimmt deshalb eher eine Form elterlicher Manipulation des Nachwuchses bei den Ameisen an, um die Entstehung der sterilen Kasten zu erklären[188].

Nicht nur das soziobiologische Musterbeispiel der sozialen Hymenoptera ist umstritten, sondern auch das des Infantizids: So bezieht sich R. M. May bei der Beschreibung des Verhaltens der Serengeti-Löwen auf Studien von G. B. Schaller. Bei diesem ist allerdings von einem Infantizid durch das neue Löwenmännchen nichts zu finden ...[189]. Auch der Infantizid bei Languren scheint nicht sicher nachgewiesen. Feldstudien sind sehr schwierig, und es gibt nur sehr wenige direkte empirische Beobachtungen des Kindermordes durch das neue Männchen[190)].

Hier schließt sich die Kritik an, die der Soziobiologie mangelnde Evidenz vorwirft. Vor allem Ph. Kitcher zeigt in seiner sehr detaillierten Untersuchung, daß etwa die Theorie Hamiltons („inclusive fitness“) oder Maynard Smiths (ESS) zwar mathematisch aus ganz bestimmten Definitionen folgt, daß aber Beobachtungen von Tierverhalten zur Bestätigung dieser Theorien gänzlich fehlen[191)]. „Bisher ist es die Soziobiologie schuldig geblieben, ihren Anspruch zu belegen. Sie beschränkt sich im wesentlichen auf interessante Modellrechnungen. Oft wird nur das Triviale umständlich als ‚Strategie‘ rechnerisch begründet.“[192)] Es scheint folglich verfrüht, ein endgültiges Urteil über die Veterinärsoziobiologie abzugeben. Dazu fehlen empirische Daten und Feldstudien[193)].

Eine letzte Kritik gilt der Vernachlässigung der Lernfaktoren durch die Soziobiologen. Viele Wirbeltiere werden mehr durch Erfahrung und Lernen beeinflußt als durch rigiden Instinkt[194)]. Besonders höher entwickelte Säugetiere verfügen über eine Lernkapazität, die Anpassungen an verschiedene Umstände (Umwelt, Jahreszeiten ...) ohne eine entsprechende genetische Veränderung erlaubt[195)]. Soziobiologen tragen diesem Umstand kaum Rechnung. Es bleibt fragwürdig, ob man das durch individuelle Anpassung (Lernen) erworbene Verhalten in die Evolutionsbetrachtung mit aufnehmen kann, da jeder individuelle Zusammenhang zwischen Genwirkung und Verhalten (etwa der Zusammenhang über Lernprozesse) den notwendigen Kausalzusammenhang zwischen Nützlichkeit eines Merkmals und seiner Häufigkeit in der nächsten Generation relativiert oder gar eliminiert. Verhaltensmerkmale, die durch Lernen erworben wurden, sind nicht „selektierbar“[196)].

Die vereinfachenden soziobiologischen Modelle bleiben gültig, da sie auf nachprüfbaren mathematischen Grundlagen beruhen; ob sie allerdings die gemeinte Wirklichkeit auch tatsächlich abbilden, bleibt zweifelhaft. Eine umfassende Theorie der Populationsgenetik müßte daher komplex sein und alle Prozesse einschließen, ob sie nun auf der Ebene von Individuen, von lokalen Populationen, von ganzen Arten oder von Ökosystemen arbeiten[197)].

2.6 Der Zankapfel der Auseinandersetzung: Der Mensch

In diesem Kapitel wurde versucht, die allgemeine Soziobiologie darzustellen und kritisch zu bewerten. Noch haftet dieser neuen Disziplin manche „Kinderkrankheit“ an; viele theoretische Konzepte wie zum Beispiel die Frage nach der Einheit der Selektion bleiben ungeklärt; aus Mangel an empirischen Daten wäre ein endgültiges Urteil verfrüht.

Doch trotz der vielen vorgebrachten kritischen Einwände könnte die Soziobiologie im Tierreich manche Erklärungserfolge erzielen. So urteilen beispielsweise W. Wickler und

U. Seibt: „Vorerst können wir festhalten, daß die genetische Theorie des Sozialverhaltens bisher die einzige stichhaltige und in der allgemeinen Evolutionstheorie verwurzelte Erklärung für die Staatenbildung der sozialen Hautflügler liefert.“[198] Einen weiteren Erklärungserfolg kann die Soziobiologie für das Verhalten von Bruthelfern bei Vögeln und Säugetieren vorweisen. Gerade Wilsons Werk „Sociobiology“ wurde gelobt für seine Stoffülle, seine Einsicht in komplexe evolutionäre Probleme und für den ausgezeichneten Überblick über die empirischen Studien tierischen Sozialverhaltens. Es dürfte darum heute kaum einen Verhaltensforscher oder Biologen geben, der der Soziobiologie als biologischer Theorie nicht zumindest einen heuristischen Wert zuerkennt, da sie über die Ansätze der „klassischen“ Ethologie hinaus viele Denkanstöße liefern kann[199]. Ja, die Soziobiologie ist für C. Vogel „der ‚klassischen‘ Ethologie und deren zumeist ziemlich unverbindlichen Trivialverweisen auf ‚stammesgeschichtliche Anpassungen‘, die in der Regel gar keine Falsifikation zulassen, an konkreten und detaillierten Voraussagen und Erklärungsansätzen wissenschaftlich in der Tat haushoch überlegen“[200].

Auf der anderen Seite gibt es eine Menge von Einwänden. So urteilt der Biologe C. Bresch über R. Dawkins Buch „Das egoistische Gen“: „Selten ist so arrogant und so provozierend ‚Wissenschaft‘ verkauft worden.“ Es wäre gefährlich, wenn dieser Cocktail von Wahrheit, Irrtümern und Begriffsverdrehungen von Laien für wissenschaftlich seriös gehalten würde[201]. Und auch Wilsons Buch erregte große öffentliche Aufmerksamkeit, wobei durchaus polemisch gegen Wilson und seine Mitstreiter Stellung bezogen wurde[202].

Der Streit entzündete sich dabei an der Frage, ob und in welchem Maß die soziobiologischen Theorien auf den Menschen anwendbar sind. Konkreter Streitpunkt war hierbei unter anderem das 27. Kapitel in Wilsons „Sociobiology“, das er selbst als „the most vulnerable“ bezeichnete[203]. Am Sprung von Wilsons Ameisen zum Menschen entstehen die Probleme, die jene heftigen Kontroversen ausgelöst haben. Der schnelle wissenschaftliche Erfolg des soziobiologischen Konzepts verführte „in der frühen ‚Sturm- und Drang‘-Periode ... eine Reihe von renommierten Wissenschaftlern zu voreiligen, teilweise allzu leichtfertigen und provozierend formulierten Übertragungen auf den Menschen“[204]. Wenn der Soziologe P. Meyer noch behauptete, daß die Soziobiologen sich auf das Tierverhalten konzentrieren und die Erklärungen menschlichen Sozialverhaltens mehr am Rand stehen, so läßt doch die Entwicklung der Literatur der letzten Jahre (einschließlich der Veröffentlichungen Wilsons!) kaum noch Zweifel daran, daß das Problem der *menschlichen* Natur ins Zentrum der soziobiologischen Interessen gerückt ist[205].

Hier aber scheiden sich die Geister: Selbst der heftige Kritiker der Soziobiologie St. J. Gould äußerte Bewunderung für Wilsons Soziobiologie der nichtmenschlichen Arten[206]. Und mit ihm messen viele Biologen der Tier-Soziobiologie einen großen Wert zu. Sie wollen aber nicht Äsop spielen und mißtrauen der Idee, daß die Theorie der Evolution die *menschliche* Natur erklären kann[207].

So wird unsere Aufmerksamkeit im folgenden Kapitel dieser Soziobiologie des Menschen gelten, die beansprucht, die meisten oder gar alle Aspekte menschlichen Sozialverhaltens im Licht ihrer evolutionären Geschichte und evolutiven Nützlichkeit zu erklären, ja, die sogar behauptet, daß die anderen Wissenschaften vom Menschen ohne die soziobiologischen Modelle das menschliche Verhalten nicht mehr erklären können[208].

3. Soziobiologie des Menschen

Im Jahre 1980 erschien in Deutschland die Übersetzung von E. O. Wilsons „On Human Nature" (1978) unter dem Titel „Biologie als Schicksal. Die soziobiologischen Grundlagen menschlichen Verhaltens". Darin beschreibt Wilson die Soziobiologie als „eine wissenschaftliche Disziplin, definiert als die systematische Erforschung der biologischen Grundlage jeglicher Formen des Sozialverhaltens bei allen Arten von sozialen Organismen einschließlich des Menschen" [1)]. Mit dem Erscheinen dieses Buches wurde eine Art „Trilogie" abgeschlossen, die 1971 mit „The Insect Societies" begonnen und 1975 mit „Sociobiology. The New Synthesis" fortgesetzt worden war [2)]. Bei diesen dreien ist eine aufsteigende Linie zu beobachten: Jedes Buch diskutiert einen ganz bestimmten Bereich sehr detailliert (1. Insektengesellschaften; 2. Das soziale Verhalten der Tiere; 3. Die sozialen Strukturen des Menschen). Der soziobiologische Zugang zum Sozialverhalten, der dieses als evolutiv entstandene Anpassung versteht, wird somit auch auf den Menschen übertragen [3)]; auch dessen Verhalten soll unter dem Gesichtspunkt der Genmaximierung betrachtet werden.

Dabei ist der Erklärungsanspruch gegenüber der älteren Verhaltensforschung ungleich höher, denn im Unterschied zu jener werden durch die Soziobiologie nicht nur Vergleiche zwischen menschlichem und tierischem Verhalten gezogen. Die Soziobiologie soll vielmehr die menschliche Natur und die Grundlage der menschlichen Sozialorganisation erklären: „Mit ihren Methoden – den Theorien und Techniken der Genetik, der Ökologie und der Populationsbiologie – kann der Inhalt der Sozialwissenschaften neu gedeutet, können neuartige und oft tiefergreifende Erklärungen von Territorialverhalten, Polygamie, Nepotismus, sexueller Bindung und Kindesmord, je sogar von Altruismus und Religion geliefert werden. Dadurch hat die Biologie Grundfragen der Ethik einer materialistischen Untersuchung erschlossen und somit die Forderung erhoben, die Grenzen der wissenschaftlichen Forschung neu zu überdenken." [4)]

Im nun folgenden Kapitel wird die Soziobiologie des Menschen dargestellt und zwar die Human-Soziobiologie einer „ersten Phase"; die Kritik hat nämlich in der Zwischenzeit neue Entwicklungen herausgefordert, auf die im vierten Kapitel eigens einzugehen sein wird.

3.1 Der Mensch: Ein Produkt der Evolution

Es dürfte heute naturwissenschaftliches Allgemeingut sein, daß der Mensch ein Ergebnis der Evolution ist, daß er sich stammesgeschichtlich aus „primitiveren" Vorfahren entwickelt hat, daß er aus der Naturgeschichte hervorgegangen ist „als die Besonderheit Homo *sapiens* unter Hunderten von Säugetierarten, Tausenden von Wirbeltierarten und Millionen von Tier- und Pflanzenarten"[5)]. Der Mensch hat mit den Affen einen gemeinsamen Vorfahren, nämlich Nagetierarten, die unter starkem Konkurrenzdruck auf die Bäume ausgewichen waren. Immer mehr Affenarten entwickelten sich, und vor etwa zehn bis zwanzig Millionen Jahren finden sich menschenähnliche Wesen, die den Wald verlassen haben und aufrecht gehen. Der Übergang zwischen affenartigen und menschenartigen Lebewesen vollzog sich wahrscheinlich in Ostafrika; Homo habilis, eine frühe Menschenart, erreichte als erster die „kritische Masse" des Gehirns (ca. 700 cm^3), womit die eigentliche Intelligenz beginnt[6)].

Aus diesem hier nicht näher zu beschreibenden Prozeß der menschlichen Evolution folgt zunächst, daß die „Natur des Menschen" in diesem und durch diesen Prozeß geworden ist. Die Wurzeln unseres „Menschseins" sind daher in der Evolution zu suchen[7)]. So kann die Humansoziobiologie den Anspruch erheben, ein naturwissenschaftliches Licht auf die Entstehung des rätselhaften menschlichen Wesens werfen zu können, und zwar nicht nur auf die Entstehung der menschlichen Anatomie, sondern auch auf die Entstehung dessen, was wir „menschlichen Geist" nennen. Sie geht von der „sehr realistischen" Möglichkeit aus, daß alle bekannten Komponenten des Geistes, einschließlich des Willens, eine neurophysiologische Basis haben; damit könnten auch die Komponenten des menschlichen Geistes der genetischen Evolution durch die natürliche Selektion unterworfen gewesen sein[8)].

Für die Aufstellung humansoziobiologischer Theorien spielt die Beobachtung tierischen Verhaltens eine wichtige Rolle: Das Vorkommen von homologen und analogen Verhaltensübereinstimmungen berechtigt grundsätzlich zu der geforderten Extrapolation, zu Schlüssen von Tierarten auf den Menschen. Weil Menschen Tiere sind, die wie die anderen Tiere aus der Evolution hervorgegangen sind, müssen sie in gleicher Weise wie diese erklärbar sein[9)]. Analogien zeigen uns, daß bestimmte Verhaltensweisen adaptiv sind. So sind beispielsweise der Altruismus der Arbeiterbiene und der des Menschen analog und für die jeweilige Spezies eine gut angepaßte Verhaltensform[10)]. Homologien können sich vor allem bei unseren nächsten Verwandten, den Primaten, finden. Je größer der stammesgeschichtliche Abstand, desto unwahrscheinlicher werden sie.

Die neueren Primatenforschungen haben auf diesem Gebiet einige Erkenntnisse zutage gefördert wie die nahe Verwandtschaft zwischen Mensch und Menschenaffe, der beispielsweise nach Plan und Voraussicht zu handeln vermag. Primaten kennen Keime seelischer Gefühle wie Mutterliebe, Freundschaft und Hilfsbereitschaft[11)]. Ihnen ist eine gewisse Sprachfähigkeit zu eigen, weiterhin symbolisches Verhalten, Sozialverhalten, gemeinsame Jagdstrategien, Altruismus (Abgeben von Beutefleisch) und rudimentäre Formen von Kultur (Werkzeuggebrauch). Bei Schimpansen konnte sogar eine Art „Ich-Bewußtsein" nachgewiesen werden: „Ein Schimpanse erkennt nach einiger Übung sein Spiegelbild als ein Abbild des eigenen Körpers. Wenn man einem Schimpansen dann in Narkose einen blutroten Farbfleck auf die Stirne malt und ihn danach in den Spiegel schauen läßt, so betastet er sofort seine Stirne auf eine mögliche Verletzung".[12] Für E. O. Wilson kann die Forschung an Schimpansen einen für die Erkenntnis des Menschen grundlegenden Sachverhalt untermauern: „daß wir nach den konventionellen Maßstäben der Evolutionslehre und den unumstößlichen Kriterien der Psychologie nicht allein sind, daß es eine Spezies gibt, die für uns der kleine Bruder ist"[13].

3.2 Die menschliche Erkenntnis: Ein Produkt der Evolution

„Sum ergo cogito" heißt das Grundaxiom der „evolutionären Erkenntnistheorie", denn nur „da ich bin, denke ich"[14]. Voraussetzung des Denkens ist die Existenz des Menschen und seines Gehirns, das durch die Evolution entstanden und von deren Gesetzen geformt ist. Auch die Geistigkeit des Menschen, seine Wahrnehmung und sein Denken haben einen evolutionären Ursprung. Die evolutionäre Erkenntnistheorie ist zwar an und für sich unabhängig von der Soziobiologie entstanden; ihre Grundgedanken wurden aber auch in soziobiologische Werke übernommen – ganz im Sinn der soziobiologischen Totalerklärung des Menschen[15].

Die evolutionäre Erkenntnistheorie betrachtet zunächst einmal das menschliche Erkenntnisvermögen als Produkt der Evolution[16]. Vorausgesetzt ist die „Annahme, daß alles menschliche Erkennen auf einem Vorgang der *Wechselwirkung* beruht, in dem sich der Mensch, als durchaus *reales* und *aktives* lebendes System und als erkennendes *Subjekt*, mit den Gegebenheiten einer ebenso realen Außenwelt auseinandersetzt, die das *Objekt* seines Erkennens sind"[17]. Erkennen kann im vorliegenden Zusammenhang beschrieben werden als äonenlanger Werdegang, in dessen Verlauf sich die Organismen mit den Gegebenheiten der Wirklichkeit auseinandergesetzt und an sie angepaßt haben. „Dieses stammesgeschichtliche Geschehen ist ein Vorgang der *Erkenntnis*, denn jede ‚Anpassung an' eine bestimmte Gegebenheit der äußeren Realität bedeutet, daß ein Maß von ‚Information über' sie in das organische System aufgenommen wurde"[18]. Schon der Körperbau bildet die Außenwelt ab: Die Flossenform der Fische bildet die hydrodynamischen Eigenschaften des Wassers ab und das Auge ist ein „Abbild der Sonne", das heißt der physikalischen Eigenschaften des Lichtes.

Die evolutionäre Erkenntnistheorie bezieht also im Gegensatz zu den klassischen Positionen der Epistemologie (Empirismus, Rationalismus, transzendentaler Idealismus, kritischer Realismus etc.), die die Erkenntnis statisch als ein fertig gegebenes Vermögen betrachten, das es zu analysieren gilt, den Zeitfaktor in den Prozeß des Wissenserwerbs mit ein. Aus der evolutionären Betrachtungsweise ergibt sich ein „erkenntnistheoretischer Realismus“: „Das epistemische Vermögen, das im Dienst der Arterhaltung steht, ist durch Wechselwirkung mit seiner Umgebung entstanden, und der Passungscharakter der subjektiven Erkenntnisstrukturen ist über den Adaptionsvorgang verstehbar. Der Erkenntnisapparat kann nicht völlig falsche Informationen über die Realstrukturen liefern; dies wird durch den Druck, den das Ziel zu überleben ausübt, erzwungen.“ [19]) Erkenntnis ist überlebensnotwendig; die die Wirklichkeit am besten abbildenden Erkenntnisstrukturen sind die am besten angepaßten und damit die überlebensfähigsten. Der Affe, der immer zu kurz sprang, wenn er sich von Baum zu Baum schwingen wollte, war bald ein toter Affe – und gehört daher nicht zu unseren Vorfahren [20]).

Dabei haben wir Menschen nur für jene Seiten der Wirklichkeit ein „Organ“ entwickelt, die wahrzunehmen für unsere Art so lebenswichtig war, daß der Selektionsdruck die Ausbildung dieses speziellen Erkenntnisapparates bewirkte. Für viele „Wellenlängen“ ist unser „Empfangsapparat“ nicht abgestimmt und wir sind taub für sie [21]).

So können wir also die Erkenntnis- beziehungsweise Denkstrukturen (das apriorische Erkenntnisvermögen im Sinne Kants) als ein evolutives, in der Stammesgeschichte unserer Spezies und ihrer Vorläufer herausgebildetes Aposteriori erklären [22]). Lorenz hat hiermit den apriorischen Kopf auf aposteriorische Füße gestellt: Die „Brillen“ unserer Anschauungsformen (Raum, Zeit) und die (Denk-)Kategorien (wie zum Beispiel Kausalität) sind uns von der Evolution mitgegeben worden als für unser Überleben vorteilhafte Strukturen. Beispielsweise ist die Organisation der Sinnesorgane und der Nerven, die es Lebewesen möglich macht, sich in der Welt zurechtzufinden, „stammesgeschichtlich in Auseinandersetzung mit und in Anpassung an jene reale Gegebenheit entstanden, die sie uns als phänomenalen Raum anschaulich erleben läßt. Sie ist also zwar für das Individuum insofern ‚apriorisch‘, als sie vor jeder Erfahrung da ist und da sein muß, damit Erfahrung möglich werde. Ihre Funktion ist aber historisch bedingt und nicht denknotwendig, es kann auch andere Lösungen geben: Das Paramaecium z. B. kommt mit einer sozusagen eindimensionalen ‚Raumanschauung‘ aus. Wie viele Dimensionen der ‚Raum an sich‘ hat, können wir nicht wissen.“ [23]) Wir kennen aus der modernen Physik auch das Versagen unserer Anschauungsformen: Die Verwendung von gekrümmten Raumzeiten in der Relativitätstheorie oder das Prinzip der Komplementarität in der Quantenmechanik ist uns nicht mehr anschaulich vorstellbar [24]).

3.3 Die menschliche Kultur: Ein Produkt der Evolution

Der Mensch scheint durch seine Kultur, die ihm zur zweiten Natur geworden ist[25], aus dem Prozeß der natürlichen Evolution herausgelöst. Kultur meint hier die Gesamtheit der jeder menschlichen Gesellschaft eigenen Riten, Regeln, Wertsetzungen und Symbole, wobei zu Letzteren beispielsweise die Sprache gehört[26]. Für viele stellt das Phänomen der Kultur einen Bruch mit der biologischen Evolution dar, da Kultur nicht genetisch weitergegeben, sondern erfunden und erlernt wird. Es stellt sich aber die Frage, ob nicht Naturgeschichte und Kulturgeschichte doch wie zwei Glieder einer Kette ineinander greifen[27].

Die moderne Biologie ermöglicht uns, auch die geistig-kulturelle Daseinsweise des Menschen als Resultat einer natürlichen Entwicklung zu begreifen. Einen ersten Hinweis liefert uns ein Blick in das Tierreich: „Kultur" ist gar nicht so typisch menschlich, sondern schon bei den Tieren gibt es eine Kultur-Evolution: „Tiere mit großen Gehirnen sind erfolgreiche Überlebensmaschinen, da sie sich an jede Situation mit ungeheuerer Flexibilität und Originalität anpassen."[28] Eine solche Anpassung, die an „Kultur" erinnert, ist der Werkzeuggebrauch. Schimpansen benutzen Stöcke als Waffe gegen Leoparden; mit Hilfe von Nadeln angeln sie Termiten aus dem Bau. Der Gebrauch solcher Instrumente wird manchmal erst gelernt. Auf der Insel Koshima entdeckte das Makakenweibchen Imo das Waschen von Kartoffeln. Diese Technik wurde sehr schnell von anderen Makaken übernommen[29]. Weiterhin gibt es hochentwickelte tierische Kommunikationssysteme mit symbolischem Charakter. Man denke etwa an die Tänzelsprache der Bienen.

Aus diesen Beispielen ist zu ersehen, daß eine Art „Kultur" im Sinne von Verhaltensflexibilität, verbunden mit Lernen und Nachahmung („Tradition") schon im Tierreich zu beobachten ist und ihre Entstehung evolutiven Vorteilen zu verdanken hat.

Die Soziobiologie geht nun davon aus, daß auch die menschliche Kulturfähigkeit evolutionsgeschichtlich bedingt ist. Die menschliche Kultur gründet auf biologischen Voraussetzungen. Was die organische Evolution des Menschen offensichtlich selektiert hatte, war eine ungewöhnliche Fähigkeit, Phänotypen auf der Basis von Lernen und Erfahrung zu modifizieren. Wir Menschen sind innerhalb gewisser Grenzen zur Veränderung unseres Verhaltens fähig, ohne daß sich deshalb schon die Gene ändern müßten. Anthropologen leiten daraus ab, daß die natürliche Selektion wohl nicht geeignet sei, die kulturell angenommenen phänotypischen Züge des Menschen zu erklären. Dabei wird aber oft vergessen, daß die einstige organische Evolution der Kultur*fähigkeit* wichtige Implikationen für den gegenwärtigen Prozeß der kulturellen Evolution enthalten kann. Beim menschlichen Vorfahren wurde höchstwahrscheinlich eine wachsende Fähigkeit zur Modifikation des Phänotyps durch Imitation/Tradition selektiert, da eine solche Fähigkeit Überlebenschancen und Vermehrung steigern kann[30]. Die meisten

Biologen denken dabei *nicht* an spezielle Gene für Kultur, sondern halten an einer relativen genetischen Stabilität etwa seit dem Cro-Magnon-Menschen, also seit etwa 45000 Jahren, fest[31].

E. O. Wilson hingegen postuliert zwar nicht direkt spezielle „Kulturgene", hält es aber für möglich, daß das menschliche Verhalten bis in das Zeitalter der Zivilisation hinein genetisch bedingt war: „Wir können mit ziemlicher Sicherheit annehmen, daß die genetische Evolution des menschlichen Sozialverhaltens sich überwiegend während der fünf Millionen Jahre vor Beginn der Zivilisation vollzog, als die Menschheit aus verstreuten, relativ unbeweglichen Populationen von Sammlern und Jägern bestand. Dagegen vollzog sich der überwiegende Teil der kulturellen Evolution seit der Entstehung von Landwirtschaft und Städten vor etwa zehntausend Jahren. Während dieses jüngsten historischen Spurts fand zwar eine gewisse genetische Evolution weiterhin statt, doch kann sie nicht mehr als einen Bruchteil der Merkmale der menschlichen Natur geformt haben."[32] Kultur ermöglicht nach Wilson eine schnellere Anpassung an Umweltveränderungen als die genetische Evolution. Die Fähigkeit zur Kultur ist vom menschlichen Genotyp abhängig; Menschen, die von Geburt an in einer von kulturellen Einflüssen freien Umgebung aufwüchsen, würden Grundzüge eines menschlichen Sozialsystems aufbauen (Sprache, Eigentumsregeln, Hochzeitsregeln ...)[33]. Umgekehrt beeinflussen kulturelle Errungenschaften die genetische Evolution[34]. Die Interaktion zwischen biologischer und kultureller Evolution läßt Wilson jedoch sehr unbestimmt: Einerseits betont er, daß spezifische Einzelheiten der Kultur nicht genetisch verankert sind und auch vom biologischen System abgekoppelt werden können[35]; andererseits spricht er von einer Grenze, „jenseits derer die biologische Evolution beginnen wird, die kulturelle Evolution auf ihren Stand zurückzuholen"[36]. Worin diese Grenze besteht, wird von Wilson nicht näher erläutert. 1981 versuchte Wilson zusammen mit C. Lumsden in „Genes, Mind, and Culture", das Zusammenspiel von genetischer und kultureller Evolution zu bestimmen; dies wird uns später noch beschäftigen.

Viele Biologen gehen einen Schritt weiter und sprechen nicht nur von der Evolution der Kulturfähigkeit, sondern von der Evolution der *Kultur selbst*. Ausgangspunkt dafür bildet die Überlegung, daß „Vererben" nicht nur ein genetisches Geschehen meint, sondern ursprünglich ein juridischer Begriff war. Der Mensch kann in diesem Sinne erworbene Eigenschaften vererben: „Wenn etwa ein Mensch Pfeil und Bogen erfindet oder von einem kulturell höher entwickelten Nachbarvolk stiehlt, so *hat* fortan nicht nur seine Nachkommenschaft, sondern seine gesamte Sozietät diese Werkzeuge so fest im Besitz, als wären sie durch Mutation und Selektion entstandene, am Körper gewachsene Organe."[37]

Demzufolge kann Kultur biologische Prozesse nachahmen. Der entscheidende Gedanke ist nun der, daß für diesen Prozeß der kulturellen Evolution die Gesetze von Anpassung und Steigerung der Gesamtfitness gelten. Soziokulturelle Evolution ist eine selektive Anhäufung etwa von Technologien, Rezepten, Sitten oder Glauben, die durch rein soziale Übertragungsweisen vermittelt werden. Sozialsysteme werden sich demgemäß an verschiedene Umweltbedingungen anpassen können. Im Wettbewerb der Kulturen werden diejenigen überleben, die ihren Mitgliedern die besseren Überlebens- und Reproduktionschancen vermitteln: Die soziokulturelle Evolution steigert den *biologischen* Überlebenswert[38)].

Zur Ermöglichung eines der genetischen Evolution analogen adaptiven Prozesses der Kultur-Evolution bedarf es dreier Voraussetzungen:

1. Variation (bei kultureller Evolution vorhanden).
2. Selektion (Beispiel: Die Erfindung von Werkzeugen macht überlebenstüchtiger).
3. Retention (Bewahrung): Es gibt wohl kein direktes Äquivalent zum Gen, aber die Sozialisation etwa von Kindern über Imitation oder Identifikation reicht als Retentionsmechanismus aus[39)].

Die Faktoren, die den Wissenszuwachs einer Kultur bewirken, sind offensichtlich jenen Faktoren analog, von denen die Artentwicklung gelenkt wird. Wir haben es also mit einer generalisierten Evolutionsvorstellung zu tun, gemäß der sich „an die natürliche Evolution in fließendem Übergang eine kulturelle Evolution anschließt und . . . sich die Entwicklung von Kulturen mit denselben Selektionsmechanismen erklären läßt wie die Entstehung und Veränderung von Arten“[40)].

Bei dieser „kulturellen Evolution“ müssen zwei Bedeutungen unterschieden werden: 1. Die „kulturelle Dem-Evolution“ (demos, griech. = Volk). Die Vertreter nützlicher kultureller Techniken vermehren sich schneller als ihre Konkurrenten in anderen Kulturen. Ein klares Beispiel ist der Werkzeuggebrauch. Es wird aber auch die Monogamie genannt, die wahrscheinlich wegen ihrer Vorteile von der natürlichen Auslese begünstigt worden sei. Bei den Traditionswerten findet allerdings die Auslese indirekt statt, da das Schicksal der Kulturgüter abhängt vom Schicksal der Personen oder Gesellschaften, von denen sie hervorgebracht oder angenommen worden sind. Gleichzeitig ist das Schicksal von Personen oder Sozietäten von den Kulturerrungenschaften abhängig, über die sie verfügen. Folglich sind auch alle Kulturwerte einer ständigen Auslese ausgesetzt: Falls sie den Personen oder Gruppen, in deren Besitz sie sich befinden, eine direkte oder indirekte Überlegenheit über andere Personen oder Gruppen im Kampf um die Existenz verleihen, werden sie sich erhalten und ausbreiten auf Kosten der unvollkommener an die Daseinsbedingungen angepaßten Kulturwerte anderer Personen und Gruppen, deren mangelhafte Kultur hierdurch dem Untergang geweiht ist. Das Prinzip der Dem-Evolution lautet also: Bestimmte (nützliche) kulturelle Merkmale nehmen zu, weil ihre menschlichen Vertreter zunehmen.

Diese kulturelle Selektion kann als funktionell komplementär verstanden werden zur natürlichen Selektion, auch wenn es keiner genetischen Basis für die Selektionsaspekte bedarf. Der Prozeß wäre auch operationell unabhängig von der organischen Evolution und damit wesentlich schneller fähig, auf Umweltveränderungen einzugehen. Aus all dem ergibt sich, daß menschliches Sozialverhalten auch adaptiv sein kann, ohne daß es durch natürliche Auslese auf genetischer Basis entstanden ist, sondern durch kulturelle Evolution[41].

2. Die „kulturelle Mem-Evolution“ (Mem = Verkürzung von Mimen, Imitation). Diese originelle Idee von R. Dawkins beruht auf dem Gedanken, daß nützliche kulturelle Techniken *als solche* häufiger werden: „Beispiele eines Mems sind Melodien, Gedanken, Schlagworte, Kleidermode, die Art, Töpfe zu machen oder Bögen zu bauen. So wie Gene sich im Genpool vermehren, indem sie sich mit Hilfe von Spermien oder Eiern von Körper zu Körper fortbewegen, so verbreiten sich Meme im Mempool, indem sie von Gehirn zu Gehirn überspringen mit Hilfe eines Prozesses, den man in einem allgemeinen Sinn als Imitation bezeichnen kann.“[42] Die Ideenwelt entwickelt sich, „indem erfolglose Ideen verschwinden, erfolgreiche Ideen aber zunehmen und das Verhalten immer mehr bestimmen“[43].

Auch die Idee „Gott“ ist ein solches Mem, das sehr alt ist und sich durch das gesprochene und geschriebene Wort repliziert, unterstützt von großer Kunst und Musik. Das Gott-Mem hat einen so großen Überlebenswert im Mem-Pool, da es wegen seiner auf den ersten Blick einleuchtenden Antwort auf beunruhigende Fragen nach dem Dasein eine große psychologische Anziehungskraft besitzt[44]. In Analogie zu den Genen tendieren die Meme gemäß Dawkins nach Ausbreitung ihrer selbst. Es findet eine eigene Selektion für kulturelle Merkmale statt, die vom Fortpflanzungserfolg ihrer Träger unabhängig ist[45].

Die Vorstellungen von einer kulturellen Dem-Evolution und einer kulturellen Mem-Evolution sind also grundsätzlich verschieden. Die Dem-Evolution wirkt direkt auf die biologische Evolution zurück, indem sie einen Überlebensvorteil für den Kultur*träger* bietet. Bei der Mem-Evolution scheint es keine solche Rückbeziehung zu geben. Man könnte eher an einen Wettstreit in einem vom biologischen Wettkampf losgelösten Ideenhimmel denken.

3.4 Das menschliche (Sozial-)Verhalten: Ein Produkt der Evolution

Die Soziobiologie versucht, das tierische Sozialverhalten mit Hilfe „egoistischer Gene“ zu erklären, deren alle anderen Interessen zurückdrängende Tendenz zur Selbstausbreitung zum archimedischen Punkt wird, von dem aus *alle* Verhaltensweisen erklärt werden sollen[46]. Jedes Individuum ist eine eigennützige Maschine, die so programmiert ist, „daß sie das tut, was immer für ihre Gene als Gesamtheit am besten ist“[47]. Auch die sozialen Beziehungen können auf der Ebene einer erweiterten Evolutionstheorie thematisiert werden: Wie jede andere Eigenschaft eines Organismus, so ist auch soziales Verhalten „in ständiger Auseinandersetzung mit den Lebensbedingungen der Art und als eine Antwort auf die Herausforderungen der Umwelt entstanden“[48]. Die Entstehung von

Sozialverhalten ist diesem Ansatz gemäß vom Anpassungswert des Verhaltens her ergründbar.

3.4.1 Das menschliche Verhalten

Die Soziobiologie nimmt nun an, daß sich auch das menschliche Verhalten als Anpassung an den Prozeß der natürlichen Evolution, welche streng darwinistisch verstanden wird, entwickelt hat. Daher kann Wilson fordern, daß Soziologie und Anthropologie letztlich auf Soziobiologie reduzierbar sind. Während die Soziologie eine deskriptive Rolle innehat, vermag die Soziobiologie eine funktionale Erklärung für die Verhaltensweisen zu liefern: Denn die natürliche Selektion formte das Verhalten für eine jeweils ganz bestimmte Funktion[49)]. Ein im darwinistischen Sinn erfolgreiches Handeln nämlich, das zu einer Erhöhung der eigenen Nachkommenschaft im Verhältnis zu der anderer Individuen führt – unter Einbeziehung der „inclusive fitness" –, muß sich auch in der menschlichen Evolution durchsetzen und daher das Verhalten bestimmen. Wir können demgemäß definieren, daß das Verhalten eines menschlichen Individuums dann adaptiv ist, wenn es das Überleben seiner Gene im Genpool wahrscheinlicher macht[50)]. Auch das menschliche Sozialverhalten ist damit nur ein Ausdruck für Bedürfnisse und Neigungen des menschlichen Organismus, die der menschlichen Natur durch die biologische Evolution mitgegeben wurden[51)].

Solche angeborenen Neigungen und Dispositionen wie Aggressivität oder Altruismus schlagen sich in entsprechenden sozialen Institutionen nieder. Die soziale Organisation ist folglich nur ein Ergebnis einer Interaktion von Organismen, die biologisch fixierte Neigungen haben: „Es gibt nichts in der Gesellschaft, was nicht zuvor im Organismus war."[52)] Für E. O. Wilson sind Verhaltensweisen und soziale Strukturen wie „Organe" studierbar[53)] und sehr viele menschliche Verhaltensformen können einer soziobiologischen Erklärung unterworfen werden, auch wenn auf den ersten Blick gar keine erkennbare Verbindung zur Biologie besteht, wie das Inzest-Tabu, die ökonomische Rolle der Geschlechter, religiöse Rituale, ethische Imperative, die Kernfamilie als Baustein der Sozietäten, Nepotismus oder Heiratsregeln[54)]. Solche und andere Verhaltensmuster sind gemäß der soziobiologischen Theorie auch universell, finden sich also in allen Kulturen[55)]. Gemeinsamkeiten zwischen Homo sapiens und anderen Säugetierarten sind die Neigungen, in Sozialsystemen dem männlichen Geschlecht das Regiment zu übertragen, eine Arbeitsteilung unter den Geschlechtern anzustreben, einer längeren mütterlichen Betreuung zu bedürfen und eine starke Sozialisation der Jungen zu betreiben[56)]. Mit den Affen haben alle menschlichen Gesellschaften eine bestimmte Gruppengröße für intime Sozialgruppen (10–100 Mitglieder), Neigung zur Polygamie, männliche Masturbation, soziales Spiel zur Sozialisation der Jungen, Neugierverhalten, Aggressionsverhalten und schließlich den Umstand, daß Männchen größer sind als Weibchen, gemeinsam[57)]. Menschliches Sozialverhalten ist also evolutiv entstanden, adaptiv und in seiner Grundlage allen Kulturen gemeinsam. Wie weit aber können daraus schon Schlußfolgerungen für das Verhältnis von Vererbung und kultureller Prägung gezogen werden? E. O. Wilson sieht grundsätzlich drei Möglichkeiten:

1. Alle menschlichen Populationen sind in bezug auf den Genotypus uniform; der Genotyp schreibt nur die Fähigkeit zu Kultur vor. In diesem Sinn ist die menschliche Gesellschaft von den Genen „befreit"; alle Verhaltensweisen werden von der Kultur determiniert.

2. Alle menschlichen Populationen sind in bezug auf den Genotypus uniform; dieser Genotyp prädisponiert aber die psychologische Entwicklung, so daß in einem ethologischen Sinn artspezifische menschliche Verhaltensweisen entstehen. Folglich besitzt der Mensch eine gewisse Anzahl instinkthafter Verhaltensweisen, die genetisch fundiert sind.

3. Es gibt genetische Variationen zwischen den Populationen; Verhaltensdifferenzen können auf Gendifferenzen zurückgeführt werden, wobei folglich Gene – wie in 2. – das Verhalten determinieren[58)].

Wilson neigt der dritten Lösung zu, da verschiedene Fakten aus Humangenetik, Psychologie und Anthropologie dafür sprechen. Das menschliche Sozialverhalten hat dementsprechend eine genetische Basis. Innerhalb der menschlichen Art sind manche Variationen im Sozialverhalten auf genetische Variationen zurückzuführen. Dabei sind Verhaltensformen, die stark emotionsgeladen und nur wenig rational kontrolliert sind, bis ins Detail mit der soziobiologischen Theorie konsistent und deshalb wohl auch genetisch festgelegt. Als Beispiele führt Wilson an: Inzestverbot, Gruppenbildung, Eltern-Kind-Konflikt, geschlechtsabhängiger Infantizid, primitive Kriegsführung, Territorialität und sexuelle Praxis. Die Neigung, solchen Trieben wie Sexualtrieb oder Machttrieb zu folgen, dürfte selektionsbegünstigt gewesen sein[59)].

Die soeben genannten universalen Praktiken sind durch die Hypothese von genetisch basierenden Prädispositionen leichter erklärbar als durch die Hypothese einer rein kulturellen Determination. Wilson weist auf eine Untersuchung bei geistig Zurückgebliebenen hin, die fast keine Form kulturell übertragenen Verhaltens kannten, wohl aber ein bemerkenswertes Repertoire von Säugetierverhalten zeigten wie Territorialität, Besitz, durch nonverbale Signale vermittelte affektive Bindung, Spiel, sexuelle Reaktionen. Schließlich sind genetische Mutanten bekannt, die verschiedene Formen von sozialem Verhalten affizieren[60)]. Die Verhaltens*varianten* zwischen verschiedenen Menschen beruhen größtenteils auf unterschiedlichen kulturellen Prägungen; das heißt nicht, daß der Mensch unbegrenzt formbar ist.

Wie beeinflussen nun Gene das Verhalten? Soziobiologen nehmen einen „gewissen" Einfluß an. Der Mensch ist kein willenloser Automat. Er kennt keine genetisch bedingten Automatismen, sondern Neigungen, die er zu unterdrücken oder in andere Bahnen zu lenken vermag. E. O. Wilson nimmt eine solche Disposition beispielsweise für die menschliche Aggression an: „Die Menschen besitzen eine starke Disposition, auf äußere Bedrohungen mit blindem Haß zu reagieren... Tatsächlich scheint unser Gehirn folgendermaßen programmiert zu sein: Wir neigen dazu, andere Menschen in Freunde und Fremde einzuteilen ... Wie neigen dazu, die Handlungen von Fremden zutiefst zu fürchten und Konflikte durch Aggression zu lösen. Diese Lernregeln haben sich höchstwahrscheinlich während der letzten hunderttausend Jahre der menschlichen Evolution entwickelt und denen, die sie mit der größten Treue befolgten, einen biologischen Vorteil verliehen."[61)]

Die Identifikation bestimmter Gene, die das Verhalten beeinflussen, ist für Wilson nur noch eine Frage der Zeit. Während der letzten zwanzig Jahre ist unser Wissen über die Einzelheiten des menschlichen Erbgutes sehr stark angewachsen. 1977 konnten McKusick und Ruddle schon 1200 loci menschlicher Gene unterscheiden; 1986 berichtet Wilson, daß nun schon 3577 Gene identifiziert sind, so daß bei wachsenden Forschungsmöglichkeiten in wenigen Jahreszehnten die etwa 100000 menschlichen Strukturgene bekannt sein dürften[62)]. Während die meisten dieser Gene anatomische oder biochemische Eigenschaften codieren, sind beim Menschen auch Verhaltensmutanten bekannt, die an biochemische Modifikationen gebunden sind. Zudem spielen Hormone und Transmittersubstanzen eine Rolle als subtile Verhaltenskontrollen, indem sie direkt auf die Nervenzellen wirken. Als Beispiele seien die jüngst entdeckten enkephalinen und endorphinen Polypeptide genannt, die Stimmung und Temperament beeinflussen. Mutationen in deren Struktur können leicht die Persönlichkeit des Menschen verändern[63)].

Wilson spricht schließlich sogar von Genen, die den Haß begünstigen[64)], oder von „conformer genes", die den Menschen absurd leicht indoktrinierbar machen[65)]. Mit solchen Aussagen impliziert Wilson keine direkte Vererbung wie die einer Blumenfarbe, sondern eher die Vererbung einer Tendenz, solch ein Verhalten zu entwickeln, wobei diese sich innerhalb eines sehr komplexen sozialen Gefüges eben unter genetischem Einfluß ausprägt[66)]. Derartige Einflüsse für manche soziale Verhaltensformen wurden durch Forschungen an eineiigen Zwillingen evident gemacht[67)].

Auch für Wilson ist das menschliche Verhalten von Genotypus *und* Umwelt abhängig. Der gleiche Genotyp kann bei verschiedenem Einfluß der Umwelt verschiedene Verhaltensformen hervorbringen; dieselbe Umwelt kann auch bei verschiedenen Genotypen gleiches Verhalten hervorrufen. Wilson gebraucht dafür das Bild vom gebogenen Ästchen, wobei das Ästchen das Verhalten ist, das von Genotyp und Umwelt in verschiedene Richtungen gebogen werden kann. Gerade in den frühen Jahren können Lernen und kulturelle Normen genetische Prädispositionen leicht beeinflussen. Die menschliche Natur erscheint so relativ formbar[68)]. Einige Verhaltensweisen wie etwa die Rechts-/Linkshändigkeit können selbst gegen genetische Prädispositionen noch verändert werden: Chinesen müssen rechts essen und schreiben lernen, auch wenn dies gegen ihre genetische Veranlagung ist. In den meisten Fällen können wir darum auch gar nicht scharf zwischen Ererbtem und Erlerntem unterscheiden. Für die Dichotomie von Natur und Erziehung übernahm Wilson das Bild C. Waddingtons, der die Entwicklung mit einer Landschaft vergleicht, die von den Bergen zur Küstenebene hin abfällt. Jede Entwicklung eines Merkmals (Augenfarbe, Rechtshändigkeit) gleicht einem Ball, der diese Landschaft auf einer bestimmten, durch Täler verlaufenden Bahn herunterrollt. Bei der Augenfarbe ist diese Bahn ein einziger, tiefer Kanal, aus dem der Ball nicht herausspringen kann. Bei Verhaltensentwicklungen teilen sich die Täler manchmal; bei der Rechtshändigkeit kann der Ball durch Erziehung auch in den anderen Kanal der Linkshändigkeit geführt werden[69]. Um ein Verhalten adäquat zu verstehen, muß es daher jeweils für sich betrachtet und auf seine Bedingtheit in Vererbung und Erziehung untersucht werden.

Die genetischen Variationen, die Wilson zwischen den menschlichen Populationen für möglich hält, können einen „multiplier effect" hervorrufen: Geringe genetische Unterschiede können so große kulturelle Differenzen erklären. Wilson führt als Beleg die genetischen Differenzen zwischen Schimpanse und Mensch an, welche nur 25 bis 60mal größer sind als die zwischen Schwarzafrikanern und Japanern[70].

Auch wenn wir nicht wissen, in welchem Umfang ein bestimmtes Sozialverhalten von den Genen beeinflußt wird und wie das Verhältnis Angeboren – Erlernt genau aussieht, was im Übrigen auch bei den höheren Tieren noch ein ungelöstes Problem darstellt, so folgt solches Verhalten oft den Regeln, die aus der Genselektion abzuleiten sind. „Das könnte daran liegen, daß die Gene das Verhalten unter Berücksichtigung der automatisch auftretenden Lerngelegenheiten steuern, das angeborene Verhalten also gewissermaßen fest mit bestimmten erlernten Anteilen rechnet."[71]

Wir können zusammenfassen: Die Vertreter der Humansoziobiologie gehen davon aus, daß das menschliche Sozialverhalten auch von biologischen Komponenten geprägt wird. Die Reichweite des genetischen Einflusses bleibt umstritten. Zumindest aber die *Fähigkeit* zu Sprache oder Kultur ist genetisch bedingt. Ein biologischer Determinismus für menschliches Verhalten stellt keine notwendige Konsequenz der Humansoziobiologie dar. Die Wahrheit im Streit zwischen unbegrenzten Entwicklungsmöglichkeiten des Menschen (tabula rasa) und extremem genetischen Determinismus mag in der Mitte liegen. „Für unsere Zwecke dürfen wir uns daher in der Annahme gerechtfertigt sehen, daß Gene einen Einfluß auf menschliches Verhalten haben, obwohl dies nicht notwendigerweise eine genetische Kontrolle bedeutet. Mit dem soziobiologischen Ansatz stellen wir die Frage an die natürliche Selektion, in welcher Richtung dieser Einfluß wohl zu erwarten ist."[72]

3.4.2 Der menschliche Altruismus

Der Versuch eines soziobiologischen Ansatzes zur Erklärung des menschlichen Altruismus will nicht die Bedeutung von Lernprozessen und sozialer Tradition verneinen. Auch wenn der Altruismus von Mensch und Primaten homolog erscheint, so bedeutet dies noch keine exklusiv genetische Quelle für solches Verhalten. Es geht hier mehr um die genetische Grundlage für die Fähigkeit des Menschen zu altruistischem Verhalten, das heißt es müssen Gene existieren, die „die Entwicklung von Altruismus fördernden Persönlichkeitscharakteristika *gestatten*"[73]), nicht aber Gene, die altruistisches Verhalten *direkt bedingen*.

Auch beim Menschen wird hier Altruismus vom Effekt der objektiven Handlung her definiert, daß nämlich diese die Überlebenschancen des mutmaßlichen Altruisten verringert und die des Nutznießers vergrößert[74]). Da sich altruistisches Verhalten bei Tier und Mensch findet, schließt Wilson, daß auch der menschliche Altruismus adaptiv ist, eine gewisse genetische Basis hat und durch die natürliche Selektion entwickelt worden ist[75]). Selbst solche altruistischen oder scheinbar altruistischen Verhaltensweisen wie Philanthropie, Homosexualität, Sklaverei, Zölibat und Märtyrertum können und müssen evolutiv erklärt werden. Wie aber soll sich das tugendhafte Verhalten eines Mannes, der eher bereit ist, sein Leben zu opfern, als seine Kameraden zu verraten, oder der sich vor die explodierende Granate wirft, weitervererben, da er doch oft keine Nachkommen hinterläßt[76])?

3.4.2.1 Erklärung durch Gruppenselektion

Innerhalb einer Art können Gruppen, deren Mitglieder sich untereinander altruistisch verhalten, eine größere Überlebenschance haben als Gruppen mit egoistischen Mitgliedern. Als Beispiel sei die soziale Regulierung der Vermehrungsrate im Hinblick auf begrenzte Nahrungsressourcen zum Wohl der Nachkommen genannt.

Nun würde diese These aber implizieren, daß „egoistische Varianten", etwa aus anderen Gruppen, nur minimal in altruistischen Gruppen auftauchen und gleichzeitig die egoistischen Gruppen ziemlich schnell aussterben. Ansonsten würden nämlich zugewanderte egoistische Individuen, die mehr Nachwuchs erzeugen als ihre altruistischen Stammesgenossen, die wegen der knappen Ressourcen darauf verzichten, sich schneller vermehren, das von den Altruisten Gesparte einheimsen und damit auch den Altruismus bald verdrängen[77]).

Trotz dieser Schwierigkeit hält Wilson die Gruppenselektion beim Menschen für möglich, da der Mensch ein Gruppenbewußtsein hat, das durch seine Fähigkeit zum Erkennen von Verwandten und durch kulturelle Normen geprägt wird. Es liegt für Wilson durchaus im Rahmen des Möglichen, daß das Selbstopfer von Individuen im Krieg ausgeglichen werden kann durch die Vorteile, die die Gruppe als Ganzes gewinnt. „In gleicher Weise, wie die Gene, die Selbstaufopferung begünstigen, in einer Gruppe gegenüber den entsprechenden egoistischen Genen abnehmen, können sie in der Population als Ganzem zunehmen, entsprechend dem Vorteil, den die begünstigte Gruppe in Konkurrenz mit anderen Gruppen ohne Altruisten hat."[78]) Auch R. D. Alexander, D. T. Campbell und G. Osche halten die Entstehung von Altruismus beim Menschen durch Gruppenselektion für möglich, denn bei diesem scheinen die Bedingungen dafür günstig gewesen zu sein: Während der längsten Zeit der Menschheitsgeschichte lebten die Menschen in kleinen, relativ geschlossenen Gruppen, die Fortpflanzungseinheiten darstellten und durch geographische Isolation oder durch Feindschaft von den anderen Gruppen getrennt waren. Außerdem sind menschliche Gruppen fähig, als Einheit zu planen und zu handeln. All dies ermöglichte ein Überleben oder Aussterben ganzer Gruppen[79)]. Daten aus anthropologischen Untersuchungen bei primitiven Stämmen scheinen diese These zu bestätigen[80)]. I. Eibl-Eibesfeldt kommt sogar zu dem Schluß, daß die Gruppenselektion beim Menschen die Regel und die Sippenselektion die Ausnahme darstellt[81)].

3.4.2.2 Erklärung durch kin selection

Die meisten Soziobiologen versuchen, den menschlichen Altruismus durch kin selection zu erklären. R. Dawkins nennt folgendes Beispiel: Die mütterliche Fürsorge wird durch die natürliche Selektion begünstigt, weil deren positiver Nutzen auf die inklusive Fitness der Mutter zurückwirkt: Gene, die dafür sorgen, daß sich die Mutter um ihren Nachwuchs kümmert, überleben in den Körpern der umsorgten Kinder. Daher werden die Gene, die zu mütterlicher Brutpflege anleiten, im Genpool häufiger werden[82)]. Die Verwandtenunterstützung als genetisch bedingte Verhaltensrichtung lieferte nach dem Urteil des Biologen B. Hassenstein die Grundlage dafür, „daß sich auf der Ebene des Verhaltens der Individuen uneigennütziges soziales Helfen entwickeln konnte"[83)]. Die Theorie der Sippenselektion gibt somit eine Antwort auf die Frage, warum wir Menschen dazu neigen, unsere Verwandten zu begünstigen: „Wenn wir die Möglichkeit anerkennen, daß das Selektionskriterium für menschliche Verhaltensweisen die Maximierung der Gesamteignung ist, dann ist es keine Überraschung, daß wir der genetischen Verwandtschaft verhaftet sind und entsprechend auf sie reagieren."[84)]

Auch wenn bei der Übertragung des Modells von der kin selection aus dem Tierreich auf den Menschen Vorsicht geboten ist, da sich das Sozialleben des Menschen wie das keines anderen Organismus fortentwickelt hat, so dürfte es nach H. Markl doch zulässig sein, die biologische Evolution des Menschen auf dem Hintergrund soziobiologischer Theorien zu analysieren. Mit großer Wahrscheinlichkeit hat auch der frühe Mensch in kooperativen Gruppen zusammengelebt. Für die Evolution dieser anfänglichen sozialen Strukturen müssen daher die Gesetze der Evolution kooperativen Soziallebens gegolten haben. Diese Entwicklung hat sich wahrscheinlich in abgegrenzten, blutsverwandten und miteinander konkurrierenden Gruppen vollzogen. Es dürfte daher zu den Grundzügen der Verhaltensevolution des Menschen gehören, im zwischenmenschlichen Verhalten streng zwischen Gruppenmitgliedern, die eng miteinander verwandt sind, und Gruppenfremden zu unterscheiden: „Nur gegenüber ersteren war Altruismus von positivem Selektionswert, dagegen trat gegenüber letzteren Konkurrenz, wo vorteilhaft in aggressiver Form, in den Vordergrund"[85)]. Wilson denkt sogar an von der Evolution geschaffene Gehirnstrukturen, die intuitiv die Blutsverwandtschaft mit einem entsprechenden Altruismus verrechnen[86)].

3.4.2.3 Erklärung durch reziproken Altruismus

R. L. Trivers schlug 1971 eine Erklärung des Altruismus vor, die keiner Verbindung mit der Verwandtschaftstheorie mehr bedurfte: „Dieser reziproke Altruismus bedingt nur noch, daß der Gewinn des Altruisten langfristig gesehen für seine Gesamt-Eignung größer ist als seine Investition."[87)] Als Beispiel führt Trivers die Rettung eines Ertrinkenden an. Wenn man nun voraussetzt, daß jeder einmal in die Gefahr des Ertrinkens kommen kann, dann wird die Selektion das altruistische „Retterverhalten" begünstigen[88)]. Ein sogenanntes „Betrüger"-Verhalten, das heißt, wenn sich einer retten läßt, aber nicht bereit ist, in einer ähnlichen Situation andere zu retten, kann sich gemäß einer Modellrechnung nicht halten: Die Verhaltensstrategie „reziproker Altruismus" ist dauerhafter, da der Mensch ein langes Erinnerungsvermögen besitzt sowie die Fähigkeit, Individuen zu erkennen[89)]. Trivers nennt fünf universale Typen altruistischen Verhaltens:

1. Helfen in Zeiten von Gefahr (Unfall, Beute, innerartliche Aggression).
2. Teilen von Nahrung.
3. Kranken, Verwundeten, Jungen, Alten helfen.
4. Werkzeuge ausleihen.
5. Wissen weitergeben.

Alle diese Verhaltensformen zeichnen sich dadurch aus, daß sie den Geber wenig kosten und dem Empfänger großen Nutzen bringen. Während des Pleistozäns oder schon früher könnte eine hominide Gruppe die Vorbedingungen für die Evolution von reziprokem Altruismus erfüllt haben: Neben Erinnerungsvermögen und der Fähigkeit zu individuellem Erkennen wären das vor allem langes Leben der Individuen, geringe Zerstreuungsrate, Leben in kleinen, stabilen sozialen Gruppen und eine lange Zeit elterlicher Fürsorge für die Kinder gewesen[90)]. Modellrechnungen haben nun aber ergeben, daß reiner Egoismus eine evolutionär stabile Strategie darstellt, so daß sich der reziproke Altruismus gar nicht hätte durchsetzen können. Erst über die kin selection konnte sich daher wahrscheinlich eine Kooperation ausbreiten, die zunächst den Verwandten Gewinn brachte und so, einmal etabliert, auch auf Nichtverwandte ausgedehnt werden konnte[91)].

Der reziproke Altruismus wird oft mit der Goldenen Regel verglichen: „Alles, was ihr also von anderen erwartet, das tut auch ihnen." (Mt 7,12) Das eigene soziale Verhalten gegen den anderen lohnt sich, weil dieser es erwidern wird und beide Seiten sich das Leben erträglich machen („tit-for-tat-Strategie")[92)]. Der reziproke Altruismus scheint die typische Form von menschlichem Altruismus zu sein. Es ist jedoch möglich, daß sich die Bildung von Reziprozitätsmustern oder die emotionalen Dispositionen für altruistisches Verhalten im genetisch grundgelegten Altruismus entwickelt haben. Die Universalität der Emotionen scheint auf eine genetische Basis hinzudeuten, womit aber kulturelle Variationen nicht geleugnet werden. Es gibt keine direkten Beweise für das Ausmaß, in dem während der menschlichen Evolution reziproker Altruismus praktiziert wurde, noch für eine in der Gegenwart fortbestehende genetische Basis, „aber angesichts der universalen und fast täglichen Ausübung von reziprokem Altruismus unter den heutigen Menschen läßt sich vernünftigerweise annehmen, daß er ein wichtiger Faktor in der jüngeren menschlichen Evolution gewesen ist und daß die dem altruistischen Verhalten zugrunde liegenden gefühlsmäßigen Dispositionen wichtige genetische Komponenten haben"[93].

3.4.2.4 Ergebnis

Von den genannten Erklärungsmöglichkeiten für Altruismus ausgehend, kommt Wilson zu folgendem zusammenfassenden Ergebnis: Eigentlich müßten sich Menschen mit egoistischen Genen gegenüber jenen mit altruistischen evolutiv durchsetzen. Der Altruismus hat sich aber schließlich doch behauptet. Da der Mensch in seiner evolutiven Entwicklung über lange Zeiträume in Sippenverbänden gelebt hat, dürfte die Verwandtschaftsselektion für die Ausprägung von Empfindungen, die zum Altruismus anleiten, von großer Bedeutung gewesen sein. Dabei gesteht Wilson zu, daß „Form und Intensität altruistischer Handlungen in hohem Maße kulturell determiniert sind. Die soziale Evolution des Menschen ist offensichtlich mehr kultureller als genetischer Art. Als genetisch entwickelt fassen wir ... die dem Handeln zugrunde liegende Emotion auf, die sich in praktisch allen menschlichen Gesellschaften machtvoll äußert. Die soziobiologische These erklärt folglich nicht die Unterschiede zwischen den Gesellschaften..."[94].

Als „strengen" (hard-core) Altruismus bezeichnet Wilson die Form sozialen Handelns, in der der altruistische Antrieb irrational ist und sich einseitig auf andere richtet, also keine – auch keine unbewußte – Erwiderung erwartet. Ein solcher Altruismus hat sich wahrscheinlich durch Verwandtschaftsauslese entwickelt. Der strenge Altruismus kommt den engsten Verwandten des Altruisten zugute und läßt an Häufigkeit und Intensität mit der Entfernung der Beziehungen stark nach. Der „milde" (soft-core) Altruismus hingegen ist letztendlich egoistisch. Ein solcher Altruist erwartet nämlich von der Gesellschaft für sich oder seine Verwandten eine Gegenleistung. Die Fähigkeit zum milden Altruismus hat sich durch Auslese zwischen Individuen entwickelt, ist stark von den Wechselfällen der kulturellen Evolution beeinflußt und beruht letztlich auf dem Grundsatz der Reziprozität. „Seine psychologischen Vehikel sind Lüge, Verstellung und Täuschung einschließlich der Selbsttäuschung, denn am überzeugendsten handelt derjenige, der an die Ehrlichkeit seines Auftretens glaubt."[95]

Bei Insekten hat sich nur der strenge Altruismus entwickelt. „Unter den sozialen Insekten gibt es keine Heuchler."[96] Den strengen, auf Verwandtschaftsauslese beruhenden Altruismus bezeichnet Wilson als Feind der Menschheit, da emotionale Entwicklungen und Lernregeln, die nur den Verwandten und der Sippe gelten, eine unbegrenzte, internationale Zusammenarbeit unmöglich machen: Wären wir Menschen von strengem Altruismus, so wäre die menschliche Geschichte ein gewaltiges Ränkespiel von hautflüglerhaftem Nepotismus und Rassismus. Die Menschen wären darauf erpicht, sich für ihre Blutsverwandtschaft zu opfern[97]. Wilson kann jedoch Optimist sein, da der milde (egoistische) Altruismus ebenfalls sehr stark ist und damit eine größere soziale Harmonie gewährleisten kann[98].

Einen „vollkommenen" Altruismus kann es nicht geben. Auch die Kultur kann menschliches Handeln nicht dazu befähigen. Hierin stimmen die bekanntesten Soziobiologen überein: Wilson meint, daß die meisten Äußerungen von Altruismus letzten Endes auch ichbezogen sind und keine Form von menschlichem Altruismus die vollkommene Selbstauslöschung anstrebt. Auch im selbstlosen Handeln von Mutter Teresa in Kalkutta sieht Wilson verborgenen Egoismus am Werk, da sie auf eine Wiedererstattung im Jenseits hofft[99].

Ähnlich äußert sich R. Dawkins: „So gern wir auch etwas anderes glauben wollen, universelle Liebe und das Wohlergehen der Arten insgesamt sind Begriffe, die evolutionstheoretisch gesehen einfach keinen Sinn ergeben."[100] D. P. Barash meint, daß ein echter, ehrlicher Altruismus in der Natur einfach nicht vorkommt: „Wie sehr liebe ich dich? Laß mich deine Gene zählen."[101] Ein Satz wie: „Niemand hat größere Liebe denn der sein Leben läßt für seine Brüder" läßt sich vom biologischen Konzept der inclusive fitness und der Gruppenselektion ableiten[102].

Somit gibt es letztlich keine wahre Liebe, keinen echten Altruismus. In letzter Konsequenz steckt hinter allem die Taktik der Gene. „Der Kernpunkt... ist, daß ein Gen in der Lage sein könnte, den *Kopien* seiner selbst, die in anderen Körpern sitzen, zu helfen. Dies würde wie ein individueller Altruismus aussehen, wäre aber tatsächlich das Ergebnis des Genegoismus."[103]

3.4.3 Menschliches Sexualverhalten

Die soziobiologischen Erklärungsstrategien werfen auch ein neues Licht auf das menschliche Sexualverhalten. Soziobiologen gehen vom Faktum aus, daß ein weibliches Ei schon durch seine Größe eine immense Investition, männliches Sperma jedoch nur eine geringe Investition darstellt. Während eine Kopulation einen Mann so gut wie nichts kostet, kann diese eine neunmonatige Investition der Frau mit sich bringen und ihr schließlich eine Investition von fünfzehn Jahren in den Nachwuchs abverlangen[104]. Die Fortpflanzung wird nicht als Kooperation zum Wohl der Art betrachtet, sondern als ein Konflikt, bei dem jeder Partner versucht, möglichst seinen eigenen reproduktiven Erfolg auf Kosten des andern zu vergrößern. Dahinter steckt letztlich wieder die Taktik der egoistischen Gene. Nach dieser Theorie werden sich auf die Dauer solche Männer durchsetzen, die dazu neigen, mehrere Frauen zu heiraten, da sie dadurch ihre eigenen Gene stärker ausbreiten. Weiterhin stehen Männer unter einem selektiven Druck zum Ehebruch. Die „doppelte Moral" scheint biologisch festgelegt: Zu möglichst zahlreicher Nachkommenschaft muß der Mann möglichst viele Geschlechtspartner anstreben, die Frau jedoch nicht[105].

Auch die Hypergamie, die Tendenz von Frauen also, sich mit sozial oder ökonomisch höher stehenden Männern fortzupflanzen, wird als adaptive Neigung erklärt. In China und Indien wurde dieser Theorie gemäß in höherstehenden Schichten der weibliche Nachwuchs getötet, weil man in das Aufziehen von Söhnen investieren wollte. Da Frauen immer in die höhere Klasse heirateten und Mitgift mitbrachten, konzentrierten sich Frauen und Reichtum in der Oberschicht, während die ärmeren Männer von der Fortpflanzung ausgeschlossen blieben[106)].

Schließlich versucht Wilson sogar, die Homosexualität als adaptives Verhalten zu erklären. Es stellt sich nämlich die Frage, wie sich homosexuelles Verhalten erhalten konnte, wo sich doch Homosexuelle nicht vermehren. Nach Wilson konnten in urtümlichen Gesellschaften die nahen Verwandten der Homosexuellen durch deren Anwesenheit mehr Kinder großziehen, so daß sich die Gene, die eine Tendenz zur Homosexualität hervorrufen, über verwandtschaftliche Seitenlinien weiterverbreiteten, obwohl die Homosexuellen selber keine Kinder hatten. „Man kann diese Konzeption als ‚Verwandtschaftsauslese-Hypothese' von der Entstehung der Homosexualität bezeichnen."[107)] Wilson erwägt auch die Möglichkeit eines Gens, das heterozygot nicht die Homosexualität codiert, sondern eine höhere Reproduktion ermöglicht. Nur homozygot würde sich der homosexuelle Phänotyp ausprägen[108)].

Da das Inzest-Tabu in der soziobiologischen Literatur eine wichtige Rolle spielt, soll hier noch kurz darauf eingegangen werden. Das Inzestverbot zwischen Eltern und Kindern wird in allen menschlichen Kulturen streng befolgt. In den meisten Kulturen gibt es auch Verbote des Inzests zwischen Geschwistern. Diese Verbreitung und der Umstand, daß es auch bei Schimpansen eine Art Inzest-Tabu gibt, spricht für eine biologische (genetische) Ursache. Schließlich wirkt sich Inzest genetisch nachteilig aus[109)]. Zum Beweis einer genetischen Fundierung zitiert Wilson Untersuchungen in den Kibbuzim Israels. Obwohl die Kinder genetisch nicht verwandt waren, heirateten gemeinsam aufgezogene Kinder fast nie untereinander. Nach Wilson gibt es daher einen auf Genen beruhenden „Instinkt" gegen den Inzest[110)].

3.5 Die menschliche Ethik: Ein Produkt der Evolution

3.5.1 „Evolutionäre Ethik"

Der Versuch, Ethik als Produkt der Evolution zu verstehen und von da aus eine „evolutionäre Ethik" abzuleiten, ist nicht neu. Ausgangspunkt für einen solchen Versuch ist der alte Gedanke, daß das biologische (Über-)Leben den höchsten Wert darstellt, wie wir ihn, um nur ein Beispiel zu nennen, in der Naturrechtslehre bei Hobbes finden, welcher Regeln zur Sicherung der Selbsterhaltung angibt[111)]. Diese Auffassung vom biologischen Überleben als höchstem Wert konnte auf die Darwinsche Erklärung der Evolution des Lebens übertragen werden, um daraus Normen für den evolutiven Fortschritt zu gewinnen. Der „struggle for existence" wurde zum „guten Prinzip" des Lebens und der fortschreitenden Entwicklung erklärt; das Leiden der Unterdrückten galt in diesem Zusammenhang als Produkt des Evolutionsprozesses, in dem eben der Tüchtigste nach oben kommt und die Untauglichen ausgelöscht werden. Ein Eingriff in dieses System, der die Schwachen begünstigen will, wird als Verletzung des natürlichen Moralgesetzes betrachtet[112)].

Aber nicht nur der Kampf wird als evolutiv entstanden und daher als „gut" beurteilt, sondern auch das Phänomen des sozialen Zusammenlebens, die Regeln für das Sozialleben, die Ethik selbst. „Ethik" konnte sich in der Evolution ja nur dann herausgebildet und durchgesetzt haben, wenn und weil sie das Überleben förderte. Damit war die Morallehre der „wissenschaftlichen Forschung" zugänglich gemacht.

Schon Ch. Darwin dachte an eine evolutionäre Entwicklung der Ethik, an eine Evolution des „moralischen Gefühls"[113)]. H. Spencer forderte sogar, daß dem Studium der moralischen Wissenschaft das Studium der biologischen Wissenschaft vorausgehen müsse, denn das ethische System sei aus der Natur des Menschen erklärbar[114)].

Wie Spencer versuchten später J. Huxley und C. H. Waddington, aus der Evolution Werturteile abzuleiten und eine Begründung der Ethik zu liefern. Der festgestellte Trend, etwa die Entwicklung zu höheren Organisationsstufen, wird zum Maßstab für das menschliche Handeln. Die evolutionäre Ordnung dient als Maß für eine Hierarchie von Werten, zur Legitimation von Gut und Böse, als Theorie der sittlichen Wurzeln der menschlichen Natur[115)].

Eine solche evolutionäre Ethik soll den Menschen zu dem bringen, was er ist. Der Mensch soll folglich den ihm innewohnenden, von der Evolution eingegebenen, biologischen Mechanismen nachkommen. Die ethische Begründung für alles Handeln liegt in dessen evolutiver Wurzel[116)]. Die Grenze eines solchen Versuchs sah schon Julian Huxleys Großvater Th. H. Huxley: „Laßt uns ein für allemal verstehen, daß der ethische Fortschritt der Gesellschaft nicht davon abhängt, den kosmischen Prozeß nachzuahmen, noch vor ihm davonzulaufen, sondern ihn zu bekämpfen."[117)]

3.5.2 Evolution der Ethik

Seit Beginn der Neuzeit sind die Versuche nicht abgerissen, die Unterscheidung von scientia und prudentia, von Naturwissenschaft und Ethik, aufzuheben und die Ethik schließlich der Naturwissenschaft unterzuordnen[118)]. Freilich waren diese Bemühungen relativ unfruchtbar geblieben und mit Spencer und den Sozialdarwinisten scheinbar erloschen. Mit Wilson erlebte diese Tendenz 1975 eine kraftvolle Auferstehung, da nach dessen Definition die Soziobiologie *alles* soziale Verhalten systematisch zu erfassen versucht[119)]. Wilson hält es für möglich, daß „die Wissenschaft vielleicht bald in der

Lage sein (wird), dem eigentlichen Ursprung und der Bedeutung der menschlichen Wertvorstellungen auf die Spur zu kommen, aus denen sämtliche ethischen Urteile und ein Großteil der politischen Praxis fließen" [120]. Die Soziobiologie will die Ethik „biologisieren"; sie will sowohl die Einzelnormen als auch das sittliche „Sollen" selbst erklären und begründen. Damit versucht sie, die beiden grundlegenden Fragen jeder Ethik zu lösen, nämlich: „*Warum* sollen wir?" und: „*Was* sollen wir?"

3.5.2.1 Die Evolution des „Sollens"

Es ist ein Spezifikum des Menschen, sein Verhalten an Normen auszurichten. Mit Normen sind in diesem Kontext allgemeine Regeln gemeint, die aus moralischer Reflexion abgeleitet werden, um das Verhalten zu ordnen [121]. Ein Faktor, der die Entwicklung einer „Ethik" notwendig machte, war sicher die zunehmende Fähigkeit des Menschen, den Instinkt durch Bewußtsein und rationale Entscheidungen zu überlagern. Während das tierische Verhalten ganz und gar von Instinkten geregelt wird, haben diese beim Menschen keinen zwingenden, sondern nur noch einen emotionell-appellativen Charakter. Die menschliche Evolution hat sozusagen das „is" in ein „ought" umgewandelt, das heißt beispielsweise, daß die instinkthafte Inzesthemmung beim Menschen durch ein Inzestverbot ersetzt wird [122].

Ein weiterer Faktor, der eine Entwicklung von „Ethik" ermöglichte, war die Fähigkeit des Menschen, sich die Zukunft vorzustellen. Das menschliche Verhalten wird nicht nur durch bestimmte Auslöser in den jeweiligen Situationen programmiert, sondern durch die Vorstellungskraft können auch noch andere mögliche Umstände bedacht werden, die jetzt noch gar nicht gegeben sind [123]. „Die Zahl der möglichen Motive, die miteinander in Konflikt geraten können, ist schon aus diesem Grunde viel größer als beim Tier. Dadurch sind tradierte Verhaltensnormen, also Sitten, für den Menschen unbedingt notwendig. Zur Ethik im eigentlichen Sinn werden sie erst, wenn sie der Mensch überdenkt (reflektiert) und dabei wertet." [124] Weiterhin haben die moralischen Normen die Funktion, die mit dem Bewußtsein aufgetretene Zukunftsangst zu mindern und gleichzeitig das Verhalten der Sozialpartner vorhersagbar zu machen [125]. Zur Entstehung von „Ethik" müssen folgende Voraussetzungen gegeben sein:

1. Die Fähigkeit, zwischen „selbst" und „andere" zu unterscheiden.
2. Die Fähigkeit, auf Gefühle im anderen zu schließen.
3. Die Fähigkeit, Ziele und Intentionen bei anderen zu erkennen.
4. Die Fähigkeit, sich der Konsequenzen seines Verhaltens bewußt zu sein und von hier aus das Konzept der Verantwortung für seine Handlung zu entwickeln [126].

Wilsons Zugang zum Phänomen der Ethik stimmt mit diesen Grundgedanken vieler Biologen und Anthropologen überein: Der Mensch handelt nicht nur automatisch wie die niederen Tiere, sondern er ist sich eines großen Teils seines Verhaltens bewußt und kalkuliert dessen Konsequenzen mit ein[127)]. Der Mensch braucht folglich zum Handeln eine Ethik. Die Fähigkeit zu „ethischem“ Handeln hat sich als evolutiv vorteilhaft, als adaptiv erwiesen.

Die Alternative, daß sich das menschliche moralische Gefühl als Nebeneffekt ohne adaptive Funktion entwickelt hat, scheint nicht annehmbar. Ebensowenig überzeugt die These von der Entstehung des moralischen Gefühls durch bloße Gruppenselektion oder rein kulturell. Eher denkt die Soziobiologie an einen selektiven Vorteil, den die Entstehung des sittlichen Sollens-Gefühls für das Individuum gebracht hat: Diejenigen, die ein moralisches Gefühl entwickelt haben und sich ihm gemäß verhalten, haben eine größere Chance für Überleben und Reproduktion als „unmoralische“ Individuen, die etwa keine Hilfe von ihrer Verwandtschaft erfahren oder nicht vom reziproken Altruismus profitieren können[128)]. „Auch wenn der Wohltäter selbst überhaupt keine direkten Nachkommen hat, sondern aus altruistischen Gründen auf individuellen Reproduktionserfolg verzichtet, so werden seine besonderen Eigenschaften doch über Nebenlinien weitergegeben und angereichert, und zwar um so stärker, je mehr die Blutsverwandten von den moralischen Qualitäten ihres Familienangehörigen ‚reproduktiv‘ profitieren, was z. B. auf dem Weg über gesellschaftliches Ansehen und daran geknüpfte materielle Vorteile geschehen kann.“[129)]

Erforderlich wurde nach Barash eine „Ethik“ vielleicht auch deshalb, weil das biologische Prinzip Eigennutz in den immer komplexeren menschlichen Gesellschaftsformen in Schranken gehalten werden mußte. Religion und Sittenlehre üben in dieser Richtung Einfluß aus und spiegeln darin die Notwendigkeit wider, egoistischen Neigungen eine Grenze zu setzen, damit die Funktionstüchtigkeit komplexerer Gesellschaften nicht beeinträchtigt wird[130)]. Ja, es könnte sogar angeborene Dispositionen geben, die die Fähigkeit oder den Willen beeinflussen, sich den Normen entsprechend zu verhalten oder sie zu verletzen: Einige Normen können leichter eingehalten werden als andere, weil sie eine größere Fitness-Erhöhung zur Folge haben[131)].

Wilsons Grundidee ist also, daß das moralische Verhalten als eine Strategie zur Optimierung des menschlichen Wohlergehens gesehen werden muß. Moral ist ein raffinierter Trick der Gene, den Menschen das tun zu lassen, was sie von ihm wollen, nämlich sie effektiv zu reproduzieren. Der Mensch ist eine Überlebensmaschine mit edlen Selbsttäuschungen über die wirklichen Ziele seiner sittlichen Bemühungen und über die Freiheit seiner moralischen Entscheidungen[132)]. „Präferenzen“, „Gründe“ und „Motive“ sind Täuschungen, denn die wahren Gründe für unser sittliches Handeln liegen in der molekularen Welt unserer egoistischen Gene[133)]. Insofern die Entwicklung von sozialer Kooperation die Fitness der Mitglieder einer sozialen Gruppe erhöht und die Mitgliedschaft in einer Gruppe durch die gemeinsam eingehaltene moralische Überzeugung verstärkt wird, kann „Ethik“ ein machtvoller Mechanismus sein, um die evolutionäre Fitness von Individuen und Gruppen zu erhöhen[134)].

Die ethischen Entscheidungen trifft der Mensch auf der Grundlage von moralischen Vorschriften, die von gefühlserregenden („emotive“) Reaktionen geleitet werden („moralisches Gefühl"). Die begriffliche Reflexion über den Kanon der Sittlichkeit stellt ein Befragen der „emotiven" Zentren des eigenen hypothalamisch-limbischen Systems im Gehirn dar. Diese Zentren durchfluten unser Bewußtsein mit Gefühlen wie Liebe, Haß, Schuld und Furcht. Die Tätigkeit dieser emotiven Leitstellen hat sich durch die natürliche Selektion entwickelt[135)].

Wenn nach Wilson der Kanon der Sittlichkeit im Letzten dem Überleben dient und in den Gehirnen durch die natürliche Selektion programmiert worden ist, so kann die Bedeutung dieses Kanons nur durch die Interpretation der emotiven Zentren als biologische Anpassungen entschlüsselt werden[136)]. Gefühlsbewegungen und der Maßstab, den der Mensch beim Gebrauch von Werturteilen (gut, böse) anwendet, sind adaptive Produkte der Evolution[137)]. Folglich kann die Ethik den Philosophen aus der Hand genommen und den Biologen übergeben werden[138)].

Dazu ist es zunächst einmal notwendig, das emotive Entscheidungszentrum besser zu verstehen. Wilson nennt dieses ein „verborgenes Orakel", das in den tiefen emotionalen Zentren des Gehirns sitzt, höchstwahrscheinlich innerhalb des limbischen Systems, welches einen verwickelten Komplex von Neuronen und Hormonen ausschüttenden Zellen darstellt und gleich unterhalb des ‚denkenden' Teils der Hirnrinde liegt. „Die menschlichen Gefühlsreaktionen und die auf ihnen beruhenden umfassenderen ethischen Praktiken sind in beträchtlichem Umfang über Tausende von Generationen hinweg durch die natürliche Auslese programmiert worden."[139)] Durch Erkenntnisse der Neurophysiologie kann nach Wilson die Soziobiologie sogar die Einsichten der alten Religionen in eine präzise Erklärung des evolutiven Ursprungs der Ethik umwandeln und daher die Gründe erklären, warum wir zu bestimmten Zeiten ganz bestimmte moralische Entscheidungen treffen. Ob ein solches Verstehen dann schon Regeln hervorbringen wird, bleibt nach Wilson noch abzuwarten. Für den Moment genügt es festzustellen, daß eine einzige gerade Linie vom Verhalten der Termitenkolonie und der Truthahn-Bruderschaften bis zum sozialen Verhalten des Menschen durchläuft[140)].

Hier wird deutlich, daß Wilson das Phänomen der Ethik vom „moralischen Gefühl" her angehen will. So spricht er auch von emotionalen Kontrollen des menschlichen Altruismus[141)] oder von Gefühlen, die einen Menschen bis zum Selbstopfer führen können[142)]. Dieses moralische Gefühl ist der kürzeste Weg der Gene durch das Gehirn zu einer für sie vorteilhaften Entscheidung. Wir fühlen, daß eine Handlung „richtig" ist, das heißt, sie genügt den Normen der Gesellschaft oder der Religion und nützt damit letztlich den Genen[143)].

Aus der Behauptung einer neurophysiologischen Grundlage ethischen Verhaltens und aus der Tatsache, daß es einige universale moralische Regeln gibt (sexuelle Beziehungen, Gruppentreue, Eigentum[144)]), leitet Wilson schließlich ab, daß die tiefsten menschlichen Werte unter *genetischer* Kontrolle sind. Das Konzept von „guten" und „bösen" Ideen ist genetisch bestimmt[145)]. „Regeln, für die man sich intuitiv aufgrund von Emotionen entscheidet, sind überwiegend biologischen Ursprungs und verstärken wahrscheinlich bloß die vorgegebenen sozialen Verhältnisse. Eine solche Moral wird unbewußt entwickelt, um den unantastbaren Wert der Gruppe, die Beispielhaftigkeit des Altruismus und die Verteidigung des Territoriums zusätzlich zu rationalisieren.“ [146)]

Auch das universal menschliche Phänomen, daß der Mensch sein Verhalten an Normen orientiert, weist auf genetische Bedingtheit hin. Für konkrete Ausprägungen hingegen, was nun verschiedene Völker als wertvoll empfinden, können kulturspezifische Mechanismen verantwortlich sein, so daß man bei aller Universalität des ethischen Phänomens in je anderen soziokulturellen Kontexten unterschiedliche Wertvorstellungen finden kann [147)].

Wilson gesteht diesen möglichen kulturellen Einfluß durch Erkenntnisse und Vernunftgründe auf die Entwicklung von Werten zu. Dennoch kann die kulturelle Evolution höherer ethischer Werte die genetische Evolution nicht völlig verdrängen, da die Gene die Kultur im Zaum halten. Wenn auch der Zügel sehr lang ist, so werden doch die ethischen Werte unausweichlich bestimmten Zwängen unterworfen, und zwar je nachdem, welche Auswirkung sie auf den menschlichen Genbestand haben. Denn schließlich ist ja das gesamte System der Ethik mit seinen Mechanismen wie etwa einem Schuldgefühl bei „bösem“ Verhalten nur entstanden, um das menschliche Erbmaterial intakt zu halten. „Eine andere nachweisbare Funktion hat die Moral letzten Endes nicht.“ [148)]

Mit diesem seinem evolutionären Zugang zur Ethik will Wilson ganz bewußt transzendentale oder religiöse Erklärungen der Moral überwinden: Bewußter Altruismus ist keine transzendentale Qualität [149)]. Wilson bezeichnet sich selber als „wissenschaftlichen Materialisten“, der als solcher versucht, die ethischen Vorschriften als Ergebnis von genetischen evolutiven Prozessen zu erklären [150)]. Daraus folgt für ihn weiter, daß es keine echten objektiven ethischen Prämissen gibt. Vielmehr wurden die ethischen Prämissen, die auf der Basis von Emotion und Vernunft formuliert worden sind, durch die natürliche Selektion geformt, das heißt sie begünstigen das Überleben ihrer Befolger. Als adaptive Produkte können diese Prämissen nicht absolut sein: Bei einer anderen intelligenten Art hätten durchaus Regeln evolvieren können, die Kannibalismus, Inzest oder Vatermord als höchst moralisch definiert hätten [151)]. Moral gründet folglich nicht in ewigen Wahrheiten, sondern in der ganz und gar kontingenten menschlichen Natur.

Wilsons Angriff richtet sich auch gegen die philosophische Ethik und hierbei besonders gegen den Intuitionismus. Dieser ziehe nämlich zu wenig in Betracht, daß das Gehirn als Organ der Intuition ein Produkt der Evolution ist [152)]. Moral hat auch keine philosophisch objektive Grundlage, sondern stellt eine kollektive Illusion der menschlichen Gattung dar, die die individuelle Reproduktion vorantreiben soll. Ja, die natürliche Selektion hat sogar die Illusion einer objektiven Geltung der Moral gefördert. Die menschliche Moral „funktioniert“ dann besser, wenn die Menschen an die Existenz einer selbstlosen, objektiven Moral oder an göttliche Gebote glauben. Die Gene begünstigen einen solchen Glauben [153)].

Wilson betrachtet infolgedessen das gesamte Phänomen der Ethik als einen bloßen Trick der Selektion. Und selbst die edelsten menschlichen Gefühle wurden nur wegen ihres Beitrags zum Überleben der Gene selektiert: „Die nobelsten Antriebe scheinen sich bei näherer Untersuchung in eine biologische Aktivität zu verwandeln“[154]. Schließlich rechnet Wilson damit, daß einige mehr altruistische Impulse zu ethischem Verhalten durch Gruppenselektion, andere mehr egoistische Impulse durch individuelle Selektion etabliert wurden. Er schließt daraus auf einen „angeborenen ethischen Pluralismus“, gemäß dem keine Zusammenstellung von sittlichen Standards auf alle menschlichen Populationen oder auf alle verschiedenen Alters- und Geschlechtsgruppen innerhalb einer Population anwendbar ist. Demzufolge ist ein evolutionärer Zugang zur Ethik selbstevident[155].

Wir können zusammenfassend sagen, daß sich für die Soziobiologen auch das „Sollen“ und das „Pflichtgefühl“ im Laufe der Evolution als Selektionsvorteil „natürlich“ entwickelt haben. Die Soziobiologie genetisierte damit das *Gelten selbst*[156].

3.5.2.2 Die Evolution der Handlungsnormen

Seit Darwin hat die Lehre von der naturalistischen Ethik ungeheuren Auftrieb gewonnen: „Da die natürliche Zuchtwahl nicht nur Auswirkungen auf das äußere Erscheinungsbild von Tieren hat, sondern ... auch auf ihr Verhalten, konnte es als durchaus plausible Vorstellung gelten, daß das Verhalten des Menschen, und insbesondere sein moralisches Verhalten, auf selektiv vorgehenden Evolutionsmechanismen beruht. Daher würde nicht nur die bloße Existenz eines Sittenkodex', sondern auch das, was er vorschreibt, seine Legitimität daraus gewinnen, in welchem Umfang er die Gattung Mensch für den Überlebenskampf in der Evolution geeigneter macht und ihn sich dessen Forderungen besser anpassen läßt.“[157] So will auch die Soziobiologie nicht nur die Existenz eines moralischen Kodex' an sich, sondern auch die einzelnen Normen als im „Kampf ums Dasein“ entstanden erklären.

Dazu hilft zunächst ein Blick ins Tierreich: Analogien zu menschlichen Normen und Verhaltensregeln finden sich schon dort. Diese „moralanalogen“ Verhaltensweisen können uns helfen, die evolutionär gewachsenen Regelungen der – beim Menschen „moralischen“ – Verhaltensweisen zu erkennen. Da der Mensch ebenfalls aus der Evolution hervorgegangen ist, kann man versuchen, auch die Verhaltensnormen, zumal jene, die viele Parallelen im Tierreich haben, als evolutiv entstandene Anpassungen zu verstehen[158]. Einen weiteren Hinweis liefert die Tatsache, daß es einen menschlichen transkulturellen Verhaltenskomplex gibt (*universal* menschlich), der offensichtlich bei Tieren fehlt (also *spezifisch* menschlich). Wir finden in jeder menschlichen Gesellschaft Werturteile, Normen und Sanktionen (Strafen bei Verstössen gegen die Norm). Charakteristische *Inhalte* solcher Normen sind Versuche, Gruppenmitglieder vor ungezügeltem Eigeninteresse anderer zu schützen (man denke an Mord oder Ehebruch), weiterhin Eigentum, Sexualität und Religiosität[159]. Die Universalität weist auf evolutive Angepaßtheit hin. Normen können demgemäß von der Evolution her interpretiert werden. Wilson läßt daher die Aussage von Sophokles' Antigone, die behauptet habe, daß man von den moralischen Imperativen nicht wisse, woher sie kommen und wohin sie gehen, nicht mehr gelten: Die Biologie soll nun Ursprung und Bedeutung von menschlichen Werten und Normen untersuchen[160].

Von der Gruppenselektion her kann man annehmen, daß diejenigen moralischen Traditionen ausgewählt wurden, die stärker zur Vermehrung beigetragen haben als andere: Diejenige Gruppe, die sich auf Grund der besser geeigneten Moral stärker vermehren konnte, hat jene verdrängt, die sich wegen einer schlechter geeigneten Moral nicht so gut vermehren konnte[161]. Aus dieser Sicht haben diejenigen Normensysteme oder Einzelnormen „überlebt", die Sozialsystemen im Kampf ums Dasein eine größere Fitness verliehen haben.

Es gibt auch Versuche, das Mem-Schema von R. Dawkins hier anzuwenden. Dieser Theorie gemäß sind moralische Ideen eigenständige Entitäten, die sich im Mempool gegen andere Moralideen durchgesetzt haben[162]. W. Wickler und U. Seibt prognostizieren demzufolge, daß auch die vom Menschen bewußt gesetzten Normen und Weisungen den in der Evolution bewährten Gesetzmäßigkeiten unterliegen[163]. Wickler schlägt schließlich sogar ein „Virenmodell" vor: Wir sollten Normen wie Viren behandeln, „weil auch Normen Genese, Anpassung usw. kennen und vor allem eine Verbreitungsweise besäßen, die der von ‚Keimbahnen' nicht unähnlich sei"[164].

Im folgenden soll das wohl am meisten verbreitete soziobiologische Erklärungsschema dargestellt werden, das davon ausgeht, daß moralische Normen die *biologische* Fitness von Individuen verstärkt haben. Diejenigen Menschen, die entsprechende Normen befolgen, haben überlebt. Dabei ist die Frage umstritten, wie weit die Einzelnormen genetisch bedingt sind. Die Soziobiologie will bei den einzelnen Normen diejenigen Aspekte sondieren, die Überleben und Reproduktion verstärken. Der Inhalt von ethischen Forderungen und Weisungen geht insofern nicht nur aus der Evolution hervor (im Sinne von „zurückverfolgen bis zu den frühesten Vorstadien"), sondern wird aus den Gesetzen der Evolution *ableitbar*[165]. Moralische Leitlinien wie Inzest-Tabu, die Goldene Regel oder Richtlinien für das Zusammenleben der Generationen sind folglich von der natürlichen Selektion her interpretierbar[166]. Solche Gebote und religiöse Regeln richten sich zumeist gegen „Versuchungen", also Neigungen, die zwar von der biologischen Evolution hervorgebracht wurden, aber nun irgendeinem Optimum des Sozialsystems und damit letztlich auch wieder der biologischen Evolution zuwiderlaufen[167]. Somit dienen auch die Verhaltensnormen, die in der Evolution entstanden sind, zuletzt der inklusiven Fitness der sie ausführenden Individuen. „Auch moralische Normen sind nicht selektionsneutral, im Gegenteil, sie müssen im statistischen Mittel zumindest auch biologischen Anpassungswert haben, d.h. adaptiv sein: sie werden auch im biogenetischen Sinne Fitness-fördernd wirken müssen, wenn sie auf Dauer nicht der Selektion zum Opfer fallen sollen."[168] Von daher legt sich die faszinierende Idee nahe, daß sich hinter vielen Lebensregeln, die wir kennen (etwa die zehn Gebote), ein gewisser adaptiver Weitblick verbirgt. Solche Lebensregeln wurden nämlich über Hunderte von Generationen „getestet" und können „evolutionäre Weisheit" darstellen[169].

Es soll nun an einigen Beispielen kurz aufgezeigt werden, wie menschliche Normen und Verhaltensregeln von ihrem adaptiven Vorteil her erklärt werden können.

– *Sexualnormen*

Aus der Erklärungsstrategie der unterschiedlichen Investition von Mann und Frau in den Nachwuchs folgt, daß das männliche Geschlecht seine Eignung durch ein gewisses Maß an Treue gegenüber dem Ehepartner maximieren könnte. „Eine Optimierungsstrategie des Mannes würde jedoch eine gewisse Bereitschaft zum Seitensprung miteinschließen, so lange wie ihm dabei keine weitere Investition abverlangt wird. Bei Frauen dürfte ebenfalls ein Interesse am Seitensprung selektionsbegünstigt gewesen sein. Da eine solche Aktivität für Frauen aber viel weiterreichende Folgen haben kann, sollten sie wählerischer sein als Männer.“ [170)]

Während bei Tieren die Zeit sexueller Aktivität auf eine meist kurze Brunftzeit beschränkt ist, könnte der Mensch die Form der ganzjährigen sexuellen Bereitschaft entwickelt haben, weil seine Kinder lange von den Eltern abhängig sind. Wenn sich zwei Erwachsene um die Kinder kümmern, dürfte dies während der menschlichen Evolutionsgeschichte den größeren Erfolg gehabt haben. Daher dürfte die Selektion jeden Mechanismus begünstigt haben, der eine Trennung der Eltern verhindert. Sexualität und die sie regelnden Normen können ein solcher Kunstgriff der Natur sein, um die menschliche Paarbildung zu verstärken [171)]. Die Regeln für das Sexualleben und die Familie sind nach Wilson so fest in die menschliche Natur eingeschrieben, daß sie nur um einen hohen Preis verändert werden können. Einen solchen Preis wird zum Beispiel eine Gesellschaft zahlen müssen, die die Familien zugunsten gemeinschaftlicher Kibbuzim abschafft [172)].

In diesem Zusammenhang kritisiert Wilson auch die kirchliche Naturrechtslehre, die aus der menschlichen Natur unabänderliche Gebote Gottes ablesen will. Theologen würden aber biologische Gesetze oft falsch deuten; „alle Mutmaßungen über die Abstammungsgeschichte der Menschheit sprechen für eine liberalere Sexualmoral, in der die sexuellen Praktiken in erster Linie als Bindungsmittel und nur in zweiter Linie als Mittel der Fortpflanzung zu gelten haben“ [173)].

Auch Wilsons evolutionsgeschichtliche Erklärung der Homosexualität führt zu einer moralischen Schlußfolgerung: Homosexualität kann in einem biologischen Sinne normal sein und eine ausgesprochen vorteilhafte Verhaltensweise darstellen, die in der frühmenschlichen Sozialorganisation eine wichtige Bedeutung hatte. Homosexualität ist in erster Linie eine Form von Bindung, die der Zementierung von Beziehungen dient. Die eine Tendenz zur Homosexualität hervorrufenden Gene konnten sich ausbreiten, weil etwa enge Verwandte der Homosexuellen infolge von deren Anwesenheit mehr Kinder aufziehen konnten. Wilson schließt daraus, daß die traditionelle jüdisch-christliche Beurteilung des homosexuellen Verhaltens unangemessen und vermutlich falsch ist, da Homosexualität im biologischen Sinne nicht unnatürlich sei [174)]. Alle Versuche, intuitiv zu erfassen, was „das natürliche Gesetz“ vorschreibt, hält Wilson für gefährlich. Indem die Soziobiologie nun die Wurzeln der menschlichen Natur erkennen und damit sagen kann, ob Homosexualität und Kannibalismus natürlich oder unnatürlich sei, habe sie die Kritik des naturalistischen Fehlschlusses überwunden[175)].

– *Der Altruismus*

Ganz auf dieser Linie werden auch alle ethischen Weisungen, die irgendeine Form von Altruismus fordern (Liebe deinen Nächsten, sei hilfsbereit ...) interpretiert: Die ethische Forderung nach „altruistischem Verhalten" ist deshalb entstanden, weil ein solches Verhalten die eigene inklusive Fitness fördert. Alle altruistischen Normen sind auf dieses letzte Prinzip zurückzuführen[176)].

Alle diese Erklärungen von Normen und Weisungen gehen von der Grundannahme aus, daß Überleben den höchsten Wert darstellt. Dahinter liegt eine Art Naturalismus verborgen, der das biologisch feststellbare Gesetz, daß alle Lebewesen zu Überleben und Reproduktion tendieren, zum Ziel der Ethik erklärt. „Auf dem normativen Gebiet enthüllt sich damit ein Naturalismus als eine Einstellung, die menschliches Verhalten nur innerhalb des Spielraums von Strukturen regeln will, die in der Realität vorgezeichnet sind."[177)]

Hier liegt folgender Argumentationsschritt zugrunde[178)]:

1. Eine Ethik sollte natürlich sein (meta-ethische Annahme).
2. Soziobiologisches Ergebnis: „Natürliche" Tendenz der Lebewesen zur Ausbreitung ihrer Gene.
3. Menschen sind Lebewesen.
4. Ergo: Verhaltensregel: Menschen sollen so handeln, daß sie ihre Gene ausbreiten.

3.5.3 Ethik der Evolution?

Es erhebt sich nun die Frage, ob der Mensch den beobachteten naturalen Trend der Evolution zum Vorbild menschlicher Entscheidungen nehmen kann.

Nach dem Urteil von W. Wickler taugt die Natur nicht zum Vorbild für den Menschen. Aus der Evolution läßt sich nur post hoc ein Ziel ableiten, nämlich der Ausbreitungserfolg. „So, wie Leben definiert ist, ist mit seiner Entstehung auch die Grundausrichtung aller Lebewesen gegeben, nämlich sich möglichst erfolgreich fortzupflanzen. Darauf ist das ganze Verhalten zugeschnitten, und nur danach ist biologisch zu ermessen, welches Verhalten richtig ist."[179)] Ob der Mensch nun diesem Trend folgen soll, kann nach Wickler die Natur nicht mehr beantworten.

Ähnlich meint D. P. Barash: „Die Evolution ist eine Beschreibung für die Arbeitsweise der Natur; sie wird nicht von Moral getragen und sollte daher weder zur Rechtfertigung noch zur Ablehnung von Verhaltensweisen herangezogen werden ... Die Evolution liefert keinen moralischen Maßstab, dessen Meßskala die Natur geschrieben hat und mit dem der Mensch die Handlungen von Tieren und anderen Menschen zu bewerten vermag."[180)]

R. Dawkins geht einen Schritt weiter und fordert den Menschen zur Überwindung der ihm von der natürlichen Selektion beigegebenen Anlagen auf: Wir sollten unsere Kinder Altruismus lehren, da wir dies von der biologischen Natur nicht erwarten können. Der Mensch hat die Macht, den egoistischen Genen seiner Geburt und den egoistischen Memen seiner Erziehung zu trotzen; er kann seinen Altruismus pflegen und kultivieren [181)].

E. O. Wilson fordert, daß wir Menschen aus den alternativen emotionalen Führern, die wir ererbt haben, auswählen sollen. Wir können den Sensoren und Motivatoren in den emotiven Gehirnzentren nicht blind folgen. Ein tieferer Einblick in die menschliche Natur kann uns helfen, „hinsichtlich der konkurrierenden Fortschrittskriterien eine optimale Entscheidung zu treffen“ [182)]. Wir sollen mit mehr Einsicht darüber entscheiden, „welche Elemente der menschlichen Natur wir zu pflegen und welche wir zu bekämpfen haben“ [183)].

Solche Aussagen zeigen, daß Wilson sich nicht damit zufrieden gibt, die Welt zu interpretieren; er will sie verändern. Hier stellt sich jedoch die Frage, nach welchem Maßstab die verschiedenen natürlichen Neigungen des Menschen beurteilt werden sollen. Wilson selber spürt diesen Zirkelschluß: „Wenn wir zwischen den verschiedenen Elementen der menschlichen Natur wählen müssen, so können wir uns dabei nur auf Wertsysteme beziehen, die von eben diesen Elementen hervorgebracht wurden in einer Evolutionsperiode, die inzwischen längst entschwunden ist.“ [184)] Diesen Zirkel soll der Mensch aber durch eine Willensanstrengung durchbrechen. Mit Hilfe des Studiums der biologischen Grundlagen des menschlichen Geistes könne dann eine neue Ethik geschaffen werden, „auf deren Grundlage man sich für einen gründlicher durchdachten und dauerhafteren Kodex moralischer Werte entscheiden könnte“ [185)].

Hiermit geht Wilson über J. Huxley und C. H. Waddington hinaus, die einfach nur gefordert hatten, daß das gut sei, was immer die Evolution vorwärtstreibt [186)]. Wilson erhebt nicht die Evolution selbst zum höchsten ethischen Wert, sondern nimmt folgende drei Werte als Basis einer neuen Ethik an:

1. Das Überleben der menschlichen Gene in Gestalt eines Generationen umfassenden gemeinsamen Pools.
2. Die Vielfalt im Genpool, da diese immer wieder geniale Kombinationen ermöglicht.
3. Die allgemeinen Menschenrechte. Diese sind zwar eine Erfindung der modernen Zivilisation; wir müssen ihnen aber einen Wert einräumen, weil wir Säugetiere sind, die um ihren individuellen Fortpflanzungserfolg kämpfen [187)]. Die Menschenrechte sind verwurzelt in der unausrottbaren Neigung des Menschen zum Überleben und zur Selbstachtung und sind daher angeboren. Wären sie nur ein kulturelles Produkt, so könnte die Kultur die Menschenrechte auch wieder abschaffen [188)].

Der Mensch muß allerdings noch auf einen „genetisch akkuraten und von daher vollkommen fairen ethischen Code“ warten, bis die genetische Manipulation möglich geworden ist [189)]. Zudem bedarf es erst noch der soziobiologischen Forschung, die die wissenschaftlichen Werkzeuge für eine korrekte soziale Organisation zur Verfügung stellt. Wir wissen noch nicht, welche der geschätzten menschlichen Qualitäten gleichzeitig an destruktive Eigenschaften gebunden sind. Beispielsweise könnte Kooperativität mit Gruppenmitgliedern genetisch mit Aggressivität gegen Fremde gekoppelt sein. Die geplante Gesellschaft, deren Heraufkommen im kommenden Jahrhundert unvermeidbar sein wird, läuft daher Gefahr, mit den destruktiven Eigenschaften auch manche genetisch an diese gebundenen positiven menschlichen Qualitäten abzuschaffen[190]. Zum Glück wird es aber noch einige Generationen dauern, bis der Mensch genetisch manipuliert werden kann[191].

3.6 Die Religion: Ein Produkt der Evolution

Da die Soziobiologie *alle* menschlichen Verhaltensformen zu erklären versucht, so wendet sie sich schließlich auch dem Phänomen der Religion zu, welches nach Wilson die größte Herausforderung darstellt[192]. Auch hier wird wieder nach dem Anpassungswert des Verhaltens gefragt: Welchen Überlebensvorteil vermochte die Religion in der Evolution des Menschen zu bieten?

Wilson stellt fest, daß schon der Neandertaler vor 60000 Jahren seinem Glauben an ein Fortleben nach dem Tod durch Grabbeigaben (sieben Arten von Blumen, die medizinische und wirtschaftliche Bedeutung hatten) Ausdruck gab. Seither hat die Menschheit etwa 100000 Religionen hervorgebracht. Wilson folgert: „Die Prädisposition zu religiösem Glauben ist die komplexeste und mächtigste Kraft des menschlichen Geistes und aller Wahrscheinlichkeit nach ein unauslöschlicher Bestandteil der menschlichen Natur."[193] Genetische Wurzeln für die Religion sind durchaus wahrscheinlich: Man denke an die Universalität der Religion oder an die vergeblichen Versuche, die Religion auszurotten.

Aus der Sicht der Soziobiologie konnte religiöser Glaube nur entstehen und sich ausbreiten, weil er die Überlebensfähigkeit seiner Anhänger zu steigern vermochte. Zunächst einmal kann Religion als psychologischer Ausgleichsmechanismus dienen. Der zum Bewußtsein erwachte Mensch wird mit seiner eigenen Ohnmacht, mit Mißerfolg und Leiden konfrontiert. Die Religion kann diese Situation des Menschen psychisch erträglicher machen. Vor allem aber ist sich der Mensch der unausweichlichen Tatsache seines eigenen Todes bewußt geworden. Die Angst von dem Tod und das Bedürfnis des Menschen nach einer Erklärung der Welt und einem Sinn für sein Handeln waren die Schöpfer aller Mythen und Religionen. Der Glaube an ein Weiterleben nach dem Tod kann Unglück oder Ungerechtigkeit erträglicher machen: „Die Vorstellung von einer ausgleichenden Gerechtigkeit im Jenseits kann also als eine biologisch wirksame Anpassung eines intelligenten Lebewesens an die Wirklichkeit seines Lebens verstanden werden."[194] Diese Hoffnung ist nach Wickler nicht enttäuschbar. Wenn sie nämlich falsch ist, wird der Mensch es nie merken. Der Gläubige jedoch verfügt über einen an biologischen Auswirkungen meßbaren Vorteil, da er im Leben stärker belastbar ist.

Dieser Glaube an die ausgleichende Gerechtigkeit wirkt sich weiterhin stabilisierend für die Sozialsysteme aus: Der Mensch verzichtet leichter zugunsten von Sozialpartnern, wenn er an einen himmlischen Lohn glaubt. Die Religion dient gleichzeitig der sozialen Kontrolle: Verschiedene Beschränkungen sind nämlich selbst dann effektiv, „wenn keine Aufseher und Polizisten, keine irdischen Belohnungen und Strafen auf das Verhalten des Einzelnen einwirken, damit es optimal für das Kollektiv ist“[195]. Besonders urbane Gesellschaften, die größerer sozialer Koordination bedurften, brauchten einen Gottesglauben, der sittliche Gebote und soziale Strukturen garantieren konnte.

Zudem kann die religiöse Gruppe durch die starke Bindung, welche durch gemeinsame Religion und Ritus hergestellt wird, an Überlebenschancen gewinnen. Religion hat die Funktion, eine soziale Gruppe abzugrenzen und ihren Mitgliedern Identität und Zusammenhalt zu vermitteln. Religiöse Rituale können den Menschen auch zu heroischem Altruismus oder gar zum Selbstopfer anleiten: Der Gläubige ist bereit, Nächstenliebe zu üben, sein Leben zu weihen und schließlich für Gott und Vaterland zu sterben. „Wenn den Göttern gedient wird, ist letzten Endes, obwohl unerkannt, die biologische Tauglichkeit der Stammesangehörigen der Nutznießer.“[196]

Zwischen den Religionen hat nach Wilson ein Darwinscher Auslesekampf stattgefunden: Diejenigen Religionen überlebten, die ihre Anhänger besser zum Überleben tauglich machten[197].

Nachdem die Soziobiologie die Religion auf diese Weise erklärt und damit überwunden hat, tritt sie an ihre Stelle und gibt ihre eigenen Antworten auf die unergründlichen Fragen des Menschen nach dem Sinn des Lebens und der Welt[198]. Obwohl Wilson einer Comteschen Revolution skeptisch gegenübersteht[199], scheint er doch dem Rat von A. Comte zu folgen: „Man zerstört nur, was man ersetzt.“[200] Die Pseudoreligiosität der Soziobiologie tritt in den Veröffentlichungen ihrer Hauptvertreter deutlich zutage. Als Beispiel sei der Beginn mancher Kapitel dieser Werke zitiert, der dem ersten Satz der Bibel oder des Johannesevangeliums entsprechen – und ihn wohl auch ersetzen – soll: „Im Anfang war das Gen.“[201] oder: „Im Anfang war Einfachheit.“[202] Einen anderen Versuch, die religiöse Sprache zu übernehmen und sie mit einem evolutionären Sinn zu unterlegen, unternimmt Barash: „Nach herkömmlichem christlichem Glauben verlassen unsere Seelen unsere Körper, wenn wir sterben, und schweben hinauf in den Himmel oder hinunter in die Hölle ... Uns geht es hier natürlich um die Gene, aber es kann recht nützlich sein, wenn wir uns jedes Lebewesen als aus vielen solcher ‚kleinen Seelen‘ zusammengesetzt vorstellen, von denen einige unseren Körper in unseren Eiern oder Spermien verlassen, wenn wir Kinder zeugen ... Wenn ein Vater auf die Straße hinausstürzt, um sein Kind vor einem herannahenden Wagen wegzureißen, gefährdet er sich selbst und somit seine Gene. Andererseits rettet er einen Teil seiner ‚Seele‘ – die Hälfte, um genau zu sein.“[203] Für Dawkins sind die Gene schließlich „unsterblich“[204].

Wilson endlich propagiert einen „wissenschaftlichen Materialismus“, der als überlegene Mythologie anerkannt werden wird[205]. Diese Mythologie kann beispielsweise die traditionelle Religion mit Hilfe des mechanistischen Modells erklären und ist dieser auch überlegen durch die immer neuen Erfolge in Erklärung und Beherrschung der physikalischen Welt oder durch ihre Fähigkeit, profane und heilige Dinge zu erforschen. Kern des wissenschaftlichen Materialismus ist das Evolutionsepos, das durch Modifikation der Wahrheit so nahe kommen kann, wie der menschliche Geist überhaupt Wahrheit erfassen kann. Das Evolutionsepos ist daher der beste Mythos, den die Menschheit je haben wird.[206] Eine übernatürliche Wirklichkeit gibt es nicht: Der Mensch hat kein Ziel außerhalb seiner biologischen Natur. „Kein Schöpfer hat uns auf diesem Planeten ausgesetzt. Die Evolution hat uns gemacht. Jeder ist, was wir jemals waren ... Keine Instanz stattet uns aus mit Ziel und Zweck. Unser Gehirn entzaubert uns die Welt, die Wissenschaft nimmt ihr den Zauber trügerischen Sinns."[207]

Zum Abschluß von „Sociobiology" zitiert Wilson schließlich A. Camus: In einem erklärbaren Universum, „ohne Illusionen und ohne Lichter fühlt sich der Mensch als Fremder. Seine Verbannung ist ohne Erlösung, da er der Erinnerung an seine verlorene Heimat oder der Hoffnung von einen gelobten Land beraubt ist"[208]. Wilson stellt sich damit in eine Linie mit der Philosophie des Genetikers J. Monod: „Dann muß der Mensch endlich aus seinem tausendjährigen Traum erwachen und seine totale Verlassenheit, seine radikale Fremdheit erkennen. Er weiß nun, daß er seinen Platz wie ein Zigeuner am Rande des Universums hat, das für seine Musik taub ist und gleichgültig gegen seine Hoffnungen, Leiden oder Verbrechen."[209]

Der Mensch steht nicht mehr im Mittelpunkt der Welt. Ein computergeschaffener Stammbaum der Lebewesen stellt ihn nicht mehr an die Spitze[210]. Er ist nicht mehr das Maß aller Dinge (Protagoras) noch die „Krone der Schöpfung"[211].

3.7 Der Mensch: Eine Überlebensmaschine

In diesem Abschnitt sollen einige Kennzeichen des soziobiologischen Menschen- und Weltbildes noch einmal zusammenfassend dargestellt werden.

Die Frage „Was ist der Mensch?" muß nach den Aussagen der Soziobiologen mit einer auf dem biologischen Charakter des Menschen aufbauenden Sichtweise beantwortet werden. Alle Versuche, die Frage nach dem Menschen vor 1859, dem Erscheinungsjahr von Darwins „On the Origin of Species", zu beantworten, sind wertlos, und es ist besser, wenn wir sie ignorieren. Denn keine dieser Antworten konnte eine solide, objektive Basis haben vor der Erkenntnis, daß der Mensch ein Produkt der Evolution ist und von affenartigen Vorfahren abstammt. Die biologische Natur des Menschen in ihrer evolutionären Geschichte *und* in ihrer gegenwärtigen conditio bilden den einzigen sicheren Ausgangspunkt für eine Erkenntnis des Menschen[212].

Damit stellt die moderne Biologie eine Herausforderung an das bisherige Weltbild dar, das sie zu überwinden trachtet. Der Evolutionsgedanke gab den Impuls für die Entwicklung eines neuen naturwissenschaftlichen Weltbildes, vor dessen Hintergrund wir allmählich auch den Menschen, seine gegenwärtige Situation und seine künftigen Möglichkeiten zu begreifen beginnen[213].

Im Zuge dieser neuen Weltsicht wurde das Evolutionsparadigma universal angewandt: Auf die Evolution des Kosmos, des Lebens, des Bewußtseins und der Sittlichkeit. Vom Menschen selber wird angenommen, daß alles, was er ist und tut, mit biophysikalischen Prozessen verknüpft ist[214]. Der Mensch kann nun in all seinen Phänomenen wissenschaftlich beschrieben und erklärt werden. In Konsequenz dieses materialistisch-mechanistischen Ansatzes kann R. Dawkins schließlich den Menschen als „Überlebensmaschine" bezeichnen: Der Evolutionsprozeß hat uns geformt, und der Mensch kann seine Identität nur von diesem Prozeß her begreifen[215]. „Die These dieses Buches ist, daß wir und alle anderen Tiere Maschinen sind, die durch Gene geschaffen wurden. Wie erfolgreiche Chicago-Gangster haben unsere Gene in einer Welt intensivsten Existenzkampfes überlebt ... Ich würde argumentieren, daß eine vorherrschende Eigenschaft, die wir bei einem erfolgreichen Gen erwarten müssen, ein skrupelloser Egoismus ist. Dieser Egoismus des Gens wird gewöhnlich egoistisches Verhalten des Individuums hervorrufen."[216] Das „Individuum" existiert nur gefühlsmäßig; in Wirklichkeit ist der Körper eine Kolonie von Genen[217]. Es gibt damit auch keine Menschengeschichte mehr, sondern nur noch eine Geschichte von Genpools, die sich der Überlebensmaschinen bedienen. Diese Maschinen bezeichnen sich selber mit dem Kunstwort „Mensch", welches nur noch eine Zusammenfassung für eine Symbiose von Maschinen ist, die der Erhaltung von Information von Chromosomenstückchen dienen[218]. Letztlich sind Tier und Mensch von daher „bloße Vehikel zur Vervielfältigung der in den Chromosomen verankerten Erbmasse"[219]. Die Gene schwärmen nun also in riesigen Kolonien, sicher im Innern plumper Großroboter; „sie sind in dir und mir; sie haben uns erschaffen, Körper und Geist; und ihre Erhaltung ist der letzte Zweck unseres Daseins. Sie haben einen langen Weg hinter sich, diese Replikatoren. Heute heißen sie Gene, und wir sind ihre Überlebensmaschinen."[220] Der Mensch ist folglich nur ein Roboter, der blind zur Erhaltung der selbstsüchtigen Gene programmiert ist[221]. Freilich hat der Mensch – und er allein – die Möglichkeit, sich der Tyrannei der egoistischen Gene entgegenzustellen[222].

Mechanistische Sichtweisen finden sich auch bei E. O. Wilson, für den der Organismus nur die Weise von DNS ist, noch mehr DNS herzustellen[223]. Der individuelle Organismus ist infolgedessen eine „Maschinerie", die die Befehle der Gene ausführt[224]. „Wenn das Gehirn eine Maschine aus zehn Milliarden Nervenzellen ist und der Geist irgendwie als die zusammengefaßte Aktivität einer endlichen Zahl von chemischen und elektrischen Reaktionen erklärt werden kann, dann sind den Möglichkeiten des Menschen Grenzen gezogen: Wir sind biologische Wesen, und unsere Seele kann sich nicht ungehindert emporschwingen."[225] Den Menschen definiert Wilson nach den Kriterien der Computerwissenschaft: „Was sich wie ein Mensch verhält, *ist* ein Mensch."[226] Einer solchen Definition entsprechend kann Wilson schließlich zu folgender Aussage kommen: „Das gerade befruchtete Ei, ein Gebilde von einem Zehntel Millimeter Durchmesser, ist kein menschliches Wesen. Es ist ein Haufen von Instruktionen, der in die Höhlung der Gebärmutter geschwemmt wird.“[227] Eine ähnliche Beurteilung erfährt der ungeborene Mensch durch R. Dawkins: „Ein menschlicher Fötus, mit nicht mehr menschlichen Gefühlen als ein Amöbe, erfreut sich einer Achtung und eines gesetzlichen Schutzes, die weit über das hinausgehen, was einem ausgewachsenen Schimpansen zugestanden wird.“[228] Menschenrechte, Menschenwürde und die Heiligkeit des menschlichen Lebens sind für Dawkins art-chauvinistische Annahmen[229].

Die menschlichen Verhaltensweisen werden ebenfalls funktional-mechanistisch deutbar: „Ich betrachte eine Mutter als eine Maschine, die so programmiert ist, daß sie alles in ihrer Macht Stehende tut, um Kopien der in ihr enthaltenen Gene zu vererben.“[230] Es kann sich unter Umständen für eine Mutter lohnen, wenn sie sich weigert, einen Kümmerling zu füttern und statt dessen seinen Anteil an seine Brüder und Schwestern verfüttert[231]. Auch die Liebe zum Kind ist für D. P. Barash ein Mechanismus mit stark adaptivem Charakter und dient infolgedessen einem biologischen Zweck. Maßstab für die „Liebe zum Kind“ ist dabei die schon geleistete Investition. Wir empfinden weniger Gewissensbisse, ein gerade befruchtetes Ei sterben zu lassen als einen siebenmonatigen Embryo. Noch größere Hemmungen haben wir, ein neugeborenes Kind zu töten. Je älter ein Kind ist, um so mehr hat man in es investiert. Wenn mehrere Kinder da sind, ist daher die Liebe zum älteren Kind von stark adaptivem Charakter. In ein mißgebildetes Kind wird weniger investiert; in den meisten menschlichen Sozietäten gibt es daher auch Verhaltensmuster, nach denen solche Kinder unter Umständen umgebracht werden[232].

Ein Letztes. Wenn Soziobiologen fordern, daß der Mensch sich gegen seine Natur verhalten soll, so stellt sich die Frage, ob der Mensch überhaupt dazu in der Lage ist. Kann sich der Mensch frei entscheiden?

E. O. Wilson meint: „Wenn das Gehirn sich durch die natürliche Auslese entwickelt hat, dann sind zwangsläufig auch die Fähigkeiten, sich für bestimmte ästhetische Urteile und religiöse Überzeugungen zu entscheiden, durch diesen mechanistischen Prozeß entstanden.“[233] Der menschliche Geist ist eine Ansammlung von Schemata im Gehirn, „die darauf programmiert sind, untereinander um die Herrschaft über die Entscheidungszentren zu ringen, wobei ihr jeweiliger Einfluß in Reaktion auf die relative Dringlichkeit der physiologischen Bedürfnisse des Körpers, die dem Bewußtsein durch den Hirnstamm und das Zwischenhirn gemeldet werden, zunimmt oder abnimmt. Der Wille könnte das Resultat dieses Ringens sein ... Der Geist ist eine zu komplizierte Struktur, und die sozialen Beziehungen der Menschen beeinflussen seine Entscheidungen auf eine zu verwickelte und variable Weise, als daß die detaillierte Geschichte einzelner Menschen ... vorhergesagt werden könnte. In diesem fundamentalen Sinne sind wir ... daher freie und verantwortliche Personen.“[234]

Im Endeffekt erklärt diese Definition Wilsons die Freiheit zur Illusion. Das Titelbild von Dawkins „Das egoistische Gen“ zeigt darum wohl auch eine Marionette, die an den Schnüren der Gene hängt und an Büchners „Dantons Tod“ erinnert: „Wer hat das Muß gesprochen, wer? Was ist das, was in uns hurt, lügt, stiehlt und mordet? Puppen sind wir, von unbekannten Gewalten am Draht gezogen; nichts, nichts, wir selbst.“[235]

4. Kritik der Humansoziobiologie

Ein alter jüdischer Witz erzählt von einem Rabbi, an den sich zwei Gemeindemitglieder um Rat wandten. Der eine behauptete, die Katze des anderen habe ihm 2 kg Butter gestohlen und gefressen. Der andere jedoch bestritt, daß seine Katze jemals Butter fresse. Der Rabbi ließ die Katze kommen, dann ließ er sich eine Waage kommen und siehe da: Die Katze wog haargenau 2 kg. Woraufhin der Rabbi sagte: „Die Butter hätt' ich jetzt; wo aber ist die Katz'?“ [1)]

Viele Vertreter der modernen Biologie erheben den Anspruch, den Menschen mit Hilfe des evolutionären Paradigmas gänzlich und erschöpfend zu erklären, seine Herkunft, seine Erkenntnisfähigkeit und sein Denken, seine Kultur, sein Verhalten, ja selbst menschliche Ethik und Religion. Nach der Darstellung des Versuchs der Soziobiologie, den ganzen Menschen zu erklären, können wir sagen: Alle menschlichen Strukturen, Mechanismen und Funktionen hätten wir jetzt erklärt. Wo aber ist der Mensch?

In den folgenden sieben Abschnitten, die jeweils einem Kapitel der vorangegangenen Darstellung der Soziobiologie (3.1 – 3.7) entsprechen, sollen die Grenzen des soziobiologischen Erklärungsversuchs aufgezeigt werden. Als Autoren wurden vornehmlich Naturwissenschaftler und Philosophen ausgewählt, die direkt auf die soziobiologische Herausforderung geantwortet und sich von daher für unsere Fragestellung als kompetent ausgewiesen haben.

4.1 Das Transanimalische im Menschen

Seit Darwin muß der Mensch mit den anderen Lebewesen in eine Reihe gestellt werden. Der Mensch selber wird als Tierart betrachtet; er ist zwar ein Tier, das sich durch gewisse, nur ihm zukommende Eigenschaften auszeichnet; aber alle Tierarten unterscheiden sich ja voneinander durch jeweils nur ihnen zukommende Fähigkeiten und Eigenschaften [2)].

Im Abschnitt 3.1 ist gezeigt worden, daß die Soziobiologie auf dieser Basis der gemeinsamen Abstammung von Tier und Mensch versucht, ihre Erkenntnisse aus dem Bereich der Tierwelt direkt auf den Menschen zu übertragen. Kritik erntete dieser Versuch beispielsweise dann, wenn bei der Analyse sozialer Interaktion oder reproduktiver Strategien bei Termiten und Affen identische Parameter gebraucht wurden[3]. Wilson selber zog Vergleiche zwischen Insektenverhalten und menschlichem Verhalten, und R. Alexander verglich Insekten, Vögel und Bauern aus dem Tibet[4].

Viele Biologen, Anthropologen und Philosophen halten es für höchst problematisch, soziobiologische Einsichten aus dem Tierreich direkt auf das menschliche Verhalten anzuwenden[5]. Sie weisen auf die vielfältige Sonderstellung des Menschen im Reich der Lebewesen hin: Schon durch seinen Körperbau unterscheidet sich der Mensch von den anderen Tierarten: Wirbelsäule, Gehirn, Kehlkopf; die beiden letzteren bilden die organische Grundlage für Bewußtsein und Sprache[6]. Für A. Portmann kennzeichnen folgende Eigenschaften höheres Leben auf dem Wege der Evolution zum Menschen: Zweigeschlechtlichkeit, Primat des Sehens über den Geruchssinn, Aufhebung der jahreszeitlich begrenzten Brunftzeit, hohe Sozialstruktur, starke Mutter-Kind-Bindung, lange, pflegebedürftige Kindheit, Reduktion der Wurfzahl auf je ein Kind, Lockerung der erblichen Gebundenheit der Verhaltensweisen zugunsten der kulturellen Tradition[7].

Eine eindeutige Grenze zwischen Mensch und Tier scheint aber durch rein empirische Anhaltspunkte der Stammesgeschichte (aufrechter Gang, Gehirnbildung, Werkzeuggebrauch, Sprache) nicht gegeben zu sein, da diese in rudimentärer Form im Tierreich ebenfalls anzutreffen sind. „Das Besondere an der menschlichen Natur ist eine Kombination von Eigenschaften, die sich bei den niederen Evolutionsformen schon ankündigen, die aber nur bei der Gattung Mensch integriert und zu einer höheren Ebene der Komplexität fortentwickelt wurden."[8] Ein einheitlich durchgehender „Rubikon" zwischen Mensch und Tier läßt sich auch deshalb nicht festlegen, weil durch die Mosaikevolution die Einzelmarken der Hominisation durch Jahrmillionen dieser Entwicklungsgeschichte verstreut liegen: Der aufrechte Gang war beispielsweise schon vor 4 Millionen Jahren perfekt, das Volumen des Gehirns überschritt die berühmte „Grenze" von 1000 cm^3 erst vor etwa 700000 bis 500 000 Jahren, die ältesten Steinwerkzeuge kann man circa 2–3 Millionen Jahre zurückdatieren, Feuerstellen sind seit ungefähr 500000 Jahren bekannt, die frühesten Bestattungen sind vermutlich jünger als 70000 Jahre. Wahrscheinlich werden die Fossilien nie die Frage beantworten, wann ein Mensch zum ersten Mal die Frage nach sich selbst gestellt hat, zum ersten Mal ein Ding benannt hat, wann der erste Kult gefeiert wurde oder wann die menschlichen Vorfahren zum ersten Mal etwas vom Tode ahnten[9].

4.1.1 Der Übergang vom „Gängelwagen des Instinkts zur Leitung der Vernunft" (Kant)[10)]

In diesem Abschnitt soll nach dem Transanimalischen im Menschen gefragt werden. Es geht nicht darum, dem Menschen die Teilhabe am Animalischen abzusprechen; der Mensch wurde von alters her als „animal" definiert. Doch gleichzeitig kann im Menschen etwas Transanimalisches wahrgenommen werden[11)]. Es ist sicher Darwins Verdienst gewesen, auf die Verwandtschaft des Menschen mit dem Tierreich aufmerksam gemacht und die abendländische einseitige Betonung einer absoluten Wesenskluft zwischen Tier und Mensch zu Fall gebracht zu haben. Im Gegenzug wuchs aber die Gefahr des anderen Extrems, das den Menschen zu einem bloßen Tier machen will. „Die zuerst sehendmachende Entzauberung beginnt, uns blind zu machen."[12)] So soll nun auf das wesenhaft Transanimalische im Menschen hingewiesen werden, ohne sein Animalisches zu verleugnen.

Das Selbstbewußtsein

Ein wesentlicher Unterschied zwischen Tier und Mensch besteht in der ungewöhnlichen Leistungsfähigkeit des menschlichen Gehirns[13)]. Dabei ist ungewiß, ob der Übergang zum menschlichen Gehirn einen Sprung darstellt, der durch Spontanmutationen beziehungsweise durch eine Großmutation bewirkt wurde, oder ob es durch einen „Kippvorgang" zu den geistigen Fähigkeiten des Menschen kam, indem also durch die kontinuierliche Steigerung der Hirnkapazität irgendwann ein Zustand erreicht worden war, der qualitativ neue Leistungen möglich machte[14)].

Bei den Tieren finden sich zumindest Vorstufen des Geistigen. Es ist ja bekannt, daß es zwischen voll bewußtem Denken, Gedankenspiel, Träumen bis zur Unterwelt des Unbewußten viele Abstufungen gibt. Auch bei Tieren könnte eine Art Geist in einer niedrigeren Form vorkommen. An dressurfähigen Tieren konnte die Fähigkeit zu Zahlenvorstellungen gezeigt werden, welche Anfänge von Abstraktionen erfordern. Man kann von averbalen, also nicht durch Worte ausdrückbaren Urteilen und Begriffen sprechen, was O. Koehler als „unbenanntes Denken" bezeichnet hat[15)].

Bei Kolkraben, Raubtieren und höheren Primaten konnte die Verhaltensforschung averbale *logische* Schlußfolgerungen nachweisen, welche man als einsichtiges Handeln bezeichnen muß. K. Lorenz spricht dem Schimpansen, der vor der Aufgabe steht, eine Kiste unter eine an der Decke hängende Banane zu schieben, um diese erreichen zu können, eine solche Fähigkeit zu. Nach einigen Momenten des „Überlegens" begibt sich der Schimpanse in einem Purzelbaum zur Kiste und braucht nur wenige Sekunden, um diese an den richtigen Ort zu schieben und sich die Banane zu holen. „Was dieser Affe tut, ist nichts anderes als *denken*."[16)] Indem er in seinem Vorstellungsraum die Kiste verschiebt und so die ganze Operation erst einmal „gedanklich" durchspielt, spart er die Energie, die ein praktisches Ausprobieren aller Möglichkeiten verzehren würde. Diese von der Motorik losgelöste Operation im vorgestellten Raum ist der Anfang allen Denkens. Das Greifen wird zum Begreifen und das Ergriffene zum Begriff[17].

Nach dem Urteil von K. Lorenz trat freilich mit dem „begrifflichen Denken des Menschen" etwas völlig Neues auf den Plan. Dieses trat „plötzlich" am Ende des Tertiärs auf und ermöglichte das geistige Leben des Menschen, welches „eine besondere und höhere Art von Leben ist, die vor der Entstehung des Menschen nicht existiert hat"[18]. Ein Hauptunterschied zwischen dem geistigen Leben des Menschen und den „Uranfängen des Denkens" der Tiere[19] liegt im *logischen* Denken. Affen kennen nur Vorstufen kausaler Zusammenhänge; der Mensch hingegen hat für logische Zusammenhänge sogar Begriffe gebildet wie „weil" oder „falls"[20]. Der unterscheidende große Hiatus, „der zwischen den höchsten Tieren und den Menschen klafft, ist ... *durch die Fulguration entstanden, die einen neuen kognitiven Apparat geschaffen hat*"[21].

Eine „Fulguration" ist für Lorenz der „Vorgang des In-Existenz-Tretens von etwas vorher nicht Dagewesenem"[22]. J. Huxley spricht in ähnlicher Weise von einer „Zustandsänderung", vom „Auftauchen völlig neuer Eigenschaften". Man denke hier auch an das Wort „Emergenz". F. Buytendijk spricht schließlich vom „Blitz, der in die Kreatur fährt"[23]. Ohne Zweifel sind höhere Systeme aus niedrigeren entstanden, aber in höheren Systemen tauchen völlig neue Eigenschaften auf, die vorher auch nicht in Andeutungen vorhanden waren. Demgemäß muß nun auch die Fulguration des menschlichen Geistes als eine neue Kategorie des realen Seins verstanden werden. Die Evolution schafft nicht nur *graduelle*, sondern *wesensmäßige* Unterschiede[24].

Nun ist das Wort „menschlicher Geist" überaus schillernd. Was also ist dieser „Geist", der durch eine Fulguration „ganz neu" auftrat?

Der menschliche Geist zeichnet sich aus durch das Selbst-Bewußtsein. Man kann bei höheren Tieren durchaus eine Art von Bewußtsein annehmen[25] und so etwas wie „Innerlichkeit" dürften alle Tiere und sogar Pflanzen haben, da sie nicht nur reagieren wie Chemikalien, sondern „sich" verhalten, „selber" agieren[26]. Bei Schimpansen konnte durch die schon erwähnten Spiegelversuche sogar eine Art von Ich-Bewußtsein nachgewiesen werden. Der Schimpanse, der den unter Narkose ins Gesicht gemalten Farbfleck zu beseitigen versucht, hat sich selber zum Objekt seines Erkennens und Handelns gemacht. Nur Menschenaffen sind dazu fähig, und es scheint, als haben nur diese eine Art primitiven Wissens vom eigenen Selbst[27]. Doch fehlt ihnen die Sprache zur Artikulation einer Selbstkritik, so daß das Wissen um das Selbst nur sehr rudimentär sein kann[28]. Einen weiteren Hinweis liefert die Tatsache, daß sogar beim Menschen das Selbst-Bewußtsein in der Kindheit ziemlich spät in Erscheinung tritt, nämlich zum erstenmal etwa im Alter von 18 Monaten. „So kann sowohl ontogenetisch also auch phylogenetisch Selbst-Bewußtsein als eine verhältnismäßig weit fortgeschrittene Stufe bewußten Erfahrens eingestuft werden."[29] Erst der Mensch kann sein eigenes Denken zum Gegenstand seines Denkens machen: „Der Hund weiß, daß er eine Wurst frißt; aber er weiß noch nicht, daß er weiß."[30] Der Mensch kann Abstand von sich selber nehmen, er ist nicht mehr an die Unmittelbarkeit seiner Erfahrung gebunden. Somit wird erst in der Hominidenevolution das dumpfe Ich-Gefühl zum ausdrücklichen Ich-Bewußtsein[31]. Dieses „Ich", das vom Individuum nach der Geburt erworben wird, stellt den subjektiven Bezugspunkt für alle Umweltreize dar. Es wird entwicklungspsychologisch gebildet aus Empfindungskomplexen des eigenen Körpers, Erinnerungsbildern und durch die Vorstellung der eigenen Persönlichkeit[32].

Der Mensch ist durch dieses Selbstbewußtsein zur Reflexion fähig: Das heißt, er kann sich den verschiedensten Situationen stellen und Probleme lösen[33]. Diese neue Weise der Verhaltenssteuerung bedeutet aber keine „Instinktreduktion", wovon A. Gehlen noch ausgegangen war[34] und die auch K. Lorenz in früheren Veröffentlichungen noch vertreten hatte. Vielmehr verfügt der Mensch über mehr echte instinktive Antriebe als irgendein Tier. Durch die Möglichkeit zur Verhaltenssteuerung durch den Verstand gebraucht der Mensch aber sein Instinktrepertoire nur teilweise. Durch Lernen und Verstand ging die Instinkt*sicherheit* verloren, so daß der Mensch sich nun zwischen den mehr instinktbetonten und mehr verstandesbetonten Verhaltensweisen entscheiden muß[35]. Mit Hilfe seines Neuhirns kann der Mensch seine im Althirn einprogrammierten Instinkthandlungen teilweise hemmen oder ganz unterdrücken. Dabei werden die Verhaltensprogramme des Althirns zwar durch die übergeordneten Zentren der Großhirnrinde kontrolliert, können aber nicht einfach wegtrainiert werden. „So kann der Mensch z. B. in einen Hungerstreik treten und sich zu Tode hungern, aber er kann nicht den Hunger unterdrücken oder wegerziehen."[36] Die Instinkte werden beim Menschen dynamisch überspielt und überlagert. Dazu kommt, daß das menschliche Instinktsystem nicht an eng fixierte Auslöserreize gebunden ist, sondern das große Verhaltensrepertoire des Menschen ist vielseitig verwendbar und koordinierbar. Dieses Instinktsystem ist nicht streng hierarchisch festgelegt, sondern elastisch an neue Situationen anpassungsfähig. „Das Verhalten entzieht sich fortschreitend der Instinktkontrolle und tritt in den *freien Raum der Selbsterkenntnis und des Bewußtseins*."[37]

Diese Möglichkeit des Menschen, nachzudenken und verschiedene Möglichkeiten abzuwägen und sein Handeln schließlich vom Ergebnis seiner Überlegungen her zu bestimmen, wird als Entscheidungsfreiheit erlebt. „Da unser Handeln dann von den Ergebnissen unseres Nachdenkens bestimmt wird, ist dieses Handeln *so frei wie unser Nachdenken*."[38]

Daher ist der Mensch prinzipiell zu „asketischem" Verhalten fähig. M. Scheler drückte dies so aus: „Mit dem Tiere verglichen ... ist *der Mensch der ‚Neinsagenkönner'*, der *‚Asket des Lebens'*, der ewige Protestant gegen alle bloße Wirklichkeit."[39] Wenn der Mensch beispielsweise Hunger hat, muß er nicht essen gehen, sondern kann auch etwas anderes vorhaben, etwa fasten. Eine hungrige Katze jedoch hat nichts Besseres vor, sondern geht auf Jagd. Unter allen Lebewesen bringt es nur der Mensch fertig, nicht sexuell aktiv zu werden, auch wenn Bedürfnis und Gelegenheit dazu gegeben wären. „In extremen Situationen können sogar die mächtigen Selbsterhaltungs-Instinkte außer Kraft gesetzt werden: als einziges Lebewesen kann der Mensch sich selbst töten oder sich bewußt kampflos töten lassen."[40] Der Selbstmord ist für H. Jonas sogar ein einzigartiges Vorrecht des Menschen und „zeigt den äußersten Grad, in dem der Mensch das Objekt seiner selbst werden kann“ [41].

Zusammenfassend können wir mit A. Gehlen festhalten, daß der Mensch nicht nur lebt, sondern daß er sein Leben *führt* [42]. Die Verhaltensplastizität ist eine Bedingung der Freiheit des Menschen, die sich in seiner Fähigkeit äußert, „die Affekte, Triebe und Reaktionen selbst zu steuern. Der Mensch als Handelnder unterliegt mithin nicht allein den biologischen Bedingungen seiner Existenz, sondern er ist anheimgestellt und überantwortet an die potentielle Instanz seiner Entscheidung.“ [43]

Ein weiteres Moment, welches durch das Bewußtsein in die Handlung des Menschen einfließt, ist das der Intentionalität. Ein Schimpanse vollbringt seine auf Einsicht beruhenden Leistungen wie das Aufeinanderstapeln von Kisten nur, wenn ihm dafür eine Banane in Aussicht gestellt wird. Er malt nur dann, wenn er Lust dazu hat. „Ideale als Ziele und Motive für das Handeln kennt ein Tier anscheinend nicht, wohl auch nicht ansatzweise.“ [44] Die Fähigkeit, unabhängig von äußeren Situationen Ziele zu setzen, dürfte daher typisch menschlich sein. Solche Ziele setzen eine hohe Abstraktionsfähigkeit voraus, denn sie ergeben sich ja gerade nicht aus äußeren Situationen, sondern können so hohe Abstraktionsgrade wie „Gerechtigkeit“ oder „Freiheit“ erreichen. Weitere Vorbedingungen für eine „Handlungsintention“ ist das Vermögen, Pläne zu machen und Entscheidungen darüber zu fällen, welcher Plan angenommen werden soll [45]. Schließlich ist ein Höchstmaß von einsichtigem Verhalten vonnöten, denn man muß die Ketten von Ursache und Wirkung einsehen, um ein bestimmtes Ziel anstreben zu können. Dazu bedarf es auch der Fähigkeit zur Zeitvorstellung. Tiere aber bleiben fast nur der Gegenwart verhaftet. Auch wenn sie über Erinnerungsvermögen verfügen wie zum Beispiel der Hund des Odysseus, der den zurückkehrenden Herrn wiedererkennt, so kann nur der Mensch sich vergangene Erlebnisse oder abwesende Menschen in Gedanken vorstellen. Selbst bei Schimpansen ist das Erinnerungsvermögen sehr kurz. Während bei diesen die imaginäre Antizipation möglicher Umweltgegebenheiten (Kisten-Versuch) an den eigenen Bedürfniszustand geknüpft bleibt, kann der Mensch die Bedürfniszustände auf der Zeitskala verschieben. Der Mensch allein kann sich Zukunft vorstellen, er allein hat ein Geschichtsbewußtsein [46].

Diese Fähigkeit zur Voraussicht brachte schießlich auch das Wissen um den eigenen Tod mit sich. Da der Mensch sich der eigenen Existenz bewußt ist, kann er sich auch seine künftige Nichtexistenz vorstellen. Damit bringt das Selbstbewußtsein eine weitere Fähigkeit des Menschen mit ins Spiel, nämlich seine Transzendenz. Der Mensch übersteigt seine evolutive Herkunft: Er ist der „einzige Affe, der danach fragt, was für ein Affe er ist“ [47]. Er ist sich selber zur Frage geworden: „Quaestio mihi factus sum.“ [48] Dies ist schon eine Antwort auf die Frage nach dem Wesen des Menschen: „Der Mensch ist der Fragende. Er ist derjenige, der fragen kann und fragen muß.“ [49] Während Stein, Pflanze und Tier untergehen in der dumpfen Fraglosigkeit ihres Daseins, ist der Mensch in die Möglichkeit und Notwendigkeit des Fragens gestellt. Somit ist nur der Mensch fähig zu philosophischer Reflexion, zu religiösem Glauben, zu ethischer Lebensgestaltung. Die Tiere bleiben an vitale Bedürfnisbefriedigung gebunden. Der Mensch vermag diese zu transzendieren und sich in Bereichen zu bestätigen, die nicht mehr dem Überleben und der Fortpflanzung dienen.

Diese Fähigkeit zur Transzendenz macht den Menschen, so M. Scheler, im Gegensatz zum Tier zum ewigen ‚Faust', zur „bestia cupidissima rerum novarum, nie sich beruhigend mit der ihn umringenden Wirklichkeit, immer begierig, die Schranken seines Jetzt-Hier-So-seins zu durchbrechen, immer strebend, die Wirklichkeit, die ihn umgibt, zu *transzendieren* – darunter auch seine eigene jeweilige Selbstwirklichkeit"[50]. Mit dem Auftreten des Menschen ist sich die Evolution nicht nur ihrer selbst bewußt geworden, sondern der Mensch ist nun fähig, den Prozeß der Evolution zu übersteigen und selbst Hand an diesen Prozeß zu legen: „Die menschliche Art und andere biologische Arten haben sich entwickelt und entwickeln sich, aber nur der Mensch hat die Tatsache der Evolution entdeckt. Der Mensch allein hätte daher die Möglichkeit, sich zu weigern, die Evolutionsrichtung blinder Kräfte der Natur anzunehmen ... Er allein kann lernen, seine Evolution zu verstehen, zu beherrschen und zu steuern."[51] Natura facit saltum.

Die menschliche Sprache

Mit der Entstehung des menschlichen Bewußtseins geht wahrscheinlich die Entwicklung der menschlichen Sprache einher. Sprache und Denken sind untrennbar miteinander verbunden[52]. Zwischen der menschlichen Sprache und der „Tiersprache" klafft ein Hiatus. Sicherlich konnte die Schimpansin „Washoe" 130 Sprachsymbole einsetzen, um Wünsche nach Nahrung und Spiel zu äußern oder um Stimmungen und Emotionen auszudrücken. Schimpansen können somit wohl Objektklassen und Merkmalkategorien bilden; sie sind fähig, Gegenstände, Personen, Tätigkeiten und Eigenschaften mit Symbolen zu „benennen" und sogar einfache Sätze zu bilden, Fragen zu beantworten und dabei einfache syntaktische Regeln zu befolgen. Voraussetzungen für die Entwicklung einer Symbolsprache und einer Kommunikation mit Hilfe von „abstrakten" Begriffen sind insofern schon auf der Stufe der Primaten vorgegeben[53].

Aber Schimpansen konnten sich sprachlich nicht wie ein menschliches Kind entwickeln, das die Zeichensprache benutzt, da sie die Sprache fast ausschließlich pragmatisch verwenden[54]. Schimpansen entwickeln diese Fähigkeit auch nur in Gefangenschaft und unter mühevollem Training[55]; erst die künstliche Umwelt kann das erreichen, was sich in der freien Natur von sich aus nicht entwickelte. Vergleichend-psychologische Forschungen, bei denen Schimpansenkinder mit Menschenkindern zusammen aufgezogen wurden, haben weiterhin ergeben, daß im frühen Kindesalter bei zum Teil überlegener praktischer Intelligenzentwicklung beim Schimpansenkind sich im sprachlichen Bereich bald ein Stillstand zeigt. Nur der Mensch hat eine spezifische mentale Organisation, die die Entwicklung der Sprache ermöglicht. Die Sprachfähigkeit des Menschen ist eine artspezifische biologische Fähigkeit, was dem Evolutionsgedanken ja nicht widerspricht[56].

Damit zeichnet sich der Mensch durch seine Befähigung zur Symbolbildung vor den Tieren aus. Durch das Symbol kann der Mensch konkrete Gegenstände und Zustände durch ein Zeichen repräsentieren. Diese isolierten Abstraktionen können auf der mentalen Ebene wechselseitig kombiniert werden; aus solchen Kombinationen entstehen neue Symbole, die nicht in sinnlicher Erfahrung begründet sind. Die Kombinierbarkeit von Symbolen macht die menschliche Sprache kreativ und produktiv. Daraus folgt eine Autonomie der Symbole. Das System der Symbole entwickelt algorithmische Eigenschaften: Der Algorithmus verbindet einen Satz von Symbolen mit entsprechenden Spielregeln und so entsteht eine „Denkmaschine", die Operationen durch Symbolverknüpfung durchführen kann. Das mentale System, der „Geist" wird also durch die Symbole und deren Eigenschaften konstituiert. Und gerade das Symbolsystem eröffnet dem Menschen die Möglichkeit des Lernens durch Unterweisung, worin er sich von den Affen unterscheidet, die in erster Linie durch Versuch und Irrtum sowie durch Nachahmung lernen[57)].

Der Hirnforscher J. Eccles und der Psychologe D. N. Robinson kommen von der Feststellung, daß bei den Schimpansen keines der Symbole Konnotationen aufweist oder konnotativ gebraucht wird, zu dem radikalen Schluß: „In keiner der Verhaltensweisen, die auf diese Weise untersucht und dokumentiert werden, gibt es einen Hinweis auf *Abstraktion* und auf die Darstellung (Symbolisierung) abstrakter Begriffe. Vor diesem Hintergrund ist es völlig gerechtfertigt, im strittigen Fall darauf hinzuweisen, daß in allen diesen Arbeiten *Sprache* als solche gar nicht untersucht wurde!"[58)]

Die menschliche Sprache hingegen kann darstellen (deskriptive Funktion) und argumentieren. Der Mensch hat einen Drang entwickelt, Kritik auszubilden und eine kritische Haltung gegenüber einer Meldung einzunehmen. Dadurch wird eine argumentative Sprache ausgebildet, in der die Wahrheit einer Meldung kritisiert werden kann. Für K. Popper sind die deskriptive und die argumentative Funktion der Sprache „die charakteristischsten Merkmale der *menschlichen Sprache* im Unterschied zu den tierischen Sprachen und anderen sozialen Kommunikationsmitteln"[59)].

Hatte schon Aristoteles den Menschen definiert als das einzige Lebewesen, das Sprache (logos) besitzt und darin Vernunft[60)], so sah auch Descartes darin einen Unterschied zwischen dem Menschen und den vernunftlosen Wesen, die „nämlich niemals Worte oder andere Zeichen dadurch gebrauchen, daß sie sie zusammenstellen, wie wir es tun, um anderen unsere Gedanken bekanntzumachen[61)]". So bleibt das Wort von W. v. Humboldt gültig, gemäß dem Mensch und Sprache unlösbar verbunden sind: Um Sprache zu haben, mußte der Mensch sein, und um Mensch zu sein, mußte er Sprache haben[62)].

Die Kultur

Die Sprachentwicklung ermöglichte zahlreiche soziale Beziehungen und damit politische Systeme, Religionen, Ökonomie, mit einem Wort: die menschliche Kultur[63)].

Zudem machte die mögliche Überlagerung der Instinkte den Menschen zum „learning animal"; in keiner Tierart gibt es eine Entsprechung zur Variabilität des menschlichen Verhaltens, die sich in der Vielzahl der Kulturen niederschlägt. Tradition ist für den Menschen nicht nur Nachahmung eines Verhalten, welches sich auch bei Tieren findet. Vielmehr kennt der Mensch bewußte und gezielte Weitergabe des geistigen Besitzes und der geistig-kulturellen Werke eines Volkes; nur der Mensch kann unterrichten und lehren[64)]. „Ein solches sinnvermitteltes Handeln erfordert weitaus umfassendere Fähigkeiten als nur die, einzelne Verhaltensweisen von Gruppengefährten nachzuäffen."[65)] Wenn man freilich nur die Lern- und Problemlösungsverfahren von Individuen betrachtet, so bleibt der Unterschied zwischen Mensch und Tier quantitativ. Erst ein Blick auf das Gesamt der Kultur, die der Rahmen allen menschlichen Handelns ist, macht auf den entscheidenden Hiatus aufmerksam: „Die Art der kollektiven Lern- und Problemlösungsfähigkeit ... unterscheidet den Menschen grundsätzlich von allen höherentwickelten Tierarten."[66)]

Diese Sonderheit des Menschen gegenüber dem Tier wird selbst von R. Dawkins zugegeben: Die Einzigartigkeit der menschlichen Spezies liegt in seiner Kultur begründet[67)]. Diese ermöglicht dem Menschen, in den verschiedensten Umwelten zu leben. Der Mensch kann sich seine Welt selbst erbauen. Er ist spezialisiert auf das Nichtspezialisiertsein (E. Mayr) und zeichnet sich also aus durch seine „Weltoffenheit" (A. Gehlen)[68)]. Angesichts des Phänomens der menschlichen Kultur ist es einfach irreführend, den Menschen als „nackten Affen" (D. Morris) zu bezeichnen: Der Mensch ist eben nicht nackt, sondern er trägt Anzug und Krawatte und hat einen Führerschein in der Tasche. Er ist ein „animale culturale"[69)]. Das Wort Gehlens, daß der Mensch von Natur aus ein Kulturwesen ist, hat immer noch Geltung[70)].

Werkzeug

Zur Kultur gehört auch der Gebrauch von Werkzeugen. Eine Art von Werkzeuggebrauch wird schon im Tierreich vorgefunden. Wenn zur Definition von Werkzeug dessen Herstellung gehören soll, so würden Schimpansen, die einen Ast zur Benutzung abbrechen, schon ein Werkzeug herstellen. Schimpansen transportieren die Steine, die sie als „Hammer" benutzen, von einer „Nußschmiede" zur andern und benutzen sie über längere Zeit[71)]. Bei Primaten kann man zudem so etwas wie Voraussicht des Erfolgs oder Einsicht in die Zusammenhänge annehmen, etwa wenn Schimpansen Stöckchen zur Säuberung der Zähne benutzen oder zerkaute Blätter als Saugschwamm einsetzen[72)]. Übergänge zwischen tierischem und menschlichem Werkzeuggebrauch sind durchaus denkbar. Freilich: Erst der Mensch kann durch seine zu einem Präzisionsgriff fähige Hand Werkzeuge unter Benutzung anderer Werkzeuge in komplizierter Weise herstellen. Die Hand ist für Aristoteles sogar das Werkzeug der Werkzeuge[73)]. Die so hergestellten Werkzeuge sind eher als Geräte zu bezeichnen, welche „oft lange *vor* ihrem Gebrauch (der vorhergesehen wird) *hergestellt* und *nach* dem Gebrauch (im Unterschied zu den Verhältnissen bei den Tieren) *aufgehoben* und später *wiederverwendet*" werden[74].

Während ein Affe nur einen natürlichen Gegenstand als Werkzeug benutzen kann, erkennt der Mensch allein den Faustkeil in einem Felsbrocken und vermag die Möglichkeit einer Anfertigung in der Zukunft zu erfassen. Wenn auch tastendes Versuchen und glückliches Finden bei der Erfindung des künstlichen Mittels eine Rolle gespielt hat, so enthält sie zuletzt ein eidetisches Element: „Die der Einbildung vorschwebende Form wird der Materie aufgezwungen, die im erfolgreichen Vorbild angeschaute wird in seiner Vervielfältigung nachgebildet."[75]

Dies weist schon hin auf das Bildvermögen des Menschen, das nicht bloßes „Denken" ist, sondern dieses mit spielerischer Phantasie untermauert und ergänzt.

Bild

Die Fähigkeit zum Bild ist höchstwahrscheinlich etwas typisch Menschliches. Während tierische Artefakte direkte Funktionalität für vitale Zwecke haben, also der Ernährung, Fortpflanzung oder dem Versteck dienen, ist das Bild biologisch zunächst nutzlos. „Ein bildmachendes Wesen ist daher eines, das entweder dem Herstellen nutzloser Dinge frönt, oder Zwecke außer den biologischen hat, oder die letzeren noch auf andere Art verfolgen kann als durch die instrumentale Verwendung von Dingen. Jedenfalls ist in der bildlichen Darstellung der Gegenstand in einer neuen, nichtpraktischen Weise angeeignet, und eben die Tatsache, daß das Interesse an ihm sich an sein Eidos heften kann, bezeugt eine neue Objektbeziehung."[76]

H. Jonas beschreibt daher den Menschen als Homo pictor, der seine Muskeltätigkeit eidetisch kontrollieren kann. Diese wird also nicht von festen Reiz- und Reaktionsschemata regiert, „sondern von frei gewählter, innerlich immaginierter und vorsätzlich projizierter Form"[77]. Indem der Mensch im Ähnlichen das direkt wahrgenommene Objekt nicht als es selbst erfaßt, sondern für ein anderes stehend, trennt er intentional das Eidos vom Dasein, die Form vom Stoff. Für das Tier ist Ähnlichkeit nur hilfreich zum Wiedererkennen, ist aber nicht selbst Objekt der Erkennung. Nur Wirklichkeit zählt und diese weiß nichts von Repräsentation[78]. „Die Existenz von Bildern, welche die Form dem Faktum entwunden zeigt, ist Zeuge dieser Stufe und genügt in ihrem unbegrenzten Versprechen als Evidenz menschlicher Freiheit."[79] Denn es bedarf einer gewissen Art von Freiheit, um sagen zu können: „So ist es wirklich!" und damit gleichzeitig: „Und nicht so!" Die Fähigkeit zur Wahrheit setzt die Fähigkeit zur Verneinung voraus. Diese Freiheit ist das Unterscheidende des Menschen. Die Kluft zwischen animalischer Weltbeziehung und schon dem primitivsten Versuch einer Darstellung ist nach Jonas eine metaphysische[80].

Grab

Der Mensch hat im Gegensatz zum Tier ein Bewußtsein vom Tod. Sein Selbstbewußtsein, verbunden mit der Fähigkeit zur Zukunftsvorstellung, eröffnet ihm die Gewißheit des eigenen Todes[81]. Tiere hingegen sind Gegenwartsgeschöpfe, die im Augenblick leben, nicht grübeln und sich keine Sorge um das Kommende machen. Sie kennen weder Hoffnung noch Verzweiflung und auch keine Vorstellung vom Tod[82]. Erst beim Menschen sind Bestattungsriten bekannt, die auf sein Todesbewußtsein hinweisen: „In die dunkle Angst des Tieres, in der sich das Leben am Leben erhält, schlägt der Blitz der individuellen Voraus-Erfahrung ein, daß am Ende einer absehbaren Zeit der individuelle Tod steht."[83] Gleichzeitig weisen Grabbeigaben wie Werkzeuge und Kräuter auf eine Vorstellung vom Leben nach dem Tod hin[84]. Diese Beigaben könnten nämlich Geschenke gewesen sein, die den Toten für ihre Reise in eine andere Welt mitgegeben wurden. Damit bestätigt sich, was Dichter immer wieder ausgedrückt haben: Daß im Bewußtsein des Todes sich ein wesentlicher Unterschied zwischen Mensch und Tier auftut. „Das Problem des Todes ist ein menschliches Problem. Die Kuh denkt nicht an den Tod" (E. Ionesco[85]).

Das Todesbewußtsein muß nicht unbedingt adaptiv gewesen sein. Für Th. Dobzhansky ist es „ein integrierter Bestandteil der Gesamtheit menschlicher Fähigkeiten, deren Kern aus dem Selbst-Bewußtsein, der Fähigkeit zu abstraktem Denken, Symbolbildung und Gebrauch der Sprache gebildet wird... Indem er sich der Unvermeidlichkeit des Todes bewußt wurde, hat der Mensch die Verbotene Frucht gekostet. Dieses Bewußtsein ist eine der Quellen, möglicherweise die wichtigste, des ‚letzten Anliegens'."[86]

Erst der Gräberkult gibt einen sicheren Hinweis auf Glaubensvorstellungen, „die über alles Sichtbare hinweg ins Unsichtbare, vom Sinnlichen ins Übersinnliche fortschreiten"[87]. Erst an den Gräbern kristallisiert sich die Frage nach dem „Woher komme ich?", „Wohin gehe ich?" und letztlich „Was bin ich?". J. Ratzinger deutet diesen Ursprung der religiösen Frage als den entscheidenden Schritt der Hominisation. Der Rubikon zwischen Tier und Mensch war in dem Moment überschritten, „in dem ein Wesen erstmals, wenn auch noch so verschattet, den Gedanken Gott zu bilden vermochte. Das erste Du, das – wie stammelnd auch immer – von Menschenmund zu Gott gesagt wurde, bezeichnet den Augenblick, in dem der Geist aufgestanden war in der Welt."[88] Nicht die Benutzung von Waffen oder Feuer machen den Menschen aus, „sondern seine Fähigkeit, unmittelbar zu Gott zu sein"[89].

Die Fähigkeit zur Ethik

Aus Gräbern wissen wir, daß schon die Neandertaler Kranke und Krüppel gepflegt und am Leben erhalten haben. So wird vom Fund von Skeletten zweier alter Männer berichtet, von denen der eine sehr behindert und der andere ein Rehabilitationsfall war[90]. Schimpansen verhalten sich behinderten Artgenossen gegenüber feindselig, indifferent oder sympathetisch, tun aber nichts, um den Behinderten zu helfen. „Selbst für die höchsten nichtmenschlichen Primaten konnten bisher keine eindeutigen Belege für ein handlungsbestimmendes mitleidendes Sich-Einfühlen in einen Gruppengenossen gefunden werden."[91] Nur der Mensch dürfte daher die Fähigkeit haben, sich in den

Zustand und die Gefühle anderer Personen hineinzuversetzen. Das Selbstbewußtsein und das hierdurch bedingte Einfühlungsvermögen in den Mitmenschen bilden eine Grundlage für die Entwicklung der Moral. Mit dem Selbstbewußtsein taucht schließlich auch die Verantwortung auf: „Selbsterkenntnis und Voraussicht haben ... die furchtbare Gabe der Freiheit und Verantwortlichkeit erbracht ... Der Mensch weiß, daß er für sein Handeln verantwortlich ist: er hat die Erkenntnis des Guten und Bösen erworben. Dies zu ertragen ist eine entsetzlich schwere Last."[92)]

Erst der Menscht hat die Freiheit, seine Instinkte zu überlagern. „Ein Wolf müßte sich nie innerlich zuflüstern, ‚du sollst nicht töten', er ist einfach unfähig, zuzubeißen, um den lästigen Rivalen für immer auszuschalten. Er verhält sich, wie seine Natur es ihm vorschreibt."[93)] Demgegenüber kann sich der Mensch selbst biologischen Neigungen wie Angst, Müdigkeit und Hunger willentlich entgegenstellen. Der Mensch verfügt über eine gewisse Entscheidungsfreiheit. Diese ist zwar nicht unbegrenzt, aber doch in vielen Fällen möglich. Nach dem Urteil des Biologen B. Hassenstein ist der Mensch in dieser seiner Willensfreiheit vom Tier *wesensverschieden*. Dieser Begriff „ist nicht in der Ebene der Kausalvorgänge angesiedelt – dort hat er keinen Sinn –, sondern in der Meta-Ebene der Bewußtseinsvorgänge. Dort kennzeichnet er qualitative im Vergleich zu quantitativen Unterschieden. Ich sehe wissenschaftlich keinen Grund dafür, die Möglichkeit zum Handeln nach bewußtem Abwägen verschiedener Möglichkeiten und dessen Durchsetzen gegen biologischen Triebdruck – als das willensfreie Handeln – nicht als *qualitative* Neuerwerbung des Menschen anzuerkennen."[94)] Weiterhin besitzt der Mensch nach Hassenstein die Fähigkeit, sein Verhalten nach ethischen Maßstäben, nach Gut und Böse auszurichten. Bedingung dafür ist das Vermögen des Menschen, das mögliche eigene zukünftige Verhalten „vor sein geistiges Auge zu führen und es mit Normen und Wertvorstellungen in Beziehung zu setzen, so daß sich *aus dieser ‚Datenverarbeitung'* eine Entscheidung herausschält und das Verhalten steuern kann"[95)].

Mit dieser Fähigkeit, bewußt und konsequent nach moralischen Normen und Werten zu entscheiden, ist ein Novum in der Evolution aufgetreten und verleiht dem Menschen eine einzigartige Stellung. Tiere kennen keine Moral; sie wissen nichts von einem Sündenfall und können im Gegensatz zum Menschen nicht schuldig werden[96)]. Der Mensch hingegen kennt nicht nur ein „sogenanntes Böses", sondern ein wirklich Böses[97)].

Weiterhin hat nur der Mensch ein Gewissen. Versuche, auch Affen und Hunden ein „Gewissen" zuzusprechen, weil beispielsweise ein Schimpanse wütend wird, wenn ein Mitspieler beim Ballspiel die Regel bricht[98)], sind höchst problematisch. Tiere legen zwar bei Triebkollisionen oder bei Angst vor Bestrafung ein Verhalten an den Tag, das einem menschlichen „schlechten Gewissen" äußerlich ähnlich ist. Man kann aber höchstens von gewissens-analogen Verhaltensweisen reden[99)].

Es fehlen nach bisherigen Beobachtungen bei Tieren auch langfristige soziale Sanktionen. Der Anthropologe C. Vogel berichtet von einem Langurenweibchen, das die Babys anderer Weibchen der Gruppe mißhandelte oder sogar tötete, aber von den anderen

Weibchen nie längerfristig gemieden oder irgendwie sozial sanktioniert wurde. Es fehlt bei diesen Tieren noch personale Identität und damit Verantwortlichkeit. „Das ist der Grund, weshalb man nichtmenschlichen Primaten (wie allen anderen Tieren natürlich erst recht) keine ‚Moral' und entsprechend auch kein ‚unmoralisches' ... Handeln zuschreiben darf."[100)]

Wir können festhalten, daß der Mensch das einzige „ethical animal" (C. H. Waddington) ist[101)]. Diese entscheidende Sonderung des Menschen vor allen anderen Geschöpfen finden wir schon in Gen 3,5: „Ihr werdet wie Gott und erkennt Gut und Böse." Und selbst Darwin erblickte im moralischen Gefühl den wichtigsten Unterschied zwischen Mensch und Tier[102)].

Die Überlegungen dieses Abschnitts haben ergeben, daß der Mensch mit der Erlangung des Selbstbewußtseins eine völlig neue Daseinsebene erreicht hat, die sich bei allen Vorläufern in der Tierwelt noch nirgends findet. Daher werden die allzu direkten Vergleiche zwischen Insekten und Menschen, die von Soziobiologen angestellt werden, im höchsten Maße fragwürdig[103)]. Selbst zwischen den Primaten und dem Menschen tut sich ein Abgrund auf. Der Mensch stellt ein absolut einmaliges Tier (G. G. Simpson) dar. Die neuen Errungenschaften der menschlichen Evolution wie Selbstbewußtsein, Kultur, Werkzeuggebrauch, Kunst, Bestattungsbräuche und Ethik führen ein Dasein nach eigenen Gesetzen. „Sie sind nicht mehr Gegenstand der Biologie, selbst wenn in gewissen Grenzen auch hier sich biologische Kategorien wie der Begriff der Evolution bewährt haben."[104)] Auf der menschlichen Stufe der Evolution kann oft nicht mehr sinnvoll mit Modellen der Tierverhaltensforschung gearbeitet werden. Schon in der Auseinandersetzung der Moraltheologie mit der Ethologie war deutlich geworden, daß Analogien zwischen Tier- und Menschenverhalten gerade das spezifisch Menschliche nicht erklären können. Ein bloßer Vergleich kann höchstens qualitative und quantitative Gemeinsamkeiten und Unterschiede, das spezifisch Eigene aber nicht zutage fördern. Diese vergleichende Methode muß per definitionem das Allgemeine behandeln und das Spezifische vernachlässigen. Was den Menschen in seinem Verhalten wirklich ausmacht, ist aber gerade nicht das, was er mit Tierverwandten gemeinsam hat. Über das eigentliche Wesen des Menschen können uns die vergleichende Methode und die aus ihr abgeleiteten Verhaltensmodelle am wenigsten sagen[105)].

4.1.2 Die Gefahr der Sprachverwirrung

Da der Mensch völlig neue Systemeigenschaften besitzt wie Selbstbewußtsein, Geist und Kultur, können auch Begriffe, die einem solchen Bereich zugehören, nicht einfach auf das Tierreich übertragen werden. In den Werken der Soziobiologie findet sich eine ganze „Orgie von ethischen und ökonomischen Anthropomorphismen"[106)], so daß allein schon die „schlampige Sprechweise" der Soziobiologie Mißverständnisse und Irrtümer provozieren konnte[107)].

Dies gilt bereits für Begriffe wie „Königin", „Sklave", „Kaste", „Kultur", „Krieg", „Ehe" und so fort, mit denen Eigenschaften von Tieren und Tiergesellschaften bezeichnet werden [108]. Dabei scheint die Gefahr zu bestehen, daß Begriffe, die typisch menschliche Eigenschaften bezeichnen, auf das Tierreich übertragen werden, um dann die menschlichen Charakteristika als Spezialfälle des in der Natur „entdeckten" Phänomens herzuleiten. Typisch Menschliches wird also zuerst ins Tierreich projiziert, um dann als „natürlich", aus dem Tierreich herausentwickelt, als gar nicht mehr typisch menschlich erklärt zu werden [109]. Ein solches Verfahren kann als „backward etymology" bezeichnet werden [110].

Nun hatte schon K. Lorenz eine Übertragung funktionaler menschlicher Begriffe auf das Tierreich gerechtfertigt: Wir könnten mit demselben Recht von Freundschaft und Feindschaft unter Tieren reden wie von Armen, Flügeln und Augen [111]. Es soll hier jedoch die These vertreten werden, daß solche Begriffe wie Freundschaft, Feindschaft, Sklaverei oder Ehe, die *typisch menschliche* Spezifika bezeichnen und dabei auch die spezifisch menschliche Systemebene von Geist und Kultur voraussetzen, nicht so unproblematisch übertragen werden können wie die Bezeichnung „Auge" oder „Bein", die eben das spezifisch menschliche Niveau nicht voraussetzen.

Die Einrichtung der Ehe stellt zum Beispiel eine Sozialstruktur dar, welche vielfältige Rechte und Pflichten einschließt und von daher höchst komplex ist. In der soziobiologischen Literatur bezieht sich der Begriff „Ehe" zumeist auf das sexuelle Verhalten, wofür dann leicht Parallelen im Tierreich gefunden werden können. Die wesentlichen Unterschiede aber zwischen der kulturellen Einrichtung der Ehe mit ihren Bräuchen und Rechtsnormen und dem tierischen Fortpflanzungsverhalten werden völlig ignoriert. Im leichtfertigen Gebrauch des Terminus „Ehe" offenbart sich das völlige Unverständnis der Soziobiologie für die Sozialwissenschaften [112].

Wir müssen auch fragen, ob es sinnvoll ist, den Begriff des „Altruismus", der eine spezifische menschliche Eigenschaft bezeichnet, auf das gesamte Tierreich zu übertragen und ihn zu diesem Zwecke einfach neu zu definieren. „Altruismus" wird von der Soziobiologie vom *Effekt*, von den *Konsequenzen* einer Handlung her definiert: Eine Aktivität, die dem andern nützt und dabei gleichzeitig die eigene Fitness mindert [113]. G. Stent zeigt an einem Beispiel die Verwirrung, die eine solche Neudefinition hervorbringen kann: „Nimmt ... ein Kind A einem Kind B einen Bonbon mit der Absicht fort, ihn selbst zu essen, handelt es nach moralischen Maßstäben selbstsüchtig. Da es aber damit die Aussichten vermindert hat, daß das Kind B Karies bekommt, ist soziobiologisch gesehen eben diese nach moralischen Maßstäben selbstsüchtige Handlungsweise von Kind A selbstlos." [114]

„Altruismus" muß also – will man nicht etwas völlig anderes sagen als das bisher mit diesem Ausdruck Gemeinte – von der Intention, von der Motivation her verstanden werden. Es bedarf eines bewußten Elementes, dem andern *um seiner selbst willen* zu helfen, wenngleich in jedem Altruismus auch Egoismus verborgen sein kann [115]. Ein beabsichtigter uneigennütziger Einsatz für den Mitmenschen ist sogar dann noch altruistisch, wenn die angestrebte Wirkung gar nicht erreicht oder dem andern ungewollt sogar ein Schaden zugefügt wird. Die umgangssprachliche Definition von Altruismus beinhaltet also die Motivation, etwas zum Wohl für den andern zu tun. Der Mensch *wünscht*, dem anderen zu helfen. Der eigene Vorteil spielt keine Rolle [116)]. Altruismus schließt eine ethische Entscheidung mit ein, die eben nur Menschen treffen können. „Es ist ein Irrtum, das interspezifische Erbeuten von Soldatenameisen als ‚Altruismus' zu bezeichnen, wenn wir annehmen, daß sie keine andere Wahl haben als so auf chemische Reize zu reagieren, wie sie es tun." [117)] Ebensowenig kann man von „altruistischen" Viren sprechen, wie Barash das tut [118)].

Wenn die Intention aus der Definition des Altruismus eliminiert wird, so führt das zu den oben genannten Verwirrungen. Der Versuch, Sittlichkeit und Altruismus neu zu definieren und dabei Intentionalität und Subjektivität auszuklammern, offenbart die Erklärungsschwäche der Soziobiologie. Die Wirklichkeit wird durch die Definition eingegrenzt. Wenn aber Selbstbewußtsein und Intentionalität einmal aus der Definition von Sittlichkeit ausgeklammert sind, so ist es keine Schwierigkeit mehr, für die reduzierten Phänomene Parallelen im Tierreich zu finden und evolutionär zu erklären. Doch gerade das Wegdefinierte bleibt unerklärt.

Aus diesen Überlegungen folgt, daß der Begriff „Altruismus" im soziobiologischen Kontext vermieden werden sollte. Die unkritische Übertragung von Vokabeln aus dem menschlichen Bereich in das Tierreich vermag nicht darüber hinwegzutäuschen, daß die Soziobiologie die typisch menschlichen Wirklichkeitsbereiche gar nicht in den Blick bekommt. Hier endet vielmehr der Erklärungsanspruch der Soziobiologie, für die in Umkehrung des bekannten Wittgensteinwortes die Grenzen ihrer Welt auch die Grenzen ihrer Sprache bedeuten sollten [119)].

Ähnliches gilt für den Begriff „Egoismus". Eine besonders heftige Diskussion entzündete sich am provozierenden Buchtitel von R. Dawkins, „Das egoistische Gen". Im Gefolge dieser Bezeichnung finden wir in der Fachliteratur des öfteren sogar den Ausdruck „selfish DNA". „Egoistisch" wird als eine bestimmte Verhaltensform im „Wettbewerb" mit anderen Molekülen verstanden, wobei dieser Wortgebrauch durch den Mangel einer adäquateren Terminologie gerechtfertigt wird [120)]. Doch da der Terminus „egoistisch" ebenfalls eine Motivation impliziert und Dawkins somit die Sprache bewußter Motive auf Gene überträgt, stiftet er große Verwirrung. „Egoismus" wird von ihm ja nicht einmal in einem restringierten Wortsinn gebraucht, sondern in einer, dem gewöhnlichen Wortsinn völlig fremden Bedeutung, da einem Gen weder Motivation noch Bewußtsein zugesprochen werden können [121)].

„Zu jeder Seinsebene (Integrationsebene, Systemebene) und zu den dort charakteristischen Gegebenheiten gehören Begriffe, die gerade die wesentlichen Eigenschaften *dieser* Ebene und dieser Gegebenheiten erfassen und kennzeichnen: die niveauadäquaten Begriffe." [122)] G. Stent fordert von daher eine größere Hygiene in der Terminologie für die Darstellung von Reaktionen und Eigenschaften der Gene [123)].

Indem K. Lorenz tierisches Verhalten als „moralanalog" kennzeichnet, erkennt er die Besonderheit des Menschen indirekt an. Während nur der Mensch fähig ist, im eigentlichen Sinn moralisch zu handeln, sind beim Tier nur vom äußeren Phänomen her *analoge* Verhaltensweisen zu beobachten [124]. Moralanaloges Verhalten beim Tier kann als eine natürlich vorgegebene Grundstruktur eines Verhaltens verstanden werden, welches phylogenetisch deutbare Elemente menschlichen Moralverhaltens aufweist. Da aber Wertbewußtsein, reflexe Einsicht und Transzendenzcharakter erst die menschliche Moral konstituieren, kann diese nicht aus „moralanalogen" Verhaltenselementen hergeleitet werden [125]. Von daher ist bei der Übertragung von Begriffen, die beim Menschen sittliche Qualitäten ausdrücken, auf das Tierreich äußerste Vorsicht geboten. Selbst der Terminus „moral-analoges" Verhalten kann mißverständlich sein und sollte besser vermieden werden [126].

Für viele Auseinandersetzungen um die Soziobiologie gilt das Wort Newmans: „Die Hälfte aller Kontroversen in der Welt dreht sich nur um Wörter. Könnten sie auf eine klare Fragestellung gebracht werden, so würden sie bald zuende geführt sein." [127] Ein Hauptproblem stellt die willkürliche Neudefinition von Begriffen durch die Soziobiologie dar. Schon Aristoteles und Thomas von Aquin hatten hingegen gefordert, man müsse im Benennen der Dinge mit den Vielen gehen, „man solle jeder gegen den durchschnittlichen Sprachgebrauch ‚originell' sich absetzenden Begriffsbestimmung mißtrauen und sich, zunächst jedenfalls, an das lebendige Sprechen der Menschen halten, an den *communis usus loquendi*." [128] Eine Befolgung dieses Rates könnte viel Verwirrung und sachliche Unschärfe vermeiden helfen.

4.2 Kritik an der evolutionären Erkenntnistheorie

R. Dawkins definiert Erlernen als Außenweltsimulation; im subjektiven Bewußtsein scheint die Evolution der Simulationsfähigkeit ihren Höhepunkt erreicht zu haben. „Vielleicht entsteht Bewußtsein dann, wenn das Gehirn die Welt so vollständig simuliert, daß diese Simulation ein Modell ihrer selbst enthalten muß." [129]

Durch diese Definiton wird aber gerade das Eigentliche des Bewußtseins wegerklärt: „Wenn man *Erkennen* als Außenweltsimulation oder -registrierung definiert, dann verkürzt man den Begriff des Erkennens genau um seinen entscheidenden Aspekt: den der Subjektivität." [130] Auch ein Fotoapparat kann die Außenwelt simulieren, aber er kann nicht *sehen*! Die evolutionäre Erkenntnistheorie geht davon aus, daß nicht mehr *ich* denke, sondern das Gehirn denkt „ich". „Es ist wie ein Kino, in welchem sich das Kino selbst einen Film zeigt, genauer: eine Fernsehübertragung der Außenwelt des Kinos." [131]

Sicher können die physikalisch-technischen Mittel, derer sich der menschliche „ratiomorphe Weltbildapparat" bedient, um Information aus der Außenwelt zu liefern, naturwissenschaftlich erkannt werden. Aber Informationen brauchen ein Subjekt, das sie informieren können. Diese Innerlichkeit und Subjektivität wird von den Vertretern der evolutionären Erkenntnistheorie durch die Wahl des Wortes „Außenwelt" indirekt zugestanden. Und nur für ein Subjekt gibt es die Möglichkeit, Wahrheit und Irrtum zu erkennen. Moleküle können keinen Anspruch auf Wahrheit erheben und auch nicht irren. Genau dies aber wird suggeriert, wenn R. Riedl davon spricht, daß Moleküle „lernen“ können[132]. Der Ausweg, die Subjektivität dadurch evolutionär zu erklären, daß man sie schon der unbelebten Materie zuschreibt, würde aber in den Panpsychismus münden. K. Lorenz flüchtet sich zum Konzept der Fulguration, um die Entstehung der Subjektivität zu erklären. Hier wird eingestanden, daß das Phänomen des menschlichen Erlebens anders geartet ist als unbeseelte nervenphysiologische Prozesse und damit doch wohl nicht mehr durch die evolutionäre Erkenntnistheorie erklärt werden kann.

Menschliche Erkenntnis vermag mehr, als nur die Außenwelt zu simulieren. Der Mensch kann Theorien über die Welt bilden, „die nicht mehr in der wahrnehmbaren Wirklichkeit selber begründet sind, sondern auf der Vereinbarung beruhen, die Dinge auf eine bestimmte Weise zu verstehen“[133]. Die evolutionäre Erkenntnistheorie erfaßt daher nur die aus der tierischen Vergangenheit stammenden Elemente unserer Wahrnehmung, den spezifisch menschlichen Teil unserer Erkenntnisfähigkeit hingegen blendet sie aus. Die dem Menschen eigene Erkenntnis als geschichtliches Kulturphänomen „ermöglicht mit ihren abstrakten Wirklichkeitsmodellen und den Methoden ihrer Prüfung an der ... realen Wirklichkeit, darin bestehen nämlich die Wissenschaften, eine fortschreitende Annäherung an die Wirklichkeit außerhalb unseres Sinneskernes, zumindest in gewissen Bereichen dieser Wirklichkeit“[134]. Der Mensch bleibt zwar den Sinnestäuschungen unentrinnbar unterworfen, kann aber mit Hilfe seines Gehirns zum Beispiel die Existenz einer ihm unvorstellbaren vierdimensionalen Welt als wahr anerkennen. „Erkenntnis ist kein Produkt der Evolution, sondern ein Produkt der Hirntätigkeit in dem Umgang mit der funktionalen Realität der Information. Erkenntnis in diesem Sinn der autonomen Organisation der Wissensgewinnung ist kein Produkt der Evolution, sondern ein solches der Geschichte, in der die Gestaltungen der Wissenschaften und der Forschung als Erkenntnisinstrumente hervortraten.“[135]

Die evolutionäre Erkenntnistheorie kann daher nur eine Theorie über *Bedingungen* des Erkennens sein. Sie kann eine Naturgeschichte des zentralen Nervensystems oder der verhaltensrelevanten Wahrnehmungsleistungen in der Binnendimension des Subjektes beschreiben[136]. Sobald sie aber die Erkenntnis selber zu erklären versucht, wird sie zur *philosophischen* Theorie[137]. Als solche setzt sie einen bestimmten Vernunftbegriff immer schon voraus und kann Vernunft nicht evolutionär rekonstruieren, ohne sich nicht gleichzeitig dieser Vernunft zu bedienen. „Jede vorgebliche wissenschaftliche ... Theorie über das Entstehen der Vernunft behauptet etwas Unmögliches: ihre münchhausenhafte Selbsterklärung.“[138] Die Vernunft kann ihren eigenen Schatten nicht überspringen; sie kann sich nicht unabhängig von sich selbst geschichtlich erklären. So kann die Vernunft alles erklären, nur nicht sich selbst[139]. Die Rückseite des Spiegels ist nach C. F. v. Weizsäcker nur dem Spiegel erkennbar, so daß „das Bild, das die Naturwissenschaft von der Rückseite des Spiegels entwirft, ein Bild im Spiegel ist. Die Biologie des Subjekts wird von Subjekten gemacht und steht unter allen Bedingungen ihrer Subjektivität."[140] Der Mensch kann nicht, wie der Affe der Fabel, hinter den Spiegel greifen, um das zu fassen, was sich nur im Spiegel darbietet[141].

Die evolutionäre Erkenntnistheorie stellt sich selbst auf den Standpunkt eines „hypothetischen Realismus": Die subjektiven Erkenntnisstrukturen müssen (wenigstens teilweise) mit den realen Strukturen übereinstimmen[142]. Teilweise Übereinstimmung bedeutet aber auch teilweise Nichtübereinstimmung. Nach welchen Kriterien soll diese aber bemessen werden? Der Hinweis auf die Überlebensdienlichkeit genügt nicht, denn die natürliche Selektion kann auch die Rolle des Lügengeistes von Descartes spielen, der die menschlichen Sinne und Wahrnehmungen täuscht. Eine konsequent durchgeführte evolutionäre Erkenntnistheorie würde sich selber aufheben, da sie keinen Wahrheitsanspruch mehr erheben könnte. Wenn alles evolutiv Entstandene auch der Wirklichkeit entspricht, und alles, was ist, ja durch Evolution entstanden ist, so kann man Lüge nicht mehr von der Wahrheit unterscheiden. Sogar die schwächere Formulierung, daß unsere angeborenen Hypothesen „nicht völlig falsch" (G. Vollmer) sein können, würde schon ein Wahrheitskriterium voraussetzen, das im Rahmen der evolutionären Erkenntnistheorie nicht mehr angegeben werden kann[143]. Denn auch Lügen, Betrügen, Mimikry und Täuschungen können von evolutionärem Nutzen sein. Schon F. Nietzsche hatte den Gedanken formuliert, daß der Mensch durch ein fortwährendes Getäuschtwerden lebt. Das Leben ist angelegt auf „Irrtum, Betrug, Verstellung, Blendung, Selbstverblendung[144]", was die Soziobiologen wieder aufgenommen haben: Wir können der Evolution nicht trauen und unterliegen oft Täuschungen, die freilich für das Überleben von Vorteil sind[145]. R. L. Trivers ist daher der Meinung, daß „die herkömmliche Auffassung, derzufolge die natürliche Auslese Nervensysteme begünstigt, die zunehmend präzisere Bilder der Welt liefern, ... eine sehr unkritische Anschauung der geistigen Evolution" sein muß[146].

Die natürliche Selektion ist kein Garant für den Wahrheitscharakter der Sinnesabbildungen. Das Argument, daß der Mensch doch bislang gut überlebt hat und daher seine Erkenntnisstrukturen auch die Realität abbilden, ist nicht überzeugend[147]. Denn nicht nur der Mensch hat überlebt, sondern Millionen von Tier- und Pflanzenarten mit den unterschiedlichsten Erkenntnisapparaten und Weltbildern. Auch das Weltbild der Zecke bildet die Wirklichkeit ab. „Die Pflanzen sind nicht ‚falsifiziert' durch die Tiere, das Urauge nicht durch das Adlerauge, selbst das Nicht-Auge nicht durch das Auge."[148] Wenn F. M. Wuketits von der Arterhaltung auf die Richtigkeit der Weltbilder schließt, so handelt es sich eindeutig um einen Fehlschluß[149]. Die evolutionäre Erkenntnistheorie kann deshalb „die Forderung nach einer ultimativen Fundamentierung des Wissens, einer Letztbegründung der Erkenntnis, nicht erfüllen"[150].

W. Stegmüller zeigte, daß die evolutionäre Erkenntnistheorie schon von daher ein unhaltbares Realitäts- und Wahrheitskonzept vertritt, weil sie die Physik als die grundlegende naturwissenschaftliche Disziplin anerkennt. Die Biologie wird als Fortsetzung des Forschungsvorhabens der Physik verstanden. Die veränderte Realitätsauffassung der modernen Physik ist aber mit dem Realitätskonzept der evolutionären Erkenntnistheorie nicht mehr vereinbar. Die eigentlichen Metaphysiker im szientistischen Weltbild sind nach dem Urteil Stegmüllers daher die Physiker und Biologen[151].

Wie schon Poppers kritischer Realismus letztlich nicht ohne einen Bezug zur Wahrheit denkbar ist und damit wieder einer Metaphysik bedarf, so kann auch die evolutionäre Erkenntnistheorie nicht ohne den Glauben auskommen, daß die menschlichen Erkenntnisstrukturen Wahrheit abbilden. Aller Verspottung der Metaphysik[152] zum Trotz kann auch die evolutionäre Erkenntnistheorie nicht ohne eine metaphysische Grundannahme bestehen. Stegmüller weist darauf hin, daß man bereits etwas glauben muß, um überhaupt von Wissen und Wissenschaft reden zu können: „Das Evidenzproblem ist absolut unlösbar, die Frage, ob es Einsicht gibt oder nicht, absolut unentscheidbar."[153] Der Mensch muß aber eine absolute Evidenz voraussetzen, um Wissenschaft oder Philosophie betreiben zu können. Ohne den Glauben an etwas Absolutes in der Wissenschaft wäre jede Art von Wissenschaft unmöglich[154]. Wissenschaft enthält folglich „soviel Metaphysik als sie Evidenzvoraussetzungen beinhaltet"[155]. Der Philosoph L. Kolakowski vertritt sogar die These, daß nur legitim von „Wahrheit" gesprochen werden kann unter der Annahme, daß es einen absoluten Geist gibt. Unserer Erkenntnis kann nur dann mit Recht „Wahrheit" zuerkannt werden, wenn sie auf die allumfassende Wahrheit bezogen ist[156]. Dies ist kein Beweis für die Existenz Gottes, wohl aber wird das Dilemma offengelegt, „vor dem wir zu stehen scheinen, wenn wir uns mit dem Problem der Wahrheit und der bloßen Möglichkeit einer Erkenntnistheorie auseinandersetzen: entweder Gott oder ein kognitiver Nihilismus – dazwischen gibt es nichts"[157]. Dies hat schon Nietzsche gesehen, „nämlich daß es immer noch ein *metaphysischer Glaube* ist, auf dem unser Glaube an die Wissenschaft ruht – daß auch wir Erkennenden von heute, wir Gottlosen und Antimetaphysiker, auch *unser* Feuer noch von dem Brande nehmen, den ein jahrtausendealter Glaube entzündet hat, jener Christen-Glaube, der auch der Glaube Platos war, daß Gott die Wahrheit ist, daß die Wahrheit göttlich ist"[158].

Im Übrigen würde das Rechtfertigungsschema der evolutionären Erkenntnistheorie auch zu von ihr wohl ungewünschten Konsequenzen führen. Wenn die Erkenntnisstrukturen nämlich die Umwelt gewissermaßen abbilden, so könnte auch der religiöse Glaube als eine Anpassungsstruktur an die Grundbedingungen der Realität gedeutet werden. K. Lorenz selbst liefert dafür den Ansatzpunkt: Allem, was der Mensch empfindet und erlebt, muß Reales zugrunde liegen, auch dem menschlichen Empfinden für Werte[159]. Da auch die Religion während riesiger Zeiträume überlebens- und evolutionsbegünstigend war, so müßte auch sie auf eine reale Wirklichkeit passen[160]. Dieser Gedanke beruht auf der alten Vorstellung, daß die Natur dem Menschen keine Wünsche eingepflanzt haben kann, welche grundsätzlich nicht befriedigt werden können[161]: natura nihil facit inanis.

Schon M. Scheler hatte aus dem Dasein religiöser Akte im Geiste des Menschen auf das Dasein Gottes geschlossen: „Nur ein real Seiendes mit dem Wesenscharakter des Göttlichen kann die Ursache der religiösen Anlage im Menschen sein ... *Der Gegen-*

stand der religiösen Akte ist zugleich die *Ursache ihres Daseins.*“ [162] Wenn die evolutionären Erkenntnistheoretiker so gerne den ersten Teil der Xenie Goethes zitieren: „Wär nicht das Auge sonnenhaft, Die Sonne könnt es nie erblicken“, so würde der zweite Teil, der nie zitiert wird, sie gleich auf diese mögliche Interpretation ihrer Theorie hinweisen. Da heißt es nämlich: „Läg nicht in uns des Gottes eigne Kraft, Wie könnt uns Göttliches entzücken?“ [163] Auch mystisches Empfinden und Religion wären im Weltbild der evolutionären Erkenntnistheorie Produkte eines Anpassungsprozesses. Die evolutionäre Erkenntnistheorie hat keine Kriterien, diese als Täuschungen zu entlarven. Wo sie es aber dennoch tut [164], entpuppt sich ihr Anspruch auf Wissenschaftlichkeit und Objektivität als Glaube und Metaphysik.

Die evolutionäre Erkenntnistheorie kann also wohl die natürlichen Bedingungen darzulegen versuchen, „unter welchen hinsichtlich von Wahrnehmungsfähigkeiten *tatsächlich Neues* entstehen kann“ [165], sie kann etwas sagen über Herkunft und Struktur der Erkenntnisorgane. Aber warum 2 + 2 = 4 ist, kann nicht mehr auf die Hirnphysiologie oder eine Anpassungsstruktur zurückgeführt werden. Die Bedingungen bringen niemals das Bedingte hervor. So kann die evolutionäre Erkenntnistheorie den menschlichen Geist, die Logik, die menschliche Vernunft nicht naturwissenschaftlich erklären. Wie Lorenz selber eingesteht, ist der menschliche Geist etwas völlig Neues [166]. Der Mensch hat nicht nur Intelligenz wie das Tier, sondern er ist mit Vernunft begabt, deren Funktion das Erkennen von Wahrheit ist [167]. Erst diese völlig neue Systemeigenschaft der wahrheitsfähigen Vernunft macht Wissenschaft und damit auch die evolutionäre Erkenntnistheorie überhaupt möglich.

Aus dem bisher Gesagten folgt, daß die evolutionäre Erkenntnistheorie mit einem übertriebenen Erklärungsanspruch auftritt. Sie vermag weder ein Wahrheitskriterium anzugeben noch kann sie einen Realismus begründen. Von einer „kopernikanischen Wende“ in der Erkenntnistheorie zu sprechen, dürfte zumindest verfrüht sein [168].

Man wird den Vertretern der evolutionären Erkenntnistheorie vorhalten müssen, daß nicht ihre Position, sondern beispielsweise die von ihnen als „idealistisch“ verspottete scholastische Erkenntnistheorie einen Realismus vertritt, wobei letztere einen Grund für die Wahrheitsfähigkeit des Menschen angeben kann. Während der Glaube an eine blinde Evolution, die doch als genius malignus die menschliche Erkenntnisstruktur auch getäuscht haben könnte, keinerlei Grundlage für eine Wirklichkeitsabbildung zu bieten vermag, nimmt die scholastische Erkenntnistheorie an, daß Gott den Menschen nicht getäuscht, sondern seine Sinne so geschaffen hat, daß er Wirklichkeit erkennen und Wahrheit denken kann [169]. Erst ein Schöpfungsglaube kann das Vertrauen rechtfertigen, daß die von der Evolution, verstanden als creatio continua, hervorgebrachten Erkenntnisstrukturen die Wirklichkeit abbilden können. Eine solche Erkenntnistheorie müßte die Grenzen menschlicher Erkenntnisfähigkeit nicht verleugnen: Denn Stückwerk ist des Menschen Erkennen; und er schaut wie in einem Spiegel [170].

4.3 Gehorcht die Kultur noch den Gesetzen der Evolution?

Wir haben oben schon gesehen, daß Kultur und geistiges Leben etwas unterscheidend Menschliches darstellen und daher aus der Biologie des Menschen allein nicht ableitbar sind. Dies gestehen auch manche Soziobiologen zu, versuchen dann aber, das Phänomen der Kultur von einem evolutionären Gesichtspunkt aus zu erklären.

Weitgehend unbestritten ist die These, daß die menschliche Fähigkeit zur Kultur universal verbreitet, für den Menschen spezifisch und wohl genetisch festgelegt ist. Der Mensch als „Nestflüchter ohne zu flüchten", als weitgehend zum Lernen befähigtes Wesen braucht eine „soziale Uteruszeit", das heißt, er ist auf kulturelle Formung wesentlich angewiesen [171)]. Offenbar ist das „biologische Material des Menschen" von so großer Plastizität, daß der kulturelle Einfluß das biologisch Vorgegebene in unterschiedlichster Weise formen kann. Der Mensch hat nicht so sehr eine biologische, als vielmehr eine soziale Substanz: Das Soziale entscheidet weitgehend darüber, was aus dem Biologischen wird. Man denke hierbei etwa an die tiefenpsychologische Erkenntnis, daß der Mensch weitgehend das Produkt seiner Lebensgeschichte ist. Nicht das Individuum geht der Gesellschaft voraus, wobei diese nur als Ansammlung von Individuen verstanden würde, sondern das, was das Individuum ausmacht, was seine Entwicklung von der Geburt bis zum Tod prägt, ist die soziale Organisation, in deren Schoß der Mensch das Licht der Welt erblickt [172)]. Der Mensch ist folglich ein Naturwesen, das ganz und gar auf Kultur hin angelegt ist.

4.3.1 Anthropologische Daten

Wo Soziobiologen den starken Einfluß einer nicht genetisch festgelegten Kultur anerkennen müssen, versuchen sie oft, die soziobiologischen Gesetzmäßigkeiten auf die kulturelle Evolution zu übertragen, und betonen eine enge Verwobenheit zwischen biologischer und kultureller Evolution [173)]. Zur Untermauerung dieser These suchen die Soziobiologen zu zeigen, daß viele anthropologische Daten mit ihren Vorhersagen übereinstimmen. Nun wurde aber gerade aus den Reihen der Anthropologen den Soziobiologen heftig widersprochen [174)].

E. O. Wilson behauptet beispielsweise, daß die Verbreitung und Formalisierung von „kinship" als sozialer Kategorie in fast allen menschlichen Gesellschaften einzigartige Formen der *Biologie* unserer Art sind [175)]. Nach Wilson sollten genetisch eng Verwandte sich gegenseitig unterstützen (Altruismus), wobei der Verwandtschaftskoeffizient für die Organisation der Sozialbeziehungen ausschlaggebend sein soll. Der Anthropologe M. Sahlins zeigte allerdings, daß „die Regeln, denen in menschlichen Gesellschaften jedes bekannte Muster von Eheschließung, Wohnsitznahme, Organisation der Familie oder

Verwandtschaftsbeziehungen zwischen Individuen folgt, von deren Berechnung der Verwandtschaft und des sozialen Handelns abweichen, die sich nach den Grundsätzen der Sippenselektion ergeben müßten" [176]. Sahlins bestreitet also die Behauptung, daß Menschen durch Begünstigung der Verwandten letztlich ihren eigenen Genen – und sei es unbewußt – nützen: Die Menschen behandeln die „soziale Verwandtschaft", das heißt die Menschen, mit denen sie zusammenleben, altruistisch, auch wenn es genetisch nähere Verwandte gibt, die aber anderswo leben. Rein genetische Verwandtschaft bringt noch nicht den Altruismus hervor, wie es die Soziobiologen fordern, sondern erst die sozial zusammenlebende Gruppe, wobei bei dieser keine Rücksicht genommen wird auf die genauen Verwandtschaftsgrade. Damit ist „Verwandtschaft" eher eine kulturelle Setzung als eine biologische Vorgegebenheit [177].

Bei einigen Völkern werden in der Tat zusammenwohnende Verwandte als näher verwandt betrachtet als zum Beispiel nichtzusammenwohnende, die jedoch genetisch einander näher stehen [178]. Sahlins kommt zu folgendem Ergebnis:

1. Das tatsächliche Organisationssystem der menschlichen Verwandtschaftsbeziehungen stimmt nicht mit den genetischen Verwandtschaftskoeffizienten der Soziobiologen überein.
2. Die Beziehung zwischen pragmatischer Zusammenarbeit und Verwandtschaftsdefinition ist oft reziprok.
3. Erst die kulturellen Verwandtschaftskategorien verleihen der genetischen Verwandtschaft ihren Wert. „Verwandtschaft" ist daher ein einzigartiges Charakteristikum menschlicher Gesellschaften, das von naturalen Beziehungen unterschieden werden kann.
4. Menschen vermehren sich als soziale und nicht als biologische Wesen.
5. Kultur ist eine unabweisbare Bedingung für jedes System von menschlicher Organisation und Reproduktion [179].

Die genannten Einwände von Sahlins können aber dahingehend gedeutet werden, daß komplizierende Faktoren bei der Verwandtschaftsbestimmung beteiligt sind, so daß die soziobiologischen Thesen nur Näherungswerte liefern können. Zudem scheinen Verwandtschaftsregeln auch eine *biologische Funktion* zu erfüllen, nämlich die inklusive Fitness zu stärken. Womöglich ist eine Kombination von genetischer und kultureller Kontrolle für das Entstehen dieser Regeln verantwortlich [180]. Da Sahlins keine Gegentheorie mit besseren Voraussagemöglichkeiten anbieten kann, vermag seine Kritik den soziobiologischen Ansatz nicht ganz zu entwerten [181].

Eine weitere Schwäche der Kritik von M. Sahlins ist seine Annahme, daß die Soziobiologie einen groben genetischen Determinismus vertritt [182]. Wenn auch unvorsichtige Äußerungen Wilsons eine solche Interpretation nahelegen können, so sind die soziobiologischen Erklärungsschemata nicht unbedingt von einem strengen genetischen Determinismus abhängig. Eine weiter gefaßte Interpretation, die das Zusammenwirken von Genotyp und Umwelt berücksichtigt, könnte die Kritik von Sahlins teilweise entkräften.

Die eigentlich soziobiologische Frage wäre eben auch die nach der *biologischen Funktion* der verschiedensten kulturellen Muster wie Inzest-Tabu, Gruppenbildung oder Reziprozität [183)].

Der Kulturanthropologe M. Harris untersuchte die Behauptungen Wilsons, daß der Mensch mit den Altweltprimaten genetisch kontrollierte Verhaltensmerkmale gemeinsam habe [184)]. Er kommt jedoch zum Ergebnis, daß anthropologische Daten den Annahmen Wilsons vielfach widersprechen und daß die genannten Merkmale eher kulturell als genetisch bedingt erklärt werden müssen:

- Die Größe von Sozialgruppen variiert stärker als von Wilson angegeben. Ähnlichkeiten zwischen Primaten und Menschen machen noch keine genetische Erklärung erforderlich.
- Die Neigung der Männer zur Polygamie und der Frauen zu sexueller Zurückhaltung ist eher durch kulturelle Normen bedingt als durch ein genetisches Programm.
- Auch für das soziale Spiel und die Aggression ist das sozial erworbene Verhaltensrepertoire wichtiger als genetische Kontrolle.
- Gesichtsausdrücke wie Lachen oder Erschrecken unterliegen zwar einem genetischen Programm, werden aber in den verschiedenen Kulturen sehr verschieden gedeutet.

Das Phänomen des weiblichen Infantizids muß nicht als Reproduktionsstrategie mit genetischer Grundlage gedeutet werden. Auch kulturelle Faktoren können ein solches Verhalten bedingen. Die Mitgift wird eingespart und damit Wohlstand und Macht innerhalb einer kleinen Anzahl von Familien der Oberschicht gesteigert [185)].

M. Harris kommt daher zu dem Schluß, daß die Soziobiologie nicht die Strategie verfolgen sollte, für möglichst viele menschliche Verhaltensmuster genetische Dispositionen zu suchen, sondern eher für möglichst wenige Verhaltensformen eine solche Disposition anzunehmen. Wie Wilson selber zugesteht, beruht der größte Teil der menschlichen kulturellen Variationen nicht auf einer genetischen Basis [186)]. Daher sollte eine Theorie zur Erklärung der Kultur sich eher auf die große Anzahl kulturell bedingter Merkmale konzentrieren, die keine strenge genetische Basis haben [187)].

Anthropologische Untersuchungen haben weiterhin ergeben, daß die kulturell bedingten Verhaltensweisen unabhängig von genetischen Rückkoppelungsprozessen bestehen können. Das wird vor allem durch den Umstand der einzigartigen Menge von Verhaltensvarianten innerhalb der verschiedensten menschlichen Populationen bestätigt [188)]. Neue Verhaltensweisen werden angenommen und alte abgelöst, ohne daß irgendein reproduktiver Faktor dabei eine Rolle spielt.

E. O. Wilson hatte die Existenz menschlicher Universalien als Argument dafür angeführt, daß die Verhaltensmuster wohl adaptiv sind und von daher eine genetische Basis haben. Nun wurden aber bisher kaum bedeutende universale Verhaltensweisen nachgewiesen [189)]; solche wurden von Soziobiologen eher erfunden als gefunden. Und schließlich konnten menschliche universale Verhaltensweisen durch die Soziobiologie nur ungenügend erklärt werden, während eine ausreichende soziokulturelle Erklärung bereitsteht [190]. „Universalien ... müssen keineswegs biologisch bedingt sein, sondern können ebensogut durch funktionellen Zwang zustande gekommen sein." [191] Dies gilt auch für den reziproken Altruismus: Es fehlt bislang die Evidenz einer genetischen Basis, während sich die kulturelle Hypothese auf viele Fakten stützen kann [192].

Wilsons Behauptung, daß Erbänderungen mit Verhaltenskonsequenzen auch im Lauf der kulturellen Evolution wahrscheinlich sind, ist daher ebenso in Frage zu stellen. Im Gegensatz zu Insekten, deren Verhalten hauptsächlich auf ererbten Programmen beruht, ging die Evolution des Menschen in eine andere Richtung: Nicht neues, genetisch programmiertes Verhalten wurde geschaffen, sondern die Möglichkeit erweitert, Verhalten zu erlernen. Die Evolution begünstigte ein Gehirn, das vielerlei Verhaltensvariationen erlaubte [193]. „Die empirischen Beweise für diese theoretische Voraussage liegen vor allem darin, daß die biologische Einheit der Spezies Homo sapiens seit mindestens 40000 Jahren erhalten blieb und sich nirgends die Rassenunterschiede zu einer Artbildung ausgeweitet haben." [194] Wenn sich aber wirklich beim Menschen wesentliche Merkmale binnen zehn Generationen verändern können, dann wäre die physische und seelische Ähnlichkeit eines Buschmann- und eines europäischen Kindes kaum erklärbar, da die Umweltbedingungen ihrer Vorfahren seit Jahrtausenden in wesentlichen Bereichen radikal verschieden sind. Das Fehlen von nachweisbaren genetischen Anpassungen an bestimmte Forderungen einer spezifischen Kultur „spricht sich nicht nur in dem raschen kulturellen Wandel aus, der binnen weniger Jahrzehnte fast alle Lebensbereiche verändern kann, sondern auch in der Möglichkeit, binnen einer oder zweier Generationen einige tausend Jahre der Kulturentwicklung zu überspringen, ohne daß genetisch fixierte Hindernisse erkennbar wären" [195]. Auch M. Harris bestätigt, daß die Schwäche der Humansoziobiologie darin liegt, daß Genotypen niemals für alle Variationen der Verhaltensphänotypen verantwortlich sein können [196].

I. Eibl-Eibesfeldt macht schließlich darauf aufmerksam, daß bei dem von den Soziobiologen gerne zitierten Beispiel des Avunkulats die anthropologische Datenbasis unzureichend und die Argumentation nachlässig ist. Bei unsicherer Vaterschaft würden nach der Theorie der Soziobiologen Väter eher in die Kinder ihrer Schwester, mit denen sie sicher verwandt sind, investieren als in die Kinder ihrer Frau. Es dürfte aber sehr schwer sein, Gruppen zu finden, bei denen die soziobiologischen Berechnungen zutreffen; für die von manchen Soziobiologen zitieren Samoaner und andere gilt diese Berechnung jedenfalls nicht [197].

So erweisen sich viele Behauptungen der Soziobiologen am Ende nicht als objektive, beobachtbare Fakten, sondern als spekulative Rekonstruktionen der menschlichen Vorgeschichte, die von anthropologischen und historischen Studien nicht bestätigt werden können [198].

4.3.2 Kultur als Phänomen „sui generis“

Nach dem bisher Gesagten kann festgestellt werden, daß soziobiologische Theorien nicht einfachhin auf den Bereich der menschlichen Kultur übertragbar sind. Dabei ist es keine Frage, daß genetische Dispositionen notwendig sind, die dem Menschen die Ausbildung einer Kultur erlauben. Es bedurfte beispielsweise zur Herstellung von Werkzeug der Gene, die das vergrößerte Gehirn und die vielseitig verwendbare Hand codierten[199)]. Die genetische Evolution hat aber nicht bestimmte Verhaltensweisen oder kulturelle Neigungen hervorgebracht, sondern eben diese Fähigkeit zur Flexibilität. Diese erlaubt dem Menschen, sich an neue Umwelten anzupassen, ohne daß genetische Veränderungen dazu notwendig wären[200)]. Dadurch konnte der Mensch sich fast alle Lebensräume der Erde erobern, von der Arktis bis zum tropischen Regenwald. Die Kultur selbst ist die mächtigste Weise menschlicher Anpassung[201)].

Nach Wilson unterscheidet sich die menschliche Kultur von der tierischen Tradition nur dem Grad nach[202)]. Auch das Phänomen der menschlichen Sprache ändert nichts daran, da Wilson die menschliche Sprache nur als ein Kommunikationssystem begreift, welches sich nicht wesentlich von der tierischen Kommunikation abhebt[203)]. Menschliches Bewußtsein und Sprache haben jedoch völlig neue Systemebenen erreicht, so daß auch die menschliche Kultur ein Phänomen sui generis darstellt, das nicht mehr mit den Gesetzen der darunterliegenden biologischen Ebenen erklärt werden kann. Die Soziobiologen unterschätzen die Größenordnung der Emergenz, welche die menschliche Kultur darstellt[204)]. Der Anspruch Wilsons, die Sozialwissenschaften der Biologie unterzuordnen, ist zurückzuweisen. Er selber gesteht dies ein, wenn er den Sozialwissenschaften einen möglicherweise reicheren Inhalt als den der Biologie einräumt, so daß sie eventuell die Ideen der Biologie absorbieren werden[205)].

Da kulturell ausgebildete Verhaltensweisen auf einer neuen Systemebene liegen, sind sie nicht mehr unbedingt als reproduktive Strategien erklärbar. Sie können ein Eigenleben führen und müssen nicht mehr als biologisch vorteilhafte Anpassungen verstanden werden. Dadurch wird die evolutionäre Dynamik völlig verändert. Denn es können sogar Verhaltensweisen kulturell weitergegeben werden, die reproduktive Nachteile mit sich bringen und die aussterben würden, wenn sie auf genetische Weitergabe angewiesen wären. Phänomene wie Zölibat und Altruismus gegenüber Fremden widersprechen dem biologischen Gesetz der genetischen Fitnessmaximierung. Solche Verhaltensweisen brauchen und können nicht durch die Soziobiologie erklärt werden, sondern sind rein kulturell bedingt[206)]. Auch die ursprünglich biologische Sexualität des Menschen konnte kulturell überformt werden, einen Funktionswechsel erfahren und schließlich sogar von der Fortpflanzung abgekoppelt werden. Von daher erscheint auch der Versuch vieler Soziobiologen, für die Homosexualität reproduktive Anpassungsvorteile zu finden, sehr fragwürdig. Eine kulturhistorische Erklärung könnte vollständig hinreichen[207)].

Die Reproduktion ist nicht die einzige (auch unbewußte) Triebfeder des menschlichen Handelns, sondern der Mensch hat viele neue phänotypische Bedürfnisse, die er zu befriedigen sucht[208]. Es gibt nach M. Sahlins keine strenge Isomorphie mehr „zwischen den biologischen Bedürfnissen und Antrieben des Menschen und den Eigenschaften gesellschaftlicher Systeme, da durch das Dazwischentreten der *Kultur* jede einfache Kausalkette zwischen der biologischen Bedingtheit des Menschen und seinen sozialen Strukturen unterbrochen wird. Denn die Kultur hat ganz offenbar menschliche Verhaltensmuster von der unerbittlichen Bestimmung durch biologische Bedürfnisse und Antriebe befreit."[209] Daher erhalten die biologischen Basisneigungen der menschlichen Natur erst durch die Sozialstrukturen der menschlichen Kultur ihre Bedeutung. Die Kultur wird nicht durch die primitiven Emotionen des Hypothalamus geleitet, sondern diese werden durch die Kultur organisiert. Die menschlichen Dispositionen und auch Emotionen sind kulturell geprägt[210].

Zur Beschreibung der Kultur und ihrer Gesetze bedarf es folglich einer neuen Ebene des Verstehens und damit auch der Begrifflichkeit. Anstelle von Evolution sollte zur Beschreibung der Kultur eher von *Geschichte* gesprochen werden. „Als die Evolution den Menschen hervorgebracht hatte, d.h. das Wesen, das sich seiner eigenen Existenz und seiner Welt bewußt ist und sich von einer gegebenen Situation her mit einer gewissen Freiheit seinen Ort wählt, nahm die Entwicklung der Wirklichkeit eine neue Form an, nämlich die Form der Geschichte. Der Prozeß, der sich bisher im Dunkel des Unbewußten abgespielt hatte, wurde zu einem teilweise bewußt gestalteten Geschehen. Wir könnten sagen: Die Evolution hat ein Wesen hervorgebracht, durch das Evolution zur Geschichte erhoben wurde."[211]

Besonders K. Bock weist darauf hin, daß die Soziobiologie keinerlei Erklärungen für die menschliche Geschichte bereithält. Das Erklärungsschema der natürlichen Selektion trägt zum Verständnis für den Fall des Römischen Reiches oder für die Industrielle Revolution in Europa nichts bei. Selbst wenn es zuträfe, daß Michelangelo 1508 die Sixtinische Kapelle ausgemalt hat, um seine inklusive Fitness zu steigern, so wäre dies kein Schlüssel zum Verständnis seines künstlerischen Schaffens. Die „letzten Gründe" für menschliches Handeln, die die Soziobiologie zu ergründen sucht, können auf einer so tiefen Ebene liegen, daß sie bedeutungslos werden[212].

Soziale und kulturelle Differenzen der menschlichen Gesellschaften können *historisch* erklärt werden, sind jedoch nicht aus der menschlichen Natur ableitbar. Menschen sind die einzigen Tiere, die Geschichte haben. Die Veränderungen bei allen anderen Arten haben evolutive Hintergründe; die Veränderungen der menschlichen Kultur hingegen sind keine Ergebnisse biologischer oder physikalischer Veränderungen, sondern Folge von geschichtlichen menschlichen Handlungen[213]. Der Mensch ist nicht nur ein Vehikel für biologisch produzierte Replikatoren, deren einziges Ziel die Steigerung ihrer eigenen Reproduktion ist, sondern er ist ein Wesen, das Geschichte *macht*. Der Mensch ist dazu befähigt, weil er bewußt und intentional zu handeln vermag. Der Bau einer gotischen Kathedrale unterscheidet sich genau darin von einer Mutation, daß er Intention oder Zwecksetzung beim Handelnden voraussetzt.

Genau diese Differenz verfehlen viele Biologen und unterscheiden nicht zwischen menschlichem Handeln und menschlichem Verhalten. Um keine *völlig neue* Systemebene anerkennen zu müssen, was für einen streng monistischen Darwinismus nur schwer möglich ist, wird eine Kontinuität behauptet zwischen dem Lidreflex und dem Verfassen von „On the Origin of Species“[214]. Dagegen bleibt festzuhalten, daß das menschliche Soziogramm auch seine *eigene* Geschichte hat. „Es läßt sich sehr wohl in seinen Anfangsbedingungen auf das Biogramm der Wirbeltiere zurückführen, nicht aber in seinen speziellen Ausprägungen.“[215]

4.3.3 Die kulturelle Evolution

Aus dem hier dargelegten Verhältnis von Natur und Kultur folgt, daß die kulturelle Geschichte keine bloße Fortsetzung der biologischen Evolution darstellt. Viele Soziobiologen behaupten aber, daß sich an die natürliche Evolution in fließendem Übergang eine kulturelle Evolution anschließe und daß sich die Entwicklung von Kulturen mit denselben Selektionsmechanismen erklären ließe wie die Entstehung und Veränderung von Arten[216]. Es soll nun der Frage nachgegangen werden, ob die Evolutionsgesetze auch auf die nichtbiologische Kultur anwendbar sind.

4.3.3.1 Die kulturelle Dem-Evolution

Die These der Theorie von der Dem-Evolution, daß kulturelle Praktiken die inklusive Fitness des Trägers erhöhen, scheint zunächst einmal sehr plausibel: Die Effektivität oder Ineffektivität von Kulturtechniken kann sich auch auf das Leben und Überleben von menschlichen Populationen auswirken. So wurde durch die Einführung von Pferden bei Präriestämmen Nordamerikas deren Fortpflanzungsrate vermehrt, da diese neue Errungenschaft eine erhöhte Fitness vermittelt. Da es allerdings *allen* Stämmen gelang, sich die vorteilhafte Kulturtechnik der Pferdezucht anzueignen, konnte die kulturelle Errungenschaft kaum Auswirkungen auf die Selektion zeitigen; kein Stamm erhielt also im Vergleich zu anderen Stämmen einen Überlebensvorteil. Die Ausbreitung vorteilhafter Kulturtechniken verläuft damit meist schneller als die Selektion. Eine Ausnahme könnte die Ausrottung der Tasmanier durch die Europäer gewesen sein, da diese Eingeborenen wegen der sehr hohen kulturellen Barriere die erfolgreiche europäische Kulturtechnik nicht einfach übernehmen konnten. Außerdem wurden in der Geschichte oft auch Kulturvölker von rückständigen Stämmen unterworfen, die sich die Kulturtechnik der Unterworfenen erst nachträglich aneigneten[217].

Es können sich demgemäß erfolgreiche Techniken durchaus verbreiten, ohne ihren Trägern zu größerer Fitness zu verhelfen. Umgekehrt gibt es „erfolgreiche“ kulturelle Praktiken, die die *biologische* Fitness der Träger sogar mindern[218]. „Die Übertragung des darwinistischen Auslesemechanismus auf solche Merkmale scheitert daran, daß sie nicht automatisch häufiger oder seltener werden, wenn sie verschiedene Fortpflanzungsraten ihrer menschlichen Vertreter bewirken. Ob ein kulturelles Merkmal häufiger wird oder nicht, hängt nur bedingt mit seiner Auswirkung auf die Nachkommenzahl zusammen und hat sehr viel mehr mit den Gründen zu tun, die die Menschen für ihr Verhalten haben oder zu haben glauben. Und diese Gründe wiederum beruhen auf Gelerntem, Gewohntem, Gedachtem und Geglaubtem, das von jeder Kultur an die nächste Generation weitergegeben wird. Eine kulturelle Dem-Evolution im streng evolutionstheoretischen Sinn findet daher nicht statt." [219)]

Kulturelle Evolution maximiert also *nicht notwendig* die biologische Fitness; sie ist *nicht unbedingt* darauf gerichtet, Überleben und Vermehrung zu optimieren. Zudem liegen wesenhafte Unterschiede zwischen biologischer und kultureller Evolution vor [220)]:

1. Bei der kulturellen Evolution kommt es nicht durch Zufall zu „Mutationen"; nicht die „blinde Variation", sondern oftmals bewußte Entscheidungen verändern kulturelle Praktiken [221)].
2. Die biologische Evolution ist darwinistisch, die kulturelle lamarckistisch, das heißt, jede individuell *erworbene*, gelernte Information kann weitergegeben werden. „Während biologische Information stets im genetischen System einzelner Arten gespeichert wird und nur endosomatisch weitergegeben werden kann, wird die intellektuelle Information auf materiellen, exosomatischen Trägern aufgezeichnet und kann so jederzeit abgerufen werden". [222)]
3. Die Bio-Evolution spielte sich in langen Zeiträumen ab; die kulturelle jedoch ist wesentlich schneller, da Sprache und Kommunikation sehr effektiv sind und kulturelle Praktiken auch quer durch die Bevölkerung, also nicht nur den genetischen Erben, weitergegeben werden können, etwa durch Imitation und Lernen. Als Beispiel kann die rasche Ausbreitung der westlichen Kultur in diesem Jahrhundert genannt werden, die sehr viele Völker erreicht hat [223)].
4. Eine Kultur kann sehr schnell modifiziert werden. Sie kann beispielsweise in einer sozialen Revolution urplötzlich umgestaltet werden, wohingegen das genetische Erbe fast unverändert bleibt und nur in immensen Zeiträumen modifiziert werden kann [224)].
5. „Ferner besteht ein grundlegender Unterschied zwischen der biologischen und der kulturellen Evolution darin, daß die Entwicklung der Lebewesen sich als Entwicklung von Anpassungserscheinungen an Umweltgegebenheiten vollzieht, wohingegen in der kulturellen Evolution die Umwelt an die Bedürfnisse des Menschen *angepaßt* wird." [225)]

Wir können aus dem oben Gesagten folgern, daß es sich bei allen Vergleichen der Prozesse der kulturellen mit jenen der biologischen Evolution nur um Analogien handeln kann. Die zielbewußte Entwicklung der Kultur durch den Menschen kann nicht mit den Evolutionsursachen in Pflanzen- und Tierreich auf eine Ebene gestellt werden. Daraus folgt, daß die Gesetze der natürlichen Evolution die kulturellen Phänomene und deren Entwicklung nicht erklären können. Die menschliche Kultur hat ihre eigenen Strukturgesetzlichkeiten; diese können in ihrer Wirkungsweise nicht auf die Gesetzlichkeiten untergeordneter Strukturen reduziert werden. Den Gedanken der Evolution und ihre Gesetze gar auf die menschliche Geschichte im Stadium der Hochkulturen zu übertragen, erscheint gänzlich unmöglich[226)].

4.3.3.2 Die kulturelle Mem-Evolution

Meme sind beispielweise kulturelle Techniken oder Ideen, die untereinander im Wettstreit liegen. Eine Idee setzt sich dann durch, wenn sie möglichst viele „Nachkommen" in menschlichen Gehirnen erzeugen kann[227)].

Zunächst ist an dieser Theorie zu kritisieren, daß eine derartige Aufspaltung der Kultur in „Kulturatome" nicht möglich scheint, da Kultur ein höchst komplexes Ganzes darstellt[228)]. Weiterhin dürfte die Mem-Theorie eine tautologische Aussage darstellen, die das untersuchte Phänomen mit sich selbst erklärt: „‚Ideen verbreiten sich dann, wenn sie gegenüber alternativen Ideen erfolgreich sind. Erfolgreiche Ideen sind solche, die sich verbreiten.' Es wird die Verbreitung des sich Verbreitenden behauptet, eine sicherlich richtige, aber informationslose Ausage."[229)]

Der Vorwurf der Tautologie, der auch gegen den klassischen Darwinismus erhoben worden ist, könnte bei diesem entkräftet werden, da der Erfolg eines Tieres daran gemessen werden kann, daß die Information im Erbgut dieses Tieres im gesamten Genom der Art häufiger wird. Gerade diese Trennung von Genom und Phänotyp und die Verbindung beider über verschiedene Nachkommenzahlen der Phänotypen ist aber bei der Mem-Theorie nicht möglich. Es gibt kein Kriterium für den Erfolg eines Mems außer dem, daß es eben Erfolg hat. „Die darwinistische Analogie der kulturellen Ideenentwicklung wird dadurch in der Tat zu einer bloßen Tautologie, die nicht das geringste über die wirklichen Ursachen für die Verbreitung kultureller Merkmale aussagt."[230)] Die entscheidende Klippe des Gedankens von der Ausbreitung der Meme scheint in der Beziehung von Mem zum Phänotyp zu liegen. Einmal behauptet Dawkins, der eigentliche Verbreitungsgrund für Meme liegt in der Hervorbringung von günstigen Handlungen, das heißt: Meme haben phänotypische Effekte auf den Körper[231)]. Ein bestimmtes Mem kann demgemäß die Überlebenschance des Körpers beeinflussen. Im Widerspruch dazu behauptet Dawkins an anderer Stelle, daß ein Mem selbstfortdauernd ist: „Die Vorstellung des Fegefeuers *setzt sich* wegen ihres tiefgreifenden psychologischen Impaktes ganz einfach von *allein endlos weiter fort*."[232)] Hier setzt sich also das Mem durch, weil es vorteilhaft ist für sich selbst. Der Fortpflanzungserfolg der Besitzer eines Mems spielt keine Rolle[233)]. Diesen Widerspruch vermag Dawkins nicht aufzulösen. Er erkennt dieses Problem an und antwortet mit der ungenügenden Entgegnung, daß seine Kritiker genauso viele Fragen offen lassen wie er[234)]. Somit vermag die Mem-Theorie zur Erklärung der kulturellen Evolution kaum etwas beizutragen[235)].

Eine konsequent durchgeführte Mem-Theorie würde sich im Übrigen selber aufheben. Von den im Wettstreit liegenden Memen setzen sich nämlich nicht unbedingt diejenigen durch, die der Wahrheit am nächsten kommen, sondern jene, die ihren Vertretern eine größere Überlebenschance ermöglichen, oder die – wie das Fegefeuer-Mem – einen tiefen psychologischen Einfluß ausüben. Nach dem Urteil von Dawkins können sich daher auch solche Meme wie Gott, Aberglaube und Irrtümer ausbreiten, wenn sie nur zu günstigen Handlungen führen. Es gibt folglich keine vernünftige Entscheidung, durch die der Mensch zwischen den verschiedenen Memen auswählt, sondern nur einen Wettkampf zwischen konkurrierenden Ideen. Nun ist aber auch die soziobiologische These selber ein solches Mem. Der Wahrheitsanspruch, mit dem die Soziobiologie auftritt, wenn sie etwa von Aberglaube oder Irrtum spricht, ist nur eine Täuschung. In Wirklichkeit geht es um die Durchsetzung eines Mems und der Erfolg wird sich darin zeigen, ob die Idee der Soziobiologie eine erhöhte Vermehrung ihrer Anhänger oder zumindest eine psychologische Befriedigung (Soziobiologie als Opium für das Volk) ermöglicht. Man könnte analog zu Dawkins sagen: Der Überlebenswert des Soziobiologie-Mems ergibt sich aus seiner großen psychologischen Anziehungskraft. Es liefert eine auf den ersten Blick einleuchtende Antwort auf unergründliche und beunruhigende Fragen über das Dasein[236)].

Wenn es aber keine Rationalität und keine vernünftige Entscheidungsmöglichkeit mehr gibt, so gibt es auch keine Wissenschaft mehr, sondern nur noch einen blinden Wettstreit von Computern, die sich gegenseitig zu programmieren versuchen. Wer die Soziobiologie ablehnt, ist eben so programmiert, wie auch ihre Verteidiger von einem Soziobiologie-Mem besessen sind. Die mögliche Antwort, daß uns die natürliche Selektion schon längst ausgerottet hätte, falls unsere wissenschaftlichen Theorien uns systematisch irreführen würden, ist philosophisch ungenügend, denn sie sagt nichts über die Wahrheit oder die wahrscheinliche Wahrheit unserer Theorien, sondern nur über deren praktische Nützlichkeit. Aber auch Illusionen können überlebensdienlich wirken[237)]. „Wenn die Bücher der Soziobiologen ‚die Wahrheit' enthielten, dann müßten wir sie als Selektionsstrategie ihrer Autorengene lesen. Und somit: Die ‚Wahrheit' der Soziobiologie besteht darin, daß es für sie überhaupt keine Wahrheit geben kann, einschließlich dieser. Sie ist ein einziges, ungeheuerliches Paradox, dessen Kern in dem Satz besteht: ‚Jetzt lüge ich!'"[238)]

Auch K. Popper, der einerseits mit Dawkins Idee sympathisiert[239)], betont an anderer Stelle, daß zur Lösung von theoretischen Problemen die Kritik „von der regulativen Idee der Wahrheit oder der Annäherung an die Wahrheit geleitet (wird), nicht von der Idee, uns beim Überleben zu helfen"[240)].

4.4 Die Mehrdimensionalität menschlichen Verhaltens: Gene, Kultur und Geist

4.4.1 Wie weit bestimmen Gene das menschliche Verhalten?

Die Soziobiologie vertritt die These einer zumindest gewissen genetischen Kontrolle des menschlichen Verhaltens. R. Trivers spricht von Genen, die den reziproken Altruismus begünstigen. Das menschliche Genom wird beschrieben, als enthielte es Determinanten, die ein ganz bestimmtes Verhalten hervorbringen: Ein Gen für Altruismus, ein Gen für die Aufdeckung von Betrug, ein Gen für moralische Entrüstung, ein Gen für die Emotion der Dankbarkeit und so fort[241)]. Für R. Dawkins ist der Mensch eine blind zur Erhaltung der egoistischen Gene programmierte Überlebensmaschine[242)]. E. O. Wilson spekuliert über die Existenz von Genen, die für Haß, Inzestvermeidung, die Indoktrinierbarkeit des Menschen, die Homosexualität und den Unterschied der Geschlechterrollen von Mann und Frau zuständig sind[243)]. Selbst das altruistische Verhalten soll genetischer Kontrolle unterliegen: Wilson spricht von einem ersten „Guten Samariter", der als Mutante auftaucht und dessen „altruistisches" Gen sich über die ganze Bevölkerung ausbreitet[244)].

Dabei versucht der Autor von „Sociobiology", den genetischen Einfluß auf das menschliche Sozialverhalten auf drei Argumentationsschienen einsichtig zu machen:

1. Universalität: Es gibt universale menschliche Verhaltensweisen; diese finden sich auch bei den uns nahe verwandten Primaten.
2. Kontinuität: Der Altruismus ist bei Tier und Mensch verbreitet. Die evolutionäre Erklärung des Altruismus bei Tieren, welcher bei diesen genetisch verankert ist, wird auf den menschlichen Altruismus übertragen.
3. Adaptivität: Da menschliches soziales Verhalten adaptiv ist, hat es eine genetische Basis[245)].

Dieser Beweisführung für die genetische Determination menschlichen Verhaltens ist heftig widersprochen worden. Im Folgenden werden die Haupteinwände resümiert.

1. Die Schlußfolgerung von der *Universalität* menschlichen Sozialverhaltens in allen Kulturen auf ein gemeinsames Erbgut ist umstritten. Selbstverständlich gibt es eine genetische Grundlage menschlichen Verhaltens, die von der Stammesgeschichte geprägt ist und sich auch in den sozialen Handlungsmustern ausdrückt. Innerhalb dieses Rahmens aber können unendlich viele Variationen *kulturell* bestimmten Verhaltens entstehen. Gegenüber dieser kulturell bedingten Variabilität sind die biologisch vorgegebenen Handlungstendenzen des menschlichen Verhaltens doch von einer eher generellen Natur. „Die Begründung E. O. Wilsons für die weitgehende Erblichkeit menschlichen Sozialverhaltens aus den uniformen Rahmenbedingungen der menschlichen Kulturen heraus kann ... nicht ernsthaft als Argument in Betracht gezogen werden. Der Gedanke

Wilsons beruht auf einer Verwechslung der natürlichen Grundlagen der menschlichen Verhaltensentwicklung (die sehr wohl erblich und in der Evolution angepaßt sind) mit den ausgeformten, kulturell festgelegten Verhaltensmustern, die sich nur indirekt und oft überhaupt nicht auf natürlich vorgegebene Verhaltenstendenzen zurückführen lassen."[246)] Womöglich sind die menschlichen Universalien biologisch bedeutsam, können sie doch eine allgemeine menschliche Anpassungsstrategie darstellen, die quer durch alle Kulturen verläuft. Daraus folgt aber noch keine genetische Determination, denn solche universalen Verhaltensweisen können in allen Kulturen auch gelernt sein. Der Gebrauch des Feuers zum Kochen ist beispielsweise universal menschlich – und übrigens auch arteigen und adaptiv – und dennoch gibt es keine spezielle genetische Programmierung dafür[247)].

Selbst wenn wir eine Liste von Verhaltensweisen zusammenstellen, die dem Menschen und den höheren Primaten gemeinsam sind, so sagt dies noch nichts über eine genetische Kontrolle dieser Verhaltensformen aus. Gleiche Ergebnisse implizieren noch nicht gleiche Gründe: Es gibt ja neben den homologen Charakteristika auch analoge Formen. Man kann durchaus eine Analogie zwischen dem Verhalten von Menschen und Primaten annehmen, die eben keine genetische Fixierung implizieren würde[248)].

Auch für das von den Soziobiologen oft zitierte Inzest-Tabu müssen Zweifel angemeldet werden. Zunächst gibt es Ausnahmen der Inzestvermeidung. Bei ägyptischen Pharaonen und in den königlichen Familien der Inkas und auf Hawaii ist die Heirat zwischen Bruder und Schwester bekannt; dadurch sollte wohl die königliche Erblinie rein erhalten werden. Diese seltenen Ausnahmen müssen freilich die Regel noch nicht zerstören[249)]. Aber die beispielsweise in den Vereinigten Staaten immer häufiger vorkommenden inzestuösen Beziehungen zwischen Vater und Tochter zeigen, daß kulturelle Veränderungen das Inzestverhalten sehr schnell verändern können, so daß genetische Faktoren unwahrscheinlich sind[250)]. Weiterhin sind Heiraten innerhalb eines bestimmten Verwandtschaftsgrads in einigen Kulturen erlaubt, in anderen verboten, was durch die biologische Basis der Inzestabneigung nicht mehr erklärbar ist [251)]. Auch für das unterschiedlich verbreitete Vorkommen von Bruder-Schwester- und Vater-Tochter-Inzest versagt eine soziobiologische Erklärung. Die oft ins Feld geführte Beobachtung, daß gemeinsam aufgezogene Kibbuz-Kinder, obwohl genetisch nicht verwandt, nicht untereinander heiraten, was auf eine ererbte instinktive Abneigung gegen sexuelle Beziehungen unter gemeinsam Aufwachsenden schließen läßt, ist gleichfalls kritisch hinterfragt worden: Denn die Untersuchungen stammen aus einer Zeit, in der in den Kibbuzim eine Art sexuelle Revolution stattgefunden hatte. In einer nun fast puritanischen Ära wurden sexuelle Beziehungen untereinander vermieden und man orientierte sich am Ideal der „Reinheit"[252)].

Auch das analoge Verhalten von Tieren, die den Inzest vermeiden[253)], vermag keinen eindeutigen Beweis für eine genetische Grundlage menschlicher Inzestvermeidung zu liefern. Denn einmal gibt es auch im Tierreich inzestuöse Beziehungen[254)], und zum andern kann ein im Tierreich genetisch bedingtes Verhalten beim Menschen rein kulturell übermittelt sein. Gegen eine genetische Codierung spricht schließlich die Existenz des Inzest-*Tabus*, welches eine kulturelle Verhaltensnorm darstellt. Die Schäden des Inzests sind dem Menschen durchaus erkennbar; die Vorteile der Verheiratung mit Angehörigen anderer Familien sind ebenfalls einsehbar: Der Tauschhandel mit Frauen führte zu neuen Verwandtschaftsbeziehungen und war mithin von sozialem Nutzen[255]. Wenn nun schon eine genetisch bedingte Neigung gegen den Inzest vorhanden wäre, so bliebe fraglich, wozu denn eine kulturelle Norm noch notwendig ist. Und wenn auch eine instinktive Neigung durchaus die Grundlage eines Tabus sein kann, so ist die Entstehung und Ausfaltung eines kulturellen Tabus noch lange nicht genetisch erklärbar. Nicht jede instinktive Abneigung des Menschen schlug sich in einem Tabu nieder[256]. So kann wohl für das Inzest-Tabu keine direkte genetische Determination angenommen werden. Eher spielen hier Natur und Erziehung zusammen. Man kann an einen Mechanismus denken, der die sexuelle Attraktivität zwischen gemeinsam aufwachsenden Artgenossen reduziert, wobei Natur und Kultur äußerst komplex zusammenwirken[257]. Ph. Kitcher hält sogar eine rein kulturelle Entstehung eines universalen Inzest-Tabus für möglich[258]. Es scheint daher, daß die Soziobiologie ihre Argumentation: „Genetische Disposition, weil universales Verhalten" im Fall des Inzest-Tabus auf einem sehr brüchigen empirischen Fundament aufbaut[259].

2. Auch die *Kontinuität* des altruistischen Verhaltens, das beim Menschen ähnlich wie bei Tieren mit Hilfe der kin selection erklärt werden soll, impliziert noch keine genetische Basis für ein solches Verhalten[260]. Die Behauptung Wilsons stützt sich allein auf gewisse formale Ähnlichkeiten zwischen den altruistischen Verhaltensweisen von Tieren und Menschen. Kann aber eine solche artenübergreifende Analogie schon die genetische Determination des Altruismus beim Menschen nahelegen? Wenn ein bestimmtes Verhalten im Tierreich genetisch determiniert ist, so kann das gleiche Verhalten beim Menschen rein kulturell entstanden sein. So gilt auch für den Fall des Altruismus, daß ohne den Nachweis der Homologie die Ähnlichkeit eines Verhaltens bei Tier und Mensch noch nicht genügt, um eine genetische Basis für jenes Verhalten zu behaupten[261]. Man bedenke überdies, daß auch sehr nahe verwandte Tiere in Anpassung an unterschiedliche ökologische Erfordernisse verschiedene Verhaltensmuster entwickelt haben wie etwa Tiger und Löwe. Umgekehrt können ähnliche Verhaltensweisen bei nahe verwandten Arten auf genetischen Grundlagen aufruhen, die sich in den jeweiligen Arten unabhängig voneinander entwickelt haben; ein Schluß auf bestimmte Gene beim gemeinsamen Vorfahren ist nicht zwingend[262]. Selbst wenn es beim Menschen Gene für Altruismus gäbe, so könnten diese als Anpassungen innerhalb der Hominidenevolution entstanden sein und müßten nicht unbedingt ein Primatenerbe darstellen.

3. Schließlich kann auch die Schlußfolgerung von der *Adaptivität* eines Verhaltens auf die genetische Kontrolle der entsprechenden Tendenz[263] in Frage gestellt werden. Adaptives Verhalten ist auch kulturell erklärbar: Wenn sich alte Eskimos bei Nahrungsknappheit für die jüngeren aufopfern, indem sie nicht mehr mit der Sippe weiterziehen, sondern zum Sterben zurückbleiben, dann muß dies nicht unbedingt durch altruistische

Gene und genetische Differenzen zwischen den Eskimofamilien erklärt werden. Dieses aufopfernde Verhalten kann auch rein kulturell bedingt sein: Indem nämlich diese Handlung in Liedern und Geschichten gefeiert wird, werden schon die Kinder zur Bereitschaft für ein solches Opfer erzogen[264]. „Daß ein Verhalten einen Anpassungswert an die Lebensbedingungen einer Kultur hat, sagt also noch nichts darüber aus, wie diese Anpassung zustande kam. Es kann sich stets um kulturelle oder individuelle Anpassung durch Lernprozesse und nicht um eine genetische Anpasssung durch die natürliche Auslese handeln."[265] Ja, adaptives menschliches Verhalten kann oft durch die Kulturgeschichte leichter erklärt werden, da diese – lamarckistisch – schneller arbeitet und folglich günstige Verhaltensweisen sich sehr schnell ausbreiten können. Adaptives Verhalten beim Menschen bedarf aus diesem Grunde keiner genetischen Grundlage und auch nicht der darwinistischen Selektion für seinen Ursprung und seine Ausbreitung[266].

Außerdem sind nicht alle erfolgreichen Merkmale erblich, wie es auch umgekehrt erbliche Merkmale gibt, die nicht nützlich sind wie beispielsweise die neutrale Rot-Grün-Blindheit, die in Europa bei etwa 8% aller Männer verbreitet ist, deshalb aber noch lange keinen Anpassungswert in der Evolution haben muß. Man bedenke, daß Wilson aus der Annahme, daß Homosexualität unter 5% aller Männer verbreitet ist, den Schluß gezogen hatte, daß ein so häufiges Verhalten einen Anpassungswert in der Evolution haben müsse[267]. Wilson vermag aber weder plausibel zu machen, daß die Träger von Genen für Homosexualität evolutionär fitter sind, noch nachzuweisen, daß Homosexuelle in einer Helfersrolle zum Überleben von Verwandten beigetragen haben.

Wie wir schon gesehen haben, ist das Erfinden adaptiver Geschichten bereits für das tierische Verhalten sehr bedenklich. Das trifft a fortiori auf den Menschen zu. Viele Verhaltensweisen können sich rein kulturell und ohne evolutiven Vorteil entwickelt haben. In vielen Fällen fehlen schlicht die wissenschaftlichen Belege für den Nutzen eines betreffenden Verhaltens. Die Kritik am „adaptive storytelling" trifft gerade auf die Soziobiologie des Menschen zu. Für praktisch jedes Verhalten kann mit genügend Phantasie ein evolutiver Vorteil ausgedacht werden. „Wenn man ausschließlich von der panglossischen Überzeugung ausginge, daß alles, was ist, doch wohl allein durch seine Existenz den Nachweis erbracht hat, daß es für etwas gut, adaptiv, fitnesserhöhend und somit wohl durch natürliche Selektion hervorgebracht worden ist, dann würde ein findiger Kopf immer imstande sein, selbst das ausgefallenste Verhalten als langfristig auf geheimnisvolle und wunderbare Weise für die Gesamtfitness der Erbanlagen der Ausführenden vorteilhaft und somit im Umkehrschluß als biologisch bedingt zu erklären."[268] Gerade beim menschlichen Sozialverhalten, wo größte Sorgfalt angebracht wäre, haben sich Soziobiologen zu den wildesten Spekulationen hinreißen lassen[269].

Eine weitere Schwierigkeit liegt darin, daß die Ebenen von Kausalität und Funktionalität oft verwechselt werden. Während die Soziobiologie durchaus adaptive Funktionen von bestimmten Verhalten durch ihre Modell erklären kann, wechselt sie auf die kausale Ebene über und spricht von einem Gen, das etwa den Haß programmiert. Das Konzept der inklusiven Fitness entspricht aber der funktionalen Ebene. Es kann den adaptiven

Wert von Altruismus erklären helfen, nicht aber das kausale Zustandekommen dieses Verhaltens vom Gen bis zum „fertigen Altruismus“[270]. Soziobiologen meinen oft kein bestimmtes Gen, das ein Verhalten codiert, sondern vielmehr eine genetische Variation, die einer Verhaltensvariante prädisponierend zugrundeliegt. Dies kommt aber in ihrer Sprechweise meist nur ungenügend zum Ausdruck[271].

Nicht nur die ungeheure Bandbreite menschlicher Kulturen, sondern auch die Geschwindigkeit, mit der neue Verhaltensweisen auftraten oder sich ausbreiteten, spricht gegen eine genetische Fixierung solchen Verhaltens. Es könnte auch in den letzten 10000 Jahren noch genetische Veränderungen gegeben haben, aber diese dürften, wie Wilson selber eingesteht, nur einen Bruchteil der Merkmale der menschlichen Natur geformt haben[272]. Noch unwahrscheinlicher ist eine Veränderung der Sozialstrukturen durch eine Gen-Selektion während der letzten 2000 Jahre[273].

Eine weitere Kritik gilt dem von Wilson angenommenen „multiplier effect“, der große kulturelle Veränderungen als Folge kleiner Genmutationen deuten will. Die einzige Evidenz für einen solchen Effekt ist eine Beschreibung von Verhaltensdifferenzen bei eng verwandten Insekten- und Affenarten. Ob diese Unterschiede eine genetische Grundlage haben, bleibt völlig unbegründet[274].

Wilson setzt sich gegen Angriffe der „Sociobiology Study Group“ zur Wehr, die den Einfluß der Gene auf das Verhalten nur bei so allgemeinen Betätigungen wie Essen und Schlafen, nicht aber bei variablen Verhaltensweisen wie Kriegführung, sexueller Ausbeutung der Frauen und so fort gelten lassen will. Tatsächlich beruht ein Teil der Vorwürfe gegen Wilson auf Verdrehungen oder Verkürzungen von Zitaten aus dem Werk „Sociobiology“[275]. Wilson weist weiterhin die Behauptung zurück, er vertrete eine vollständige Determiniertheit des Sozialverhaltens durch Gene. In einem Interview mit der New York Times vom 9. 11. 1975 erklärt er circa 10% des menschlichen Verhaltens als genetisch und 90% als durch die Umwelt bedingt[276]. Wilson gesteht damit einen Einfluß von Intelligenz und sozialen Institutionen auf das Verhalten zu. Doch insgesamt ist seine Haltung nicht widerspruchsfrei. Einmal zählt er Verhaltensvarianten auf, die durch eine genetische Komponente bedingt seien. Die Frage nach der genetischen Basis für viele menschliche Verhaltensweisen beantwortet er positiv: „Die Frage ... lautet nicht mehr, ob, sondern in welchem Maße menschliches Sozialverhalten genetisch bestimmt ist. Die zusammengetragenen Belege für einen hohen erblichen Anteil sind detaillierter und zwingender, als den meisten, darunter selbst Genetikern, klar ist. Ich gehe weiter: Diese Belege sind bereits ausschlaggebend.“[277] In „Sociobiology“ mahnt Wilson noch zu einem sehr vorsichtigen Umgang mit dem Konzept der Vererbung[278], was er dann selbst ignoriert, wenn er über eine genetische Basis menschlichen Sozialverhaltens spekuliert[279]. Wilson spricht sogar von verhaltensrelevanten genetischen Unterschieden zwischen Individuen, so daß menschliche Populationen noch die Fähigkeit besitzen, „sich in ihrer biologischen Ausstattung für soziales Verhalten weiter zu entwickeln“[280].

Andererseits gesteht Wilson dem Lernen und der Kultur einen großen Einfluß zu: Der Mensch sei extrem leicht zu indoktrinieren[281]. Und selbst die Homosexualität ist erblich nur prädisponiert: „Ob sie sich äußert, hängt von der familiären Umgebung und den frühen sexuellen Erfahrungen des Kindes ab. Was ererbt wird, ist die größere Wahrscheinlichkeit, zum Homosexuellen zu werden, wenn die entsprechenden Entwicklungsbedingungen gegeben sind." [282] Die genetische Ausstattung setzt schließlich nur Grenzen, die unter hohen Kosten sogar überschritten werden können [283]. Doch trotz dieser Anerkennung des kulturellen Einflusses fährt Wilson in seinen Annahmen vielfach so fort, als ob es doch die Gene wären, die die Muster des menschlichen sozialen Verhaltens bestimmten [284]. Vielleicht muß er das tun, wenn er die Möglichkeit einer Humansoziobiologie retten will. Denn wenn nur die *Fähigkeit* zum Lernen vorgegeben ist, so kann die Soziobiologie zum Verständnis des Menschen nichts beitragen außer der trivialen Einsicht, daß die Möglichkeit, verschiedenste Verhaltensweisen zu erlernen, zur menschlichen Biologie dazugehört. Dann wäre das Verhalten auch nicht mehr mit Hilfe der natürlichen Selektion erklärbar. Eine hohe Flexibilität des Verhaltens, die eine große kulturelle Formbarkeit erlaubt, könnte die soziobiologischen Modelle ihres Inhaltes berauben [285].

Fassen wir zusammen: Gegner der Soziobiologie bestreiten kaum eine Korrelation zwischen Genen und Verhalten. Sie bemängeln aber die soziobiologische These einer direkten Beziehung Gen – Verhalten und die Unterschätzung des kulturellen Einflusses. Gerade beim Menschen sind oft nur die Dispositionen für einen bestimmten Lernprozeß genetisch bedingt. Man spricht daher besser nicht von genetischer Determination, sondern von einer durch die Gene ermöglichten „Potentialität" [286]. Als Beispiel sei die menschliche Sprache genannt: Das Genom enthält die Information, die das Individuum mit der Fähigkeit ausstattet, eine Sprache zu erlernen. Welche Sprache ein Kind aber lernt, ist nicht mehr in seinen Genen festgelegt [287]. In ähnlicher Weise wird die große Bandbreite menschlichen Verhaltens durch ein solches Potential ermöglicht. Man denke an die verschiedensten Formen der Ehe. „Für praktisch alle Verhaltensmerkmale ... des Menschen gilt, daß sie zwar nie ohne Mitwirkung genetischer Anlagen zustande kommen, daß sie aber ebenfalls praktisch nie durch diese Anlagen zwangshaft determiniert sind; die Erbanlagen bestimmen nur den Rahmen, die Grenzen, innerhalb derer Umwelteinwirkungen und Lernerfahrung ein Verhalten zu modifizieren vermögen." [288] Der Mensch kann schließlich durch individuelle Anpassungen, durch Erfahrung und Lernen ein funktionales Verhaltensmuster entwickeln, das einer erblich vorgegebenen Verhaltenstendenz entgegenläuft.

Vorteilhafter als Gene, die Altruismus oder Feindschaft bis ins Detail programmieren, waren wohl Gene gewesen, die den Menschen mit Flexibilität, Lernvermögen und Intelligenz ausstatteten, so daß er altruistisch und feindselig sein konnte, wie es die Situation erforderte [289]. Voraussetzung für das Lernen, das als Entwicklung von Verhaltensprogrammen durch individuelle Erfahrungen mit der Umwelt definiert wird, ist ein zentrales Nervensystem mit sogenannten „offenen Programmen"; des Lernen hängt von Lust-Unlust- Erfahrungen ab, die eine erbliche Grundlage haben, wobei diese Antriebsstruktur die individuelle Verhaltensentwicklung nur in sehr grober Weise vorherbestimmt und der Inhalt einzelner Verhaltensprogramme aus der Antriebsstruktur nicht ableitbar ist. Man wird daher vermutlich niemals einzelne Gene für bestimmte Verhaltensweisen entdecken, wohl aber Gene, „die unser Nervensystem strukturieren, seinen elektrischen Schaltplan festlegen und unseren neurochemischen Haushalt, insbesondere unseren Hormonhaushalt, steuern und damit mittelbar Muster für unser Verhalten entwerfen; Gene also, die unseren Wahrnehmungen Ordnung geben, unsere Gefühle und Antriebe, unsere Vorlieben und Abneigungen einfärben, unseren Bedürfnissen die materiellen Voraussetzungen schaffen“ [290]. Die menschlichen Kulturerfahrungen werden von diesen angeborenen Lernmustern geordnet. Dennoch bleibt der Mensch überwiegend ein Kulturwesen, dessen Verhalten von kulturellen Mustern bestimmt wird.

Wenn nun aber die Verhaltensweisen in so hohem Maß vom Lernen abhängig sind, dann stellt sich die Frage, ob und in welchem Sinn sie überhaupt einer natürlichen Auslese unterworfen sein können: „Sobald ein Lebewesen über die Fähigkeit zur individuellen Entwicklung komplexer Verhaltensprogramme verfügt, kann das Lust-Unlust-Prinzip in Konkurrenz zum Prinzip der natürlichen Auslese treten. Die Lernprozesse und die Ausleseprozesse können das tatsächliche Verhalten in unterschiedlicher Weise anzupassen versuchen, und häufig wird sich das Lust-Unlust-Prinzip dabei durchsetzen. Die streng darwinistische Evolution von Verhaltensmerkmalen hebt sich teilweise selbst auf, indem sie ein hochgradig lernfähiges Gehirn hervorbringt.“ [291]

4.4.2 Die Gen-Kultur-Koevolution

Die von Kulturanthropologen und Sozialwissenschaftlern an Wilsons „Sociobiology“ und „On Human Nature“ geäußerte Kritik veranlaßte diesen, seine Theorie weiterzuentwickeln. Wilson gestand zu, daß die Biologie von der Anthropologie lernen muß, um die komplexen sozialen Prozesse angemessener zu verstehen [292]. Das menschliche Verhalten ist nicht streng genetisch determiniert, da das menschliche Gehirn eine große Plastizität und Lernfähigkeit erlaubt. Das führt zu einer ungeheuren Variabilität von Kulturen, die sehr komplex und nicht mehr einfach nach den Gesetzen der natürlichen Selektion erklärbar sind. Die von der Evolution dem Menschen beigegebenen Fähigkeiten, Tendenzen und Neigungen werden meist kulturell überformt und erst in dieser Form handlungsrelevant [293]. Die Dichotomie von Genen und Umwelt, von Natur und Kultur kann nicht aufrechterhalten werden; vielmehr waltet zwischen beiden eine vielschichtige Wechselwirkung. Die Frage, ob und bis zu welcher Ausdehnung ein bestimmtes Merkmal nun der genetischen Veranlagung oder der Erziehung geschuldet ist, stellt in den meisten Fällen eine sinnlose Problematik dar [294].

Wilson erkennt dies an und spricht selber davon, daß damit eine zweite Phase der Soziobiologie eingeleitet wird: Die Theorie von der Gen-Kultur-Koevolution [295]. Diese geht von folgendem Grundgedanken aus: Die kulturelle Evolution geht zu schnell vonstatten, als daß sie direkt die genetische Selektion beeinflußen könnte. Kulturelle Fitness kann daher von der genetischen Fitness abweichen. Aber dieser Abweichung sind Grenzen auferlegt, da auch die Kulturen letztlich als Anpassungsstrukturen verstanden werden müssen. Daraus folgt, daß zwar keine bestimmten kulturellen Eigenschaften vererbt werden, wohl aber Lernregeln. Je näher ein kulturelles Merkmal mit dem Überleben oder der Reproduktion verbunden ist, um so eher dürfte es fest strukturiert sein[296].

Diesen Gedanken baute Wilson zusammen mit dem theoretischen Physiker C. Lumsden zu einer umfassenden Theorie der Gen-Kultur-Koevolution aus. Zunächst wird anerkannt, daß die Kultur etwas unterscheidend Menschliches ist und daher nicht einfach durch Vergleiche mit dem Tierreich erklärt werden kann[297]. Dabei ist es das menschliche Gehirn, das am Angelpunkt zwischen Genen und Kultur steht. Es bedarf einer Theorie, die „Gene, Geist und Kultur“[298] in ihrer gegenseitigen Wechselwirkung zu verstehen sucht.

Die bisher geläufige Hypothese war gewesen, daß die genetische Evolution eine Gruppe von „promethean genes“ hervorgebracht habe, die die *Fähigkeit* zu Kultur bewirken und somit den menschlichen Geist von den anderen Genen befreien; weiterhin habe sich die menschliche Kultur in zu kurzer Zeit entwickelt, als daß genetische Evolution angetroffen werden könne. Lumsden und Wilson üben auch Kritik an der Vorstellung, daß Lernen ein Prozeß ist, durch den Informationseinheiten, die explizit Verhalten codieren, zwischen Generationen springen und das Gehirn kolonisieren, wie es Dawkins vorgeschlagen hatte. Demgegenüber stellen sie eine differenzierte Sichtweise vor, in der die Gene selbst gewisse Pfade der Entwicklung verursachen, die die endokrinen und neuronalen Prozesse steuern und bestimmen. „Diese Koevolution ist eine faszinierende, komplexe Wechselwirkung, bei der Kultur erzeugt und von biologischen Zwängen gestaltet wird, während gleichzeitig biologische Merkmale in Reaktion auf kulturelle Neuerungen durch genetische Evolution verändert werden.“[299]

Die Eigenschaften des menschlichen Geistes sind von den Erbanlagen beeinflußt: Diese bestimmen letztlich, welche Reize wahrgenommen werden und welche nicht, wie Information verarbeitet wird und so fort. Sie tun dies über die sogenannten epigenetischen Regeln, das heißt in den Genen fixierten Instruktionen, die die evolutionäre Entstehung von invarianten kognitiven und sozialen Verhaltensmustern beeinflussen[300]. Primäre epigenetische Regeln determinieren das Sensoren- und Perzeptionssystem des Gehirns; sekundäre epigenetische Regeln determinieren die höheren Hirnfunktionen wie Langzeitgedächtnis, Emotionen und vernünftiges Denken[301].

Diese epigenetischen Regeln steuern folglich das Ganze des Gehirns, wobei sie mit Informationen gefüttert werden, die die physische Wahrnehmung und die Kultur liefern. Diese Information wird in kognitive Schemata umgeformt, welche das Rohmaterial für Denken und Entscheiden darstellen. Durch den Druck der natürlichen Selektion wurden im Laufe der menschlichen Evolution bestimmte epigenetische Regeln anderen gegenüber bevorzugt. Diejenigen Regeln, die den Menschen sich für eine ganz bestimmte vorteilhafte Kulturvariante entscheiden lassen, setzen sich evolutionär durch. Die Kultur beeinflußt die genetische Evolution wie auch umgekehrt die Gene die kulturelle Evolution beeinflussen. Zwischen genetischer und kultureller Evolution waltet infolgedessen eine wechselseitige Abhängigkeit, die über feed-back-Schleifen die Entwicklung vorantreibt[302)]. Aus der Kenntnis der epigenetischen Regeln können dann mit Hilfe mathematischer Modelle kulturelle Variationsmuster vorausgesagt werden[303)].

Der Mensch wird nicht als Automat betrachtet, sondern er kann unter den Alternativen, denen er in seiner Umwelt begegnet, auswählen: Die Entscheidungen, welche Hymnen er singen, welche Kleider er tragen und welche moralischen Entscheidungen er fällen soll, sind dem einzelnen überlassen[304)]. Somit gibt es zwar die verschiedensten Möglichkeiten zu lernen, „aber die biologischen Eigenschaften der Sinnesorgane und des Gehirns machen es wahrscheinlicher, daß bestimmten Möglichkeiten gegenüber anderen der Vorzug gegeben wird“[305)]. Denken und Kultur bleiben daher in gewissem Maß von den Genen abhängig. Der menschliche Geist kann zwar neue Verhaltensweisen, „Mutationen“ der Kultur, welche neue „Kulturgene“ darstellen, erfinden, aber welche Formen diese Neuerungen annehmen, wird stark von den Genen beeinflußt[306)]. Denn Gene bestimmen die epigenetischen Regeln, die wiederum den Aufbau des menschlichen Geistes lenken: So wird während der geistigen Entwicklung durch epigenetische Regeln festgelegt, daß bestimmte geistige Operationen eher stattfinden als andere. Die Gen-Kultur-Koevolution hat wohl „zu einer Erweiterung des menschlichen Geistes geführt, hat ihn jedoch nicht, konnte ihn nicht und *sollte* ihn wohl auch nicht vollständig von allen Fesseln befreien“[307)].

Einerseits also diktieren nicht mehr die Gene ein bestimmtes Verhalten, sondern der Geist greift in das Geschehen ein und schafft ein sehr breites Handlungsspektrum. Andererseits halten die Gene die Kultur noch immer im Zaum. „In jeder Generation haben die vorherrschenden, für die geistige Entwicklung maßgebenden epigenetischen Regeln einen Einfluß darauf, welche kulturellen Neuerungen erfunden werden und für welche der Mensch sich entscheidet.“[308)] Die geistigen Fähigkeiten haben sich so entwickelt, daß ein hohes Maß an Neugier begünstigt wurde wie auch ein selbstbezogenes Denken, eine emotional geprägte Vorliebe für bestimmte kulturelle Alternativen oder die hartnäckige Tendenz, die Welt als eine Mischung aus Licht, Geräuschen und Gerüchen zu sehen[309)]. Und auch das moralische Denken wird von epigenetischen Regeln gesteuert: Diese prädisponieren den Menschen, manche Verhaltensweisen als richtig und manche als falsch einzustufen. Die Menschen werden durch die Regeln zwar nicht blind auf ein bestimmtes Verhalten fixiert. Aber indem sie ihnen die Illusion vorgaukeln, Moral sei etwas „Objektives“, lassen sie ihn Dinge tun, die letztlich dem genetischen Interesse des Menschen dienen, auch wenn er es nicht erkennt[310)]. In gleicher Weise sind das Phänomen des Gewissens und das Gefühl einer Verpflichtung, dem Willen Gottes gemäß leben zu müssen, moralische Intuitionen beziehungsweise Rationalisierungen von moralischen Gefühlen, die von epigenetischen Regeln gesteuert werden. Ein wissenschaftliches Studium der epigenetischen Regeln wird jedoch das Orakel des Gewissens berechnen und seine Befehle in eine präzise Sprache übersetzen können, die verstanden und diskutiert werden kann[311)].

Als Beispiel für die Gen-Kultur-Koevolution führt Wilson wieder das Inzest-Tabu an: Es gibt epigenetische Regeln, die eine Aversion gegen den Inzest bewirken, und die zudem zu kulturellen Formen wie Tabus und Mythen führen, welche diese Regeln verstärken. Weil das Inzest-Tabu universal ist und durch soziale Veränderungen nicht beseitigt werden kann, könne vernünftigerweise von einer genetischen Basis ausgegangen werden[312)]. Weitere Beispiele sind die Farbklassifizierungen des Menschen und der Gesichtsausdruck[313)].

Mit Hilfe dieser neuen Theorie steht nun auch das Phänomen der Geschichte einer naturwissenschaftlichen Erklärung offen. Bedeutende evolutionäre Veränderungen, die auf einer genetischen Basis beruhen, könnten innerhalb von 30–40 Generationen, das heißt in circa 1000 Jahren, stattfinden. Daher wäre die Theorie der Gen-Kultur-Koevolution sogar imstande, einen Teil der jüngeren Geschichte und viele Differenzen zwischen den Kulturen zu erklären. Selbst die Modeveränderungen bei Frauen ist durch die Kultur letztlich an die Gene gebunden[314)]. Auch wenn der menschliche Geist und die Kultur sehr komplex sind und sich durch die Möglichkeit von Zielsetzung hervortun, so kann auch die Zielstrebigkeit des Gehirns als ein Mechanismus der Förderung von Überleben und Fortpflanzung erklärt werden[315)]. Letztlich bleibt der zentrale Lehrsatz der Soziobiologie gültig, daß das soziale Verhalten des Menschen von der natürlichen Selektion geformt wird. Diese entscheidet „als unbestechlicher Schiedsrichter über den Fortbestand kultureller Verhaltensweisen..., und so ist Kultur Folge ursprünglich natürlicher Entwicklung und deshalb auch wesentlicher Bestandteil der menschlichen Biologie“[316)].

Wenn Wilson auch durch die Theorie der Gen-Kultur-Koevolution viele Schwächen der Soziobiologie anerkennt, so vermag die neue Theorie diese Schwierigkeiten noch lange nicht zu überwinden. Einige Probleme seien kurz angedeutet:

1. Es fehlen nach wie vor empirische Belege für viele Behauptungen. Die schon genannten Probleme mit dem Inzest-Tabu können auch hier nicht vollständig ausgeräumt werden[317)].

2. Kultur wird als erlerntes Verhalten definiert. Aber noch nicht jede gelernte Verhaltensweise gehört schon zur Kultur des Menschen. Deren Schlüsselaspekt ist vielmehr ihre symbolische Struktur, die hier jedoch ignoriert wird. Stattdessen werden kulturelle Prozesse auf interne neurale Vorgänge, Lernen und die Sprachfelder des Gehirns reduziert[318)].

3. Die Beispiele für das Wirken der Gen-Kultur-Koevolution sind banal und betreffen kaum Eigenschaften einer Kultur: Daß Menschen gerne Süßes essen und Exkremente meiden[319)], ist wohl keine kulturelle Leistung im eigentlichen Sinne. Ebenso beziehen sich die genannten epigenetischen Regeln, die empirisch wahrscheinlich zu machen sind, auf solche für die Ausprägung einer Kultur so unbedeutenden Eigenschaften wie das Erkennen von Farben oder den menschlichen Gesichtsausdruck. Bislang wurden noch keine spezifischen genetischen Mechanismen identifiziert, die eine Auswahl zwischen vorgegebenen „Kulturgenen“ beeinflussen[320)].

4. Das Beispiel für die 1000-Jahr-Regel, daß, wenn jene, die zur Äußerung ihres Unwillens die Stirn runzeln, auch nur eine geringfügig bessere Überlebenschance hätten als diejenigen, die die Nase rümpften, die ersteren die zweiten verdrängen würden, klingt nicht sehr überzeugend. Diese Regel, gemäß der Menschengruppen, die mehr als 1000 Jahre getrennt sind, genetisch differieren und diese Differenzen schon kulturelle Unterschiede erklären könnten, ist spekulativ und sehr umstritten. Eine solche Regel folgt aus dem Modell auch nur dann, wenn ganz bestimmte Annahmen gemacht werden wie hohe Vererblichkeit und strenge Selektion[321)].

5. Auch dem Phänomen der Geschichte vermag die neue Theorie nicht gerecht zu werden. Durch den Hinweis auf die Xenophobie (=Fremdenfurcht) kann beispielsweise nicht einsichtig gemacht werden, warum Khomeini die Juden mehr haßt als die Isländer, obwohl er mit den ersteren genetisch näher verwandt ist. Historische Fakten und Erklärungen, die Konflikte von Glauben, Kultur, Geographie oder Ökonomie berücksichtigen, können diese Feindschaft eher erklären als ein Hinweis auf die Gene[322)].

6. Auch das Lernen wird nur als Konditionierung behandelt. Es mag zwar durchaus sein, daß auch das menschliche Lernen angeborenen Tendenzen unterliegt. Doch wird das Faktum außer acht gelassen, daß der Mensch Verhaltensweisen lernen kann, die nicht mehr die inklusive Fitness maximieren[323)]. Zudem kann die Kultur als emergentes Phänomen sich von den selektiven Zwängen lösen und sich geschichtlich entwickeln, wobei auch hier die Maximierung von inklusiver Fitness nicht mehr unbedingt eine Rolle spielt. Statt dessen können neue Gesetzlichkeiten und Zielsetzungen Bedeutung erlangen. „Die menschlichen Gene machten ihren Menschen so schlau, daß er sie betrügen kann.“[324)] Daher muß die Koevolution von Biologie und Kultur keine harmonische Interaktion mehr darstellen, sondern kann durchaus asymmetrisch verlaufen. Man denke zum Beispiel daran, daß verschiedene Kulturverhalten den gleichen Genotyp den verschiedensten Umwelten anpassen können und damit die genetische Evolution verlangsamen oder ganz ausschalten. Mit wachsender Plastizität sinkt die genetische Selektion. Auch von hier aus wird die genannte 1000-Jahr-Regel sehr unwahrscheinlich[325)].

7. Eine weitere Schwierigkeit stellt die Aufsplitterung der Kultur in „Kulturgene“ dar, wie sie von Lumsden und Wilson vorgenommen wird. Die Kultur einer Gesellschaft kann nämlich nicht mit der Summe der kulturellen Eigenschaften ihrer Mitglieder gleichgesetzt werden. „Im Unterschied zum Genvorrat ist der Bestand einer Kultur nicht im einzelnen Individuum, sondern nur in einer arbeitsteilig organisierten Kulturgemeinschaft (und ihren verschiedenartigen Informationsspeichern) repräsentiert.“[326)] Kultur kann nicht dadurch analysiert werden, daß man sie in Kulturgene zerlegt, diese dann zählt und in mathematischen Modellen auswertet[327)].

8. Der „multiplier effect“, der in dem neuen Entwurf gerechtfertigt werden sollte, erweist sich nach wie vor als eine unbewiesene Hypothese[328)].

9. Viele kulturelle Phänomene sind nur verstehbar als Folge von bewußter und zweckvoller Entscheidung. Daß die Gene solche Entscheidungen zulassen, trägt zum Verständnis der Kultur wenig bei[329)]. Wilsons Versuch, eine Mittelstellung zwischen genetischer

Determinierung der Kultur und einer völlig autonomen Kultur einzunehmen, bleibt bedeutungslos, da er die wohl interessanteste Frage nach den Hintergründen für eine bestimmte Entscheidung nicht zu lösen vermag. Dagegen kann eine soziokulturelle Erklärung für viele Fragen eine Lösung bereitstellen, was Wilsons Hypothesen im Grunde überflüssig macht[330)].

10. Die neue Fassung der „neuen Synthese" ist voll von mathematischen Modellen. Vielleicht wäre die Mitarbeit eines Sozialwissenschaftlers sinnvoller gewesen als die eines theoretischen Physikers[331)]. Es scheint außerdem, daß sich Wilson und Lumsden hinter ihren mathematischen Modellen verschanzt haben, da sie die Kompetenz ihrer Gegner anzweifelten, diese Modelle zu kritisieren[332)]. J. Maynard Smith und N. Warren rechneten aber in monatelanger Kleinarbeit die Modelle durch. Sie kamen zu dem Schluß, daß natürlich genetische und kulturelle Prozesse interagieren können, die vorgelegten Modelle aber zum Verständnis dieser Interaktion nicht viel beitragen. Vielmehr gelten sie nur bei extrem unwahrscheinlichen Annahmen wie strenger Selektion und Erblichkeit kultureller Eigenschaften[333)]. Mathematische Modelle sehen zwar wissenschaftlich aus, garantieren aber noch keine angemessene Sichtweise der kulturellen Evolution[334)].

11. Der mathematische Charakter der Theorie offenbart auch, daß Kultur nur als eine Mischung von genetisch oder kulturell bedingten deterministischen Konsequenzen betrachtet wird. Während die Wahrscheinlichkeit eines Umspringens von einem Kulturstatus auf den andern genetisch determiniert ist, wird die unabhängige Variable dieser Funktion von der Umwelt bestimmt. Im Grunde bleibt kein Raum für bewußte Entscheidung. Menschliche Gesellschaft und Kultur werden folglich als Endprodukt einer kausalen Kette gesehen und somit als ein Epiphänomen[335)].

12. Letztlich hebt sich auch die Theorie von der Gen-Kultur-Koevolution selber auf. Denn die biologisch produzierten Gehirnstrukturen werden mit den Inhalten der Gedanken gleichgesetzt. Einerseits wird zwar zugestanden, daß Wissensstrukturen gelernt werden können. Doch andererseits wird behauptet, daß Wissensstrukturen theoretisch auch geerbt werden können als innerhalb des Gehirns streng festgelegte Prozesse[336)]. Wie die Menschen denken, wird dann letztlich von den Genen diktiert. Nach M. Ruse sind selbst die Mathematik, die Logik und die Methodologie der Wissenschaft als Produkte der sekundären epigenetischen Regeln hervorgegangen, so daß die Biologie das Grundgerüst der Wissenschaft festschreibt. Die Auswahl zwischen verschiedenen wissenschaftlichen Theorien wird durch die Biologie des Menschen getroffen. Auf die Dauer sollten sich diejenigen Wissenschaften als besser erweisen, die ihren Vertretern eine höhere Reproduktion ermöglichen[337)].

Dies würde aber deuten, daß es keine Erkenntnis von Wahrheit gibt, sondern nur aufgrund biologischer Vorteile durchgesetzte Theorien, die auch rein illusionär sein können. Dann aber gibt es auch keine Wissenschaft mehr, sondern die Soziobiologie ist solch eine These, die ihren Vertretern Fitnessvorteile zu liefern verspricht, aber keinerlei Anspruch mehr auf Wahrheit erheben kann. Falls sich die Soziobiologie durchsetzen sollte, geschähe dies nicht aufgrund ihrer überlegenen Argumentation, sondern weil sich ihre Anhänger stärker vermehrten.

4.4.3 Geist und Freiheit

Wilsons Haltung zum Problem von Freiheit und Determination ist widersprüchlich[338)]. Einerseits weist er den Vorwurf, er würde einen genetischen Determinismus vertreten, zurück. Diese Kritik war vor allem in der ersten Phase der Debatte um die Soziobiologie erhoben worden, sicher mit verursacht durch begriffliche Unschärfen Wilsons[339)]. In seinen Beiträgen zur Theorie der Gen-Kultur-Koevolution behauptet Wilson dann, der Mensch sei von Genen *und* Kultur determiniert. Ein wissenschaftliches Verständnis dieser Determinierung könne aber die Willensfreiheit vergrößern. „Wirkliche Freiheit besteht darin, daß wir selbst bestimmen, wer uns beherrschen soll, und zwar durch eine Methode, die uns erlaubt, selbst Herren dieser Kräfte zu sein."[340)] Allerdings: Wenn die Menschen sich mit Hilfe ihrer Intelligenz gegen die Normen ihrer Kultur wenden, sind sie noch nicht frei: „Sie streben nur nach neuen Zielen und Grundsätzen, ein Bemühen, bei dem sie von den angeborenen Impulsen und Gefühlen, welche die Gene ihnen vorschreiben, geschickt geleitet werden."[341)] Auch der menschliche Geist, oder besser das Gehirn, wird von evolutiv entstandenen Regeln geleitet. Ein genetischer Determinismus, den Wilson freilich nie in seiner strengen Form vertreten hatte, weicht einem raffinierten Gen-Kultur-Determinismus.

Freiheit gibt es für Wilson nur im Sinne einer Unvorhersagbarkeit einer Handlung, da diese von unberechenbar vielen Komponenten beeinflußt wird[342)]. Eine solche Definition von Freiheit bedeutet aber letztlich doch wieder Determination, die nur wegen ihrer ungeheuren Kompliziertheit vom Menschen nicht durchschaut werden kann. Dann allerdings müßte auch ein Würfel als „frei" bezeichnet werden. Menschliche Freiheit wäre eine Illusion[343)]. Andererseits spricht Wilson wieder von einer Freiheit, mit deren Hilfe wir auswählen, welchen emotionalen Führern wir folgen sollen[344)].

R. Dawkins gibt seine deterministische Weltsicht viel unumwundener zu: Seine Gegner würden eine mehr kulturelle Determination vertreten, aber im Grunde bliebe es doch gleich, ob der Determinismus mehr genetisch oder mehr umweltbedingt sei. Die Determination ist beim Menschen freilich nicht streng, so daß ein Gen immer auch ein ganz bestimmtes Verhalten programmieren würde, sondern der Mensch verfügt wie ein Computer über Intelligenz (!) und Voraussicht. Seine Freiheit entspricht der eines Computers[345)]. Dawkins fordert allerdings den Menschen auf, seine genetische und kulturelle Determiniertheit zu überwinden[346)].

Der Hintergrund solcher Widersprüchlichkeit ist die Vernachlässigung des menschlichen Geistes als eines emergenten Phänomens. In „Sociobiology" und „On Human Nature" taucht beispielsweise die Frage nach Selbstbewußtsein und Intentionalität kaum auf[347)]. Obgleich Wilson mit der Veröffentlichung von „Genes, Mind, and Culture" zugibt, daß der menschliche Geist von der Soziobiologie bislang vernachlässigt worden war, wird auch in diesem Werk der Geist in erster Linie als eine Gehirnstruktur behandelt. Emergente Systemeigenschaften wie Willensfreiheit und Zwecksetzung werden nicht angemessen diskutiert[348)]. Stattdessen werden die beim Menschen vernachlässigten Eigenschaften wie Intentionalität und Bewußtsein entweder als Epiphänomene „entlarvt" oder gar den Genen zugeschrieben[349)].

Der Anpassungsvorteil des menschlichen Gehirns bestand aber gerade darin, daß seine Entscheidungen nicht auf den mechanistischen Evolutionsprozeß festgelegt sind, sondern auf persönlichen Erfahrungen und tradierten Informationen beruhen können. Das Neuhirn kann die „Wünsche" des Althirns kontrollieren und beherrschen. Diese Fähigkeit des Menschen kann nicht als Nebeneffekt abgetan werden, wie es die Soziobiologie versucht, sondern muß als ein von der Evolution hervorgebrachter Mechanismus von großer Bedeutung eingestuft werden. Der Mensch kann etwa entscheiden, ob er den biologischen Neigungen folgen oder sich an kulturellen Normen orientieren will. Vögel hingegen entscheiden sich nicht dafür, im Winter in den Süden zu fliegen, weil das eine gute Idee ist. Ihre Gene und Umwelteinflüsse diktieren ihr Verhalten [350)]. „Was bei Tieren angeborene Verhaltensprogramme sind, scheint bei uns weitgehend zu Anlagen, Talenten, Neigungen, Dispositionen geschwunden, zu Vorschlägen unserer Natur, denen wir folgen können oder nicht, zu Anregungen, die wir entfalten können oder nicht, je nachdem wie unsere soziale Lernwelt uns dabei hilft, hindert, und sogar erneut programmiert, oder wie wir uns als autonom Handelnde entscheiden."[351)] Der Mensch ist fähig zur Distanzierung, welche ein Abwägen verschiedener Alternativen möglich macht[352)]. Er ist nicht vollständig bestimmt, weder durch seine Gene, noch durch seine Umwelt. Er vermag *aktiv* zu handeln und sich über gen- oder umweltbedingte Determinismen hinwegzusetzen. In dieser seiner Fähigkeit sind individuelle Freiheit und persönliche Verantwortung grundgelegt[353)]. Der Mensch besitzt folglich *Willensfreiheit*, deren Grundlage die neue Systemebene des menschlichen Geistes bildet, und ist nicht einfachhin biologisch festgelegt. Seine Biologie ist nicht sein Schicksal. Biologische Grundlagen bedeuten noch nicht biologische Determination. Die menschliche Handlung wird über die biologischen und kulturellen Vorgaben hinaus durch Elemente des neuen Niveaus der bewußten Entscheidung beeinflußt. Daher sprechen wir nicht nur von menschlichem Verhalten, sondern davon, daß der Mensch *selber handelt*[354)]. Handeln kann aufgefaßt werden als situationsabhängiges, normen-, wert- oder zielorientiertes und wenigstens teilbewußtes motiviertes Verhalten eines personalen Akteurs, das diesem als von ihm durchgeführt zugeschrieben wird. Im Gegensatz zu Verhalten und Reflex ist für die Handlung das Wissentliche und das Willentliche konstitutiv[355)]. Die Beschreibung der menschlichen Handlung als Verhaltenstendenz oder Konditionierung ist folglich nicht angemessen, sondern der Mensch handelt nach Zielen, Wünschen und Zwecken. Er handelt, weil er Schmerz und Einsamkeit erfährt; er handelt, weil er daran Freude findet oder einen Einfall hat. Er trifft Entscheidungen und sittliche Urteile[356)].

Wie weit der Mensch sich durch diese seine Fähigkeit zu zielorientiertem Handeln selbst gegen biologische Neigungen und Triebe stellen kann, zeigt sein Vermögen zu asketischem Verhalten. Während der hungrige Hund den Knochen fressen *muß*, der vor ihm liegt, kann der Mensch seiner Antriebsstruktur zuwiderhandeln. Er kann für selbstgesetzte andere Ziele und Zwecke hungern, er kann sich selbst auf einem öffentlichen Platz verbrennen, auf Vermehrung verzichten oder sich sogar für Fremde selbstlos aufopfern[357]. Dies bedeutet allerdings keine absolute Freiheit: Wenn auch die Natur dem Menschen eine große Verhaltensfreiheit gegeben haben mag, so entfernt die gleiche Natur „mit der Zeit regelmäßig jene Genotypen, die von dieser Freiheit einen Gebrauch machen, der dem Vermehrungserfolg ihrer Gene allzu nachteilig ist. Die Freiheit der Verhaltensentfaltung endete somit aufgrund der natürlich-evolutiven Ordnung der Dinge dort, wo der Fortbestand der Bedingungen dieser Verhaltensfreiheit, und dies heißt zuallererst: der Träger dieser Freiheit gefährdet wäre."[358]

Immerhin, der einzelne Mensch kann sich seinen Neigungen, seien sie nun genetisch bedingt oder mehr kulturell überformt, entgegenstellen. Eine freie Person vermag die verschiedenen Neigungen der Natur und Erwartungen der Kultur zu beurteilen und gemäß ihren *eigenen* Plänen, ihrem Lebensplan, ihrer Vorstellung vom Glück zu handeln[359]. Das Ich macht den Menschen zur Person und damit zum Herrn im Haus der eigenen Triebe. Nicht das Kindchen-Schema ist der letzte Grund für die Zuwendung der Mutter zu ihrem Kind, sondern die bewußte Entscheidung. Es sind ja trotz Kindchen-Schema auch Kindesmißhandlungen möglich. Umgekehrt kann eine Mutter auch ihr mißgebildetes Kind lieben, das dem Kindchen-Schema gar nicht entspricht[360]. Nicht die Kombination von genetischem und umweltbedingtem Einfluß macht das Wesen der Freiheit aus, sondern eine rationale Beurteilung und Bewertung von Handlungsalternativen. Das Handeln des Menschen ist daher weder bloßer Reflex noch eine reine Folge von Umweltdetermination. Eine Handlung kann außer durch Erbgut und Erziehung auch noch durch Beurteilung und Wahl nach Werten und Zielen bestimmt werden, wodurch sie erst als „frei" qualifiziert wird. Der Freiheit des Menschen liegt folglich dessen Fähigkeit zugrunde, eine Absicht oder ein Ziel vor Augen zu haben, „das durch die Wahlhandlung und den damit angestoßenen Ereignisablauf erreicht werden soll"[361]. Zusammen mit dem Selbstbewußtsein und der Freiheit taucht auch die *Vernunft* auf: Menschen haben *Gründe* für ihr Handeln. Eine Person kann daher gesehen werden als ein „Parlament" von Neigungen, Erwartungen und Freiheit, das im Licht der Vernunft seine Entscheidungen trifft[362]. Die menschliche Vernunft kann durchaus ein Produkt der Evolution sein, rangiert aber auf einer anderen Ebene als die natürlichen Neigungen und Aversionen. Wenn Soziobiologie die Rolle der Vernunft auf angeborene Neigungen oder genetisch bedingte Denkstrukturen reduziert, läuft sie Gefahr, sich selber aufzuheben. Denn alle Wissenschaft setzt Vernunft voraus, mit deren Hilfe argumentiert und geurteilt werden kann und die wahrheitsfähig ist[363]. Wir kommen daher zum Ergebnis, daß der Mensch vermöge seiner Hirnleistungen tatsächlich der „erste Freigelassene der Natur" (Herder) ist[364].

Die menschliche Antriebsstruktur läßt sich nach dem Urteil des Soziologen P. Meyer in einem Drei-Ebenen-Modell beschreiben, wobei jede Ebene auf der unteren aufbaut, gleichzeitig jedoch ihre eigenen Gesetzmäßigkeiten besitzt:

1. Die triebhaft-personale Ebene.
2. Die Ebene der bio-sozialen Verhaltensintegration.
3. Die Ebene der psycho-kulturellen Verhaltensintegration.

Die Existenz der psychischen Instanz, das heißt des Geistes, ist die wichtigste Voraussetzung für die neue Ebene der kulturellen Verhaltensintegration. Wenn auch andere Tierarten über psychische Instanzen oder eine Art Kultur verfügen, so ist doch das psycho-kulturelle Niveau dem Menschen allein eigen[365)]. Das menschliche Gehirn stellt nicht nur eine quantitative Veränderung gegenüber Tierhirnen dar, sondern zeigt auch in seinem Aufbau strukturelle Besonderheiten. Dieses neuronale System bildet die Basis für ein System von Entitäten wie Ideen, Theorien und Normen, welche über eine kausale Potenz gegenüber den diversen intraorganismischen Abläufen verfügen: Die höhere Systemebene des Geistes kann die Prozesse auf den untergeordneten Ebenen in vielfältiger Weise beeinflussen. D. T. Campbell nannte diese Beziehung „downward causation"; K. Popper prägte den Begriff der „Pilot-Funktion", die der Geist für die sozio-kulturelle Ebene übernommen hat[366)]. Das Medium der neuen psychischen Ebene des Menschen sind „symbolisches Denken und Sprache, welche mittels der Pilot-Funktion des ‚Geistes' ein neues Niveau der Verhaltensintegration ausbilden und gleichzeitig über den ontogenetischen Prozeß die Individuen in einem erweiterten Sinne soziabilisiert"[367)].

Im menschlichen Handeln wirken also das individuelle Wollen (triebhaft-personale Ebene), die biosoziale Ebene (Mechanismen und Strukturen, die Verhaltensweisen organisieren) und die psycho-kulturelle Ebene (Eigengesetzlichkeiten der gesellschaftlichen Konstrukte von Werten oder Ideen, die dem menschlichen Handeln als Intentionen und Ziele vorgegeben sind) zusammen[368)]. Der anti-mentalistischen Position der Soziobiologie muß widersprochen werden: Mentale Systeme sind ein notwendiges Zwischenglied zwischen Genen und Verhalten und stellen beim Menschen darüber hinaus die oberste Koordinationsstufe des Verhaltens dar[369)].

Es bedarf von daher keiner spezifischen Gene zur Erklärung von Aggression, Dominanz oder Haß, da ja die Flexibilität des Gehirns es dem Menschen gestattet, aggressiv oder friedlich, dominant oder unterwürfig zu sein. Friedfertigkeit und Aggression sind biologisch grundgelegt, für die konkrete Ausprägung jedoch sind die jeweilige soziale Struktur und die Ebene des menschlichen Geistes verantwortlich. Der Geist beeinflußt das Handeln durch Motivationen, so daß es zum Ausbruch eines Krieges oft gar keiner Aggression bedarf. Für die Bereitschaft zum Kampf können die Motivation der Vaterlandsliebe, der Ehre oder der Selbstbestätigung durchaus genügen. Viele Inhalte des Bewußtseins werden nicht von der Biologie des Menschen, sondern von der Gesellschaft samt ihren Wertordnungen geformt[370)].

Natürlich kann die persönliche Motivation der Individuen höherer Systeme immer noch auf die Maximierung der eigenen Gesamt-Fitness hinauslaufen, wie Barash das annimmt[371)]. Der moderne Mensch erreicht seine darwinistische Fitness jedoch nicht mehr vorwiegend durch die stammesgeschichtliche Anpassung einzelner Verhaltensweisen, sondern durch seine überwältigende Fähigkeit zum persönlichen Erlernen schwierigster Fertigkeiten. Das Gehirn wurde zwar von der natürlichen Selektion konstruiert, kann aber enorm viel mehr Funktionen erfüllen als nur jene, die für die natürliche Auslese entscheidend waren. „Die Evolution hat in der biologischen Geschichte noch keine Struktur mit einer derart enormen und verzweigten Ansammlung exaptiver Möglichkeiten hervorgebracht. Die Grundlage menschlicher Flexibilität liegt in den nichtselektierten Kapazitäten unseres großen Gehirns.“[372)] Die Fähigkeit der Vernunft bringt es schließlich mit sich, daß der Mensch sich Ziele setzen kann, die nicht mehr unbedingt mit der Maximierung der Gene konform sind. Die blinden Kräfte der Evolution haben Kreaturen mit Augen hervorgebracht. Der Mensch kann die bisherige Richtung der Evolution sehen, seinen Blick nun aber auch auf andere Ziele richten. Er kann gegen die eigenen Schöpfer rebellieren. Nicht mehr die Gene lenken die Evolution, sondern der Mensch kann mit Hilfe der Vernunft das Steuer selbst in die Hand nehmen[373)]. „Der Mensch, der bewußt, intentional in der Welt zu agieren vermag, beeinflußt die Entwicklung auf einem Niveau, das die biologischen Steuerungs- und Regelungsprozesse übersteigt. Man wird daher den Menschen nicht allein durch Termini der Genetik, durch (genetische, evolutive) Fitnessmaximierung und durch die natürliche Auslese beschreiben können.“[374)]

Der soziobiologische Versuch zur Erklärung menschlicher Verhaltensweisen muß von daher zurückgewiesen werden: „Entgegen den extremeren Varianten des genetischen Reduktionismus der Soziobiologie ... wäre anzumerken, daß Verhalten in all seinen Facetten nicht allein durch den Rekurs auf seinen primären ‚Beweger‘, die Strategie von Genen, erklärt werden kann ... Die Kombination einer ‚Merkwelt‘ von hoher Komplexität mit einer ausgeprägt sozialen Lebensweise wird eine solche Vielfalt von Umweltsituationen entstehen lassen, daß die Reaktionen der Organismen keineswegs mehr zureichend als Sequenzen eines genetischen Programms interpretiert werden können.“[375)] Die Soziobiologie kann wohl die Entstehungsbedingungen des Biogramms rekonstruieren und von da aus Prognosen über bestimmte künftige Verhaltensformen machen; viele Verhaltensformen und soziale Strukturen können jedoch von der Soziobiologie her nicht mehr erklärt werden. Auch die Theorie von der Gen-Kultur-Koevolution vermag nicht der entscheidenden Rolle der individuellen sozialen Lernfähigkeit, der Flexibilität des menschlichen Verhaltens und der menschlichen Entscheidungsfreiheit gerecht zu werden. Verhaltensformen wie Zölibat oder Selbstopfer können nicht durch „Anpassungsgeschichten“ erklärt werden, sondern treten beim Menschen auf, wenn einzelne Personen oder ganze Gruppen für sie zwingende Gründe haben oder zu haben glauben. „Der Bedeutungszusammenhang menschlicher kultureller Aktivitäten läßt sich nicht auf Beweggründe reduzieren, die auf die numerische Repräsentation der Gene eines Menschen in der nächsten Generation zielen. Die Reduktion altruistischen Verhaltens oder gegenseitiger Hilfe auf die Rechenvorschriften genetischer Spielregeln bedeutet zu leugnen, daß die Art ‚Mensch' sich durch die Vielfalt ihrer kulturellen Motive, Absichten und Ziele, die bewußt oder unbewußt sein können, selbst tiefgreifend beeinflußt."[376)]

Diese Überlegungen werfen auch ein Licht auf den menschlichen Altruismus. Dieser kann nicht einfach durch Rekurs auf emotionale Neigungen, welche genetisch bedingt sind, erklärt werden. Vielmehr muß die geistige und kulturelle Ebene mit berücksichtigt werden, auf welcher Eigenschaften nicht nur blind erfunden und gegebenenfalls wieder ausgemerzt werden, sondern auf der auch intelligente Wahl eine Rolle spielt. Diese wird durch kulturell bestimmte Ideale beeinflußt[377)]. Altruismus ist kein blind entstandenes Konzept zur Vermehrung der eigenen Gene, sondern setzt eine Motivation voraus[378)]. Weiterhin verkennt der Versuch, kin selection auf der Ebene der Gene egoistisch zu deuten, daß die Einheit für das bewußte Handeln das Individuum ist. Sittliches Handeln setzt die Identität der *Person* voraus. Es kann sich folglich um echten Altruismus handeln, auch wenn man im Verwandten die eigenen Gene unterstützen würde[379)].

Für die Soziobiologie kann es schließlich echten Altruismus gar nicht geben: „Der verwandtschafts-selektionierte Altruist ist ... nicht wirklich altruistisch, insofern als er schließlich einen Lohn in Form von Genen erhält, die im Körper eines Verwandten überleben".[380)] Auch der sogenannte reziproke Altruismus ist kein Altruismus im eigentlichen Sinn. Barash gibt dies unumwunden zu: Der reziproke Altruismus „ist reine, unverfälschte Selbstsucht, da die Handlung in der Erwartung vollzogen wird, daß der persönliche Gewinn größer sein wird als die Kosten"[381)]. Wenn sich jemand einem andern gegenüber nur unter der Bedingung altruistisch verhält, daß dieser sich dem ersten gegenüber auch altruistisch verhält, so bedeutet das, daß keiner von beiden altruistisch ist[382)]. Der reziproke Altruismus ist von daher gar kein Altruismus, sondern eher ein „erleuchtetes Selbstinteresse", das besser mit „sozialem Tausch" bezeichnet würde[383)]. Die Soziobiologie kennt folglich keinen wahren Altruismus, der das echte und intendierte Opfer der eigenen Interessen zugunsten des andern einschließt.

Doch solche Verhaltensweisen sind möglich: Der Mensch kann alten Leuten Liebe und Aufmerksamkeit zuwenden, auch wenn sie dies nicht mehr erstatten können. Es gibt sogar altruistisches Verhalten, das gar nicht auf die eigene Art ausgerichtet ist, sondern Tieren gilt. Wir können Fremden helfen ohne Erwartung einer Gegengabe[384)]. „Ich kann's nicht leiden, wenn man mich naßweint. Wieviel lustiger wäre es doch, Gutes zu tun, ohne daß irgendwer es merkt, ganz im Stillen wie der liebe Gott, und ohne jede Gefahr, bedankt oder überhaupt erkannt und von Kopf bis Fuß mit Dankbarkeit gesalbt zu werden" (P. Claudel[385)]). „Die wirkliche Liebe beginnt, wo keine Gegengabe mehr erwartet wird" (A. de Saint-Exupéry[386)]). Dieses Phänomen des Altruismus, der etwa auf ethischen Geboten gründet, ist einer darwinistischen Erklärung nicht zugänglich. Antigones Versuch, ihren Bruder zu bestatten, stellt ein mutiges Selbstopfer aufgrund tiefer ethischer Reflexion dar. Ein soziobiologischer Erklärungsversuch für ihr Handeln scheitert[387)].

Bestätigt wird dies von den Soziobiologen selber: Ihre moralischen Appelle ergeben nämlich innerhalb ihres eigenen Erklärungsrahmens keinen Sinn: „Laßt uns versuchen, Großzügigkeit und Selbstlosigkeit zu *lehren*, denn wir sind egoistisch geboren" (R. Dawkins[388)]). Und D. P. Barash fordert, daß wir von unseren kulturellen Institutionen „gründlich gelehrt" werden müssen, einander zu lieben[389)].

4.5 Ist Ethik „biologisierbar"?

Die Soziobiologie behauptet, die menschliche Ethik sei entstanden, weil sie einen evolutiven Vorteil gebracht hat: Der Sollensanspruch selbst hat sich in der Evolutionsgeschichte des Menschen herausgebildet, weil dieses Gefühl des Sollens einen Überlebensvorteil bedeuten konnte, nämlich die nicht mehr allein vom Instinkt geleiteten hominiden Wesen an Regeln zu binden, die für die soziale Gruppe lebensnotwendig waren. Gleichermaßen hat sich der Inhalt der einzelnen Handlungsnormen nach evolutiv vorteilhaften Gesichtspunkten entwickelt.

Solche und ähnliche Versuche von Biologen, Ethik zu erklären oder gar zu „biologisieren", fordern den Widerspruch gerade seitens der Ethiker heraus: „Ich denke, daß eine wirksame Kritik an den Behauptungen der Soziobiologie über das menschliche Sozialverhalten auf philosophischer Grundlage, insbesondere auf der der Moralphilosophie erfolgen muß."[390)]

4.5.1 Das Phänomen des Sittlichen

Wir haben oben den Mensch als ein „ethical animal" definiert, dem Bewußtsein und Willensfreiheit zueigen sind. Tiere gehorchen sozialen Vorschriften, die beispielsweise das Überleben der Gruppe fördern, weil sie vom Instinkt dazu gezwungen werden. Wenn auch beim Menschen noch instinkthafte Zwänge vorhanden sind, so können sie doch durch bewußte Entscheidung mit Hilfe der Vernunft außer Kraft gesetzt werden. Der Mensch gewinnt durch seine Vernunft Einsicht in die möglichen Konsequenzen seines Verhaltens, er kann sich alternative Verhaltensweisen vorstellen und er kann zwischen ihnen abwägen[391)]. Ausgangspunkt für die Ethik ist also die Einsicht, „daß der Mensch ein sich zu verhaltendes und ein zu sich Stellung nehmendes Wesen ist. Dieser Selbstbezug ist aber immer verkoppelt mit dem Bezug zur äußeren Natur und vor allem zu den Mitmenschen"[392)]. Der Mensch ist mit der Aufgabe belastet, sein Leben unter Maßstäbe zu stellen, gemäß denen er handeln soll. Zum andern war mit dem Bewußtsein auch Zukunftsangst und Unsicherheit aufgetreten. Moralische Normen sollen nun Halt geben und die unsichere Zukunft meistern helfen[393)]. Aus all dem folgt: „Ethik ist kein Luxus, sondern gründet in der Struktur des Menschseins."[394)]

Kraft der geistigen Fähigkeit des Menschen und seiner Möglichkeit, den Willen als Regulativ für die natürlichen Antriebe in Dienst zu stellen, konnte der Mensch im Verlauf der Jahrtausende Werte entwickeln, nach denen er sein Leben gestaltet. In allen Gesellschaften finden sich daher Normen, die den Menschen zwar nicht zwingen, wohl aber verpflichten. Sie setzen insofern ein autonomes Handlungssubjekt voraus, das sich zum Guten und Bösen entscheiden kann[395)]. Aus dieser Freiheit folgt auch die Verantwortlichkeit des Menschen. Und da der Mensch selbst seine gänzlich durch Vererbung festgelegten Verhaltensweisen durch Leistungen seines Gehirns beherrschen kann (Hungerstreik), ist er sogar für erblich festgelegte Verhaltensweisen verantwortlich[396)].

Die Soziobiologie erkennt an, daß der Mensch moralische Gefühle hat, die ihm sagen, was richtig ist. Doch diese moralischen Urteile sind letztlich „physiologische Produkte des Gehirns", die dem Menschen von der natürlichen Selektion mitgegeben wurden, um seine inklusive Fitness zu steigern[397)]. Die Evolutionstheorie kann zusammen mit der Neurobiologie die Gründe tiefer verstehen, aus denen ein bestimmtes Verhalten nach unserem Gefühl richtig ist. Wenn sich die Menschen nur auf ihre moralische Intuition verlassen, auf das sie zuinnerst befriedigende Gefühl also, das ihnen über Gut und Böse Auskunft gibt, so bleiben sie Sklaven ihrer Gene und Kultur. Der freie Wille bleibt dann an Bahnen gebunden, die die epigenetischen Regeln festgelegt haben. Aber selbst wenn jetzt die Soziobiologie die evolutiven Gründe dieser Intuitionen offengelegt hat, so gibt es keine Methode, „mit der wir definieren könnten, was richtig ist, ohne uns dabei auf die moralischen Gefühle zu berufen, die es zu untersuchen gilt"[398)].

Hier zeigt sich ein Dilemma des soziobiologischen Zugangs zur Ethik: Sie versucht zwar, die moralischen Gefühle als Anpassungsvorteile zu verstehen. Damit „entlarvt" sie die Moral als eine Illusion des Menschen[399)]. Gleichzeitig muß sie anerkennen, daß nur diese moralischen Intuitionen dem Menschen letztlich sagen können, was gut und böse ist[400)].

Dieser Widerspruch wird noch greifbarer, wenn die Soziobiologie zuerst das Selbstbewußtsein als bloßes Epiphänomen beschreibt und den Menschen als Produkt der Evolution ohne Freiheit und Möglichkeit zu wahrer Erkenntnis und echtem Altruismus darstellt, dann aber denselben Menschen auffordert, seine Gene zu transzendieren: Der egoistisch Geborene soll nun Nächstenliebe lernen: „Laßt uns verstehen lernen, was unsere eigenen egoistischen Gene vorhaben, und wir haben dann vielleicht die Chance, ihre Pläne zu durchkreuzen, etwas, das keine andere Art bisher jemals angestrebt hat."[401)]

Der Ausdruck „Transzendieren der Gene" ist sicher unglücklich gewählt[402)]; doch Dawkins versucht hier, etwas Richtiges auszudrücken, nämlich: Der Mensch verfügt über neue Eigenschaften, die nicht mehr den Gesetzen der tieferliegenden Ebene, dem „Egoismus der Gene", gehorchen, sondern völlig neuen Gesetzlichkeiten unterliegen. Mit seiner Forderung nach einem „Transzendieren der Gene" erkennt Dawkins indirekt die neue Systemebene von Bewußtsein, Motivation und Sittlichkeit an. In Dawkins Appell findet sich schließlich jene Beobachtung B. Schüllers bestätigt, daß keiner der Deterministen je aufgehört hat, die Sprache der Moral zu sprechen[403)].

Diese Widersprüchlichkeit findet sich in vielen soziobiologischen Schriften: Einerseits wird die Moral als überlebensdienliche Illusion dargestellt, andererseits werden sittliche

Forderungen erhoben. Man kann aber, wie Ph. Kitcher schreibt, nicht gleichzeitig den Hut des Skeptikers und des Reformers tragen[404)]. Konsequenterweise müßten schließlich diese moralischen Appelle der Soziobiologen selber als Taktik der Gene und epigenetischen Regeln gedeutet werden, als „pia fraus", die letztlich nur eines will: Das Überleben der Gene sichern[405)].

Ein weiterer Widerspruch wird offenkundig, wenn Wilson einerseits die Objektivität der Moral als eine Illusion beschreibt und von da aus für einen ethischen Pluralismus plädiert[406)]. Da die Ideen, was gut und böse ist, ohnehin genetisch verankert sind, läßt sich auch nicht angeben, ob beispielsweise Sklaverei objektiv gut oder böse ist[407)]. Wer für die Sklaverei eintritt, der ist eben dazu programmiert. Und ohne objektiven Charakter sind moralische Urteile letztlich eine Frage des Geschmacks. Wenn ethische Urteile nämlich nichts anderes sind als ein Ausfluß der emotionalen Kontrollzentren, kann man sie so wenig kritisieren wie gastronomische Vorlieben[408)]. Einen solchen ethischen Subjektivismus lehnt Wilson hingegen ab und plädiert etwa für die Menschenrechte. Auch die These, daß diejenige Moral zu wählen ist, die die inklusive Fitness vermehrt, impliziert eine objektive Moral. Der Begriff der ethischen Objektivität, der zur Haustüre hinausgeworfen wurde, kommt durch die Hintertür wieder herein[409)].

Alle diese Widersprüche machen deutlich, daß die Soziobiologie dem Phänomen der sittlichen Erfahrung nicht gerecht werden kann. Das Hauptproblem ist dabei, daß sie der sittlichen Erfahrung von vornherein den Status einer echten Erfahrung abspricht. Es soll nun nachgewiesen werden, daß die Soziobiologie nicht begriffen hat, was das „ethische Phänomen" eigentlich darstellt.

Die sittliche Erfahrung

Die Sollenserfahrung des Menschen ist in die Selbsterfahrung, die durch das menschliche Bewußtsein ermöglicht wird, eingebettet. Die ethische Fragestellung wird durch eine praktische Erfahrung angestoßen: „Jede Kunst und jede Lehre, ebenso jede Handlung und jeder Entschluß scheint irgendein Gut zu erstreben. Darum hat man mit Recht das Gute als dasjenige bezeichnet, wonach alles strebt."[410)] Da die ursprüngliche menschliche Erfahrung des Guten als *Gesolltem* Selbstbewußtsein voraussetzt, entzieht sich diese Sollenserfahrung jeder genetischen Rekonstruktion. Beim Sollen der sittlichen Pflicht handelt es sich nämlich um eine Erfahrung, die man gemacht haben muß, um zu wissen, wovon die Rede ist. H. Jonas nennt als beispielhaften Fall einer Verpflichtung den schreienden Säugling. Ein Wissenschaftler kann diesen als ein schallaussendendes Agglomerat von Zellen am Rande einer im übrigen abgeblendeten Wirklichkeit sehen. Aber für jeden Menschen als Menschen gilt: „Sieh hin und du weißt."[411)] Alle Hinweise auf Kindchenschema oder Affenliebe besagen gegenüber der Tatsache, daß hier ein Mensch etwas *als Pflicht* weiß, überhaupt nichts mehr. „Wenn man über das Phänomen ‚Sittlichkeit' spricht, dann sind Genesis und Geltung *notwendig* getrennt."[412)] Dieser Sollensanspruch als Gegenwart von Pflicht ist dem Menschen als freiem Wesen möglich. Der

Mensch handelt nämlich immer als freies, zwecksetzendes Wesen, auch dort, wo er seine natürlichen Ziele verfolgt. Der Mensch lebt *immer* unter einer ethischen Zielsetzung, weil er aufgrund der Sprache die Welt nicht nur mit seinen Augen, sondern immer schon mit den Augen anderer, als „objektiv" sehen kann. Da meistens die Verwirklichung des Sittlichen mit der Verwirklichung der natürlichen Ziele des Menschen übereinstimmt, bedarf es dann keiner eigenen reflexiven ethischen Rechtfertigung der menschlichen Handlungen. Der Trieb ist für den Menschen „nicht ein unmittelbar wirkendes Agens, sondern ein ‚Grund', der, wenn kein wichtiger Grund entgegensteht, sein Handeln begründet und rechtfertigt, das seine Befriedigung zum Zweck hat"[413)]. Die letzte Instanz der Sittlichkeit ist daher die Vernunft: Handeln entsprechend oder entgegen einer natürlichen Neigung ist dann sittlich, wenn vorher die Vernunft befragt wurde. Um daher gut zu handeln, muß der Menschen überprüfen, ob er seinen Neigungen folgen will oder nicht. Das Ethische tritt also nicht nur in Ausnahmefällen auf, wenn der Mensch beispielsweise einem Trieb zuwiderhandelt, sondern ist beim Menschen immer gegenwärtig[414)].

Es gehört zur Eigenart des sittlichen Phänomens, daß sich der Mensch ständig unter einem Sollensanspruch stehend erfährt. Sogar im Falle, daß das Gefühl des Sollens evolutiv entstanden sein sollte, kann Ethik nicht als ein blindes Gebundensein an ein solches Gefühl interpretiert werden. „Ethik hat schließlich mit einem Sollen zu tun, mit der Frage nach einem richtigen Leben in dem Sinne, daß aus dem Akzeptieren der Argumentation ein Sollensanspruch anerkannt wird."[415)] Ethische Normen setzen im Unterschied zu eindrillbaren Dressurvorschriften *die freie Anerkennung* ihrer Gutheit und Rechtheit voraus. Hierzu aber sind Bewußtsein und Freiheit als neue spezifische Eigenschaften des Menschen unabdingbare Voraussetzung. Das sittliche Sollen stellt insofern ein *ursprüngliches Phänomen* dar. Auch die sittlichen Werte bedürfen einer solchen Anerkennung, wobei der Mensch sich eines sittlichen Wertes nur in unmittelbarer sittlicher Erfahrung innewerden kann. Darum kann man die Geltung eines sittlichen Wertes, seines Sollensanspruchs, auch nicht eigentlich beweisen, sondern nur aufweisen. Da das Sittliche in seinem Wesen nur phänomenologisch aufgewiesen werden kann, bleibt der Soziobiologie der Zugang zum ursprünglichen Phänomen der Sittlichkeit verschlossen[416)].

Die sittliche Erfahrung wird weiterhin durch die *Unbedingtheit* des ethischen Anspruchs charakterisiert. Ein weiteres Merkmal der ethischen Erfahrung ist ihre Unausweichlichkeit. Der Mensch kann dem selbst erfahrenen Anspruch nicht entfliehen. Ferner betrifft eine solche Erfahrung den Menschen in seiner Ganzheit, in seiner Totalität. Schließlich erlebt der Mensch in der sittlichen Erfahrung eine Ur-Distanz: „Erlebtes ist nicht identisch mit Erfahrenem. Subjektive Deutung bestimmt die Wahrnehmung des Anspruches. Sie ist ihrerseits Bestandteil eines sinngebenden Daseinsverständnisses, das durch den soziokulturellen Umraum geschichtlich geprägt ist."[417)] Indem also jede ethische Erfahrung von vornherein im Zusammenhang mit einem jeweiligen menschlichen Selbstverständnis zu sehen ist, schlägt sich in ihr immer ein sinndeutendes Element nieder. Jede menschliche ethische Erfahrung wird dem einzelnen nur zuteil auf dem Hintergrund seiner ganz bestimmten geschichtlichen Situation und der ihn darin bestimmenden Kultur, die ihm den Rahmen zur Sinndeutung vorgeben. Die Erfahrung eines ethischen Anspruchs ist von daher eine äußerst komplexe Realität: „Was dabei erfahren wird, ist sowohl von äußeren wie inneren Faktoren, von biologischen wie kulturellen Einflüssen abhängig." [418)]

Sittlichkeit und Intention

Wir haben gesehen, daß in jede sittliche Handlung auch ein sinndeutendes Element mit einfließt. Aus diesem Grund können wir die sittliche Handlung am besten mit einer Ellipse vergleichen, die zwei Brennpunkte hat:

1. Das äußere Phänomen, das naturwissenschaftlich beschreibbar ist.
2. Die Intention einer Handlung, die einem Sinnzusammenhang entspringt.

Jede sittliche Handlung besteht aus einem äußerlich beschreibbaren Handlungsverlauf, den der jeweilige Mensch aber aus einem Sinnzusammenhang heraus *deutet*. Erst im Zusammenspiel beider Brennpunkte wird sittliches Handeln konstituiert[419)]. Sittlichkeit setzt also immer auch einen intentionalen Status des Handelnden voraus. Moralisches Handeln wird durch den Willen zum objektiv Richtigen und durch das bewußte Handeln nach Gründen bestimmt. Die kausalen Mechanismen im menschlichen Handeln können nicht mit den Intentionen identifiziert werden, die die Sittlichkeit des Handelns bedingen[420)].

Dies wirft auch ein Licht auf äußerlich identische Verhaltensformen bei Tier und Mensch. Das rein äußere Phänomen ist ein Brennpunkt der Ellipse. Der andere Brennpunkt hingegen ist die Deutung, die das menschliche Bewußtsein jener Handlung gibt, die Intention. Das ist *der* entscheidende Unterschied zwischen tierischem Verhalten und menschlicher Handlung: Der Mensch als bewußtes Wesen gibt seiner ganzen Erfahrungswelt und damit jeder seiner Handlungen Sinn und Deutung. Insofern sind die Handlungen des Menschen auch keine Naturereignisse mehr und bedürfen der Rechtfertigung. Das tierische Verhalten, das dem äußeren Phänomen nach dem menschlichen in allem gleichen mag, ist doch nur „moralanalog", da ihm wegen fehlenden Selbstbewußtseins keinerlei sittliche Qualität zu eigen ist. Tiere haben keine Intentionen und können ihr Verhalten nicht durch Motive oder Gründe rechtfertigen[421)].

Diesen Zusammenhang scheinen einige Soziobiologen einfach zu übersehen: E. O. Wilson versucht beispielsweise, den Töchtermord als ererbte Disposition zu erklären, die dazu dient, die Zahl der Nachkommen in Konkurrenz zu anderen Mitgliedern der Gesellschaft zu maximieren[422)]. Hier ist anzufragen, warum diese Verhaltensweise nicht als persönlich motivierte, als bewußt berechnete Handlung eines Menschen erklärt wird. Wieso wird eine bewußte Entscheidung gar nicht in Erwägung gezogen, sondern sofort auf die unbewußte Wirkung manipulierender Gene rekurriert[423)]? Der tiefste Grund liegt wohl darin, daß Wilson im menschlichen Geist nur ein Epiphänomen der neuronalen Maschinerie des Gehirns sieht[424]. Und auch menschliche Personen sind nur Epiphänomene. Das Ich-Bewußtsein, die Vernunft und das Gefühl, frei handeln zu können, sind letztlich Illusionen.

Aus Wilsons Epiphänomenalismus ergibt sich konsequenterweise, daß das Reden von „Gründen", „Werten" und so fort keinerlei genuine Rechtfertigung für das sittliche Handeln liefern kann, da die Welt der Sittlichkeit ja selber nur eine nützliche Illusion darstellt[425]. Wenn der menschliche Geist epiphänomenal ist, so gibt es auch keine handlungsmächtige Intention. Und Wilsons Erklärungsschemata für das menschliche Handeln, die von jeglicher Intention völlig absehen, sind von daher nur folgerichtig: So etwa, wenn Wilson den Altruismus nur von den Konsequenzen her und ohne Rücksicht auf die Intention des Handelnden definiert hat. Dies aber ist eine Reduktion der Wortbedeutung von „Altruismus", die letztlich in der Reduktion der Wirklichkeit selber ihren Ursprung hat[426]. Die Beschreibung des äußeren Phänomens bleibt auf der Ebene des actus naturalis stehen. Die Ebene des menschlichen Bewußtseins, die der Handlung Deutung und Intentionalität gibt, wird unterschlagen. Damit wird auch das Phänomen der menschlichen Sittlichkeit selber geleugnet. Begriffe wie „Altruismus" und „Egoismus" haben im Mund der Soziobiologen keine moralische Bedeutung mehr: „Angeborene Reflexe haben keine moralische Qualität... Nur wenn wir sagen wollen, daß wir unseren ‚altruistischen' Emotionen folgen *sollen*, wird der Altruismus ein Begriff der Moral."[427]

Mit seiner reduktionistischen Sichtweise klammert Wilson die menschliche Selbsterfahrung völlig aus. Der Mensch erfährt sich selber als zu absichtlichem Handeln fähig. Er erfährt seine Freiheit, zwischen Alternativen entscheiden zu können. Er kann die Folgen eigenen Handelns im voraus abschätzen. Der Mensch versteht sich selber als Person, die über die Zeitläufe identisch bleibt, und er fühlt sich für sein Handeln verantwortlich. Alle Informationen über die Gene können das Problem der sittlichen Entscheidung nicht lösen, weil „Ich" es bin, der eine Entscheidung trifft und nicht meine Gene[428]. Es ist daher die subjektive Intention, die über die Sittlichkeit einer Handlung entscheidet und die sich in einem äußeren Vollzug selber zum Ausdruck bringt[429].

Daß nur der äußere Ablauf zählt und die innere Intention für die sittliche Bewertung letztlich gleichgültig bleibt, findet sich im übrigen schon in der altgriechischen Tragödie. Ödipus ist verantwortlich für das, was er tat, obwohl er es nicht gewollt hat. Wenn aber, wie die Gene bei den Soziobiologen, hier das Fatum die Handlung bedingt, so hat der Begriff der „Verantwortung" keinen Sinn mehr. Demgegenüber kennen die aristotelische Philosophie und das römische Recht die Kategorie des Vorsatzes. Abaelard machte im 12. Jahrhundert dann die These, daß die Absicht allein über die Moralität einer Handlung entscheidet, zum Fundament der Moralphilosophie. Kant folgte ihm darin und definierte ebenfalls die Handlung von der Intention her[430].

Indem die Soziobiologie von diesem Aspekt völlig absieht und Ödipus wieder aktuell wird, scheint eine lange Geschichte der Subjektivität zu Ende zu gehen[431]. Doch ohne die Intention kann das Spezifische des menschlichen Handelns nicht verstanden werden. Eine rein äußerliche Betrachtung bleibt defizient. Wer ein Fußballspiel beobachtet, ohne die Regeln und Zielsetzungen der Spieler zu kennen, kann zu dem Schluß kommen, daß der schwarze Mann nur deshalb pfeift, weil einer seiner Kollegen am Rande des Feldes mit der Fahne winkt. Das menschliche Handeln kann nur von der Absicht und dem eigenen Verstehen des Handelnden her erklärt werden[432].

Auch das moralische Handeln des Menschen ist zuinnerst auf die kognitiven Fähigkeiten des Menschen bezogen. Somit gibt es kein *funktionales* Äquivalent für die menschliche Ethik unter den Tieren[433]. Wenn Soziobiologen nicht zwischen dem Sozialverhalten von Arbeiterbienen und dem altruistischen Akt Ghandis unterscheiden, dessen Leben von bewußten moralischen Entscheidungen bestimmt war, verkennen sie das Wesen von Ethik überhaupt[434].

Moral und Vernunft

Ein weiteres Konstitutivum menschlicher Sittlichkeit ist die Vernunft, welche auf Erkenntnis und Freiheit basiert. Der Mensch erfährt sich als frei: Er kann zwischen Alternativen auswählen und trifft die Entscheidung aufgrund von Überzeugung. Diese wiederum gründet auf der Evidenz von Argumenten. Der Mensch hat Gründe für sein Handeln. Selbst wenn es für viele Verhaltensweisen genetische Prädispositionen geben sollte, so kann er sich immer noch entscheiden, einer Neigung zu folgen oder ihr zuwiderzuhandeln[435].

Die Sittlichkeit einer Handlung hängt nicht davon ab, ob sie gegen oder gemäß einer natürlichen Neigung erfolgt, sondern ob es letztlich die Vernunft war, die die Handlung geleitet hat. Ein Mensch wird ja noch nicht als tugendhaft und gut bezeichnet, wenn er von der Natur mit vielen liebenswürdigen Anlagen ausgestattet ist. Er muß auch das Gute vom Bösen unterscheiden können und das Gute wählen. Erst die Ebene der Vernunft macht den Menschen dazu fähig. Das Tier ist weder gut noch böse; es ist nur friedlich oder aggressiv. Mit der Vernunft aber hat der Mensch die Fähigkeit erreicht, Gut und Böse zu erkennen, wobei das Böse die Verkehrung der Vernunft darstellt: „Der Gegensatz des Guten und des Bösen ist nicht der von Vernunft und Natur, sondern bricht innerhalb der Vernunft selbst auf."[436]

Gerade diese Fähigkeit spricht die Soziobiologie dem Menschen ab. Sie kann ja auch vom „Bösen" eigentlich nicht reden, denn ein Subjekt verhält sich zwangsläufig so, wie es sich verhält. Nachteilige Verhalten werden von der Evolution mit der Zeit ohnehin ausgelöscht. Somit ist auch das Böse nur eine Selbsttäuschung des Subjekts. „In dem bewußtlosen Universum bloßer Natur – das Universum ohne rationale Wesen – gibt es weder Gerechtigkeit noch Gnade, weder Freiheit noch Fairneß. Es gibt nur Fakten, und kein Faktum – in seiner Eigenschaft als Faktum – sucht oder fordert Rechtfertigung."[437] Evolutionstheoretisch wird von daher das Bewußtsein, der Mensch könne Böses tun, er trüge letztlich eine Verantwortung für sein Handeln, als falsches Bewußtsein gewertet werden[438].

Für die Soziobiologie in ihrer konsequenten evolutionistischen Version ist die Vernunft ein bloßes Mittel zur Überlebenssicherung der Gene. „Der Kern des Arguments lautet also, daß das Gehirn existiert, weil es das Überleben und die Vermehrung jener Gene fördert, die seinen Aufbau steuern. Der menschliche Geist ist ein Mittel des Überlebens und der Reproduktion, und die Vernunft ist nur eine seiner vielfältigen Techniken." [439]) Von diesem Ansatz her muß die Soziobiologie gegenüber einer Begründung der Moralität auf der Autonomie der Vernunft verständnislos bleiben [440]). Der Bereich der Moral aber „ist notwendigerweise von rationalen Wesen bewohnt, die für ihre Urteile Gründe angeben und dasselbe von anderen verlangen" [441]). Das rationale Denken eröffnet dem Menschen einen Weg, das Streben nach Fitness als letztem Ziel zu transzendieren [442]).

Da Wilson den Zusammenhang zwischen Ethik und Vernunft nicht anerkennt, versteht er sittliche Überzeugungen nur als gefühlsmäßigen („emotiven") Ausdruck von dahinterliegenden biologischen Gegebenheiten. Sittliche Forderungen kommen aus den „emotiven Zentren" des hypothalamisch-limbischen Systems [443]). Nun scheint Wilson nicht nur zu sagen, daß dieses System sich durch natürliche Selektion entwickelt hat, sondern daß alle spezifischen sittlichen Annahmen mit Hilfe der natürlichen Selektion erklärbar sind: Mit Hilfe der Neurophysiologie könne die Soziobiologie die Einsichten der alten Religionen in eine präzise Erklärung des evolutionären Ursprungs der Ethik umwandeln und daher die Gründe erklären, warum wir manchmal bestimmte Urteile treffen und andere nicht [444]). Für diese These vermag Wilson aber keine ausreichende Evidenz aufzuzeigen. Vielmehr verkennt er, daß ethische Anweisungen auch einen kognitiven Ursprung haben [445]).

Schließlich wendet sich diese soziobiologische Verachtung der menschlichen Vernunft in letzter Konsequenz gegen die Soziobiologie selber. Nach R. Alexander wird der Mensch oft von der Taktik der Gene getäuscht: Er meint, etwas aus ganz bestimmten Gründen zu tun, kann aber nur das sehen, was zu sehen ihm die Evolution erlaubt hat und was nicht unbedingt der Wirklichkeit entspricht [446]). Die Selektion hat den Menschen sogar so programmiert, daß er die Aufklärung über dieses Getäuschtwerden zurückweist. Für R. Trigg zeigen solche Aussagen die soziobiologische Geringschätzung des bewußten, vernünftigen Denkens [447]).

Wenn vernünftige Überlegung aber dem Einfluß evolutionärer Kräfte unterliegt, dann kann auch die Soziobiologie selber keine rationale Untersuchung ihres Gebietes mehr beanspruchen. Wenn Gene den Menschen zwingen, ohne Rücksicht auf Evidenz ganz bestimmte Schlußfolgerungen zu ziehen, so gibt es auch keine echten Gründe mehr, sich für die Soziobiologie zu entscheiden. Wenn diese die Rationalität in Frage stellt, zerstört sie ihr eigenes Fundament [448]).

Eine weitere Beobachtung schließt sich an: Moral wird in den Werken der Soziobiologen als Sammelbegriff für menschliche Praktiken verstanden. Dabei wird aber der Begriff „Moral" in einem derart verkürzten Sinne benutzt, daß er mit dem gewöhnlichen Wortsinn nicht mehr übereinstimmt. Wenn Soziobiologen von „Moral" sprechen, meinen sie vor allem einen äußeren Verhaltensablauf. Daher übertragen sie sittliche Begriffe auch bedenkenlos auf das Tierreich. Sie sprechen von „Altruismus", wenn Tiere sich so verhalten, *als ob* sie zum Überleben anderer Tiere beitragen *wollten*. Die Erklärungsversuche für dieses selbstaufopfernde Verhalten werden dann einfach auf den Menschen übertragen. Hierbei wird aber das spezifisch Menschliche des sittlichen Sollensanspruchs auf der Ebene des Bewußtseins, das Phänomen der Intentionalität und der Rationalität menschlichen Handelns, aus der Moral herausdefiniert.

Darin wird deutlich, daß die Soziobiologie das Phänomen der Sittlichkeit überhaupt nicht begriffen hat. Die Zirkularität von „Erklärung des Phänomens" und „Definition des Phänomens" wird evident: „Sittlichkeit wird mit Altruismus identifiziert, von der Urform ‚laust du mich, dann lause ich dich' der Affen. Sittlichkeit ist dasselbe, nur unter dem Absehen der *sofortigen* Vergeltung. Das Belohntwerden ist dann für die Sittlichkeit ein konstitutives Element. Doch diese Fassung des Phänomens Sittlichkeit ist auf der Stufe eines kindlichen Krämerladens stehengebleiben."[449)] Das sittliche Phänomen besteht aber im „Präsentsein einer Pflicht für mich, wobei Genesis und Umstände zwar für den Inhalt der sittlichen Pflicht von Bedeutung, für ihren verpflichtenden Charakter aber völlig gleichgültig sind"[450)]. Die evolutionstheoretische Definition von Sittlichkeit trägt den Charakter einer willkürlichen Abstraktion, die die Fülle des Phänomens nicht erreicht. Weder eine äußere Verhaltensform noch die Konsequenzen einer Handlung können zur Umschreibung von Sittlichkeit genügen. Auch das oft zitierte altruistische Selbstopfer des Lebens kann nicht als Prüfstein für ethisches Verhalten betrachtet werden, da ja scheinbar uneigennütziges Verhalten durchaus nicht-sittlich erklärt werden kann, beispielsweise als Eigennutz auf der Ebene der Gene[451)]. Infolgedessen kann Ethik nicht auf eine biologische Betrachtung von Verhaltensphänomenen reduziert, sondern muß von ihren eigenen Gesetzmäßigkeiten her verstanden werden: Der Mensch kann die vorreflexiven Motivationen und Verhaltensmuster rationaler Kontrolle unterwerfen und dadurch modifizieren. Ethik gehört somit der intellektuellen und nicht der biologischen Geschichte an[452)]. So wenig es einen biologischen Zugang zur Mathematik gibt, so wenig kann die Biologie das eigentliche Wesen der Moral verstehen, das eine psychologische und soziale Besonderheit des Menschen darstellt.

Dieser selbständige Bereich der Sittlichkeit wird von folgenden Elementen notwendig und hinreichend bestimmt:

1. Auf der Verhaltensebene eine Entscheidungssituation (Konfliktmöglichkeit).
2. Auf der kognitiven Ebene die Fähigkeit zur Reflexion über die Handlung.
3. Auf der Ebene des rationalen Denkens müssen Vernunftgründe gegeben sein.
4. Die Bemühung um Objektivität (Maßnehmen an Normen).
5. Dieses Überlegen muß an Zielen des Individuums orientiert sein[453)].

Aus dem bisher Gesagten ist zu folgern, daß das ethische Verhalten des Menschen biologische Grundlagen voraussetzt, sie aber gleichzeitig überschreitet.

1. Es gibt biologische Grundlagen für das ethische Handeln des Menschen. Eine Ethik kann vom Menschen keine Handlungen fordern, zu denen er nicht fähig ist. Die natürlichen Neigungen des Menschen sind dabei nicht auf die genetischen Prädispositionen beschränkt, sondern auch die kulturellen Formungen bilden mit die Basis, die für sittliche Forderungen relevant ist[454]. Die sozialen Antriebe, die der Mensch im Verlauf seiner Lebensform der Sammler- und Jägerhorde so internalisiert hat, daß sie zu angeborenen Tendenzen geworden und stark affektiv verankert sind, haben allerdings nicht den zwingenden Charakter der Instinkte[455]. Der Mensch verfügt über die biologisch entstandene Fähigkeit, unter Alternativen intentional auszuwählen; die biologische Evolution spezifiziert freilich nicht, welche Formen sozialen Handelns das sittliche Verhalten regeln. Sie umschreibt aber die Grenzen des ethischen Verhaltens, das noch mit dem Überleben der Art vereinbar ist. Die Biologie spezifiziert nicht die Entscheidungen, die gefällt werden, aber sie bereitet die Strukturbedingungen, ohne die es weder Intention noch freie Wahl geben kann[456].

Die Soziobiologie kann eventuell die Herkunft und den evolutiven Vorteil menschlicher Neigungen erklären. Sie kann versuchen, die Bedingungen für die Evolution des menschlichen Gehirns mit seiner Fähigkeit zu Bewußtsein, Freiheit und Vernunft anzugeben. Sie könnte damit den Kontext umschreiben, innerhalb dessen sittliche Entscheidungen getroffen werden müssen. Aber sie muß auch die Grenze anerkennen, jenseits derer sie keinen Erklärungswert mehr hat[457].

2. Die menschliche Ethik überschreitet die Grenzen der Biologie. Die Fähigkeit des Menschen, das vorreflexive oder angeborene Verhalten kritischer Reflexion zu unterwerfen und damit sogar neue Verhaltensformen einzuführen, hat sicher biologische Grundlagen. Die Geschichte der Ausübung dieser Fähigkeit und ihre ständige Anwendung ist aber kein Teil der Biologie mehr. Biologische Grenzen für das menschliche Verhalten anzunehmen, heißt noch nicht, die Ethik biologisch zu fundieren. Vielmehr wird damit anerkannt, daß die Ethik – wie auch andere Prozesse kultureller Entwicklung – mit ihren Ausgangspunkten und mit der Natur des Materials, das sie zu transformieren sucht, rechnen muß[458]. Durch seine Bewußtseinsstufe vermag der Mensch manche biologische Gegebenheit in gewisser Weise zu korrigieren. Man denke an die Überschreitung des nackten Überlebensprinzips, gemäß dem sich der Stärkere durchsetzt, zur sittlichen Forderung nach Rücksicht auf Kranke, Schwache und Behinderte. Schon in der Auseinandersetzung der Moraltheologie mit der Ethologie war J. Gründel zu dem Ergebnis gekommen, daß eine (theologische) Ethik zwar keine „naturwidrigen" Normen aufstellen wird, „wohl aber Forderungen, die über die Natur und damit auch über das von den Tieren gepflegte Verhalten hinausgehen. Vielleicht zählt hierzu auch die biblische Weisung der Feindesliebe."[459]

Der Mensch kann sich also in seinen ethischen Forderungen von den in der Natur vorgegebenen Gesetzen in gewisser Weise lösen. Gerade dann, wenn die untermenschliche Natur nach „inhumanen" Gesetzen das Individuum der Art oder den ökologischen Notwendigkeiten opfert, kann der Mensch dem natürlichen Ablauf bewußt zuwiderhandeln, um sein Leben zu humanisieren[460].

So kann Ethik schließlich als eine Art „Luxusbildung" in der Evolution verstanden werden: Die menschliche Sittlichkeit ist nicht mehr unbedingt von evolutionärem Nutzen. Und es gibt ethische Gebote, die nicht mehr als Anpassungsprodukte verstanden werden können[461)].

Wilson gesteht der Moral nur die Funktion zu, das genetische Material intakt zu halten. Aber echte Sittlichkeit transzendiert die „Moralität" der Gene: Selbst wenn die Moral als Mechanismus entstanden sein sollte, die Fitness einer Gruppe im Wettstreit mit andern zu steigern, so kann durch die Ebene der Venunft ein Weg eröffnet worden sein, die Fitness als letztes Ziel zu transzendieren[462)]. Auch menschliche *Werte* brauchen und können nicht mehr rein von ihrer evolutionären Funktionalität her verstanden werden[463)].

Der Mensch kann sich somit für eine Sache oder eine andere Person unter Preisgabe des eigenen Lebens einsetzen. Dabei kann der biologische Nutzen nicht nur für sich selbst gleich null sein, sondern auch für die andere Person mag keinerlei biologischer Nutzen in Sicht sein[464)]. Das gute Leben ist mehr als das bloße Überleben. Der platonische Sokrates stellt darum die feierliche Frage: „Bedenke aber, o Kallikles, ob es nicht etwas Besseres gibt als erhalten und sich erhalten lassen!"[465)] Eine vernünftige Moral ist zwar im großen und ganzen auch nützlich, etwa für die Aufrechterhaltung eines sozialen Systems. Aber sie ist auch dann noch vernünftig, wenn die Nützlichkeit einmal entfällt. Nützlichkeit ist nicht der letzte Maßstab für Sittlichkeit[466)].

Nach Platon und Aristoteles entsteht auch der Staat aus der Notwendigkeit des bloßen Lebens. Aber wenn er einmal entstanden ist, besteht er um des guten Lebens willen. Was aber das gute Leben sei, das läßt sich aus den Entstehungsbedingungen nicht mehr herleiten[467)]. Das Gute ist nicht mehr funktional, also gut für irgendetwas, sondern muß als einfachhin gut verstanden werden. Gut im sittlichen Sinn meint einen frei anerkannten Wert, der um seiner selbst willen gesucht wird[468)].

Die Moral, das gute Leben sind daher nicht mehr zur Steigerung des biologischen Lebens da. M. Ruse nennt jemanden, der ohne Eigeninteresse, nur um des Guten willen, hilft oder sich selber opfert, einen Verrückten oder einen Heiligen, wobei diese beiden Kategorien oft zusammenfallen[469)]. Damit entfernt er sich aber von der Sicht einer breiten philosophischen Tradition, die das Tun des Guten um seiner selbst willen als höchste Stufe der Sittlichkeit gesehen hat. Für Aristoteles ist das gute Handeln selbst ein Ziel und bedarf keines Zieles außer seiner selbst[470)]. Nach Kant ist die Tugend „nur darum soviel wert, weil sie soviel kostet, nicht weil sie etwas einbringt"[471)], und für Spinoza ist der Lohn der Tugend die Tugend selbst[472)].

4.5.2 Güter und Werte

Einem Vorschlag von F. Böckle folgend sollen Gegebenheiten, die nicht als Qualitäten des Willens existieren, wie Leben, Gesundheit und so weiter ganz einfach „Güter" genannt werden. Diese sind vorsittlich und bedürfen der Deutung und Wertung, damit sie im Blick auf das Gelingen guten Lebens als wertvoll erscheinen können[473]. Werte hingegen sind Qualitäten des Bewußtseins, sind Ideen vom Guten, Rechten und Anzustrebenden, sind „Inhalte oder Gegenstände gerichteter Gefühle"[474] und entstammen einer weltanschaulichen und anthropologischen Grund*entscheidung*, einem Sinnentwurf. Aus diesem folgt eine Werteinsicht als „Erkenntnis und Einschätzung bestimmter Gegebenheiten, die für den Menschen und sein Verhalten bedeutsam sind"[475]. Wenn der Mensch einen Wert akzeptiert hat, so kommt der Verpflichtungscharakter aus der Autonomie des sittlichen Wertes selbst. Werte liefern Gründe zum Handeln. Fakten als solche stellen noch keinen Handlungsgrund dar[476]. Diese sind nur Rohmaterial, welches erst einer Deutung bedarf, um sittlich relevant zu werden. Die Naturwissenschaften können gemäß ihrem eigenen Selbstverständnis Fakten erklären und vorhersagen. Sie vermögen es aber nicht, eine bestimmte Handlung vorzuschreiben oder zu rechtfertigen. „Erkennen und Werten sind eben, so unzertrennbar sie in der Lebenspraxis zusammenhängen, zwei völlig verschiedene und methodisch scharf zu scheidende Einstellungen des Menschen zur gegenständlichen Welt."[477] Wert- und normsetzend ist nur der wertende und handelnde Mensch beziehungsweise die von ihm anerkannte Autorität. Kein Faktum und keine wissenschaftliche Theorie kann diese Setzung rechtfertigen oder widerlegen. L. Wittgenstein brachte diese Dichotomie auf die bündige Formel: „Wenn es einen Wert gibt, der Wert hat, so muß er außerhalb alles Geschehens und So-Seins liegen."[478]

Das Faktum, daß ein Mensch von einem Stier angegriffen wird, enthält noch nicht die Handlungsanweisung „Lauf davon!". Diese ergibt sich erst auf dem Hintergrund, daß dieser Mensch weiterleben will. Wenn er ohnehin lebensmüde ist, wird er vor der Gefahr nicht fliehen. Die vorsittlichen Güter wie Leben und Gesundheit bedürfen von daher erst einer Deutung, das heißt, der Mensch sieht Wertvorstellungen, die einem Sinnhorizont entstammen, ein und deutet sie in die vorsittlichen Güter hinein[479].

Der sittliche Anspruch zielt nun nicht auf die Verwirklichung von Gütern, sondern auf das Gut der Person, auf die Verwirklichung von Werten, die den jeweiligen Gütern beigemessen werden: „Die Verwirklichung sittlicher Wertvorstellungen geschieht im Medium vorsittlicher, aber desungeachtet sittlich relevanter Güter."[480] Die menschlichen Werturteile werden nicht durch eine vorgegebene Natur bestimmt. Der Mensch ist es, der natürlich vorgegebene Güter deutet, ihnen einen Wert beimißt entsprechend dem Ziel, in dem er den Sinn seines Daseins sieht. So kann menschliches Verhalten nicht nur von seiner Angepaßtheit im evolutiven Prozeß her verstanden werden, sondern der Mensch interpretiert, deutet sein Verhalten. Sittlich wird ein Handeln erst dann, wenn es einen Wert zu realisieren sucht[481].

Diese Unterscheidung zwischen Gut und Wert könnte mehr Klarheit in die soziobiologische Diskussion bringen. Denn viele Biologen nehmen die Evolution zum Ausgangspunkt für ethische Überlegungen: „Wenn nämlich Evolution zum Menschen hin Höherentwicklung ist, wenn verschiedene Seinsstufen vorliegen, dann ergeben sich natürlich Verpflichtungen für das Handeln. Rückfall, Degeneration und Krankheit müssen ausgeschaltet werden. Man kann dann aus der Biologie lernen und aus ihr Zielsetzungen ableiten." [482] Wenn für die nichtmenschlichen Arten ihr Überleben oder das ihres Genotyps keinerlei Wert besaß, so wird etwa für Wilson auf einmal das Überleben der menschlichen Art oder ihres Genotyps zum Kardinalwert. Daraus kann dann eine ethische Schlußfolgerung abgeleitet werden:

1. Das Überleben des Genotyps ist gut (moralische Annahme).
2. „Altruistisches" Verhalten steigert die Fitness und somit die Wahrscheinlichkeit des Überlebens des eigenen Genotyps (soziobiologisches Ergebnis).
3. „Altruistisches" Verhalten ist gut [483].

Hiergegen sind zwei Einwände vorzubringen:
1. Wenn Überleben des Genotyps – und nicht Leben des Individuums – höchster Wert sein soll, dann kann aus dieser Wert-Setzung keine menschliche Ethik abgeleitet werden. Der Genotyp ist ja nicht identisch mit dem jeweiligen Individuum. Warum *sollte* das *Individuum* das Überleben eines ihm in gewisser Weise fremden Genotyps fördern? Wie sollte der Begriff der individuellen Rechte begründet werden, wo doch diese nicht unbedingt zum Überleben des Genotyps beitragen? Konsequent argumentiert Dawkins, daß Lügen, Betrügen und so weiter für den Genotyp Vorteile einbringen können. Ein Schutz für die Schwachen wäre mit dem Wert „Überleben des Genpools" nicht vereinbar [484].
2. Hier wird das Gut des Überlebens stillschweigend oder explizit zum höchsten Wert erhoben. Warum aber sollte man denn die Arterhaltung wollen? Sie ist doch auch nur ein Trieb, der bei der Evolution herausgekommen ist, und kein Zweck. Oder anders herum: „Vielleicht ist es insgesamt in der Linie der Evolution, daß die Menschheit sich selbst vernichtet, wodurch wieder unzählige ökologische Nischen freiwerden." [485] Von den Arten, die den Planeten Erde einmal bevölkert haben, sind 99% wieder ausgestorben [486]. Die Evolution sagt dem Menschen nicht, daß er überleben soll. Es gibt keinen evolutiven Grund gegen eine kollektive Lust der Menschheit am eigenen Untergang oder gegen die Zerstörung der Lebensgrundlagen. Die Soziobiologie kann nicht begründen, warum der Mensch die Natur und sich selber nicht ausbeuten oder zerstören *soll.* Denn auch dies wäre ein Ergebnis der Evolution [487]. Daher ist Wilsons Kardinalwert „Überleben des menschlichen Genpools" aus dem Faktum, daß das Erbgut des einzelnen aus einem gemeinsamen Genpool fließt, nicht ableitbar [488].

Mit seiner Wertung hat Wilson die Grenzen der Soziobiologie als Naturwissenschaft überschritten. Die Soziobiologie kann allenfalls verschiedene, durch die Evolution entstandene Güter aufzeigen. Wenn sie aber dem Leben oder der Arterhaltung Werte beimißt und in einer solchen Deutung implizit auf einen Sinnzusammenhang rekurriert, ist sie schon auf die Ebene metaphysischer Fragestellungen übergewechselt [489]. „Die Biologie selbst gibt keine metaphysische Sinndeutung biologischer Vorgänge oder gar freier menschlicher Vollzüge im biologischen Bereich ... (Eine Moral) läßt sich nicht unmittelbar aus der Biologie schöpfen, sondern erfließt aus geistigem Verstehen (intus-legere) von Naturgegebenheiten und menschlichen Handlungsweisen." [490] Die Soziobiologie kann streng genommen nur deskriptive Sätze liefern: Eine faktische Beschreibung der Welt und eine Extrapolation einer möglichen künftigen Welt sowie die Mittel, um diese zu erreichen. Ob der Mensch diese Ziele allerdings erreichen *soll*, entzieht sich der soziobiologischen Kompetenz: „Es geht schließlich um Fakten, und aus Fakten folgt niemals ein Sollen. Dies gilt natürlich auch für Art- und Selbsterhaltung: Der Wille ... zur Erhaltung ist durch Mutation/Selektion bei den Wesen übriggeblieben, die durch ihn übrigblieben. Wenn man dies erkennt ..., löst sich die Verbindlichkeit des *Sollens* einer Erhaltung auf. Es ist nicht einzusehen, wozu Selbsterhaltung *gut* sein soll – von der Arterhaltung ganz zu schweigen." [491]

Daher gilt: Aus der Evolution sind *naturwissenschaftlich* keine Zielsetzungen für menschliche Entscheidungen abzuleiten. „Biologie ist keine Heilslehre, Evolution zeigt keine ethisch zu verlängernde Zielrichtung." [492] Den Fortgang der Evolution als höchsten Wert anzusehen, ist menschliche Deutung, die die naturwissenschaftliche Domäne überschreitet: „Es gibt ... keine moralische Verpflichtung, den Evolutionsprozeß zu bewahren oder fortzusetzen, die aus einer Evolutonstheorie *abgeleitet* werden könnte." [493]

Auch der Versuch, die Entstehung der Werte selber evolutiv zu verstehen, schlägt fehl. Dawkins hatte Werte als Meme bezeichnet, die virenartig das Gehirn befallen. Einige Werte wie moralisches Handeln, das Schöne, der Glaube an Gott haben sich als Selektionsvorteile durchgesetzt. „Als Fazit der konsequenten naturwissenschaftlichen Erklärung von Werten ergibt sich, daß alle Werte, die Nützlichkeit, die Kunst, ja das Heilige rückbezogen, reduzierbar sind auf Selbsterhaltung und Arterhaltung als oberste Werte. Allerdings darf dabei auch nicht eigentlich mehr von Werten gesprochen werden, sondern es handelt sich um faktische Resultate einer Jahrmillionen langen Evolutionsentwicklung. Werte sind nur ein ideologischer Überbau; was allein zählt, ist das Leben." [494]

Darüber hinaus bleibt anzumerken, daß prinzipiell alle Wertmaßstäbe aufgehoben werden, wenn die Evolution als Quelle der Wertvorstellungen verstanden wird: Denn neben Nächstenliebe und Arterhaltung haben sich auch Kannibalismus und Sklaventum, Machtkampf und Genozid als evolutiv vorteilhaft erwiesen und durchgesetzt. Eine Aussage wie die des Biologen C. Bresch: *„Sinnvoll* ist jedes Tun, das *mit* der Entwicklung ist" [495], kann keine Grundlage für eine Ethik bilden. Denn alles, was Menschen faktisch anstreben, und seien es Verbrechen und Größenwahn, ist evolutiv entstanden und somit „mit der Entwicklung". Das Überleben als Maßstab rechtfertigt *alle* Praktiken, da ja alle zum Überleben beigetragen haben, sonst hätten sie sich nicht erhalten. Die Natur ist deshalb für den Menschen keine Quelle für unmittelbar abzulesende Werte. „Die Evolution spielte sich, wissenschaftstheoretisch gesehen, jenseits von Gut und Böse ab. Sofern man sie jedoch ... mit menschlichen Werturteilen in Beziehung setzt, war sie sowohl gut wie böse, beides in kolossalem Maßstab." [496] Die Evolutionstheorie kann somit zwar die elementaren Inhalte menschlicher Ethik zu rekonstruieren versuchen. Aber einen Maßstab für Gut und Böse kann sie nicht bereitstellen. Vor allem kann sie nicht die spezifische Form menschlicher Ethik, nämlich die Form ihrer Unbedingtheit, ableiten, die sich im Wort „gut" ausdrückt und nicht mehr auf eine Funktion bezogen werden kann[497)].

Wir kommen zu dem Schluß, daß (Sozio-) Biologen innerhalb ihres wissenschaftlichen Rahmens nur Beschreibungen liefern können. Werte entstammen der neuen Ebene der Kultur und des Geistes. Mit deren Hilfe kann der Mensch den durch biologische Gesetze vorgegebenen Rahmen überschreiten. Menschliches Handeln ist intentional; Ziele und Zwecke aber sind gesellschaftliche Konstrukte mit eigenen Gesetzlichkeiten[498)]. Die wissenschaftliche Evolutionstheorie kann daher für die Etablierung eines ethischen Systems nur als „Haltegriff" dienen: „Wenn der Mensch überleben *will*, dann wird er seine Einsichten in die Evolution, der er entsprungen ist, als Basis nehmen müssen für eine realistische Kalkulation jener Bedingungen, unter denen er überleben *kann*."[499)]

Schließlich aber ist es dem Menschen möglich, Werte anzunehmen und zu verwirklichen zu suchen, die den Bereich des Bios überschreiten. Kulturelle, ästhetische, ethische und religiöse Werte müssen keinen direkten evolutionären Zweck mehr erfüllen. Der Mensch kann die vitalen Werte wie Überleben und Fortpflanzung dieser geistigen Werte wegen hintanstellen. Märtyrer haben das biologische Fortleben geringer geschätzt als ihre religiöse Überzeugung. Freiheit und Gerechtigkeit werden von vielen als höhere Werte erachtet als die Befriedigung biologischer Triebe[500)]. F. Werfel läßt einen Armenier, der sich zum Widerstand gegen die türkische Verfolgung entschlossen hat, ausrufen: „Ich aber will gar nicht leben, ich will gar nicht gerettet werden! Ich will kämpfen! ... Ich will nicht leben, sondern einen Wert haben!"[501)]

Eine Ethik hingegen, die das biologische Überleben zum höchsten Wert erklärt, wird ihr Ziel immer verfehlen. „Die Todesrate ist bei der menschlichen Spezies auf längere Zeit 100 Prozent."[502)] Der Mensch kann den unvermeidlichen Tod verdrängen, er kann sich in einen Taumel stürzen, um am Ende doch von dem eingeholt zu werden, was er unbedingt vermeiden wollte. Eine Ethik, die in der Selbst- oder Arterhaltung den höchsten Wert sieht und alle anderen Werte des Menschen diesem Ziel unterordnet, endet schließlich im Nihilismus. Einen Sinn können die naturalen Triebe von Arterhaltung und Selbsterhaltung dem Leben nicht verleihen. „Denn gewiß muß der Mensch essen, da er aufhört Mensch zu sein, wenn er nicht mehr ernährt wird, und dann stellen sich keine Probleme mehr. Doch die Liebe und der Sinn für das Leben und das Erfühlen Gottes sind wichtiger."[503)]

4.5.3 Der naturalistische Fehlschluß

Der Begriff „naturalistischer Fehlschluß" geht auf G. E. Moore, Principia Ethica (1903) zurück. In der gegenwärtigen Diskussion wird er in einer schon von D. Hume geprägten Bedeutung verwendet. „Hume vertrat in seinen ‚Treatise of Human Nature' ... die Ansicht, daß Werte nicht Eigenschaften von Dingen und deskriptiv bestimmten Sachverhalten sind, sondern Projektionen von Bedürfnissen und Wünschen von Menschen auf Dinge und Sachverhalte."[504] Von der Beschaffenheit der Dinge (dem „is") kann man nicht auf deren Wert (das „ought") schließen. Die Objekterfahrung nach intersubjektiven empirischen Methoden und die praktische menschliche Selbsterfahrung sind damit getrennt[505].

Frankena schlug vor, unter dem naturalistischen Fehlschluß einen „begrifflichen Fehlschluß" zu verstehen, nämlich eine normative Eigenschaft einer deskriptiven gleichzusetzen: Man kann nicht von Dingen, die von Menschen oft gewünscht werden, behaupten, daß sie auch wünschenswert sind[506]. Damit ist auch schon die Grenze von Hume's Guillotine sichtbar geworden: Der naturalistische Fehlschluß blieb oft auf der logisch-formalen Ebene der Moralsprache stehen. Die Tragweite von Moores Argument wird dadurch eingeschränkt[507]. Dazu kommt, daß es gar keine „reinen Fakten", kein reines „is" gibt, sondern immer schon eine Deutung vorliegt. Dies meint zwar noch nicht unbedingt eine Wertung, wohl aber ist jedes Deuten theoriebeladen. Zum anderen sind auch moralische Aussagen oft nicht als Imperative formuliert. Die Deskription „Das Haus brennt!" kann präskriptiven Charakter haben: „Du mußt löschen!"

Die bleibende Wahrheit des Antinaturalismus ist eine logische Unterscheidung zwischen Werturteilen und neutralen, streng theoretischen Faktenfeststellungen. Wenn in den Prämissen kein Sollensmoment enthalten ist, was naturwissenschaftliche Aussagen ja kennzeichnet, so kann auch in der Konklusion kein solches auftauchen[508].

Wie oben schon gezeigt worden ist, gehören naturwissenschaftliche Fakten und Werte unterschiedlichen Ebenen an. Die Unmöglichkeit eines Übergangs vom „is" zum „ought" wird von Wilson explizit anerkannt: „Der Augenblick ist gekommen, zu betonen, daß eine gefährliche Falle in der Soziobiologie lauert ...: Die Falle ist der naturalistische Fehlschluß der Ethik, der unkritisch behauptet, daß alles, was ist, auch sein sollte. Das ‚Was-ist' in der menschlichen Natur ist in hohem Maß das Erbe des Jäger-Sammler-Lebens im Pleistozän. Wenn dafür eine genetische Wurzel aufgewiesen wird, kann sie nicht benutzt werden, die Fortsetzung dieser Praxis in heutigen oder künftigen Gesellschaften zu rechtfertigen. Da die meisten von uns in einer radikal neuen, selbsterschaffenen Umwelt leben, wäre die Fortsetzung einer solchen Praxis schlechte Biologie ... Die Neigung etwa, unter bestimmten Umständen Krieg gegen rivalisierende Gruppen zu führen, könnte durchaus in unseren Genen stecken ..., aber heute könnte sie zum globalen Selbstmord führen."[509]

Nun hält sich Wilson aber nicht an dieses, von ihm selbst anerkannte Prinzip. Er behauptet, daß die Biologie imstande sei, sittliches Verhalten auf naturwissenschaftliche Zusammenhänge zurückzuführen und dadurch zu rechtfertigen[510]. Allen Beteuerungen zum Trotz wird der gefürchtete naturalistische Fehlschluß nicht vermieden, wenn Wilson von biologischen Fakten auf ethische Normen schließt[511]. Ein Beispiel ist Wilsons Kritik an der Haltung der katholischen Kirche zur Homosexualität. Aufgrund biologischer Fakten plädiert er für eine liberalere Sexualmoral. Wilson gibt sogar vor, er könne durch seine Theorie von der biologischen Natur des Menschen Wesentliches zu der Frage beisteuern, ob Homosexualität oder Kannibalismus natürlich sei; damit habe die Kritik des naturalistischen Fehlschlusses viel von ihrer Kraft eingebüßt[512)].

Das Argumentationsschema dieser evolutionistischen Version des naturalistischen Fehlschlusses sieht folgendermaßen aus:

1. Instinktive Neigungen existieren, weil sie von der Selektion bevorzugt wurden. Sie sind angepaßt. Dies gilt beispielsweise für die Homosexualität.
2. Was angepaßt ist, ist gut und kann darum als naturale Basis der Moral dienen.

„Gut" im Sinn von „durch die Selektion begünstigt" und „gut" im ethischen Sinne sind jedoch völlig verschiedene Begriffe. Es wäre vielleicht besser, wenn Biologen von funktional richtigem und falschem Verhalten sprechen würden, wobei die Verhaltensweisen daran bemessen werden, ob sie für das Überleben des Individuums oder der Art nützlich oder schädlich sind[513)]. Soziobiologen können viele Verhaltensweisen wie Aggression und Altruismus funktional erklären. Über deren Gutheit und damit die sittliche Qualität können sie jedoch keine Aussagen treffen[514)].

Einen weiteren Fehlschluß dieser Art begeht Wilson, wenn er aus dem biologischen Faktum der Bevölkerungsexplosion schließt, daß die Menschheit dringend etwas gegen die Überbevölkerung unternehmen muß[515)]. Dieser moralische Appell läßt sich aus den biologischen Prämissen nicht mehr herleiten. Auch der Schluß, daß der Mensch altruistisch handeln soll, weil er als Mitglied der menschlichen Art dazu motiviert sei, erweist sich als falsch. Die Evolution hat den Menschen auch mit aggressiven und mörderischen Tendenzen ausgestattet; dabei stellt sie nicht einmal ein ausreichendes Unterscheidungskriterium bereit, wann welche dieser Tendenzen dem Gut der Art dienen[516)].

Am deutlichsten treten die Fehlschlüsse Wilsons in seiner Aufstellung der drei Kardinalwerte Überleben des menschlichen Genpools, dessen Vielfalt und die Menschenrechte zutage[517)]. Zu den schon genannten Problemen, die die Aufstellung der ersten beiden Werte mit sich bringt, kommt zusätzlich die Schwierigkeit einer Begründung der Menschenrechte. Diese sind ein noch junges Produkt der menschlichen Geschichte. Ihr Anpassungswert wurde von den Sozialdarwinisten im 19. und Anfang des 20. Jahrhunderts bestritten. Wilsons Ableitung der Menschenrechte aus der Säugetiernatur des Menschen ist in keinster Weise einsichtig. Es gibt auch keinen schlüssigen Zusammenhang mit den beiden ersten Kardinalwerten: Ein totalitäres politisches System, das Oppositionelle einer Gehirnwäsche unterzieht, verstößt nicht unbedingt gegen das Prinzip „Überleben des Genpools" und dessen Vielfalt[518)]. Wenn Wilson schließlich aus dem Faktum, daß Menschen eine unausrottbare Neigung zum Überleben haben, deren Lebens-Recht herleitet, widerspricht er seiner eigenen Warnung vor dem naturalistischen Fehlschluß: „Bis zu der Ausdehnung, in der die biologische Interpretation hier richtig ist, haben Menschen Rechte, die angeboren sind und verwurzelt in den unausrottbaren Neigungen für Überleben und Selbstachtung, und diese Rechte brauchen keine Bestätigung durch theoretische ad hoc Konstruktionen, die von der Gesellschaft produziert werden."[519)]

Hier werden wiederum biologische Fakten dazu benutzt, ethische Forderungen zu rechtfertigen. Ja, die biologischen Daten werden nicht nur als *notwendige*, sondern als *ausreichende* Voraussetzung für eine ethische Norm betrachtet[520)].

Hiergegen ist anzuführen, daß es auch viele genetisch beeinflußte Neigungen des Menschen gibt, für die keine korrespondierenden Rechte gelten; „sonst müßten ... die Pyromanen das Recht zur Brandstiftung haben, die Kleptomanen das Recht zur Dieberei, die Zornwütigen das Recht zu Zornausbrüchen, die Sexualabnormen das Recht zum Ausleben ihrer Abnormität, die ‚Verbrechernaturen' müßten das Recht zu Raub und Mord haben"[521)]. Damit aber scheitern Wilsons Rechtfertigungsversuche der Menschenrechte auf biologischer Grundlage. Innerhalb seines naturwissenschaftlichen Weltbildes kann eine solche Rechtfertigung nicht geleistet werden. Sein Plädoyer stellt vielmehr ein persönliches Glaubensbekenntnis zu Humanismus und Liberalismus dar. Wilson vermischt Wissenschaft und Ideologie[522)].

Wir können abschließend bemerken, daß die Welt der reinen Faktizität kein Sollen kennt. Ein naturalistischer Fehlschluß liegt daher im Grunde schon dann vor, wenn ein Gut zu einem Wert erhoben wird. Wenn der Arterhaltung von vornherein ein Wert beigegeben wird, so kommt der naturalistische Fehlschluß der evolutionären Ethik sogar einer petitio principii gleich. Denn „die Arterhaltung wird als generell erstrebenswerter, normativer Zweck alles menschlichen Handelns nicht aus dem beschreibbaren menschlichen Verhalten empirisch gewonnen, sondern liegt der Beschreibung zugrunde"[523)].

Die Soziobiologie kann aber nur faktische Beschreibungen liefern. Wenn Dawkins feststellt: „Ein Kind sollte sich keine Gelegenheit zum Betrügen ... Lügen, Täuschen, Ausbeuten ... entgehen lassen"[524)], so meint hier „Sollen" nach seiner eigenen Interpretation nur, daß die natürliche Auslese dazu tendieren wird, Kinder zu begünstigen, die so handeln. Dies ist keine Aufforderung, sondern ein naturwissenschaftliches Faktum. Wenn Dawkins dann aber zur Erziehung der Kinder zur Selbstlosigkeit aufruft, so kann er dieses Sollen nicht mehr naturwissenschaftlich ableiten. „Aus der Faktizität der Evolution und aus unseren rationalen Möglichkeiten, diese Evolution zu rekonstruieren, folgt nicht, was wir tun sollen"[525)].

4.5.4 Genese und Geltungswert

Die These von der „Evolution der Ethik" behauptet, „daß auch die Normen menschlichen Handelns entstanden sein müssen, sich verändern und auch künftig entstehen, daß die Entstehungsgeschichte dieser Normen nicht gänzlich losgelöst von der menschlichen Entwicklungsgeschichte verlaufen sein könnte"[526)].

Welchen Einfluß hat nun die Genese von Normen auf deren Geltung?

Zunächst soll zwischen transzendentalen und kategorialen Normen unterschieden werden. Kategoriale Normen sind explizite und implizite Regeln, die Handlungsanweisungen geben. Transzendentale Normen liegen der Geltung und Legitimität der kategorialen Normen zugrunde. Auf sie greifen wir zurück, wenn wir Gründe für die Geltung und Rechtmäßigkeit von kategorialen Normen benötigen. Diese Grundnormen können wir als Kriterien oder Prinzipien der Legitimität von Regeln verstehen. Als Beispiele seien Moralprinzipien wie „der kategorische Imperativ" oder „die Goldene Regel" genannt[527].

Nur kategoriale Normen können einer genetischen Normenanalyse unterworfen werden, da sie von der sozialen und kulturellen Entwicklung der Gesellschaften abhängen. Kriterien und Prinzipien der Legitimität hingegen „sind keine allgemeinen Handlungsanweisungen, sagen uns nicht, was in einer Situation getan werden sollte, sondern haben nur Bedeutung für die argumentative Vergewisserung, aus welchen Gründen das, was getan werden sollte, rechtmäßig, legitim ist. Dieser Typus von Geltungsgründen ist unabhängig von Handlungssituationen, menschlichen Einstellungen, Interessen und Wertvorstellungen."[528]

Jede Spezifikation einer sittlichen Pflicht kann vom Handelnden nur im Rückgriff auf allgemein geltende Moralkriterien geleistet werden. Die Genese von einzelnen Handlungsnormen wird zwar veranlaßt durch soziale Entwicklungen beziehungsweise durch individuelle Handlungssituationen, aber erst der Nachweis der Geltung von Normen, die sich auf Prinzipien oder Grundnormen stützt, bewirkt die Normengenese, welche daher abhängig ist von der Normengeltung.

Umgekehrt jedoch zeigt sich hierin eine Unabhängigkeit des Normativen vom Faktischen. Die Moral ist folglich weder ableitbar noch abhängig von einer biologischen oder kulturellen Evolution. „Die Moral erfordert vielmehr einen eigenen Typus von Begründung, der nicht durch natur- oder sozialwissenschaftliche Begründungstypen ersetzbar ist."[529] Dies bedeutet, daß man von der Genese einer Norm nicht unvermittelt auf ihre Geltung schließen kann. Einen solchen Schluß von der Genese einer Aussage auf ihren Wahrheitswert nennen wir „genetischen Fehlschluß". „Angenommen, es sei gelungen, die Genese einer Aussage völlig korrekt zu rekonstruieren. Was würde daraus über den Wahrheitswert dieser Aussage folgen? Der Fuchs der Äsop'schen Fabel halte die Trauben nur deswegen für sauer, weil sie für ihn unerreichbar sind. Beweist das, daß die Trauben süß sind? Eine Kostprobe könnte ergeben, daß sie tatsächlich sauer sind."[530]

Wenn in analoger Weise die Genese einer Norm erklärt werden kann, so besagt dies noch nichts über ihre Geltung oder ihren Wahrheitswert, da diese von einer völlig anderen Ebene, nämlich der der Sinndeutung, abhängen. Die kognitiven Fähigkeiten des Menschen, ja selbst die menschliche Vernunft mögen ihren Ursprung in der Evolution haben und von der natürlichen Selektion begünstigt worden sein. Aber der *Gebrauch* dieser Fähigkeiten ist nicht mehr biologisch determiniert. Die Wahrheit von 2 + 2 = 4 ist vernünftig einsehbar und durch Vernunftgründe zu rechtfertigen. Die Aussage, daß nur diejenigen Individuen überlebt haben, die gewisse mathematische Fähigkeiten besaßen, ist gegenüber der *Gültigkeit* der Mathematik und ihrer inneren Logik trivial[531]! Daß für den Fortschritt der Mathematik auch Mythen eine Rolle gespielt haben, läßt uns nicht an der Objektivität der erreichten Einsichten zweifeln[532].

Die Soziobiologie vermag darum höchstens die Entwicklung von Normen zu beschreiben und zu rekonstruieren. Sie kann unter Umständen zeigen, wie sich manche Normen gebildet haben, welche Funktionen sie erfüllen und warum sich bestimmte Normen in manchen Gesellschaften durchgesetzt haben. Sie kann aber „*nicht* die Funktion der *normativen Begründung* menschlichen Handelns haben; sie kann unser Tun nicht *rechtfertigen*, sie vermag nur aufzuzeigen, wie sich dieses Tun entwickelt hat und aus welchen biologischen Quellen es sich nährt“[533)].

A. L. Caplan vermutet, daß die Soziobiologie deshalb so große Verwirrung gestiftet hat, weil sie nicht klar unterscheidet zwischen ihrem Erklärungsversuch für die Genese eines „ethischen“ Verhaltens und der Geltung der entsprechenden Handlungsnorm[534)]. Darüber hinaus scheint die Soziobiologie des öfteren einen genetischen Fehlschluß zu begehen, wenn sie von der Genese des Sollensanspruchs in der Evolution darauf schließt, daß dieser keine objektive Geltung hat[535)].

Soziobiologen selber aber decken diesen Fehlschluß auf: Zuerst erklären sie nämlich die Geltung evolutiv und bestreiten einen objektiven und unbedingten Sollensanspruch. Dieser sei vielmehr eine überlebensdienliche Illusion. Dann aber richten die Autoren moralische Appelle an ihre Leser und führen ihr tägliches Leben so, als ob es einen objektiven Sollensanspruch gäbe[536)]. Das heißt aber doch: Man durchschaut eine Illusion, aber im praktischen Leben fällt man in eine vorkritische Phase zurück und vergißt ganz schnell wieder, was man wissenschaftlich erkannt hat. Diese schizophrene Haltung bestätigt, daß die Erklärung der Genese des Sollens letztlich für dessen Geltung belanglos ist. Beim Phänomen der Sittlichkeit sind Genese und Geltung notwendig getrennt, da die Geltung einer anderen Ebene als der der Genese angehört.

Wir fassen zusammen:

Die Soziobiologie scheint das Eigentliche der Ethik nicht verstanden zu haben, da sie diese auf rein äußere Verhaltensformen reduziert und dann evolutiv zu erklären versucht. Damit aber hat sie das Ziel verfehlt, die Ethik zu biologisieren. Diese Zielsetzung selber zeigt schon, daß sie sich nicht mehr an eine klare Methodentrennung hält und den Bereich der Naturwissenschaften überschreitet[537)].

Es soll hier nicht geleugnet werden, daß es viele wichtige Bezugspunkte zwischen Biologie und Ethik gibt. Die Biologie kann beispielsweise den Ursprung moralischer Universalien erhellen, sie kann den Inhalt von Normen funktional rekonstruieren. Sie kann sogar zur Korrektur von Ethosformen beitragen, indem sie auf die Dysfunktionalität ehemals funktionaler Verhaltensweisen hinweist[538)]. Weiterhin kann eine bessere Kenntnis der menschlichen Natur bei der Verwirklichung von vorgängig (!) aufgestellten ethischen Zielen helfen[539)].

Allerdings: Selbst wenn die Soziobiologie evolutiv bedingte Gesetzlichkeiten entdeckt haben sollte, die beispielsweise den Altruismus bedingen, so läßt sich daraus keine normative Schlußfolgerung ableiten. Die Soziobiologie sollte darum nicht prätendieren, den Philosophen die Ethik aus der Hand zu nehmen, sondern sich damit bescheiden, „Rand-

oder Minimalbedingungen, welche die Ethik in der biologischen Dimension nun einmal hat und anerkennen muß, zu erforschen"[540]. Das heißt, die Soziobiologie kann durchaus Fakten aufzeigen, die für die Rechtfertigung sittlicher Normen *relevant* sind; sie kann aber nicht behaupten, daß diese Fakten zur Rechtfertigung einer Ethik schon *ausreichen*[541].

4.6 Zur Religionskritik der Soziobiologie

Der Totalitätsanspruch mancher Soziobiologen, alles erklären zu können, dehnt sich konsequenterweise auch auf die Frage nach dem Sinn des Lebens und der Welt insgesamt aus. Die Religionen als Antwort auf die Sinnfrage haben sich als vorteilhafte Anpassungen durchgesetzt. Sie vermochten dem Menschen, der ein Bewußtsein vom eigenen Tod erlangt hat, durch den Glauben an ein Jenseits den Tod erträglicher zu machen und waren gleichzeitig von sozialer Bedeutung, da ein gemeinsamer Glaube eine Gruppe oder einen Stamm zusammenhält[542].

Ein erster Kritikpunkt an dieser Deutung des Phänomens der Religion ist die mangelnde Evidenz für die Existenz von „Religiositäts-Genen"[543]. Auch die Deutung, daß die Religionen als Ersatzinstinkte das soziale Zusammenleben regeln helfen und daher von der natürlichen Selektion begünstigt worden sind, klingt äußerst unglaubwürdig[544]. Einer funktionalen Interpretation des religiösen Glaubens, welcher durch die Kategorien von Belohnung und Strafe im Jenseits als sozialer Sanktionsmechanismus dienen soll, widerspricht zudem das Selbstverständnis vieler Religionen. Für Wilson ist die selbstlose Liebe, die im Christentum gepredigt wird, letztlich egoistisch: Mutter Teresa würde sich nur deshalb „selbstlos" aufopfern, weil sie einen Lohn im Jenseits erwartet[545]. Diese Interpretation läßt aber jedes Verständnis der christlichen Gnadentheologie mit ihrer äußerst subtilen Zuordnung von Werk und Gnade vermissen. Schon für Jesus selber bleibt aller Lohn ein von Gott geschenkter *Gnadenlohn*. Man soll Gott dienen, ohne an einen Lohn dafür zu denken[546]. Jesus verdeutlicht dies am Gleichnis von den Arbeitern im Weinberg (Mt 20,1–15) und am Gleichnis von den Knechten (Lk 17,7–10), wo es am Schluß heißt: „Wenn ihr alles getan habt, was euch befohlen wurde, sollt ihr sagen: Wir sind unnütze Sklaven; wir haben nur unsere Schuldigkeit getan". Daß der Mensch Gott und den Nächsten lieben soll um seiner selbst und nicht um eines Lohnes willen, ist von daher in der geistlichen Tradition tief verwurzelt. Gott ist „das Ziel an sich und nicht ein Mittel zur Befriedigung menschlicher Bedürfnisse, auch nicht des Bedürfnisses nach Erlösung; wir müssen bedingungslos und von vornherein Seinen Willen akzeptieren und bewundern, auch wenn er unsere Verdammnis einschließt (*resignatio ad infernum*)"[547]. Angelus Silesius schreibt: „Mensch, dienst du Gott um Gut, um Seligkeit, um Lohn, so dienst du ihm noch nicht aus Liebe wie ein Sohn."[548]

Als Liebe darf demgemäß im Unterschied zum Eigennutz nur eine reine, uneigennützige Liebe bezeichnet werden. Wilson scheint nur eine sehr oberflächliche Kenntnis der christlichen Spiritualität zu besitzen, und sein Versuch, die christliche Gottes- und Nächstenliebe funktional zu erklären, schlägt schon aus diesem Grund fehl. Das Phänomen von echter Hingabe und selbstloser Liebe um des anderen willen paßt nicht in sein Weltbild, das alle Phänomene als letztlich funktional für das eigene Überleben zu verstehen sucht. Wilson zitiert zwar H. Küng, ist aber nicht bis zum Kern von Küngs Gnadentheologie vorgedrungen, wo es heißt: „Das Heil des Menschen hängt nicht an irgendeiner Art von vorgeschriebenen Gesetzeswerken, von frommen oder moralischen Leistungen."[549)] Ähnlich wie das Gutsein schon seine eigene Belohnung darstellen kann, so ist auch die Gottes- und Nächstenliebe um ihrer selbst willen möglich und muß nicht mehr als letztlich egoistische Befriedigung gedeutet werden.

Evolutionstheoretisch kann man religiöse Erfahrungen durchaus auch als „Luxusbildungen" in der Evolution verstehen, die also keinen direkten Anpassungsvorteil mehr vermitteln[550)]. Die funktionale Erklärung, religiöser Glaube würde den Gedanken an den Tod erträglicher machen, wird zudem von daher fraglich, daß der Mensch im Jenseits einer ewigen Strafe verfallen kann. Weiterhin ist die Angst vor dem Tod gar nicht immer der Ausgangspunkt religiöser Erfahrung, sondern beispielsweise auch Dankbarkeit: „Es gibt Menschen, die kommen zur Religion, weil sie einen herrlichen Frühlingsmorgen erleben und sie möchten ihr Gefühl der Dankbarkeit irgendwie adressieren und finden, der Kirschbaum selber sei keine hinreichende Adresse dafür."[551)] Schließlich ist zu bezweifeln, ob der christliche Glaube wirklich einen Überlebensvorteil vermittelt. Märtyrer und Religionskriege sprechen eher dagegen. Sie weisen aber darauf hin, daß es den Gläubigen um die Wahrheit ihres Glaubens geht und nicht um dessen Überlebenswert. Hiob will von Gott eine Antwort, will die Wahrheit wissen, selbst falls dieser ihn dafür umbringen sollte[552)]. Das Herzstück der christlichen Religion ist das Kreuz, welches mit Überlebenskalkulationen nichts gemein hat[553)].

Nun soll einmal angenommen werden, daß der religiöse Glaube auch funktional erklärt werden könne. Von einer solchen psychohygienischen Funktion des Glaubens aus kann man freilich noch nicht auf dessen Wahrheitsgehalt schließen. Daß es sich hierbei um einen funktionalistischen Fehlschluß handelt, zeigt folgendes Beispiel: Wenn ein Vater seinem arbeitsscheuen Sohn mitteilt, daß er kein Geld mehr auf seinem Konto habe, so kann die Aussage die pädagogisch nützliche Funktion haben, den Sohn zur Arbeit zu bewegen. Diese Funktion sagt allerdings noch nichts über den wirklichen Kontostand aus[554)]. Selbst wenn die Religion also eine nützliche Funktion für das Überleben haben sollte, so besagt dies noch nichts darüber, ob es Gott wirklich gibt oder nicht. Die Wahrheit einer Aussage ist logisch unabhängig von den Motiven, aus denen eine Aussage gemacht wird. Noch weniger abhängig ist sie vom biologischen Vorteil, den eine Aussage vermitteln kann[555)].

Indem Wilson den Inhalt der Religionen ignoriert und sie nur auf ihren Überlebenswert hin befragt, wird er dem Phänomen der Religion nicht gerecht. Seine eigenen wissenschaftlichen Konzepte wie „inclusive fitness" und „biologischer Vorteil" sind Ergebnisse von Wahrheitssuche. Will sich die Soziobiologie nicht selber als funktional für das Überleben verstehen und damit ihren Wahrheitsanspruch aufgeben, so muß sie auch die Inhalte der Religion auf ihren möglichen Wahrheitsgehalt untersuchen. Wenn sie dies unterläßt und von der Funktionalität auf den illusorischen Charakter der religiösen Aussagen schließt, dann gilt diese Folgerung auch für den eigenen Wahrheitsanspruch. Letztlich wäre dann auch die soziobiologische Religionskritik nicht wahr, sondern stünde in einem funktionalen Interesse[556)].

Funktionale Erklärungen der Sittlichkeit und Religion heben schließlich deren Unbedingtheitsanspruch auf. Eine Sache durch ihre Funktion zu erklären, heißt nämlich nicht zu fragen, was sie an sich selbst ist. Mit der Frage nach der Funktion einer Sache wird gleichzeitig nach dem Äquivalent gefragt, durch welches sie in dieser Funktion ersetzbar ist. Damit aber würde das Wesentliche von Religion und Sittlichkeit, nämlich das Absolute und Unbedingte, aufgelöst. Jede Relativierung des Absoluten ist gleichbedeutend mit dessen Verschwinden. Der Sinn von Religion kann nur im Horizont der Frage nach dem Sinn des Lebens verstanden werden. Religion und Sittlichkeit bleiben aus diesem Grunde einer funktionalen Erklärung letztlich unzugänglich. Werden sie dennoch in funktionalen Termini erklärt, so bleiben als Konsequenz Sinnentleerung und Nihilismus[557)].

Zuletzt aber richtet sich die Soziobiologie gegen die Evolution selbst, indem sie nämlich den Menschen über die Nützlichkeit der religiösen Illusion aufklärt. Diese Aufklärung zerstört jedoch die Illusion. Nietzsche brachte das auf die kurze Formel: „Eine Religion, die durch und durch wissenschaftlich erkannt werden soll, ist am Ende dieses Weges zugleich vernichtet."[558)] Wenn Hopi-Indianer erfahren, daß ihre Regentänze wichtige soziale Funktionen erfüllen, aber keinen Regen machen, so hören sie auf, Regentänze aufzuführen[559)]. Um den nun von den Illusionen befreiten Menschen, der aber dadurch an Überlebenschancen eingebüßt hat, wieder fit zu machen, dürfte E. O Wilson ihm den Mythos der Evolution als Sinnstiftung angeboten haben. Nicht von ungefähr enthält „On Human Nature" alle Elemente einer systematischen Theologie. Man kann dieses Werk Wilsons als einen Versuch verstehen, die Theologie zu überwinden und durch ein säkulares Äquivalent zu ersetzen. Die kausale Erklärung des Lebens übernimmt die Funktion der Schöpfungslehre; sie liefert auch eine Antwort auf die Frage nach dem „letzten Sinn des Lebens". Die Erklärungen der Moral stellen eine Theorie der Ethik bereit. Aussagen über die „Fehler" in der menschlichen Natur entsprechen der Lehre von der Sünde. Die Vorschläge zur Verbesserung dieser Fehler liefern eine Erlösungslehre. Wilsons Ausführungen über die Zukunft und Hoffnungen des Menschen ersetzen eine Eschatologie. Die Kritik an alternativen Erklärungen des Lebens ist eine Art Apologetik und man kann sogar eine Lehre von der „Kirche" der Soziobiologen finden, derjenigen nämlich, die um den neuen Weg des „Heils" wissen[560)].

Wenn Soziobiologen sich aber daran machen, den Sinn der Welt zu erklären beziehungsweise der Welt jeden Sinn abzusprechen, so tauschen sie ihre Wissenschaftlichkeit notwendigerweise gegen eine Ideologie ein. Die Frage, *warum* der Kosmos Lebensbedingungen hervorgebracht hat, *warum* Leben existiert, ist „grundsätzlich unbeantwortbar, solange wir nach einer Antwort im Rahmen naturwissenschaftlicher Erkenntnisse suchen“ [561]. Der Sinn der Welt ist aus immanenten Zwecken und Gründen nicht abzuleiten, sondern gehört dem transzendenten Bereich an. Biologen können einzelne endliche Sachverhalte zueinander in Beziehung setzen, sie können Gehirnströme messen; aber sie können nicht „die Frage der Sinnhaftigkeit eines einzelnen endlichen Verhaltens beantworten, weil die Sinnfrage verlangt, daß etwas einzelnes Endliches zu einem umfassenden Gesamtrahmen in Beziehung gesetzt werden muß. Dieser Gesamtrahmen, in dem der Sinn des menschlichen Daseins gefunden werden kann, ist nicht mehr in einem Experiment zu fassen.“ [562] Wenn Soziobiologen daher beanspruchen, Aussagen über den Sinn des menschlichen Lebens zu machen, werden sie zu Ideologen und Predigern einer Weltanschauung. Daß E. O. Wilson längst die Basis der Naturwissenschaften verlassen und sich eine existentialistische Weltanschauung zu eigen gemacht hat, zeigt sich schließlich darin, daß er A. Camus zitiert. Sein Credo des Evolutionismus ist keine wissenschaftliche Theorie mehr, sondern ein *Bekenntnis* zu der Überzeugung, daß es keine autonomen Prinzipien der Sittlichkeit und der Religion gibt.

4.7 „Nihil in homine quod non prius in animalibus“ [563]

Wir haben gesehen, daß das Menschenbild der Soziobiologie oft der Gefahr des Reduktionismus erliegt: Beim Versuch, die Biologie als Universalwissenschaft zu installieren, werden viele Phänomene, die typisch menschlich sind und sich einer nur dem Menschen eigenen Ebene verdanken wie Selbstbewußtsein, Kultur oder Ethik, durch biologische Gesetzmäßigkeiten erklärt. Die Reduktion dieser Phänomene auf eine andere Ebene kann aber der menschlichen Eigenheit nicht mehr gerecht werden. Für Dawkins ist der Mensch dann nur noch eine Überlebensmaschine; seine Gefühle sind keine Aspekte seiner selbst mehr, sondern physikalische Effekte, produziert durch jene Gen-Parasiten, deren Chemie die geistigen Prozesse des Menschen so steuert, daß das eigene Überleben dieser Gene gesichert wird. Hinter solchen Aussagen steht ein völlig mechanistisches Menschenbild: Der Mensch ist nur noch eine Maschinerie, ein Automat, der Gene produziert. Nicht die Gene sind dazu da, den Lebewesen das Leben zu ermöglichen, sondern die Lebewesen dienen dazu, die Existenz der Gene zu sichern. „Es ist der Sieg des Fahrplans über die Eisenbahn, die fortan nur noch fährt, um die Existenz des Fahrplans zu rechtfertigen und ihm immerwährende Gültigkeit zu verleihen.“ [564]

Die Auflösung aller Lebewesen in Bestandteile und Funktionen, die Zerteilung ihres Daseins in Verhaltensmuster und Reaktionsschemata, all das hat Folgen: „Mit der Zerstückelung und den daraus gewonnenen Informationen wuchs das Selbstgefühl vom Recht auf Zerstückelung; mit der Schematisierung der historischen Abläufe wuchs die

Überzeugung von der Verfügbarkeit der Lebewesen, die ja doch nur Muster ohne Wert waren ... Die Folge von alldem war, daß der Garten der Welt der Verwüstung anheimfiel."[565] Das Welt- und Menschenbild der Soziobiologie suggeriert eine totale Machbarkeit, die sich vor allem auf die Ausbeutung der Erde auswirken kann.

Doch nicht nur die Ehrfurcht vor dem Garten der Welt schwindet, auch der Garten des Menschlichen ist bedroht. Ein spezifisch menschliches Recht oder eine Würde des Menschen scheint es nicht mehr zu geben. Wilson versucht wohl noch so etwas wie eine Begründung des Rechts auf Leben in den Genen, doch bleibt dieser Versuch sehr zweifelhaft. Ja, schießlich bezeichnet auch Wilson das befruchtete menschliche Ei als einen Haufen von Instruktionen, der noch kein menschliches Wesen ist; und der Neugeborene ist ein „wundervoller Roboter"[566]. Jeden Anthropozentrismus lehnt Wilson ab. Konsequent stellt er folgende These auf: Wir Menschen rechtfertigen das Essen von tierischem Fleisch damit, daß die Tiere, die wir töten, uns an Empfindungsvermögen und Einsicht in unvergleichlicher Weise unterlegen sind. Vertreter einer wahrhaft überlegenen außerirdischen Art könnten das gleiche Kriterium anlegen und mit gutem Gewissen daran gehen, uns zu verspeisen[567]. So zeigt sich, daß es für Wilson keine Würde des Menschen gibt im Sinne einer absoluten Dignität, die jedem Menschen *als Menschen* zukommt.

Hinter den Aussagen der Soziobiologie, daß der Mensch als Marionette an den Schnüren der Evolution hängt, scheint zuletzt ein pessimistischer Naturalismus zu stecken: Das Verhalten ist schicksalhaft vorgegeben und an der Basis „normalen" menschlichen Verhaltens steht ein sorgfältig ausbalanciertes Gleichgewicht zwischen verschiedenen kurzkettigen Peptiden[568].

„Wo aber ist der Mensch?" Was heißt hier „normales" Verhalten? Gibt es noch individuelles Schicksal, Einmaligkeit und Entscheidung? Ist nicht jeder Mensch nur noch eine namenlose Gestalt mit keinem anderen Auftrag und Lebenssinn als dem, die Evolution fortzuführen[569]? Wenn die menschliche Natur auf das Minimalkonzept „Überleben der Gene" reduziert ist, wo bleiben dann all jene intellektuellen, kulturellen und geistigen Wesenszüge, wo bleiben Freiheit und Vernunft in der Definition der Natur des Menschen[570]?

Nach dem Urteil des Verhaltensbiologen H. Hemminger propagiert die Soziobiologie ein „kraß verzeichnetes Menschenbild", welches ideologische und politische Gefahren in sich birgt[571]. Die Hauptkritik an der Soziobiologie muß sich folglich gegen dieses ihr Welt- und Menschenbild richten, welches kein naturwissenschaftliches Ergebnis ist, sondern der naturwissenschaftlichen Forschung schon vorausliegt und explizit oder implizit von den Soziobiologen in ihre Theorien miteingebracht wird. Der Streit um das Menschenbild ist auch die Ebene, auf der die Theologie einen eigenen Beitrag zur Auseinandersetzung mit der Soziobiologie leisten kann.

In den nun folgenden philosophischen und theologischen Überlegungen, die die vorangegangene Diskussion mit der Soziobiologie auswerten, soll dieser Frage nach dem Menschenbild weiter nachgegangen werden.

5. Philosophische und moraltheologische Reflexionen

Im vorhergehenden Kapitel war die Soziobiologie des Menschen kritisch untersucht worden. Wir haben gesehen, daß mit der Diskussion um die Soziobiologie die Frage nach einer evolutionären Ethik, nach dem Verhältnis von Freiheit und Determination, von Naturwissenschaft und Ethik sowie die Frage nach dem Naturrecht neu gestellt wird. Hier soll nun eine philosophische und theologische Auswertung der Diskussion erfolgen.

Daß die Wissenschaften von der Naturphilosophie ausgehen und auf diese wieder zurückgeführt werden müssen, fordert schon F. Bacon, der als einer der Begründer der modernen Wissenschaften gilt. Denn sonst würden alle Wissenschaften einschließlich der Moralphilosophie (!) „auf der Oberfläche der Dinge wankend umherschweifen. Denn seitdem jene Wissenschaften so vereinzelt und zersplittert sind, erhalten sie ihre Nahrung nicht mehr von der Naturphilosophie, ihrer gemeinschaftlichen Mutter, welche allein ihnen gründliche und wahre Ansichten über Bewegung, Licht, ... über Affekte und Verstandeswahrnehmungen mittheilen könnte."[1] Die Naturwissenschaft ersetzt nicht die Philosophie, wie Wilson das prophezeit, sondern ist Ausgangspunkt und Herausforderung für das philosophische Denken, welches selber die „Anstrengung des Begriffs" auf sich nehmen muß und nach eigenen Gesetzen abläuft. Erst die Philosophie, der es nach Kant um Wahrheit und nicht um Nützlichkeit geht[2], kann die einzelwissenschaftlichen Disziplinen auf überzogene Ansprüche und problematische Voraussetzungen in der Grundlegung ihrer Methodik überprüfen.

In diesem Kapitel soll daher zunächst versucht werden, die stillschweigend eingebrachten philosophischen und anthropologischen Voraussetzungen offenzulegen, die der Soziobiologie zugrundeliegen (5.1). Auf diesem Hintergrund erfolgt eine Übersicht über die wissenschaftstheoretischen Grenzen der Naturwissenschaften (5.2). Grenzen weisen auch immer auf das jenseits ihrer selbst Liegende hin. Die Phänomene von Subjektivität und Ethik fallen nicht mehr in den Bereich naturwissenschaftlicher Kompetenz, sondern haben autonomen Status (5.3). Gleichzeitig waltet zwischen Ethik und Naturwissenschaften ein vielgestaltiges Beziehungsverhältnis, das im Abschnitt 5.4 bedacht werden soll. Besondere Aufmerksamkeit wird dem Verhältnis von Anthropologie und Ethik (5.5) sowie der Frage nach dem Naturrecht (5.6) gelten.

Insgesamt werden dabei kaum „völlig neue" Erkenntnisse zutage gefördert werden. Wohl aber soll versucht werden, Ergebnisse von Diskussionen in der Geschichte der Philosophie für die gegenwärtige Auseinandersetzung um die Soziobiologie fruchtbar zu machen. Auch moraltheologische Traditionen und Konzepte können hierzu einen Beitrag leisten. Umgekehrt kann die Moraltheologie aus der epistemologischen und wissenschaftstheoretischen Diskussion wichtige Anregungen für ihren eigenen Bereich erhalten.

5.1 Zum Weltbild der Soziobiologie

5.1.1 Die Soziobiologie als Evolutionismus

Mit *Evolutionismus* soll im Unterschied zur wissenschaftlichen Evolutionstheorie die Weltanschauung bezeichnet werden, die die Theorie der Evolution zur Grundlage einer Gesamtdeutung von Welt und Mensch erhebt [3]. Indem die Soziobiologie versucht, alle Phänomene ihrem Erklärungsschema unterzuordnen und schließlich eine „Totaltheorie" der Welt zu liefern, wird sie zum Evolutionismus.

Dieser versteht das gesamte Universum und alle Systeme des Lebendigen als Ergebnis eines Evolutionsprozesses; damit wird der Ordo- und Substanzgedanke der Antike und des Mittelalters abgelöst: „Die Evolutionstheorie nimmt die Stelle der Kosmologie und Metaphysik der teleologisch-entelechialen Ordnung des Seienden und des Primats des Substanz- oder Wesensbegriffs ein." [4] Im Grunde wird hier nicht mehr das Seiende als real angesehen, sondern nur noch der Prozeß des Werdens. „Es gibt nur das continuum dieses Prozesses, keine diskreten Einheiten, die mit sich identisch und von anderen different sind." [5] Eine Weltsicht aber, in der es keine Substanzen mehr gibt, muß alle Erfahrung von Negativität (Schmerz, Andersheit, das Absolute) als Illusion begreifen.

Die Soziobiologie hingegen scheint wieder so etwas wie eine Substanz zu kennen: Ihre Ontologie beruht auf dem Konzept des Gens. Nicht mehr die Art oder das Individuum ist wirklich, sondern das Stückchen Chromosom, das nach seiner Erhaltung „strebt" und dem Ewigkeitscharakter zugesprochen wird. Nur die Gene „betreiben" eine planvolle Strategie eigener Existenz, während die Individuen nur den Trick der Gene darstellen, um sich selbst zu vermehren. So sind es die Gene, die handeln, und nicht der Mensch.

Doch mit dieser Definition der Gene hat die Soziobiologie längst die Basis der Naturwissenschaft verlassen. Ihre Entscheidung, die Gestalten als Epiphänomene zu betrachten und nur den Genen Wirklichkeit zuzusprechen, ist eine Entscheidung für eine ganz bestimmte Metaphysik[6]. In einem solchen „genetischen Supernominalismus“ wird der Mensch als Maschine definiert, die der Erhaltung der selbstsüchtigen Gene dient. Diese Sichtweise schlägt jedoch dialektisch um „in einen abstrakten Essentialismus oder Super-Idealismus pseudoplatonischer Art“[7]. Denn das Wesen des Lebendigen besteht aus Sein und Überleben kleinster Informationseinheiten, welche sich Vehikel aufbauen, die ihrem Überleben und ihrer Fortpflanzung dienen.

An diesen „Idealismus“ ist die Frage zu richten, warum sich die Informationseinheiten überhaupt solche Maschinen aufbauen. Wozu wird eine Gestalt geschaffen, wenn der eigentliche Zweck doch das Überleben der nicht-gestalthaften Informationsträger ist? „Es wäre für die Gene ökonomischer, ewig in einer Ursuppe zu schwimmen und ihren Informationsgehalt im Zustand der Möglichkeit zu bewahren, ohne diese Information je in gestalthafte Wirklichkeit umzusetzen. Die *Verwirklichung* der Information der DNS in der Gestalt des Individuums ist ontologisch überflüssig, wenn nur die Erhaltung dieser Information Zweck ist. Wenn allein der Bauplan erhalten bleiben soll, ist es überflüssig und unzweckmäßig, die Kathedrale tatsächlich zu bauen.“[8] Es bleibt mithin sehr fragwürdig, warum Gene den komplizierten und ineffektiven Weg wählen, einen Menschen herzustellen, der dann wiederum einen anderen Menschen erzeugt, welcher nur zur Hälfte dieselben Gene aufweist. Dieses Verfahren ist unwirtschaftlich: „Es entspricht einer Kopieranstalt, die zur Anfertigung von Kopien den Kopierapparat immer gleich mitkopiert und dabei Kopien erhält, die nur zur Hälfte mit dem Original übereinstimmen.“[9]

Wenn man das Gen als reine Information versteht, so kann es ewig in potentia bleiben, ohne in der Gestaltwerdung in actu unterzugehen. Nur wenn das Gen als entelechialer Gehalt verstanden wird, der sich verwirklichen muß, kann die Gestalt und ihre Verwirklichung als Zweck des Lebendigen verstanden werden. Das Überleben der potentiellen Information als letzter Zweck des Lebendigen, sozusagen der Primat des Möglichen vor dem Wirklichen, ist ontologisch nicht plausibel.

Weiterhin versteht sich die Soziobiologie als ein evolutionstheoretischer, materialistischer Monismus, der auch das Phänomen des Sozialen und der Kultur in eine darwinistisch verstandene Gesamtevolution zu integrieren versucht. Wilson erhebt explizit einen solchen Totalitätsanspruch[10]. Er will die verschiedensten Phänomene einer naturwissenschaftlichen Erklärung unterwerfen und die Versuche von Soziologen, Philosophen und Theologen nicht mehr anerkennen, die das soziale Zusammenleben, die Ethik und die Religion gegen eine naturwissenschaftliche Erklärung zu immunisieren versucht haben[11].

Mit ihrem Totalitätsanspruch huldigt die Soziobiologie dem neuzeitlich-positivistischen Ideal der Einheit der Wissenschaften, die reduktionistisch hergestellt werden soll. Alle Phänomene sollen durch eine einzige Art von Erklärungsmethodologie beschrieben und verstanden werden. Diese ist für die Soziobiologie das universale Motiv des Egoismus, dessen personifizierter Träger das Gen ist[12]. Eine solche expansionistische

Ambition, ein Gesetz aus der biologischen Evolutionstheorie auf alle Bereiche einschließlich Kultur, Ethik und Religion anzuwenden, ist jedoch aus wissenschaftstheoretischen Gründen zurückzuweisen: „In bezug auf das Ganze der Wirklichkeit gibt es eigentlich keine Hypothesen, denn wie sollten diese verifiziert oder falsifiziert werden?“ [13]) Eine bestimmte methodisch präzis vorgehende Wissenschaft hat immer einen bestimmten Gesichtspunkt. Und da keine Wissenschaft als Einzelwissenschaft der Methode entbehren kann, bekommt keine das Ganze in den Griff, „sondern sie beschränkt sich a priori, von vornherein auf einen gewählten selegierenden und abstrahierenden Hinblick, der die Methode bedingt“ [14]). Wo ein einzelner empirisch gewonnener Sachverhalt zum Deutungsschlüssel aller sich zeigenden Wirklichkeit und ihrer Gesetze erhoben wird, dort wird ein an und für sich legitimes naturwissenschaftliches Vorgehen zur Ideologie erhoben [15]). Indem die Soziobiologie dieser Tendenz zur Monopolisierung nachgibt und eine „neue Synthese“ als Programm verkündet, schlägt sie um in Ideologie. Die Gefahr liegt hierbei nicht darin, daß sich Forscher spezialisieren, sondern daß Spezialisten generalisieren und so zu „terribles généralisateurs“ werden [16]).

Daß ein solcher materialistischer Monismus sich letztlich selber aufhebt, ist oben schon am Beispiel der Erkenntnis, der Kultur, der Ethik und der Religion gezeigt worden. Das Argument soll hier verallgemeinert zusammengefaßt werden. Wenn nämlich alle Phänomene der Wirklichkeit einschließlich der Erkenntnis, der Kultur und des Glaubens natürlich kausal erklärbar sind als Ergebnis der evolutiven Gesetze, so ist auch die Soziobiologie selber ein solch kausal erklärbares Vorkommnis in der Wirklichkeit. Das Evolutionsweltbild kann folglich keinen Wahrheitsanspruch mehr vertreten, sondern muß selber auch als Selektionsstrategie derjenigen verstanden werden, die dieses Weltbild zu vertreten determiniert sind. Es gibt keine Argumente mehr, sondern nur noch den universalen Krieg von Genen gegen Gene. In gleicher Weise kann eine Sichtweise, in der die Person, das Ich, das Denken nur als Ergebnis komplizierter Gehirnprozesse gesehen werden, nicht bestehen. Denn biochemische Tatsachen sind keine Sinngebilde, keine Gedanken. Nur von Gedanken aber kann man sagen, daß sie wahr oder falsch sind. „Betrachtet sich also der Denker ... selbst als computerähnlichen Schaltapparat, als physikalischen Prozeß, so hebt er sich selbst sowie den Wahrheitsanspruch seiner Behauptung auf.“ [17])

Der Anspruch der Soziobiologie, eine wissenschaftliche Theorie zu sein, wie auch Wilsons Forderung, der Mensch solle seine eigene Natur verändern, verlangen nach einer Art von Freiheit der Theorie. In einem streng deterministischen oder stochastischen System ergeben Begriffe wie „Freiheit“ oder „Selbsttransformation“ nach selbst gesetzten Zwecken keinen Sinn mehr. Die Theorie von der kausalmechanischen Evolution genügt von daher nicht, um das Verhältnis des Geistes (Reflexion, Zwecksetzung) zur Natur angemessen zu begreifen. Die Wirklichkeit, wie sie der Mensch erfährt, ist nicht monistisch. Wenn auch die Soziobiologie einen Aspekt der Wirklichkeit trifft, so verfehlt sie das Gesamt der Wirklichkeit, wenn sie diesen Ausschnitt für das Ganze hält. „Der Monismus macht das Seiende zur Nacht, in der alle Katzen grau sind. Jede Theorie der Gesamtwirklichkeit, in der nicht ... das Gefühl für die Überständigkeit der Wirklichkeit über unsere monistischen Theorien lebendig (ist), wird die Wirklichkeit verfehlen, weil die Gesamtwirklichkeit ihrer Ergreifung in einem monistischen Prinzip spottet."[18]

Als evolutionstheoretischer Monismus stellt die Soziobiologie eine Art von *prima philosophia*, eine Form von Metaphysik dar. Wilson gesteht dies selber zu: Die Evolutionstheorie als Totaltheorie vom Urknall bis zum modernen Menschen und seiner Gesellschaft ist keine wissenschaftliche Theorie mehr, sondern ein Epos, eine Mythologie: „Das evolutionäre Epos ist insofern Mythologie, als die Gesetze, die es hier und jetzt anführt, Gegenstand des Glaubens sind, ohne daß sie je definitiv bewiesen werden können, so daß sich ein Ursache- und Wirkungskontinuum von der Physik zu den Sozialwissenschaften, von dieser Welt zu allen übrigen Welten im sichtbaren Universum ... ergeben würde."[19] Mit dem „Evolutionsmythos" bietet Wilson ein säkulares Weltbild an, das auf dem Boden der Wissenschaften gewachsen ist. Die für den Menschen entscheidende Ordnung wird im Diesseits gesucht und man hofft auf eine innerweltliche Erlösung von Leid und Sinnlosigkeit. Ein solches Weltbild besteht also aus mehr als nur bedeutungsfreien Tatsachen. Es findet in oder „hinter" diesen Tatsachen eine Bedeutung, eine sinnhafte Orientierung. Wilsons Soziobiologie reiht sich daher in den Reigen der neuzeitlichen Wissenschaften ein, die das Erbe der Religion anzutreten versuchten, indem sie einen Glauben an die Wissenschaft predigten[20]. So polemisiert Wilson gegen die christliche Lehre von der immateriellen Seele[21] und versteht insgesamt seine Soziobiologie vielleicht auch als Gegenentwurf zum amerikanischen Kreationismus[22].

Wilson behauptet sogar, daß der Materialismus der Soziobiologie in der Erklärung theoretischer Phänomene erfolgreicher sei als die herkömmliche Religion und als der Marxismus und infolgedessen jene überwinden werde. Er betrachtet den Konflikt zwischen diesen und der Soziobiologie nicht etwa als einen Wettstreit zwischen einer objektiven Naturwissenschaft und einer subjektiven Religion, sondern als einen Kampf zwischen verschiedenen Mythen. Wilson wechselt hier vom Wissenschaftler, der Fakten sammelt und Theorien aufstellt, zu einem Prediger kosmischer Mythen[23]. Die mechanistische Wissenschaft, die alle Metaphysik zurückgewiesen hatte, erweist sich hier selber als Philosophem und Ideologie. Wilsons „wissenschaftlicher Materialismus" ist keine naturwissenschaftliche Hypothese mehr, sondern eine Weltanschauung. Viele der zeitgenössischen Mythen führen das Prädikat „wissenschaftlich" und werden daher oft nicht als Mythen erkannt. Die Soziobiologie in ihrer von Dawkins und Wilson vorgestellten Form trägt jedoch ganz offen ideologische Züge und stellt wegen dieser ihrer Pseudowissenschaftlichkeit eine moderne Form von Aberglauben dar[24].

Da Wilson sich mit A. Camus' Existentialismus identifiziert, soll auch dieser und insbesondere die Weltanschauung von J. Monod, der mit Camus befreundet war, kurz gestreift werden. Für Monod spielt der Begriff des Zufalls eine besondere Rolle. Zufällig auftretende Mutationen sind die Pioniere der Evolution. Einzig und allein der Zufall liegt jeglicher Neuerung, jeglicher Schöpfung in der belebten Natur zugrunde, „der reine Zufall, nichts als der Zufall, die absolute, blinde Freiheit als Grundlage des wunderbaren Gebäudes der Evolution“ [25]. Dieser Zufall ist für Monod einmal die praktische Unmöglichkeit, etwa den Lauf einer Roulettkugel zu bestimmen. Dies wäre aber bloße Ignoranz. Sodann ist Zufall für Monod blinde Willkür, ein zufälliges Zusammentreffen verschiedenster Ereignisketten. Der Mensch ist infolgedessen ein höchst unwahrscheinlicher Treffer im Glücksspiel der Evolution. Diese Rolle des Zufalls als „Schöpfer“ aller Formen des Lebendigen wird jedoch von vielen Biologen in Zweifel gezogen [26]. Denn durch ein raffiniertes Zusammenspiel von Zufall und Notwendigkeit kann es zur Selbstorganisation der Materie kommen, können in offenen Systemen aus Unordnung hochgeordnete Strukturen entstehen [27]. Monod unterliegt zudem dem Mißverständnis, daß man Ereignisse im Nachhinein beliebig unwahrscheinlich machen kann [28]. Schließlich ist es unmöglich, die Begrenztheit wissenschaftlicher Erkenntnismöglichkeit zuzugestehen und gleichzeitig das Unerklärliche als Zufall zu bezeichnen und diesen als Kausalfaktor zu verstehen [29].

Hinter Monods Aussagen steht offensichtlich das Interesse des französischen Existentialismus und Atheismus, das Leben als absurd zu verstehen. Somit verdankt er seine Kosmologie und Anthropologie nicht dem Einblick in evolutionäre Prozesse, sondern hat die Fracht weltanschaulichen und religiösen Besitzes schon auf dem Rücken getragen, als er zur Exkursion des Forschens aufbrach. Er vernahm dann aus dem Wald das Echo dessen, was er hineingerufen hatte [30]. Für diesen „Monodtheismus“ [31] ist der Mensch nur noch Zufallsprodukt einer blind und planlos würfelnden Natur, dessen Existenz zur Farce gerät. Er ist ein Fremder in der Verbannung ohne jegliche Hoffnung (Camus, Wilson) [32]. Der Mensch muß diese Erkenntnis tapfer auf sich nehmen: „Nämlich wie Sisyphos das Spiel zu betreiben, um dessen Sinnlosigkeit wir wissen, unser Dasein als zufällig hinzunehmen und ebenso das unvermeidliche Ende im Tod“ [33].

Eine erste Konsequenz dieses Weltbildes ist der Fatalismus. Der Mensch ist erwacht aus seinem Traum, er erkennt seine sinnlose Existenz und die Unausweichlichkeit seines Schicksals. Nach Wilson wird der Mensch sich dagegen wehren, die Erklärung seiner selbst als Produkt eines mechanistischen Prozesses zu akzeptieren [34]. Doch das trotzige „Dennoch“ eines Sisyphos verleiht dem Menschen einen Hauch von tragischer Würde: „Wer die unausweichliche Verstricktheit seines Schicksals erkennt und benennt, der erhebt sich gerade dadurch über dieses Schicksal. Er entkommt der Zerstörung zwar nicht, aber er ist kein Sklave des Schicksals mehr ..., er wird zum tragischen Helden, der das Unausweichliche erkennt und akzeptiert.“ [35]

Freilich: Kann der Mensch noch handeln, wenn er darum weiß, daß er als Marionette an den Schnüren der Evolution hängt? Wird sich der Fatalismus nicht in Passivität niederschlagen, da der Mensch der drohenden Vernichtung doch nicht ausweichen kann? Wird nicht der Fatalismus dann zur Entschuldigung aller politischen und gesellschaftlichen Praxis? Wenn die menschliche Subjektivität und alle Gefühle nur physikalische Effekte von Genen sind, welche diese dem Menschen vortäuschen, um ihr eigenes Überleben zu garantieren, bleibt dann nicht für den Menschen nur noch Verzweiflung und Resignation[36]? Auch die Philosophie des „Als ob", das heißt, daß der Mensch so tun solle, als ob er einen freien Willen hätte, daß er so handeln solle, als ob es einen Sinn habe, ist letztlich Selbstbetrug und daher ungenügend[37].

So führt Wilsons Sichtweise, gemäß der der Organismus nur die Methode von DNS ist, mehr DNS zu machen, daß also die Motive und Zwecke des Menschen unwirklich sind und von fremden Manipulatoren in ihn hineingelegt wurden, schließlich in die radikale Sinnentleerung. Auch Dawkins Theorie, daß das Individuum nur eine Illusion darstellt, mündet in einen „ontologischen Nihilismus", denn das Sein des Menschen ist nicht einmal mehr als es selbst erhaltenswert. „Der Sinn von Sein ist die Erhaltung eines Programms. Nicht mehr das Leben selbst als Verwirklichung dieses Programms, sondern nur noch das Überleben des Programms ist Sinn und Zweck des Seins."[38]

Dieser moderne Nihilismus war aus einem Wandel im Verständnis des Kosmos hervorgegangen. Während für Newton Gott noch in der Welt wie in den ersten sechs Schöpfungstagen tätig war, so ist für Descartes und Leibniz Gott der am Sabbat ruhende Schöpfer. Auch für Pascal ist das Universum noch gottgeschaffen, aber Gott ist verborgen. Pascal empfand das Gefühl des Erschauderns vor dem Schweigen der unendlichen Weite des Weltraums[39]. Der Mensch als denkendes Schilfrohr freilich ist dem All gegenüber radikal verschieden: Denn wenn die Natur das Schilfrohr zermalmt, so tut sie es gedankenlos, während das Schilfrohr des Menschen noch im Zermalmtwerden denkend wahrnimmt, daß es zermalmt wird[40]. In seiner kosmischen Vereinsamung konnte sich der Mensch noch immer an den deus absconditus wenden. Im 18. Jahrhundert jedoch wurde der ruhende Gott vollends überflüssig: Laplace antwortete Napoleon auf die Frage, wo denn Gott in seinem Weltbild sei: Majestät, ich brauche diese Hypothese nicht[41]. Schließlich folgte dem deus absconditus nach dessen Verschwinden der homo absconditus. Der Mensch wird nur noch durch den „Willen zur Macht" (Nietzsche) charakterisiert. Alle Zwecke sind allein seine eigene Schöpfung. Nun ist der Mensch mit sich allein:

„Die Welt – ein Tor
Zu tausend Wüsten stumm und kalt!
Wer das verlor,
Was du verlorst, macht nirgends Halt...
Weh dem, der keine Heimat hat."[42]

Der Mensch hat seine Geborgenheit im Kosmos verloren. Er ist so fremd wie ein Findelkind. Diese Weltanschauung Nietzsches, die viele moderne Biologen mehr oder weniger bewußt übernommen haben, führt in die Verzweiflung: Denn wenn das theatrum mundi nicht mehr vor Gott spielt, sondern vor dem Zufall, vor „der schweigenden Kulisse des Galaxienhimmels"[43], so werden alle Leiden und Verbrechen gleichgültig. Das Universum hat kein Herz mehr. Nichts mehr hat Sinn. „Alle Geschichten werden im Nichts enden; alles Leben wird schließlich darauf hinauslaufen, eine flüchtige und sinnlose Grimasse gewesen zu sein in dem Idiotenantlitz der unendlichen Materie."[44]

Man kann nur noch an die Absurdität glauben: Der Mensch erscheint „als absurdes Wesen in einem eiskalten Universum, das sich nicht um den Menschen kümmert“[45]. Daß der Mensch im Weltbild der modernen Wissenschaften in eine gleichgültige Natur geworfen ist, die sich um nichts mehr kümmert, „daß nur der Mensch sich kümmert, in seiner Endlichkeit nichts als den Tod vor sich, allein mit seiner Zufälligkeit und der objektiven Sinnlosigkeit seiner Sinnentwürfe, ist wahrlich eine präzedenzlose Lage“[46]. Es ist der wahre Abgrund.

Wenn der sehende Mensch aber von der blinden Natur hervorgeworfen wurde und der Sich-Kümmernde ein Erzeugnis des Unbekümmerten ist, so muß der Mensch als Produkt des Indifferenten verstanden werden und folglich ist auch sein Sein indifferent. Angesichts des Sterbens müßte der Mensch sagen: „Laßt uns essen und trinken, denn morgen sind wir tot.“[47] Die Idee des Menschen als Menschen aber wäre damit beseitigt[48].

Alle moralischen Appelle für Menschenrechte und gegen Überbevölkerung, wie sie sich beispielsweise auch bei Wilson finden, ergeben in einem solchen Weltbild keinen Sinn mehr. Die Konsequenz aus der Sichtweise, daß die Existenz eines Wesens ebenso gleichgültig ist wie die Existenz eines anderen Dings, wäre vielmehr die Einstellung des Marquis de Sade. Für diesen, der den französischen Materialismus eines d’Holbach konsequent zu Ende denkt, ist alles aus der blinden Natur entstanden. Keinem Naturwesen liegt ein weiterer Zweck zugrunde als die einfache Notwendigkeit des puren Ablaufs des Naturgeschehens. Alle Dinge sind „weder gut noch schön, weder kostbar noch ersonnen: sie sind der Abschaum“[49]. Sinn ist Schaum wie auch der Mensch nur Schaum ist. Konsequent plädiert de Sade für die Unmoral, denn unter der Fahne des Fatalismus entspricht jedes Verbrechen dem System der Natur. Und wer die materialistische Weltanschauung des Marquis teilt, kann sich im Grunde nicht gegen diese Lehre wehren, da die Mißbilligung eines Verbrechens ein gleichgültiges Faktum in einer gleichgültigen Welt wäre.

5.1.2 Der Mensch als Maschine

Dawkins bezeichnet alle Lebewesen einschließlich des Menschen als „Überlebensmaschinen“; Wilson vergleicht den Menschen mit einem Roboter und sieht sogar das menschliche Gehirn als Maschine an[50]. Dieses Bild vom Lebewesen als Maschine ist kein Ergebnis naturwissenschaftlicher Forschung, sondern hat seinen Ursprung im neuzeitlichen Weltbild des *Mechanismus*, dem sich auch die Soziobiologie verpflichtet fühlt und das im folgenden kurz dargestellt werden soll.

Die die Naturwissenschaften vom 17. bis ins 20. Jahrhundert leitende Philosophie des Mechanismus setzt voraus, daß die materielle Wirklichkeit aus unveränderlichen Urelementen aufgebaut ist. Jede Veränderung stellt im Grunde nur eine neue Kombination dieser Urelemente dar[51]. Eine solche, konsequent mechanistische Theorie findet sich schon bei Demokrit und vor allem bei Empedokles von Agrigent, der die Lebewesen rein kausalmechanisch zu erklären versuchte: Sie entstehen zufällig aus Schlamm bei Feuchtigkeit und Wärme und bestehen aus einem labilen Miteinander von Gegensätzen. Ähnlich versuchte Theophrast, ein Schüler des Aristoteles, das Leben rein kausalmechanisch zu erklären und rückte damit von der aristotelischen Teleologie ab[52)].

Das mechanistische Weltbild wurde dann wieder in der Spätrenaissance durch Galilei, Bacon und Descartes propagiert. Galileis Physik, nämlich die Mechanik, wurde zum Leitbild aller Naturforschung erhoben. Die Dinge sollen gemessen und gezählt werden. Die Welt soll nun nicht mehr verstanden, sondern erklärt werden. Während das Mittelalter noch gefragt hatte: Was ist es, das den Stein bewegt, wenn er fällt, so befassen sich Galileis Fallgesetze jetzt nur noch mit der Frage, wie der Fall im Einzelnen vor sich geht[53)]. Es war der Erfolg der Galileis Ansätze genial erweiternden Newtonschen Theorie, die sie so attraktiv machte. Nicht nur die Bewegung aller Sterne konnte damit erklärt werden, sondern auch Bewegungen von Körpern auf der Erde wie beispielsweise herabfallende Äpfel oder Geschosse. So wurde die Hoffnung entfacht, diese Mechanik könnte am Ende auch lebende Organismen erklären[54)].

R. Descartes lieferte dann eine metaphysische Grundlegung für das neue Weltbild. Er stellte eine eigene Version des Dualismus auf, indem er die Welt einteilte in res extensa als Natur und äußeres Sein und die menschliche Seele als res cogitans. Diese radikale Teilung wurde zur „metaphysische(n) Magna Charta für ein rein mechanistisches und quantitatives Bild der natürlichen Welt, mit seinem Korollar der mathematischen Methode in der Physik“[55)]. Descartes rechnete auch die Tiere zu den res extensae und beschreibt sie im „Discours de la Méthode“ als Maschinen und Automaten[56)]. Ein Grund dafür war sicher der Eindruck, den die lebensähnlichen Maschinen des Barock auf ihn gemacht hatten: „Wir sehen Uhren, künstliche Brunnen, Mühlen und ähnliche Maschinen, die, obwohl nur von Menschenhand gemacht, doch fähig sind, sich von selbst auf verschiedene Weise zu bewegen ... Ich sehe keinerlei Unterschied zwischen Maschinen, die von Handwerkern hergestellt wurden, und den Körpern, die allein die Natur zusammengesetzt hat.“[57)]

Der Mensch unterscheidet sich von den Tieren durch die Seele, welche nach Descartes in der Zirbeldrüse im Gehirn ihren Sitz hat. Indem Descartes aber den Tieren jegliche Art von Seele abspricht, erniedrigt er sie zu gefühllosen Automaten[58)]. Auch der menschliche Körper wird als Maschine begriffen und erklärt. Schon Leonardo da Vinci hatte den menschlichen Körper unter mechanistischen Gesichtspunkten untersucht. Andreas Vesalius beschrieb 1543 den menschlichen Körper als Werkstatt. Und Descartes sah dann die Mechanik des menschlichen Körpers durch die Seele bewegt, indem diese in den Mechanismus der Verteilung der „Lebensgeister“ im Körper eingreift. Diese bewegen sich durch Schläuche mit Poren und Ventilen[59)]. „Für mich ist der menschliche Körper eine Maschine. In Gedanken vergleiche ich einen kranken Menschen und eine schlecht gemachte Uhr mit meiner Idee von einem gesunden Menschen und einer gut gemachten Uhr.“[60)] Damit war die Betrachtung der Lebewesen „sub specie machinae“

initiiert und der Versuch einer Reduktion aller lebenden Phänomene auf rein physikalische Prozesse angestoßen[61].

Der Materialist J. O. de La Mettrie konnte sich später auf Descartes berufen. Er machte diesem allerdings zum Vorwurf, er habe die „Seele" bloß um der Pfaffen willen angeflickt[62]. Auch die Seele sei ein empfindlicher materieller Teil des Gehirns, der als eine Haupttriebfeder der ganzen Maschine angesehen werden muß. Die Seele ist daher auch keine spezifisch menschliche Eigenschaft mehr. Mensch und Tier werden einander so nah wie möglich angeglichen[63]. Da La Mettrie schließlich Nerven und Gehirn auch als Muskeln auffaßt („Das Gehirn hat seine Muskeln, um zu denken wie die Beine ihre Muskeln haben, um zu gehen"[64]), hat sich auch das Denken für ihn aus der Materie entwickelt[65].

Die Lehre vom Lebewesen als Maschine blieb die beherrschende Philosophie der Biologie bis in unsere Zeit. Die groben mechanistischen Vorstellungen wurden verfeinert, Kenntnisse der Chemie und Elektrizitätslehre traten hinzu, das Grundverständnis blieb aber dasselbe. Und obwohl doch Darwins Evolutionstheorie die Geschichtlichkeit der Natur herausstellte, blieb die klassische Physik Grundlage der Biologie. Ernst Haeckel, ein Verfechter darwinistischer Ideen in Deutschland, spricht 1866 vom „allmächtigen und unabänderlichen Kausalgesetz", welches die gesamte Natur beherrscht[66]. Er propagiert nach wie vor ein mechanistisches Weltbild, in dem die gesamte Geschichte der Natur einschließlich des menschlichen Bewußtseins auf die Bewegung der Atome zurückgeführt wird. Am Grunde aller Evolution steht für ihn „eine geistlose Mechanik von Atomen"[67].

Dieser kurze Ausflug in die Geschichte des Bildes vom Menschen als Maschine hat gezeigt, daß sich die Soziobiologie mit ihrer Kennzeichnung des Lebendigen als Überlebensmaschine in einer ganz bestimmten philosophischen Tradition befindet und deren Erbe fortsetzt. Damit stellen sich aber auch für die Soziobiologie verschiedene Probleme, die dem mechanistischen Konzept anhaften und die später noch genauer zu untersuchen sind.

5.1.3 Sozialpolitische Hintergründe und Folgen der Soziobiologie

Die Soziobiologie beansprucht, eine neue Theorie für alles soziale Verhalten bei Mensch und Tier zu erstellen, wobei der Egoismus der Gene die entscheidende Triebfeder aller Evolution darstellt. Die Kennzeichnung der menschlichen Natur als wesenhaft egoistisch ist indes nicht neu. Bereits bei den Sophisten führt die individualistische Analyse zu einer Theorie des Sozialvertrags[68]. Diese wurde dann besonders bei Thomas Hobbes entfaltet. Hobbes geht vom Naturzustand des bellum omnium contra omnes aus. Konfliktursache sind außer Ressourcenknappheit auch Konkurrenz, Mißtrauen und Ruhmsucht (homo homini lupus). Hobbes versucht, die Geltung sittlicher und rechtlicher Regeln aus einem Eigeninteresse eines jeden einzelnen herzuleiten[69]. Der Selbsterhaltungstrieb wird zur einzigen Wurzel aller Gerechtigkeit und Sittlichkeit erklärt. Die Selbsterhaltung ist aber im Grunde das einzige absolute Recht, und alle anderen Rechte und Pflichten gelten nur insofern, als sie der Selbsterhaltung nicht entgegenstehen. Wie bei der Soziobiologie gibt es keinen echten Altruismus: Alles, auch das sittliche Verhalten, dient letztlich dem Selbstinteresse[70]. Der Sozialvertrag muß daher ein geregeltes Zusammenleben zwischen den konkurrierenden Menschen gewährleisten. Diese Idee vom Sozialvertrag zwischen wesenhaft egoistischen Menschen spiegelt sich in der Theorie vom reziproken Altruismus von Trivers wider. Dort allerdings wird das Subjekt der Selbsterhaltung vom egoistischen Individuum auf das egoistische Gen zurückverlegt. Dieser „philosophische Egoismus" von Dawkins wurde nicht aus Tierverhalten oder Genetik hergeleitet, sondern liegt den empirischen Daten schon voraus. Mit seinem egoistischen Weltprinzip reiht sich Dawkins in die philosophische Tradition von Hobbes ein und interpretiert die biologischen Data auf dem Hintergrund dieser seiner philosophischen Vorentscheidung[71].

Nicht nur sozialphilosophische Traditionen finden sich in der Soziobiologie wieder, sondern auch der gesellschaftliche Hintergrund, auf dem diese Theorie entworfen wurde, spiegelt sich in ihr. Das gilt für die Evolutionstheorie von Anfang an. Schon F. Engels stellte fest, daß im Darwinismus soziale Modellvorstellungen auf das Tierreich übertragen werden: „Die ganze Darwinsche Lehre vom Kampf ums Dasein ist einfach die Übertragung der Hobbesschen Lehre vom bellum omnium contra omnes und der bürgerlich-ökonomischen von der Konkurrenz nebst der Malthusschen Bevölkerungstheorie in die belebte Natur. Hat man dieses Kunststück fertiggebracht ... so rücküberträgt man dieselbe Theorie aus der organischen Natur wieder in die Geschichte und behauptet nun, man habe ihre Gültigkeit als ewige Gesetze der menschlichen Gesellschaft nachgewiesen."[72]

Die politischen Implikationen der Evolutionstheorie traten sodann im Sozialdarwinismus sehr deutlich zutage. Dieser wurde in England vor allem durch H. Spencer und in Deutschland von E. Haeckel propagiert. Der Grundgedanke besteht darin, biologische Prinzipien wie „Kampf ums Dasein" oder „das Recht des Stärkeren" auf die Gesellschaft zu übertragen. Spencer lehnte von daher die staatliche Erziehung, die Armengesetze, die sanitären Wohnungsvorschriften und sogar den Schutz Unwissender gegen Kurpfuscher ab. Wer die biologische Wahrheit kennt, der dürfe das Prinzip der natürlichen Zuchtwahl nicht dadurch umgehen, daß er diejenigen künstlich am Leben erhalte, die sich selber am wenigsten versorgen können[73]. Da diese Form des Sozialdarwinismus die jeweils herrschenden Schichten oder Rassen als die „Fittesten" verstand, wurde sie zur Legitimationsideologie des Frühkapitalismus[74]. Schließlich wurde der Sozialdarwinismus zu einem der ideologischen Bausteine des Nationalsozialismus, welcher darum auch als „politisch angewandte Biologie"[75] definiert wurde. Die Theorie wurde unter A. Hitler in die politische Praxis übersetzt, in Rassengesetze, Euthanasieprogramme oder Sterilisation Minderwertiger[76]. Auch in Amerika waren sozialdarwinistische Ideen virulent. J. D. Rockefeller begründete das amerikanische Wirtschaftssystem und vor allem die skandalösen Methoden seines eigenen Finanzimperiums mit dem Gesetz Darwins: „Die Entwicklung großer Geschäfte beruht einfach auf dem Überleben des Tüchtigsten ... Die amerikanische ‚Schönheitsrose' in all ihrer Herrlichkeit und ihrem Duft ... kommt nur dadurch zustande, daß alle frühen Knospen rings um sie geopfert werden. Das ist keine böse Tendenz des Geschäftes. Es ist nur das Befolgen eines Naturgesetzes, eines Gesetzes Gottes."[77)]

Diese Tradition sozialer und politischer Relevanz biologischer Thesen setzt sich in der Soziobiologie fort. Denn auch die „neue Synthese" Wilsons scheint ein ganz bestimmtes Gesellschaftsbild vorauszusetzen und mehr oder weniger bewußt in ihre Theorien hineinzuprojizieren. Dabei ist es vor allem die amerikanisch-westliche kapitalistische Gesellschaft, deren Grundgesetze in der Natur gesucht und „gefunden" werden. Um ein Beispiel zu nennen: Das Gen wird als Kapital begriffen. Alle sozialen Beziehungen werden unter dem Gesichtspunkt eines „Gen-Investments" betrachtet, welches sich möglichst gut verzinsen soll. Die Optimierungsgesetze der Ökonomie werden auf die Vermehrungsstrategie der Gene übertragen. Es gelten überall dieselben Gesetze: „One universe, one economy, one economics."[78)] Die natürliche Selektion stellt nichts anderes dar als einen Wettbewerb um knappe Ressourcen wie etwa fortpflanzungsfähige Weibchen. Nur wer mit seinen Ressourcen effizient umgeht und dabei optimal in Nachwuchs „investiert"[79)], wird sein Gen-Kapital vermehren können. Oder richtiger: Diejenigen Gene, die solche optimalen Strategien codieren, werden in Umlauf bleiben und schließlich den Markt erobern. Die Gene als Kapitalanleger bauen sich dazu Überlebensmaschinen auf wie ein Unternehmen und optimieren durch ihre Strategien den Gewinn, welcher als Maßeinheit „den ‚Goldstandart' der Evolution, das Genüberleben"[80)], hat. Insbesondere Dawkins spricht den Genen eine Art von Bewußtsein und Intentionalität zu. „Er fällt damit in einen genetischen Animismus, der den Genen Wahrnehmung und Entscheidung zumißt und die Leistungsfähigkeit und die Geschwindigkeit darwinistischer Selektionsmechanismen weit überzeichnet."[81)]

Gerade bei Dawkins wird an Begrifflichkeit und Denkmodellen sehr klar deutlich, daß die Soziobiologie das westlich-kapitalistische Wirtschaftssystem mitsamt seinen Gesetzen auf die gesamte Welt des Lebendigen zu übertragen versucht, so daß der Anthropologe M. Sahlins sogar zu dem Urteil kommt, die Soziobiologie sei ein Ausdruck der versteckten Ideologie der westlichen Gesellschaft[82)]. Dies schlägt sich auch in der Auswahl der Perspektiven nieder, unter denen die Tierwelt oder primitive menschliche Populationen untersucht werden. Die Kategorien von „Dominanz des männlichen Geschlechts", „Aggression", „Egoismus", „Wettstreit um Ressourcen" oder „Doppelte Moral" stammen größtenteils aus der westlichen Gesellschaft. Wird eine Gesellschaft nur mit Hilfe dieser Kategorien untersucht, so kommt es leicht zu Einseitigkeiten und Verzerrungen[83)]. Denn in dieser Vorgangsweise lauert die Gefahr, daß die Soziobiologen als Mitglieder einer kapitalistischen, elitären, männerdominanten Gesellschaft eine biologische Theorie mit genau denselben Eigenschaften produzieren und durch diese dann ihre eigene Gesellschaft legitimieren[84)].

Da die Soziobiologie solche gesellschaftspolitischen Implikationen enthält, nimmt es nicht wunder, daß sich sofort nach Erscheinen von „Sociobiology" eine heftige Debatte um die politische Botschaft dieser neuen Wissenschaft anschloß. Einige Wissenschaftler verschiedenster Fachrichtungen, die der sozialistisch orientierten Bewegung „Science for the People" angehören – unter ihnen Wilsons Kollege in Harvard, der Genetiker R. Lewontin –, schlossen sich zur „Sociobiology Study Group" zusammen und veröffentlichten polemische Angriffe auf Wilson. Dieser wurde als Ideologe und privilegiertes Mitglied der modernen westlichen Gesellschaft bezeichnet, der mit seinem Buch den status quo zu rechtfertigen suche[85]. Die Auseinandersetzung wurde dabei nicht nur auf der akademischen Ebene ausgetragen, sondern es gab auch einen Kampf um Medienpublizität. Selbst Mittel wie Flugblätter, Störungen von Vorlesungen und tätliche Angriffe blieben nicht ausgeschlossen[86]. Insgesamt scheint die Soziobiologie die Schlacht um günstige Publizität gewonnen zu haben: Sie wurde in Fachliteratur, Schulbüchern und angesehenen populären Zeitschriften meist positiv rezipiert[87]. Auf dem Höhepunkt der Auseinandersetzung wurde Wilson von Präsident Carter mit der „National Medal of Science" geehrt; sein Buch „On Human Nature" erhielt 1979 den Pulitzer-Preis[88].

Welches waren nun die Vorwürfe gegen die Soziobiologie? In den ersten öffentlichen Äußerungen der Sociobiology Study Group wurde Wilson als biologischer Determinist bezeichnet, der die gegenwärtige kapitalistische Gesellschaftsform zu rechtfertigen sucht, indem er sie als den biologischen Gesetzen entsprechend und mithin als „natürlich" bezeichnet. Rassismus, Sexismus, Individualismus und Aggression würden damit legitimiert: „Von den soziobiologischen Prämissen der Erblichkeit und der stammesgeschichtlichen Angepaßtheit allen Verhaltens ausgehend ist es einfach, die bestehenden Verhältnisse als gut und notwendig darzustellen und Privilegien und Schichtungen in der Gesellschaft als naturgegeben erscheinen zu lassen."[89] Wenn aber die Ungleichheit in der menschlichen Gesellschaft ein quasi-naturales Ergebnis des Ausleseprozesses ist, so können beipielsweise Eingriffe sozialpolitischer Natur als dem natürlichen Entwicklungsprozeß zuwiderlaufende Maßnahmen abgelehnt werden[90]. Wilson wurde in diesem Zusammenhang sogar mit Rockefeller und Hitler in Verbindung gebracht[91].

Diese Vorwürfe sind nun eher unspezifisch und richten sich gegen alle genetischen Erklärungsversuche menschlichen Verhaltens. Daß sie nicht ganz unbegründet sind, zeigt der Film „Sociobiology. Doing What Comes Naturally", bei dem auch R. L. Trivers mitgearbeitet hat[92]. Wenn dort zum Beispiel Ameisengesellschaften als Modell gebraucht werden („Einmal ein Arbeiter, immer ein Arbeiter. Hier gibt es keine Aufwärtsbewegung"[93]), so wird damit implizit zum Ausdruck gebracht, daß Klassenunterschiede genetisch programmiert sind. In dem genannten Film werden auch die unterschiedlichen Geschlechterrollen von Mann und Frau betont[94]. Solche Aussagen sind keine Ausnahmen. Nach dem Urteil von D. P. Barash ist Mutter Natur selber sexistisch[95]; auch wenn er wie Wilson betont, daß er nur über Geschlechterunterschiede redet und nicht wertet, so bringt es die Darstellungsweise mit sich, daß mit Hilfe der Soziobiologie allzu leicht sexistische Positionen begründet werden können[96]. Man denke etwa an die Spekulationen Wilsons, daß Männer größere mathematische Fähigkeiten haben als Frauen und daß derartige Unterschiede die stärkere soziale Rolle des Mannes bedingen. Da Wilson diese Behauptung nicht evident machen kann, scheint sie in der Tat eher seinen persönlichen Interessen oder Vorurteilen als der wissenschaftlichen Forschung zu entspringen[97]. Ähnliches gilt für das Sexualverhalten des Menschen. Die soziobiologische Erklärung der Promiskuität des Mannes etwa kann die doppelte Moral legitimieren[98]. Selbst für die Behauptung, daß Mann und Frau bei der Zeugung eines Kindes unterschiedlich stark investieren, ist die Evidenz zweifelhaft. Den naturwissenschaftlichen Daten scheint daher schon die *Überzeugung* vorauszuliegen, daß Männer eher zur Promiskuität und Frauen eher zu einer treuen Beziehung neigen. Dieses Vor-Urteil wird dann in die Daten erst hineingedeutet[99].

Die Befürchtungen der Study Group, rechtsextremistische und faschistische Gruppen könnten die Soziobiologie zu ihrer Legitimierung mißbrauchen, haben sich bewahrheitet: Von der in Frankreich ansässigen „Neuen Rechten" wurde die Soziobiologie als willkommenes Instrument begrüßt, mit dem sie ihre Forderungen nach einem arisch-keltischen Großreich und ihre Abqualifizierung von Negern und Juden als Menschen zweiter Klasse unterstützen kann. Ebenso hat die Faschistische Nationale Front in England die Soziobiologie zur Unterstützung ihrer politischen Ideen herangezogen[100].

Nun hat sich die Soziobiologie gegen die Vorwürfe der Study Group heftig gewehrt: Man könne ihr keine Rechtfertigung des Rassismus nationalsozialistischer Prägung anlasten, denn sie würde ja gerade biologische Aussagen allgemeiner Art machen, die für alle Rassen gelten, und somit dem Rassismus wehren. Auch würde sie nicht bestimmte Sozialsysteme als natürlich hinstellen, um für ihren Fortbestand zu plädieren, denn „biologisch" sei kein Synonym für „gut" und zum andern bedeute die Angepaßtheit noch nicht die beste Verwirklichungsform[101]. Wilson gab zu bedenken, daß man die Ungerechtigkeiten, die von einer genetisch basierten menschlichen Natur herrühren, nicht dadurch beseitigen könne, daß man diese Natur leugnet. Einsichten in diese Natur müssen noch nicht Gesetze zur Sozialreform verhindern, so wenig wie die genetische Bedingtheit von Kurzsichtigkeit verbieten könne, dieses naturgegebene Faktum durch eine Brille auszugleichen[102]. So wurden auch manche überspitzten Vorwürfe und polemischen Anschuldigungen gegen Wilson, die aus dem marxistischen Lager kamen, bald wieder eingestellt. Diese Vorwürfe hatten sogar eher zu Gunsten Wilsons gewirkt, da dieser schnell das Image eines Märtyrers bekam, der von marxistischen Ideologen verfolgt wird. Wilson verglich sich selber mit H. Küng, der von anderen Theologen zu Unrecht verurteilt worden sei. Auch Vergleiche mit Galilei oder Giordano Bruno wurden angestellt[103].

Nun mag man durchaus gewillt sein, den Mißbrauch von Wilsons Theorie etwa durch die französische Rechte zu beklagen oder einseitige ideologische Angriffe abzulehnen. Doch selbst wenn man den politischen Mißbrauch Wilson nicht direkt anlasten kann, so zeigt sich doch, wie leicht das, was ist, als das ausgegeben werden kann, was auch sein muß. Weiterhin wurden die ideologischen Angriffe auf die Soziobiologie oft mit der Begründung zurückgewiesen, daß ein möglicher Mißbrauch oder eventuelle politische Folgen ja noch nicht gegen ihre wissenschaftliche Wahrheit sprechen. Die Ergebnisse der Soziobiologie mögen vielleicht unangenehm sein, aber auch der Tod sei eine unangenehme biologische Wahrheit[104]. Dem ist entgegenzuhalten, daß es gerade für viele Behauptungen der Humansoziobiologie kaum empirische Belege gibt, wie im vierten Kapitel bereits dargelegt worden ist. Und insbesondere auf dem Feld menschlichen Sozialverhaltens, welches so leicht politisch und ideologisch zu mißbrauchen ist, haben sich Soziobiologen in vage Behauptungen und Spekulationen verstiegen. Gerade hier wäre jedoch eine besondere Behutsamkeit und Vorsicht angebracht gewesen. Viele der politischen Schlußfolgerungen können direkt aus den wissenschaftlichen Werken der Soziobiologen abgeleitet werden oder wurden sogar von ihnen selber gezogen[105]. Wenn Wilson sich mit Galilei vergleicht, der unschuldig angeklagt wird, so ist zu fragen, ob er nicht diese politische Kontroverse großenteils durch leichtfertige Spekulationen geradezu provoziert hat. Man denke nur an seine Behauptung, die Humansoziobiologie sei für den Marxismus zu einer tödlichen Bedrohung geworden[106].

Aus dem bisher Gesagten ergibt sich ganz offensichtlich, daß die Soziobiologie, wie sie auch von ihren Hauptvertretern vorgetragen wird, ideologische Elemente enthält. Mit ihrem Reduktionismus, der jeden Zweck menschlicher Selbstverwirklichung außerhalb der biologischen Natur verleugnet, wird sie zu einer Philosophie, für die das biologische Leben als höchster Zweck alle anderen Werte nebensächlich werden läßt[107]. Eine solche Lehre kann sehr schnell in einen neuen Sozialdarwinismus münden. Damit bleibt die Soziobiologie der Denktradition des Sozialbiologismus verhaftet und steht unter Ideologieverdacht[108]. So wird die Ideologiekritik ein wichtiges Element sein müssen, um auf die offenen und verborgenen anthropologischen Voraussetzungen und auf die gesellschaftliche Bedingtheit anthropologischer Konzeptionen aufmerksam zu machen. Diese philosophischen Voraussetzungen sind selber keine wissenschaftlichen Fakten mehr, sondern Ergebnis einer mehr oder weniger expliziten Entscheidung für ein ganz bestimmtes Weltbild. Im Horizont dieses Weltbildes werden dann die Fakten ausgewählt, gedeutet und gewertet. Ein Weltbild aber ist ein philosophischer Entwurf, und folglich ist es die Philosophie, die sich einem Weltbild stellt. Eine Auseinandersetzung zwischen Weltbildern stellt keine Kontroverse zwischen Naturwissenschaft und Philosophie oder Theologie dar, sondern ist ein Streit auf dem Schauplatz des philosophischen Agons, also innerhalb der Philosophie[109]. In einen solchen philosophischen Streit kann auch die Theologie mit eintreten, da auch sie ein ganz bestimmtes Weltbild vertritt, von dem aus sie das der Soziobiologie kritisieren kann. Besonders dort, wo Soziobiologen Aussagen zum Sinn des Lebens machen, kommt der Theologie eine kritische Kompetenz zu. Ihre Hinweise auf Grenzüberschreitungen und implizite philosophische Voraussetzungen können die Soziobiologie vor dogmatischer Erstarrung und Diskreditierung durch ideologischen Mißbrauch schützen helfen[110].

5.2 Wissenschaftstheoretische Überlegungen

5.2.1 Die Grenzen wissenschaftlicher Vernunft

Die moderne Wissenschaftstheorie hat gezeigt, daß es keine voraussetzungsfreie Wissenschaft gibt. Ideologische, soziale, politische, kulturelle, anthropologische, epistemologische und philosophische Voraussetzungen fließen in den empirischen Erkenntnisprozeß mit ein. Umgekehrt hält die Wissenschaft diese ihre Vorbedingungen in Bewegung, so daß zwischen beiden eine Zirkelstruktur am Werk ist [111)].

Die Soziobiologie bietet dafür beinahe ein Musterbeispiel, wie im letzten Abschnitt gezeigt worden ist: Sie ruht auf der Metaphysik des monistischen Materialismus auf, steht in der philosophischen Tradition des Mechanismus und wird schließlich von ideologischen und politischen Einflüssen mitgeprägt. Was bei der Soziobiologie in besonders deutlicher Weise zum Vorschein kam, gilt jedoch für alle Wissenschaften [112)]. Der völlig interessenlose Wissenschaftler ist ein Mythos. Jeder Forscher bringt persönliche und politische Vorurteile in seine Wissenschaft ein, welche dann die Forschungsrichtung und teilweise die Ergebnisse beeinflussen. Sogar das Ideal des klassischen Rationalismus, daß in der Wissenschaft Überzeugungen kein Heimatrecht hätten, ist selbst wieder eine Überzeugung und zwar nach Nietzsche „eine so gebieterische und bedingungslose, daß sie alle andern Überzeugungen sich zum Opfer bringt. Man sieht, auch die Wissenschaft ruht auf einem Glauben, und es gibt gar keine ‚voraussetzungslose' Wissenschaft." [113)] In diesem Abschnitt sollen nun auf dem Hintergrund der Diskussion mit der Soziobiologie die wissenschafts- und erkenntnistheoretischen Voraussetzungen und Grenzen der Naturwissenschaften aufgezeigt werden.

Zunächst gibt es die vom positivistischen oder neopositivistischen Denken beanspruchte Unmittelbarkeit des positiv Gegebenen nicht: Denn jede Tatsachenfeststellung setzt immer schon das erkennende Subjekt voraus, welches „aus seiner ‚Welt' heraus der Aussage einen bestimmten Sinn verleiht" [114)]. Die Wissenschaften zwingen von daher den Tatsachen ihr Weltbild auf, wobei mit Weltbild eine Vorstellung der Wirklichkeit gemeint ist, welche der ansonsten sinnlosen Vielfalt der Tatsachen eine für den Menschen wesentliche Ordnung verleiht. Die moderne Wissenschaft hatte die religiösen Weltbilder als unbegründbar zurückgewiesen, um selber ein begründbares Weltbild zu suchen. Daher blieb sie bei ihrem Streben nach Erkenntnis zutiefst in die Suche nach dem richtigen Weltbild verstrickt [115)]. Der Wissenschaftler blickt zwar auf seine Sachen, aber nur „durch Gläser, in welche die gewachsenen Annahmen von Jahrhunderten eingeschliffen sind" [116)].

T. S. Kuhn hat ausgerechnet für die strengen Naturwissenschaften nachgewiesen, daß die entscheidenden Revolutionen in deren Geschichte durch einen „Paradigmenwechsel" zustandegekommen waren, welcher jeglicher Prüfung von Hypothesen und Tatsachen schon vorauslag. Paradigmata sind „allgemein anerkannte wissenschaftliche Leistungen, die für eine gewisse Zeit einer Gemeinschaft von Fachleuten maßgebende Probleme und Lösungen liefern“ [117]. Die Naturwissenschaften übernehmen also eine ganz bestimmte Grundkonzeption, welche als Voraussetzung aller weiteren Forschung dient. Dieses Weltbild diktiert die Beobachtungen und Experimente. „Jedes Faktum, jedes experimentelle Ergebnis ist eo ipso in einem Interpretationszusammenhang gesehen, so daß der Natur nicht nur eine Frage gestellt wird durch das Experiment, sondern der Bereich möglicher Antworten schon sehr eingegrenzt ist.“ [118] Die „normale Wissenschaft“ besteht nach Kuhn darin, die verschiedenen Phänomene in den paradigmatischen Horizont einzubauen, der selber nicht in Frage gestellt wird. P. Feyerabend machte darauf aufmerksam, daß „Revolutionen“ und „Normalwissenschaft“ nicht streng chronologisch aufeinander folgen, sondern im Wissenschaftsbetrieb gleichzeitig anwesend sind [119].

Eine neue Grundkonzeption, ein neues Paradigma hat erst dann eine Chance, sich in einer wissenschaftlichen Revolution durchzusetzen, wenn das bisherige Paradigma eine hinlängliche Zahl von Widersprüchen nicht mehr lösen kann und es zu einer Krise einer Naturwissenschaft kommt. Einzelne Widersprüche reichen noch nicht, um den „Glauben“ an ein Paradigma zu erschüttern. Damit wird Poppers Falsifikationismus in Frage gestellt [120].

Weniger betroffen vom Paradigma-Wechsel sind die Formalismen, das heißt die Beschreibungen von Funktionalzusammenhängen zwischen den Phänomenen. Vielmehr geht es bei einem solchen Wechsel um ein Austauschen von Weltbildern [121]. Wenn in einer wissenschaftlichen Revolution der herrschende Kanon der Ideen und Vorstellungen gesprengt wird, so wechselt nach Kuhn damit zwar nicht die Welt, aber der Wissenschaftler arbeitet danach in einer anderen Welt. „Es ist fast, als wäre die Fachgemeinschaft plötzlich auf einen anderen Planeten versetzt worden, wo vertraute Gegenstände in einem neuen Licht erscheinen und auch unbekannte sich hinzugesellen.“ [122] Wir müssen anerkennen, daß es nicht eine Welt, sondern viele Welten gibt, an deren Aufbau wir als Konstrukteure beteiligt sind. Die Durchsetzung einer umfassenden Erklärungstheorie, eines Paradigmas, geschieht nicht mehr durch Erfahrung unmittelbar, wenngleich *beim* Prozeß der Erfahrung jeweils auch das gesamte System von Aussagen auf seine Brauchbarkeit für die Erfahrungserkenntnis hin überprüft wird. Vielmehr ist der Wechsel eines Paradigmas durch einen geschichtlichen Kontext bedingt. Über empirische Evidenz und Logik hinaus spielen bei der Etablierung neuer Paradigmata auch ideologische, soziologische und politsche Faktoren eine Rolle [123]. Die naturwissenschaftlichen Erklärungsmuster hängen infolgedessen nicht ausschließlich von der Naturerfahrung ab, „sondern auch vom soziokulturellen Hintergrund . . . , vor dem die Naturwissenschaft arbeitet“ [124].

Gerade dieser Aspekt wird bei der Soziobiologie deutlich. Außerwissenschaftliche Faktoren wie beispielsweise eine einseitige Medienpolitik oder der soziokulturelle Hintergrund haben für die Entstehung und Verbreitung ihrer Theorien eine erhebliche Rolle gespielt. Womöglich stellt die Soziobiologie ein Paradigma im Kuhnschen Sinne dar, da

Wilson durch die Ausdehnung der Populationsgenetik und der Evolutionstheorie auf das Gebiet der sozialen Beziehungen ein neues, vereinheitlichtes Modell aufgestellt hat. Der Autor von „Sociobiology" schlug selber die „neue Synthese" als ein Mittel zur Revolutionierung der Erforschung des Sozialverhaltens vor, um die bisherige Ethologie, der ein einheitliches Grundkonzept fehlte und die im wesentlichen als beschreibende Wissenschaft fungierte, durch eine erklärende Theorie zu ersetzen. Die Soziobiologie sei daher als Forschungsstrategie zum Studium der sozialen Verhaltensphänomene zu verstehen [125)]. Daß die Soziobiologie ein Paradigma darstellen könnte, legt sich auch von daher nahe, daß die vielen Einwände gegen die neue Synthese diese bislang nicht zu falsifizieren vermochten. Die Soziobiologie selber kann daher nun als „normal science" verstanden werden, die ihr Paradigma durch eine Menge von ad hoc Hypothesen gegen eine Falsifikation schützt [126)]. Auch deuten viele Spekulationen, die erst durch empirische Forschung, durch die normale Wissenschaft eingelöst werden müssen, auf den Paradigmencharakter der Soziobiologie hin [127)]. Schließlich spricht die schnelle Verbreitung der Soziobiologie in der akademischen Welt dafür, daß hier eine „wissenschaftliche Revolution" stattgefunden hat [128)].

Wilson selber bestätigt die These, daß die Soziobiologie – wie jede andere Wissenschaft – nicht nur ein Konglomerat von reinen Fakten ist, sondern auf einem Weltbild aufruht, das aus Vorurteilen, kulturellen Grundlagen und gesellschaftlichen Überzeugungen hervorgeht, indem er die Soziobiologie als Mythos bezeichnet [129)].

Folglich gibt es keine vorurteilsfreie Wissenschaft. Alle Beobachtungssätze sind bereits theorieimprägnierte Sätze. Die Sinnesdaten sind schon jeweils interpretierte Sinnesdaten. Somit gibt es auch die reine, jederzeit wiederholbare, subjektunabhängige, homogene Erfahrung nicht [130)]. Und da jede Behauptung schon von einer Theorie geleitet ist, dürfte „die hypothetiko-deduktive Sicht die Naturwissenschaften zutreffender . . . charakterisieren als die lange Zeit herrschende Annahme einer induktiven Arbeitsweise" [131)]. Alle Wissenschaften sind überdies spekulativ: Da die Wahrnehmungen nie rein, sondern theoretisch vorgeprägt sind, stehen sie unterschiedlichen Interpretationen offen. Wahrnehmungen dienen nicht als empirische Basis zur Induktion von Hypothesen, sondern allenfalls zur Anregung oder Prüfung von Hypothesen, welche ihrerseits Produkte von Spekulationen sind. Theorie und Empirie sind unentwirrbar ineinander verflochten, so daß die Fakten nie von den theoretischen Vorgegebenheiten losgelöst werden können, welche der Experimentator mehr oder weniger bewußt in den Forschungsprozeß einbringt [132)].

Auch epistemologische Einwände sprechen gegen die Möglichkeit, daß die Wissenschaft „reine Fakten" zu liefern vermag. Die naturwissenschaftliche Methodik bringt es mit sich, daß auf ganz bestimmte Zusammenhänge verzichtet wird zugunsten bestimmter Aspekte, die den Naturwissenschaftler interessieren [133)]. Die Naturwissenschaft gibt das Koordinatensystem vor, in dem sich die Natur zeigen darf. Das naturwissenschaftliche Fragen stellt eine Vorentscheidung über den jeweiligen Wirklichkeitsausschnitt dar.

Schon I. Kant hatte in der „Kritik der reinen Vernunft" die These aufgestellt, daß die Vernunft nur das einsieht, was sie selber nach ihrem Entwurfe hervorbringt. „Die Vernunft muß mit ihren Prinzipien, nach denen allein übereinkommende Erscheinungen für Gesetze gelten können, in einer Hand, und mit dem Experiment, das sie nach jenen ausdachte, in der anderen, an die Natur gehen, zwar um von ihr belehrt zu werden, aber nicht in der Qualität eines Schülers, der sich alles vorsagen läßt, was der Lehrer will, sondern eines bestallten Richters, der die Zeugen nötigt, auf die Fragen zu antworten, die er ihnen vorlegt." [134] Nach Kant richten sich die Gegenstände daher nach unserer Erkenntnis und nicht, wie bisher vorausgesetzt, unsere Erkenntnis nach den Gegenständen. Nach dieser kopernikanischen Wende ist es nur das Subjekt, das die Gesetze erläßt, nach denen sich die Gegenstände zu richten haben [135]. Folglich sagen die Antworten mehr über den Frager aus als über den Befragten. Die sogenannten Naturgesetze werden von den Wissenschaftlern selbst erlassen. „Der Mensch ist der Maßschneider aller Dinge." [136] Weiterhin bauen naturwissenschaftliche Erklärungen auf dem Kausalprinzip auf. R. Löw weist jedoch darauf hin, daß das Hempel-Oppenheim-Schema [137] nur einige Ausgangsbedingungen herausgreifen kann und damit in gewisser Weise willkürlich ist. Für einen wirklichen Nachweis einer kausalen Beziehung zwischen zwei Ereignissen müßten nämlich *alle* Ausgangsbedingungen herangezogen werden. Schließlich sind Naturgesetze statistische Gesetze, so daß „für kein Ereignis in der Welt eine wissenschaftlich haltbare Kausalerklärung existiert" [138]. L. Wittgenstein kommt zu dem lapidaren Schluß, daß der ganzen modernen Weltanschauung die Täuschung zugrundeliegt, „daß die sogenannten Naturgesetze die Erklärungen der Naturerscheinungen seien" [139].

Ein Kennzeichen der neuzeitlichen Naturwissenschaft ist somit der eingeschränkte Erfahrungsbegriff. Erfahrung muß experimentell zugänglich sein, das heißt, es handelt sich um geplante und homogenisierte Erfahrung. Das Experiment ist so angelegt, daß es nur auf die vom Experimentator gestellte Frage mit „Ja" oder mit „Nein" antworten kann. Nie aber wird das Experiment als Ganzes in Frage gestellt. Der Naturwissenschaftler „hört nicht zu, was die Wirklichkeit etwa von sich aus zu sagen hätte" [140], sondern schreibt der Natur die Fragen vor, auf die sie zu antworten hat. „Präzis" heißt ja „abgeschnitten": „Die Präzision des wissenschaftlichen Terminus besteht darin, daß unter einem genau bestimmten Aspekt ein Teilphänomen sauber aus dem komplexen Sachverhalt herausgeschnitten und, sozusagen als isoliertes Präparat, der Untersuchung dargeboten wird." [141] Folglich enthält eine wissenschaftliche Theorie nur so viel, wie ihre Prämissen und deren Perspektiven hergeben. Die Wirklichkeit ist nie ganz präsent [142].

Der eingeschränkte Erfahrungsbegriff der Naturwissenschaft ist weiterhin gekennzeichnet durch Reproduzierbarkeit (Machbarkeit), Gesetzmäßigkeit (Prognosefähigkeit) und Quantifizierbarkeit. Das Kriterium der Reproduzierbarkeit hat seinen Ursprung in dem Dictum von Hobbes, daß wir nur verstehen, was wir machen [143]. Dies aber ist ein auf technische Reproduktion eingegrenzter Erfahrungsbegriff. Zum Kriterium der Wiederholbarkeit ist weiterhin zu bemerken, daß es das Sich-exakt-Wiederholende in der Natur gar nicht gibt. Alle Ereignisse haben ihre individuelle Prägung. Der Mensch kann nur dann Gesetze ermitteln, wenn er die jeweiligen Besonderheiten vernachlässigt. Das aber bedeutet den Verzicht darauf, den einzelnen Fall ganz auszuschöpfen, und somit eine Selbst-Beschränkung in der Wahrnehmung [144]. Das Signal für das Kriterium der Meßbarkeit gab Galilei: „Man muß messen, was meßbar ist, und was nicht meßbar ist, meßbar machen." [145] Aristoteles hatte auf die Frage, ob die Mathematik natürliche Prozesse beschreiben könne, noch geantwortet, daß diese dafür ungeeignet sei, da sich geometrische Figuren nicht bewegen könnten [146]. Die vorsokratischen Denker waren sogar von der Unermeßlichkeit der sie umgebenden Welt so durchdrungen, daß ihnen jedes Messen als vermessen erschienen wäre und jedes Wägen als zu gewagt [147]. Für die Neuzeit gilt jedoch die Devise: „Kein menschliches Forschen darf wirklich wissenschaftlich genannt werden, wenn man es nicht mathematisch demonstrieren kann" (Leonardo da Vinci [148]). Durch die Beschränkung der naturwissenschaftlichen Methode auf die Kategorie des Messens ist auch schon der Resultatentypus festgelegt. Es sind die Maßeinheiten des Menschen, die über die Ergebnisse entscheiden. „Je sorgfältiger wir die Zifferblätter unserer Meßinstrumente beobachten, um so deutlicher sehen wir die Widerspiegelung unserer Gesichter." [149] Der Physiker A. Eddington erzählt die Geschichte eines Fischkundigen, der sein Netz ins Wasser wirft und aus dem Fang schließt, daß kein Seegeschöpf weniger als zwei Zoll lang ist und daß alle Seegeschöpfe Kiemen haben. Dem Einwand, es könne doch auch kleinere Fische geben, die durch die Maschen gehen, entgegnet er: „Alles, was mit meinem Netz nicht gefangen werden kann, liegt *ipso facto* jenseits des Rahmens fischkundlichen Wissens und ist keine Teil des Fischreiches, wie es als Gegenstand fischkundlichen Wissens definiert wurde. Kurz gesagt, was mein Netz nicht fangen kann, ist kein Fisch." [150] Diese Antwort ist freilich eine metaphysische Behauptung. Da ein Netz nichts über die Dinge sagt, die durch die Maschen gehen, wird nur eine Teilwirklichkeit erkannt. Die Meßbarkeit als Entscheidungskriterium über die Wirklichkeit und Unwirklichkeit von Phänomenen ist problematisch. Und die Forderung, das Nichtmeßbare meßbar zu machen, erinnert an das Prokrustesbett. Für C. F. v. Weizsäcker hat darum das physikalische Weltbild nicht mit dem unrecht, was es behauptet, sondern mit dem, was es verschweigt [151]. Ähnlich äußert sich der Physiker W. Heitler: „Die quantitativ-kausal-deterministische Richtung der Wissenschaft schenkt uns eine Teilwahrheit. Eine Teilwahrheit ist aber auch eine Teilunwahrheit, und sie wird zur ganzen Unwahrheit, wenn wir den Teil für das Ganze ansehen." [152]

E. O. Wilson identifiziert sich explizit mit der mathematischen Methodik der neuzeitlichen Wissenschaft, indem er sich hinter das Wort Lord Kelvins stellt, daß „wir nicht wissen, wovon wir reden, solange wir es nicht gemessen haben" [153]. Er kritisiert die Ethologie, die wegen ihres nur deskriptiven Charakters nicht wissenschaftlich genug war. Der Wissenschaftscharakter der Soziobiologie hingegen würde garantiert durch die vielen mathematischen Modelle und Berechnungen. Doch wie oben schon gezeigt wurde, bedeutet der Umstand, daß etwas in ein mathematisches Modell gefaßt wurde, noch nicht, daß es auch verstanden wurde [154].

Weiterhin scheint der positivistische Erkenntnisoptimismus zu übersehen, daß die menschlichen Sinnesorgane wie Denkkategorien eine höchst einseitige Auswahl darstellen[155)]. Dies wird beispielsweise daran deutlich, daß dem menschlichen Vorstellungsvermögen eine Anschauung der vierten Dimension unmöglich ist und die Gleichzeitigkeit von Korpuskel und Welle beim Licht widersprüchlich erscheint. Solche Einsichten, auf die auch die evolutionäre Erkenntnistheorie immer wieder hinweist, offenbaren die Grenzen menschlicher Erkenntnis vor der je größeren Wirklichkeit und sollten die Naturwissenschaften von einem totalitären Erklärungsanspruch abrücken lassen[156)]. Der Selbstwiderspruch wird bei der Soziobiologie besonders eklatant: Denn einerseits wird nachgewiesen, daß der Mensch in seinen Wahrnehmungen und in seinem Denken vielen Täuschungen unterliegt[157)]. Andererseits geht Wilson in erkenntnistheoretisch völlig naiver Weise davon aus, daß er den Menschen mit den Augen eines außerirdischen Zoologen betrachten könne. Dieser Versuch muß jedoch kläglich scheitern. Wilson kann sich durch eine solche Pseudo-Rationalisierung nicht aus den eigenen erkenntnistheoretischen Vorbedingungen und geschichtlich-gesellschaftlichen Voraussetzungen herausstehlen[158)].

Ob ein Lichtquant als Welle oder als Teilchen erscheint, hängt von der Versuchsanordnung des Menschen ab. Es ist mithin der „Beobachterstandpunkt", der festsetzt, welcher Ausschnitt der Wirklichkeit in den Blick kommt. Diese Erkenntnis spielte für die Physik des 20. Jahrhunderts eine entscheidende Rolle. Beobachtend greift der Mensch nämlich schon in das Geschehen ein. Die entscheidende Einsicht der Quantentheorie ist es, daß der Beobachter nicht nur zur Beobachtung eines atomaren Geschehens notwendig ist, sondern daß er diese Eigenschaften sogar hervorruft: Seine bewußte Entscheidung, wie er ein Elektron beobachten will, wird bis zu einem gewissen Maße die Eigenschaften des Elektrons bestimmen[159)]. Der scharfe Dualismus von Descartes kann folglich für das Verhältnis von Naturwissenschaftler und Forschungsobjekt nicht aufrechterhalten werden. Denn „der Mensch besteht viel zu sehr aus Natur und ist viel zu sehr von der Natur abhängig, als daß er sie als reines Gegenüber betrachten könnte"[160)]. Der Mensch kann die Natur nicht von außerhalb, etwa mit den Augen Gottes, betrachten, sondern er ist aus dem gleichen Stoff wie die Natur und sein Beobachten ist (auch) ein physikalischer Prozeß. Indem der Forscher sich so in das Geschehen einmischt, stört er dessen Ablauf. Das Beobachtete wird vom Beobachter mitbestimmt. „Tat-sachen" und „Fakten" sind somit das, was der Mensch selbst getan und gemacht hat[161)].

Wie man aus Wilsons Äußerungen über den außerirdischen Biologen entnehmen kann, steht die Rezeption dieser Einsicht in der (Sozio-)Biologie noch aus. Denn auch in der Biologie hängt das Ergebnis, das Beobachtungsresultat vom Beobachter, von seiner Versuchsanordnung, ja schon von seiner bloßen Gegenwart ab[162)]. Zudem übersieht Wilson, daß es keine neutrale, rein deskriptive Beobachtungssprache gibt. Die Umgangssprache als oberste Metasprache erlaubt immer nur einen bestimmten Grad an Präzision für die spezielle Wissenschaftssprache, welche auch dem Gegenstand angemessen ist. Darüber hinaus ist jedoch keine Exaktheit möglich[163)]. Insbesondere die Biologie kann sich von Anthropomorphismen nicht lösen. Sie ist auf die Selbsterfahrung des Menschen, auf die Erfahrung von Leben, Innerlichkeit, Subjektivität, Gefühl und so fort angewiesen, und erst von der Selbsterfahrung aus kann auf das Tierreich extrapoliert werden. Dessen sollte sich die Soziobiologie bewußt bleiben und folglich von übertriebenen Anthropomorphisierungen der Tierwelt Abstand nehmen. Bei berechtigten Übertragungen bleibt zu bedenken, daß diese keine „objektiven" naturwissenschaftlichen Feststellungen sind, sondern immer eine *subjektive* Selbsterfahrung voraussetzen. Erinnert sei hier an das „moralanaloge" Verhalten von Tieren. Um im Tierreich so etwas wie „moralisches" Verhalten erkennen zu können, muß der Mensch aus seinem eigenen Erfahrungshorizont heraus wissen, was etwa Selbstlosigkeit ist. Denn *sehen* kann er nur einen Schimpansen, der ins Wasser springt und ein Junges herauszieht. Das heißt also: „Von moralanalogem Verhalten im Tierreich können wir nur deswegen sprechen, weil uns aus der menschlichen Sphäre her das Moralische primär in der Erfahrung gegeben ist und wir hierzu Analogien interpretativ aufsuchen können."[164)] Wenn somit die sittliche Erfahrung eine ursprüngliche Erfahrung des Menschen darstellt, so kann diese nicht mit Hilfe jener Analogien erklärt werden, welche immer schon diese Primärerfahrung voraussetzen. „Vor der Moralanalogie steht die Moral. Die Konstruktion der Moral aus der Moralanalogie ist ... ein logischer Salto mortale, ein Ziehversuch Münchhausens an seinem Schopf."[165)] Damit ist nicht bestritten, daß der Mensch das Verhalten von Tieren analog zu seiner Selbsterfahrung interpretieren kann. Diese Interpretation kann aber nicht die Selbsterfahrung erklären.

Eine weitere wissenschaftstheoretische Entdeckung war die des „erkenntnisleitenden Interesses". Ein dem Erkenntnisvorgang schon vorausliegendes Interesse bestimmt nämlich den Ausschnitt der Wirklichkeit, der untersucht wird, und die Methodik des Forschens. Man denke beispielsweise an eine Landschaft, die von einem Geologen, einem Botaniker, einem Maler und einem Artilleristen gesehen wird[166)]. Für die Neuzeit war das erkenntnisleitende Interesse nicht die Frage, was denn ein bestimmtes Naturphänomen ist, sondern wie es funktioniert. Naturerkenntnis dient nicht mehr der Kontemplation, sondern der Naturbeherrschung. Bereits der Franziskaner Roger Bacon (+ nach 1292) wollte mit Hilfe seiner Naturerkenntnis Macht gewinnen, die er dann dem Papst zur Verfügung stellen wollte. Grundlage aller Wissenschaft war schon für ihn die Mathematik, da man die Mohammedaner nur mit mathematisch sicheren Beweisen bekehren könne[167)].

Seit dem ausgehenden Mittelalter verwandelte sich die Furcht, von Gott verlassen zu sein, in die Sorge vor dem Verlust von Selbstgewißheit und intellektueller Beherrschung der Umwelt. Der Mensch vertraut nicht mehr auf die Geborgenheit einer von Gott erstellten Ordnung, sondern traut nur noch einer Welt, die er selbst durch Berechnen zu beherrschen glaubt. Die Selbstverunsicherung des Menschen wird verdrängt durch die Faszination ständig fortschreitenden technischen Könnens. So flüchtet der Mensch in die Illusion narzistischer Allmacht[168)]. Für Francis Bacon (+ 1626) fallen darum menschliches Wissen und Können in eins. Das Glück der Betrachtung wird abgelöst durch das Glück der Macht [169)]. Wahrheit und Nützlichkeit sind identisch, weil das wahre Ziel der Wissenschaft „die Bereicherung des menschlichen Geschlechts mit neuen Kräften und Erfindungen" [170)] ist (tantum scimus quantum possumus). Erkenntnis um ihrer selbst willen suchen würde nach Bacon heißen: Die Wissenschaft als Maitresse zu mißbrauchen, wo sie doch die Gattin für Nachkommenschaft sein sollte. Die Natur soll daher auf die Folter gespannt werden, bis sie ihre Geheimnisse preisgibt (dissecare naturam). Denn die Natur der Dinge verrät sich eher unter der Tortur der Kunst als in ihrer natürlichen Freiheit [171)]. All dies zielt auf die Selbsterlösung des Menschen. Denn nach Bacon hat der Mensch durch den Sündenfall die Herrschaft über die Mitkreaturen verloren. Er kann sie nun durch die neuen Erkenntnisse wiedergewinnen und sich am Ende selber zum Ebenbild Gottes machen [172)].

Dieser Ansatz bedeutete den Verzicht der neuzeitlichen Naturwissenschaft auf eine symbiotische Naturerkenntnis. Sie wollte nicht mehr wissen, „was uns die Natur als unseresgleichen verstehen läßt" [173)]. Ihr Ziel war „Herrschaftswissen" (Scheler), was Hobbes prägnant formulierte: „Eine Sache kennen heißt zu wissen, was wir mit ihr machen können, wenn wir sie haben." [174)] Diese Herrschaft ist nicht mehr in den ordo eingefügt, in welchem das Mittelalter den Menschen noch an der Spitze einer Lehenspyramide gesehen hatte. Jetzt will sich der Mensch die Natur in despotischer Weise unterwerfen durch deren progressive Objektivierung und Denaturierung.

Die Vernunft wird in der Neuzeit in erster Linie *instrumentell* verstanden. Die Normen der Rationalität entsprechen einer Praxis, welche primär auf Naturbeherrschung abzielt [175)]. In der Tat sind die oben genannten Kriterien der naturwissenschaftlichen Erfahrung, nämlich Quantifizierbarkeit, Reproduzierbarkeit und Gesetzmäßigkeit, auf dieses Ziel der Naturbeherrschung zugeschnitten. Diese sind „Bedingungen für effektive Eingriffe in die Natur mit technischer Zielsetzung" [176)]. Der Mensch wird zum „homo faber" und die Technik der Menschen zum „Kniff, die Welt so einzurichten, daß wir sie nicht erleben müssen. Manie des Technikers, die Schöpfung nutzbar zu machen, weil er sie als Partner nicht aushält" (M. Frisch [177)]).

Die Naturwissenschaft bildet die Wirklichkeit daher gar nicht ab: „Sie liefert eine besondere Art des Wissens und beruht deshalb auf einem irgendwie gearteten Interesse an dieser Art von Wissen. Logisch geht also eine aktuell verdeckte Wertentscheidung voraus, die diese Art von Wissen für wissenswert erklärt. Ob es das ist oder nicht, darüber läßt sich jedenfalls wissenschaftlich nicht mehr bündig entscheiden." [178)]

Damit ist die Frage nach der Möglichkeit einer „wertfreien" Forschung angeschnitten. Ihre klassische Formulierung erhielt die These von der wertfreien Wissenschaft durch Max Weber: „Eine empirische Wissenschaft vermag niemanden zu lehren, was er *soll*, sondern nur, was er *kann*, und – unter Umständen – was er *will*." [179)] Damit war gemeint, daß ein Wissen über Tatbestände noch kein Urteil über deren Wert erlaubt. Für Weber gab es schließlich grundsätzlich keine echte Erkenntnis des Sein-Sollenden [180)].

Die These von der Wertfreiheit wurde aber auch als Imperativ an den Forscher verstanden: Halte deine persönlichen Werturteile aus der Untersuchung heraus. Die Wissenschaft soll objektiv sein und sich selber auf den Bereich reiner Fakten beschränken[181)].

Daß die letztere Interpretation in der Praxis nicht durchzuhalten ist, liegt nach dem bisher Gesagten auf der Hand. Womöglich sind einzelne Details der Forschung relativ unabhängig vom Wertsystem der Wissenschaftler, aber das umfassendere Paradigma, innerhalb dessen die Forschungsarbeit durchgeführt wird, kann niemals wertfrei sein. Sogar das Postulat der Wertfreiheit, das Objektivitätspostulat, stellt selber eine ethische Entscheidung – einen Wert also – und kein Erkenntnisurteil dar, wie selbst J. Monod zugesteht[182)]. Es ist eine *ethische* Entscheidung, die Erkenntnis höher wertet als beispielsweise Lebensgenuß. Wieder ist es Nietzsche, der die Wertbeladenheit aller Wissenschaft durchschaut hat: „Es gibt, streng geurteilt, gar keine ‚voraussetzungslose' Wissenschaft ..., ein ‚Glaube' muß immer erst da sein, damit aus ihm die Wissenschaft eine Richtung, einen Sinn, eine Grenze, eine Methode, ein *Recht* auf Dasein gewinnt."[183)]

Auch hier kann die Soziobiologie wieder als Beispiel dienen: Viele ihrer Aussagen sind von sozialen, ideologischen und politischen Werten durchsetzt. Heimliche Bewertungen und Vorentscheidungen fließen in die „neue Synthese" mit ein. Und dies nicht nur, weil manche Soziobiologen persönliche Vorurteile haben. Auch die Konzepte der Evolutionstheorie selber entstammen einer ganz bestimmten Vorgeschichte und bringen implizite Werturteile mit sich[184)].

Wir fassen zusammen: Die Wissenschaften haben es nie direkt mit der Wirklichkeit als solcher zu tun, sondern mit einem Ausschnitt aus dieser. Wissenschaft bildet die Wirklichkeit nicht ab wie eine Fotografie, sondern eher wie eine Karikatur, die bestimmte Aspekte betont und andere vernachlässigt[185)]. „Objektive" Erkenntis trifft nicht die Wirklichkeit an sich, sondern Objektivität ist selber eine ganz bestimmte Weise, die Phänomene zu betrachten, wobei die „objektive" Methode die möglichen Phänomene entscheidend verändert[186)]. Objektivität kann daher nicht Voraussetzungslosigkeit meinen, sondern „Transparenz auf die Legitimität der Existenz wie Wirkweise der Voraussetzungen hin"[187)]. Das Subjekt muß sich der unausweichlichen Subjektivität aller Erkenntis bewußt bleiben und sich wachsam und selbstkritisch Rechenschaft ablegen. Der Mythos reiner Objektivität wäre Flucht vor der Subjektivität, vor der Begrenztheit menschlichen Erkennens, vor der Einsicht in die Unmöglichkeit einer absoluten Vernunft. Objektivität wäre ein Mittel, sich selber loszuwerden, und zwar, nach Nietzsche, aus Geringschätzung[188)].

5.2.2 Die Wissenschaft vom Leben

Die Soziobiologie will als Bio-Logie eine Lehre vom Leben darbieten. Im Zuge des neuzeitlichen mechanistischen Weltbildes wird versucht, auch das Phänomen des Lebens nur noch mit Hilfe des Kausalitätskonzepts zu verstehen: Leben wird als ein chemisch-physikalischer Prozeß gesehen, welcher sich in der Evolution des Kosmos kausalmechanisch aus Materie herausgebildet hat. Leben ist im Grund eine hochkomplexe Organisationsform von Materie. Der soziobiologische Ansatz reiht sich hiermit in die mechanistische Erklärungstradition der Neuzeit ein, die jegliche teleologische Betrachtungsweise a priori ablehnt. Dem soll im folgenden die Notwendigkeit des teleologischen Zugangs zum Phänomen des Lebendigen entgegengestellt werden. Dabei wird insbesondere die aristotelische Teleologie in der Interpretation von H. Jonas und R. Spaemann sowie die von R. Löw vorgestellte „Philosophie des Lebendigen" bei Kant berücksichtigt werden.

Zunächst einmal kann man feststellen, daß sich in der Soziobiologie – wie auch in der Verhaltensforschung und der modernen Biologie allgemein – eine Fülle teleologischer Begrifflichkeit findet[189)]. Es sei an R. Dawkins erinnert, der die Organismen als Überlebensmaschinen beschreibt, die von den egoistischen Genen aufgebaut wurden, um deren Überleben zu sichern. Dieser *Zweck* der Selbsterhaltung oder Vermehrung ist aber nur ein Schein, denn in Wirklichkeit ist dieser Zweck in der Selektion zwecklos übriggeblieben[190)]. Der Biologe R. Riedl geht davon aus, daß alle biologischen Prozesse auf kausalmechanische Entstehungsgründe zurückgeführt und alle „Zwecke" von Lebewesen evolutionär mit Hilfe von Mutation und Selektion erklärt werden können. Die teleologische Erklärung ist damit im Grunde überflüssig geworden[191)]. Wenn dennoch teleologische Begriffe in der Biologie verwendet werden, so liegt das an der anthropomorphen Struktur aller Sprache. Jede teleologisch aussehende Erklärung kann jedoch bei Bedarf in eine kausalmechanische übersetzt werden. Gerade die Soziobiologie insistiert in rigoroser Weise darauf, daß teleologische Erklärungen in der Biologie reduzierbar sind, das heißt mit Hilfe der natürlichen Auslese und der Populationsgenetik erklärt werden können[192)].

Das Kennzeichen dieser Betrachtungsweise ist die Reduktion des Lebendigen auf das Tote. In der neuzeitlichen Naturwissenschaft herrscht eine Ontologie vor, „deren Substrat die aller Lebenszüge entkleidete pure Materie ist"[193)]. Nietzsche brachte das in der „Fröhlichen Wissenschaft" auf folgenden Begriff: „Das Lebende ist nur eine Art des Toten, und eine sehr seltene Art."[194)] In der wissenschaftlichen Praxis äußert sich diese Grundhaltung darin, daß alle vitalen Charaktere aus dem physikalischen Befund entfernt werden. Jede Projektion der selbstgefühlten Lebendigkeit des Menschen auf das Bild dieses Befundes wird verboten. Das Leblose wird zum Wißbaren par excellence und zum anerkannten Seinsgrund von allem. Die tote Materie wird zum natürlichen und ursprünglichen Zustand der Dinge, wird zum Maßstab aller Verstehbarkeit. Doch nicht nur im Hinblick auf das gewaltige Übergewicht toter Materie gegenüber dem Lebendigen im Kosmos, sondern „auch in Hinsicht auf ontologische Wahrheit ist Nicht-Leben die Regel, Leben die rätselhafte Ausnahme im physischen Sein“ [195]. Und während früher der lebende Körper das Selbst-Verständliche war, denn der Mensch weiß um diesen von sich selber her, so wird nun der lebende Organismus als Blendwerk der Materie (ludibrium materiae) entlarvt. Der Leichnam wird zum verständlichsten unter den Zuständen des Körpers. Denn im Tod erst wird der Leib rätsellos, hört das unorthodoxe Benehmen der Lebendigkeit auf, und er gehorcht wieder den allgemeinen Gesetzen der gesamten Körperwelt. Das Denken der Neuzeit steht somit „unter der ontologischen Dominanz des Todes“ [196]. Darum gleicht das analytische Verständnis der Naturwissenschaft einem Basilik, „der tötet, was er ansieht, und der nur sieht, wenn er tötet“ [197]. In einer Art von Nekrophilie wird „der Lebende bei den Toten gesucht“ [198].

Die Grundlage für diese Betrachtungsweise wurde von Descartes gelegt: Denn innerhalb seines Dualismus wird alles Organische als Maschine begriffen. Auch das Lebendige wird als „ausgedehntes Ding“ verstanden und damit im Grunde als leblos. Die Ausnahme des Menschen, dem als einzigem unter allen Lebewesen eine Seele und somit Subjektivität und Empfindungsvermögen zugesprochen wurde, war letztlich eine Inkonsequenz von Descartes und wurde später auch aufgegeben [199].

Natürlich ist der Organismus *auch* ein physikalisches Objekt und von daher einer physikalisch-chemischen Analyse zugänglich. Diese zielt aber im Endeffekt darauf ab, alle Lebensphänomene auf die physikalischen Gesetze zurückzuführen. Denn „wenn auf das Lebendige die physiko-chemischen Methoden angewandt werden, dann müssen die Resultate notwendig physiko-chemisch sein, gleichgültig, welches ihr wissenschaftlicher Inhalt ist“ [200].

Wenn nun aber alle physikalischen und chemischen Gesetze erforscht wären, so würde dennoch eine Lücke klaffen, denn das Leben selbst wäre bei allen Daten noch gar nicht sichtbar geworden. Bei allem Ablauf nach physikalischen Gesetzen ist das überhaupt noch nicht zum Vorschein gekommen, was Innerlichkeit, innere Identität, Individualität genannt wird. Für einen körperlosen Intellekt wären alle äußeren Fakten eines Organismus *erkennbar*. Er könnte beispielsweise alle optischen und chemischen Gesetze des Auges mitsamt den Reizleitungen im Gehirn erkennen. Aber er wüßte nicht, was *Sehen* ist. Es sind ja nicht die Moleküle im Gehirn oder die Nervenleitungen, die sehen, sondern nur „Ich“ kann sehen. Nur aus der Selbsterfahrung, was Sehen heißt, versteht der Mensch, *wozu* Augen da sind. Und diese Leistung der Augen zum Sehen, der Ohren zum Hören, der Organismen zum Leben ist kein zusätzlicher Aspekt an ihnen, sondern ihre eigene teleologische Natur. „So vollständig auch eine physikalisch-chemische Analyse des Auges und der mit seiner Stimulierung verbundenen Vorgänge sein mag – keine Darlegung seiner Konstruktion und Funktion wäre sinnvoll, ohne es zum Sehen in Beziehung zu setzen.“ [201] Dies gilt im Prinzip schon für die niedrigsten Organismen: Immer ist die Zielstrebigkeit des Organismus als solchem da und sein Drang zum Leben. Die antwortende Reizbarkeit der untersten Organismen, Drang, Mühe und Lust tierischen, mit Bewegung und Sinnlichkeit ausgestatteten Lebens und Bewußtsein, Wille und

Denken des Menschen, „all diese sind innerliche Aspekte der teleologischen Seite in der Natur der ‚Materie'" [202].

Die Schwierigkeit, diesen Finalismus mit der mechanischen Kausalität zusammenzudenken, darf nicht dadurch gelöst werden, daß man die Evidenz (die Zielstrebigkeit) einem Theorem (der Ausschließlichkeit der causa efficiens) opfert. Man sollte vielmehr anerkennen, daß dies ein noch vollkommen ungelöstes Problem ist.

Jedes Lebewesen ist teleologisch verfaßt. Alle seine „Teile" sind für „Innerlichkeit" organisiert und vielleicht sogar von dieser. Eine bloße Erklärung der res extensa, die vom Aspekt der inneren Identität völlig absieht, stellt eine willkürliche Ausklammerung einer Wirklichkeit dar, die der Mensch von sich selbst her kennt. Per definitionem können die auf die reine res extensa zugeschnittenen Experimentalbedingungen der modernen Wissenschaft den Aspekt der „Innerlichkeit" nicht wahrnehmen. Sie können alle Daten eines Falles von „Organismus", alle Operationsregeln und so fort ermitteln. Nach den Gesetzen der res extensa würde den Naturwissenschaften der Organismus nur als eine unwahrscheinliche, aber doch völlig erklärliche Möglichkeit der allgemeinen Morphologie stofflicher Gruppierungen, nie aber als Leben in den Blick kommen. Der analytische Befund ließe nicht einmal den Verdacht nach einen Mehr aufkommen. „Wäre der Mensch die Maschine, als die er der Naturwissenschaft erscheinen muß, könnte er funktionieren, ohne von sich zu wissen. Daß der Mensch von sich selbst weiß, ist aber die erste Erfahrung, die er macht, lange bevor er zu Leistungen in Naturwissenschaft und Technik fähig ist." [203] Dieses „Mehr" der Innerlichkeit ist unumstößlich sicher, ja, ist der einzige feste Ausgangspunkt des Erkennens überhaupt. Darin liegt die bleibende Wahrheit des „Cogito ergo sum".

Daraus folgt, daß Organismen zwar einer kausal-analytischen Analyse zugänglich sind; *verstehbar* aber sind sie letztlich nur mit Hilfe der teleologischen Erklärung. Lebewesen haben Innerlichkeit und alle ihre Organe und ihre Bewegungen müssen von dieser her verstanden werden. Leben bedeutet *spontane* und *zielstrebige* Bewegung, bedeutet „Strebevermögen". Organismen haben weiterhin einen Stoffwechsel, der mehr ist als nur eine Methode der Krafterzeugung. Sie verfügen über die Möglichkeit, sich kraft ihrer selbst, um ihrer selbst willen und aus sich selbst stetig zu erhalten [204]. Auch nicht wahrnehmende Organismen haben Bedürfnisse, wenn sie diese auch nicht empfinden. „Sie *brauchen* Nahrung, um ihr Leben zu erhalten. Auch Pflanzen haben also in einem analogen Sinn Interesse." [205] Organismen verdanken sich nicht dem bloßen Zusammentreffen der Kräfte, die ihre Teile aneinander binden. „Ganzheit ist hier selbstintegrierend in tätigem Vollzug; Form ist nicht Ergebnis, sondern Ursache der stofflichen Ansammlungen, in denen sie nacheinander besteht. Einheit ist hier selbst-einend mittels der sich wandelnden Vielheit. Selbigkeit ist ständige Selbsterneuerung durch Prozeß, getragen auf dem Fluß des immer Anderen. Erst diese aktive Selbstintegration des Lebens liefert den ontologischen Begriff des Individuums oder Subjektes." [206] Die Existenz des Individuums, seine Selbigkeit im Dauern, ist wesentlich seine *eigene* stete Leistung. Lebendigkeit bedeutet daher nicht nur Faktizität, sondern eben auch Spontaneität, Selbstzentriertheit und Subjektivität. „Das Leben hebt *sich* ab gegen das, was es nicht ist; dem Lebendigen gehört seine Grenze selber, es geht ihm um *sein* Leben."[207] So können wir natürliche Ereignisse dann teleologisch verstehen, wenn ihr Verhalten plastisch ist, wenn also so etwas wie hartnäckige Zielverfolgung unter wechselnden Randbedingungen vorkommt. Eine weitere Voraussetzung hierzu ist das Moment der Wahrnehmungsfähigkeit, der Perzeptibilität. Wir können zusammenfassend festhalten, daß jede Individuation des Organischen ein eigenes Streben nach Dasein und Erfüllung an den Tag legt. Das Leben will sich selbst[208].

Dieses Streben wird von manchen Evolutionstheoretikern als bloßer Schein gedeutet: In Wirklichkeit handelt es sich um eine physikalisch-chemische Reaktion, die so aussieht, als ob dieses Materiekonglomerat streben würde. Diese Reaktionsweise ist als überlebensdienlichere übriggeblieben und hat diejenigen Konkurrenten aus dem Feld geschlagen, die nicht über diese strebeähnliche Reaktionsweise verfügten. Konsequenterweise müßte auch das Strebevermögen des Menschen, seine Subjektivität und Innerlichkeit als Illusion abgetan werden. Einige Soziobiologen gehen diesen Weg, wie wir schon gesehen haben, andere schrecken davor zurück. Der Pferdefuß des ganzen Gedankens liegt aber wiederum darin, daß die Erfahrung des Lebens allen Definitionen und theoretischen Systemen vorausliegt. Der Mensch weiß ursprünglich von sich selbst her, was Leben ist. Er *weiß* (und schließt nicht nur darauf), was „Sehen" ist, weil er selber mit Augen begabt ist. Aus diesem Grund weiß er auch, daß ein organisches Individuum, welches die Strukturen eines Auges besitzt, mit ihnen sieht, was immer auch die Physik dieses Vorgangs sein mag. Auch wenn festgestellt sein sollte, daß nur eine ganz bestimmte biologische Struktur das Sehen ermöglicht, so ergibt sich daraus noch nicht, was Sehen eigentlich ist, denn das ist „eine Erfahrung, die wir nur aus eigenem Erleben haben"[209].

Zuerst lebt der Mensch und dann erst definiert er[210]. Hier gewinnt das „primum vivere, deinde philosophari" einen ganz neuen Sinn. Das Leben kennen wir sicher nur von uns selber her. Erst von diesem Ausgangspunkt aus können wir es anderen Wesen nach Analogie zuschreiben. Eine rein wissenschaftliche, ausgrenzende Erklärung des Lebens ist nicht möglich, weil der Mensch selber am Leben ist[211]. Der Mensch kann sich über dieses sein eigenes Vorverständnis des Lebens, das dem eigenen Er-leben entspringt, nicht hinauskatapultieren und Leben unter Ausklammerung von Innerlichkeit und Strebevermögen mechanistisch erklären. Und da die Selbsterfahrung des Menschen das einzig Gewisse ist, das der Mensch aus eigener Anschauung kennt, die naturwissenschaftliche Theorie, in der die Teleologie keinen Platz findet, aber eine sekundäre Ableitung darstellt, so ist die letztere als falsch, nicht aber ist die Selbsterfahrung des Lebens als Illusion entlarvt. Das Tote muß vom Lebendigen her erklärt werden und nicht umgekehrt, wie schon Leibniz gezeigt hat[212]. Denn es ist das Bewußtsein eines lebendigen Wesens, das die unbewußte Materie versteht und nicht umgekehrt. „Es ist das Wachsein, das den Schlaf, und nicht der Schlaf, der das Wachsein begreift" (C. S. Lewis[213]).

Leben kann der Mensch nur erkennen, weil er selbst lebt. Bevor Descartes mit der Zweisubstanzenlehre Subjekt und Objekt ontologisch völlig zu trennen versuchte, hatte

Verstehen eine symbiotische Bedeutung. Die ionischen Naturphilosophen verehrten zum Beispiel die Natur wie eine Braut: Ähnlich wie bei einer mystischen Vereinigung wird die Natur durch liebende, einfühlende Erkenntnis verstanden[214)]. Das Fließen eines Flusses kann der Mensch nur verstehen, wenn er selber schwimmt, nicht, wenn er betrachtend am Ufer steht. Der Mensch versteht Leben, weil er selber im Lebensstrom schwimmt. Um das Leben „objektiv", von außen beobachten zu können, müßte der Mensch tot sein[215)]. Dann aber gäbe es keine Beobachtung mehr.

Somit kann die Naturerklärung nicht auf die Teleologie verzichten. Sie muß die Anwesenheit zweckgerichteter Innerlichkeit im Menschen anerkennen und als gültiges Zeugnis für die teleologische Verfaßtheit auch der untermenschlichen Formen des Lebendigen annehmen. Teleologie bedeutet sympathetische Naturerkenntnis[216)]. Der Mensch muß sich als Teil der Natur betrachten und versuchen, die Naturvorgänge nach Analogie menschlicher Handlungen zu verstehen, „also zu verstehen, warum die Pflanze Wurzeln bildet, warum der Hund säuft, warum der Stein nach unten fällt"[217)]. Naturteleologie ist Hermeneutik der Natur: „Ihr Ziel ist Verstehen und dies durchaus im Sinne einer Art Horizontverschmelzung, eines Nachvollziehens natürlicher Prozesse. Die Flüssigkeitsaufnahme der Pflanze teleologisch verstehen heißt in der Tat, sie in entfernter Analogie zu unserem Wirtshausbesuch zu verstehen."[218)] Gerade auf solches Verstehen verzichtet die moderne Naturwissenschaft. Die Deutung natürlicher Vorgänge als zielgerichtete Prozesse, für welche das menschliche Handeln paradigmatisch ist, wird als unwissenschaftlich abgelehnt. Als objektiv und damit wissenschaftlich wird nur noch die Form kausalgesetzlicher Erklärung anerkannt. Indem die Naturwissenschaft aber den Bereich der Wirklichkeit derart eingrenzt, kann sich die Teleologie in ihrer Projektion gar nicht abbilden[219)]. Die Verleugnung der Teleologie durch die Naturwissenschaften hat mit Empirie nichts zu tun, sondern ist eine Philosophie, welche konsequenterweise in den erkenntnistheoretischen Nihilismus führt. Denn ohne Teleologie kann der Mensch sich selber nicht mehr verstehen und von da aus das Leben und schließlich die Welt nicht mehr. Wissenschaft ist nur einem frei denkenden und handelnden Menschen möglich. Genau die Spontaneität aber kann in der Wissenschaft nicht vorkommen, da diese nur abhängige Variablen kennt, nur Rückführung eines bestimmten Ereignisses auf ein anderes, nur Passivität. Wenn daher die Wissenschaft die Teleologie nicht mehr anerkennt, so sägt sie den Ast ab, auf dem sie selber sitzt: „Der Wahrheitsanspruch der Wissenschaft hängt daran, daß Wissenschaft selbst ein Handeln von Wissenschaftlern ist und nicht ein subjektloses Geschehen, das nur ein Element jener Naturgeschichte darstellt, über die sie fälschlich reden zu können glaubt."[220)]

Damit soll nun nicht behauptet werden, daß die kausalmechanische Erklärungsweise falsch ist. Sondern „alles, was geschieht, können wir daraufhin untersuchen, auf welche Weise es mit anderem, was zuvor geschah, verknüpft ist, und zwar so, daß sich in dieser Verknüpfung Gesetzmäßigkeiten aufweisen lassen, aufgrund deren zwar nicht dieses auf jenes, aber ‚solches' auf ‚solches' folgt"[221)]. Einer Verabsolutierung solcher Erklärungen soll aber widersprochen werden. Erst das teleologische Denken kann Leben als *Sich-selbst-Bewegendes verstehen.*

I. Kant zeigte in seiner „Kritik der Urteilskraft", daß alle Gegenstände der Erfahrung in Raum und Zeit nicht von der Art des Selbstseins sind, sondern nur als „Fälle" von Gesetzen. In dieser kausal-mechanischen Sichtweise bekommt der Mensch die Organismen aber gar nicht zu Gesicht. Vielmehr muß er sie immanent-teleologisch betrachten: „Es ist nämlich ganz gewiß, daß wir die organisierten Wesen und deren innere Möglichkeit nach bloß mechanischen Prinzipien der Natur nicht einmal zureichend kennen lernen, viel weniger uns erklären können."[222)] Es wird nie ein Newton aufstehen können, der auch nur die Erzeugung eines Grashalms nach Naturgesetzen, die keine Absicht geordnet hat, begreiflich machen kann. Im Opus postumum begründete Kant dies damit, daß für den Menschen die eigene organische Natur konstitutiv ist und von daher ein prinzipiell nicht mehr rekonstruierbares Apriori jeglicher objektiven Erkenntnis darstellt[223)]. Organismen sind Ganzheiten, aber keine Handlungszwecke, die ein über Verstand und Wille verfügendes Wesen sich setzt. Sie sind Naturzwecke. Von Maschinen, die aufgrund menschlicher Zwecksetzung hergestellt sind, unterscheiden sie sich dadurch, „daß das vorausgehende und ermöglichende Ganze bei ihnen in den Teilen und nicht außerhalb ihrer gegenwärtig ist und daß sie sich in der Gattung und im Individuum selbst produzieren bzw. reproduzieren"[224)]. Für den Organismus als Naturzweck sind die Teile oder Organe gegenseitig füreinander zweckmäßig. Der übergreifende Zweck der Organe ist das Leben selbst. Der Begriff des Zwecks muß hierbei analog verstanden werden: Der Organismus als Naturzweck kann nur in Analogie zur „causa finalis" menschlicher Handlungen gedacht werden. Der Zweck des Jumbojets liegt beispielsweise außerhalb seiner selbst. Er hat „selber" kein Interesse zu fliegen. Sein Zweck ist der Zweck der Konstrukteure und der Benutzer. „Der Zweck aber des Organismus ist sein eigener. Der Organismus verfolgt sein eigenes Überleben und seine Fortpflanzung mit Hilfe der bionomischen Strukturen, die er sich selber aufbaut, ohne dazu noch einmal bionomische Strukturen zweiter Ordnung zu benötigen, sozusagen Werkzeugmaschinen zur Fabrikation der eigentlich benötigten mechanischen, chemischen, informationsverarbeitenden und sonstigen Maschinen."[225)]

Ein solches *Selbst*sein eines Organismus kann durch die kausalen Vermittlungsstrukturen nicht mehr erklärt werden. Wenn es dem Menschen aber entgegentritt, muß es *anerkannt* werden. Man denke an die Schmerzens*äußerungen* von Tieren, die bei Descartes als kausale Ereignisse erklärt wurden, was sie *auch* sind. Den Tieren jedoch Schmerz*empfinden* zuzugestehen, ist ein Akt der Anerkennung, den der Mensch nur leisten kann, weil er selber weiß, was Schmerzen sind. Ein solcher Anerkennungsakt ist vernünftig, aber nicht erzwingbar[226)].

Daraus folgt: Der auf Herrschaftswissen ausgerichteten Naturwissenschaft, die sich als Kampf gegen die Natur versteht, muß ein sympathetisches Verstehen der Natur beiseite gestellt werden. Mehr noch: Da das menschliche Selbstverständnis primär teleologisch ist, da also der Mensch in einer geordneten, teleologischen Wirklichkeit, einer Welt von

Qualitäten, von Tönen und Farben, von Zuneigung und Verantwortung, von Familie und Gesellschaft, von Recht, Glaube und Vernunft, lebt, so ist dieser gegenüber die ausblendende Wissenschaft eine sekundäre Veranstaltung, die ihre Abstraktion begründen muß. Die ihrer Natur nach hypothetische Wissenschaft muß sich rechtfertigen vor den normalen Lebensvollzügen, vor dem primären Selbstverständnis des Menschen[227].

Einige Klärungen zum Teleologiekonzept sind noch vonnöten:

1. Die „causa finalis" ist nicht im Sinne einer Ursache, einer Kausalität zu verstehen. Es geht eben gerade nicht um eine Kausal-Erklärung, sondern um ein *Verstehen*. Viele Biologen, die teleologische Erklärungen ablehnen, weil bei diesen der Endzustand, das telos, auf „eine metaphysische Weise" einen Prozeß kausal bewirke, unterliegen diesem Mißverständnis[228]. Dabei wird Aristoteles zu Unrecht angelastet, er habe eine Umkehrung der zeitlichen Reihenfolge von Ursache und Wirkung angenommen (backward causation). Denn auch für Aristoteles sind finale Gründe Prinzipien des Verstehens: Man kann das Wachstum einer Pflanze nur verstehen, wenn man in Analogie zur menschlichen Selbsterfahrung von Leben als Strebevermögen davon ausgeht, daß der Same wächst, weil er eine Pflanze werden *will*. Diesen Prozeß kann man *auch* kausal zu erklären versuchen, wobei dann das Phänomen des Lebens als solches nicht in den Blick kommt[229].

2. Ein weiteres Mißverständnis stellt die Auffassung dar, daß jeder finale Prozeß das Ergebnis einer bewußten Absicht sein müsse. Finis bedeutet aber nicht Absicht, sondern Ende, Ziel. Eine Betrachtungsweise ist dann teleologisch, wenn sie davon ausgeht, daß ein Prozeß auf ein bestimmtes Ziel zugeht. Für Aristoteles ist aus diesem Grund auch das Feuer teleologisch zu erklären, denn es steigt auf zu seinem „natürlichen Ort", nämlich einer Kugelschale, die unterhalb der Mondbahn liegt. Dabei ist für Aristoteles nicht jedes Ende einer natürlichen Bewegung auch gleichzeitig ihr Ziel. Denn sonst wäre der Tod das Ziel des Lebens[230]. Die Organismen, welche sich alle durch ein Strebevermögen auszeichnen, können teleologisch verstanden werden, auch wenn sie kein (Selbst-) Bewußtsein haben[231]. Selbst dem menschlichen Handeln liegt nicht primär das bewußte Zweck-Setzen zugrunde, sondern die Erfahrung des Triebes. „Wir können überhaupt nur Absichten entwickeln, wenn wir schon Zwecke in uns vorfinden in der Weise von Bedürfnissen und Trieben"[232]. Die teleologische Verfaßtheit des Lebens meint weder die eigene, bewußte, noch die fremde, von außen gesetzte Zwecksetzung (etwa durch einen Schöpfer[233]), sondern das allen Organismen eigene, innere Strebevermögen[234].

3. Teleologie meint nicht Vitalismus, geht also nicht von einem geheimnisvollen Lebensprinzip aus. Auch hier wird Aristoteles zu Unrecht vorgeworfen, seine Teleologie sei der Vorläufer beispielsweise von Drieschs „Entelechie" gewesen[235].

4. Daß die Biologie ohne ein teleologisches Konzept nicht auskommt, zeigt schon ihre Begrifflichkeit wie „Funktion", „Bionomie" oder Erklärungen nach dem Muster: „Ein Organ, ein Verhalten dient, um zu ..."[236]. Pittendrigh prägte 1958 den Terminus „Te-

leonomie“, um die teleologische Sprache in der Biologie zu rechtfertigen, ohne das Konzept der Teleologie zu übernehmen. Teleonome Erklärungen sollen streng kausal und mechanistisch sein. Mit diesem Begriff soll die Zweckmäßigkeit als Zufallsprodukt in einem sonst atelischen Kosmos bezeichnet werden[237)].

Nun haben aber alle Begriffe wie „Information“, „System“, „Ursache“ und so weiter, auch wenn sie teleonomisch reduziert sind, selbst einen teleologischen Hintergrund, ohne den sie selber ihre Bedeutung verlieren. Erst das teleologische Denken braucht keinen Rückgriff auf andere Kategorien mehr, da es vom Selbst-Verständlichen ausgeht. Auch die Kausal-Analyse setzt solches teleologisches Verstehen, das heißt den Horizont des Sich-schon-Auskennens voraus. Wer diesen Horizont kausal-analytisch auflösen will, muß sein eigenes Handeln als kausalgesetzlich ablaufendes Geschehen erklären und das heißt letztlich auf den Wahrheitsanspruch verzichten[238)]. Die Ersetzung der Teleologie durch Teleonomie ist daher nur Begriffsspielerei ohne Erklärungswert[239)].

5. Ein anderer Versuch, die Zweckmäßigkeit der Lebensphänomene ohne den Begriff des Zwecks zu erklären, bedient sich der Kybernetik (kybernetes = Steuermann). Diese versucht den Organismus als ein kompliziertes Fließgleichgewicht von mehreren ineinandergreifenden Regelkreisen zu verstehen. „Das Aufrechterhalten des Fließgleichgewichts ist nicht der *Sinn* des Lebens, sondern lediglich das Ergebnis einer langen Evolutions-Selektionskette.“[240)] Auch Lumsden und Wilson berufen sich darauf, daß mit Hilfe der Kybernetik nun auch die Sphäre der Zwecke und letzten Ziele des menschlichen Geistes der Biologie zugänglich sei[241)].

Im Vergleich von Organismus und kybernetischer Maschine wird jedoch ein wesentlicher Unterschied vernachlässigt: Eine solche Maschine *dient* einem Zweck, während der Organismus *selber* einen Zweck verfolgt. Im Gegensatz zu Maschinen, die vom Menschen zu einem bestimmten Zweck konstruiert wurden und diesen nun „automatisch“ erfüllen, sind lebende Dinge Geschöpfe des Bedürfnisses und handeln aufgrund von Bedürfnissen. Das Lebewesen ist um sein Dasein besorgt, es muß sich mittels des Stoffwechsels ständig selbst erneuern. Im kybernetischen Modell wird die tierische Natur auf Wahrnehmung und Bewegung reduziert und das Gefühl vernachlässigt. Dieses aber ist die animalische Übersetzung des Grundantriebs, der auch im vortierischen Leben schon vorhanden ist. Eine Maschine existiert, ob deren Rückkopplungsmechanismus geht oder stillsteht. „Der Organismus muß in Gang bleiben, weil Im-Gange-sein eben seine Existenz selbst in ihrer Widerruflichkeit ausmacht; und, mit Vernichtung bedroht, geht es ihm um das Existieren. Für den Instinkt der Selbsterhaltung gibt es keine Analogie in der Maschine, nur für die Antithese der Selbsterhaltung, die schließliche Entropie des Todes.“[242)] Letztlich aber haben Systeme weder Leben noch Tod. Wenn man einem Computer heute den Strom abdreht, kann man ihn morgen wieder einschalten. Wenn das Streben des Lebewesens aber endet und kein Stoffwechsel mehr stattfindet, ist es unwiderruflich tot[243)].

Im Bild der kybernetischen Maschine fehlt der innere Aspekt des Lebens. Das Tier läuft davon, weil es *sich* fürchtet. Der Thermostat schaltet sich aber nicht ein, weil es *ihm* zu kalt wird, sondern weil es dem Menschen zu kalt wird, der ihn eingestellt hat[244]. Ein *Soll*zustand, der von einem kybernetischen System angesteuert wird, kann nur von einem Bewußtsein als solcher erfaßt werden. Das Moment der Gleichheit von Außentemperatur und Innentemperatur beim Thermostat gibt es nur für ein Bewußtsein; es ist selbst kein „objektives Faktum". Erst für ein Bewußtsein kann es so etwas wie ein Sollen geben, wird das Sollen eines Erhaltens bestimmter Zustände unmittelbar erfahren. Nur analog zu dieser Erfahrung kann ein Arrangement von Materie als System interpretiert werden. Auch die Kybernetik, die auf Begriffe wie „System" und „Information" angewiesen ist, muß sich daher auf einen teleologischen Horizont zurückbeziehen[245].

6. Wenn die Teleologie selber zu höchsten Kategorie erhoben wird und nicht in *Sinn* übergeht, so löst sie sich entweder in teleologischen Schein auf oder sie mündet ins Absurde.

a) Wenn die Selbsterhaltung, das Streben der Lebewesen selber kausalmechanisch ausgelesen worden ist, so ist es nicht teleologisch, sondern sieht nur aus wie Streben nach Selbsterhaltung. In Wirklichkeit wäre das „Selbst", die Innerlichkeit, nur eine Illusion des Menschen oder der Organismen, die sich als überlebensdienlich durchgesetzt hat. Die Zweckzusammenhänge würden als scheinbar zweckvoll erklärt.

Das bedeutet aber, daß das Sinnvolle aus dem Sinnlosen erklärt wird, womit der Begriff des Sinns selbst sinnlos wird. Folglich kann der Sinn der auf die Selbst- oder Arterhaltung zielenden Vorgänge der Lebewesen nicht in dieser Erhaltungsfunktion bestehen, da diese Erhaltung selbst ja sinnlos wäre[246].

b) Die neuzeitliche Ontologie kennt Zwecke nur als Tendenzen der Selbsterhaltung. Das sich selbst erhaltende Wesen strebt im Grunde nur danach, sein Sein zu erhalten, weil es schon ist. „Der Zufall oder die ateleologische Notwendigkeit, die es ins Sein gebracht haben, können auch den Reproduktionsmechanismus hervorgebracht haben. Die invertierte Teleologie der Selbsterhaltung wurde von Schopenhauer als Indiz der Absurdität der Welt gesehen."[247]

Die Teleologie weist daher über sich selbst hinaus auf einen *Sinn*. R. Löw vertritt aus diesem Grund folgende These: „Wo immer bisher Teleologie ernst genommen wurde, rotierte sie nicht in einem universalen Selbsterhaltungs-Zweckmäßigkeitszirkel, sondern sie verwies auf ein ‚Mehr' in ihr selbst. Das Sein des teleologisch Verstandenen ist nicht selber noch einmal ein zu erreichender Zweck – denn der wäre mit dem Sein schon erreicht –, sondern dieses Sein hat einen Sinn, der gerade im Selbst-Sein des teleologisch Verstandenen liegt."[248] Hier könnte ein Hinweis auf die Schöpfungstheologie liegen: Das Lebewesen als Geschöpf Gottes zu verstehen, meint nicht, daß es einem ihm äußeren Zweck, dem Zweck Gottes etwa, untergeordnet wäre, sondern daß das Selbstzweck-Sein des Lebewesens seinen Ursprung und letzten Sinn in Gott findet.

Wir fassen zusammen: Der Mensch erfährt sich selber als teleologisch verfaßt. Er hat Triebe und Strebungen und weiß erst von daher, was ein Zweck ist. Durch seine geistigen

Fähigkeiten kann er sich bewußt Zwecke setzen und danach handeln. Er baut Maschinen und Computer, die seinen Zwecken dienen.

Wenn von Teleologie im Bereich des Organischen die Rede ist, so wird der Begriff analog verstanden. Nicht gemeint ist damit, daß die Lebewesen von einem göttlichen Konstrukteur letzte Zwecke bekommen haben, die ihnen äußerlich sind. Ebenso wird den Organismen keine bewußte Zwecksetzung zugeschrieben. Die Analogie bezieht sich vielmehr auf die Selbsterfahrung des Menschen als lebendes, das heißt als strebendes und über Innerlichkeit verfügendes Wesen. Alle Organismen sind durch diese Aspekte gekennzeichnet. Ihre Organe, ihre gesamte Organisation dient dem Leben. Deren Zweck ist somit das Leben des Lebewesens. Der ganze Organismus ist sinnvoll auf die Ermöglichung von Leben ausgerichtet[249)].

Der Mensch kann die Natur auch kausalmechanisch als Materie, die Organismen als Maschinen und sich selbst als Computer verstehen. Letztlich mündet die Frage nach dem Status der Teleologie in die Frage danach, „als was wir uns selbst verstehen wollen, genauer gesagt, die Frage danach, ob wir uns überhaupt als so etwas wie ein ‚Selbst' verstehen wollen"[250)].

5.2.3 Methodologischer und ontologischer Reduktionismus

Wilsons Soziobiologie zielt darauf, die Muster der sozialen Organisation mit Hilfe von Populationsgenetik und Evolutionstheorie vorherzusagen. Dies bedingt einen natürlichen Reduktionismus[251)]. Wilson verteidigt die Methode der Reduktion als traditionelles Verfahren der wissenschaftlichen Analyse, welche aber keine „Philosophie der Verminderung" bedeute[252)]. Unter Reduktion versteht er, daß die Gesetze eines Gegenstandsbereiches für die Disziplin der nächsthöheren Ebene notwendig sind und von daher nach deren Umstrukturierung verlangen. Die Soziobiologie versucht, die Soziologie mit Hilfe der Gesetze der darunterliegenden Ebene der Biologie zu deuten. Diese soll als Basiswissenschaft der Sozialwissenschaften installiert werden. Wilson nennt die Biologie daher die „Anti-Disziplin" der Sozialwissenschaften[253)]. Da sich die Reduktion für den wissenschaftlichen Fortschritt als äußerst hilfreich erwiesen hat, erhofft Wilson einen solchen Fortschritt auch für die Sozialwissenschaften, wenn diese mit biologischen Gesetzen arbeiten[254)].

Als Modell für Wissenschaftlichkeit dient Wilson die Physik und die Chemie, womit er sich in die Tradition des Neopositivismus stellt, wie ihn Carnap formuliert hat: Alle Begriffe der verschiedenen Wissenschaften sind auf die Begriffe der physikalischen Sprache zu reduzieren[255)]. So bedeutet die Reduktion der sozialen Gesetze auf die der Molekularbiologie letztlich den Versuch, biologische Phänomene mit Hilfe der ihnen unterliegenden physikalischen und chemischen Gesetze zu erklären. Nicht mehr der Mensch ist egoistisch, sondern seine molekularen Strukturen, seine Gene[256)]. Wilson geht hier weit über einen methodischen Reduktionismus hinaus und tendiert zu einem ontologischen Reduktionismus. Ein deutlicher Hinweis dafür ist seine Definition des Organismus als List der Gene zur Förderung ihres eigenen Überlebens. Konsequent erklärt Wilson alle Bereiche des menschlichen Lebens einschließlich der Ethik zu Teilen der Biologie[257)]. Der weltanschauliche Hintergrund für den Versuch, alle Seinsebenen wie die des Lebens und des menschlichen Geistes auf die Ebene der molekularen Strukturen zurückzuführen, ist der monistische Materialismus, zu dem sich Wilson ausdrücklich bekennt. Alles subjektive Erleben wird als Schein, als Illusion behandelt. Die Erfahrung des Schönen beispielsweise wird als überlebensdienliche Illusion erklärt, nicht aber mit Hilfe eines *wirklich* Schönen. Ähnliches gilt für das Phänomen der Sittlichkeit und der Religion. Immer schon wird mit Hilfe einer Definition über die ontologische Eigentümlichkeit des Phänomens vorentschieden, wobei diese Vorentscheidung die Phänomene gar nicht mehr in ihrer Eigentümlichkeit wahrnimmt, sondern von vornherein auf die Ebene eines materialistisch verstandenen Evolutionismus reduziert. Das gilt auch für das Phänomen des Lebens, das nicht teleologisch, als hartnäckige Zielverfolgung etwa, verstanden, sondern von vornherein in chemo-physikalischen Termini definiert wird[258)]. Der Versuch, sich dem Phänomen des Lebens *auch* mit Hilfe physikalischer und chemischer Begrifflichkeit zu nähern, ist legitim. Der ontologische Reduktionismus beginnt dort, wo gesagt wird, Leben sei „nichts anderes als“ eine Summe molekularer Bestandteile[259)]. Eine Rückführung auf immer einfachere Gesetze, von der Soziologie auf die Biologie und dann auf die Physik, vom Hochentwickelten zum immer Primitiveren, müßte konsequent alles vom Urknall ableiten, müßte dann nur noch Astrophysik und keine Evolutionsbiologie mehr betreiben. Im Urknall jedoch ist von den zu untersuchenden Phänomenen nichts mehr zu finden[260)].

Für alle höheren Systemeigenschaften wie Leben oder Bewußtsein kann die Naturwissenschaft nur eine Erforschung der Bedingungen liefern, welche zur Entstehung dieser neuen Systeme notwendig sind. Aus den Bedingungen folgt aber noch nicht das Bedingte. Mehr noch: „Diese Bedingungen kommen im reinen Phänomen ... gar nicht mehr vor, sowenig wie das Notenpapier als Papier im Klange der gespielten Musik noch vorkommt“[261)]. Das Höhere ist nicht gleich das Niedere plus Zustandswechsel des Niederen. Die frühere Form würde sonst die spätere höhere Form durch einen bloß gesetzmäßigen Zustandswechsel vorantreiben. Dann aber müßte das Einfache schon das Komplizierte enthalten, das heißt, schon in den algenähnlichen Wesen müßten die Eigenschaften einer Rose enthalten gewesen sein. Das Höhere wäre nur das Niedrigere in Verkleidung: „Die Ratte im Labyrinth sagt uns, was wir sind.“[262)]

Die Folge wäre ein naturphilosophischer Monismus, wie ihn die Soziobiologie vertritt. Daß dieser sich selber aufhebt, ist wiederholt gezeigt worden. Denn es wäre keine Erkenntnis und kein Wissen mehr möglich einschließlich des Wissens, daß der Reduktionismus wahr ist[263)]. Nicht nur Phänomene wie Sittlichkeit und Religion wären Opfer eines ontologischen Reduktionismus, sondern auch der Glaube an die Vernunft. Die Demontage der Vernunft durch die Naturwissenschaft zieht dieser aber selber den Boden unter den Füßen weg[264)]. Das Unterfangen der neuzeitlichen Wissenschaften, die eigene wissenschaftliche Methode als die alleinseligmachende zu betrachten, ist letztlich „ein imperialistischer Versuch, den Ansatz einer Wissenschaftsdisziplin zum Maßstab aller anderen Disziplinen zu machen“ [265)]. Das Paradox aber, daß sich die Naturwissenschaft in ihrem Weltbild selbst nicht unterbringen kann, daß es in ihr keinen Raum für denkende und freie Wissenschaftler gibt, weist darauf hin, daß es zur Erklärung der Wirklichkeit einer komplexeren Theorie bedarf als der der kausalmechanischen Evolution [266)].

Es entbehrt nicht einer gewissen Ironie, daß manche Soziobiologen gegenüber den Phänomenen wie Leben, Schönheit und Zweckmäßigkeit so blind sind und noch einem physikalischen Weltbild anhängen, welches von der Physik selber inzwischen überwunden ist [267)]. Die Ontologie der klassischen Physik war noch davon ausgegangen, daß die Natur exakt beschrieben werden kann, wie sie an *sich selbst* ist. Nach dem Paradigmawechsel von der klassischen Physik zur Quantenmechanik ist es jedoch nicht mehr statthaft, „chemische und biologische Phänomene in der Denkweise der klassischen Physik zu beschreiben, welche eine unproblematische scharfe Trennung von Objekt und Subjekt voraussetzt“ [268)]. Selbst in der Chemie können die Eigenschaften komplexer Moleküle nicht zur Gänze auf die Quantenphysik reduziert werden. Das historisch Gewordene ist nicht mehr völlig rekonstruierbar. Das bedeutet, daß die Gesetze der Physik nicht ausreichen, alle chemischen Eigenschaften komplexer Moleküle herzuleiten, noch weniger aber die Eigenschaften der evolutiv entstandenen lebendigen Systeme [269)].

Auch der Versuch, Qualitäten in Quantitäten auszudrücken, scheitert im letzten. Für Aristoteles kamen Qualitäten noch den Dingen selber zu. Demokrit hingegen sprach nur den Atomen und dem leeren Raum Wirklichkeit zu; die Dinge haben nur scheinbar Farbe oder Geschmack [270)]. Seit Bacon und Galilei wurde im Interesse der Naturbeherrschung auf den Gesichtspunkt der taktilen Qualitäten wie warm und kalt verzichtet. Denn auf diese selber hat der Mensch keinen Einfluß. Er kann nur Ortsbewegungen durchführen, welche Qualitätsveränderungen zur Folge haben, etwa ein warmes Bier in den Kühlschrank stellen. Als einzige Qualitäten werden noch Figur, Größe, Bewegung und Zahl anerkannt. Die Sinnesqualitäten dagegen sind bloß „subjektiv“. So etwas wie Geschmack und Farbe gibt es folglich nur für ein Subjekt. In „Wirklichkeit“ handelt es sich bei der Farbe um Lichtwellen, die meßbar sind. „Die Welt außerhalb unseres Körpers ist . . . farblos, geschmacklos, geruchlos, lautlos, und kein Gegenstand darf im Sinne unserer Empfindungen als ‚hart‘ oder ‚weich‘ oder ‚glatt‘ angenommen werden.“ [271)] Die Qualitäten sind bloße Produkte des menschlichen Nervensystems: „Ein Gegenstand erscheint nur uns rot, schmeckt nur uns süß.“ [272)]

Hiergegen ist jedoch anzuführen, daß der Mensch seine „anthropomorphen“ subjektiven Sinneseindrücke nicht abstreifen kann, ohne sich damit selbst aufzugeben. Nach Nietzsche schlägt die Auflösung der Qualitäten auf den Auflöser zurück: Es gibt dann nicht nur keine Farben, Töne und Gerüche, sondern auch keinen Geist, keine Vernunft und kein Denken mehr, keine Seele, keinen Willen und keine Wahrheit; alles wird zu unbrauchbaren Fiktionen[273]. Da schließlich auch Quantität immer noch diejenige eines quale sein muß, lehnt Nietzsche Qualität *und* Quantität ab.

Aber schon Demokrits Sinne wehren sich dagegen, alle Qualitäten als pure Illusionen abzutun: „Du armseliger Verstand, von *uns* hast du deine Gewißheiten genommen, und nun willst du *uns* damit niederwerfen? Dein Sieg ist dein Fall!“[274] Ohne Qualitäten kann der Mensch überhaupt nichts begreifen. So wird man Qualität nach einem Wort Schellings „als ursprünglich schlechthin inconstructibel“ verstehen müssen[275].

Was „grün“ ist und was „Hunger“ ist, können wir schließlich niemandem so erklären, wie wir es empfinden. Unsere eigene Empfindung der Qualitäten ist unhintergehbar. Wir können einem anderen höchstens sagen: Wenn du Gras siehst, wirst du die Empfindung „grün“ haben. Die Farbqualität selber ist unableitbar. Eine Angabe der Wellenlänge kann die Qualität selber nicht ersetzen, so wenig wie die Änderung des osmotischen Druckes im Blut, welche auf ein Zentrum im Hypothalamus wirkt, das Durstgefühl *als solches* in den Blick bekommt[276]. Ebenso ist Schmerz kein elektrischer Strom und keine chemische Reaktion. Empfindungen und Gefühle sind vielmehr ontologische Kategorien, die außerhalb des Begriffsfeldes der Physik liegen und als solche nicht quantifizierbar sind. Es gibt nur den je eigenen, subjektiven Zugang zu diesen Qualitäten, welche niemals aus Quantitäten ableitbar sind. Alle subjektiven Phänomene entziehen sich der Quantifizierung und damit der Zuordnung äußerer Äquivalente[277].

Es kann sinnvoll und vor allem im Sinne der Naturbeherrschung nützlich sein, Qualitäten in Quantitäten auszudrücken. Eine Verabsolutierung dieser Zugangsweise würde jedoch die Phänomene auflösen und die Wirklichkeit des Menschen bis zur Unkenntlichkeit reduzieren. Wer die ursprüngliche Welt des Menschen, die aus Farben, Gerüchen und Tönen besteht, als Illusion betrachtet, spricht dem Menschen überhaupt jede Erkenntnis- und Ausdrucksmöglichkeit ab. Er vergißt, daß auch die Beschreibung der Farbe etwa als Licht-Welle anthropomorph und subjektiv ist[278]. C. S. Lewis schreibt: „Man kann nicht endlos wegerklären, sonst wird man plötzlich feststellen, daß man die Erklärung selbst wegerklärt hat. Man kann nicht endlos die Dinge ‚durchschauen‘. Durch sie hindurchschauen hat nur Sinn, wenn man durch sie hindurch etwas sieht. Es ist gut, daß ein Fenster durchsichtig ist, weil die Straße oder der Garten dahinter undurchsichtig sind. Wie, wenn man auch durch den Garten hindurchsehen könnte? Es führt zu nichts, die Ersten Prinzipien ‚durchschauen‘ zu wollen. Wenn man durch alles hindurchschaut, dann ist alles durchsichtig. Aber eine völlig durchsichtige Welt ist unsichtbar geworden. Wer alles durchschaut, sieht nichts mehr.“[279]

Im Versuch, die Qualitäten in Quantitäten zu fassen, wird ein weiterer Zug der neuzeitlichen Wissenschaften sichtbar. Die Losung lautet: Ent-Anthropomorphisierung. Die Wissenschaften sollen ein objektives und metaphysikfreies Bild der Wirklichkeit liefern. Alle Selbsterfahrung und die Anthropomorphismen der Sprache sollen ausgeschaltet werden. Schon F. Bacon forderte: Alle Vorurteile, Meinungen und selbst die gebräuchlichsten Wörter müssen entschlossen und feierlich abgelegt werden[280]. Wenngleich

Anthropomorphismen in der Umgangssprache unverzichtbar bleiben, so sind sie doch prinzipiell in eine naturwissenschaftliche Sprache übersetzbar. Der Satz „Der Hund freut sich“ kann mit Hilfe der Verhaltensforschung und der Soziobiologie in eine exakte wissenschaftliche Sprache übersetzt werden.

Hier wird wieder übersehen, daß *alle* Sprache anthropomorph ist. Selbst das Reden von Natur-„Gesetzen“ bleibt anthropomorph, wie Nietzsche gezeigt hat: „Hüten wir uns zu sagen, daß es Gesetze in der Natur gebe. Es gibt nur Notwendigkeiten: da ist keiner, der befiehlt, keiner, der gehorcht, keiner, der übertritt.“ [281)] Endgültige Ent-Anthropomorphisierung müßte den Menschen zur Sprachlosigkeit verurteilen. Der Mensch würde sich selber, nach einem Wort von R. Spaemann, zum Anthropomorphismus. Er wird befähigt „zu sagen, auch sein eigener Hunger ist eigentlich kein Hunger und seine eigene Freude ist eigentlich keine Freude, sondern ist lediglich das, was die Biochemie darüber zu sagen hat“ [282)]. Das ihm Selbstverständliche wie Leben, Freiheit, Liebe wird als „List der Evolution“ [283)], als Illusion also, erklärt und ihm damit unverständlich. Und da die Vernunft ebenfalls zu einer irrationalen Sache geworden ist, so wird „der Erkennende selbst ... unter seinen Gegenständen, d.i. der Welt, das Unerkennbare schlechthin“ [284)]. Im Weltbild der Soziobiologie wären es letztlich Materie und Naturgesetze, die sich selber begreifen, indem sie den Menschen als Medium benutzen. Der Mensch als solcher jedoch ist abgeschafft. Schon Pascal stellte jedoch fest: „Nichts ist unverständlicher als die Aussage, die Materie erkenne sich selbst.“ [285)]

Als Ergebnis dieser Überlegungen ist festzuhalten, daß der ontologische Reduktionismus zum Scheitern verurteilt ist. Der methodologische Reduktionismus, der aus der Fülle der Phänomene einige herausgreift und sich in seiner Untersuchung auf diese sowie ganz bestimmte Forschungsmethoden beschränkt, hat seine Berechtigung. Er stellt eine heuristisch bedeutsame Forschungsstrategie dar und vermag zu einer Fülle von Erkenntnissen zu führen, wie die moderne Technologie beweist. Als Forschungsprogramm gehört der Reduktionismus zu jeder Naturwissenschaft [286)]. Wenn ein Hirnforscher von der Psychologie absieht und sich auf die chemischen Prozesse beschränkt, so ist dies völlig legitim. Er tut so, *als ob* er nicht wisse, daß es auch das Bewußtsein gibt. Aber er muß sich immer vor Augen halten, daß dies eine Fiktion ist. Und indem er selber *denkt*, anerkennt er implicite, daß es die Wirklichkeit des Bewußtseins gibt, welche über sein physikalisches, kausal-deterministisches Naturmodell hinausgeht [287)]. Bei allen Reduktionen, so hat auch K. Popper gezeigt, bleibt ein ungelöster Rest. Aus diesem Grund sollten sich Wissenschaftler immer der Ausschnitthaftigkeit ihrer Methodik bewußt bleiben und sich vor einem philosophischen Reduktionismus hüten [288)].

Einen richtigen Schritt in diese Richtung stellt der Versuch der „Ganzheitsbetrachtung“ dar, wie sie zum Beispiel der „Holismus“ von Jan Smut vorlegt. Leben wird dort nicht nur als physikalischer und chemischer Prozeß verstanden. Vielmehr soll das Phänomen des Lebens als Ganzes in den Blick genommen werden. Das Ganze ist mehr als die Summe seiner Teile. Das neue System des Lebens bringt auch neue Systemeigenschaften mit sich, welche nicht mehr auf die Gesetze der unteren physikalischen und chemischen Ebenen zurückführbar sind. Nur im Gesamt des Organismus sind dessen Teile verstehbar. Der Organismus muß dabei als vielstufige oder geschichtete Hierarchie von Sub-Ganzheiten betrachtet werden[289)].

Die neuen Integrationsebenen erfordern ganz eigene Forschungsmethoden, die ihre neuen Gesetzmäßigkeiten zu erfassen vermögen. Diese neuen Ebenen werden als „emergent" bezeichnet, weil sie „plötzlich" (wie ein Wal zum Luftholen an der Wasseroberfläche) „auftauchen". K. Lorenz prägte dafür den Begriff der Fulguration[290)]. Er beruft sich dabei auf das Beispiel von B. Hassenstein, daß beim Schwingkreis durch elektrische Zusammenschaltung einer Spule mit einem Kondensator völlig neue Systemeigenschaften auftauchen[291)]. Diese neuen Eigenschaften gehen über jene der untergeordneten Stufe hinaus, resultieren aber nicht aus jenen und sind zudem nicht vorhersagbar aufgrund der Kenntnis der Einheiten niedrigerer Stufen. Sie waren vorher auch nicht in Andeutungen vorhanden gewesen[292)]. Auch E. O. Wilson, der sonst eher einem fast durchgängigen naturalen Reduktionismus zuneigt, spricht von solchen emergenten Prinzipien[293)].

Doch das plötzliche Auftauchen von völlig Neuem wie Leben oder Bewußtsein in der Evolution bringt Probleme mit sich. Im Fulgurationismus von K. Lorenz liegt eine Mischform von methodologischem und ontologischem Reduktionismus vor. Wenn Fulguration als Auftreten von ganz neuen Systemeigenschaften meint, daß diese nur für uns Menschen völlig neu sind, so ist das Neue nur temporaliter, nicht aber ontologisch neu. Es wäre nur das Alte in einem anderen Zustand. Man denke an das Beispiel vom Schwingkreis: Völlig neu ist die auftauchende Eigenschaft nur für einen, der die Elektrizitätslehre nicht kennt. Die Entstehung von Schwingungen kann auch durch Nachdenken im Voraus ermittelt werden. Ähnliches gilt für das oft zitierte Beispiel der Entstehung von Wasser aus H_2 und O_2 mit völlig neuen Eigenschaften. Es gehört aber zur Eigenschaft von H_2, im Zusammentritt mit O_2 Wasser zu ergeben[294)]. Besonders die organische Chemie brachte das Emergenzprinzip in Schwierigkeiten: Sie konnte sekundäre Eigenschaften neuer Verbindungen wie etwa deren Farbe korrekt vorhersagen[295)].

R. Löw zieht daher die Schlußfolgerung, daß die Fulguration entweder nur der Name ist für noch nicht aufgedeckte Kausalzusammenhänge, die aber der Kausalaufklärung zugänglich sind. Dann wäre das Neue nicht völlig neu, sondern müßte reduktionistisch oder präformationistisch erklärt werden. Für den Reduktionismus wäre das Neue ein Scheinphänomen, für den Präformationismus wären alle späteren Eigenschaften wie Leben und Subjektivität schon in der grundlegenden Materie als in nuce enthalten zu denken, was in einen Panpsychismus mündet[296)].

Oder aber die Fulguration meint ein *wirklich* Neues. Daraus folgte jedoch das Paradoxon, daß die neu auftretenden Eigenschaften restlos naturwissenschaftlich aufgeklärt werden sollen und *zugleich* neu entstanden, also nicht gemäß dem Hempel-Oppenheim-Schema auf ihre Ausgangsbedingungen zurückgeführt werden sollen[297)]. So erweist sich das Fulgurationsprinzip als ein unwissenschaftliches ad-hoc-Prinzip, ein

„asylum ignorantiae", das nicht testbar ist und nach dem Urteil K. Poppers in die Metaphysik gehört. Der „Sprung" bedeutet nichts anderes, als daß man hier nichts weiß[298]. Ein solches Fulgurationsprinzip würde mit der ihm zugrundeliegenden Evolutionstheorie kollidieren, weil gemäß dieser alles mit natürlichen Dingen zugeht. K. Lorenz gesteht den unwissenschaftlichen Charakter der Fulguration zu, wenn er von einem „nicht rationalisierbaren Rest" spricht[299]. Somit handelt es sich bei diesem Fulgurationsprinzip letztlich um eine säkularisierte Schöpfungsvokabel.

R. Löw schlägt zur Lösung der Problematik eine Trilogie vor, eine Synthese dreier Erklärungstypen des Neuen, welche dieses erst in ihrem Gesamt zu verstehen vermögen. Er zieht dazu die These von R. Spaemann heran, daß zum Verstehen der Welt als Ganzes eine Perichorese von Ontologie, Transzendentalphilosophie und Sprachphilosophie nötig sei. Jeder dieser Entwürfe für sich genommen kommt nicht zum Ziel, da eine sich selber verabsolutierende Ontologie zur Physik wird, eine absolute Transzendentalphilosophie zur Psychologie und eine sich absolut setzende Sprachphilosophie zur Linguistik. Analog dazu bedarf es zum Verständnis des Neuen einer gegenseitigen Ergänzung von Präformationismus, Reduktionismus und „Creationismus". Der Präformationismus wäre die transzendentallogische Variante, die „die Notwendigkeit des logischen Entwurfs der Ausgangsbedingungen aus der Diagnosis des Gegenwärtigen" betont[300]. Der Reduktionismus wäre das Analogon zur Sprachanalyse: Er handelt nicht von den Dingen selbst noch von dem erklärenden Subjekt, sondern von den realen Bedingungen, unter denen das Neue auftritt. Da diese Bedingungen aber das Bedingte nicht hervorbringen und das Neue wirklich neu ist, sich als solches selber macht, bedarf es des „Creationismus" als der ontologischen Variante zur Erklärung des Neuen. Für einen solchen „Creationismus", der notwendig ontotheologisch gedacht werden muß, ist das Neue wirklich neu und „entlastet die philosophische Reflexion davon, etwas begreifen zu müssen, was ihre Fähigkeiten übersteigt"[301].

So ergibt sich aus der obigen Diskussion, daß die Evolutionstheorie bei der Erklärung des Neuen an ihre Grenze stößt. Da der ontologische Reduktionismus widersprüchlich ist, beim Präformationismus aber alle naturwissenschaftliche Erklärung in Logik übergeht, so muß die Evolutionstheorie die Existenz von wirklich Neuem anerkennen, von Phänomenen wie Leben und Bewußtsein, die ihre eigenen Erklärungsgrenzen markieren. Denn die *Erklärung* des Neuen „kann nicht von Materie und Spielregeln kommen, weil diese ja Abstraktionsprodukte aus dem bereits vorhandenen (in und mit uns) ‚Neuen' darstellen, wenn wir den Blick nach rückwärts wenden. Woher das *Neue* selbst kommt, das kann uns keine Naturwissenschaft lehren".[302] Die Wirklichkeit ist größer als das Erklärungspotential der Evolutionstheorie.

5.2.4 Die Wirklichkeit ist polyphon

Mit Hilfe der naturwissenschaftlichen Methode läßt sich nur *ein* Bereich der Wirklichkeit erkennen. Der Versuch einer totalen Welterklärung durch die Evolutionstheorie kann nicht gelingen, da diese entweder viele Phänomene als Illusionen abtun oder deren Entstehen als das Auftauchen völlig neuer Ebenen bezeichnen muß, was aber den evolutionären Erklärungsrahmen sprengt. Besonders die moderne Quantentheorie hat darauf aufmerksam gemacht, daß die ganze Wirklichkeit nicht empirisch global faßbar ist. Da der Forscher aus der Gesamtwirklichkeit Abstraktionen wählt und somit die Vorurteile und Modelle festlegt, sind immer nur die unter diesem Hinblick gewählten Eigenschaften faßbar. „Welche Phänomene beobachtet und welche dazu komplementären ignoriert werden sollen, liegt in der Wahlfreiheit des Forschers."[303)] Damit bedarf es schon innerhalb des naturwissenschaftlichen Zugangs zur materiellen Wirklichkeit komplementärer Theorien. Zur Erfassung der Gesamtwirklichkeit braucht es darüber hinaus einen philosophischen Ansatz, eine „Phänomenologie", die die Phänomene *als solche* zu erfassen sucht.

Als Beispiel sei wieder das Phänomen des Lebens angeführt. Die naturwissenschaftliche Methode beschäftigt sich zum Beispiel mit den physiko-chemischen Strukturen der Zellen. Sie vermag die Bedingungen zu erhellen, unter denen das Phänomen des Lebens auftreten kann. Was das Leben selber aber *ist*, das Sein des Lebens, bleibt dem Naturwissenschaftler grundsätzlich verschlossen. Dieser Frage vermag erst die philosophische Reflexion zu begegnen, bei der der Mensch auf sein eigenes Vorverständnis von Leben reflektiert. Das *Sein* des Lebens ist dem Menschen zugänglich, weil sein eigenes Sein identisch ist mit dem Leben: vivere viventibus est esse (Thomas von Aquin[304)]). Der Anthropomorphismus wird hiermit wieder in sein Recht eingesetzt. *Verstehen* kann der Mensch sogar die Bewegung und die Kausalität nur von sich selber her, nach Analogie der eigenen subjektiven Erfahrung. Ebenso kann der Mensch nur von der subjektiven Erfahrung her wissen, was Leben, Subjektivität und Wahrnehmungsvermögen, was Schmerzempfindung und was Streben ist, und von da aus mit Hilfe des Analogieschlusses diese Phänomene im Organismenbereich *anerkennen*[305)].

Ein solcher freier Anerkennungsakt liegt allen Definitionen zugrunde, auch den naturwissenschaftlichen. Denn vor dem wissenschaftlichen Erklären wird festgelegt, was alles zur Wirklichkeit gehört und was nicht. Der Auswahl liegt ein Weltbild zugrunde, das selber nicht mehr beweisbar ist. Wenn zum Beispiel nur dem Meßbaren Wirklichkeitscharakter zugesprochen wird, so ist dies eine weltanschauliche Vorentscheidung[306)]. Wird aber nur der Materie und den Naturgesetzen Wirklichkeitscharakter zugestanden, so können am Ende der Erklärung auch nur Materie und Spielregeln stehen, nie aber Leben, Schönheit oder Sittlichkeit, da diesen durch die Definition der Status des Wirklichseins schon im voraus abgesprochen worden war. „Was von der Fachwissenschaft methodisch ausgeklammert wird, läßt sich mit ihren methodischen Mitteln nicht mehr thematisieren."[307] Da die Diagnose der Wirklichkeit logisch also vor dem evolutionären Erklären steht, so sind die evolutionären Erklärungen der Phänomene von Schönheit und Sittlichkeit als überlebensdienliche Illusionen gescheitert; die in Frage stehenden Phänomene sind damit aber nicht wegerklärt. „Es ist sonst so in etwa der Versuch eines Blinden, einem Maler die Nichtexistenz von Farben zu beweisen."[308]

Nach der darwinistischen Erklärung hätte auch ein technisch hochbegabter Australopithecus entstehen können, der mit allen technischen Fähigkeiten zum erfolgreichen Überleben (einschließlich Computerbau) begabt ist, „jedoch ohne jeden Sinn für Kunst, für Philosophie, für das große Staunen vor dem Wirklichen, ohne Empfänglichkeit für das Schöne, ohne Bewußtsein einer unbedingten sittlichen Verpflichtung, ohne Sensorium für differenzierte persönliche und gesellschaftliche Beziehungen und Wertsysteme, für Religion und kollektive Riten"[309]. Zu all diesen Phänomenen hat die darwinistische Erklärung keinen Zugang. Denn das ästhetische Erleben, das Staunen vor dem Geheimnis der Welt, das Erschauern vor dem Numinosen, die Frage nach dem Guten und nach dem letzten Sinn des Lebens auf der Welt, das Erlebnis der Unausweichlichkeit einer sittlichen Pflicht haben nicht direkt mit Überlebenschance und Nützlichkeitsgründen zu tun. Alle diese Phänomene aber gehören zum Wesen des Menschen. Mit den Begriffen von Wahrheit, Schönheit, sittlichem Sollen, Güte und Heiligkeit ist auch die eigentümliche Erfahrung von Unbedingtheit verbunden. Diese kann naturalistisch nur rekonstruiert werden, wenn sie ihres Spezifischen, nämlich ihrer Unbedingtheit, beraubt wird. Solche Erfahrungen sind im Experiment nicht zu fassen[310]. Der Unbedingtheitsanspruch des ehelichen Treueversprechens kann im Experiment nie erfahren werden, da ein solches die Unbedingtheit schon wieder aufheben würde. Auch die Einmaligkeit solcher Erfahrungen ist wissenschaftlich nicht greifbar, da Wissenschaft es prinzipiell mit wiederholbaren Erfahrungen zu tun hat. Die Naturwissenschaft rechnet mit allem, nur nicht mit dem Unberechenbaren[311].

Zu den ursprünglichen Erfahrungen des Menschen gehört das Phänomen der Schönheit. Der Mensch kennt ein ästhetisches Empfinden, er vermag vor dem Schönen zu staunen, er kann von Malerei und Musik hingerissen werden. Das Phänomen des Schönen selbst entzieht sich dabei jeder naturwissenschaftlichen Analyse: Man kann die Schönheit eines Rembrandt-Gemäldes nicht dadurch erfahren, daß man die Fasern der Leinwand mit dem Elektronenmikroskop untersucht oder eine chemische Analyse der Farben vornimmt. Vielmehr gibt es eine ganz *eigene* Erfahrung des Schönen, die mit naturwissenschaftlichen Methoden nicht mehr greifbar ist. Um das Schöne wahrzunehmen bedarf es eines besonderen Hinblicks und der Aufmerksamkeit. Wer wie der ‚Homo Faber' von Max Frisch nach einer Notlandung in der mexikanischen Wüste diese Landschaft nicht als *schön erleben will*, den muß man in seiner Selbst-Beschränkung lassen: „Ich bin Techniker und gewohnt, die Dinge zu sehen wie sie sind. Ich sehe: den Mond über der Wüste, klarer als je, mag sein, aber eine errechenbare Masse, die um unseren Planeten kreist, eine Sache der Gravitation, interessant, aber wieso ein Erlebnis?"[312] Indem er aber die Schönheit des Mondes nicht sehen will, ist ihm kein Beweis gegen die Schönheit gelungen.

Ähnliches gilt für das Phänomen der Liebe, das ebenfalls experimentell nicht zu fassen ist. „Wer sich experimentell der Vertrauenswürdigkeit seines Freundes vergewissern wollte, der könnte die Erfahrung der Freundschaft nicht machen."[313] Auch die evolutionären Ursprünge der Sympathie, der Paarbindung und des Altruismus können die eigentümliche Erfahrung der Liebe nicht begreifen. Dem Liebenden wird die Tatsache, daß sein Streicheln ursprünglich ein Lausen und sein Kuß ursprünglich ein Fütterungsvorgang war, mit Recht höchst gleichgültig sein[314]. Die Erfahrung großer Liebe kann nicht auf irgendwelche Gründe, seien sie evolutionär, psychologisch oder lebensgeschichtlich, reduziert werden. „Ich werde dir nicht die Gründe sagen, weshalb du mich lieben sollst, denn du hast keine Gründe. Der Grund zum Lieben ist die Liebe selber" (A. de Saint-Exupéry[315]).

Für die Erfahrung des Sittlichen ist in der Diskussion mit der Soziobiologie schon aufgewiesen worden, daß das Wesen der Sittlichkeit in der Erfahrung und Anerkennung der Präsenz von Pflicht besteht und von der Evolution logisch völlig unabhängig ist. Da aus einem rein faktischen Programm von Evolution, wie es die Soziobiologie vorlegt, nie ein Sollen konstruiert werden kann, folgt nicht, daß es kein Sollen gibt, sondern daß die Soziobiologie hier an ihre Grenzen stößt. „Das ethische Phänomen ist eines, das jede Rekonstruktion sprengt, welche nur das materiell Faktische zuläßt."[316] Im Koordinatensystem der Naturwissenschaften kommen grundsätzlich die Phänomene des Sollens, der Verantwortung, der Gerechtigkeit und der Werte nicht vor. Daraus folgt, daß die Moralität eine eigenständige Dimension der menschlichen Lebenswirklichkeit ist, die aus naturwissenschaftlichen Funktionsgesetzlichkeiten nicht abgeleitet werden kann. Da umgekehrt die sittliche Erfahrung zu den ursprünglichen Erfahrungen des Menschen gehört, aus denen der naturwissenschaftliche Erfahrungsbegriff erst sekundär abstrahiert wurde, kann sich die Naturwissenschaft nicht die Sittlichkeit unterwerfen, sondern steht selbst unter dem sittlichen Gebot[317].

Auch die Erfahrung des Heiligen, des Numinosen, des Mystischen ist ursprünglich und unableitbar. Die positivistische Beschränkung auf das Faktische, die das Sprechen über das Religiöse als sinnlos abtut, ist ein nicht zu beweisendes Dogma. Die Gültigkeit der religiösen Erfahrung wird von Wilson abgelehnt, da sie nicht in seinen begrifflichen Rahmen paßt. Nur: Dieser Rahmen ist willkürliche Setzung[318]. Die religiöse Erfahrung und die Erfahrung von Sinn entzieht sich dem eingeschränkten Erfahrungsbegriff der Naturwissenschaften und ist doch nicht weniger real als diese. Bei der mystischen Erfahrung wird sogar deutlich, daß der neuzeitliche Erfahrungsbegriff, der den Menschen zum Herrn seiner eigenen Erfahrungen machen will, dem ursprünglichen Sinn des Wortes widerspricht. Denn dieser meint mit Erfahrung das, dessen wir nicht Herr sind[319].

All dies wird bestätigt von den paradoxen Äußerungen vieler Naturwissenschaftler, die einerseits an die grundsätzliche natürliche Erklärbarkeit aller Phänomene unserer Wirklichkeit glauben, andererseits aber im praktischen Leben sich sittlich verhalten oder vor der Schönheit von Natur und Musik staunen und damit die Mehrdimensionalität der Wirklichkeit anerkennen, auch wenn im theoretischen Weltgebäude so etwas wie Sittlichkeit und Religion nicht vorkommen[320]. E. Schrödinger faßt dieses Dilemma wie folgt zusammen: Das wissenschaftliche Weltbild „hüllt sich in Schweigen über alles und jedes, was unserem Herzen wirklich nahesteht, was uns wirklich etwas bedeutet. Es sagt uns kein Wort über rot und blau, bitter und süß, körperlichen Schmerz und körperliche Lust; es weiß nichts von schön und häßlich, gut und schlecht, nichts von Gott und der Ewigkeit ... Das Bild erlaubt, sich den ganzen Ablauf als ein mechanisches Uhrwerk vorzustellen, das nach unserem Wissen genauso ablaufen könnte, ohne daß Bewußtsein, Wille, Streben, Entzücken, Verantwortlichkeit damit verbunden wären, wie sie es doch sind. Und der Grund für diese intellektuelle Verlegenheitssituation ist gerade der, daß wir uns zum Zwecke der Gestaltung eines verständlichen Bildes der Außenwelt die außerordentliche Vereinfachung erlaubt haben, von unserer eigenen Person abzusehen, sie sozusagen herauszuschneiden."[321]

Die Aufgabe der Philosophie ist es daher, die Phänomene zu retten, die Vieldimensionalität der Wirklichkeit gegen alle reduktionistischen Vereinfachungen zu verteidigen. Sie hat „im Grunde nichts anderes zu tun als das, was die Gemüsefrau schon immer wußte, in Schutz zu nehmen gegen den fortgesetzten Versuch einer gigantischen Sophistik, es ihr auszureden"[322]. Es gehört heute zum allgemeinen Wissensgut, daß es etwa „Farben an sich" nicht gibt. Die philosophische Phänomenologie muß dagegen zu zeigen versuchen, daß es dennoch Farben gibt. Der eindimensionale Erfahrungsbegriff der Naturwissenschaften muß immer wieder aufgesprengt werden.

Schon auf dem Höhepunkt des Rationalismus hat B. Pascal dem esprit de géometrie den esprit de finesse zur Seite gestellt. Es gibt eine quantitative *und* qualitative Rationalität und Erfahrung. Darüber hinaus entdeckte Pascal noch die Dimension der Herzenserfahrung: „Das Herz hat seine vernünftigen Gründe, die die Vernunft nicht kennt."[323] Auch Kant wußte noch, daß es zwei Weisen der Vernunft gibt, „die theoretische und die praktische Vernunft ...; sagen wir ruhig: die physikalisch-naturwissenschaftliche und die sittlich-religiöse Vernunft"[324]. Schließlich sei noch R. Guardini genannt, der ebenfalls zwei Erkenntnisweisen unterscheidet: „Eine führt zur Versenkung in das Ding und den Zusammenhang. Der Erkennende sucht einzudringen, innezuwerden, mitzuleben. Die andere Weise aber packt, zergliedert, ordnet in Fächer, nimmt in Besitz, herrscht."[325] Das sich um Verstehen mühende Schauen ist conceptio, Empfängnis. Es will die Phänomene in sich aufnehmen, wie sie sind, wie sie sich von sich selbst aus zeigen. Es will sich meditativ und nicht aktiv-verändernd in sie versenken. Seine Erkenntnisweise ist die des Mitspielens[326]. Das naturwissenschaftliche Erkennen hingegen versteht conceptus nur als Begriff, in den der Mensch die Dinge zwängt. „Dieses Wissen schaut nicht, sondern analysiert. Es versenkt sich nicht, sondern packt zu. Es baut nicht ein Wesensbild, sondern eine Formel. Sein Wille ist, das in Gewalt zu bekommen, von dem aus das Ding erzwungen werden kann: Das rational formulierbare Gesetz. Damit ist auch Grundlage und Charakter seiner Herrschaft gegeben: Zwang, willkürlicher, aller Ehrfurcht barer Zwang."[327])

Aus der Einsicht in die Bipolarität menschlichen Erkenntnisvermögens folgt, daß die kausalmechanische, an der Naturbeherrschung interessierte Naturbetrachtung ergänzt werden muß durch die teleologische, am Verstehen interessierte. Wenn nur die instrumentelle Vernunft als wissenschaftlich bezeichnet wird, so widerspricht nach Adorno schon die Festlegung auf das Telos des Instrumentalismus dieser Instrumentalität der Vernunft. Eine Einschränkung der Vernunft auf instrumentelle Rationalität, wie sie M. Weber vornahm, wäre ein Verzicht der Philosophie und Wissenschaft, was ihr Bestreben betrifft, das Ziel des Menschen zu bestimmen. „Eine totale Zurückführung der Vernunft auf die gleichsam blinde Rationalität von Tatbeständen . . ., wie sie der Positivismus vornimmt, schließt nichts Geringeres ein als ihre totale moralische Abdankung: die Behauptung ihrer Unfähigkeit, überhaupt noch menschliche Verantwortung begründen zu können."[328])

So gibt es also mindestens zwei Arten der empirischen Vermittlung: „Die eine ist meßbar und objektivierbar und daher das Feld der sogenannten empirischen Wissenschaften. Die andere ist subjektiv, nicht objektivierbar, nicht hinterfragbar und daher das Feld der künstlerischen Gestaltung und der ethischen Entscheidung."[329]) Die halbe Wahrheit des naturwissenschaftlichen Weltbildes darf nie zur ganzen erhoben werden, sonst wird sie zur Lüge[330]). Die Wirklichkeit ist polyphon und offenbart sich in ihrer Fülle erst im Zusammenspiel der verschiedenen Weisen des Erkennens, der Vernunft, des Vernehmens. „Die Reflexionen des ateleologischen Szientismus und des teleologischen Denkens verweisen . . . auf einen vorläufig irreduzierbaren Wissenspluralismus, der sich um ein Modell symmetrischer Koexistenz und Kooperation, vielleicht auch einer möglichen, noch fernen Konvergenz der Wissensarten mühen muß."[331])

Diese Einsicht hat auch Folgen für die Anthropologie: „Das Menschenbild der Biologie kann *nie das ganze Bild* des Menschen sein."[332]) Die Biologie kann nur Teile zu einem Menschenbild beitragen. Sie erfaßt nie den Wesenskern des Menschen, seine ureigenste Selbsterfahrung von Leben und Freiheit, von sittlicher Verantwortung, Schönheit und Religion. Eine rein naturwissenschaftliche (evolutionstheoretische, soziobiologische) Anthropologie stößt unweigerlich an ihre Grenzen. Diejenige Anthropologie jedoch hat recht, die *mehr* sieht, die die Augen nicht willkürlich vor der Wirklichkeit verschließen muß, sondern das Ganze in den Blick nimmt. Das aber ist die philosophische Anthropologie, die die verschiedenen Erfahrungsbereiche in ihrem Recht beläßt und sich um das Ganze und die Einheit der Wirklichkeit müht.

Im Gegenzug zum materialistisch-mechanistischen Menschenbild mancher Soziobiologen soll hier die These vertreten werden, daß der Mensch eine materiell-geistige Einheit darstellt. Dabei sind die Phänomene des Bewußtseins, des Geistes etwas *Neues* in der Evolution und nicht in materielle Bestandteile auflösbar. Die im vierten Kapitel aufgezeigten typisch menschlichen Charakteristika machen deutlich, daß die Beschreibung des Menschen als bloßer Überlebensmaschine einem ontologischen Reduktionismus verpflichtet ist, der an vielen Wesenszügen des Menschen vorbeigeht. Der Mensch jedoch ist keine Überlebensmaschine. Viele soziokulturellen Aktivitäten dienen nicht mehr einfach dem Überleben, sondern besitzen einen Selbstzweck, den man keinesfalls auf genetischen Egoismus zurückführen kann. Der Mensch ist ein Wesen mit vielen Gesichtern: animal rationale, ens sociale, homo faber, homo ludens, homo politicus, homo aestheticus, homo religiosus. Der eigenen „Objektivierung" grundsätzlich entzogen bleibt sich der Mensch als homo absconditus letztlich aber ein Geheimnis: „Grande profundum est ipse homo" (Augustinus[333]).

5.3 Subjektivität und Ethik

5.3.1 Die Wirklichkeit der Subjektivität

Im vierten Kapitel war das Problem von Freiheit und Determination schon einmal angeschnitten worden. Der Schwerpunkt lag dort auf dem Verhältnis von Vererbung und Umwelt sowie auf der Frage nach den Freiheitsgraden, die der Mensch mit Hilfe seines hochentwickelten Gehirns erreicht hat[334]. Hier soll nun eine mehr philosophische Diskussion des Verhältnisses von Freiheit und Determination erfolgen, wobei wiederum die Beiträge von H. Jonas und K. Popper besonders berücksichtigt werden.

Erneut herausgefordert wird eine solche Diskussion von der modernen Biologie, welche die Frage aufwirft, wie eine Freiheit des Denkens möglich sei, wenn doch die physiologische Grundlage des Denkens, die Gehirnprozesse also, kausalen Gesetzen gehorcht. Nach dem Urteil E. O. Wilsons ist der menschliche Geist natürlich bedingt und daher auch einer naturwissenschaftlichen Erklärung zugänglich: „Wenn wir in der Lage sind, die Organisation verschiedener Prozesse zu charakterisieren und ihre physikalische Basis detaillierter zu kennen, wird es auch möglich sein, das drängende und noch schwer faßbare Phänomen des Geistigen, wie auch das Ich und das Bewußtsein auf eine erklärende und unzweideutige Weise zu definieren."[335]

Wilson neigt sogar der These zu, daß geistige Prozesse nur unwirkliche Epiphänomene darstellen. Sie seien bloße subjektive Zutaten der nach objektiven Gesetzen ablaufenden Vorgänge, welche ihrerseits einer streng kausalen Determination unterliegen: „Wir werden den menschlichen Geist als ein Epiphänomen der neuronalen Maschinerie des Gehirns zu verstehen haben."[336] Die natürliche Evolution habe dieses Gehirn geformt; darum sei es bis in seine einzelnen Fähigkeiten hinein mechanistisch festgelegt. Folglich wäre die Welt von Sittlichkeit und Verantwortung, von Liebe und Werten, von Angst und Vernunft eine bloße Schimäre[337]. Doch mit welchem Grund denken Biologen, es gebe keine Gedanken?

5.3.1.1 Zum Epiphänomenalismus

Das menschliche Subjekt hat folgenden Eindruck: „Ich" bin es, der „ich" durch „meinen" Willen „meinen" Arm hochhebe. Der Epiphänomenalismus sieht in dieser Subjektivität nur ein Schauspiel, „eine bloße Kostümierung neurophysiologischer Prozesse, die im Kostüm des Willens paradieren, aber den Arm ohne Willen und ohne Zutun eines Willens heben"[338]. Der Grund für diese These, die eine Konsequenz des kartesianischen Dualismus darstellt, ist das Determinationsgefüge der Natur: Die Erhaltungsgesetze der Natur würden verletzt, wenn eine Wirkungsgröße ohne physische Vorgängerschaft der bisherigen Summe zugefügt oder ohne physische Nachfolge von ihr abgezogen würde. Im Handeln der Lebewesen darf keine Veränderung des Ablaufs durch den Einfluß des Psychischen angenommen werden. Vielmehr verläuft alles Handeln nach dem bloßen Kausalgetriebe der Körperwelt. Das Psychische kann keinen Einfluß auf das Physische haben[339]. Damit wird das Psychische, die Vorstellung von Zwecken, von Wollen und Tun, als überflüssige Zugabe zum kausalen Arbeiten der Körpermechanismen betrachtet. Sokrates hatte in dem berühmten Gespräch seiner letzten Nacht die Frage, warum er hier sitze und den Schierlingsbecher erwarte, noch damit beantwortet, daß die Erklärung: ‚Weil sich meine Knochen und Sehnen nicht aus dem Gefängnis bewegen' ungenügend sei: Die wirkliche Ursache dessen, daß ich hier jetzt im Gefängnis sitze, ist, „daß nämlich, weil es den Athenern besser gefallen hat, mich zu verdammen, deshalb es auch mir besser geschienen ist, hier sitzen zu bleiben, und gerechter, die Strafe geduldig auszustehen, welche sie angeordnet haben. Denn beim Hunde, schon lange ... wären diese Sehnen und Knochen in Megara oder bei den Böotiern ..., hätte ich es nicht für gerechter und schöner gehalten, lieber, als daß ich fliehen und davongehen sollte, dem Staate die Strafe zu büßen, die er anordnet."[340]

Der Epiphänomenalismus jedoch würde diese Begründung des Sokrates, die sich auf seine Ideen von Recht, Pflicht und Zweck stützt, verwerfen: Sie sei nur ein dem Subjekt teurer Wahn, eine Illusion[341]. Nun bringt aber die Erklärung des Subjektiven als einer ohnmächtigen Begleiterscheinung eines im Grunde autonomen physischen Primärvorgangs einige *Probleme* mit sich:

1. Die Erscheinung des Psychischen ohne ursächlichen Aufwand ist causaliter eine creatio ex nihilo. Die Schöpfung der Seele aus dem Nichts aber „ist das erste ontologische Rätsel, mit dem die Theorie des Epiphänomenalismus der Physik zuliebe, in der sonst niemals etwas aus nichts entstehen soll, sich abfindet"[342].

2. Die zu schützende Ungestörtheit physikalischer Autonomie verlangt eine Ohnmacht des Geistes. Dieser ist zwar von der Materie abhängig, selber aber ohne kausale Kraft, da er ja aus kausalem Nichts geschaffen wurde. Die Subjektivität ist dann eine Wirkung, die im absoluten Sinne ohnmächtig ist, „eine Sackgasse, die von der Hauptstraße der Kausalität abzweigt und an der der Verkehr von Ursache und Wirkung vorbeirollt, als ob es sie nicht gebe"[343]. Das Bewußtsein ist somit ein folgenloses Sein, ein Etwas für sich und doch ein Nichts für anderes. „Die Folgenlosigkeit eines physisch

Bewirkten ist das zweite ontologische Rätsel, mit dem die Epiphänomen-Theorie des Bewußtseins der Physik zuliebe, in der sonst nichts ohne Folgen bleiben soll, sich abfindet." [344)]

3. Die Subjektivität ist nicht nur ohnmächtig, den Körper in seinem Handeln zu determinieren. Sie vermag auch das Denken selbst nicht zu determinieren, sonst könnte dieses ja eigene Wege gehen, die nicht mehr mit dem Körpergeschehen übereinstimmen. Und dann würde die Ohnmacht offenbar werden: Ich will den Arm heben, und dieser tut es nicht. Damit ist das Denken selber ein Wahn: Kein Gedanke gebiert weitere Gedanken, sondern es handelt sich hierbei um einen Wechsel von Hirnzustand zu Hirnzustand. „Das Dasein eines solchen ‚Wahnes an sich' ist das absolute metaphysische Rätsel, das die Epiphänomen-These der Physik zuliebe in Kauf nimmt. Es wird gesteigert dadurch, daß eben dieser Wahn doch dasjenige ist, in dem allein die Unterscheidung von Trug und Wahrheit ihren Sitz hat – welche Unterscheidung demnach selber ein Teil des Truges wird." [345)] Es stellt sich auch die Frage, wer überhaupt noch das Subjekt der subjektiven Erscheinungen sein soll. Ist das Ich eine Illusion der psychischen Phänomene und sind diese ihrerseits die Illusion des illusionären Ichs? „Wir enden im Unbegriff einer freischwebenden ‚Illusion an sich', die niemandes Illusion ist, einer Täuschung, die auch den Getäuschten noch vortäuscht, oder eines Traumes, der erst seinen Träumer erzeugt und doch von ihm geträumt wird." [346)] Letztlich behauptet der Epiphänomenalismus damit die Ohnmacht des Denkens und somit auch die Unfähigkeit seiner selbst, eine unabhängige Theorie zu sein. Dies muß nach Chesterton zur Umkehrung des kartesianischen Epigramms führen: „Ich bin nicht; daher kann ich nicht denken." [347)]

4. Die Deutung des menschlichen Bewußtseins als Epiphänomen widerspricht schließlich der Evolutionstheorie selber. Schon T. H. Huxley hatte das Bewußtsein als kraftlos verstanden. Es sei unfähig, das Handeln des Körpers zu beeinflussen. Vielmehr gleiche es der Dampfpfeife einer Lokomotive, die keinerlei Einfluß auf die Maschinerie hat. Dann aber stellt sich nach Popper die Frage, warum denn die Evolution ein solches Begleitphänomen hervorgebracht hat, wenn dieses nutzlos ist und keinerlei adaptive Funktion hat. Gemäß der Theorie von der natürlichen Selektion können sich die geistigen Kräfte nur dann evolutiv durchgesetzt haben, wenn sie überlebensdienlich sind, und das heißt, wenn sie auf die physischen Handlungen von Mensch (und Tier) Einfluß nehmen können [348)]. Nach den Gesetzen der Evolution hätten also „geistige Zustände und Bewußtsein *nur* entstehen und sich weiterentwickeln können, *wenn sie die kausale Wirkung* gehabt hätten, Veränderungen in den neuralen Abläufen des Gehirns mit daraus resultierenden Verhaltensänderungen hervorzurufen. Das kann nur geschehen, wenn die Neuronenmaschinerie des Gehirns offen ist für Einflüsse, die von den mentalen Ereignissen in der Welt der bewußten Erfahrungen ausgehen." [349)]

Wilson versucht, die Rolle des menschlichen Geistes möglichst herunterzuspielen und direkt von den Genen zum Verhalten voranzuschreiten. Aber der menschliche Geist und die Vernunft können doch auch ein mächtiges überlebensdienliches Werkzeug darstellen. Denn mit Hilfe der Vernunft kann sich der Mensch schnell an neue Umweltbedingungen anpassen. Die Deutung der mentalen Vorgänge als ohnmächtige Beiprodukte wird von der Evolutionstheorie selber in Frage gestellt[350].

Infolgedessen kann die Epiphänomenalismus-These nicht aufrechterhalten werden. Die Haltung von H. Mohr, der daran festhält, daß die Subjektivität ihrem Wesen nach fiktiv und ihrem Vermögen nach ohnmächtig ist, und *zugleich* als moralisches Subjekt an Verantwortung und an eine Intervention des Geistes in den Vorgängen der Materie glaubt, ist in sich widersprüchlich und daher ungenügend[351]. Vielmehr muß das Zeugnis der menschlichen Subjektivität als wahr angenommen werden: Daß das Bewußtsein auch eine neue *Kausalität* darstellt, die in die vorausliegende zurückwirkt, sie also verändert. „Die physischen Dinge im Einflußbereich der Subjektivität verlaufen nicht mehr so, wie sie ohne sie verlaufen würden. Die neue Stufe hat also die Kraft, der Unterlage, aus der sie hervorgegangen ist, Gewalt anzutun, sie jedenfalls mitzubestimmen.“[352]

5.3.1.2 Zur Identitätstheorie

Auch die Identitätstheorie geht davon aus, daß die kausale Welt völlig abgeschlossen ist. Geistige Zustände und physiologische oder physikalisch-chemische Zustände sind identisch. Es gibt dann nur noch zwei „Aspekte“ eines einzigen Ereignisses, welches entweder in der Sprache der Psychologie als „Innenaspekt“ oder in der der Neurobiologie als „Außenaspekt“ beschrieben werden kann, so wie der Gipfel des Himalaya von der einen Seite als Gaurisankar und von der anderen als Mount Everest bezeichnet wird[353]. Die Ontologie der Identitätstheorie ist der physikalistische Mechanismus. Der Geist *ist* das Gehirn, so daß sich das Psychische auf das Biologische und dieses sich letztlich auf das Physikalische reduzieren läßt. Es gibt daher keine qualitativen Sprünge, sondern die Wirklichkeit bildet vom Wasserstoffatom bis zum Menschen eine rigorose Kontinuität. Das menschliche Verhalten kann grundsätzlich mechanisch verstanden werden, und man darf sogar hoffen, daß eines Tages ein mechanischer Ersatz für die rationalen menschlichen Beschlußfassungen gefunden wird. Die teleologischen Geistprozesse wie Intentionalität, Erkenntnis und Wille sind Phänomene, für die von der heutigen Psychophysiologie eine neurologische Grundlage angegeben werden kann. Einen freien Willen gibt es folglich nicht: Dieser Akt ist vielmehr ein Ergebnis von Hirnzuständen und im Prinzip vorhersagbar[354].

Da es auch für die Identitätstheorie keine kausale Wirkung eines unabhängigen Bewußtseins auf den Körper geben kann, bleiben die schon beim Epiphänomenalismus genannten Probleme bestehen. Auch die Frage, wie sich denn der Innenaspekt der physikalischen Strukturen evolutionär durchgesetzt haben soll, wo doch die den mentalen Prozessen unterliegenden physikalischen Prozesse *alle* arterhaltenden Vorteile schon enthalten, kann nicht beantwortet werden[355]. „Warum ist im Laufe der Entwicklung von der natürlichen Auslese die sensible, schmerzempfindliche, organismische Welt bevorzugt worden, wie das offensichtlich der Fall ist, wenn die ganzen Steuermechanismen auch ohne Glück und Schmerz, auch ohne Einsicht, Zweifel und Sorge möglich wären?"[356)]

Aus der Identitätstheorie würde weiterhin folgen, daß die Materie eine protopsychische Natur innehabe. „Damit wird es dann denkbar, daß bei bestimmten komplizierten Vorgängen in neuen Systemen, in Zentralnervensystemen psychische Phänomene zustande kommen. Wenn eine protopsychische Natur nicht angenommen wird, dann ist es nicht recht vorstellbar, wie aus materiellen Hirnabläufen im Verlaufe der Stammesgeschichte etwas Psychisches, etwas fundamental Anderes, materiellen Gesetzen nicht Unterworfenes hervorgegangen sein soll."[357)]

Vorläufer eines solchen Panpsychismus, der schon der Materie geistähnliche Eigenschaften zuerkennt, waren die Hylozoisten, die als Substanz aller Dinge einen belebten Urstoff annahmen[358)]. Später findet sich etwa bei La Mettrie der Gedanke einer Empfindungsfähigkeit der Materie[359)]. Heute neigen einige Evolutionsbiologen dieser Lehre zu, da sie die Frage umgeht, wie denn in der Evolution der Geist als „völlig neu" entstanden sein kann. Die Emergenz des Psychischen als einer komplexen Zusammenschaltung von protopsychischen Elementen sei jedoch denkbar[360)]. Freilich erscheint der Panpsychismus für die moderne Physik absurd und phantastisch. Wie kann denn bei Atomen und Elementarteilchen von geistähnlichen Eigenschaften gesprochen werden? K. Popper kommt zu dem Schluß: „Wir sollten also Atomen keine inneren oder psychischen oder bewußten Zustände zuschreiben: Die Emergenz des Bewußtseins ist ein Phänomen, das durch eine panpsychistische Theorie nicht umgangen oder entschärft werden kann. Der Panpsychismus ist ohne Grundlage, und die Leibnizsche Monadologie ist unhaltbar."[361)] Schließlich kann der „panprotopsychische Identismus" keine Willensfreiheit anerkennen, da das Gesetz von der Erhaltung der Energie durchbrochen wäre, wenn durch den Willen der assoziative hirnphysiologische Ablauf bestimmt würde[362)]. Doch wie schon öfter gezeigt, gibt es ohne Willensentscheidung auch keine Rationalität und damit keinen Grund mehr, die Identitätstheorie anzunehmen. Determinanten im Gehirn wären es, die über Zustimmung oder Ablehnung einer bestimmten Theorie entschieden[363)]. Die feinen Theorien der Materialisten von der Materie befinden sich somit in einem groben Widerspruch zu der Materie. „Das richtigste Denken über die Materie wäre das Nichtdenken."[364)]

5.3.1.3 Die Macht der Subjektivität

Aus dem oben Gesagten folgt, daß das Zeugnis der menschlichen Subjektivität angenommen werden muß. Die Erfahrung des „Ich", welches einen kausalen Einfluß auf das Körpergeschehen nehmen kann, ist primär wie auch die Erfahrung der Freiheit des Denkens. Wie schon im Fall der Teleologie, so gilt auch hier: Eine primäre Erfahrung kann von einer sekundären Theorie aus nicht widerlegt werden. Vielmehr ist die Subjektivität wirksam und hat eine Kausalität nach innen und außen, „also Kraft zur Selbstbestimmung des Denkens im Denken und zur Leibesbestimmung durch es im Handeln“ [365]. Das Denken liefert dem Menschen ein Motiv, von diesem aus kommt es zur Intention und sodann zum willkürlichen Handeln [366].

Besonders K. Popper betont diesen Zusammenhang. Er unterscheidet „Welt 1“ (die materielle Welt, also auch das Gehirn) von „Welt 2“ (der Geist), welcher mit Welt 1 (Gehirn) in Wechselwirkung steht. Darüber hinaus spricht Popper von „Welt 3“, nämlich der vom Geist geschaffenen Theorien und Erinnerungen, also Wissen im objektiven Sinn. Der Geist ist es, der das Gehirn steuert, und nicht das Gehirn ist es, das ein „Ich“ besitzt. Gleich dem platonischen Steuermann ist es das Ich, welches der Ausführende ist. Das Gehirn ist ein Instrument, welches wie ein Piano vom Geist als Pianisten gespielt wird [367]. Dieser „interaktionistische Dualismus“ wurde von dem Neurologen J. Eccles aufgenommen: „Der selbstbewußte Geist ist aktiv damit beschäftigt, aus der Vielzahl aktiver Zentren auf der höchsten Ebene der Hirnaktivität herauszulesen, nämlich den Liaison-Zentren der dominanten Großhirnhemisphäre. Der selbstbewußte Geist selektiert aus diesen Zentren gemäß der Aufmerksamkeit und integriert von Augenblick zu Augenblick seine Wahl, um auch den flüchtigsten Erfahrungen eine Einheit zu verleihen.“ [368] Eccles bekennt sich sogar zu einem platonischen Seelenbegriff, womit er freilich einem Dualismus von Natur und Geist verhaftet bleibt [369]. Der Neurologe R. Sperry hingegen vertritt einen Mentalismus, das heißt, das Bewußtsein wird als realer, kausaler Faktor angesehen, welcher innerhalb der Gehirntätigkeit eine aktive, operationale Kraft zeigt [370]. Der Geist wird hierbei als emergente Eigenschaft des Gehirns verstanden und nicht als von außen kommende, das Gehirn in Besitz nehmende Seele. Diese emergente Systemeigenschaft des Bewußtseins verfügt über eine kausale Kraft über die ihr zugrundeliegenden neurophysiologischen Prozesse. Nach diesem Modell verfügt der Mensch über Willensfreiheit: Mit Hilfe seines Bewußtseins kann das Individuum seine Handlungsweise aus der Zahl alternativer Möglichkeiten auswählen [371]. Freilich wird bei Sperry das Problem, wie denn eine kausale Kraft der Psyche zustandekommen kann, wo doch die unterliegenden Prozesse keinerlei Energie an die Psyche abgeben können, umgangen: „Die kausale Kraft, die den subjektiven Eigenschaften zugeschrieben wird, liegt in der hierarchischen Struktur des Nervensystems und in der Macht, die jede Ganzheit über ihre Teile ausübt.“ [372] Die Bewußtseinsphänomene haben also nach ihrer Entstehung aus neuralen Vorgängen ihre eigenen subjektiven Qualitäten und ihre Weiterentwicklung. Ihre Arbeitsweise gehorcht eigenen Kausalgesetzen, die sich von denen der Neurophysiologie unterscheiden: „Die psychischen Kräfte greifen nicht gewaltsam oder störend in die neuronale Aktivität ein, sondern kommen als höhere Schicht noch hinzu. In den ineinander verschachtelten Hierarchien des Gehirns besteht zwischen den neuralen und geistigen Schichten eine wechselseitige Beeinflussung.“ [373]

Wird der Geist hingegen als nichtmaterielle Wesenheit verstanden, so bedeutet ein Interaktionismus eine Verletzung des Satzes von der Erhaltung der Energie. Denn eine Wechselwirkung muß zumindest für den materiellen Partner (Neuronen, Gehirn) mit einem Energie-Übertrag verbunden sein. Somit müßten im Gehirn ständig kleine Energiemengen verschwinden und wieder auftauchen, was Eccles auch einräumt[374]. H. Jonas schlägt dagegen ein Modell vor, für das er keinen Wahrheits-, sondern nur einen Beispielanspruch erhebt. Gemäß diesem Modell wird der Psyche etwa durch die Wahrnehmung Energie zugeführt; die Subjektivität als solche muß von der Materie erzeugt werden, indem ihr Energie zugeführt wird. „Bei jedem Akt sinnlicher Affektion ... terminiert die physische Kette der Afferenz in einer mentalen Vorstellung, eben der Wahrnehmung, und auch dies kann nicht kausal kostenlos sein: ein gewisser Wert wird auf der physischen („objektiven") Seite verschwunden sein, um auf der psychischen in der radikal anderen Form der Subjektivität zu erscheinen. Wären wir daher nichts als kontemplative Wesen, die die Welt nur anschauten, so fände stetiger Abfluß von etwas aus der physischen Welt statt."[375] Da der Mensch aber untrennbar kontemplatives und aktives Wesen zugleich ist, so ist es nicht unvernünftig, daß vom physischen Standpunkt aus sich im Durchschnitt Zufluß und Abfluß beim ganzen Phänomen der Subjektivität die Waage halten. „Der Schlüssel zur Lösung des erst von einer philosophierenden Physik erzeugten ‚psychophysischen Problems' liegt also gemäß unserem Vorschlag in der uralten, aber niemals hierfür verwerteten Einsicht, daß unser Subjektsein diesen Doppelaspekt hat und aus Rezeptivität und Spontaneität, Sinnlichkeit und Verstand, Fühlen und Wollen, Erleiden und Handeln besteht, kurz, passiv und aktiv in einem ist."[376] Das Bewußtsein verfügt folglich über (minimale) Energie, die ihm etwa durch die Wahrnehmung zugeführt wird. Diese kann umgekehrt wieder zur Aktivierung ganz bestimmter Neuronenbahnen verwendet werden. Das Bewußtsein wählt eine solche aus und „befeuert" sie, so daß beispielsweise die Nervenbahn, die die Hebung des Armes bewirkt, aktiviert wird. Die Auswahl zwischen den alternativen Nervenbahnen wäre indeterministisch, also nicht physisch, sondern mental determiniert. Dies bedeutet „Determination" durch Sinn, Werte, Neigungen und Interesse, also Bestimmung nach Gesetzen der Intentionalität, und das ist es, was der Mensch unter Freiheit versteht[377].

Jonas versteht diesen Erklärungsversuch nur als ein mögliches Denkbeispiel, „um den Verzweiflungsausweg in die Ohnmachts- und Scheintheorie des Subjektiven als unnötig darzutun und damit seiner einzigen Entschuldigung zu berauben"[378]. Wie die Diskussion mit dem Epiphänomenalismus gezeigt hat, ist es sogar selbstmörderisch, die Wirklichkeit des Ichs zu verleugnen. Die Grunderfahrung fühlenden Lebens wird hier somit wieder in ihr Erstlingsrecht eingesetzt, da keine theoretische Notlage mehr dazu zwingt, das Denken und den Willen dem Kausalgesetz unterzuordnen. Der Mensch und auch Tiere sind also zu willkürlichen Körperbewegungen fähig, welche von Zielen und Zwecken determiniert sind. Diese werden von denselben Subjekten ausgeführt, die sie subjektiv unterhalten. Der Mensch lebt überdies aus einer Mitte heraus, das heißt, er steuert und lenkt sein Tun und Lassen ganz bewußt. Er ist das Subjekt seines Erlebens, seiner Wahrnehmungen und seiner Aktionen. Plessner nannte diese totale Reflexivität, zu der der Mensch fähig ist, die „exzentrische Positionalität des Menschen". Dem Menschen ist damit die Zentralität seiner Existenz gegeben, welche an ein raum-zeitliches

Zentrum gebunden ist und *zugleich* dieses Gebundensein überschreitet. Der Mensch ist sich als Person gegeben, kann dieses „Ich“ aber nicht mehr objektivieren[379]. „Nach unserem inneren Erleben ist das von sich selbst beobachtete Ich nicht ein bloßer Zeuge und Registrator von Körperphänomenen . . . , ist nicht nur Durchgangspunkt von ‚Kausalreihen‘, sondern selbst etwas, ist vielmehr das wirkliche, eigentliche Subjekt. Es beobachtet nicht nur ein Freuen oder Leiden in uns, sondern freut sich selbst und leidet, es zweifelt und glaubt selbst... Das Ich als unsere Subjektivität ist nicht objektivierbar. Wir können es, so eindeutig wir es erleben, nicht erfassen, so wie wir auch unser Auge, mit dem wir sehen, selbst nicht sehen können.“[380]

Mit all dem wird nicht in Frage gestellt, daß die psychischen Phänomene eine physiologische Grundlage haben[381]. Werden diese Bedingungen aber zugleich als hinreichende Determinanten aufgefaßt, so wird der Bereich des Bewußtseins durch ein materialistisches Dogma eingeengt. Dessen Grundlage freilich, das mechanistische Weltbild nämlich, gilt als überwunden. Somit stellt sich die Frage, ob tatsächlich alles innerlich Wahrnehmbare auch ein äußerliches Korrelat hat. Warum werden Wünsche und Wollen, die Sinnesqualitäten wie Hunger und Durst, Farbe und Töne gerade in diesen höchst spezifischen Modalitäten empfunden? Und selbst wenn man für die verschiedenen Gedanken die entsprechenden Molekülkonstellationen herausfinden könnte und in einen Computer einspeisen würde, hätte ein solcher Prozeß schon Bewußtsein? „Es ist das besondere am Phänomen des Bewußtseins, daß es sich immer wieder unseren Versuchen, seiner gegenständlich habhaft zu werden, entzieht.“[382]

Es bleibt festzuhalten, daß das Bewußtsein eine Wirklichkeit darstellt, die vom Menschen primär und unmittelbar erfahren wird. Das Ich als Handelnder des Denkens kann nicht mehr reflektierend erschlossen, sondern nur erfahren werden[383]. Der Mensch erfährt nicht einen Denkakt in sich, sondern er erfährt *sich als Denkenden*. Das Ich steht immer ungreifbar und uneinholbar hinter allem. Es ist somit der objektiv unfaßbare Punkt[384]. Dieses Ich kann der Mensch nicht mehr hintergehen, wie schon M. Planck feststellte: „In der Tat, es gibt einen Punkt, einen einzigen Punkt in der weiten unermeßlichen Natur- und Geisteswelt, welcher jeder Wissenschaft und daher auch jeder kausalen Betrachtung nicht nur praktisch, sondern auch logisch genommen unzugänglich ist und immer unzugänglich bleiben wird: dieser Punkt ist das eigene Ich.“[385] Ähnlich meinte Chesterton: „Man kann den Kosmos verstehen, aber nicht das Ich; das Selbst ist entlegener als irgendein Stern.“[386] L. Wittgenstein schließlich schrieb in sein Tagebuch: „Das Ich, das Ich ist das tief Geheimnisvolle!“[387] Aus diesem Grund scheint der Mensch auch nicht begreifen zu können, wie das Ich mit dem Körper zusammenwirkt: „Die Art und Weise, wie die Geister den Körpern anhängen, kann von den Menschen nicht verstanden werden; und doch ist das der Mensch“ (Augustinus[388]).

5.3.2 Determination und Freiheit

Die Soziobiologie vertritt zumeist einen Determinismus. Der freie Wille ist Illusion: In Wirklichkeit handelt es sich um ein Ringen zwischen verschiedenen Entscheidungszentren im Gehirn[389]. Auch hinter dieser Sichtweise steht im Grunde wieder das mechanistische Weltbild mit seiner deterministischen Deutung des geschlossenen kausalen Naturablaufs.

Ihre klassische Formulierung hatte die Auffassung von der Determination allen Naturgeschehens durch Laplace gefunden: „Es läßt sich eine Stufe der Naturerkenntnis denken, auf welcher der ganze Weltvorgang durch Eine mathematische Formel vorgestellt würde, durch Ein unermeßliches System simultaner Differentialgleichungen, aus dem sich Ort, Bewegungsrichtung und Geschwindigkeit jedes Atoms im Weltall zu jeder Zeit ergäbe."[390] Alles gehorcht dem Kausalitätsprinzip, welches Kant wie folgt formuliert hat: „Alle Veränderungen geschehen nach dem Gesetze der Verknüpfung der Ursache und Wirkung."[391] Sämtliche Vorgänge im Kosmos unterliegen diesem Prinzip, sind also streng determiniert und von daher grundsätzlich berechenbar. Daher könnte der Laplace'sche Dämon aus der Summe aller Tatsachen der physikalischen Welt zu einem beliebigen Zeitpunkt den Zustand des gesamten Universums zu jedem beliebigen Zeitpunkt exakt bestimmen: „Nehmen wir ... eine Intelligenz an, die alle die Kräfte, durch die die Natur bewegt wird, kennen könnte und, für einen bestimmten Moment, die genauen Zustandsgrößen aller physikalischen Objekte, aus denen sie besteht; ... für (diese Intelligenz) wäre nichts ungewiß; und die Zukunft wie die Vergangenheit läge klar vor ihren Augen."[392]

M. Planck nahm den strengen Determinismus noch sehr ernst. Die universale Kausalität kann auch beim Menschen nicht durchbrochen werden. „Wir nehmen also an, daß auch der menschliche Wille kausal determiniert ist, d. h. daß in jedem Falle, wo jemand in die Lage kommt, entweder spontan oder auch nach längerer Überlegung einen bestimmten Willen zu äußern oder eine bestimmte Entscheidung zu treffen, ein hinreichend scharfsinniger, aber sich vollkommen passiv verhaltender Beobachter imstande ist, das Verhalten des Betreffenden vorauszusehen."[393] Selbst der Geist von Kant, Goethe und Beethoven war in seinen höchsten Gedankenflügen dem Zwang der Kausalität unterworfen, war Werkzeug in der Hand des allmächtigen Weltgesetzes[394]. Andererseits wollte Planck aus praktischen Überlegungen heraus die Freiheit des Willens retten, denn der Mensch bedarf ethischer Grundsätze. Objektiv betrachtet sei also der Wille kausal gebunden. Subjektiv, von innen her betrachtet, sei der Wille frei. Fremder Wille wäre demnach kausal gebunden und bei genauer Kenntnis der Vorbedingungen als notwendige Folge des Kausalgesetzes verstehbar und also vorausbestimmbar. Für vergangene Handlungen ist der eigene Wille kausal verständlich, für zukünftiges Handeln ist er jedoch frei. Diese Art von gefühlter Freiheit wäre im Letzten eine Illusion, wobei dann aber jedes Gefühl als Illusion bezeichnet werden müßte[395]. Das Problem der Strafjustiz wird von Planck wie folgt gelöst: Man darf einen Verbrecher bestrafen, „weil dieser *meinte*, sich frei entscheiden zu können, obwohl er, vom Standpunkt eines wissenschaftlichen Beobachters aus gesehen, sein Verbrechen begehen *mußte*“ [396].

Der Paradigmawechsel von der klassischen Physik zur Quantenmechanik mit ihren Unbestimmtheitsrelationen brach diese streng kausale Weltsicht auf. Gemäß der Quantentheorie lassen die Einzelreaktionen der Elementarteilchen, die Quantensprünge, keine gesetzmäßige Vorherbestimmung zu, was nicht an der menschlichen Unkenntnis, sondern an den Wahrscheinlichkeitsgesetzen der Mikrophysik liegt (Heisenbergsche Unschärferelation) [397]. Aber auch die allgemeine und spezielle Relativitätstheorie hatten gezeigt, daß der universale Determinismus nicht auf kognitive Systeme angewandt werden kann [398]. Weiterhin sprechen philosophische Argumente gegen den totalen Determinismus. Denn wenn dieser recht hätte, dann könnte nach Popper „ein völlig tauber Physiker, der nie einen Ton Musik gehört hat, sämtliche Sinfonien und Konzerte von Mozart und Beethoven schreiben, indem er einfach den genauen physikalischen Zustand ihres Körpers untersucht und voraussagt, wo sie schwarze Zeichen auf ihr liniiertes Papier machen würden“ [399]. Der taube Physiker könnte sogar Partituren schreiben, die Mozart geschrieben hätte, wenn bestimmte äußere Bedingungen seines Lebens anders gewesen wären, wenn er zum Beispiel Tee anstelle von Kaffee getrunken hätte. Eine solche Weltsicht ist nicht nur absurd, sondern man kann nach dem Urteil Poppers über sie überhaupt nicht argumentieren: „Denn nach dem Determinismus vertritt jemand irgendwelche Theorien – etwa den Determinismus – wegen seiner bestimmten physikalischen Struktur (etwa der seines Gehirns). Wir täuschen uns also (und sind dazu physikalisch vorherbestimmt), wenn wir glauben, es gäbe so etwas wie Argumente oder Gründe, die uns dazu bringen, den Determinismus zu akzeptieren.“ [400] Das Ganze würde in der sinnlosen Tragik münden, daß einige Naturwissenschaftler und Philosophen determiniert sind, in ihren Büchern eine Willensfreiheit zu vertreten, während andere determiniert sind, die Determination zu verteidigen.

Mit dem neuen physikalischen Weltbild war zwar der klassische Determinismus aufgebrochen; eine Lösung der Frage nach der menschlichen Willensfreiheit konnte von der Quantentheorie selber nicht bereitgestellt werden. Der Physiker P. Jordan hatte zwar versucht, von der Heisenbergschen Unschärferelation auf die Akausalität bestimmter subatomarer Prozesse und von da aus auf die Willensfreiheit zu schließen [401]. Diese würde in Analogie zur elektronischen Verstärkung auf einer Verstärkung von akausalen atomaren Reaktionen durch den Organismus beruhen. Aber hier werden die „freien“ Entscheidungen von akausalen und damit von zufälligen Mikroprozessen dirigiert, welche der Organismus ins Makroskopische verstärkt. Es gäbe keine Verantwortung und keine Ethik, denn das Gefühl, „frei“ zu sein, und das Verantwortungsbewußtsein kann nicht einfach von den unvorhersehbaren Quantensprüngen irgendeines Elektrons abhängig sein. „Vom Regen der Kausalität hat uns P. Jordan in die Traufe zufallsmäßiger Akausalität geführt.“ [402]

Nach K. Popper ist der Indeterminismus zwar notwendig, aber nicht ausreichend, um menschliche Freiheit und Kreativität zuzulassen. Vielmehr muß eine Wechselwirkung zwischen „Welt 1“ und „Welt 2“ angenommen werden[403]. Was aber ist nun menschliche Freiheit?

Zunächst einmal gibt es das Freiheits*gefühl*. Dieses wird zwar von manchen Biologen wie etwa von B. Rensch als ein komplexer psychischer Zusammenhang, „an dem Spannungs- und Intentionsempfindungen zu betätigender Sinnesorgane und Muskeln, zukunftsbezogene Vorstellungen sowie die Ich-Vorstellung beteiligt sind“[404], definiert, doch auch hier gilt, daß eine primäre Erfahrung von sekundären Theorien nicht verleugnet werden kann. „Tatsächlich können wir uns aber die Empfindung, nur in einer bestimmten Weise und nicht anders handeln zu können, gar nicht vorstellen. Diese Erwägung zeigt die eminente Bedeutung der Tatsache, daß wir alle das Freiheitsgefühl haben, das innere Erlebnis, in einer bestimmten Weise handeln zu sollen, aber diesem Sollen folgen oder nicht folgen zu können, das Erlebnis des Gewissens, der Schuld, der Reue.“[405] Es wäre schon eine evolutionstheoretisch wieder sehr fragwürdige Sichtweise, die dem Gefühl der Freiheit nur illusionären Charakter zubilligt. Denn wozu sollte ein grundirriges Freiheitsgefühl entstanden sein, wenn in Wirklichkeit beim Menschen nichts anderes vorliegt als ein automatisch außerhalb des Bewußtseins ablaufendes Triebsystem? So bestätigt beispielsweise der Hirnforscher F. Seitelberger, daß der evolutive Vorteil des menschlichen Gehirns gerade im individuellen Entscheidungsvermögen besteht. Dieses „ermöglicht dem Menschen einerseits die unbegrenzte *passive Anpassungsfähigkeit* in Form der Welterkenntnis und des Lernverhaltens und andererseits mittels der vom Denken geleiteten Hand ... die *aktive Anpassung* durch die Erzeugung aller in der Evolution verwirklichten Spezialisierungen und selbstgeschaffenen Entwürfe“[406]. Weiterhin hat keine Wissenschaft, welche materielle Vorgänge untersucht, Zugang zur menschlichen Subjektivität, woraus folgt: „Die subjektive Erfahrung der Freiheit ist eine ebenso feststehende Gegebenheit wie das Farbempfinden oder das Schmerzgefühl.“[407] Die Wirklichkeit der Freiheit kann von daher theoretisch auch nicht erwiesen werden, sondern nur durch das Freisein selber: „Nur die Freiheit gebrauchend kann ich der Freiheit gewiß werden.“[408]

Der Mensch erfährt sich also ursprünglich als frei. Indem der Mensch etwas tut, weiß er, daß er auch anderes tun könnte. Diese „Freiheit der Indifferenz“ ist definierbar „als das Vermögen, in einer Entscheidungssituation zugleich die Handlungsmöglichkeit A oder die Handlungsmöglichkeit Non-A zu wählen oder zu wollen“[409]. Bei einer Entscheidung aber wird der Mensch von etwas bewegt und gelockt. Dies gehört zur Bestimmung menschlicher Freiheit, denn sonst gäbe es keinen Grund für ein Verhalten und das hieße: Ich wüßte nicht, warum ich es tue. Dann aber wäre gar nicht „Ich“ es, sondern das Subjekt stünde dem Geschehen eher wie ein Zuschauer gegenüber. „Wo der bestimmende Grund fernbleibt, da bleibt die Sache, um die es geht, auch mir selber fremd, und ich bleibe mir selbst aus dem Geschehen.“[410] Genau dies macht aber das Spezifische menschlichen Handelns aus: Der Mensch vermag einen Grund für sein Handeln anzugeben. Das bedeutet, daß der Mensch nur als er selber zum Handeln, zum Wählen und

Entscheiden aus seinem Ur-Sprung kommt, wenn er selber bestimmt ist von dem einsichtigen Worumwillen, von einem Grund her. Hier muß zwischen Ursache und Grund unterschieden werden: Wenn jemand beim Zwiebelschneiden weint, so haben seine Tränen eine Ursache, aber keinen Grund. Was die menschliche Entscheidung bestimmt, ist das *Einsichtige* seines Grundes[411)]. „Wir können also sagen, daß Freiheit als anfängliche Macht des Wollens und Wählens selbst eine Weise ist, bestimmt zu sein, sie ist niemals bloße Indetermination. Schon im ersten Ansatze des Sprunges der Freiheit hat sie ihren Grund, der sie bestimmt, den Ansatz zu machen."[412)]

Wenn die Gründe nun den Menschen aber so bestimmen würden, daß er selber dabei gar nicht ins Spiel kommt, so würde der Mensch nicht mehr selber handeln. Indem er dann nämlich nur bestimmt wird, ist er als er selbst gerade nicht bestimmt worden. Somit gilt: „Der mich bestimmende Grund oder das Geflecht der Gründe wird mich bestimmend, indem *ich* diesen Grund oder diese Gründe wähle und wählend bestimme."[413)] Freiheit bedeutet somit nicht Akausalität, sondern Autonomie. Der Mensch selbst ist Ursache seines Denkens und Tuns. Freiheit meint die Grunderfahrung des Menschen, „selbst Ursprung seines Wollens und seiner Wahl- und Willensentscheidungen zu sein"[414)].

Auch für Thomas von Aquin, der darin Aristoteles folgt, ist der Mensch frei, insofern er „causa sui" ist, das heißt: Der Mensch ist selber Ursache seiner Handlungen[415)]. Der Mensch kann sich Vorstellungen von seinem Tun und Lassen machen wie auch von dessen Zielen und Zwecken. Er kann unter den verschiedenen Vorstellungen auswählen und das Ausgewählte zu verwirklichen suchen: „Damit hat er immer schon die Möglichkeit, so aber auch anders zu handeln, insbesondere die Möglichkeit des Gelingens oder Verfehlens, und zwar eines Gelingens oder Verfehlens, das vom Überlegen und Entscheiden des Subjekts abhängt."[416)] So ist der Mensch Herr seines Tuns[417)]. Diese Freiheit zur Selbstbestimmung nennen wir Entscheidungsfreiheit, wovon die Handlungsfreiheit als äußerer Spielraum der Handlungsmöglichkeiten zu unterscheiden ist[418)].

Die subjektive Kausalität der Willensfreiheit durch Motive zum Handeln entspricht aber nicht der empirischen Kausalität der unterliegenden Gehirnvorgänge. Vielmehr wird der freie Wille ermöglicht durch die neue Systemeigenschaft des menschlichen Geistes, durch den Intellekt, was schon Thomas von Aquin erkannt hatte: „Wo immer geistige Erkenntnis ist, da ist auch freier Wille."[419)] Auf der Ebene der Vernunft gibt es eine *eigene* Gesetzlichkeit, aus der eine grundsätzliche Freiheit des Denkens folgt: „Denken ist nur möglich im Raum der Freiheit des Geistes, der sich aus der Bindung an das unmittelbare Hier und Jetzt löst und sich eine Welt des Gedankens schafft."[420)] Bei Descartes gehorchen die Funktionen des Gehirns den Gesetzen der Mechanik, die Gedanken aber den Gesetzen der Logik[421)]. Der Mensch ist aus diesem Grund in seiner Entscheidungsfreiheit und Selbstbestimmung so frei wie das Spiel der Gedanken, die zum Entschluß führen. Die Gedanken sind dabei zwar an ein organisches Substrat gebunden. Doch nicht die neurophysiologischen Elementarvorgänge bestimmen das Denken, sondern die Verschaltung oder Programmierung von komplexen Systemen aus neuronalen Elementen. „Für die Verlaufsrichtung von Systemvorgängen sind aber ganz allgemein nicht die naturgesetzlichen Elementarvorgänge bindend, sondern die *Verschaltung* ist zuständig, und diese kann ganz andere Formalismen als die der Kausalität wiedergeben."[422)] Da die zentralnervösen Prozesse solcherart organisiert sind, daß sie bis zu den Grenzen ihrer Kapazität *beliebige Inhalte* und *beliebige Verknüpfungsregeln* in sich abbilden können, widerspricht die Aussage von der Willensfreiheit des Menschen nicht dem Kausalprinzip, falls restlos kausaldeterminierte Nervenelemente als Bausteine des programmierbaren Systems vorausgesetzt werden. Schon ein Computer kann Regeln befolgen, die ganz anderer Art sein können als Kausalgesetze oder sonstige Naturgesetze. Man denke an den schachspielenden Computer. Daraus folgt: „In einem funktionellenSystem brauchen die Systemvorgänge nicht die Verknüpfungsgesetze der einzelnen Bauelemente widerzuspiegeln."[423)] Analog gilt auch für das menschliche Gehirn, daß die Kausalgebundenheit der Elemente keine zwingenden Einschränkungen für die Art der Programme in der Systemebene schafft. Sie gewährleistet aber die Zuverlässigkeit der Abläufe.

Das Denken selber ist also frei, denn das Wirken der Vernunft folgt ihren eigenen Gesetzen. Die Vernunft erstellt sich Symbole der Wirklichkeit und verbindet diese miteinander nach vernünftigen Regeln. Die Gedanken gehören infolgedessen einer anderen Seins- und Strukturordnung an und nicht mehr der Naturgesetzlichkeit wie die Gehirnprozesse. Der Denker gehört dem Reich der Freiheit an. Seine im Bewußtsein gegenwärtigen Begriffe sind nicht mehr identisch mit Gehirnmechanismen. Die Vernunft muß daher sich selber in Begriffen der Vernunft zu verstehen suchen[424)]. Es macht das Eigentümliche des Vernunftwesens aus, daß der Mensch sein Denken und Handeln Gründen unterwerfen kann und muß. Diese Vernunft bedeutet keine subjektive Willkür, sondern die Vernunftgründe müssen für alle Vernunftwesen gültig sein[425)]. Damit erst wird der Mensch fähig zu Argumentation und Einsicht. Und auch das menschliche Handeln wird wahrheits- und argumentationsfähig[426)]. Was denkerisch als das Beste ermittelt wird, muß dann auch getan werden. „Freiheit steht unter der Notwendigkeit, das gewußte Beste zu tun."[427)]

Ein Wesen ist infolgedessen insofern frei, als es ein vernünftiges Wesen ist. Nach Thomas von Aquin kann von einer freien Entscheidung erst dann die Rede sein, „wenn das Handeln auf Grund eines Vernunftsurteils geschieht, bei dem, aus der allgemeinen Erschlossenheit des Guten überhaupt, von diesem oder jenem, das sich als ‚tubar' zeigt, geurteilt wird, daß es gut sei"[428)]. Die Einsicht des Verstandes ist es, die die Freiheit konstituiert. Schon bei Plato wurde der Mensch als Marionette beschrieben, an deren Schnüren die Götter ziehen. An einer Schnur aber kann der Mensch selber ziehen und hierin sogar den Göttern widerstehen, nämlich an der goldenen Schnur der Vernunft[429)]. Bei Thomas ist diese Vernunft nicht nur das subjektive, erste Prinzip, welches die Handlungen lenkt, sondern auch die Regel und der Maßstab für das richtige Handeln. Freiheit ist ihrem Wesen nach vernünftige Freiheit. Freiheit wird bei Thomas weiterhin dadurch bestimmt, daß der Willensakt weder durch äußeren Zwang noch durch innere Notwendigkeit determiniert ist. „Freiheit ist daher nicht nur libertas a coactione, sondern auch libertas ab interna determinatione."[430] Zum letzteren ist zu bemerken, daß die freie Entscheidung selbstverständlich durch Werte, Neigungen, Interessen, Sinn und letztlich durch Gründe bestimmt wird. Aber der Mensch entscheidet sich auch für diese seine „inneren Determinanten", für ein bestimmtes Wertsystem, welches er als ein Postulat seiner eigenen Persönlichkeit anerkennt. Diese Grundentscheidung, welche der eigenen Persönlichkeit Sinn verleiht, ist Frucht einer inneren Entwicklung. Die so angenommenen Werte dienen dann in der konkreten Entscheidung als Abwägungsmaßstab. Man könnte daher sogar die Entscheidung eines Menschen in einer konkreten Situation vorhersagen, solange dieser seinen bewußten oder unbewußten Grundsätzen treu bleibt[431].

Zum Abschluß dieser Diskussion soll noch ein Blick geworfen werden auf den einflußreichen Versuch I. Kants, den vollständigen Naturdeterminismus mit der Freiheit des Willens zusammenzudenken.

Kant teilte die Wirklichkeit in zwei Welten ein, in die noumenale (rein geistige) und die phänomenale (den Bereich der sinnlich-objektiv erscheinenden Wirklichkeit). Die freie Selbstbestimmung gehört dem Noumenon an. „Jede Handlung kann dann sowohl vollständig auf Naturursachen wie auf freie Entscheidung zurückgeführt werden, ohne daß das eine das andere ausschlösse"[432]. Die Kausalität wird der Erscheinung, die Freiheit aber demselben Wesen als Ding an sich selbst beigelegt[433]. Kant sieht dabei im Willen „eine Art von Kausalität lebender Wesen, so fern sie vernünftig sind"[434]. Freiheit wäre diejenige Eigenschaft dieser Kausalität, da sie unabhängig von fremden, sie bestimmenden Ursachen wirksam werden kann. „Als ein vernünftiges, mithin zur intelligiblen Welt gehöriges Wesen kann der Mensch die Kausalität seines eigenen Willens niemals anders als unter der Idee der Freiheit denken; denn Unabhängigkeit von den bestimmten Ursachen ... ist Freiheit."[435] Freiheit ist hier aber nicht bloß psychologisch zu verstehen, sondern sie muß transzendental und das heißt absolut sein, sonst wäre sie nur die Freiheit eines Bratenwenders, „der auch, wenn er einmal aufgezogen worden, von selbst seine Bewegung verrichtet"[436]. Freiheit ist für Kant kein Erfahrungsbegriff, sondern eine Idee der Vernunft, deren objektive Realität auf keine Weise nach Naturgesetzen und daher in keiner möglichen Erfahrung dargetan werden kann. „Sie gilt nur als notwendige Voraussetzung der Vernunft in einem Wesen, das sich eines Willens, d.i. eines vom bloßen Begehrungsvermögen noch verschiedenen Vermögens (nämlich sich zum Handeln als Intelligenz, mithin nach Gesetzen der Vernunft, unabhängig von Naturinstinkten, zu bestimmen), bewußt zu sein glaubt."[437] Die ratio cognoscendi der Freiheit ist das moralische Gesetz, welches gleichsam ein Faktum der reinen Vernunft darstellt, dessen sich der Mensch a priori bewußt ist. Die objektive Realität des moralischen Gesetzes kann durch keine Deduktion bewiesen werden und steht dennoch für sich selbst fest[438]. Weil das moralische Gesetz also im Menschen angetroffen wird, muß es Freiheit geben. Denn Freiheit ist die ratio essendi des moralischen Gesetzes[439]. Das Sittengesetz und mit ihm die praktische Vernunft drängen daher dem Menschen den Begriff der Freiheit auf; für die Naturerscheinungen jedoch, die immer von einem Mechanismus geleitet werden, ist der Begriff der Freiheit unbrauchbar[440].

Für Kant widerspricht es sich nicht, alle Handlungen eines Wesens als physisch bedingt zu betrachten, sofern sie Erscheinungen sind, „und doch zugleich die Kausalität derselben, sofern das handelnde Wesen ein Verstandeswesen ist, als physisch unbedingt anzusehen, und so den Begriff der Freiheit zum regulativen Prinzip der Vernunft zu machen“[441]. Somit untersteht ebendasselbe Subjekt in seinen Bestimmungen als Erscheinung dem Kausalprinzip und bestimmt sich selber gleichzeitig als Ding an sich selbst, sofern es nicht unter Zeitbedingungen steht, durch Gesetze, die es sich durch die Vernunft selbst gibt. „In diesem Betracht nun kann das vernünftige Wesen, von einer jeden gesetzwidrigen Handlung, die es verübt, ob sie gleich, als Erscheinung, in dem Vergangenen hinreichend bestimmt, und so fern unausbleiblich notwendig ist, mit Recht sagen, daß er sie hätte unterlassen können; denn sie, mit allem Vergangenen, das sie bestimmt, gehört zu einem einzigen Phänomen seines Charakters, den er sich selbst verschafft, und nach welchem er sich, als einer von aller Sinnlichkeit unabhängigen Ursache, die Kausalität jener Erscheinungen selbst zurechnet.“[442] Folglich kann man sagen, daß eine Handlung dann frei ist, wenn sie von der Vernunft-Absicht eines vernünftigen Wesens verursacht wird. Ein freier Wille ist daher in erster Linie ein selbstbestimmter Wille[443]. Wie aber ein freier Wille möglich sei, wie also ein Gesetz für sich und unmittelbar Bestimmungsgrund des Willens sein könne, das bleibt ein für die menschliche Vernunft unauflösliches Problem[444].

Kants Lösungsvorschlag steht und fällt mit der Anerkennung des „Dings an sich“. Eine weitere Schwierigkeit bringt die konsequente Anwendung des naturgesetzlichen Determinismus (welcher heute überwunden ist) mit sich: Wie soll dann ein spontaner Neubeginn von Kausalketten möglich sein? So bleibt letztlich die Frage ungeklärt, wie die beiden Welten zusammenwirken, wie also der freie Wille, der dem Bereich des Noumenon angehört, sich in der Welt des Phänomenon konkretisieren kann[445].

Diese Denkschwierigkeit rührt im Letzten daher, daß das Problem der Freiheit an das des Selbstbewußtseins geknüpft ist. Der Mensch kann von den Zielen und Zwecken seines Handelns wissen. Und indem er sich deren bewußt ist, kann er zwischen möglichen Zielen und Wegen wählen. Im menschlichen Handeln sind die Momente des Bewußtseins und des Willentlichen, des Freiwilligen, unentflechtbar verknüpft[446]. So wie aber das Selbstbewußtsein letzten Endes nicht mehr hintergehbar ist, so kann auch das Problem der Willensfreiheit, die jeder erfährt und die zum Denken unabdingbar notwendig ist, denkerisch nicht mehr hintergangen werden.

5.3.3 Die Wirklichkeit der Ethik

Wir haben oben gesehen, daß die menschliche Subjektivität wirklich und wirkmächtig ist. Somit gibt es menschliche Freiheit als Fähigkeit des Subjektes, sich selber nach den Gesetzen der Vernunft für eine bestimmte Handlungsalternative zu entscheiden und selber Herr dieses Tuns zu sein. Diese Fähigkeit zur Entscheidung ist dem Menschen ganz persönlich und unvertretbar auferlegt. Wer aber in Freiheit zu entscheiden hat, dem kommt auch die Verantwortung für seine Entscheidung zu.

Mit der Kategorie der Verantwortung ist das Feld der Sittlichkeit betreten. Reflexives Bewußtsein und Freiheit sind Voraussetzung zu sittlichem Verhalten. „Die Tat – also das bewußte Handeln – schreiben wir dem Ich als dem ebenfalls bewußten Urheber zu, und in einer solchen *Urheberschaft ist das Moment des Willens*, also der *Freiheit*, eingeschlossen, folglich auch der *Verantwortlichkeit im sittlichen Sinn*." [447] Da der Mensch also wissentlich und willentlich handeln kann, und da sich das Gelingen oder Mißlingen dabei dem Handelnden *selbst* mitverdankt, kann der Mensch für das Gelingen oder Mißlingen selbst zur Verantwortung gezogen werden. Aristoteles faßt dies wie folgt zusammen: „An uns ... liegt die Tugend wie das Laster. Denn wo das Handeln an uns liegt, da auch das Nichthandeln, und wo das Nein, da auch das Ja. Wenn das gute Handeln an uns liegt, ... so liegt auch das schlechte Handeln an uns. Wenn aber das Gute und Böse zu tun oder nicht zu tun an uns liegt, ... so liegt es an uns, sittlich oder unsittlich zu sein" [448]. Nur wenn Bewußtsein und Freiheit wirklich sind und keine Illusionen darstellen, hat die Rede von Verantwortung einen Sinn. Ein konsequenter Determinismus kann keine Verantwortung mehr für das Handeln des Menschen annehmen. Im Postulat der Verantwortlichkeit widersprechen freilich viele Deterministen ihrer Theorie von der Unfreiheit des Menschen [449].

Mit dem Bewußtsein ist weiterhin die Gewißheit des eigenen Todes gegeben. „Der Tod steht am Anfang eine Denkbewegung, die das Sein und das Gute zu erkennen sucht, weil die Frage nach dem richtigen Leben erst mit dem Wissen von der Sterblichkeit und Begrenztheit des Lebens und der Ahnung der Gefahr eines möglichen Verfehlens des Lebenssinnes auftaucht." [450] Der Tod ist es also, der den Horizont von Sorge, Verantwortung und Rechtfertigung des eigenen Lebens aufreißt. Angesichts des Todes sucht der Mensch nach einem letzten Sinn für seine eigene unvertretbare Lebensgeschichte. Er fragt danach, was zum umfassenden Gelingen eines guten Lebens gehört. Und dieser Sinn ist der letzte Grund sittlicher Verpflichtung, denn Sittlichkeit zielt ja genau auf das endgültige Gelingen guten Lebens [451]. Sinn ist daher eine personale Wahrheit und „begreift in sich das ideale Worumwillen menschlichen Daseins in perspektivierter Spannung zu seiner realgeschichtlichen Befindlichkeit" [452]. Aus einer solchen Sinneinsicht werden Handlungsziele interpretativ ermittelt. Zielvorstellungen und sittliche Wertvorstellungen haben folglich ihren Ursprung in der Sinneinsicht des Menschen. Aus diesem Grund ist Sinn der „Legitimationsgrund allen Handelns, insofern es im Dienst an den anthropologischen Leitvorstellungen steht" [453].

Die klassische Formulierung für diesen Sachverhalt lautet: Alles strebt zum Guten, und auch der Mensch fragt nach dem guten, das heißt sinnerfüllten Leben. Dieses Streben nach dem Guten geschieht beim Menschen mit Hilfe der ratio, der intellektuellen Erkenntnis. Der Wille als Strebevermögen kann alles zum Ziel haben, was in sich gut und wertvoll ist[454]. Der Wille kann sogar a priori nur Gutes anstreben; wenn er Böses will, so vermag er das nur, weil es ihm als ein Gutes erscheint.

Die „materialen" Ziele des formalen Strebevermögens, ganz bestimmte Werte und Ziele also, für die sich der Mensch entscheiden kann, werden ihm von der Vernunft gezeigt. Der Wille steht vor der Gesamtheit von Gütern und Werten. Er ist nicht mehr beschränkt, etwa auf das Nützliche oder biologisch Förderliche, sondern kann auch höhere geistige und sittliche Werte anstreben[455].

Das Bewußtsein ermöglicht dem Menschen weiterhin, komplexe Wirkungen zu antizipieren und das allgemeine Interesse in seinen Entscheidungen vorwegzunehmen. „Antizipation, Verallgemeinerung und Rollentausch bestimmen menschliches Handeln neben der unmittelbaren Verfolgung des Eigeninteresses. Diese Eigenschaften machen zugleich das Wesen des Moralischen aus und bewirken, daß keine soziobiologische Synthese zutreffend ist, die die Existenz des moralischen Vermögens des Menschen leugnet."[456]

Bewußtsein und Freiheit sind es schließlich, die allererst Intentionalität und damit eine weitere Vorbedingung für sittliches Verhalten ermöglichen, wie oben schon gezeigt worden ist[457]. Indem Soziobiologen das menschliche Bewußtsein als Epiphänomen abtun, verfehlen sie diesen Aspekt der Intentionalität. Dabei gesteht Wilson ein, daß „das eigentliche Geheimnis der Neurobiologie ... nicht Eigenliebe oder Träume von Unsterblichkeit (sind), sondern die Intentionalität. Worin besteht die Triebkraft, wer ist der Weber, der die flitzenden Schiffchen lenkt?"[458] Indem hier Wilsons Deutung des Bewußtseins als Epiphänomen zurückgewiesen worden ist, wird die Intentionalität als Konstitutivum für die sittliche Handlung wieder in ihr Recht eingesetzt. Das äußere Erscheinungsbild einer Handlung gibt nur unvollkommenen Aufschluß über dessen Wesen. Es bleibt ambivalent und für verschiedene Deutungen offen. Daraus folgt, daß eine Metaphysik der sittlichen Handlung sich nur in personalen Kategorien durchführen läßt. Erst die eine Handlung tragende Intentionalität versammelt jenen umfassenden Sinnzusammenhang in sich, „der alles Verstehen, Deuten und Kommunizieren aus sich heraus entläßt, und zwar auf seine Praxisrelevanz hin aufschlüsselt und zubereitet"[459]. Die äußere Handlung muß daher im Licht ihrer subjektiven intentionalen Deutung beurteilt werden. „Darum kann es ... keine von der Intention losgelöste Metaphysik der sittlichen Entscheidung geben, will man nicht der Gefahr naturalistischer Trugschlüsse oder rein formal inhaltsleerer Aussagen" erliegen[460]. Alle Handlungsstrukturen können folglich nur verstanden werden vor dem Hintergrund einer Vorstellung von umfassendem Gelingen menschlichen Lebens, welche sich dann im tragenden Intentionalitätszusammenhang verdichtet[461].

Aus obigen Überlegungen folgt, daß der Mensch, begabt mit Selbstbewußtsein und Freiheit, ein Wesen der Sittlichkeit ist. Sowohl die Diskussion mit der Soziobiologie als auch wissenschaftstheoretische Überlegungen haben zudem ergeben, daß es eine genuine sittliche Erfahrung gibt. Der Mensch erfährt sich im Gewissen unbedingt, absolut und unentrinnbar verpflichtet: „Hier steh ich; ich kann nicht anders. . ."[462]. Als originäre Erfahrung versteht sich für den Menschen das Moralische von selbst. Was sich aber von selbst versteht, „kann man nicht durch etwas anderes erklären, was noch besser verständlich wäre, auch nicht durch Analogien aus dem Tierreich. Schließlich verstehen wir Graugänse nur, weil wir uns selbst kennen und nicht umgekehrt."[463] Ebensowenig können die Gesetze, die auf der Ebene der Gene gelten, auf das Phänomen des Sittlichen übertragen werden. Denn hier handelt es sich um eine „völlig neue" Systemebene, die sich dem Selbstbewußtsein und der Fähigkeit zu intentionalem Handeln verdankt. Der Egoismus auf der sittlichen Ebene kann nicht auf einen „Egoismus der Gene" zurückgeführt werden. Im Bereich des Sittlichen gelten neue Gesetze, welche nicht mehr auf die chemischen Reaktionen der genetischen Ebene reduzierbar sind[464]. Selbst wenn die Vernunft als weiteres Konstitutivum von Sittlichkeit innerhalb der Evolution des Menschen aufgetaucht ist, so gibt doch die Evolution selber kein Unterscheidungsmerkmal zwischen dem Vernünftigen und dem Irrationalen, da doch beides seinen Ursprung in der Evolution hat. Die Ebene der Vernunft erweist sich infolgedessen als von ihrer evolutiven Genese unabhängig und gehorcht eigenen Gesetzen[465].

Dies alles wirft ein Licht auf die eingangs angeschnittene Frage, ob die Ethik eine Wissenschaft sei. Denn wenn das Phänomen des Sittlichen eine ursprüngliche und nicht reduzierbare Urerfahrung des Menschen ist, so ist die Ethik von allen anderen Theorien methodologisch unabhängig und in diesem Sinne autonom[466]. Der Name „Ethik" gebührt nur einer Wissenschaft, die der Eigenart des Objektes gerecht wird, das Phänomen des Sittlichen also nicht reduzierend zu erklären versucht, sondern „das sittlich Gesollte/Gute in seiner Eigenart zu erfassen und in diesem Sinne auch seine Autonomie zu bewahren vermag"[467].

Entsprechend der ethischen Erfahrung gibt es auch eine ethische Wahrheit, die sich vom Wahrheitsbegriff der Naturwissenschaften unterscheidet. Dieser bezieht sich auf eine Abstraktion, somit auf einen Ausschnitt aus dem Gesamt der Wirklichkeit. Da sich der Mensch im sittlichen Bewußtsein aber mit dem Ganzen seines Lebens, mit dessen Sinn nämlich und mit dem Gelingen guten Lebens, konfrontiert weiß, kann sittliche Wahrheit keine auf einen Teilbereich begrenzte Wahrheit darstellen[468]. Sittliche Wahrheit ist Sinnwahrheit, die frei eingesehen wird. Diese Einsicht trägt zugleich den Charakter des Setzens. „Eine sittliche Verpflichtung gründet in einem transzendenzverwiesenen Setzungsakt, der Selbstverpflichtung meint. Genese ist aus diesem Grunde nicht nur manifestativ, sie ist zugleich konstitutiv."[469] Ein sittlicher Wert beispielsweise kann nicht bewiesen, sondern nur aufgewiesen werden. Wird er in Freiheit eingesehen, so konstituiert diese Einsicht zugleich die Geltung des sittlichen Wertes für das einsehende

Subjekt. Die sittliche Vernunft ist von daher nicht in dem Sinne konstatierend, wie etwa empirische Tatsachenwahrheiten konstatiert werden, sondern sie enthält ein konstitutives Element für die sittliche Wahrheit. „Sittliche Erkenntnis ist ... nicht am Paradigma eines ablesenden Erkennens orientiert, sie ist vielmehr ihrem Wesen nach setzend und behauptet setzend ihre eigentümliche Autonomie.“ [470)]

Die Eigenart der sittlichen Wahrheit, welche der Eigenart der sittlichen Erkenntnis und diese wiederum aus der originären sittlichen Erfahrung folgt, verweist auf einen analogen Wissenschaftsbegriff der Ethik. Diese kann folglich ihre Wissenschaftlichkeit nicht an den Methoden der exakten Naturwissenschaften bemessen lassen, sondern muß ihrem analogen Erfahrungs-, Erkenntnis- und Wahrheitsbegriff entsprechend in einem den exakten Wissenschaften analogen Sinn als Wissenschaft bezeichnet werden [471)]. Als solche ist sie gehalten, eine eigene Methodologie zu entwerfen, die die Eigentümlichkeit der sittlichen Erfahrung zu erfassen vermag. Aus all dem folgt, daß sich die im Einleitungskapitel aufgestellten Thesen zum Wissenschaftscharakter der Moraltheologie im Gange der Arbeit als gerechtfertigt erwiesen haben: Die Ethik ist eine epistemologisch und methodologisch autonome Disziplin. Gleichzeitig aber waltet zwischen Ethik und Naturwissenschaften ein vielschichtiges Wechselverhältnis, das zu bedenken das Ziel des folgenden Kapitels darstellt.

5.4 Naturwissenschaft und Ethik

5.4.1 Die Forderung nach einer „neuen Ethik“

„Wir sind in unserer Wissenschaft an die Grenzen des Erkennbaren gestoßen ... Wir haben das Ende unseres Weges erreicht. Aber die Menschheit ist noch nicht so weit. Wir haben uns vorgekämpft, nun folgt uns niemand nach, wir sind ins Leere gestoßen. Unsere Wissenschaft ist schrecklich geworden, unsere Forschung gefährlich, unsere Erkenntnis tödlich.“

(F. Dürrenmatt, Die Physiker [472)])

Von F. Bacon stammt der Lobpreis auf die Tugend und Würde wissenschaftlicher Erkenntnis, die die Macht habe, die Welt in einen Ort zu verwandeln, an dem es sich besser leben läßt: „Das wahre Ziel der Wissenschaften ist nun die Bereicherung des menschlichen Geschlechts mit neuen Kräften und Erfindungen.“ [473)] Die Überzeugung, daß das Paradies eher durch Vernunft als durch Aberglauben, eher durch den Glauben an Tatsachen als an überlieferte Dogmen zu gewinnen sei, wurde zur Religion der Neuzeit [474)]. Die Natur, dergegenüber sich der Mensch der Antike und des Mittelalters abhängig und ohnmächtig gefühlt hatte, wurde zum zweckbezogenen Objekt der Forschung. Doch bald schon wurde eine „Dialektik der Naturwissenschaften“ erkennbar: Sollten jene nach Bacon noch die Welt menschlicher gestalten und dem Menschen zu neuen Freiheiten verhelfen, so brachten sie in der Folgezeit auch Unmenschlichkeit und

Unfreiheit mit sich. Die Beherrschung und Verzweckung der Natur endete vielfach in deren Ausbeutung und Zerstörung, was wiederum für manche Zeitgenossen zum Anlaß für eine neue Wissenschaftsfeindlichkeit wurde[475]. Die Errungenschaften der Naturwissenschaften erwiesen sich vielfach als Danaergeschenke, die die Menschheit bedrohen.

Manche Naturwissenschaftler lehnen allerdings jede Verantwortung für den Gebrauch ihrer Entdeckungen ab, so der Physiker E. Teller, der an der Entwicklung der Wasserstoffbombe beteiligt war: „Keine Erfindung, kein Objekt ist gut oder böse. Das Gute oder das Böse liegt im Gebrauch."[476] Natürlich kann man mit einer Axt gleichermaßen einen Menschen erschlagen oder einen Urwald roden. Das ist in der Tat Sache des Menschen und nicht der Axt. Insofern ist die Naturwissenschaft von sich aus wertneutral und muß erst ethisch überformt werden[477]. Dennoch bleibt zu bedenken, daß selbst die Grundlagenforschung schon in erheblichem Maße ein Tun ist und nicht bloßes Gedankenspiel, dessen Verwirklichung und Anwendung erst ethische Verantwortung mit sich brächte. Die Forschung selbst ist bereits ein Unternehmen, das unter ethischen Kriterien steht[478].

Nun kann man auch die Beobachtung machen, daß Naturwissenschaftler selber in ethischen Fragen Stellung beziehen. Sie tun das nicht als Naturwissenschaftler, sondern als verantwortungsbewußte Menschen, die die immer größere Dringlichkeit einer neuen Ethik spüren: „Der Ruf nach einer Ethik, die Fehlentwicklungen steuert und zu vernünftigem Maßhalten verhilft, findet . . . offene Ohren. Mittlerweile wird die Forderung einer Ethik, die der eigenen Arbeit eine feste, einsichtige Orientierung gibt, von Naturwissenschaftlern und Technikern selbst erhoben."[479]

Die Sorge von Wissenschaftlern um die ethischen Implikationen ihrer Wissenschaft und um die gesellschaftlichen Auswirkungen ihrer Ergebnisse sind als positives Faktum zu begrüßen[480]. Aus dem Bedürfnis nach einer neuen Ethik heraus versuchen aber manche Biologen, selber eine Ethik zu entwerfen. Möglicherweise ist auch der Versuch der Soziobiologie, die Ethik aus der Hand der Philosophen zu nehmen und sie zu biologisieren, auf diesem Hintergrund zu sehen. Daß solche Versuche, eine Ethik zu entwerfen, ohne die methodologische Grundentscheidung ihres eigenen Wissenschaftstyps mit in Frage zu stellen, leicht einem Reduktionismus erliegen, wurde schon gezeigt. Wie aber läßt sich das Verhältnis von Naturwissenschaft und Ethik näherhin bestimmen?

5.4.2 Thesen zum Verhältnis von Naturwissenschaft und Ethik

1. Die Naturwissenschaften erklären das „ethische Wesen" des Menschen

Die Biologie kann zu erklären versuchen, warum der Mensch überhaupt zu ethischem Verhalten fähig ist. Die Evolution hat im Menschen ein Wesen hervorgebracht, das über Bewußtsein und Willensfreiheit verfügt. Die „Normativität des Faktischen", die etwa im

Tierreich die faktisch-instinktiv vorgegebene Verhaltensform auch zur „Norm" macht, wird beim Menschen in gewisser Weise aufgehoben: Der Mensch ist nicht mehr so stark an Instinkte und Neigungen gebunden, sondern kann sein Handeln bewußt steuern. Er kann sogar den naturalen Neigungen zuwiderhandeln. „Der Mensch folgt nicht schlechthin eingeübten Verhaltensregeln, obwohl er dies auch tut, sondern er hat die Möglichkeit, neue Verhaltensmuster aufzustellen und durchzusetzen." [481)]

Die naturwissenschaftliche Evolutionstheorie kann uns von daher sagen, daß wir das Vermögen zu sittlichem Verhalten zusammen mit den rationalen Fähigkeiten erworben haben. Dabei verfügt der Mensch nicht nur über die Fähigkeit zur Ethik: er braucht auch eine Ethik. Der Instinkt allein genügt nicht, um das menschliche Leben zu regeln; so wird die Aufstellung von Normen erforderlich [482)]. Die Soziobiologie könnte deshalb auch die Herkunft des „Sollens" zu erklären versuchen: Jenes innere „Gefühl", das Gute also tun und das Böse vermeiden sowie das Handeln an Wertmaßstäben ausrichten zu *sollen*, hat beim Menschen das *Müssen* (Instinkt, Trieb) abgelöst. Freilich sagt diese biologische Erklärung der Herkunft des Sollensanspruchs noch nichts darüber aus, ob wir als Person einem bestimmten, konkreten ethischen Anspruch folgen sollen oder nicht.

2. *Die Naturwissenschaften bestimmen die „Natur" des Menschen*

In vieler Hinsicht können die Naturwissenschaften und insbesondere die Biologie die naturalen Bedingtheiten des Menschen aufzeigen. „Bei aller Betonung der Freiheit und Geistigkeit menschlicher Verhaltensweisen bleibt die Tatsache bestehen, daß das Verhalten des Menschen – auch sein ethisches – natürlichen Gesetzmäßigkeiten folgt." [483)] Solche naturalen Neigungen wie Hunger, Schlaf, sexuelle Bedürfnisse und so fort sind elementare Impulsgeber, „aus denen menschliches Handeln erwächst und in denen es immer wieder übereinkommt" [484)]. Wenn auch diese Neigungen erst durch kulturelle Überformung ihren humanen Sinn erhalten, so bleibt in ihnen doch ein unverzichtbares, normdisponierendes Movens wirksam und erkennbar. „Menschliches Handeln bleibt ... wesenhaft von einem Gestaltungsgesetz getragen, das kraft seiner in der Natur des Menschen selbst angelegten Eigendynamik dieses Handeln an naturhaft gegebene Bedingungen zurückbindet, die es der Beliebigkeit entziehen ... Menschliches Handeln ist als vernünftiges, sittliches Handeln *natural unbeliebig*." [485)]

Wenn der Mensch seinen natürlichen Neigungen folgt, handelt er deshalb noch nicht ethisch. Die Neigungen disponieren zwar das Regelfeld sittlichen Handelns, befinden sich aber selbst noch auf einer „vorsittlichen" Stufe. Das zeigt sich schon darin, daß im Menschen einander widerstrebende Neigungen wirksam sind. Beispielsweise liegen nicht nur Triebfedern zu altruistischem Verhalten in der menschlichen Natur, sondern auch einflußreiche Anlagen zu eigennützigem Verhalten. Der Mensch ist in der Lage, diese Naturanlagen zu erkennen und sie bei seiner Zukunftsplanung mit zu berücksichtigen [486)]. Die Soziobiologie kann eventuell zeigen, daß Neigungen des Menschen Ergebnis eines evolutiven Prozesses sind. Der Mensch *kann* jedoch, wenn er dies *will*, solchen Neigungen widerstehen. Ob er dies *soll*, ist eine Frage, die die Soziobiologie nicht mehr beantworten kann[487]. Mit der *Entscheidung*, einer einzelnen oder auch keiner dieser Neigungen zu folgen, betritt der Mensch das eigentliche Feld ethischen Handelns. „Seine Instinktausstattung kann der Mensch also nach verschiedenen Richtungen benutzen. Sie ist in sich wertfrei und gibt keine Norm ab. Man kann weder das Handeln gegen noch das Handeln im Sinne natürlicher Neigungen zur Norm machen."[488]

Wenn eine (christliche) Ethik dem Humanum dienen und deshalb auch von einer möglichst breiten anthropologischen Grundlage ausgehen will, dann muß sie um jene Naturgesetzlichkeiten wissen, denen der Mensch unterworfen ist. Deren Erkenntnis durch die Naturwissenschaft ist nicht Ersatz, wohl aber Voraussetzung für eine ethische Beurteilung menschlichen Handelns[489].

3. Die Naturwissenschaften zeigen Freiheit und Grenzen des Menschen

Eine rein rational argumentierende Philosophie hatte die Existenz eines freien und autonomen sittlichen Subjektes vorausgesetzt. Die Ergebnisse der Humanwissenschaften können dagegen zeigen, daß der Freiheitsraum des Menschen bei weitem nicht so groß ist, wie man dies manchmal angenommen hatte[490]. Eine realistische Anthropologie wird mit berücksichtigen, daß naturale Vorgegebenheiten die menschliche Freiheit einschränken. Ergebnisse der Genetik, der Verhaltensforschung, der Psychologie weisen angeborene instinkthafte Verhaltensweisen des Menschen auf. Auch Erziehung und Umwelt determinieren die menschliche Entwicklung in gewissem Maß[491]. Die Kenntnis dieser Determinanten ist für eine realistische Einschätzung menschlicher Freiheit und Handlungsmöglichkeit von großer Bedeutung. Wenn auch der Mensch grundsätzlich fähig ist, naturale Verhaltenstendenzen zu überwinden, so kann diese seine Freiheit in concreto durch verschiedenste Faktoren sehr stark eingeschränkt sein. Je mehr die Naturwissenschaften diese aufklären, umso eher kann der Mensch in der Praxis seine Handlungen von den natürlichen determinierenden Faktoren ablösen: „Einsicht in die Arbeitsweise der uns angeborenen Antriebsmechanismen erleichtert uns deren Kontrolle."[492]

Damit haben naturwissenschaftliche Erkenntnisse eine hohe Relevanz für die Ethik. Die traditionelle Moraltheologie hatte schon versucht, dem Bewußtseinsgrad und der Freiwilligkeit des sittlichen Subjektes bei der Bewertung eines konkreten Verhaltens Rechnung zu tragen[493]. Wenn der Mensch somit nicht fähig ist, alle seine Tätigkeiten und Handlungen willkürlich zu steuern, so liegt „die spezifische Funktion der Humanwissenschaften ... genau darin, diese Einsichten bereitzustellen und damit die Bedingtheiten und die Chancen menschlichen Handelns in der jeweiligen Gegenwart aufzuzeigen"[494]. Empirisch festgestellte Gesetzmäßigkeiten können mithin dabei helfen, den Rahmen für ethische Anforderungen sinnvoll abzustecken, denn ethische Normen dürfen nichts faktisch Unmögliches fordern.

Hier kann ein sogenanntes „Brücken-Prinzip" aufgestellt werden, das heißt ein Prinzip, das zur Überbrückung der Distanz von Sachaussagen und Sollenssätzen dienen kann: „Nicht-Können impliziert Nicht-Sollen“ (oder umgekehrt: „Ought implies can“). Dieses meint konkret, daß biologisch-psychologische Erkenntnisse Bedeutung haben, um den Spielraum freier Entscheidungen abzustecken, den man vom Menschen erwarten darf[495].

Aus alledem kann aber nicht gefolgert werden, daß empirische Humanwissenschaften Aussagen über die moralische Kraft eines Menschen machen können. Die Naturwissenschaften können wohl die äußeren Bedingungen des „Zumutbaren“ abgrenzen; andererseits entzieht sich die tragende Intentionalität von Handlungen ihrer Kenntnis. Die sittliche Kraft ist infolgedessen nicht identisch mit den vielfältigen Voraussetzungen, die die Humanwissenschaften analysieren können. Da aber empirische Feststellungen des Zumutbaren in die sittliche Urteilsfindung einfließen, können die Humanwissenschaften einen indirekten Beitrag zur Normfindung leisten[496].

4. Die Naturwissenschaften zeigen Grundgüter des Menschen auf

In der Auseinandersetzung um eine Ethik der Evolution im vierten Kapitel war festgestellt worden, daß die naturwissenschaftliche Evolutionstheorie *Güter* aufzeigen kann, die die Evolution hervorgebracht hat. Solche sind zum Beispiel das Überleben, die Gesundheit, die Fortpflanzung der eigenen Art. Aus der Faktizität der Evolution folgt freilich noch nicht, was wir tun sollen. Wohl aber kann der Mensch aus der Evolution, aus den Einsichten in die eigene Natur und in die ökologischen Kreisläufe lernen[497].

Freilich bleibt zu bedenken, daß die Evolution nicht nur Güter hervorgebracht hat, sondern auch wieder zerstört. Der Tod kam erst mit dem Leben auf die Welt. Und weil mit allen von der Evolution hervorgebrachten Gütern immer auch deren Zerstörung in der Natur angelegt wurde, kann die Natur für den Menschen keine Quelle unmittelbar abzulesender Werte sein. Die Evolution spielte sich jenseits von Gut und Böse ab[498]. Es ist darum der Mensch, der sich entscheiden muß, ob er natürliche Abläufe weiterverfolgen will oder ob er sich durch seine Vernunft neue Ziele setzt, die biologisch für die natürliche Evolution unerreichbar sind, und diese etwa mit Hilfe seiner Technik verwirklicht[499].

Wir können mit K. Demmer zusammenfassend sagen, daß die Naturwissenschaften zwar Orientierungshilfen für ethische Deutungen geben können, indem sie das ihnen zugängliche Terrain bereiten. Dabei bleiben diese Wissenschaften aber immer auf der Ebene von vormoralischen Gütern, die erst durch die menschliche Deutung mit einem Wert versehen werden. Empirische Daten sind noch nicht normativ; sie geben aber zu denken. Sie werden aufgenommen, entschlüsselt und deutend eingesetzt. Jede Deutung spielt sich aber immer schon auf dem Hintergrund eines Sinnzusammenhangs ab und gehört nicht mehr in die naturwissenschaftliche Domäne[500].

5. Die Naturwissenschaften können die Normengenese erklären

Die Soziobiologie und auch andere Humanwissenschaften können Licht auf die Normengenese werfen, da sich viele wesentliche menschliche Verhaltensformen durch natürliche Gesetzmäßigkeiten funktional erklären lassen und darum auch Analogien im Tierreich haben[501]. Die Entstehung und Durchsetzung von Verhaltensregeln läßt sich oft einfach dadurch erklären, daß diese Regeln für das Überleben der sozialen Gruppe von Vorteil waren. „Die meisten kardialen ethischen Vorschriften, z.B. einige der ‚10 Gebote', lassen sich ethologisch erklären als diejenigen Verhaltensweisen, welche unter den damals (bei ihrer Einführung) herrschenden Umweltbedingungen die Existenz des Menschen abzusichern geeignet waren."[502] Die elementaren Inhalte menschlicher Ethik sind daher vielfach funktional rekonstruierbar. So könnte auch die Soziobiologie in bezug auf die Entwicklung von Werten und Normen *deskriptiven* und *rekonstruktiven* Charakter haben. „Sie könnte zeigen, *wie* sich Wertvorstellungen allmählich herauskristallisiert und *warum* diese oder jene Normen bzw. Normensysteme in diesen oder jenen Sozietäten sich gefestigt haben. Es wäre die große Chance der Soziobiologie, die biologischen Reaktionsmuster aufzuweisen, innerhalb derer Werte und Normen stabilisiert worden sind und ihren Weg in soziokulturelle Beziehungssysteme gefunden haben."[503]

Sie kann aber das menschliche Handeln nicht normativ *begründen*, auch wenn ihre Forschungen die Normengenese klären helfen und die geschichtliche Bedingtheit und Veränderlichkeit mancher Normen aufzeigen. Ähnliches gilt für die Entstehung der Werte (wobei diese höchst komplex von biologischen Neigungen, kulturellen Traditionen und auch bewußter Entscheidung geprägt werden[504]): Auch für Werte kann die Biologie unter Umständen eine funktionale Erklärung bereitstellen: Es könnte etwa biologisch vorteilhaft sein, dem menschlichen Leben einen hohen Wert beizumessen. Das Wertempfinden selber kann als überlebensdienliche Anpassung verstanden werden. Jedoch kann die Naturwissenschaft nicht mehr sagen, welche Werte der Mensch nun annehmen soll[505].

6. Die Naturwissenschaften eröffnen dem Menschen neue Handlungsmöglichkeiten

Der Fortschritt der Naturwissenschaft fordert die Ethik immer neu heraus. Neues technisches Wissen und Können, das von der Naturwissenschaft bereitgestellt wird, verlangt nach einer Reflexion über die sittliche Erlaubtheit dieser neuen Möglichkeiten. Die Naturwissenschaft entwickelt Produkte, die nach einer Bewertung verlangen. Sie erlaubt uns eine neue Art der Beherrschung der Natur, die auch die Verantwortung des Menschen ganz neu herausfordert. Ebenso kann der Mensch immer mehr in seine eigene Natur eingreifen: Medizin und Technik erlauben eine bisher nie gekannte Lebensverlängerung, Eingriffe in die somatischen und psychischen Strukturen des Menschen, in sein embryonales Werden, in das Erbgut selbst. „Was jetzt in nie gekannter Weise deutlich wird: *Der Mensch kann mehr, als er darf.*"[506] Neue Erkenntnisse bringen neue Verantwortung mit sich. H. Jonas nennt die Verantwortung eine Funktion der Macht. Mit den

Weiterentwicklungen menschlicher Macht muß daher auch eine Änderung der Ethik einhergehen[507]. Der Fortschritt verlangt nach einer neuen Ethik; er stimuliert das ethische Nachdenken und macht dessen Weiterentwicklung unbedingt erforderlich. Die Naturwissenschaft ist insofern zu einem Motor für die ethische Reflexion des Menschen geworden[508]. Schließlich kann eine erhöhte Beherrschung der Natur die Grenzen des Zumutbaren und damit des „Naturgemäßen“ verändern[509].

Wer aber soll die neue Ethik entwickeln? Die Naturwissenschaften können keine Kriterien für Entscheidungen liefern, ob beispielsweise am menschlichen Erbgut weitergeforscht werden soll oder nicht. Die Naturwissenschaften bieten ein indikativisches Handlungsmodell an, das heißt die Beschreibung einer Handlungsmöglichkeit. Einen Imperativ, ein ethisches Sollen, können sie nicht vorschreiben. Sie müssen sich sogar vor einem sogenannten „technologischen Imperativ“ hüten, der angibt, daß der Mensch alles Machbare auch machen soll[510]. „Die Rationalität der empirischen Wissenschaften verhält sich gegen die möglichen Konsequenzen ihrer Anwendung indifferent.“[511] Der Mensch, der Benutzer der neuen Errungenschaften, muß darüber nachdenken und entscheiden, was er mit der „wertfreien“, „indifferenten“ Wissenschaft anfängt. Jenes Nachdenken überschreitet aber schon das empirisch-analytische Denken der Naturwissenschaft; es geht ja um qualitativ andere Sachverhalte, nämlich um Fragen nach Zielen und nach dem Sinn des Handelns.

7. *Naturwissenschaftliche Erkenntnisse fließen in Handlungsnormen ein*

Je konkreter eine Ethik wird, je mehr sie sich materialen ethischen Sachfragen zuwendet, umso mehr bedarf sie wissenschaftlicher Information. Naturwissenschaftliche Erkenntnisse und Gesetzlichkeiten, die die Ethik von sich aus nicht erheben kann, fließen in den Normfindungsprozeß ein. Die Informationen der Biologie und aller deskriptiven Wissenschaften, die Hinweise auf die Folgen bestimmter Handlungen geben können, sind *relevant* für sittliche Entscheidungen. Wenn sich der Mensch für ein ethisches Ziel entschieden hat, dann kann der Naturwissenschaftler ihm sagen, auf welchem Weg jenes Ziel zu erreichen ist. Er kann Hilfen anbieten und auf Hindernisse hinweisen. Der Naturwissenschaftler spielt in gewisser Weise die Rolle des Technikers, der die Maschinerie durchschaut und Hinweise zu ihrer Bedienung gibt[512]. Man kann daher von einer „wissenschaftlich vermittelten normativen Ethik“ sprechen, das heißt, die Naturwissenschaft gibt Wege an, wie die ihr vorgängig gewählten Ziele erreichbar sind[513].

Für die Ethik bedeutet das, daß sie die äußere, technische Realisierbarkeit ihrer Ziele bedenken muß. Es geht bei solchen Überlegungen noch nicht um die *Gutheit* einer Handlung, wohl aber um deren *Richtigkeit*: „Richtigkeit und Wirksamkeit betreffen nicht die eigentliche sittliche Qualität, sondern den Erfolg sittlichen Handelns.“[514] Bei der Feststellung der Richtigkeit einer Handlung (in bezug auf ein vorgegebenes Ziel) verbleiben die Naturwissenschaften auf der Ebene des Konstatierens. Sie bereiten den Boden für eine Einsicht und Deutung. Hiermit können sie zwar in die eigentliche ethische Einsicht noch nicht eintreten, haben aber durch ihren Beitrag der Feststellung von Richtigkeit eine eminente Bedeutung für die Normenerhebung: „Bei der Bestimmung des sittlich Richtigen muß sich der Ethiker von den empirischen Wissenschaften die für sein Problem relevanten Tatsachen sagen lassen."[515] Weiterhin können die Naturwissenschaften zeigen, welche Effekte menschliche Handlungen nach sich ziehen, und tragen auch hiermit zur Abschätzung der sittlichen Erlaubtheit einer Handlung bei.

Als Beispiel sei angeführt, daß heute naturwissenschaftliche Ergebnisse vor allem eine Rolle für die Bestimmung spielen, ob menschliches Leben schon oder noch vorhanden ist (Entstehung des menschlichen Lebens; medizinische Feststellung des Todes)[516]. Solche Fragen sind nur mit Hilfe der Empirie beantwortbar; die naturwissenschaftliche Feststellung fließt direkt in die Norm ein.

Schließlich können Naturwissenschaftler auch einen Beitrag zur Abschätzung der äußeren Umstände leisten, die zur sittlichen Beurteilung einer Handlung von Bedeutung sind. Durch seinen Beitrag für die Abschätzung der „circumstantiae" fließt naturwissenschaftliches Konstatieren in das sittliche Urteil mit ein[517].

8. Naturwissenschaften erfassen nicht das ganze Phänomen der Sittlichkeit

Aus dem bisher Gesagten kann man ohne weiteres folgern, daß den Naturwissenschaften eine gewisse Normkritik zusteht. Die siebte These hat gezeigt, daß in aller Regel ethische Normsätze empirische Bestandteile enthalten. Da empirische Aussagen der Kompetenz der Naturwissenschaften unterliegen, können diese die Normen kritisieren. Wenn auch die Naturwissenschaft selber keine Normen aufstellen kann, so ist sie zumindest zur Normkritik berechtigt[518]. Die Ethik darf sich einer solchen Kritik nicht verschließen. Kritikimmunität gegenüber der Empirie würde Ethik inhuman werden lassen. „Eine Vernachlässigung der von den Humanwissenschaften erreichten Einsichten in die Bedingungsformen des Menschlichen führt zu Depravationen, auch wenn diese Bedingungsformen je nur partielle Strukturmomente darstellen, die der weiteren ethischen Integrierung bedürfen und selbst nicht schon das denkbar höchste Maß an sittlicher Zielgestaltung beinhalten."[519]

Bei aller zugestandenen Relevanz der Naturwissenschaften für die Ethik war in den oben genannten Thesen zugleich die Grenze eines naturwissenschaftlichen Zugangs zur Ethik offenbar geworden. Alle Erkenntnisse der Humanwissenschaften bleiben gemäß ihrem wissenschaftstheoretischen Selbstverständnis letztlich Tatsachen. Die Naturwissenschaften können nur das faktisch Bestehende beschreiben, seine Entstehung historisch begründen und darlegen, was aus dem gegenwärtigen Zustand folgt und welche Mittel es gibt, ihn zu ändern[520]. Daraus allein aber folgen noch keine sittlichen Normen. A. Einstein faßt diese Einsicht in folgenden Satz: „Der Intellekt hat ein scharfes Auge für Mittel und Werkzeuge, ist aber blind für Ziele und Werte."[521]

Sittliche Anweisungen und Normen folgen noch nicht aus Tatsachen, sondern nur aus Zielvorstellungen des Menschseins, etwa aus dem Glauben, daß Überleben gut sei. Ein solcher Glaube ist naturwissenschaftlich nicht mehr begründbar. Wenn der Mensch ethisch handelt, so handelt er nach seinen Wertvorstellungen, die er seinem Glaubenssystem entnimmt. Die objektiven Tatsachen, die der Naturwissenschaftler feststellt, werden immer im Licht dieses Glaubens oder Sinnentwurfs gedeutet und gewertet. Auch die Entscheidung, daß objektive Erkenntnis der höchste Wert ist oder daß es keine Werte gibt, ist ein solcher Glaube, ein Sinnentwurf.

Ein Glaube, der die Ethik begründet, ist folglich aus der Naturwissenschaft nicht ableitbar. Daher kann diese von sich aus keine Ethik entwerfen, wenngleich ihre Ergebnisse zur konkreten Ausgestaltung jeder Ethik notwendig sind[522)]. Jeder Biologismus, der aus naturwissenschaftlichen Feststellungen direkt ethische Sollensaussagen herleitet, verkennt das eigentliche Phänomen der Sittlichkeit und die Komplexität des sittlichen Urteils, wie an manchen Aussagen der Soziobiologie deutlich geworden ist. Das Phänomen des Sollens als ursprüngliche und unbedingte Erfahrung bleibt der naturwissenschaftlichen Methodologie grundsätzlich entzogen. Ebenso kann die materiale Füllung des Sollensanspruchs, das Zielbild, an dem sich das menschliche Handeln orientiert, von keiner exakten Wissenschaft geliefert werden, da es sich bei einem solchen Zielbild um einen Sinnentwurf, ein Menschenbild, eine Weltanschauung also, handelt. Erst aus einem Welt- und Menschenbild lassen sich Werte und aus diesen wieder Handlungsanweisungen erheben[523)]. Das Verhältnis von Anthropologie und Ethik soll im folgenden Abschnitt näher bestimmt werden.

5.5 Ethik und Anthropologie

5.5.1 Biologisches Menschenbild und Ethik

Aus den wissenschaftstheoretischen Überlegungen war ersichtlich geworden, daß alle Naturwissenschaften und auch die moderne Biologie keine „reinen", „objektiven" Daten zu liefern vermögen, sondern daß diese auch von weltanschaulichen Vorentscheidungen geprägt sind. Umgekehrt tragen die Ergebnisse der biologischen Forschung zur Entfaltung dieses Weltbildes bei: Sie werden in das vorgängig schon vorhandende Welt- und Menschenbild integriert und stimulieren dessen Weiterentwicklung. Von daher sind biologische Forschungsergebnisse kein reines Informationsmaterial, sondern sie verändern auch das Selbstverständnis des Menschen. „Empirische Forschung verändert die Bedingungen metaphysischer Anthropologie."[524)] Somit baut die moderne Biologie am Weltbild der Neuzeit entscheidend mit.

Insgesamt hat das Heraufkommen der Naturwissenschaft das moderne Weltbild wesentlich mitgeprägt. Die Erfolge der Wissenschaften veränderten beispielsweise das Verhältnis des Menschen zur Natur. Und ein verändertes Naturverständnis hatte automatisch Folgen für das menschliche Selbstverständnis[525)]. Man erinnere sich nur an die Veränderung des Menschenbildes durch die kopernikanische Wende. Der im Kosmos heimatlos gewordene Mensch muß auf den Fortschritt in dieser Welt hoffen, muß sich die Welt selber einrichten. Mit dem Zerbrechen der Weltordnung emanzipierte sich der Machttrieb. So hat sich auch hier mit dem Weltbild das Menschenbild gewandelt[526]. Einen weiteren Meilenstein für die Entwicklung des neuzeitlichen Weltbildes stellt die Entdeckung der Evolution des Menschen aus dem Tierreich dar.

Die Soziobiologie in ihrer extremen Version bietet ein Musterbeispiel dafür, wie Forschungsergebnisse und Weltanschauung sich wechselseitig inspirieren. Einige Vertreter der „neuen Synthese" verstehen diese explizit als ein Weltbild, als einen Sinnentwurf. Für R. Dawkins können die Fragen: „Hat das Leben einen Sinn? Wofür sind wir da? Was ist der Mensch?" nun endlich wissenschaftlich, nämlich durch die Soziobiologie, beantwortet werden: „Die These ... ist, daß wir und alle anderen Tiere Maschinen sind, die durch Gene geschaffen wurden." Diese „sind in dir und in mir, sie schufen uns, Körper und Geist; und ihr Fortbestehen ist der letzte Grund unserer Existenz"[527].

Das von der Biologie geprägte Menschenbild hat als Sinnentwurf auch ethische Konsequenzen. Nach J. Monod zerstört das naturwissenschaftliche Weltbild alle mythischen und philosophischen Ontogenien, auf denen Werte, Moral, die Pflichten, Rechte und Verbote beruhen[528]. Durch den Fortschritt der Biologie werden die in Verkennung der biologischen Realität aufgestellten Werte unerbittlich hinweggefegt werden. Wenn etwa der Altruismus als Egoismus entlarvt wird, so sind damit die sittliche Forderung nach Nächstenliebe und Altruismus zutiefst in Frage gestellt[529]. Folglich leistet die Naturwissenschaft einen indirekten Beitrag zur Ethik: Indem die Biologie die Auffassung vom Menschen und der Natur verändert, prägt sie auch die Zielvorstellungen von dem, was der Mensch sein soll. Wer im Menschen nichts als ein biochemisches Konglomerat sieht, hat schon eine ganze bestimmte Vorentscheidung für die Frage getroffen, ob man dieses auch verändern und manipulieren kann. Denn der Mensch ist hier nur noch Rohmaterial für Manipulation und Experimente[530].

Auch das soziobiologische Menschenbild steckt voller ethischer Implikationen. Die Behauptungen von Wilson und Dawkins, sie würden keinen naturalistischen Fehlschluß begehen, würden also nur Seins- und keine Sollensaussagen machen, muten naiv an: Denn das von ihnen vorgetragene Welt- und Menschenbild enthält viele Implikationen für die Ethik. Diese können natürlich nicht einfach aus den naturwissenschaftlichen Aussagen mittels eines logischen Schlußverfahrens hergeleitet werden. Da aber die Aussagen der Soziobiologie zum Menschen keine „reinen" Fakten darstellen, sondern schon von vornherein wertbeladen sind, enthalten die Thesen der Soziobiologen Vorentscheidungen für ein ganz bestimmtes Menschenbild, welche von ethischer Relevanz sind[531]. Man erinnere sich an die oben dargelegte These, daß das soziobiologische Weltbild mit der Leugnung von Bewußtsein als wirkmächtigem Faktor und mit der Behauptung eines durchgängigen Determinismus die Möglichkeit einer echten Ethik abstreitet, was in einen Fatalismus münden kann. Weiterhin war oben schon auf die politischen Folgen einiger soziobiologischer Thesen zur Natur des Menschen hingewiesen worden. Schließlich war im dritten Kapitel bereits gezeigt worden, daß die Soziobiologie auch auf konkrete Handlungsnormen Einfluß ausüben kann. Das soll hier an zwei Beispielen verdeutlicht werden.[532]

1. Die Bedeutung der soziobiologischen Theorie für das Verhältnis des Menschen zum Leben

Die ausschließlich mechanistische Interpretation des Lebens bringt eine bestimmte „vermittelnde Grundhaltung" (K. Demmer) gegenüber dem Phänomen des Lebens mit sich: „Es kann ja nicht ohne Folgen bleiben, wenn man der Ansicht huldigt, daß Mäuse und Menschen nichts weiter sind als eine vom Wasserstoff nur graduell verschiedene Konfiguration der Materie."[533] Wenn Leben bloß als biochemischer Prozeß verstanden wird, sind keine Hindernisse mehr zu erkennen, warum ein solcher Prozeß nicht verändert werden sollte. Mit der Auflösung des Lebewesens in seine Bestandteile wuchs das Selbstgefühl von Recht zum Eingriff in diese Bestandteile. Mit der Erkenntnis der molekularen Lebensmechanismen wuchs die Überzeugung, daß man diese Mechanismen auch manipulieren darf[534]. So etwas wie „Ehrfurcht vor dem Leben" oder „Heiligkeit des Lebens" hat keinen Sinn mehr, denn es würde sich ja dabei um eine Ehrfurcht vor molekularen Strukturen handeln[535]. Hier wird sofort die Bedeutung für genetische Eingriffe in das Erbgut der Lebewesen sowie Experimente mit diesen erkennbar. Die belebte Natur wird zum Rohmaterial menschlicher Manipulation.

Wenn schließlich der Mensch selber als Sequenz von bestimmten Molekülen definiert wird[536], so kann man mit ihm auch machen, was man will. „Denn ‚molekulare Sequenzen' haben soviel Rechte wie Schottersteine."[537] Wird der Mensch als Maschine betrachtet, welche im Unterschied zum Auto nur etwas komplizierter gebaut ist, so kann die Bereitschaft wachsen, den Menschen auch wie eine Maschine zu behandeln. Daß eine solche Sichtweise gerade für die Medizin von eminenter Bedeutung ist, liegt auf der Hand: Die Heilkunde wird dann zur Heiltechnik. Der Mensch wird „durchgecheckt" wie eine Maschine; „Ersatzteile" werden ausgewechselt, um die Maschine wieder „funktionstüchtig" zu machen[538]. Im Gefolge der zunehmenden Instrumentalisierung des menschlichen Lebens wird eine Grundhaltung erzeugt, für die eine in-Vitro-Befruchtung oder das Experimentieren mit menschlichem Erbgut bedenkenlos durchführbar ist. „Wer glaubt, daß jene Natur, die den Menschen als Schöpfung umgibt, bis in ihre letzten Strukturelemente dem Menschen verfügbar sei, dem liegt es nahe, sich auch die letzten Strukturelemente des menschlichen Lebens durch dessen genetische Manipulierung als ihm verfügbar zu denken. Wer die Natur und ihr Leben als Sache, als Objekt und darum als kontrollierbar, machbar und produzierbar betrachtet, der kann keinen Einspruch erheben, wenn eine Wissenschaft mit der gleichen Methode, mit der sie die Natur unterwarf, auch den Menschen und seinen Keimbereich unterwirft, um ihn als Objekt zu erforschen und schließlich als Sache zu produzieren."[539] Wenn die Gene die „eigentliche Wirklichkeit" des Menschen darstellen und alle moralischen Appelle und gesellschaftlichen Normen letztlich wirkungslos bleiben, so muß der Mensch konsequenterweise die Gene ändern, wenn er überhaupt etwas ändern will. In der Tat spricht E. O.

Wilson selber die Frage nach der Genmanipulation an: Der Mensch wird die Grundlagen seines Verhaltens erst ändern können, wenn seine Nachfahren gelernt haben, die Gene selber zu verändern[540)].

Eine weitere Schlußfolgerung zieht G. E. Pugh, der mit dem soziobiologischen Bewertungsmaßstab für das menschliche Leben arbeitet: Je mehr in einen Embryo oder in ein Kind „investiert" wurde, um so mehr ist dieses Leben wert. Umgekehrt sinkt im Alter der Wert des Individuums, da sein sozialer Nutzen immer mehr abnimmt. Hier ergeben sich aus dem Menschenbild ganz bestimmte Vorzugsregeln und Abwägungsstandards. Das letzte Kriterium zur Entscheidung zwischen Gütern ist das Gesamtgut, das hier als das optimale Überleben der Gene definiert wird. Der Fötus, der Säugling und das noch kleine Kind werden von Pugh als eine Last für die Art verstanden. Bei der Empfängnis beginnt sozusagen das Leben mit dem Wert Null, steigert sich dann durch die Investitionen bis zum Höchstwert beim jungen Erwachsenen, um dann mit zunehmendem Alter wieder zu sinken. Gemäß dieser Wertehierarchie wird im Konfliktfall das Leben des Fötus geopfert, um das Leben der jungen Mutter zu erhalten. Gleichfalls fordert Pugh, daß man hoffnungslos Kranken die Möglichkeit geben soll, den Tod zu wählen[541)].

2. Rechtliche Implikationen der Soziobiologie

Die mechanistische Betrachtungsweise hat auch Konsequenzen für den Bereich der menschlichen Rechtsordnung. Innerhalb eines streng deterministischen Weltbildes haben Begriffe wie „Schuld" und „Verantwortung" keinen Sinn mehr. Denn „ob jemand dann einen Orgasmus hat, einen Mord begeht, lacht oder weint, hängt von den inneren Faktoren wie etwa von Peptiden ab, die entsprechende Verhaltensweisen vorbereiten"[542)]. Wenn aber das menschliche Verhalten einschließlich seines Gerechtigkeitssinnes[543)] nur eine Sache kurzkettiger Peptide im Gehirn ist, so stellt sich die Frage, ob es noch sinnvoll ist, von Recht und Gerechtigkeit zu sprechen.

Die konkreten rechtlichen Folgerungen werden nicht mehr von den Soziobiologen selber gezogen. Aber aus ihrer Anthropologie lassen sich konkrete Handlungsanweisungen und Rechtsvorschriften entschlüsseln. So folgen aus der „Strategie der Gene" sexuelle Handlungsnormen: D. P. Barash spricht von einer Optimierungsstrategie des Mannes, die eine gewisse Bereitschaft zum Seitensprung mit einschließt[544)]. Da auch hinter dem menschlichen Sexualverhalten letztlich die Taktik der Gene steht, die ihr eigenes „Überleben" sichern und verbessern wollen, wird die menschliche Fortpflanzung in erster Linie als Konflikt verstanden, bei dem jeder Partner versucht, bei möglichst geringer eigener Investition möglichst erfolgreich Nachwuchs zu erzeugen. Auch wenn die Soziobiologen nun nicht behaupten, daß sich der Mensch so verhalten soll, so geben sie der menschlichen Sexualität einen ganz eigenen Sinn. Sexualität, Ehe und Familie werden nur noch auf dem Hintergrund einer Genstrategie gedeutet. Aus einer solchen Sinngebung folgen ganz konkrete Normen.

Als Beispiel sei ein Band aus der „Schriftenreihe zur Rechtssoziologie und Rechtstatsachenforschung" von 1983 angeführt. Dort werden aus der soziobiologischen Deutung der menschlichen Sexualität Folgerungen für das Sorgerechtsverfahren gezogen. Der Rechtsgelehrte J. H. Beckstrom argumentiert wie folgt: Die unterschiedliche biologische Ausstattung von Mann und Frau bringt jeweils unterschiedliche Implikationen mit sich: „Im Vergleich zum Mann ist die Fortpflanzungsfähigkeit der Frau auf die Zeit zwischen Pubertät und Menopause beschränkt. Frauen sind deshalb zur Vorsicht und sorgfältigen Auswahl ihrer Ehepartner programmiert, da jede Schwangerschaft eine große Investition darstellt. Männer dagegen sind bei der Wahl der Frauen, mit denen sie geschlechtlich verkehren, zu geringerer Sorgfalt programmiert. Ihre Fortpflanzungsfähigkeit ist weitaus größer als die der Frauen, und ihre Investition bei jedem Akt der Fortpflanzung ist relativ gering. Die optimale Strategie für den Mann ist demnach, sein ganzes Leben lang und so oft wie möglich Frauen zu befruchten.“ [545)] Daraus zieht Beckstrom Folgerungen für junge Ehepaare, die vor Gericht um das Sorgerecht kämpfen: Im Gegensatz zur Frau ist der durchschnittliche Mann im mittleren Alter noch fortpflanzungsfähig. Selbst wenn er mit zunehmendem Alter zu größerer Fürsorge gegenüber den Nachkommen neigt, die man ihm als die seinen vorstellt, so wird doch die durchschnittliche Frau jeden Alters mit größerer Wahrscheinlichkeit geneigt sein, mehr Zeit und Aufmerksamkeit auf ihr Kind zu verwenden als ihr Mann. Weiterhin ist anzunehmen, daß der durchschnittliche Mann, der sich seiner Vaterschaft nie ganz sicher sein kann, geneigt ist, einen Teil seiner Zeit auf weitere Fortpflanzungsbemühungen zu verwenden und folglich weniger Zeit für die Fürsorge der Kinder aufzubringen als die Frau. Diese Überlegungen empfiehlt Beckstrom schließlich zur Berücksichtigung im Sorgerechtsverfahren und nimmt an, daß die soziobiologische Theorie einem aufgeschlossenen Richter sicher durchaus vernünftig erscheint [546)].

5.5.2 Zum Verhältnis von Anthropologie und Ethik

Aus dem eben Dargelegten ist deutlich geworden, daß sich alle Moral letztlich auf Anthropologie bezieht. Menschenbild und Ethik sind untrennbar ineinander verwoben. Dies wird schon bei Thomas von Aquin deutlich, der den moraltheologischen zweiten Teil seiner Summe mit dem Satz beginnt: „Weil der Mensch geschaffen ist als Ebenbild Gottes, darum bleibt jetzt, nachdem von Gott, dem Ur-Bild gehandelt worden ist, noch übrig, von seinem Abbild zu reden, nämlich vom Menschen.“ [547)] Damit wird ausgedrückt, daß die Morallehre zuerst und vor allem eine Lehre vom Menschen ist, daß sie ein Menschenbild voraussetzt, auch wenn dies in den konkreten Formulierungen nicht immer klar erkennbar ist [548)].

Erst innerhalb einer ganz bestimmten Anthropologie, die dem Menschen nämlich Vernunft und Freiheit zuerkennt, kann es überhaupt eine Ethik geben. Eine solche Anthropologie vorausgesetzt hat es Ethik mit der Frage nach der richtigen menschlichen Lebensführung zu tun. Jenes Fragen ist dem Menschen mit der Erfahrung intentionalen Zielstrebens unweigerlich gegeben: Was soll ich tun, damit mein Leben gelingt? Was ist das letzte Ziel meines Strebens? In und mit dieser Frage erfährt der Mensch sein sittliches Beanspruchtsein. Alle Ethik beginnt infolgedessen damit, daß der Mensch sich selber als eine Aufgabe versteht. Er fragt nach dem Gelingen guten Lebens und dieses Ziel nimmt ihn in Anspruch[549)].

An der Wurzel jeder Ethik steht ein *Zielbild*, ein *Projekt* gelungenen Menschseins. Erst aus dieser anthropologischen Vorentscheidung heraus wird klar, was mit ethischen Sätzen eigentlich gemeint ist. Und dieses vorausliegende Menschenbild können wir als eine Sinnwahrheit begreifen, denn in ihm schlägt sich eine Auffassung geglückten Menschseins nieder. Der Sinn ist das letzte Worum-Willen des menschlichen Daseins und damit Legitimationsgrund menschlichen Handelns[550)].

Jedes Menschenbild stellt eine solche Sinnwahrheit dar, die dann geschichtlich in sittliche Wahrheit aufgeschlüsselt wird. Daher ist die ethische Wahrheit ihrem Wesen nach operationalisierte Sinnwahrheit[551)]. Das heißt nun aber nicht, daß man sittliche Wahrheit durch logische Deduktion aus anthropologischen Systemen einfach ableiten könnte. Vielmehr werden ethische Implikationen in der *Wirkungsgeschichte* eines jeweiligen Menschenbildes zunehmend entschlüsselt. Das anthropologische Leitbild liefert beispielsweise Bewertungsmaßstäbe, die in Konfliktsituationen angewandt werden können. Sittliche Werte, Vorzugsregeln und Abwägungsstandards werden aus dem zugrundeliegenden Menschenbild gewonnen. Werte sind ja im Grunde Zielvorstellungen menschlicher Erfüllung. Die Anthropologie ist es daher, die Wertetafeln vorgibt und die die Werte erst eindeutig zu bestimmen vermag. „Der Obersatz der Anthropologie birgt alle weiteren Folgen in sich."[552)] Die grundlegenden Kennzeichen eines Welt- und Menschenbildes sind die „regulativen Ideen" für das Normensystem, in dem sie sich niederschlagen. Es gibt aus diesem Grund keine Ethik ohne Anthropologie[553)]. Wenn zum Beispiel das biologische Leben als höchster Wert gilt, so wird ein Arzt das Leben eines Patienten um jeden Preis verlängern und sein Sterben so lange hinauszögern, wie es nur irgendwie geht.

Zusammenfassend kann gesagt werden, daß Zielvorstellungen gelungenen Lebens in Konfrontation mit geschichtlichen Erfahrungen in konkrete Handlungsziele übersetzt werden[554)]. Mit dieser These ist auch eine Brücke über den Graben zwischen Sein und Sollen geschlagen. Anthropologische Aussagen übersteigen nämlich die Ebene reiner Faktizität und implizieren eine Vorstellung gelungenen Menschseins und hierin einen Sollensanspruch[555)]. Auch viele Aussagen der Soziobiologie gehören – wie gezeigt – nicht mehr dem Bereich der reinen Fakten und der Seinsaussagen an, sondern bergen schon Sollensaussagen in sich. Auch die Naturwissenschaft setzt immer schon ein Menschenbild voraus und baut an ihm weiter (zumindest implizit). Aus diesem „naturwissenschaftlichen" Weltbild werden in geschichtlicher Interpretation Grundhaltungen eruiert, die dann die konkrete Normenfindung beeinflussen.

Hiermit wird übrigens die eingangs aufgestellte These bestätigt, daß ein interdisziplinäres Gespräch zwischen Moraltheologie und Humanwissenschaften nur auf der Grundlage einer philosophischen Auseinandersetzung um das Menschenbild möglich ist[556]. Denn das Menschenbild hat sich im Lauf der Diskussion als *der* zentrale Ausgangspunkt der ethischen Reflexion erwiesen.

Schließlich werfen die soeben angestellten Überlegungen auch ein Licht auf die These von der epistemologischen und methodologischen Autonomie der Ethik und präzisieren diese.

1. Wissenschaftstheoretisch betrachtet ist die Ethik autonom: Sie reflektiert die ureigene Erfahrung des sittlichen Beanspruchtseins des Menschen und kann auf dieser erkenntnistheoretisch unabhängigen Basis ihre eigene Methodologie entwickeln, die dieser Erfahrung angemessen ist. Die Ethik braucht sich folglich nicht am Wissenschaftsideal anderer Wissenschaften auszurichten noch sich an deren Methode bemessen zu lassen.

2. Der Sollensanspruch selber zielt immer schon auf ein Ideal gelungenen Menschseins. Aus diesem Grund gehört ein im weitesten Sinne philosophisches Menschenbild unabdingbar zu jeder Ethik. Alle reinen Normen wie beispielsweise „Sei gut!“ oder „Sei gerecht!“ setzen schon einen Vorbegriff von Gutsein und Gerechtigkeit voraus. Unbeschadet der formalen Autonomie und Selbstevidenz des Sittlichen können daher die sittlichen Wertvorstellungen nur von einem Menschenbild her material gefüllt werden. „Der Begriff relationale Autonomie erscheint darum konsequent; er verfremdet nicht, er verbürgt die Eigenart des Sittlichen.“[557]

3. Schließlich ist die Ethik zur Aufstellung materialer Normen auf die Information der Humanwissenschaften oder Naturwissenschaften angewiesen. Davon wird aber die autonome Handlungs*begründung* und der Entwurf des *Zielbildes* sowie dessen Reflexion durch die Ethik selbst nicht beeinträchtigt. Die methodologische Autonomie der Ethik hinsichtlich ihrer spezifischen Sollensaussagen bleibt unangetastet. Da die Ethik jedoch zur Formulierung konkreter Normen auf die Information ethisch relevanter Disziplinen angewiesen ist, ist sie, was die *Richtigkeit* sittlicher Urteile anbelangt, keine autonome Disziplin mehr[558].

5.5.3 Verantwortung für die anthropologischen Voraussetzungen

Alle Wissenschaften sind in einen geschichtlichen Erfahrungsraum eingebettet. Demgemäß fließen Voraussetzungen unterschiedlichster Art in ihren Vollzug ein. Andererseits wurde gezeigt, daß die erbrachten Ergebnisse auf den Ausgangspunkt zurückwirken können. Naturwissenschaftler sind infolgedessen auch dafür verantwortlich, ihre erkenntnistheoretischen und anthropologischen Voraussetzungen zu bedenken. Allzu leicht fällt die Naturwissenschaft sonst in einen unkritischen Empirismus, der seine eigenen metaphysischen Voraussetzungen nicht beachtet.

Um dieser Aufgabe, die eigenen verborgenen anthropologischen Voraussetzungen zu entdecken und zu bedenken, gerecht zu werden, ist die Naturwissenschaft gehalten, in einen Dialog mit der Philosophie und der Wissenschaftstheorie einzutreten. Ebenso muß sie der Gefahr einer einäugigen Totaltheorie durch interdisziplinäre Gespräche mit der Soziologie, Psychologie und Ethik zu wehren suchen. Wenn aber eine Wissenschaft versucht, die Ethik zu biologisieren, so bleibt sie einem wissenschaftstheoretisch unzureichenden Paradigma von Welterklärung verhaftet. Das Beispiel des Sozialdarwinismus sollte überdies den Blick für die gesellschaftspolitischen Gefahren von Weltbildern schärfen[559]. Nach dem Urteil von G. S. Stent scheint es aber, „daß zahlreiche Soziobiologen, bedingt durch ihre politische und philosophische Naivität, mangelnden soziologischen Scharfblick und anmaßenden Überschwang, Bedeutung und Ausmaß ihrer Ergebnisse übertrieben dargestellt haben“[560]. Dawkins gab schließlich zu, daß er zu naiv war, um mit den politischen Folgerungen, die aus seinen Thesen gezogen werden könnten, zu rechnen[561]. Wenn daher die Soziobiologie nicht zum Wegbereiter für bestimmte Ideologien werden will, muß sie sich selber stärker als bisher auf ihre eigenen Voraussetzungen hinterfragen und den Einfluß ihrer eingebrachten Vorentscheidungen auf die Ergebnisse bedenken.

Daraus folgt auch eine Verantwortung für Sprache und Darstellungsweise, in denen sich ebenfalls unbedachte anthropologische Voraussetzungen niederschlagen können. Zu Recht wurde den Soziobiologen vorgeworfen, sie hätten ihre hoch spekulativen Theorien oft nicht als solche dargestellt, sondern den Anschein erweckt, es handle sich bei ihren Behauptungen um empirische Tatsachen. Hingegen fehlt für viele Aussagen jegliche empirische Evidenz. Es scheint sogar, „als hätte die Lust zu schockieren einige Autoren zu erheblicher Übertreibung verleitet, wenn gebräuchliche Auffassungen von der Sonderstellung des Menschen kritisiert werden“[562].

Eine weitere Verantwortung obliegt den Wissenschaftlern für die Wahl ihrer Definitionen und die Ausgrenzung ihres Arbeitsgebietes. Die Soziobiologie schließt durch ihre Definition des Altruismus jegliche Intentionalität aus; dann freilich behauptet sie, das gesamte Phänomen des Altruismus erklärt zu haben. Hier würde sich an die methodische Bescheidung auch eine gewisse Bescheidenheit im Erklärungsanspruch nahelegen. Ähnliches gilt für moralische Empfehlungen und politische oder religiöse Stellungnahmen, die sich oft in der Einleitung oder im Schlußkapitel ansonsten völlig „naturwissenschaftlicher“ Monographien finden[563]. Schließlich tragen Naturwissenschaftler auch Verantwortung für die Publikationsformen ihrer Theorien. Man erinnere sich an den schon erwähnten Film „Sociobiology“: Auch wenn sich die in diesem Film interviewten Soziobiologen später von dem Film distanzierten, so scheint es fraglich, ob sie sich damit schon aller Verantwortung entledigen können. Denn schließlich haben diese Soziobiologen ihre Thesen nicht nur in Fachzeitschriften, sondern in Zeitungen wie New York Times oder Newsweek veröffentlicht und sich dabei nicht auf das Tierreich konzentriert, wo die Soziobiologie ganz ansehnliche Erklärungserfolge aufzuweisen hat, sondern auf den Menschen[564].

Es stellt sich noch die Frage, ob Naturwissenschaftler auch für die gesellschaftlichen und politischen Folgen ihrer Theorien Verantwortung tragen. Im Fall des Sozialdarwinismus haben viele Biologen eine solche Verantwortung abgelehnt: Sie hätten nie die Folgen intendiert, die etwa die Nationalsozialisten aus ihren Thesen abgeleitet haben. Dazu muß bemerkt werden, daß die Anwendung von Forschungsergebnissen nicht allein an die Politik oder an die Gesellschaft delegiert werden kann. Was die Soziobiologie anbelangt, so soll hier eine gewisse Verantwortung auch für die *Wirkungsgeschichte* ihrer Thesen postuliert werden. Niemand kann die volle Verantwortung für die Wirkungsgeschichte einer Idee auf sich nehmen, da diese ein geschichtliches Eigenleben entwickeln kann. Dennoch tragen Soziobiologen insofern Verantwortung auch für die Wirkungsgeschichte ihrer Theorien, als sie verantwortlich sind für eine sorgfältige Darstellung ihrer Thesen und ein Bedenken ihrer eigenen anthropologischen Voraussetzungen[565]. Dies würde auch eine Überprüfung des vorausgesetzten mechanistischen Weltbildes, welches eine einseitige und verzerrende Sichtweise der Natur und der Phänomene des Lebens mit sich bringt, implizieren.

Verantwortung für die anthropologischen Voraussetzungen trägt aber nicht nur die Naturwissenschaft, sondern auch die Moraltheologie. Erst wenn auch diese über ihre eigenen philosophischen und anthropologischen Voraussetzungen reflektiert, kann ein Gespräch über das jeweils vorausliegende Menschenbild einsetzen. Dies wird im folgenden zu berücksichtigen sein.

5.6 Überlegungen zum Naturrecht

Im Einleitungskapitel war schon vom Naturrecht die Rede gewesen. Die Soziobiologie mit ihren Thesen zur Natur des Menschen fordert auch ein Überdenken des Naturrechts heraus. Wilson behauptet beispielsweise, daß Homosexualität nicht als widernatürlich beurteilt werden könne. Homosexuelles Verhalten wäre dementsprechend „gemäß der Natur", wobei Wilson bewußt der katholischen Moraltheologie widersprechen will[566]. Auch die oben aufgestellten Thesen zum Verhältnis von Naturwissenschaft und Ethik machen weiteres Nachdenken erforderlich. So wurde hier die Annahme vertreten, daß die Naturwissenschaften die Natur des Menschen teilweise bestimmen wie auch ihre Grenzen erkennen können. Letztlich verweist der Versuch, das Verhältnis von Ethik und Empirie zu beschreiben, auf den naturrechtlichen Argumentationsansatz[567].

Im folgenden kann es nicht darum gehen, die Naturrechtslehre systematisch darzustellen. Vielmehr sollen einige Aspekte des Naturrechts herausgestellt werden, die im Anschluß an die Diskussion mit der Soziobiologie wichtig erscheinen. Als Autoren wurden primär solche gewählt, die sich auch mit den empirischen und insbesondere biologischen Aspekten des Naturrechts beschäftigt haben wie K. Demmer, W. Korff und R. Spaemann.

5.6.1 Die Natur des Menschen als Raum der Sittlichkeit

Im Abschnitt über die Wissenschaft vom Leben war versucht worden, die aus der modernen Naturwissenschaft verbannte Teleologie wieder in ihr Recht einzusetzen[568]. Der Mensch erfährt sich selber als strebendes Wesen und kann nach Analogie zu dieser Selbsterfahrung anderen Wesen ein solches Strebevermögen zuschreiben. Die Natur aller Lebewesen kann von daher teleologisch betrachtet werden. Damit ist gemeint, daß das Leben den Lebewesen Zwecke gesetzt hat wie etwa Überleben, Selbsterhaltung oder Arterhaltung. Daß diesen Zwecken nachgestrebt werden soll, ist eine Grunderfahrung des Menschen, die sich dieser bewußt machen kann. Doch diese Erfahrung des Sollens ist nicht die einzige. „Im Gegensatz zum pflanzlichen und tierischen Leben kann sich der Mensch zu seinem organischen Sollen in Distanz begeben; die Zwecke des Lebens lassen Platz für die Zwecke des Menschen."[569] Erst auf diese zweite Art des Sollens kann eine Ethik gegründet werden. Die erste Art des Sollens führt nur zu einem naturgemäßen Leben, nicht zu einem *guten*. Was als das gute Leben angesehen wird, hängt vom Menschenbild, von der Zielvorstellung ab. Auch wenn der Mensch sich entscheidet, nur die natürlichen Zwecke zu verfolgen, also naturgemäß zu leben, so ist das keine natürliche, sondern bereits eine *ethische* Entscheidung[570]. Das sittliche Sollen bleibt freilich auf das natürliche angewiesen: „Die Natur muß so gedacht werden, daß sie natürliches *und* sittliches Handeln ermöglicht."[571] Die natürlichen Zwecke sind Grundlage für die sittlichen Zwecke. Zunächst muß einmal Leben und Überleben gegeben sein, damit Sittlichkeit möglich wird. Es sei hier noch einmal an Plato und Aristoteles erinnert: Der Staat entsteht aus der Notwendigkeit des bloßen Lebens, besteht aber, einmal entstanden, um des guten Lebens willen[572].

Die beiden Sollensordnungen können sich von daher unter Umständen auch widersprechen: Der Mensch kann sich verpflichtet fühlen, sein Leben für seinen Glauben hinzugeben, auch wenn er damit dem natürlichen Zweck der Selbsterhaltung oder Arterhaltung zuwiderhandelt. Hierbei wird das natürliche Sollen vom Menschen als ein relativer, das sittliche aber als ein absoluter Anspruch erfahren[573].

In dieser Erfahrung zeigt sich, daß der Mensch nicht nur Naturwesen, sondern Wesen der Freiheit ist, das den Zwecken des Lebens nicht mehr unbedingt folgen muß, sondern das sich die Natur gegenübertreten lassen kann. Während ein sittlicher Appell an einen Löwen, er solle kein Fleisch mehr fressen, sinnlos ist, kann man an den Menschen einen Aufruf richten, den natürlichen Strebungen zuwiderzuhandeln, und diesen Appell vernünftig zu begründen versuchen. Die natürlichen Vitaltriebe brauchen sogar eine sinnvolle ethische Ordnung, um nicht blind zu wirken und damit sogar die biologische Existenz des Menschen zu gefährden[574].

Der Mensch verfolgt also nicht mehr nur die Naturzwecke, sondern aufgrund von Einsicht und Überlegung geht es ihm um *existentielle* Zwecke. Er kann sogar den Selbsterhaltungstrieb überspielen und sich für eine Verhaltensmöglichkeit entscheiden, die ihm *gut* erscheint. Ähnliches gilt für die soziobiologischen Gesetze, die auch Naturzwecke darstellen: Der Mensch kann sich sittlich und frei entscheiden, der Naturstrebung des Genüberlebens zuwiderzuhandeln, um sittliche Zwecke zu verwirklichen. R. Dawkins erkennt dies an, wenn er den Menschen auffordert, den egoistischen Genen zu trotzen: „Wir können sogar erörtern, auf welche Weise sich bewußt ein reiner, selbstloser Altruismus kultivieren und pflegen läßt – etwas, für das es in der Natur keinen Raum gibt, etwas, das es in der gesamten Geschichte der Welt nie zuvor gegeben hat.“ [575] Wenn die Soziobiologie die Genmaximierungshypothese zurücknimmt auf die Hypothese, daß der Mensch sich fortpflanzen will und dies genetisch gesteuert ist, daß aber nicht alle sozialen Zwecke teleologisch auf das Genüberleben ausgerichtet sind, so kann die Soziobiologie einen fruchtbaren Beitrag für die Idee eines philosophischen Naturrechts leisten [576]. Die Soziobiologie könnte von daher das Naturrecht in der Einsicht bestärken, daß der Mensch nicht nur bloße Naturstrebungen zu erfüllen hat, sondern gemäß der Vernunft leben muß. Und eine rationale Überzeugung, jemandem helfen zu müssen, ist nicht dasselbe wie eine natürliche Neigung dazu. Die Vernunft des Menschen erst ist es, die die verschiedenen Antriebe des Menschen ordnet und darüber entscheidet, ob und welcher dieser Neigungen gefolgt werden soll. Neigungen sind noch keine festen Programme. Sie haben zwar eine gewisse Anziehungskraft, aber zwingen nicht [577]. „Die Verwirklichung des Vernunftwesens des Menschen beinhaltet die Realisierung der biologischen Natur *und* der Subjektivität. Eine naturrechtliche Soziobiologie könnte in dieser Sicht, wie das Naturrecht, einer Tendenz des modernen Bewußtseins wehren, auseinanderzufallen in einen geistlosen Materialismus der mechanistischen Weltsicht und in einen leiblosen Idealismus, der keine gesellschaftliche und biologische Basis mehr findet.“ [578]

Die natürlichen Neigungen („inclinationes naturales“) bilden dabei keine indifferente Materie, die die Vernunft völlig beliebig gestalten kann. Sie sind zwar als solche noch nicht normativ, bedingen aber die Normativität, die von der praktischen Vernunft konstituiert wird. Die natürlichen Gestaltungsgesetze bilden „gleichsam die naturale *Metanorm*, von der menschliches Handeln getragen ist und getragen bleiben muß, soll es sich als menschlich vernünftiges Handeln erweisen. Es ist das Regelfeld, innerhalb dessen sich alle sittlich verantwortbare Verhaltensnorm bewegt.“ [579] In dieser ihrer bedingenden Funktion können die naturalen Gesetzlichkeiten nicht übersprungen werden, sondern sind Hinweise, die weiterdenken lassen und zwar in die von ihnen vorgegebene Richtung. Normativität erhält die biologische Natur freilich erst, wenn inhaltlich gefüllte Leitvorstellungen gelungenen Lebens in sie hineingelesen werden. „Es ist immer die bedachte, verstandene und gedeutete Natur, von der ein normativer Anspruch ausgeht.“ [580] Der Mensch kultiviert und stilisiert seine Natur, indem er die Vorgaben der Naturordnung deutet, das heißt, sie als „bona humana“ anerkennt, wobei dieser Deutungsakt eine aktiv-schöpferische Tätigkeit der praktischen Vernunft darstellt. Aus der Naturordnung „ergeben sich also nicht unmittelbar und deduktiv, sondern nur auf reflexiv-reduktivem Weg konkrete sittliche Weisungen“ [581].

Die klassische naturrechtliche Lehre von den „inclinationes naturales“ wird von der modernen Biologie bestätigt [582]: Es gibt biologisch angelegte soziale Strukturprinzipien

(„minima biologica"), innerhalb derer sich eine kulturelle und individuelle Verhaltensvielfalt entwickeln kann. Insbesondere die Soziobiologie kann auf solche, in der menschlichen Natur liegenden Neigungen hinweisen, welche es dann kulturell zu steuern gilt: „Von Natur aus ist der Mensch zwar kein unbeschriebenes Blatt, aber eben auch nicht mehr als ein Rohentwurf für ein Leben, den er erst selbst und in eigener Verantwortung im Detail auszuführen hat."[583)] Die natürlichen Neigungen dürfen daher nicht als zwangsläufige Schienen, sondern müssen eher als gebahnte Bereiche der Verhaltensentwicklung gesehen werden. „Die ‚Natur' scheint die menschliche Verhaltensentwicklung eher durch Vorschläge als durch Vorschriften zu beeinflussen."[584)] Die angeborenen Prädispositionen für das menschliche Verhalten, welches beispielsweise der Selbsterhaltung dient, geben von daher Richtungen vor. Sie verhindern einen absoluten kulturellen Relativismus, welcher sogar eine Bedrohung für die menschliche Arterhaltung darstellen könnte[585)].

Auch zur näheren Bestimmung dieser Neigungen, die das natürliche Fundament bilden, auf dem Normen und Handlungsanweisungen konstituiert werden, kann die Biologie einen Beitrag leisten[586)]. Zu den Neigungen hatte Thomas von Aquin unter anderem die Selbsterhaltung, die Arterhaltung und die Hinneigung zu einem Leben in Gesellschaft gezählt[587)]. Die empirische Forschung konnte die Bedeutung dieser und anderer Neigungen sowie deren Zusammenspiel genauer eruieren. Diese Ergebnisse zusammenfassend sieht W. Korff im menschlichen Verhalten drei interaktionelle Grundeinstellungen am Werk, nämlich einmal eine sachhaft-gebrauchende, kraft derer sich der eine den andern in der Vielfalt seiner individuellen Möglichkeiten zunutze macht, sodann eine konkurrierende, aggressionsspezifische Grundeinstellung, kraft derer sich der eine dem anderen gegenüber zu behaupten sucht, und schließlich eine fürsorgende Grundeinstellung, kraft derer der eine den andern um seiner selbst willen annimmt. Diese Grundeinstellungen sind aber nicht einfach einander entgegengesetzt, sondern „müssen als sich gegenseitig bedingende und einander korrigierende Strukturmomente begriffen werden, aus denen menschliches Handeln in der Vielgestalt seiner Möglichkeiten letztlich lebt und seine jeweilige humane Vernunft empfängt"[588)]. Der Mensch ist Bedürfniswesen, Aggressor und Fürsorgewesen zugleich, wobei diese drei Aspekte als in einer Art Perichorese zusammenwirkend gedacht werden müssen.

Die Soziobiologie kann zum Verständnis dieser Grundeinstellungen einen wichtigen Beitrag leisten, wobei sie allerdings zuvor von ihren weltanschaulichen Verengungen befreit werden muß[589)]. So könnte der soziobiologische Ansatz auf die Vielzahl unterschiedlichster Neigungen beim Menschen hinweisen. H. Markl nennt unter anderen die Neigung zu Nepotismus, Egoismus, zu Fremdenablehnung und Eigengruppenbegünstigung, zu Sexismus und Chauvinismus. Andererseits gibt es auch natürliche Potentiale für Mitgefühl, Selbstlosigkeit, Rücksichtnahme, Gefolgstreue und Heimatliebe. Diese Neigungen können biologisch betrachtet alle als für die Erhaltung bestimmter Gene nützlich erklärt werden, was sie aber noch nicht als sittlich gut qualifiziert[590)]. Eine solche Qualifikation kann nur von einem Zielbild des Menschseins aus erfolgen und erst durch eine solche Deutung erhalten die naturalen Dispositionen sittliche Valenz. Indem die Soziobiologie aber eine große Zahl verschiedenster Neigungen als evolutiv nützlich erklären kann, tritt sie Versuchen entgegen, die beispielsweise nur die Aggression oder den Kampf ums Dasein natürlich erklären wollen. Auch die Behauptung, daß das Verhalten von Nächstenliebe und Altruismus dem Prinzip der natürlichen Selektion widerspreche und die Selektion nur Egoismus produzieren könne, ist womöglich mit Hilfe der Soziobiologie widerlegbar. Die Natur hat eben nicht nur egoistische, sondern in gleicher Weise altruistische Neigungen hervorgebracht[591]. Das soziobiologische Erklärungsschema, das alles auf einen „Egoismus der Gene" zurückführt, muß dazu allerdings dahingehend korrigiert werden, daß das Individuum die Einheit des Bewußtseins und Handelns darstellt[592]. Egoismus und Altruismus sind beim menschlichen Individuum beide gleichursprünglich. Auch wenn an der genetischen Basis allen Verhaltens ein „Egoismus der Gene" stehen sollte, so muß ein solcher auf der neuen Systemebene des menschlichen Bewußtseins und Verhaltens noch keinen Egoismus des Individuums zur Folge haben. „Die Wirklichkeitsebene, auf der sich die Genselektion abspielt, liefert ... Voraussetzungen sowohl für uneigennütziges als auch für eigennütziges Sozialverhalten."[593]

In der Natur kommen beide Kräfte vor: Egoismus und Kooperation. Beide sind von fundamentaler Bedeutung. Erst die kooperativen Kräfte haben zum Beispiel die Entwicklung sozialer Wirbeltierarten ermöglicht. Und so basieren auch die altruistischen Tendenzen des Menschen auf biologischen Neigungen, die im Tierreich ihren Ursprung haben[594]. Hiermit kann die fatalistische Sichtweise, daß der Mensch einem schicksalhaften Zwang zu Kampf und Aggression ausgeliefert sei, modifiziert werden durch die Erkenntnis, daß der Mensch nicht nur naturale Tendenzen zu Gefräßigkeit, Wut, Begierde und Neid besitzt, sondern auch für soziales Verhalten, Altruismus und Liebe[595].

Die Soziobiologie könnte also zeigen, daß soziales Verhalten nicht den natürlichen Gesetzen der Evolution widerspricht. Der inner- und zwischenartliche Eigennutz stellt zwar ein umfassendes Phänomen des Lebens dar, wird aber durch altruistische Tendenzen entschärft, welche beispielsweise der sozialen Stabilität oder dem Überleben dienen und sich nicht nur auf verwandte Individuen richten. „Damit sind Formen des Egoismus und Altruismus gegeben, die in einer vorsittlichen Analogie zur menschlichen Freiheitstat stehen."[596] Der Mensch ist durch Selbstbewußtsein und Instinktbeherrschung dem verhaltensbiologischen Automatismus zwischen Sollen und Tun entkommen. Bei ihm kann darum die eigentliche ethische Dimension auftreten: Der Mensch allein ist fähig, seine Bedingtheiten zu reflektieren und sein Handeln an Werten auszurichten. Seine biologische Natur bietet ihm ein Dispositionsfeld für egoistisches und kooperativ-soziales Verhalten. Es ist sittliche Aufgabe des Menschen, dieses Bedingungsfeld nach humanen Maßstäben zu gestalten[597]. Diese Gestaltung kann sogar dahingehend erfolgen, daß sich der Mensch auf die angelegten Neigungen zur Kooperation konzentriert und versucht, eine menschliche Ordnung aufzubauen, deren Grundlage der Altruismus ist. Er kann sich genetisch oder kulturell bedingten Egoismen widersetzen und bewußt altruistisch handeln, auch dort, wo es seiner „Natur“ widerspricht[598]. „Aus dem Dualismus bzw. Antagonismus ‚Wettbewerb – Kooperation‘ können auf dem Niveau des Humanums sowohl neue (soziokulturelle) Strukturen entstehen, wie auch dieser Antagonismus selbst durch die menschliche Rationalität verschoben werden kann ... Kraft seiner *Einsicht* vermag der Mensch potentiell den Wettbewerb vollends in Kooperation zu verwandeln.“[599] Erst auf der bewußten Ebene der Entscheidung ist das möglich, was im moralischen Sinn mit Altruismus gemeint ist. Dieser kann sich ausweiten bis zum Gebot der allgemeinen Nächstenliebe, ja bis zur Feindesliebe, die dann biologisch wohl nicht mehr zu begründen sind[600].

Der menschlichen Gestaltungsfreiheit sind freilich auch Grenzen auferlegt. Indem die moderne Biologie die natürlichen Neigungen detaillierter zu erfassen vermag, könnte sie etwa auf den Schaden aufmerksam machen, den eine Nichtbeachtung dieser Neigungen hervorrufen kann[601]. So wird beispielsweise oft darauf hingewiesen, daß viele einst evolutiv nützliche Neigungen in der modernen Kultur ihrem ursprünglichen Ziel der menschlichen Arterhaltung zuwiderlaufen und sogar den Fortbestand der Menschheit bedrohen können[602]. Hier sei als Beispiel angeführt, daß der Mensch ursprünglich in kleinen Sozialgruppen gelebt hat und von daher auf soziale Kontakte angewiesen ist; diese sind aber durch die anonyme Massengesellschaft bedroht[603]. Mit Hilfe biologischer Kenntnisse könnte ein Katalog von menschlichen Grundbedürfnissen aufgestellt werden, welcher einen Beitrag zur Normenfindung und Gesetzgebung im sozialethischen Bereich leistet.

Die Grundantriebe stellen begrenzende Einschränkungen menschlichen Seinkönnens dar. Sie sind dem Menschen ursprünglich vorgegeben und stecken die Grenzen ab, die zu überspringen unter Umständen möglich ist, gewöhnlich aber den Rahmen des sittlich Geforderten übersteigen wird. Diese Einsicht entspricht dem klassischen Axiom: „Ultra posse nemo tenetur“. Die Natur gibt Hinweise, wo die Grenzen des Menschen liegen. Wenn der Mensch auch als Geistperson die Grenzen seiner biologischen Natur transzendieren kann, so gehört es zur Natur des Menschen, in einem naturalen Bedingungsfeld zu leben. An jenes zu erinnern und sich auf es zu beziehen, dürfte das berechtigte Anliegen der neuscholastischen Naturrechtslehre gewesen sein, wenngleich deren Sichtweise der Natur als physiologischer Vorgegebenheit eine Verflachung des Naturrechtsdenkens darstellt. Das Grundanliegen, „daß auch der Bereich des Physiologisch-Empirischen zu personaler Wirklichkeit mit-gehört und gemäß einer eigenen Werthaftigkeit im Rahmen des Person-Ganzen als normkräftig anzusehen ist“[604], bleibt bei allen möglichen Einseitigkeiten jedoch legitim. An diese vorgegebene Natur wird im sittlichen Erkenntnisprozeß eine Zielvorstellung gelungenen Menschseins herangetragen. Da die Natur des Menschen den Raum der Möglichkeit wie auch die Grenze eines solchen Projektes darstellt, können erst innerhalb dieses Spannungsgefüges praktikable Handlungsnormen erstellt werden. „Die Natur setzt Grenzen, und indem sie dies tut, schützt sie zugleich.

Aber sie lädt zugleich ein, gegebene Grenzen auszuweiten, und auch das fällt unter ihre Schutzfunktion."[605]

Der Mensch *ist* Geist und Leib zugleich. Person und Natur stellen keine Dichotomie dar, sondern müssen in einem funktionalen Verhältnis zueinander gedacht werden. Das naturale Bedingungsfeld bedroht nicht die Freiheit, sondern stellt die natürliche Grundlage der menschlichen Freiheit dar. Umgekehrt findet die deutende Vernunft des Menschen in der Natur nicht nur Ordnung, sondern auch Chaos. Die Natur ist janusköpfig: Sie „schützt zwar durch ihre Ordnung, aber sie bedroht zugleich durch ihre Unordnung"[606]. Mit Hilfe seiner eingebrachten anthropologischen Zielvorstellungen deutet der Mensch die Ordnung und das Chaos seiner Natur. Er schützt seine Natur, wo sie das schützende Bedingungsfeld seiner menschlichen Existenz darstellt. Wo sie ihn jedoch bedroht, versucht er, ihr Grenzen aufzuerlegen. „Naturrecht in sensu stricto impliziert also die Forderung, daß Freiheit sich zu ihren Naturbedingungen in ein ausdrückliches, sie respektierendes und kontrollierendes Verhältnis setzt."[607] Besonders die moderne Naturbeherrschung, die auch vor der Natur des Menschen nicht halt macht und insofern selber radikal naturwüchsig zu werden droht[608], macht ein Naturrecht erforderlich, welches die basale Naturwüchsigkeit des Menschen *selbst* respektieren läßt. Somit hat das Naturrecht heute eine bedeutende kritische Funktion, insofern es gegenüber einer aller Schranken entblößten und sich absolut setzenden Freiheit an die Natur des Menschen erinnert. Das Naturrecht ist von daher als Versuch einer Versöhnung der Freiheits- und Naturzwecke des Menschen zu verstehen. Durch die Feststellung der naturalen Möglichkeiten und Grenzen menschlicher Freiheit und Handlungsvermögens sowie durch Hinweise auf die Gefährdungen, die in der menschlichen Natur liegen, liefert die Soziobiologie einen wichtigen Beitrag für die ethische Diskussion. Sie kann etwa an die Naturbasis des menschlichen Soziallebens erinnern und diese auch begründen. Man denke an Universalismen wie Fortpflanzung, Sexualität, Gruppenbindung, Arbeitsteilung, Territorialität, Ehe, Familie und Elternsorge. Somit wirkt die Soziobiologie „dem Glauben eines überzogenen Historismus und einer hybriden Geschichtsphilosophie entgegen, der Mensch könne sich gesellschaftlich vollständig aus diesen naturhaften Bedingungen emanzipieren"[609]. Und indem sie auf die genetischen Grenzen menschlicher Plastizität hinweist, kann die Soziobiologie einem abstrakten Historismus und Kulturismus entgegenwirken. Sie wäre dann eine Theorie von der Menschengeschichte als Fortsetzung und Vervollkommnung der Naturgeschichte, wobei diese beiden nicht identisch sind. Denn der Mensch vermag sich in einem anthropologischen Projekt Zwecke zu setzen, die die natürlichen Zwecke übersteigen. Je genauer aber die Dialektik von Schutz und Bedrohung, von Möglichkeit und Grenze der menschlichen Natur erkannt wird, „um so günstiger sind die Voraussetzungen für ein differenzierteres Innewerden des transzendierenden anthropologischen Projekts"[610].

Die hier vorgetragene These hat auch Folgen für eine Güterhierarchie. Die menschliche Natur ist kein indifferentes Rohmaterial für eine völlig beliebige Deutung gemäß eines willkürlich gewählten anthropologischen Leitbildes. Dieses muß sich an den Möglichkeiten und Grenzen der menschlichen Natur selbst bemessen. Das Projekt wird sich durch Erfahrung der Praktikabilität der aus den Leitvorstellungen geschichtlich hervorgegangenen Normen zunehmend differenzieren. In diesem Prozeß stellen die der menschlichen Natur zugrundeliegenden Güter wichtige Komponenten dar. Je fundamentaler die Güter sind, umso stärker drücken sie dem deutenden Verfügen Grenzen auf. „Mit je schwindender Fundamentalität hingegen nimmt die freie Verfügungsmöglichkeit zu, wird das Deuten in die Nähe des Gestaltens gerückt.“[611)] Das Leben ist das fundamentalste Gut. Mit der strategischen Vorzugsregel der fundamentalen Güter vor den höheren hat die katholische Moraltheologie schon immer die zentrale Bedeutung des Lebens betont, wenngleich sie keine bloße Überlebensethik darstellt. Insofern bedeutet die soziobiologische Betonung des Lebens als zentraler Referenzpunkt sittlichen Handelns kein Novum. Vielmehr offenbart die soziobiologische Darstellung der Ethik oft eine massive Unkenntnis der ethischen Tradition und ein verzerrtes Bild dessen, was Sittlichkeit meint. Die Vorwürfe einer spiritualistischen oder naturwidrigen Moral treffen zumindest die katholische Moraltheologie nicht, da in dieser die Lehre vom Naturrecht und den inclinationes naturales von je her einen hohen Stellenwert einnimmt. Schließlich zeigt sich bei vielen Soziobiologen die mangelnde Kenntnis der ethischen Tradition auch darin, daß sie ethisches Verhalten mit Altruismus gleichsetzen. Einer solchen Vereinfachung ist entgegenzuhalten, daß es in der Moraltheologie traditionell einen Traktat über die geschuldete Selbstliebe und Pflichten des Menschen gegen sich selbst gibt. Auch I. Kant, der in der soziobiologischen Literatur vielfach simplifizierend dargestellt wird, spricht von solchen Pflichten[612)]. Und wenn die Soziobiologie darauf aufmerksam macht, daß der Mensch von Natur aus stark zum Egoismus neigt, daß – nun bildlich gesprochen – seine Gene egoistisch sind, so ist auch dies nichts Neues. Die traditionelle Lehre von der Unterscheidung der Geister leitet dazu an, den im Menschen verborgenen Egoismus immer wieder aufzudecken. Der Mensch soll seine natürlichen egoistischen Tendenzen erkennen, sie kultivieren und stilisieren[613)].

5.6.2 Die Rolle der Vernunft

Die Natur des Menschen ist nicht einfach empirisch feststellbar. Der Interpretationsvorgang, welcher auf ein Naturrecht abzielt, ist vielmehr hochkomplex. Das „Material“ der menschlichen Natur wird interpretiert, indem der Mensch seine anthropologischen Leitvorstellungen an das vorgegebene Material heranträgt, wobei diese Leitbilder selbst nicht adäquat aus den naturalen Grundlagen hergeleitet werden können. Naturrechtswahrheit ist folglich personale und interpretierte Wahrheit. Und als verstandene und gedeutete ist die menschliche Natur auch normativ, ohne daß ein naturalistischer Fehlschluß begangen wird. Denn „Hinweise der Natur und anthropologische Sinngehalte werden miteinander verschmolzen und steigen im Verlauf dessen zu sittlicher Relevanz auf"[614]. Die deutende Feststellung der menschlichen Natur auf dem Hintergrund eines Projektes enthält schon ein normatives Element. Dabei muß beachtet werden, daß Deutung nicht auf Faktenkenntnis verzichten kann. Das von den empirischen Humanwissenschaften bereitgestellte Material ist zwar kein amorphes Rohmaterial, sondern ist durch die seiner Erkenntnis vorausliegenden Vorbedingungen bereits geprägt. Dennoch gibt die von der Empirie vorgestellte physiologische Natur in ihrem vielfältigen Bedingungskomplex auch dem Ethiker zu denken. Die Konstatierung legt der Deutung Grenzen auf. Umgekehrt stilisiert und verfremdet alle Deutung das angesichts seiner naturalen Gestalt konstatierte Material. Zwischen Sinn und Natur waltet daher ein fundamentales wechselseitiges Bedingungsverhältnis; Konstatierung und Deutung sind wurzelhaft miteinander verbunden. Grund dafür ist die Struktur der menschlichen Vernunft selbst, die kein reines Ableseorgan der vorgegebenen Natur darstellt, sondern immer auch deutet, daß heißt schöpferisch und setzend tätig ist[615]. Zudem unterliegt die Vernunft selber naturalen Bedingungen. Es gibt daher weder eine „reine" Natur noch eine „reine", das heißt den Vorbedingungen der Natur völlig enthobene Vernunft. Auch wenn diese eine neue Systemebene darstellt und der Mensch erst mit Hilfe seiner Vernunftnatur zwischen Gut und Böse unterscheiden kann, so bleibt sie doch an die ihr zugrundeliegende Natur zurückgebunden. Die menschliche Vernunft ist „in Wahrheit Vernunft der einem jeweiligen Subjekt gehörenden und sie als solche disponierenden *Natur*. Alles Deuten, Ordnen und Gestalten der Vernunft bleibt sonach zugleich Hervorbringung einer je und je bestimmten Natur, die als solche durchgängig auf jeweils geschichtlich konkrete und damit immer zugleich auch überbietbare Verwirklichungen ihres Seins und Seinkönnens zielt."[616] Damit ist auch die menschliche Vernunft niemals voraussetzungslos, sondern bleibt Teil einer Natur, die von sich aus da ist und wirkt.

Schließlich gehört die Vernunft in die Definition der menschlichen Natur, wenn diese als Wesen des Menschen verstanden wird, selber hinein, so daß die thomistische Naturrechtstradition die „ordinatio rationis" und die „naturalis inclinatio" als zwei zusammengehörige Elemente begreifen konnte. Naturrecht wurde als Vernunftrecht verstanden. Was der Natur entspricht, wird vernünftigem Denken einsichtig[617].

Die *inhaltliche* Qualifikation dessen, was als vernünftig gelten soll, findet der Mensch noch nicht in seiner naturhaft gegebenen Vernunft als Vernunft vor, „sondern gewinnt er erst aus der inneren Anspruchslogik jener Strukturvielfalt naturaler Gesetzlichkeiten, auf die sich diese Vernunft als Funktion einer sich in Geschichte entfaltenden *Natur* verwiesen sieht"[618]. Die geschichtlich erstellten Handlungsstile sind einerseits auf die naturalen Wirkgesetzlichkeiten rückbezogen. Ihre Vernünftigkeit bemißt sich daran, daß sie das naturale Dispositionsfeld ernst nehmen und es deutend gestalten: „Wenn auch der Mensch als sich selbst aufgegebenes Wesen nicht schon kraft der naturalen Eigengesetzlichkeiten der ihn gründend durchwaltenden Vernunft seiner Antriebsstrukturen zum Stande seines Menschseins gelangt, sondern erst kraft der Vernunft der von ihm selbst geschaffenen Normen, Institutionen und ethisch-politischen Ordnungen, so können ihn diese dennoch wiederum nur in dem Maße zu seinem humanen Seinkönnen hin befreien, wie sie sich selbst als Funktion und Produkt der integrativen Vernunft jener naturalen Antriebsstrukturen erweisen."[619)] Andererseits ist die menschliche Vernunft immer schon soziokulturell vermittelt und interpretiert, so daß die Vernunft, die die Natur auslegt und auf humanen Sinn hin entwirft, sich wesenhaft in Geschichte vollzieht. So kommt das Naturrecht konkret immer nur als Kulturrecht vor, wobei für die kulturelle Auslegung der Natur die vorausliegende Weltsicht und Sinndeutung eine entscheidende Rolle spielen. Was als vernünftig und human gelten kann, bemißt sich darum letztlich am jeweils vorausgesetzten Sinnzusammenhang und dessen anthropologischen Optionen. „Der Kannibale versteht unter Menschlichkeit etwas anderes als der Hindu."[620)] Wenn auch die naturalen Neigungen es bedingen, daß in praktisch allen Kulturen die wichtigsten Grundnormen des sozialen Lebens zu finden sind, wie sie etwa in der zweiten Dekalogstafel vorliegen, so werden sie konkret jeweils anders ausgelegt. Der Grund dafür, daß auch im Abendland nicht immer das gleiche als natürlich und vernünftig verstanden wurde, lag darum „nicht ausschließlich in einer Veränderung natürlicher Vorgegebenheiten, sondern wesentlich auch in einem Wandel des weltanschaulichen und religiösen Verstehens"[621)]. Verschiedenen Traditionen in der Art der Kuhnschen Paradigmen können verschiedene Maßstäbe von Rationalität entsprechen. Mit der Veränderung eines geschichtlichen Rahmens können sich von daher auch die Vernunftmaßstäbe ändern[622)].

Doch nicht nur die Sinndeutung, sondern auch die konkreten Erfahrungen menschlichen Lebens und Zusammenlebens selber verändern die Sichtweise dessen, was als vernünftig gelten soll. Das sittliche Naturgesetz muß darum insgesamt als ein offenes System verstanden werden, in das immer neue Elemente eingeschmolzen werden können[623)]. Folglich gibt es keine allgemein zuhandene Menschheitsvernunft, sondern die Vernunft unterliegt einem geschichtlichen Wandel, bei dem naturale Neigungen und deren soziokulturelle Gestaltung, geschichtlich bedingte Sinnentwürfe sowie konkrete Erfahrungen äußerst komplex zusammenspielen. Eine allzu leichtfertige Berufung auf die allgemeine Menschheitsvernunft erscheint von daher problematisch. Schon Pascal hatte erkannt, daß die Vernunft als allgemeine Richtschnur nicht taugt, da sie nach jeder Richtung zu biegen sei[624)]. Somit wäre geboten, die Vorbedingungen der eigenen Vernunft offenzulegen. Konkret würde dies bedeuten, daß die Moraltheologie, wenn sie sich auf die Vernunft beruft, die Komponenten mitbedenkt, die dieser Vernunft vorausliegen und sie mitbedingen. Von einer Objektivität der Vernunft kann nur gesprochen werden, wenn diese ihre Vorbedingungen mitbedacht sind. Unter dieser Voraussetzung ist dann auch eine universale Kommunikation darüber, was als ethisch und was als vernünftig gelten soll, möglich.

Für die Frage des Naturrechts bedeutet dies, daß es keine objektiv aus der Natur ableitbaren, im Sinne von allen Menschen zu allen Zeiten einsehbaren, konkreten Normen geben kann. Vielmehr gewinnen die in der katholischen Naturrechtstradition aufgestellten Normen ihre Evidenz erst von einem vorausgesetzten Menschenbild her, welches der

Natur eine sinnhafte Ordnung unterlegt. Mit der Zerstörung des teleologischen Weltbildes durch die moderne Naturwissenschaft war die katholische Naturrechtslehre in das Dilemma geführt worden, gleichzeitig eine nichtteleologische Naturwissenschaft und eine teleologische Wissenschaft vom Menschen anzunehmen[625)]. Die in dieser Arbeit vorgestellte Deutung der Teleologie versucht nun zwar nicht, die teleologische Weltsicht des Thomas von Aquin wieder einzuführen. Wohl aber war darauf hingewiesen worden, daß die teleologische Betrachtungsweise zum Verstehen alles Lebendigen notwendig ist und über sich selbst hinaus auf eine Sinndeutung hinweist. Eine Deutung des Kosmos als Gottes Schöpfung kann eine Grundlage einer erneuerten Naturrechtslehre darstellen, bei der nicht mehr konkrete Einzelnormen aus einer von Gott erstellten Naturordnung direkt abgeleitet werden. Der Naturrechtsgedanke dient vielmehr als Leitidee für die Suche nach einem von Natur aus Gerechten, was ja nur dann sinnvoll ist, wenn der Kosmos nicht Produkt blinden Zufalls, sondern göttlicher Schöpfung und Sinnstiftung darstellt.

5.6.3 Natürliches Sittengesetz und Offenbarung

W. Wickler hatte versucht, eine „Biologie der Zehn Gebote“ aufzustellen; dahinter steht die Beobachtung von Ethologen, daß viele Verhaltensformen, die der Mensch als Gebote formuliert, sich aus den Gesetzen der Arterhaltung, Genmaximierung oder des sozialen Zusammenlebens ergeben. Weiterhin stellten Anthropologen und Ethnologen fest, daß viele Normen und Gebote, die sich etwa in der Bibel finden, auch bei anderen Kulturen in ähnlicher Form bekannt sind. In allen Kulturen finden sich beispielsweise Pflichten der Eltern gegen ihre Kinder und umgekehrt, überall gilt Dankbarkeit als gut und Tapferkeit als Tugend des Kämpfers[626)]. Solche Verhaltensnormen und sittlichen Gebote haben sich aufgrund langer Erfahrungen im sozialen Zusammenleben als „Sippenethos“ herausgebildet. Die Grundnormen, die dem Dekalog entsprechen, scheinen manchmal natürliche Neigungen widerzuspiegeln. Man denke an das Gebot der Elternliebe, wobei dieses sogar mit einer biologischen Konsequenz begründet wird: „damit es dir wohlergehe und du lange lebest auf Erden“[627)]. Im Sippenethos schlägt sich damit auch der adaptive Wert von Normen, die also für das Überleben der Sippe von Vorteil sind, nieder.

D. T. Campbell spricht von einer „Weisheit“, die durch evolutionäre (biologische und kulturelle) Prozesse entstanden ist[628)]. Er kritisiert diejenigen psychologischen Theorien, die die Meinung vertreten, der Mensch müsse sich seinen natürlichen Neigungen überlassen, da alle moralischen Traditionen repressiv seien. Eine erweiterte wissenschaftliche Perspektive, die auch die Evolution der Sozialsysteme mit einschließt, kann gerade hinter Moralvorschriften mit langen Traditionen eine adaptive Weisheit erkennen, da jene Vorschriften das Ergebnis einer jahrtausendelangen „Auslese“ unter sozialen Normen darstellen[629)]. Insgesamt rät die Evolutionstheorie zu einer konservativen Haltung:

Diejenigen Sitten und Normen, die wir aus der Vergangenheit ererbt haben, sind als Weisheit hoch einzuschätzen und zu bewahren. Wer neue Normen einführen will, hat die Beweislast dafür zu tragen, daß diese ein besseres soziales Zusammenleben ermöglichen[630)].

Solche Versuche können von theologischer Seite unter dem Blickwinkel der natürlichen Offenbarung gesehen werden. Der Mensch kann mit Hilfe seiner Vernunft die Wirklichkeit selber erschließen. Wenn auch die Naturordnung, das heißt die Gesetze, die von Natur aus bestehen, erst durch die Ordnung der Vernunft zu sittlicher Qualität erhoben werden, so haben doch Normen, Recht und so weiter in jener Ordnung der Natur Ursprung und Grundlage. Allgemein gehaltene sittliche Grundforderungen wie die zweite Dekalogstafel sind menschlicher Erkenntnis grundsätzlich zugänglich. Ethnologen können denn auch die Verbreitung dieser Grundgebote bei vielen Völkern bestätigen, und soziobiologische Theorien versuchen, den Anpassungswert solcher Gebote zu ergründen[631)]. Die katholische Theologie geht von einer grundsätzlichen Erkenntnismöglichkeit des natürlichen Sittengesetzes aus: Menschliche Vernunft und Erfahrung können die „lex naturae" grundsätzlich, das heißt logisch unabhängig von der Wortoffenbarung, aus der natürlichen Seinsordnung erkennen[632)]. Damit steht sie in der klassischen ethischen Tradition, die eine Normenfindung „von unten her" durchaus kannte. So bedenkt Aristoteles im „ethos" die ungeschriebene gewachsene Lebensordnung einer Gemeinschaft, die aller gesetzten Ordnung des „nomos" noch vorausliegt[633)].

In Brauchtum und Sitte hat sich oft schon ein unverzichtbares Minimum sozialen Verhaltens durchgesetzt, das zwar nicht unbedingt schon Sittlichkeit repräsentieren muß, wenn es sich etwa nur um instinkthaftes Sozialverhalten handelt, aber das Moment des Sittlichen auch keineswegs ausschließt[634)]. Als Beispiel kann man das Tabu anführen, das ein instinktiv als sozial nützlich erkanntes Verhalten zu einer absoluten Forderung erhebt. Wenn der einzelne ein solches Verhaltensmodell in seiner Rationalität durchschaut und frei bejaht, so entwickelt sich aus Sitte, Recht und Tabu die Sittlichkeit[635)].

Die Ergebnisse anthropologischer Forschung sind im übrigen mit den Erkenntnissen der modernen Exegese ohne weiteres kompatibel: Der Dekalog und viele andere Verhaltensnormen des Alten Testaments sind aus vorisraelitischen sittlichen und rechtlichen Traditionen erwachsen, die halbnomadische Völker immer schon besaßen und tradierten. Ausgangspunkt für die Formulierung und Durchsetzung jener Gebote waren naturale Notwendigkeiten des Gemeinschaftslebens. N. Lohfink hält die Herkunft fast aller Hauptbestandteile des Dekalogs aus dem weit in die vorisraelitische Zeit zurückreichenden Sippenethos für wahrscheinlich. „Wir sind damit in einem Bereich vor der an Israel ergehenden Offenbarung."[636)]

Das durch Erfahrungen und Traditionen entstandene Sippenethos war von Israel als Offenbarung Gottes verstanden und im Dekalog als solche auch formuliert worden. In diesen aus „natürlichen Quellen" gewonnenen sozialen Verhaltensregeln und Geboten spiegelt sich von daher das natürliche Sittengesetz wieder[637)]. A. Auer stellt zusammenfassend fest, daß die Moral außerhalb der Schrift existiert: „Ehe sie in die Schrift aufgenommen und als natürliches Fundament des christlichen Ethos etabliert wird, besteht sie bereits als Schöpfung der menschlichen Vernunft.“ [638)]

Als Fazit des bisher Gesagten ergibt sich folgender Zusammenhang:

1. Die bei sehr vielen Kulturen geltenden Grundregeln sozialen Zusammenlebens bestätigen die These von der naturalen Unbeliebigkeit sittlicher Normen. In der biologischen Natur des Menschen finden sich evolutiv entstandene überlebensdienliche Neigungen, die als Dispositionsfeld für die soziale Normgebung fungieren. Auch wenn die konkreten Ausformulierungen den jeweiligen kulturellen Mustern unterliegen, so wurden bei vielen Völkern wohl mehr intuitiv als aus differenzierter Überlegung die gleichen oder ähnliche soziale Grundnormen aufgestellt, wie sie sich beispielsweise in der zweiten Dekalogstafel finden.

2. Innerhalb eines Schöpfungsweltbildes wird die Entstehung der Natur des Menschen und der naturalen Grundlagen seines Handelns nicht als Ergebnis blinden und damit irrationalen Zufalls, sondern als Ausdruck einer göttlichen Weisheit und Rationalität interpretiert. Auch die Entstehung der menschlichen Sinnesorgane und seines Erkenntnisvermögens fallen darunter, so daß die menschliche Vernunft als Abbild der göttlichen Vernunft zum Nachvollziehen der Schöpfungsordnung fähig ist [639)].

3. Wenn der Mensch im Laufe seiner Stammes- und Kulturgeschichte überall zu ähnlichen basalen Grundnormen des sozialen Zusammenlebens gefunden hat, so haben diese letztlich ihren Grund und Ursprung in der der Schöpfung zugrundeliegenden göttlichen Rationalität. Die Erkenntnis von Normen wie beispielsweise der Zehn Gebote ist dem Menschen grundsätzlich von Natur aus möglich. Sie gehört in den Bereich der natürlichen Offenbarung. Auch in die spezielle Offenbarung ist das bereits in die Natur, biblisch gesprochen in das Herz des Menschen gelegte Gesetz (Röm 2,15) eingegangen, etwa in der Erstellung des Dekalogs unter Zuhilfenahme von bereits vorhandenem Sippenethos oder in der Übernahme von Elementen der stoischen Sittenlehre in den Paulusbriefen. Die Autoren waren davon überzeugt, daß sich im selber gelebten Ethos oder in dem der Umwelt die von Gott in die Natur gelegten Gebote finden lassen, und bestätigten deren Geltung durch die Aufnahme in die Schriften der speziellen Wortoffenbarung. Dem entspricht auch der Zusammenhang zwischen Schöpfungsordnung und Erlösungsordnung.

5.6.4 Geschichtlichkeit und Absolutheit des Naturrechts

Wenn der Mensch als Produkt eines zufälligen Würfelspiels der Natur interpretiert wird, so ist auch die Rationalität letztlich das Produkt des Irrationalen. In einer solchen Weltsicht hat das Naturrecht keinen Platz. J. Monod zieht aus seiner Weltanschauung die Konsequenz, daß nirgends im All etwas über die Pflicht des Menschen geschrieben steht. Da es kein Naturrecht gibt, liegt es nun am Menschen selbst, zwischen Licht und Finsternis zu wählen und selber die Verantwortung für die Normen und Gebote zu übernehmen, die er für sich erläßt[640]. Hier wird deutlich, daß eine bloß mechanistische Auffassung der Welt zuletzt auch das Naturrecht und mit ihm beispielsweise auch die Idee der Menschenrechte aufhebt. Denn auch diese wären nur willkürliche Setzungen des Menschen, die ebenso willkürlich wieder aufgehoben werden könnten. Wenn die Natur keiner Ordnung wie etwa der Schöpfungsordnung mehr angehört, so hat sie auch keine Norm mehr. Ohne einen sinntragenden Weltgrund kann es kein Naturrecht mehr geben[641].

Die Soziobiologie stellt nun das Naturrechtsdenken aber nicht nur durch ihr Weltbild, sondern auch durch den Aufweis der großen kulturellen Vielfalt von Normsystemen sowie durch deren Erklärung mit Hilfe von biologischen und sozialen Gesetzlichkeiten in Frage[642]. Eine erste Antwort darauf ergibt sich aus dem im letzten Abschnitt Gesagten: Bei aller kulturellen Vielfalt finden sich in fast allen Kulturen auch basale Grundnormen. Deren evolutive Erklärung ist kein Argument gegen einen göttlichen Ursprung, sondern eher für den Zusammenhang von göttlicher Weisheit und der Rationalität einer evolutiv gewordenen Welt. Weiterhin ist anzuführen, daß eine Kritik am Naturrecht, die sich an der kulturellen Vielfalt entzündet, den Ausgangspunkt naturrechtlichen Denkens verkennt. Denn dieses hob mit der Einsicht an, daß es verschiedenste Moralen gibt. Reiseberichte über die Sitten fremder Völker regten schon die griechische Philosophie zur Suche nach einem Vergleichsmaßstab an, „der dazu taugen konnte, die verschiedenen moralischen Regeln auf ihren Gehalt an Gerechtigkeit hin zu prüfen“[643]. Daß es einen solchen Maßstab geben muß, legt sich von daher nahe, daß man Gesetze als ungerecht bezeichnen kann. Die Nazi-Schergen haben zwar legal, aber nicht gerecht gehandelt. Indem der Mensch zu einem solchen Urteil fähig ist, unterstellt er, „daß es einen vom positiven Recht unabhängigen und über diesem stehenden Maßstab für Recht und Unrecht gibt: einen Maßstab, der uns erlaubt, über positives Recht zu urteilen“[644].

Schon Cicero hatte beispielsweise darauf hingewiesen, daß positive Gesetzgebung nicht ausreicht, um das Recht zu begründen: „Wäre alles das, was durch Beschlüsse der Völker, durch Verordnungen der Fürsten und durch Urteilssprüche der Richter geschaffen wird, Recht, so wären Raub, Ehebruch und gefälschte Testamente, wenn unterschrieben, Recht, sobald dies durch Zustimmung und Beschlußfassung der Menge genehmigt würde.“[645] So beruft sich Cicero auf das „wahre Gesetz“, das die richtige Vernunft in Übereinstimmung mit der Natur darstellt. „Dieses Gesetz kann nicht abgeschafft werden ... Kein Senatsbeschluß und keine Volksabstimmung kann seine Verbindlichkeit aufheben ... Es ist dasselbe in Rom und Athen, heute und später. Es umspannt alle Völker und Zeiten als ewiges und unveränderliches Gesetz. Es spricht zu uns gleichsam der Lehrer und Herrscher der Welt: Gott. Er hat dieses Gesetz erdacht, ausgesprochen und gegeben. Wer ihm nicht gehorcht, wird sich selbst untreu und verleugnet seine Menschennatur.“[646] Später wies Pascal mit eindringlichen Worten darauf hin, daß Gerechtigkeit keine Sache positiver Setzung sein kann. Denn sonst würden drei Grade nördlicher Breite die ganze Rechtswissenschaft über den Haufen werfen, und ein Meridian könnte über die Wahrheit entscheiden. Es wäre aber eine „seltsame Gerechtigkeit, die von einem Fluß begrenzt wird. Wahrheit hüben der Pyrenäen, drüben Irrtum."[647)]

Bereits in der griechischen Philosophie hatte sich daher die Einsicht angebahnt, daß es das von Natur aus Gerechte geben muß, das der menschlichen positiven Setzung vorausliegt. Der Umstand, daß man die verschiedenen Moralen beurteilen und von so etwas wie einem sittlichen Fortschritt sprechen kann, deutet darauf hin, „daß verschiedene Gesellschaften in der Tat demjenigen verschieden nahe gekommen sind, was von Natur aus gut und gerecht ist"[648)]. Da die Entdeckung des Naturrechts eine Sache der Vernunft ist, so spiegelt die Verschiedenheit der Vorstellungen vom Gerechten die jeweilige Kultivierung der Vernunft wieder[649)]. Die kulturelle Verschiedenheit moralischer Normen ist somit kein Argument gegen die Existenz und Einheit des Naturrechts, sondern vielmehr für die Existenz der menschlichen Freiheit und deren Gefährdung[650)].

Im folgenden soll der Naturrechtsgedanke analog zum Wahrheitsbegriff[651)] als regulative Idee verstanden werden. Das bedeutet, daß in keiner positiven Gesetzgebung das Naturrecht je verwirklicht werden kann. Vielmehr untersteht alles positive Recht immer der kritischen Anfrage durch die Idee des Naturrechts, die die Suche nach dem von Natur aus Rechten lebendig hält und immer weiter vorantreibt. Diese Suche nach dem in Wahrheit Gerechten setzt den Begriff einer absoluten Gerechtigkeit voraus[652)]. A. Solschenizyn spricht von einer Gerechtigkeit, die nicht unsere eigene ist, „wie wir sie uns für das bequeme irdische Paradies vorstellen. Sondern jene Gerechtigkeit, deren Geist vor uns, ohne uns und aus sich selbst ist. Und wir müssen ihr *entsprechen*."[653)] Daß der Idee des absolut Richtigen kein Gegenstand möglicher Erkenntnis entspricht, denn sie muß ja vor jeder letztgültigen inhaltlichen Erfüllung bewahrt bleiben, macht sie noch nicht zum „Hirngespinst"[654)]. Die Idee des absolut Richtigen bleibt „allen erkenntnis- und sprachkritischen Einwendungen zum Trotz praktisch notwendige Vorstellung, die uns antreibt, in einem unabschließbaren Prozeß immer weiter ausgreifend nach immer besseren Regelungen für sämtliche Belange zwischenmenschlicher Existenz zu suchen"[655)]. Somit meint die Idee des Naturrechts, daß „in der Richtung, die dieser Name bezeichnet, sinnvollerweise etwas zu suchen sei"[656)]. Hierin liegt die bleibende Gültigkeit der platonischen Lehre, daß alles historisch gewordene Recht danach strebt, an der Rechtsidee teilzuhaben: Diese „ist wie der Polarstern, nach dem der Schiffer steuert, obwohl er weiß, daß er ihn nie wird erreichen können"[657)].

Diese Deutung des Naturrechts soll dem neuzeitlichen übergeschichtlichen Naturrecht mit seinem abstrakten Normativismus, welches in Gefahr steht, in Historismus und Positivismus umzuschlagen, entgegengesetzt werden. Naturrecht wird hier nicht mehr als Normenkatalog aufgefaßt, sondern als eine Denkweise, die in einem unabschließbaren und stets neu voranzutreibenden Prozeß alle rechtlichen Handlungslegitimationen noch einmal kritisch prüft[658)]. Die hier vorgetragene Deutung kehrt zur aristotelischen Naturrechtskonzeption zurück, die das von Natur Rechte nicht an einem Wertehimmel sucht und nicht von dem abstrakten Begriff einer menschlichen Bedürfnisnatur ableitet, sondern in der Lebenswirklichkeit als konkrete geschichtliche Vernunft hermeneutisch auffindet[659]. Für Aristoteles wird das von Natur Rechte erst in der gegebenen politischen Wirklichkeit der Polis sichtbar. Erst im Zusammenleben freier Bürger kommt das zur Entfaltung, was der Mensch von Natur aus sein kann[660]. Die menschliche Natur wird hier teleologisch verstanden, das heißt als ein Anfang, der zugleich über das Ziel und den Weg Macht besitzt. Das in dieser Arbeit vorgetragene Verständnis von Teleologie zielt genau in diese Richtung: Die Natur des Menschen ist nicht bloßes Rohmaterial für die völlig frei gesetzten Zwecke des Menschen. Ansonsten würde der Mensch als Naturwesen selber der Eroberung der Natur anheimfallen. Die Naturbeherrschung kann sich nicht völlig beliebige Ziele setzen, sondern muß teleologisch, also durch bestimmte, gemeinsam gewollte und erreichbare Ziele, gesteuert und zugleich begrenzt werden, sonst expandiert sie ziellos und mündet in eine irrationale Herrschaft über Menschen[661]. Die Ausklammerung der teleologischen Sichtweise durch die neuzeitliche Naturwissenschaft hatte ja zum Ziele der Naturbeherrschung das menschliche Subjekt kategorial von der Natur abgetrennt. Die außermenschliche Natur hatte selber keine moralische Qualität mehr, sondern war als res extensa nach Bacon ein „storehouse of matters", ein Warenlager der Dinge. Die Entmoralisierung der Natur war dabei durch die Entnaturalisierung des Subjekts abgesichert[662]. Doch diese Autonomie des Subjekts stößt an der Natur des Menschen an ihre Grenze. „Freiheit hat nur Wirklichkeit als erinnerte Natur, wie es nur Sinn hat, von Natur zu reden unter der Voraussetzung von Freiheit."[663] Die fundamentale Prämisse eines so verstandenen Naturrechts wäre, daß totale Freiheit, die sich aller Natur entgegensetzt, illusionär und selber nur naturwüchsig ist. Daher soll die Natur im Handeln als Maß des Handelns erinnernd bewahrt bleiben.

Schließlich weist das hier vorgestellte Teleologiekonzept über sich hinaus und deutet auf einen Sinn hin[664]. Von einem Sinnentwurf und den daraus folgenden anthropologischen Kategorien aus kann umgekehrt die teleologische Verfaßtheit der Natur weiter interpretiert werden. So kann mit Hilfe der Schöpfungskategorie als Deutungsgrundlage für Naturprozesse auch die diesen Prozessen immanente Teleologie für die Formulierung sittlicher Normen relevant sein. Um freilich bewerten zu können, inwieweit natürliche Strebungen als sittlich gut einzustufen sind, ist wieder schon ein Menschenbild vorausgesetzt. Vorstellungen gelungenen Menschseins werden an eine Natur herangetragen, deren Zielgerichtetheit als Ausdruck der Weisheit des göttlichen Schöpfungsplanes verstanden wird[665].

Wenn das Naturrecht als regulative Idee aufgefaßt wird, so ist es konkret dem Menschen nur in geschichtlicher Vermittlung zugänglich. Im Gegensatz zu Platon ist das Naturrecht für Aristoteles keine ewige, überweltliche Idee. Der Grund des Rechten kann nicht in einem von der Wirklichkeit der Polis abgetrennten Transzendenten gesucht werden. Erst nachdem die Polis als Gemeinschaft von Freien und Gleichen in die Welt gekommen ist, gibt es ein „von Natur Rechtes"[666]. Dennoch bleibt auch für Aristoteles eine vom höchsten Vernunftwesen in den Kosmos und den Menschen hineingelegte wesensmäßige Ordnung vorausgesetzt[667]. Thomas von Aquin legt dem Naturrecht die lex aeterna zugrunde, welche Gott allein kennt und an der die lex naturalis der Menschen unterschiedlich partizipiert. Abgesehen von den ersten Prinzipien ist die lex naturalis geschichtlichen Veränderungen unterworfen[668]. Insofern bleibt der aristotelische Gedanke, daß das soziale Zusammenleben für die lex naturalis konstitutiv ist, gewahrt. Der jeweils erreichte Einsichtsstand kann und muß festgehalten werden, etwa in konkreten Leitlinien und Normen. Das Naturrecht bedarf folglich der gesellschaftlichen Positivierung und Sanktionierung. Jedes real existierende Recht muß notwendig positiv sein[669]. Dabei treibt die prinzipielle Unabgeschlossenheit naturrechtlichen Erkennens die Suche nach dem von Natur aus Rechten immer weiter voran. Es kann freilich wegen der Riskiertheit menschlicher Freiheit auch zum Verlust schon erreichter Einsichten kommen.

Mit diesem Grundgedanken des Naturrechts kann die Geschichtlichkeit konkreter naturrechtlicher Normen und Rechtssätze ohne weiteres versöhnt werden. Denn diese sind keine Summe fixierter Regeln, die in einer Art prästabilisierter Ordnung dem Menschen zur Verfügung stehen[670]. Bereits Aristoteles nennt alles Naturrecht veränderlich[671]. Aus diesem Grund ist der Mensch aufgerufen, sein konkretes Dasein zu deuten und zu gestalten, wobei das Naturrecht vor einer positivistischen Abschließbarkeit dieses Prozesses bewahrt und gleichzeitig die menschliche Natur als Grenze der Verfügbarkeit in Erinnerung hält. Das Verständnis des sittlichen Naturgesetzes wird durch geschichtliche Erfahrungen wie auch durch Kontrasterfahrungen stets weiter vertieft. Auch die anthropologischen Leitvorstellungen unterliegen geschichtlicher Veränderung; ihre Implikationen können immer tiefer eingesehen werden. „Es gibt einen Zuwachs an aller Art von Einsicht, sei es in Wertvorstellungen, sei es in anthropologische Leitbilder, sei es in all jene Wirklichkeitsbereiche, die der Erfahrung offenstehen."[672]

Die Schöpfungsordnung wieder vorausgesetzt können hier Geschichtlichkeit und Absolutheit konkreter Handlungsnormen zusammengedacht werden. Die Absolutheit gründet im göttlichen Schöpfungsplan und in der dem konkreten menschlichen Suchen vorausliegenden und dieses immer wieder stimulierenden Existenz einer lex aeterna, eines absolut zu denkenden von Natur aus Gerechten. Dieses ist jedoch *zugleich* immer nur geschichtlich greifbar. Die geschichtliche Konkretion partizipiert an der Absolutheit der lex aeterna und ist insofern absolut gültig. Das enthebt aber die sittliche Vernunft nicht einer immer neuen Bemühung, die geschichtlichen Konkretionen zu vertiefen, indem beispielsweise immer weitere Implikationen des anthropologischen Leitbildes entdeckt werden.

Konkret bedeutet dies, daß auch Normen, die einem bestimmten Einsichtsstand in die normativ verpflichtende Natur des Menschen entsprechen, hic et nunc absolut gültig und verpflichtend sind. Gleichzeitig haben die konkreten Daseinsentwürfe des Menschen, welchen jeweils eine absolute Verbindlichkeit zukommt, nicht den Charakter absoluter Unwandelbarkeit. Denn da sich die Natur des Menschen gerade durch ihre Offenheit auszeichnet, so entfaltet sich auch sein Entwerfen von Handlungen und Maßstäben des Handelns in einem offenen Variationsbereich, der innerhalb des Rahmens seiner menschlichen Natur bleibt[673].

Das wirft auch ein Licht auf das Verhältnis von Genese und Geltung. Diese können dann unterschieden werden, wenn man als Wahrheitstheorie voraussetzt, daß es eine objektive Geltung gibt, die von der subjektiven Einsichtsgeschichte unabhängig ist. Für die sittliche Wahrheit aber war gezeigt worden, daß diese auch eine personale Wahrheit darstellt, welche durch Entdeckung und Setzung konstituiert wird[674)]. In der hier unterstellten Geschichtskonzeption wird Geschichte als anthropologische Kategorie verstanden und zwar als Selbstsetzung des Menschen in Einsicht und Freiheit[675)]. Geschichte ist die im Licht von Sinneinsicht, Wertnahme und anthropologischen Zielvorstellungen gedeutete und gestaltete Zeit. Die sittliche Wahrheit wird nun geschichtlich fortschreitend erschlossen. Es gibt beispielsweise ein Wachsen in sittlicher Werteinsicht. Kontrasterfahrungen stimulieren den Prozeß der sittlichen Einsicht immer weiter. Dieser darf aber nicht als linearer verstanden werden, sondern ist aufgrund der menschlichen Freiheit immer auch gefährdet[676)]. Da die Automomie des Sittlichen gewahrt bleibt, wird die Geltung sittlicher Wahrheit als solche nicht angetastet. Nun ist aber die anthropologische Dimension als konstitutives Bedingungsfeld des Sittlichen zu sehen und erst vor ihrem Hintergrund können die Bedeutungsgehalte sittlicher Aussagen offengelegt werden. Das Absolute wird somit in der Geschichte fortschreitend ergriffen und entdeckt. Das sittliche Naturgesetz entwickelt und differenziert sich mit seiner Erkenntnis. Insofern kann man sagen, daß die Genese die Geltung produziert[677)].

Vielleicht kann diese These noch verdeutlicht werden durch den Gedanken R. Spaemanns, daß Sein kein Begriff ist, sondern „als Name für eine *Anerkennungshandlung* gefaßt wird, Sein als Setzung, bei der das Gesetzte zugleich unabhängig von dieser Setzung als seiend gedacht wird“[678)]. Analog dazu kann die Erkenntnis des sittlichen Naturgesetzes als geschichtlich bedingte Setzung gedacht werden, welche das Gesetzte zugleich unabhängig von dieser Setzung als gültig und damit als absolut denkt. Die geschichtlich fortlaufenden Einsichten in das Naturrecht, die Erkenntnis weiterer Implikationen, die durch konkrete Erfahrung herausgefordert wird, offenbart nicht die Relativität des Eingesehenen. Vielmehr ist die Einsicht eine Anerkennungshandlung, die auch das neu Erkannte als unabhängig von der Erkenntnis geltend denkt. Als Beispiel seien die Menschenrechte angeführt, welche eine moderne Variante naturrechtlichen Denkens darstellen[679)]. Deren Anerkennung bedeutet, daß die Menschenrechte auch ohne Anerkennung gültig sind, das heißt, aller positiven Gesetzgebung vorausliegen. Dem widerspricht nicht, daß die Menschenrechte erst in einer ganz bestimmten geschichtlichen Epoche und in einem ganz eigenen kulturellen Kontext entdeckt wurden. Auch ist mit der Anerkennung der naturrechtlichen Geltung der Menschenrechte nicht gesagt, daß diese auch schon vor ihrer Entdeckung gegolten hätten. Das wäre geschichtsvergessene Metaphysik. Vielmehr ist die Entdeckung konkreter naturrechtlicher Grundsätze und Vorschriften wie schon bei Aristoteles an die konkrete Geschichte und soziale Wirklichkeit gebunden. Ihre Geltung wird mit der Entdeckung gesetzt. Das Einsehen und Setzen anerkennt aber zugleich die Unabhängigkeit der Geltung von der positiven Setzung[680)].

Abschließend kann zum Naturrecht gesagt werden, daß sowohl die Behauptung seiner

Existenz als regulative Idee, als auch die konkrete Aufstellung naturrechtlicher Grundsätze und Normen eine ganz bestimmte Anthropologie voraussetzen. Die Feststellung, daß so viele Naturrechtslehren hervorgebracht wurden, wie es Weltanschauungen gab, bestätigt dies[681]. Das bedeutet aber für den Naturrechtsgedanken keine reductio ad absurdum. Denn es kann ja überhaupt keine von einer Weltanschauung losgelöste Sittlichkeit oder Rechtsform geben. Die Behauptung der Objektivität einer Moral oder Rechtsauffassung erfordert von daher die Offenlegung des vorausgesetzten Welt- und Menschenbildes. Daraus folgt, daß nicht eine naturwissenschaftlich beweisbare Relativität allen Rechts einer auf einem Glaubenssystem aufruhenden Naturrechtsauffassung gegenübersteht. Vielmehr handelt es sich um zwei konkurrierende Weltanschauungen. Eine echte Auseinandersetzung ist von daher nur auf der Ebene eines Streits um die jeweils vorausgesetzte Anthropologie möglich.

6. Die Frage nach dem Menschenbild

6.1 Das Menschenbild als Angelpunkt

Die in dieser Arbeit vorgelegte kritische Auseinandersetzung mit der Soziobiologie hat gezeigt, daß eine echte Diskussion zwischen Moraltheologie und Humanwissenschaften nur auf der Ebene des Menschenbildes möglich ist. Denn die exakten Wissenschaften beschränken sich auf das im Experiment Erfahrbare und Meßbare und haben daher zu den besonders von der Theologie bedachten Erfahrungen wie Sinnerfahrung, Erfahrung des Gewissens oder mystischen Erfahrung, die alle durch Unableitbarkeit, Einmaligkeit und Freiheit ausgezeichnet sind, keinerlei Zugang. Umgekehrt kann die (Moral)Theologie keinen Beitrag zur exakten Forschung der Naturwissenschaften leisten [1)].

Der wissenschaftstheoretische Graben zwischen den Naturwissenschaften und der Theologie kann jedoch durch ein *philosophisches* Gespräch über das jeweils implizit eingebrachte Menschenbild überbrückt werden. Denn wie diese Arbeit gezeigt hat, sind auch die empirischen Tatsachenwissenschaften von philosophischen Vorentscheidungen inspiriert, die die wissenschaftliche Legitimation wie auch die je eigentümliche Fragestellung bestimmen [2)]. Das Verhältnis zwischen Naturwissenschaften und Theologie stellt unter dieser Perspektive keine friedliche Trennung dar. „Das Vorstellungsmodell einer totalen Beziehungslosigkeit wäre der Einheit der Wirklichkeit nicht angemessen und würde die Theologie notgedrungen entweltlichen.“ [3)] Es muß also in Rechenschaft gestellt werden, daß sich Naturwissenschaften und Theologie in ihren Aussagen zu Welt und Mensch überschneiden. Der Theologe kann darum von der Naturwissenschaft lernen. So geben die Naturwissenschaften dem Theologen Denkanstöße, die die theologische Theoriebildung vorantreiben. Die philosophische und besonders die naturphilosophische Reflexion der naturwissenschaftlichen Ergebnisse wird dabei eine für den Theologen unentbehrliche Vorarbeit leisten. Umgekehrt sind auch die Naturwissenschaftler zur kritischen Reflexion auf ihre eigenen stillschweigend eingebrachten philosophischen und eventuell sogar theologischen Prämissen verpflichtet.

Da schließlich das von den Naturwissenschaften geprägte Weltbild auch das Selbstverständnis des Menschen verändert, übt die Naturwissenschaft auch einen Einfluß auf die

Zielbilder des Menschen und insofern auf die gelebte Sittlichkeit aus. Diese beeinflußt dann wieder die moraltheologische Reflexion[4]. Gerade dem Moraltheologen kann darum die Aufgabe zufallen, die Naturwissenschaften immer wieder auf Reduktionismen und implizit eingebrachte weltanschauliche Vorentscheidungen aufmerksam zu machen. Ja, da die Naturwissenschaften heute eine große weltbildkonstituierende Kraft und folglich immensen sozialen und ideologischen Einfluß besitzen, muß die Theologie sich diesem Weltbild stellen, wenn sie nicht ihrer eigenen weltbildkonstituierenden und -kritisierenden Aufgabe verlustig gehen oder diese an die Evolutionstheorie abtreten will[5]. Im Streit um das Weltbild kann die Theologie ihren ganz spezifischen Beitrag leisten.

Dazu muß sie jedoch selber auf die eigenen anthropologischen und erkenntnistheoretischen Voraussetzungen reflektieren. Sie muß ihre eigenen philosophischen Vorentscheidungen bedenken und offenlegen. Nur in dem Maß, in dem sie das tut, ist sie zu einer fruchtbaren Begegnung mit den anderen Wissenschaften in der Lage. Auf der Ebene der von Naturwissenschaften und Theologie *jeweils* eingebrachten Anthropologie kann dann eine philosophische Diskussion zwischen beiden Wissenschaftsbereichen stattfinden. Die Anthropologie ist somit der Angelpunkt, in dem Naturwissenschaften und Theologie ineinandergreifen, aufeinander verwiesen sind und sich schließlich auch in kritischer Diskussion aneinander reiben.

Da also ein wirkliches Gespräch interdisziplinärer Art nur möglich ist, „wenn der Glaubensvollzug auf seine anthropologischen Implikationen hin eindeutig entschlüsselt wurde"[6], sollen im Schlußkapitel dieser Arbeit noch einige Bemerkungen zur theologischen Anthropologie gemacht werden. Von den (moral)theologischen Autoren wurden dabei in erster Linie diejenigen berücksichtigt, die sich zu wissenschaftstheoretischen oder interdisziplinären Fragen geäußert haben und somit für die theologische Antwort auf Herausforderungen der Soziobiologie ein ausreichendes Problembewußtsein mitbringen[7].

Das Verhältnis von Theologie und Anthropologie ist vielschichtig. Zunächst muß bemerkt werden, daß Theologie nur im Medium von Anthropologie betrieben werden kann. Da Gott in Jesus Christus Mensch geworden ist, so ist dieser der Mensch schlechthin[8]. Theologie fällt aber nicht einfach mit Anthropologie zusammen. Vielmehr setzt auch Theologie immer schon eine Anthropologie voraus und prägt diese weiter. Gegenüber theoretischen und praktisch gelebten Entwürfen der Anthropologie verhält sie sich kritisch. „Deshalb *überbietet* sie die Anthropologie, indem sie als Sinnziel des Menschen die Vermenschlichung des Menschen durch die vom Menschen selbst nicht realisierbare Vergöttlichung des Menschen bestimmt."[9] Aus diesem Grund muß auch die Theologie immer nach ihren eigenen – möglicherweise impliziten – philosophischen Prämissen fragen und beurteilen, ob diese den anthropologischen Implikationen des Glaubens entsprechen. Insbesondere der Moraltheologe ist gehalten, seine Deutung der normativen Natur des Menschen den Filter theologischer Anthropologie passieren zu lassen[10].

Die anthropologischen Implikationen des Glaubens liegen nicht ein für allemal offen zutage, sondern werden erst in einem geschichtlichen Verstehensprozeß zunehmend entschlüsselt. Neue geschichtliche Situationen stellen Herausforderungen für das Selbstverständnis des Glaubens dar, welches sich dadurch fortschreitend entwickelt. Es ist besondere Aufgabe der theologischen Hermeneutik, diese anthropologischen Implikationen, die mit der Glaubensentscheidung unlösbar verbunden sind, zu erheben. Der Kontakt zwischen Glaube und Vernunft, zwischen Theologie und Philosophie ist also kein unmittelbarer, sondern vollzieht sich „immer über die schon geschehene Rationalisierung des Glaubens in seinem anthropologischen Kernbestand auf die weitere Einschmelzung der Vernunft hin“ [11]. Aus diesem Grund ist die Entfaltung einer theologischen Anthropologie notwendig: „Sie muß es sich angelegen sein lassen, die Brennpunkte oder Sinnspitzen neutestamentlicher Verkündigung auf das Selbstverständnis ihrer Träger wie auch ihrer Adressaten hin zu entschlüsseln. Denn es geht ja letztlich nicht um die Interpretation von objektiven Texten, sondern von subjektiven Einsichtsständen, aus denen Texte hervorgegangen sind und an die sie sich wenden.“ [12]

Neben der Offenlegung der anthropologischen Implikationen der christlichen Botschaft ist zum Gelingen eines interdisziplinären Dialogs auch Klarheit über den erkenntnistheoretischen Status der Theologie vonnöten. Was die Ethik als Wissenschaft anbelangt, wurden oben schon wesentliche Hinweise gegeben [13]. Erkenntnistheoretisch wird die Theologie die Position eines gemäßigten bis kritischen Realismus vertreten. Bei allem selbstkritischen Vorbehalt, daß menschliche Erkenntnis immer begrenzt bleibt, wird sie freilich aus dem Schöpfungsglauben die metaphysische Gewißheit nehmen, daß menschliche Wahrnehmung und Vernunft grundsätzlich fähig sind, die rational geschaffene Wirklichkeit zu erkennen [14]. Die Position eines Skeptizismus, der auch das menschliche Erkenntnisvermögen als vom Zufall geschaffen und daher prinzipiell Täuschungen unterworfen sieht, ist für die Theologie nicht annehmbar. Umgekehrt aber darf der Theologe auch nicht der Versuchung eines naiven Erkenntnispositivismus erliegen. Weiterhin bleibt zu bedenken, daß sittliche Erkenntnis nicht dem Paradigma naturwissenschaftlichen Erkennens folgt, da sie einem der naturwissenschaftlichen Wahrheit nur analogen Wahrheitsbegriff verpflichtet ist. Sittliche Wahrheit ist in Freiheit eingesehene und in diesem Akt als verpflichtend gesetzte Wahrheit. Sittliche und naturwissenschaftliche Erkenntnisweise sind zwar aufeinander bezogen, folgen aber unterschiedlichen Gesetzlichkeiten [15]. Von hier aus ist die je eigene Methodologie gerechtfertigt.

Das erkenntnisleitende Interesse der Ethik ist das umfassende Gelingen des Lebens, während die Naturwissenschaften nur eine ausschnitthafte Erkenntnis anzielen, die dem Erkenntnisgegenstand entspricht. In der wissenschaftlichen ethischen Arbeit ist dieses leitende Erkenntnisinteresse und der wissenschaftliche Diskurs zu engster Wirkeinheit verbunden [16].

Die Überlegungen des fünften Kapitels hatten weiterhin ergeben, daß die Ethik zwar eine methodologisch und epistemologisch autonome Disziplin ist, gleichzeitig jedoch auf eine Anthropologie angewiesen bleibt, wenn sie zu einer *inhaltlichen* Bestimmung des sittlich Richtigen kommen will. Daß man je nach vorausgesetzter Anthropologie zu ganz unterschiedlichen sittlichen Zielsetzungen gelangt, liegt klar zutage. Selbst das Naturrecht kann sich nicht auf eine allgemeine Menschennatur berufen, sondern setzt eine bestimmte philosophische Deutung der Natur des Menschen voraus. Auch die Beurteilung der *Vernünftigkeit* einer sittlichen Handlung erhält erst von einer schon eingebrachten Anthropologie her ihre Evidenz[17)]. Das Naturrecht kann daher die Aufgabe nicht erfüllen, die ihr oft zugemutet wurde, „nämlich das Gebot der Nächstenliebe mit einem konkreten Gehalt zu füllen und aus ihm Handlungsanweisungen herzuleiten“[18)]. Erst aus der Anerkennung eines ganz bestimmten Menschenbildes folgt auch ein konkretes Naturrecht[19)]. Die normative Ethik ist folglich nicht nur für ein Proprium offen, sondern muß sogar als eine des Propriums bedürftige Theorie verstanden werden[20)]. Das Proprium ist die jeweils eingebrachte Anthropologie. Eine in bezug auf den Inhalt völlig autonome Ethik stellt eine Illusion dar.

Diese Einsicht hat Folgen für die Frage nach dem Proprium einer christlichen Ethik. Die neutestamentlichen Schriften wollen nicht primär einen neuen Moralkodex aufstellen. Sie sind darum auch keine Quelle, aus der konkrete normative Anweisungen direkt geschöpft werden können. Das Christentum bringt aber „eine neue *vor*moralische Wirklichkeit: näherhin eine neue Anthropologie“[21)]. Die in einer moralischen Norm verwandten Grundbegriffe sind nun aber „immer in den Verstehenshorizont einer ganz konkreten Anthropologie eingelassen, in dessen Licht sie theoretisch gedeutet wie auch praktisch angewandt werden“[22)]. Das moralische Handeln ist folglich die praktische Auslegung und Bestätigung dieser Anthropologie. Man kann daher „die Moraltheologie geradezu definieren als die aus dem Indikativ in den Imperativ übersetzte theologische Anthropologie“[23)]. Hier erweist sich die Gültigkeit des moraltheologischen Axioms, daß das Sollen im Sein gründet. Sein bezieht sich in diesem Zusammenhang nicht auf konstatierte Fakten, sondern auf ein anthropologisches Leitbild. Wenn Paulus beispielsweise vom Christsein redet (1 Kor 6, 19: Euer Leib ist ein Tempel des Heiligen Geistes...), so ist dies eine Sinnaussage und kein empirischer Satz.

Das Spezifikum der christlichen Sittlichkeit liegt somit „nicht auf der Ebene abstraktiver Normgehalte, sondern auf derjenigen einer konkreten Anthropologie, die sich der reflektierten Begegnung mit einem konkreten geschichtlichen Ereignis verdankt und dessen Gehalt vollendet widerspiegelt“[24)]. Das Proprium christlicher Ethik liegt in dem im Christusereignis gründenden Bild vom Menschen. Da in Jesus Christus die Erkenntnis Gottes in geschichtlich unüberbietbarer Reinheit aufgebrochen ist, wird auch der Mensch in neuer Weise erkannt. „In der Person Jesu Christi wurde Gott zu geschichtlicher und mithin anthropologischer Greifbarkeit: Alle theologische Denkbarkeit steht erinnernd wie argumentierend in ihrem Gefälle.“[25)] Wenn somit in Jesus Christus das endgültige Bild vom Menschen erschienen ist, wenn er der vollkommene Mensch ist, so kann er als die „universale Norm der christlichen Moral“ (H. U. v. Balthasar) bezeichnet werden[26)].

Nun können die anthropologischen Implikationen des christlichen Glaubens nicht einfach aus den Offenbarungstexten direkt abgelesen werden. Das Verhältnis von Christologie, Anthropologie und Ethik gestaltet sich vielmehr höchst komplex. Zunächst ist einmal der Offenbarungsbegriff zu klären. Offenbarung wird hier weder auf Anthropologie reduziert noch verflüchtigt sie sich zu einem fideistischen Reflexionsvorgang im Medium der Anthropologie, wobei diese gar nicht in ihr eigenes Wesen einträte. Sondern die theologische und anthropologische Dimension sind schon wurzelhaft verschmolzen. Im gelebten Glauben tritt der Glaubende nämlich in das geschichtliche Selbstverständnis Jesu Christi teilhabend ein und entdeckt so immer tiefer dessen anthropologische Implikationen[27].

Für das Verhältnis von Christologie und Anthropologie ist weiterhin zu beachten, daß es bereits im Neuen Testament eine Pluralität von Christologien gibt. In den Evangelien finden sich beispielsweise sowohl Züge einer spekulativen als auch einer narrativen Christologie. Da die Ausfaltung einer christlichen Anthropologie von der jeweiligen Christologie abhängt, kann es aufgrund dieser Pluralität von Christologien keinen eindeutigen und endgültigen Entwurf einer christlichen Anthropologie geben[28]. Das christliche Menschenbild muß daher eher als ein offener Sinngehalt gesehen werden, „der sich im Zuge geschichtlicher Selbsterkenntnis des Menschen im Kontext des christlichen Glaubens verändert"[29]. Dennoch ist diesem Sinngehalt auch eine Kontinuität zu eigen, die sich etwa in bestimmten unverzichtbaren Grundzügen wie der Haltung zum Nächsten oder der Einstellung zum Tod niederschlägt. In den Grundhaltungen „zeichnen sich, wiewohl nur umrißhaft, fundamentale Kriterien ab, die dann nach dem Gesetz der wechselseitigen Interferenz mit philosophischen, anthropologischen, naturwissenschaftlichen Einsichten ein Grundmuster von normativer Lebensqualität entwickeln"[30]. Da sich die Grundhaltungen geschichtlich bewegen, bleibt auch das sittliche Naturgesetz einer Bewegung unterworfen. Dies bedeutet jedoch keine Relativierung, sondern das Ergreifen geschichtsgerechter Absolutheit. „In den Grundhaltungen wie auch in den ihnen folgenden Handlungsnormen schafft sich Freiheit der Begegnung ihr eigenes Maß und kristallisiert sich auf diese Weise zu einer geschichtsgestaltenden Größe heraus."[31] Wenn die konkreten Handlungsnormen aber schon von vornherein und ein für allemal festgelegt wären, so würde dies bedeuten, daß es keinerlei Wachstum durch Einsicht und Bewährung mehr geben könnte. Die neutestamentliche Radikalität erfordert jedoch, daß die konkreten Normen immer daraufhin überprüft werden, ob sie dieser Radikalität nicht noch besser entsprechen können. Der Normfindungsprozeß „gelangt somit geschichtlich an kein Ende"[32].

Die Offenbarung ist zwar mit dem Christusereignis in gewisser Weise abgeschlossen, und die neutestamentlichen Texte sind durch Vollständigkeit und Endgültigkeit ausgezeichnet. Gleichzeitig aber ist mit der Zeit der Kirche und des Geistes auch die Zeit des immer tieferen Verstehens der Offenbarung angebrochen: „Der Geist der Wahrheit wird euch in die ganze Wahrheit führen" (Joh 16,13). Analog zur Dogmenentwicklung gibt es eine Entwicklung des christlichen Menschenbildes, das, durch neue geschichtliche

Erfahrungen und Fragestellungen herausgefordert, um immer neue Facetten bereichert wird. Da die *Wirkungsgeschichte* des Glaubens infolgedessen einen Einfluß auf die *inhaltliche* Bestimmung der sittlichen Vernunft ausübt, gibt es auch eine Weiterentwicklung des Propriums der christlichen Ethik selbst [33].

Der unaufgebbare Fluchtpunkt für den entdeckenden Entwurf einer Anthropologie ist im Jesus-Geschehen gegeben. Der Glaube an Jesus Christus ist der drängende Impuls, der die menschliche Erkenntnis- und Freiheitsgeschichte vorantreibt. Dabei werden zunehmend die anthropologischen Implikationen der Glaubensentscheidung erhoben, welche dann zugleich auf praktikable Handlungsnormen hin sinngemäß verlängert werden. Der Glaubende interpretiert seine eigene Geschichte im Licht des Christusereignisses, welches ja eine radikale Umwertung aller Geschichte darstellt [34]. „Der Glaubende geht mit einem anderen Vor-Verständnis an sittliche Verpflichtungen heran als der Nicht-Glaubende, und dieses Vor-Verständnis bleibt der sittlichen Vernunft nicht äußerlich.“ [35] Der Glaubende kommt zu einem neuen Selbstverständnis, ihm wird ein neuer Sinnhorizont eröffnet. Sinneinsicht ist dadurch charakterisiert, daß nicht positivistische Wahrheiten erkannt werden, sondern daß der Adressat im Hören der Offenbarung seine eigene personale Wahrheit *frei* einsieht [36]. Erst ein derart eröffneter Sinnhorizont vermag eine ethische Präskription zu liefern. Zum Beispiel werden „humanwissenschaftliche Beiträge, die ja schon vor ihrer Übernahme in den Glaubenskontext Resultate eines Interpretationsverfahrens sind ..., nochmals im Lichte des Sinnwertes interpretiert, der die betreffende christliche Grundhaltung darstellt, und erreichen damit moralische Qualität“ [37]. Die Präskription ist daher nichts anderes „als auf Handeln zubereiteter Sinn. Das Worumwillen christlichen Daseins schafft sich in ihr seinen operationalisierten Ausdruck.“ [38] Die Sinneinsicht ist aber nicht nur Setzungsprinzip moralischer Normen, sondern auch deren Interpretationsprinzip: Das Ergreifen von Sinn im Glauben ist eine sittliche Grundentscheidung, die in allen Einzelentscheidungen als erhellender Horizont präsent bleibt, und zwar nicht nur als äußerlicher Rahmen, sondern als Formkraft des Inhalts. „Moralität führt sich so letztlich auf die praktische Verwirklichung von Sinneinsicht zurück.“ [39] Erst auf dem Hintergrund eines Selbst- und Weltverständnisses des Menschen kann eine Ordnung der Güter (ordo bonorum) erstellt werden. Aufgrund des Ineinander von christlichem Glauben und anthropologischem Selbstverständnis kommt es zu einer neuen existentiellen Grundhaltung des Glaubenden und zu einer anderen Wertskala. „Auf dem Wege einer theologischen Anthropologie begrenzt, modifiziert und strukturiert der vom Glauben eröffnete Sinnhorizont das Dispositionsfeld der zum sittlichen Entscheid notwendigen Güterabwägung.“ [40] Man denke beispielsweise an Grundwerte, die auf einer christlichen Anthropologie beruhen wie die Schutzwürdigkeit wehrlosen oder scheinbar unnützen Lebens. Solche vom christlichen Glauben ausgeprägten Grundhaltungen stehen an der Wurzel konkreter sittlicher Entscheidungen und beeinflussen diese. „Sie haben teil an der Universalität des neutestamentlichen Hauptgebotes und sind zugleich inhaltlich schon so konkret, daß in ihrem Lichte konkrete Einzelentscheide möglich werden.“ [41] Dabei werden die Grundhaltungen nach dem Maß des hier und jetzt Möglichen zu konkretisieren versucht.

Aus dem bisher Gesagten folgt, daß Glaube und Vernunft als ineinander verschränkt zu sehen sind. Es gibt keine allgemeine und unveränderliche sittliche Vernunft, sondern diese ist immer nur in einer ganz bestimmten geschichtlichen Prägung zuhanden. Der Glaube bestätigt daher nicht einfach die sittliche Vernunft, sondern er kritisiert, stimuliert und integriert sie. Es ist insofern der Glaube, der die sittliche Vernunft erleuchtet. Das Verhältnis zwischen beiden beruht aber auch auf Gegenseitigkeit: „Die sittliche Vernunft ihrerseits sucht den Glauben über seine anthropologischen Implikationen zu verstehen und handlungsleitend aufzuschließen.“ [42] Der Glaube wirkt somit „nicht direkt und unmittelbar auf die sittliche Vernunft ein, (sondern) indirekt und mittelbar über das umfassende Selbstverständnis“ [43]. Der Glaube erzeugt ein normativ relevantes Vorverständnis, bringt aber selber noch keine direkten sittlichen Normen und Sätze hervor. Vielmehr wird „durch den Glauben ein neuer Bedingungsrahmen geschaffen, innerhalb dessen sittliche Einsicht und Urteilsbildung vonstatten gehen“ [44]. Der Glaube übt damit eine Art maieutische Funktion gegenüber der sittlichen Vernunft aus. Die aus dem Glaubensverständnis direkt hervorkommenden Motivationen lassen die rechten Fragen stellen, so daß Zielvorstellungen und Handlungsziele entdeckt werden. Weil der Glaube selber schon ein Vorverständnis einbringt, weist er der sittlichen Vernunft den Weg, gibt er ihr bestimmte Wegmarken vor [45]. Die derart zustandegekommenen Urteilsbildungen und sittlichen Einsichten sind dann satzhaft faßbar. Die Entsprechungen zwischen Glaube und sittlicher Einsicht haben aber nicht den Charakter stringenter logischer Ableitungen. Daher bleibt Raum für geschichtliche Bewegtheit [46]. Der Christ ist aufgerufen, seine sittliche Werteinsicht zu vertiefen. Dabei können auch Kontrasterfahrungen helfen. Bisher nicht wahrgenommene Bedeutungsgehalte können erkannt und für die normative Reflexion fruchtbar gemacht werden. „Aber auch die anthropologischen Leitbilder unterliegen geschichtlicher Einsichtsbewegung. Man dringt, möglicherweise wiederum erfahrungsbedingt, tiefer in all ihre Implikationen ein.“ [47] Schließlich können veränderte äußere Umstände zu einer solchen vertiefenden Einsicht herausfordern.

Das im Glauben gründende Vorverständnis übt auch eine kritische Funktion gegenüber den verschiedenen schon vorgefundenen Ethosformen aus. Man denke an die kritische Rezeption von Elementen der stoischen Ethik im Neuen Testament. In einer Art „Falsifikation“ werden bestimmte ethische Formen und materiale Inhalte als mit dem Selbstbewußtsein des Christen unvereinbar erkannt. So wurden besonders in der Missionsgeschichte der Kirche kulturelle und sittliche Praktiken, die diesem Selbstverständnis widersprachen, ausgeschieden. Andere Normen, die sich in den Rahmen einer christlichen Anthropologie einfügten, wurden beibehalten oder sogar radikalisiert [48].

Zusammenfassend soll festgehalten werden, daß die christliche Botschaft über den integrierenden, stimulierenden und kritisierenden Effekt für den Prozeß der Normenfindung [49] hinaus der Ethik auch ein inhaltliches Proprium gibt. „Die inhaltlichen Konsequenzen des Glaubens ergeben sich durch die kritische Distanz zu vorgefundenen Ethosformen, durch die Selektion, Modifikation, Akzentverlagerung und neue Prioritätensetzung."[50] Der christliche Glaube stellt nicht nur eine zusätzliche Motivation für eine säkulare Ethik dar, die für jeden Menschen rational begründbar wäre. Besonders greifbar wird die Relevanz des christlichen Glaubens auf dem Gebiet der theologischen Anthropologie. Alle Ethik setzt ja eine Anthropologie voraus. Die dem Glauben an Jesus Christus entstammende Sinneinsicht erzeugt vermittelnde Grundhaltungen, welche sich bis in die konkrete Normfindung hinein auswirken.

6.2 Naturwissenschaft und christliches Weltbild

Es entspricht christlicher Grundüberzeugung, daß es zwischen Glaube und Wissen prinzipiell keinen Widerspruch geben kann, denn Gott ist sowohl Urheber der Offenbarung als auch Schöpfer der menschlichen Vernunft[51]. Wenn in der Neuzeit dennoch naturwissenschaftliche Erkenntnisse als mit dem christlichen Glauben unvereinbar angesehen wurden, so entweder, weil ein falsches Offenbarungsverständnis zugrundelag, das in der Schrift naturwissenschaftliche Aussagen zu erkennen vermeinte, oder weil die Naturwissenschaften selber von einem Weltbild ausgingen und ihre Ergebnisse auf dessen Hintergrund deuteten, das dem damaligen christlichen Weltbild widersprach. Das Mittelalter zum Beispiel sah die Welt als Ordnungsgefüge, in dem alles seinen unvertauschbaren Platz hatte. Dieses Weltbild schien mit dem christlichen Glauben und vor allem mit dem Schöpfungsglauben so untrennbar verbunden, daß jeder Angriff auf dieses Weltbild auch als Angriff auf den christlichen Glauben empfunden wurde[52].

In der Auseinandersetzung mit dem Weltbild der Soziobiologie ist deutlich geworden, daß das naturalistische Weltbild, das alles Übernatürliche ausschließt und alles Unerklärbare leugnet, selber kein Ergebnis exakter Forschung darstellt und daher auch nicht als „wissenschaftliches" Weltbild anderen „unwissenschaftlichen" und „mythologischen" Weltbildern gegenübergestellt werden kann. „In Wirklichkeit ist es genauso mythologisch oder unmythologisch, den Kosmos als ein großes Uhrwerk zu betrachten, in dem ewige Kausalgesetze gelten, wie ihn als Schöpfungswerk zu sehen, in dem der Schöpferwille Gestalt gewinnt und in dem es Phänomene gibt, die sich der Erklärung aus Logik und Sinneserfahrung entziehen."[53] Was die Evolutionstheorie anbelangt, so ist das wissenschaftliche Paradigma der Evolution vom Gesichtspunkt des menschlichen Selbstverständnisses aus solange neutral, als es nicht mit einer ganz bestimmten philosophischen Deutung verbunden wird[54]. Die Soziobiologie hingegen versteht sich selbst nicht nur als naturwissenschaftliches Forschungsprogramm, sondern als Evolutionsepos und damit als Weltbild.

Im folgenden sollen das soziobiologische Weltbild des Evolutionismus und das christliche Weltbild, das auf dem Schöpfungsglauben aufruht, miteinander verglichen werden. Ein Weltbild kann mit naturwissenschaftlichen Daten nicht falsifiziert werden, da es ja selber kein naturwissenschaftliches Faktum, sondern einen Sinnentwurf darstellt. Und da ein solches Weltbild sich immer als Totaltheorie versteht, gibt es per definitionem keine Kriterien oder Argumente, an denen es gemessen werden kann[55].

Ein Weltbild muß daher nach seiner inneren Konsistenz befragt werden. Weiterhin ist zu prüfen, welches Weltbild den Phänomenen besser gerecht zu werden vermag. Dasjenige Weltbild wird als unterlegen einzustufen sein, das viele Erfahrungsbereiche verleugnen oder als illusionär abtun muß. Hier gilt das Wort Hegels, daß das Wahre das Ganze ist[56]. Wer mehr sieht, hat recht. Und da ein Weltbild neben theoretischer Erklärung auch die praktische Lebensgestaltung umfassen will, muß auch danach gefragt werden, ob es dem Menschen als handelndem Wesen gerecht werden kann.

Die These, die hier aufgestellt und begründet werden soll, lautet: Das christliche Weltbild, das von der Welt als Schöpfung Gottes ausgeht, ist dem Weltbild des Evolutionismus theoretisch wie praktisch überlegen. Bedingung dafür ist die Integrationsfähigkeit einer christlichen Anthropologie: Diese muß die naturwissenschaftlichen Daten in ihr Gesamtbild integrieren können, ohne sie in ihrer berechtigten Geltung abzuschwächen. Der Horizont, in den die naturwissenschaftlichen Ergebnisse gestellt werden, ist eine Sinndeutung. Die Theologie als Sinnwissenschaft erbringt „einen spezifischen und nur ihr möglichen Beitrag zur Frage nach dem Ursprung, dem Sinn und dem Ziel aller Wirklichkeit und damit auch aller Wissenschaft"[57]. Somit wird die Autonomie der einzelnen Wissenschaften sowie die Eigengesetzlichkeit ihrer Gegenstände und ihrer Methoden nicht angetastet. Eine solche theologische Anthropologie, die alle Ergebnisse der Humanwissenschaften, befreit von ideologischen Einseitigkeiten, in ihren Horizont aufzunehmen vermag, müßte sich als die bessere Alternative gegenüber einer evolutionistischen oder naturalistischen Anthropologie erweisen. Ein umfassender Entwurf einer theologischen Anthropologie unter dieser Hinsicht steht noch aus. Dabei wäre ein solcher heute dringlicher denn je. Es waren nämlich theologische Kategorien, die dem Heraufkommen des neuzeitlichen Weltbildes zugrundelagen. Der kartesianische Dualismus war nur auf dem Hintergrund der christlich-abendländischen Metaphysik möglich. All den Problemen, die die neuzeitliche Wissenschaft mit sich gebracht hat, liegen letztlich theologische Fragestellungen zugrunde. Beispielsweise war es das biblische Offenbarungsverständnis gewesen, das die Welt radikal entdivinisiert hatte. Der Schöpfungsauftrag sanktionierte die Erforschung und Nutzung der Natur. Für die säkularisierte Naturwissenschaft gibt es jedoch das göttliche Recht nicht mehr, in das die Herrschaft des Menschen über die Natur im Mittelalter noch eingebunden war. Somit wird die Herrschaft des Menschen über die Natur totalitär[58]. Eine Zuflucht zu östlichen Religionen, wie sie beispielsweise von F. Capra und G. S. Stent vorgeschlagen wird, kann die auf dem Boden der abendländischen Philosophie entstandenen Probleme nicht lösen. „Die Überlebenskrise ist im letzten eine Krise der Vernunft Europas. Wir haben hier eine Bringschuld, die nicht durch Ausweichen in alte Denkmuster oder in asiatische Spiritualität abgegolten werden kann."[59] Somit ist die Theologie verstärkt aufgerufen, das Gespräch mit der Philosophie und den Naturwissenschaften zu suchen und an einem Weltbild mitzubauen, das die Einseitigkeiten des neuzeitlichen Denkens zu überwinden trachtet.

Die Theologie darf sich weder apologetisch verschanzen und sich gegen die Herausforderungen der neuzeitlichen Philosophie und der naturwissenschaftlichen Erkenntnisse immunisieren, noch darf sie aus Angst vor einem möglichen Konflikt ihre eigenen Grundlagen verleugnen. Es sei hier nur an die Vernachlässigung der Schöpfungstheologie erinnert[60)].

Ein Versuch, die Integrationsfähigkeit der theologischen Anthropologie im Detail darzustellen und damit nachzuweisen, daß eine solche dem evolutionistischen Weltbild überlegen ist, würde den Rahmen dieser Arbeit sprengen. Einige Andeutungen sollen aber gemacht werden. Sie wollen als Desiderate an eine theologische Anthropologie verstanden werden.

1. In der Diskussion um die evolutionäre Erkenntnistheorie war deutlich geworden, daß man erst dann legitim von Wahrheit sprechen kann, wenn man die Existenz eines absoluten Geistes voraussetzt[61)]. Diese Behauptung will keinen Beweis für die Existenz Gottes darstellen, sondern auf das Dilemma verweisen, daß man nämlich in der Erkenntnistheorie entweder auf dem metaphysischen Prinzip aufbaut, daß die Wahrheit göttlich ist (Nietzsche), oder einen kognitiven Nihilismus vertritt. Ein Erkenntnisrealismus läßt sich mit Anpassungsvorteilen allein nicht begründen. Ebenso kann die evolutionäre Erklärung der menschlichen Vernunft nicht für deren Rationalität verbürgen. Erst ein Schöpfungsglaube, der dem Menschen als Ebenbild Gottes Vernunft zuspricht, mit deren Hilfe die von Gott in die Schöpfung gelegte Rationalität erkannt werden kann, vermag das Vertrauen in die menschliche Erkenntnisfähigkeit und Vernunft zu rechtfertigen[62)].

2. Die Evolutionstheorie fordert in besonderer Weise die Schöpfungstheologie heraus. Hier bestätigt sich die These von M. Jeuken, daß naturwissenschaftliche Beiträge die Theologie inspirieren können, etwa „über die ganze Interpretation der sechs Tage des Schöpfungsberichts der Genesis nachzudenken, der nicht buchstäblich gemeint sein kann“[63)]. Allzu anthropomorphe Vorstellungen von Gott als Schöpfer wurden im Gefolge der Auseinandersetzung zwischen Theologie und Darwinismus überwunden. Die Lehre von der analogia entis trat wieder deutlicher ins Bewußtsein. Schon die beiden Schöpfungsberichte des Alten Testaments weisen durch ihre Verschiedenheit darauf hin, daß mit Schöpfung keine Erklärung der Entstehung von Welt und Mensch im naturwissenschaftlichen Sinn gemeint ist. Das alttestamentliche Bekenntnis zu Gott als dem Schöpfer dient daher nicht dazu, „Gottes besonderes Eingreifen in unerwarteten Ereignissen zu erwarten. (Es) will Aussage des Vertrauens sein, daß Gott sich gerade darin als der treue Gott erweist, daß er seiner Schöpfung Selbständigkeit und Bestand gibt, (daß) die Welt ein geordneter Lebensraum ist.“[64)]

Der Schöpfungsglaube will keine Antwort geben auf die Frage nach naturwissenschaftlichen Kausalzusammenhängen. Der Schöpfer ist nicht die erste Ursache in einer Reihe von Ursachen, die zur Entstehung der Welt führten. Wenn von Gott als Erstursache (causa prima) die Rede ist, kann „Ursache“ nur im analogen Sinn gemeint sein. Gott als transzendente Ur-Sache ist von anderer Seinsqualität als die kategorialen Ursachen, nach welchen die naturwissenschaftliche Forschung fragt. Die Aussage „Gott ist die transzendente Ursache der Welt" ist die Antwort auf die Frage, warum überhaupt etwas ist und nicht nichts[65]. Mit Schöpfung ist daher gemeint, daß diese Welt nicht aus sich selbst erklärbar ist, wenn man nach ihrem letzten Grund, das heißt nach dem Sinn der Wirklichkeit fragt[66]. Während die Naturwissenschaften nach dem raumzeitlichen „Woher" der Dinge fragen, will der Begriff der Schöpfung das metaphysische „Warum" der Dinge erklären. Es geht diesem also „um einen metaempirischen, metaphysischen und zuletzt religiösen Sachverhalt, um das unbedingte Bedingende aller Erscheinungen in der empirischen Wirklichkeit"[67]. Während „Schöpfung" etwas über den Ursprung des Seins sagt, meint der Begriff der Evolution die empirische Wirklichkeit als eine sich entfaltende und entwickelnde und fragt nach den Veränderungen des Seins.

Schöpfung ist von daher kein Ereignis im Sinne von Verursachung, sondern eine Seinsqualität, eine Grundeigenschaft des Seienden. Sie ist „in ihrem Wesen eine Beziehung der Abhängigkeit des verliehenen oder geschenkten Seins von dem absoluten Sein, das wir Gott nennen"[68]. Alle Dinge partizipieren nur an dieser Quelle des Seins, die der Schöpfer selbst ist: „*Alle* Seienden sind von Gott geschaffen, weil alle endlichen Seienden ihren Seinsakt nur haben durch Teilhabe am einen, in sich existierenden unendlichen Seinsakt Gottes".[69] So ist Gott im Sein der Dinge innerst gegenwärtig. Gemäß dieser Sichtweise kann die ganze Welt in ihrer Prozeßhaftigkeit als das durchgehende Schöpferwerk Gottes begriffen werden, ohne daß eine Identität zwischen Schöpfung und Evolution behauptet wird[70]. Gottes Gegenwart in der Schöpfung wird dabei dynamisch begriffen: „Gott macht, daß die Dinge sich machen" (Teilhard de Chardin[71]). Gottes Schöpfermacht gewährt den Dingen einen hohen Grad von Eigenwirksamkeit, ohne daß diese den tragenden Grund der Schöpfermacht entbehren können. „Darum ist Evolution, weit davon entfernt, gegen die Schöpfung Gottes anzugehen, geradezu ein neues Zeichen für die Kunstfertigkeit und Virtuosität des Schöpfers, der den geschaffenen Dingen die höchste Freiheit der Entfaltung läßt und sie doch in seiner Schöpferhand hält."[72] Das bedeutet gleichzeitig, daß Gott nicht als Zweit-Ursache innerhalb des Evolutionsprozesses auftaucht, um Entwicklungslücken zu schließen[73]. Das Schöpfungsgeschehen verläuft nämlich nicht in der Zeit wie das innergeschöpfliche Geschehen, sondern ist überzeitlich: „Gott schafft nicht *in* der Zeit, sondern so, daß mit seinem Schaffen die Zeit selbst entsteht, sofern die Dinge nämlich auf Wechselwirkung hin geschaffen werden, so daß in ihrer gegenseitigen Bewirkung und Veränderung Zeit konstituiert ist."[74]

Damit wird auch klar, was creatio continua meint: Das Geschöpf geht von seinem Existenzantritt an in jedem seiner folgenden Augenblicke aus der Hand Gottes hervor, wobei „die zeitliche Folge seiner Augenblicke für die Relation zwischen Geschöpf und Schöpfer völlig irrelevant ist"[75]. Ein Modell für die Beziehung von Evolution und Schöpfung könnte daher die Evolutionsreihe als eine horizontale Linie darstellen, wobei jeder Punkt dieser Linie vertikal nach oben mit Gott verbunden ist. Diese vertikalen Linien sind die Schöpfungslinien, die zur horizontalen Linie der Evolution nicht im

Gegensatz stehen[76]. Auch die Schöpfung des Menschen bezeichnet folglich keinen fernen Anfang, sondern mit Adam ist jeder gemeint: „Jeder Mensch ist direkt zu Gott."[77] Der Gedanke der creatio continua bietet damit „eine Verständnismöglichkeit darüber, daß die ‚schöpferische Zutat' Gottes nicht auf Grund eines neuen Eingreifens Gottes zustande kommt, sondern aus der den Geschöpfen immer gegenwärtigen Kontinuation des einmaligen Schöpfungsaktes"[78].

Im übrigen soll hier noch vermerkt werden, daß die moderne Evolutionstheorie mit dem christlichen Gottesbild leichter zu vereinbaren ist als die Überzeugungen, die die Welt als Ablaufen eines Uhrwerks oder als Spiel des blinden Zufalls interpretieren. Die moderne Theorie der Selbstorganisation enthält nämlich „deterministische und statistische Elemente, in ihr spielen Notwendigkeit und Zufall zusammen. Die Natur braucht beide Elemente, um ihren Reichtum zu entfalten, das deterministische, damit Ordnung bestehen kann, das statistische, um ein Element der Freiheit zu schaffen, das die ewige Wiederkehr des Gleichen verhindert und ein ‚Werden', eine Entwicklung, ermöglicht."[79] Es entspricht der christlichen Glaubenstradition, in den Naturgesetzen und der Ordnung des Alls einen Hinweis auf den göttlichen Schöpfer zu erblicken. Doch nicht nur die Notwendigkeit, auch der Zufall kann religiös gedeutet werden: „Das religiöse Weltverhältnis hat seit jeher gerade im Zufall die Hand Gottes verehrt."[80] Daß bei der Entstehung des Lebens und des Menschen Zufallsmomente eine Rolle spielten, muß nicht – wie bei Monod – nihilistisch gedeutet werden. Die christliche Grundüberzeugung, daß jeder einzelne Mensch als solcher ein gewolltes Geschöpf Gottes ist, sagt noch nichts über die Art und Weise, wie dieser Wille Gottes seinen Zweck realisiert. Der Glaube, daß der Mensch innerhalb der Evolution als von Gott intendiertes Geschöpf entstanden ist und von ihm her seinen Sinn erhält, bedeutet noch nicht die Annahme einer strengen Determination des gesamten Kosmos auf den Menschen hin[81]. Zufall kann im christlichen Weltverständnis als Pseudonym Gottes gedeutet werden, so daß die Evolution des Menschen kein Ergebnis blinden und sinnlosen Würfelspiels darstellt.

Als Ergebnis dieser Überlegungen ist festzuhalten, daß es im Streit „Evolution oder Schöpfung" nicht um einen Widerspruch zwischen naturwissenschaftlichen Daten und Glaubensaussage geht. Während sich die naturwissenschaftliche Evolutionstheorie mit den Veränderungen und Prozessen des Seienden beschäftigt, ist „Schöpfung" eine Aussage über den letzten Grund des Seins und damit über den Sinn der Welt. Als transzendente Aussage steht ihr kein kategoriales naturwissenschaftliches Ergebnis entgegen, wohl aber eine zur Weltanschauung erhobene Evolutionstheorie, die wir als Evolutionismus bezeichnet haben. Es geht somit letztlich um die Frage, wie Welt und Mensch *gedeutet* werden sollen. Für den christlichen Glauben ist die Welt nicht Produkt von Zufall und Notwendigkeit, sondern Schöpfung aus Freiheit und Liebe. Der Evolutionismus hingegen leugnet einen letzten transzendenten Grund und Sinn der Welt und hält sogar die Frage danach schon für unsinnig. Die hier dargelegte Interpretation der Schöpfungslehre ist der Weltanschauung des Evolutionismus darin überlegen, daß sie die wissenschaftliche Evolutionstheorie zu integrieren vermag, gleichzeitig aber die Ur-Frage nach dem letzten Sinn des Daseins nicht als sinnlos abtun muß. Schließlich ist es sogar die Evolutionstheorie selber, die durch die Temporalisierung der Wirklichkeit zum Verlust der Vorstellungen von der Konstanz der Arten und der Ewigkeit der Formen geführt hat und daher die Frage nach dem Woher und Wohin, nach dem Grund und Sinn dieses Prozesses, noch dringlicher stellen läßt. Eine Deutung des Menschen jedoch, die seine religiöse Dimension, seinen Transzendenzbezug als Illusion interpretiert, blendet einen Teil der menschlichen Selbsterfahrung aus und wird dem Wesen des Menschen nicht gerecht[82)].

3. In der Diskussion mit der Soziobiologie war eine weitere Schwäche des evolutionistischen Weltbildes offenbar geworden: Innerhalb des Evolutionsprozesses kommt es nämlich zu plötzlich auftauchenden neuen Eigenschaften und Qualitäten, zu „Fulgurationen“, von denen das Leben und das menschliche Selbstbewußtsein die herausragendsten sind[83)]. Wilsons Evolutionsepos aber kann gerade das Bewußtsein und die Intentionalität materialistisch nicht erklären, wie er selber einräumt. Das Epos ist damit nicht konsistent, ist in sich widersprüchlich. Auch hier zeigt sich die Schöpfungstheologie in Verbindung mit der thomistischen Metaphysik einem reduktionistischen Weltbild überlegen.

Die Schöpfungstheologie kann das Entstehen von wirklich und förmlich Neuem, wofür die rein empirische Evolutionstheorie des Postulates der „Sprünge“ bedarf, erklären. „Die Theologie kann dazu aus ihrer höheren Sicht erklären, ohne ein einziges naturwissenschaftliches Faktum zu entwerten, daß es sich hier um eine creatio continua handelt, die freilich nicht nur Bestehendes erhält, sondern an ihm auch Neues ansetzt bzw. es zu Neuem umschafft.“[84)] Es handelt sich bei einer derart „gestuften Schöpfung“ nicht um Sondereingriffe Gottes. Vielmehr gelangt eine Lebensform zu einer bestimmten Zeit innerhalb der Naturgeschichte „in den Stand, daß sie einen neuen actus essendi vom Schöpfer empfangen kann“[85)]. Die frühere Lebensform ist konditional für eine spätere, so daß die darwinistische Evolutionstheorie die realen Bedingungen erforschen kann, unter denen das Neue auftritt. Die Bedingungen treiben jedoch das Bedingte noch nicht hervor. Wenn somit etwas Neues auftritt, so ist es der Schöpfer, der den neuen actus essendi an das Geschöpfliche mitteilt, ohne dabei in etwas einzugreifen oder etwas kausal zu verändern[86)]. In einer so verstandenen Schöpfung als Weiterschaffen an schon Geschaffenem rücken die sich ändernden Einzelkonstellationen in zeitlicher Abfolge in Formen ein, „welche dann essentiell neue Eigenschaften haben“[87)]. Aus der zeitlichen Perspektive des Menschen ist dies eine creatio continua, gemäß der sich im Laufe der Evolution Arten auseinanderentwickelt haben.

Mit dieser Sichtweise wird die Eigentätigkeit der Geschöpfe nicht geleugnet. Diese sind beim Entstehen des Neuen nicht unbeteiligt, sondern mit ihren Potenzen und Aktivitäten in das Geschehen einbezogen. „Aber diese Aktivitäten reichen sozusagen nicht an die neue Wesensform heran. Diese wird allein von der schöpferischen Wirkung Gottes hervorgebracht, die alles geschöpfliche Wirken umgreift und überbietet."[88] Das Neue, das im Sinne eines „Mehr" als das Erwirkende verstanden werden muß, „ist in einem die Setzung der innerweltlichen Ursache und der transzendentalen Kausalität des absoluten Seins"[89]. Die göttliche Ursächlichkeit ist die ontologisch transzendente Tiefe der kreatürlichen Wirksamkeit. Somit muß immer, wo in der Evolution neue Seinsformen oder Arten auftreten, besonders etwa bei der Entstehung des Lebendigen, bei der Hominisation oder beim Entstehen des Einzelmenschen, der göttliche Schöpfungsakt berufen werden[90].

K. Rahner hat dieses „Werden" in der Evolution, das nicht bloße Replikation des selben ist, sondern wirklich Neues hervorbringt, welches zwar „eine innerweltliche Herkunft hat und dennoch nicht einfach dasselbe ist wie dasjenige, von dem es herkommt"[91], als „Selbsttranszendenz" eines Seienden bezeichnet. Gottes Erhaltung und Mitwirkung an Sein und Vollzug eines endlichen Seienden „darf nicht als gelegentlicher Eingriff Gottes von außen betrachtet werden, sondern ist dauernde, zuinnerst gegebene Bedingung des Seins und Tuns der Kreatur; es trägt gerade das *Werden* des Seienden und kann ihm daher verleihen, daß einerseits der immanente oder transeunte Effekt des Werdens mehr ‚Aktualität' (auch substantieller und wesenshafter Art) enthält, als das endlich Wirkende als solches hat, und daß andererseits die transzendente Kausalität gerade der wirkenden Kreatur gibt, daß *sie* dieses Plus aktiv *wirkt* und nicht nur passiv empfängt."[92] Die Entwicklung zu Neuem und Höherem kann sinnvoll nur gedacht werden, wenn man vom absoluten Sein ausgeht, welches einen „Druck" auf diese Entwicklung ausübt. So erst kann das Niedere allein in einer Selbsttranszendenz Ursache des Höheren sein, „ohne daß dadurch die widersprüchliche Behauptung gesetzt werden müßte, aus weniger könne als solchem wirklich mehr werden und letztlich sei also das Nichts der Grund des Seins"[93]. Und da bei *jedem* wirklichen Werden von Neuem ontologisch notwendig eine göttliche Dynamik mitverstanden ist, so ist auch beim Werden des Menschen, zu dem als neue Eigenschaften Subjekthaftigkeit und Freiheit gehören, Gottes „schöpferisches Eingreifen" gegenwärtig[94].

„In der Evolution der Organismen dürfen wir aus dieser Sicht heraus auch theologisch ein ganzheitliches Geschehen erblicken, das in der Phase der Hominisation nicht nur die Herausbildung morphologischer hominider Merkmale brachte, sondern auch die Verhaltensweisen in geistgewirktes Verhalten hinüberführte."[95] Hiermit wäre die theologische Rechtfertigung für den Versuch erbracht, die evolutiven Grundlagen der Verhaltensweisen bei Tier und Mensch vergleichend und unterscheidend zu erforschen.

Die Glaubensaussage schließlich, daß der Mensch in einer spezifischeren Weise von Gott geschaffen ist als die anderen Wesen, bedeutet dann, daß er in einer spezifischen Weise von Gott gewollt ist. Der Mensch ist nicht bloß ein Wesen, das einfach stumpf existiert, sondern das sich selber zu überschreiten und Gott zu denken vermag. Der Mensch ist nicht nur Gebilde, das von Gott gedacht worden ist, sondern Existenz, die ihn wieder denken kann. „Dieses spezifische Gewolltsein und Gekanntsein des Menschen von Gott nennen wir seine besondere Erschaffung."[96]

4. Das Weltbild der Soziobiologie zeigt sich auch auf dem Feld der praktischen Vernunft als dem christlichen Weltbild unterlegen. Für die Bewertung eines Weltbildes zählen nicht nur theoretische Erklärungsleistungen, sondern infolge des Totalitätsanspruchs eines Weltbildes und des Zusammenhangs von Anthropologie und Ethik auch praktische und gesellschaftliche Gesichtspunkte. Ein Weltbild reflektiert und konstituiert Praxis. „Nicht allein theoretische Erklärungen, sondern Weltbilder, in denen Theorie und Praxis sich zu einem Begriff vom richtigen Leben vereinigen, können die vier Aufgaben der Erklärung der Welt, der Motivierung zum sittlichen Handeln, der Bewältigung der menschlichen Kontingenzerfahrung und der Selbstinterpretation des Menschen als eines leib-seelischen Wesens erfüllen."[97)]

Doch gerade hier scheitert die Soziobiologie:

- Ihre Welterklärung vermag dem menschlichen Sein keinen Sinn zu verleihen. Die Bezeichnung des Menschen als Produkt blinden Zufalls mündet in den Nihilismus. Alle Gesellschaftsformen, sozialen Einrichtungen und Rechtssysteme sind zufällig. Die Idee der Menschenrechte oder der Würde des Menschen hat in einem solchen Weltbild keinen Platz.
- Die soziobiologische Weltanschauung läuft Gefahr, einem Fatalismus Vorschub zu leisten und damit das menschliche Handeln zu paralysieren.
- Die menschliche Kontingenzerfahrung wird als Ergebnis der Absurdität der Welt gedeutet. Leid und Tod sind sinnlos. Das All steht den Leiden und Verbrechen des Menschen teilnahmslos gegenüber (Monod[98)]).
- Die menschliche Selbsterfahrung als leib-seelisches Wesen, das mit Selbstbewußtsein, Freiheit und der Erfahrung des Gewissens ausgezeichnet ist, wird als Illusion entlarvt.

Im Einleitungskapitel war auf die Vorgehensweise des hl. Thomas verwiesen worden: Man kann einen Gegner nur dann widerlegen, wenn man aufweist, daß dieser unter Voraussetzung seiner eigenen Prinzipien im Irrtum ist[99)]. Wendet man in diesem Sinn die Soziobiologe auf sich selber an, so muß festgestellt werden, daß die eben genannten Erklärungen für die Gesellschaft dysfunktional sind. Ein Weltbild dagegen, das dem Menschen Freiheit und Verantwortung zuspricht und der Welt einen göttlichen Sinn gibt, übt eine soziobiologische Funktionalität zur Stabilisierung der Gesellschaft aus. Ihrem eigenen Bewertungsmaßstab gemäß wird die Soziobiologie im Wettstreit der Weltanschauungen unterlegen sein, was Wilson indirekt zugesteht[100)]. Wenn man rein „Soziobiologie-immanent" argumentiert, erweist sich die Soziobiologie einem Weltbild unterlegen, das einen Sinn für das menschliche Leben, für Leid und Tod bereitzustellen vermag und das den Menschen als verantwortlich handelndes Wesen betrachtet. Daraus ergibt sich folgender Schluß: „Eine echte sozio-biologische Synthese als Theorie der Gesamtwirklichkeit müßte unsere Selbsterfahrung als handelnde und bewußte Wesen und die Erfahrung unserer sozialen und mitmenschlichen Lebenswelt angemessen darstellen und richtige Praxis fördern oder zumindest nicht hindern. Die evolutionistische

Soziobiologie in ihrer monistisch-weltanschaulichen Form erfüllt dieses holistische Kriterium nicht."[101]

Wenn das christliche Weltbild dem soziobiologischen überlegen sein will, so muß es auch dem Selbstverständnis des Menschen als sittlichem Wesen gerecht werden. Im nun folgenden abschließenden Teil der Arbeit soll daher das christliche Menschenbild auf seine ethischen Implikationen entschlüsselt werden.

6.3 Christliches Menschenbild und Moral

6.3.1 Der Mensch als Ebenbild Gottes

Im ersten Schöpfungsbericht wird der Mensch als „Ebenbild Gottes" bezeichnet: „Gott schuf also den Menschen als sein Abbild; als Abbild Gottes schuf er ihn. Als Mann und Frau schuf er sie" (Gen 1, 27). Die beiden Begriffe, die die Gottebenbildlichkeit des Menschen ausdrücken, wurden schon in Gen 1, 26 genannt: Abbild (imago) und Ähnlichkeit (similitudo). Im Alten Testament werden beide Begriffe im wesentlichen synonym verwendet. Similitudo legt den Akzent mehr auf eine allgemeine und abstrakte Ähnlichkeit, was bedeuten würde, daß der Mensch zwar Gott sehr nahe steht, aber doch nicht gottgleich ist. Dagegen kann imago auch eine realistische Ähnlichkeit nach Art eines geschnitzten Bildes meinen[102].

Diese Prädikate der Gottähnlichkeit wurden in unterschiedlichster Weise gedeutet. Die Entsprechung zwischen Gott und Mensch hebt zunächst einmal den Menschen aus der Reihe aller anderen Geschöpfe hervor. Nach H. Gunkel besteht die abbildhafte Gottähnlichkeit des Menschen in der Leiblichkeit[103]. Die aufrechte Leibesgestalt des Menschen könnte als die von Gott zum Zeichen seiner Herrschaft über die Kreaturen aufgestellte „Skulptur" gedeutet werden: „In seinem emporgereckten Geist-Leib spiegelt der Mensch Gott ab und dokumentiert darin Gottes Herrschaft über die Kreaturen, freilich nicht als eigenmächtiger Selbstherrscher, sondern als ihnen zugewandtes Gottesbild."[104] Allerdings widerspricht diese anthropomorphe Auffassung von Gott der Theologie der Priesterschrift[105]. Auch die Deutungen, daß die biblische Aussage von der Gottebenbildlichkeit des Menschen dessen geistige Befähigung und Vernunft, seine Persönlichkeit oder seine geistige Überlegenheit über die übrige Schöpfung meint, sind zweifelhaft. Zwar ist der Gedanke, „daß der Mensch von Gott angeredet werden kann und daß er seinerseits Gott anreden kann, daß er also in diesem Sinn Gottes Partner und Gegenüber ist, der biblischen, insbesondere der alttestamentlichen Theologie keineswegs fremd"[106]. Diese Auffassung dürfte aber nicht dem ursprünglichen Aussagesinn von Gen 1, 26–28 entsprechen[107]. Ebenso muß die Auslegung, daß die Gottebenbildlichkeit des Menschen als Mann und Frau auf die Gemeinschaftsfähigkeit des Menschen abzielt, bezweifelt werden[108].

Eine weitere Deutung sieht die Gottebenbildlichkeit des Menschen darin gegeben, „daß der Mensch von Gott zur königlichen Herrschaft über die Erde delegiert sei. Seine

Ebenbildlichkeit besteht nach dieser Auffassung darin, daß er an Gottes Statt und in seinem Sinn die Erde als königlicher Verwalter, gleichsam als Vizekönig Gottes regiert." [109]) Diese Deutung dürfte nach dem Urteil von R. Mosis dem ursprünglichen Sinn des Ausdrucks am nächsten kommen. Denn auf die Schöpfung des Menschen folgt unmittelbar der Auftrag Gottes an den Menschen, sich die Erde untertan zu machen und über die Tiere zu herrschen (Gen 1, 28) [110]). Auch wenn diese Auslegung nicht unumstritten ist, so stellt die Herrschaft des Menschen über die Erde zumindest eine Entfaltung seiner Gottebenbildlichkeit dar [111]). Das ergibt sich bereits aus dem altorientalischen Denken: „So, wie auch irdische Großkönige in Provinzen ihres Reiches, in denen sie nicht persönlich aus- und eingehen, ein Bildnis ihrer selbst als Wahrzeichen ihres Herrschaftsanspruchs aufstellen – so ist der Mensch in seiner Gottebenbildlichkeit auf die Erde gestellt, als das Hoheitszeichen Gottes. Er ist recht eigentlich der Mandatar Gottes, dazu aufgerufen, Gottes Herrschaftsanspruch auf Erden zu wahren und durchzusetzen." [112])

Schließlich ist zu bedenken, daß in Gen 1, 26f. nicht primär eine Aussage über das Wesen des Menschen getroffen werden soll, aus der dann eine systematische theologische Anthropologie hergeleitet werden kann. Wohl aber impliziert die Aussage von der Gottebenbildlichkeit die Aufgabe und Würde des Menschen, die Herrschaft Gottes in die Welt zu vermitteln. Hierbei ist zu beachten, daß Königtum als Herrschaftsidee nichts mit Willkür zu tun hat. Das alttestamentliche Ideal vom Königtum geht vielmehr von einer heilsmittlerischen und Leben vermittelnden Aufgabe des Herrschers aus, der mit dem Bild des guten Hirten beschrieben werden kann [113]). „Die in der Gottebenbildlichkeit angelegte Herrschaft bedeutet also, daß der Mensch wie ein König die Lebensordnung der Schöpfung schützen und sichern soll, daß er wie ein Götterbild Gottes Wirkmächtigkeit in der Welt vergegenwärtigen und daß er wie ein Verwandter die Welt als das ihm zugewiesene Heimathaus verwalten und liebevoll gestalten soll." [114])

Diese Deutung, daß der gottebenbildliche Mensch als Wesir Gottes über die Schöpfung herrschen soll, steht der Interpretation des hl. Thomas nicht fern. Dieser versteht den Menschen insofern als imago Dei, als er entsprechend seinem Urbild Gott Ursprungsprinzip seiner eigenen Werke ist, und zwar kraft seiner Vernunft und seiner Freiheit [115]). Indem der Mensch Wesen der Selbstmächtigkeit (causa sui) ist, das wissentlich und willentlich handeln kann, vermag er an der Vorsehung Gottes teilzuhaben: Er kann für sich und andere Vorsehung ausüben [116]). „Kraft der ihm eigenen naturhaften sittlichen Vernunft nimmt der Mensch sonach aktiv teil an der göttlichen Ordnungsvernunft. Eben dieser Sachverhalt findet seine imperativische Form in dem Auftrag zur Herrschaft über die Erde." [117])

An dieser Stelle sollen auch die verzerrenden Interpretationen der Lehre vom Menschen als Abbild Gottes, wie sie sich bisweilen bei Biologen finden, zurückgewiesen werden. So spricht F. M. Wuketits von den Gefahren des christlichen Menschenbildes, da dieses den Menschen zu einem Halbgott erhebe, der seine von der Natur gezogenen Grenzen übersehe [118]). Dazu ist zu bemerken, daß der Mensch im Christentum gerade nicht zu Gott erhoben wird. Luther stellte einmal fest: „Gott wurde Mensch, damit wir endlich den Wahn unserer Göttlichkeit fahren lassen und zu wirklichen Menschen werden."[119] Für die katholische Tradition ist es bezeichnend, daß der berühmte Satz von der analogia entis auf dem IV. Laterankonzil sich genau auf das Wort der Schrift bezog: „Seid vollkommen, wie euer himmlischer Vater vollkommen ist" (Mt 5, 48). Gegen die Vorstellung einer allzu unmittelbaren Vergöttlichbarkeit des Menschen wurde definiert: „Denn von Schöpfer und Geschöpf kann keine Ähnlichkeit ausgesagt werden, ohne daß sie eine größere Unähnlichkeit zwischen beiden einschlösse."[120] Es widerspricht ja gerade dem Schöpfungsglauben, den Menschen als Halbgott zu bezeichnen: Der Mensch ist Kreatur Gottes. Der biblische Sündenfall erwächst aus dem Streben, „wie Gott zu sein" (Gen 3, 5). So wäre zu fragen, ob nicht der moderne Mensch im Bewußtsein seiner Macht über die Natur, die ihm die Technik zur Verfügung stellt, sich nun zum absoluten Herrscher über die Natur aufschwingt und sich selber an die Stelle Gottes setzt[121].

Wir fassen zusammen: Die Lehre von der Gottebenbildlichkeit des Menschen bezieht sich nicht so sehr auf bestimmte Wesensmerkmale des Menschen. Vielmehr impliziert der Glaube an die Schöpfung des Menschen nach dem Bilde Gottes, daß der Mensch in seinem Tun und in seiner Verantwortung fungiert wie ein Statthalter Gottes gegenüber den Geschöpfen[122].

Das Verhältnis zwischen Gott und Mensch gestaltet sich infolgedessen dialogisch. Der Mensch als die aus der Partnerschaft mit Gott begriffene Person ist das Wesen der Verantwortung[123]. Als Gottes Ebenbild ist der Mensch offen für Gottes Wort, dem er antworten und dem er ent-sprechen soll. „Wenn aber Antwort und Entsprechung, dann muß es eine freie, willentliche und eigenverantwortliche sein, wenn auch im Gehorsam gegenüber dem Wort."[124] Die Gottebenbildlichkeit des Menschen wurde darum in der christlichen Theologie auch immer in seiner Freiheit gesehen. Man denke weiterhin an den zweiten Schöpfungsbericht, der dem Menschen eine Wahlfreiheit zuspricht und mit dieser sein besonderes Verhältnis zu Gott charakterisiert. Als einzigem der Geschöpfe werden dem Menschen Gebot und Verbot gegeben (Gen 2, 16f.). Er allein steht in der Würde und in der Gefahr der Verantwortung vor Gott[125].

Diese Überlegungen zeigen, daß die biblische Kennzeichnung des Menschen als Ebenbild Gottes ein Menschenbild impliziert, das dem Menschen in seinem Selbstverständnis als freiem, handelndem und verantwortlichem Wesen gerecht werden kann. Das soziobiologische Weltbild in seiner extremen Version hingegen hat keinen Platz für diese Eigenschaften des Menschen. Und während eine christliche Anthropologie von der Subjektivität und vom personalen Wesen des Menschen ausgeht, wird die Selbsterfahrung des Menschen als Individuum und Subjekt von E. O. Wilson als Illusion abgetan, womit auch alle Rede von Freiheit und Verantwortung sinnlos wird.

6.3.2 Der Unbedingtheitscharakter der sittlichen Erfahrung

Sittlichkeit wird von der Soziobiologie von ihrer Funktionalität für das Überleben her interpretiert. Für den der sittlichen Erfahrung eigenen Charakter der Unbedingtheit bleibt der soziobiologische Zugang verständnislos.

Gerade aber die Erfahrung unbedingten Beanspruchtseins im Gewissen ist es, die über alle funktionalen Erklärungen hinausgreift und nach einer theologischen Deutung verlangt [126)]. Die Absolutheit der sittlichen Verpflichtung bedarf eines absoluten Grundes. Damit wird die Autonomie der menschlichen Eigenverantwortlichkeit nicht aufgehoben. I. Kant hatte ja gerade die Verantwortung an die sittliche Person gebunden, unabhängig davon, ob diese Person an Gott glaubt oder nicht [127)]. Der Mensch ist vor sich selber verantwortlich, vor seinem eigenen Gewissen. Dieses wird freilich in der religiösen Tradition mit der Stimme Gottes identifiziert. Interessanterweise setzt der späte Kant die moralisch-praktische Vernunft mit Gott gleich [128)]. Jedenfalls verweist die Ethik auch bei Kant auf das Gottespostulat. Erst in der Hoffnung auf Gott findet „das unbedingte Sinnbedürfnis des Menschen für sein Entscheiden und Tun Erfüllung, selbst dort noch, wo Sünde und Bosheit in der Welt und im eigenen Selbst den Sinn von Sittlichkeit an sich in Frage stellen“ [129)]. In Gott erst kann die Gewissenserfahrung eines letztgültigen Angerufenseins ihren eigentlichen Grund und Sinn finden. M. Horkheimer stellte die These auf, daß alles, was mit Moral zusammenhängt, letztlich auf Theologie zurückgeht. Diese ist „die Hoffnung, daß es bei diesem Unrecht, durch das die Welt gekennzeichnet ist, nicht bleibe, daß das Unrecht nicht das letzte Wort sein möge“ [130)]. Der Mensch kann nur moralisch handeln mit dem inneren Gefühl, daß es einen Gott gibt [131)]. Der Philosoph L. Kolakowski greift in ähnlicher Weise einen Gedanken von Dostojewskij auf: Wenn es Gott nicht gibt, „ist der Mensch der Herr der Erde, des Weltengebäudes ... Nur wie wird er ohne Gott tugendhaft sein? ... Denn wen wird er dann lieben, der Mensch nämlich? Wem wird er dankbar sein? Wem wird er Hymnen anstimmen?“ [132)] „Falls es keinen Gott gibt, ist alles erlaubt.“ [133)] Damit ist gemeint, daß Urteile darüber, was recht oder unrecht, gut oder böse sei, „nur in der sakralen Sprache als gültig gerechtfertigt werden können“ [134)]. Die absolute Gültigkeit einer Norm ist nur religiös begründbar. Solange eine Ethik von einem immanenten Bezugspunkt aus argumentiert, wie etwa Aristoteles von der Polis her, kann sie zwar „Bedingungen im Sinne von Sollensforderungen und Tugenden (aufzeigen), die sich diesem Bezugspunkt notwendig zuordnen, dennoch bleiben diese in ihrer Gänze hypothetisch, weil der Bezugspunkt selbst nicht als ein schlechthin und unbedingt sein sollender erwiesen werden kann“ [135)]. Wenn Ethik den Anspruch von Unbedingtheit geltend macht, so bedarf sie zur Begründung dieses Unbedingten eines metaempirischen, „theologalen“ Sinnbezugs [136)].

Letztlich weist damit auch der Begriff der Verantwortung über den Menschen hinaus [137)]. H. Jonas verzichtet auf diese theologische Fragestellung, da das Transzendente heute abgeschafft sei, was aber vielleicht der kolossalste Irrtum der Geschichte gewesen sei[138]. Aber auch Jonas fordert im letzten eine transzendente Grundlegung für die Ethik: „Wir müssen wieder Furcht und Zittern lernen, und, selbst ohne Gott, die Scheu vor dem Heiligen."[139]

Die sittliche Erfahrung des Menschen, so kann abschließend gesagt werden, ist zwar eine „eigenständige Verantwortlichkeits-Erfahrung seiner eigenen Existenz, deren Reflexion als Ethik ohne Rekurs auf Gott möglich"[140] ist, bleibt aber in ihrer Sinnhaftigkeit ohne Gott nicht begründbar. Wo es daher um ein Verstehen des Sollens als einer sittlichen Verpflichtung geht, findet sich Ethik mit der Gottesfrage konfrontiert.

Da die soziobiologische Weltanschauung jegliche Transzendenzerfahrung als überlebensdienliche Illusion des Menschen entlarvt, vermag sie auch keinerlei Geltungsgrund für die von ihr postulierten evolutionären Tugenden und die zur Erhaltung der Welt notwendigen Handlungsanweisungen anzugeben. Der Schöpfungsglaube hingegen deutet den Menschen als Kreatur. „Als geschaffene Person ist der Mensch in der Mitte seines Personseins von Gott in Anspruch genommen. Im Verständnis des Schöpfungsglaubens ist der unbedingte Sollensanspruch nichts anderes als die Abhängigkeit eines personalfreien Selbst, das in dieser seiner Freiheit total beansprucht ist, über sich in Freiheit zu verfügen."[141]

6.3.3 Der Mensch und die Schöpfung

Wie schon gezeigt, impliziert die Aussage von der Gottebenbildlichkeit des Menschen dessen Auftrag, als Verwalter Gottes die Erde mit ihren Geschöpfen zu beherrschen. In der Tat bedeutete der Schöpfungsglaube eine Entsakralisierung der Welt, in der nun nicht mehr Götter und Dämonen zu befürchten waren, und damit die Legitimierung der Erforschung und Nutzung der Welt. Der Vorwurf freilich, daß die neuzeitliche Ausbeutung und Zerstörung der Umwelt eine gnadenlose Folge des Christentums sei[142], ist nicht nur überzogen, sondern verkennt auch die geschichtliche Eigendynamik der Säkularisation, die nicht mehr dem christlichen Glauben selber angelastet werden kann. In der Frühneuzeit stellte Bacon die Behauptung auf, daß der Mensch mit Hilfe der Technik wieder die Macht über die Kreaturen gewinnen könne, die er durch den Sündenfall verloren hatte. Das aber ist keine christliche Interpretation von Schöpfung und Erlösung mehr, denn Bacon umgeht die durch Christus neu vermittelte Gottebenbildlichkeit. Stattdessen ruft er zur Selbsterlösung auf. Er stellt die Heilsgeschichte auf den Kopf und behauptet, der Mensch könne sich eigenmächtig zum Ebenbild Gottes machen[143].

Damit hat sich das neuzeitliche Denken aber völlig von seinen christlichen Wurzeln gelöst. Wurde im Mittelalter die Verantwortung des Christen für die Weltgestaltung immer noch als in göttliches Recht eingebunden betrachtet, so ist die Säkularisierung der christlichen Weltverantwortung „der Versuch, sich der Unverfügbarkeit des Schöpfergottes dadurch zu bemächtigen, daß die Geschichte zum Raum menschlichen Verfügens und nur noch menschlichen Verfügens gemacht wird"[144]. Dagegen stand der Mensch im mittelalterlichen Weltbild an der Spitze einer Lehenspyramide, die Gott selber unterworfen war, so daß auch die menschliche Naturbeherrschung vorläufig war und Gott gegenüber verantwortet werden mußte. Mit Bacon und Descartes gerinnt diese Vorläufigkeit der Naturbeherrschung zur Despotie einer totalen Ausbeutung.

Die Schöpfungskategorie impliziert dagegen, daß der Mensch nicht wie im kartesianischen Dualismus der Natur gegenübergestellt ist, sondern daß er ganz auf die Seite der Geschöpfwelt gehört: „Mensch und Tier, Pflanzen und Gestirne, sind gleichermaßen Geschöpfe, die von Gott gemacht und gehalten werden."[145] Wenn in Gen 1, 28 der Mensch beauftragt wird, sich die Erde untertan zu machen, so ist damit nicht eine Despotie, sondern ein Patronat gemeint. Dominium terrae (und nicht imperium!) verpflichtet den Menschen als Ebenbild Gottes, die Erde als Gottes Mandatar verantwortungsvoll zu regieren. Er hat das Recht, in die Natur einzugreifen, aber nicht beliebig[146]. G. Altner interpretiert daher Gen 1, 26ff. als Beauftragung des Menschen zur „Haushalterschaft"[147]. Der Herrscher der Natur ist zugleich ihr Gärtner und ihr Pfleger, wie aus Gen 2, 15 hervorgeht: Der Mensch soll den Garten Gottes bebauen und hüten[148]. Der Mensch soll somit ein gerechter Herrscher sein, der den Geschöpfen das Ihre zukommen läßt. Wenn Adam den Tieren Namen gibt, so bestätigt er sie in ihrem Selbstsein, in ihren Eigenrechten. Das Ethos dieses Adam ist Seinlassen[149]. „Zwar verhält sich der Mensch als biologisches Wesen den anderen Lebewesen gegenüber zunächst als Naturwesen – deswegen darf er Pflanzen und Tiere zu seinem Gebrauch züchten und töten –, nur ist damit gewiß nicht eine Pauschalerlaubnis zum beliebigen Umgang mit Geschöpfen erteilt."[150] Da der Mensch fähig ist zu Vernunft und Freiheit, kann und soll er sich seiner Mitgeschöpflichkeit erinnern und sich selbst zurücknehmen, indem er den Geschöpfen das Ihre läßt.

Ja, der Mensch ist sogar dasjenige Wesen, das den stummen Geschöpfen seinen Mund leihen soll zum Lobe Gottes. Im Menschen „schlägt die Schöpfung gleichsam ihr Auge auf, kommt zum Bewußtsein ihrer selbst und kann sich selbst auf Gott hin zum Ausdruck bringen"[151]. Weil der Mensch als einziger von allen Geschöpfen weiß, daß er Geschöpf ist, ist er dazu ausersehen, „die Würde seiner Mitmenschen zu achten, für die Güte der Schöpfung zu danken und, stellvertretend für alle Geschöpfe, Gott die Ehre des Schöpfers zu erweisen"[152]. Hieraus ergibt sich eine Solidarität der Schöpfung, eine Einstellung des Menschen also, die im Geschöpf den Schöpfer ehrt und die Schöpfung entsprechend respektiert. Die Tiere beispielsweise sind dann keine gleichgültigen Sachen oder gewinnbringenden Waren, sondern die lebendigen Mitgeschöpfe des Menschen, für die dieser dem Schöpfer gegenüber verantwortlich ist. Wie einem gütigen Herrscher das Leben seiner Untertanen, so ist dem Menschen das Leben der Tiere in seine Hand gegeben[153].

Will der Mensch jedoch seine eigene Geschöpflichkeit nicht wahrhaben, so versucht er, sich selber zum Maß aller Dinge zu machen. Er setzt sich dann „als Individuum und Gattung absolut und versucht sein Menschsein gegen den Schöpfer und auf Kosten anderer Geschöpfe zu realisieren"[154]. Dann ist der Mensch nicht mehr die Krone, sondern die Dornenkrone der Schöpfung[155].

Eine weitere Implikation ergibt sich aus der Gutheit der Schöpfung. In der Genesis endet jeder Schöpfungsakt damit, daß es heißt: „Gott sah, daß es gut war". Nicht menschliche Wertschätzung und nicht der Nutzen der Geschöpfe für das Überleben des Menschen geben der Welt ihre Güte, sondern Gott selber verleiht der Schöpfung ihren Wert. „Der Sinn der Natur geht offenkundig nicht darin auf, einzig des Menschen wegen da zu sein, und zwar auch dann nicht, wenn man diesen als die äußerste Sinnspitze der Schöpfung voraussetzt."[156] Die nichtmenschliche Natur hat einen eigenen Wert und ist nur in dem Sinn auf den Menschen hingeordnet, daß die Erschaffung von Pflanzen und Tieren der Schöpfung des Menschen den Boden bereitet, „daß sich die Schöpfung im Menschen vollendet, nicht aber in dem Sinne, daß der zuletzt geschaffene Mensch bedingungslos und ohne Einschränkung über alles übrige verfügen darf"[157]. Der Mensch soll die Natur bewahren, weil sie an sich bewahrenswert ist. „Wenn der Mensch für die Natur Verantwortung zu übernehmen hat, dann nicht nur, weil es in seinem Selbsterhaltungsinteresse liegt, seine Lebensgrundlagen zu schonen, sondern weil er Sorge zu tragen hat für die Kreatur, die ihm zu treuen Händen übergeben ist."[158] Seine besondere Fürsorge gilt dabei den Tieren, die darum auch in den Bund Gottes mit Noah aufgenommen werden[159].

Wer hingegen die bestehende und seinshafte Güte der Schöpfungsdinge nicht ernst nimmt, gerät „in die Gefahr einer reinen Zweckhaltung gegenüber den geschaffenen Dingen, welche ihn diese Dinge rein funktional und nach ihrem gegenwärtigen Gebrauchswert in einer Art von Konsumhaltung gebrauchen und mißbrauchen läßt"[160]. Auch die Versuche der Gegenwart, der Natur ein Eigenrecht zuzugestehen, beruhen letztlich auf einer unreflektierten Anthropozentrik, die der Natur keine echte Würde zuspricht und sie letztlich nur um der Selbsterhaltung des Menschen willen respektiert. Wenn Natur aber nur funktional auf die Bedürfnisse des Menschen hin interpretiert wird, so wird sie dort wieder rechtlos, wo die Selbsterhaltung des Menschen nicht mehr auf dem Spiel steht[161].

Das christliche Weltverhältnis wird dagegen vom „Ja" Gottes zu seinem Werk geprägt. „Gott will die Welt und steht für ihren Sinn ein. Als seine Tat, als seine Schöpfung, die sich einzig ihm verdankt, bestätigt er sie in ihrer Sinnhaftigkeit und Vernunft."[162] Wenn also Gott die Welt wesenhaft bejaht hat, so kann sie der Christ nicht verneinen. Mit dem Glauben an Gottes unwiderrufliche Affirmation der Welt ist die Bejahung der Welt und des Menschen untrennbar verbunden. Ohne den Schöpfungsglauben aber ist die Forderung nach Ehrfurcht vor der Natur letztlich sinnlos. Es ist auch zu bezweifeln, ob der Mensch eine Sollenserfahrung der Evolution gegenüber machen kann[163]. Der Urknall oder die Evolution sind weder geeignete Adressaten menschlicher Ehrfurcht noch Instanzen, vor denen sich der Mensch zu verantworten hat. Eine Ehrfurcht vor dem Leben, wie sie vielerorts gefordert wird, eine Ehrfurcht „vor all dem, was wir nicht geschaffen haben und nie schaffen werden"[164], kann nur von einem Schöpfungsglauben her begründet werden, der anerkennt, daß das Leben nicht sinnloses Produkt der Evolution, sondern Gabe Gottes ist. „Der Schöpfungsglaube enthält eine Einstellung zum Leben, die dessen Geheimnis und letzte Unverfügbarkeit wahrnimmt und ehrt." [165]

Eine weitere ethische Implikation ergibt sich aus der biblischen Deutung des Menschen als Abbild Gottes. H. Jonas versucht zu zeigen, daß der Mensch sich nicht selber ausrotten darf, daß er sein soll. Daraus entwickelt er ethische Postulate für den Umgang des Menschen mit der Natur und mit sich selbst. Er muß freilich zugeben, daß sich die Prämisse, daß der Mensch sein soll, erst aus einer Schöpfungsidee ergibt, gemäß der Menschen nach dem Willen Gottes „in seinem Ebenbilde da sein sollen und ... die ganze Ordnung in ihrer Unverletzlichkeit sein soll" [166]. Erst aus dem Glauben an die Schöpfung ergibt sich notwendig die Pflicht des Menschen „zum Dasein, zur Wahrung und zum Fortbestand des Bildes Gottes auf Erden. Und wenn jede der erschaffenen Arten von Gott gesegnet worden ist und Gott am Ende eines Schöpfungstages sah, daß es gut war, so müssen die, die dies glauben, auch mit Gott wollen, daß die Integrität der Schöpfung gewahrt bleibt." [167]

Der Mensch als Geschöpf Gottes ist nicht „biologisches Flickwerk" und darf darum nicht beliebig manipuliert und mit Hilfe biotechnischer Ingenieurkunst zur zufriedenstellenden Höhe erhoben werden [168]. Wenn sich in der Natur die Weisheit des Schöpfers widerspiegelt, so darf sich der Mensch nicht eigenmächtig zum Schöpfer neuer Lebewesen oder gar seiner selbst aufschwingen [169]. Dies bedeutet keine absolute Verneinung der modernen Technik. Denn auch die menschliche Vernunft hat ihren Ursprung in Gottes guter Schöpfung. Respekt vor der Natur bedeutet darum keine naturalistische Vorgegebenheit, sondern eine anthropologische Aufgegebenheit der Natur. Die menschliche Vernunft kann deutend und interpretierend den Plan Gottes mit dem Menschen immer mehr erheben, wobei anthropologische Implikationen des Glaubens in diesen Interpretationsprozeß mit einfließen. „Anliegen einer theologischen Anthropologie werden an die Natur herangetragen, und indem dies geschieht, vollendet der Mensch seinen treuhänderischen Umgang mit der Natur, welch letzterer alle Züge eines treuhänderischen Umgangs mit sich selbst annimmt. Achtung vor der Natur mündet in Selbstachtung." [170]

6.3.4 Die Würde des Menschen

R. Dawkins lehnt den Gedanken der Menschenwürde oder der Menschenrechte als „Artegoismus" ab, der einer christlich inspirierten Einstellung entspringt [171]. E. O. Wilson dagegen hält an den Menschenrechten fest, vermag aber keine Grundlage für diese anzugeben. So etwas wie unveräußerliche und unbedingte Menschenwürde findet in seiner Weltanschauung keinen Platz. In einer Welt, in der alles indifferent aus Zufall und Notwendigkeit entstanden ist, gibt es keine Normen, denn das Sein des Menschen selber ist indifferent. Der Mensch als zufälliges Produkt einer Kette von Entwicklungen, die ihren Ursprung im Urknall haben, kann keinerlei Würde für sich beanspruchen[172]. Wenn es kein Absolutes gibt, kann man auch im Menschen kein Absolutes annehmen. Nur wenn dem Evolutionsprozeß als solchem Sinn und dem Menschen innerhalb dieses Werdeprozesses eine Sonderstellung zukommt, wird dem Menschen eine Würde verliehen, die ihn über die übrige bekannte Welt hinaushebt.

Nun hat der Gedanke der Menschenwürde und den daraus folgenden Menschenrechten verschiedene Wurzeln. Bereits in der Stoa findet sich die Einsicht, daß dem einzelnen Freiheitsrechte zustehen, die ihm angeboren sind und nicht erst vom Staat gewährt werden müssen[173]. Das Christentum hat diese Impulse übernommen und um den Gedanken der Personalität bereichert. Dieser ist ein genuin christlicher Beitrag zur Anthropologie und hat seinen Ursprung in den christologischen und trinitarischen Diskussionen des 4. und 5. Jahrhunderts[174]. Eine weitere Grundlage für die Formulierung der Menschenrechte in der Neuzeit war der Naturrechtsgedanke. Hinter dem Grundsatz, daß jeder Mensch gleichen Anspruch auf Freiheit und Würde hat, steht die naturrechtliche Idee, daß der Mensch als Mensch der menschlichen Vernunft gemäß leben können soll[175]. Eine besondere Rolle spielte die biblische Bezeichnung des Menschen als Ebenbild Gottes: Gregor von Nyssa sprach darum beispielsweise von der „königlichen Würde des Menschen“. Grundlegend für die Idee der Menschenwürde war auch die Lehre vom Gewissen, wie sie etwa Thomas von Aquin entfaltet hat. Von unveränderlichen Menschenrechten dürfte schließlich der Jesuit Suarez als erster gesprochen haben. Die Deklaration der Menschenrechte, die von einem südfranzösischen Erzbischof verfaßt worden war, wurde am 26. August 1789 im Dom von Paris mit einem Pontifikalamt verkündet[176]. Trotz der christlichen Wurzeln wurde die Idee der Menschenrechte gegen die offizielle Kirche durchgesetzt. Erst der Humanismus der Aufklärung vermochte es, die Idee einer absoluten Würde des Menschen auch zu politischer Wirksamkeit zu bringen. Es dauerte noch lange, bis die Kirche in den Menschenrechten ein legitimes Erbe ihrer eigenen Tradition anerkannte[177].

Den Ideen von Menschenwürde und Menschenrechten liegt jedoch das christliche Bild vom Menschen zugrunde. Insofern kann das christliche Menschenbild als eine Art „gesunkenes Kulturgut“ betrachtet werden[178]. Die heute in den Menschenrechtserklärungen niedergelegten Aussagen zur Würde des Menschen leben „alle aus der Energie überholter Vorstellungen, vergangener Weltbilder, ... (und) sind letzten Endes säkularisierte Aussagen einer theonomen Argumentation“[179]. Mit einem weltimmanenten Verfahren kann darum beispielsweise der erste Satz des Grundrechtekatalogs des bundesdeutschen Grundgesetzes: „Die Würde des Menschen ist unantastbar“ nicht stringent begründet werden[180].

„Würde“ meint nicht nur, daß der Mensch Selbstzweck für sich ist, seinen Sinn also nicht erst in der Funktion für etwas anderes gewinnt. Vielmehr ist der Mensch Selbstzweck schlechthin. „Alle Versuche, den Selbstzweckcharakter des Menschen nur so zu verstehen, daß der Mensch für den Menschen das höchste irdische Wesen ist, daß er für sich selbst höchster Zweck ist, kommen an den spezifischen Begriff der Menschenwürde nicht heran."[181] Denn wenn der Mensch nur einen Wert „für sich" hat und nicht auch ein Selbstzweck „an sich" ist, so gibt es kein Argument gegen einen perfekten Mord. Das Subjekt hat ja keinen Verlust erlitten, wenn es verschwindet. Nach Horkheimer und Adorno gibt es darum eigentlich nur ein religiöses Argument gegen den Mord. Der Begriff der Würde meint daher etwas Sakrales: „er ist ein im Grunde religiös-metaphysischer"[182].

Der Mensch ist nach R. Spaemann fähig, seine eigenen Interessen zu relativieren, er ist fähig zum Rechtfertigungsdiskurs und zu sittlicher Selbstbestimmung. Als sittliches Wesen wird der Mensch zum absoluten Selbstzweck. Weil er seine eigenen Interessen relativieren kann, darf er beanspruchen, in seinem absoluten Subjektstatus respektiert zu werden. „Weil der Mensch als sittliches Wesen Repräsentation des Absoluten ist, darum und nur darum kommt ihm das zu, was wir ‚menschliche Würde' nennen."[183] Diese Menschenwürde ist unverlierbar, weil die Freiheit als mögliche Sittlichkeit unverlierbar ist. Sie muß allen Exemplaren der Spezies homo sapiens zuerkannt werden, da auch Embryonen, Kinder und Debile die Anlage zum Ich und damit zu möglicher Freiheit und Sittlichkeit besitzen. Wenn zudem nicht die biologische Zugehörigkeit zur Art des Menschen Grundlage der Menschenwürde ist, wird die Zuerkennung einer solchen Würde völlig beliebig und hebt damit den Gedanken einer *Menschen*würde auf[184].

Die Aufklärung hatte die Menschenwürde rational auf der Personhaftigkeit des Menschen zu begründen versucht. Wenn der Mensch aber innerhalb der Evolution nur eine vergängliche und kurzlebige Struktur von hoher Komplexität darstellt und daher auch seine Vernunft – wie noch in der Aufklärung – nicht mehr als ein göttliches Attribut angesehen wird, scheitert eine solche Begründung[185]. „Würde verlangt zu ihrer Begründung nach einem absoluten Wert, den der Mensch in einem relativistischen Universum aus sich heraus nicht darstellt und auch nicht aus sich für sich beanspruchen kann."[186] Die neuzeitliche Grundlegung der menschlichen Würde in Vernunft und Freiheit lebte noch vom Glauben, daß der Mensch als Ebenbild Gottes mit Vernunft und Freiheit begabt ist. Einen festen Grund für seine Würde kann der Mensch letzten Endes nur im Vertrauen auf die Sinnhaftigkeit der Welt, die Schöpfung Gottes ist, finden[187]. Schon in der Genesis selbst wird die Würde und der unantastbare Eigenwert des Menschen von dessen Gottebenbildlichkeit her begründet: Wer sich am Menschen vergreift, vergreift sich an Gott. „Für das Leben des Menschen fordere ich Rechenschaft von jedem seiner Brüder. Wer Menschenblut vergießt, dessen Blut wird durch Menschen vergossen. Denn: Als Abbild Gottes hat er den Menschen gemacht" (Gen 9, 5f.)[188].

Im soziobiologischen Weltbild hat eine Achtung vor dem anderen *als solchem* keinen Sinn. Selbst das altruistische Handeln muß von einem Überlebensvorteil her verstanden werden. Man kann ausrechnen, daß sich das Aufopfern für die anderen lohnt. Dagegen ist zu sagen, daß die Idee der Menschenwürde die Achtung des *Menschen* im Individuum impliziert, so daß unter Umständen viele Bergleute ihr Leben für die Rettung eines einzigen verschütteten Bergmannes wagen. Menschenleben sind nicht aufrechenbar, wenn jedem Menschen eine *absolute* Würde eignet. Nach christlichem Verständnis ist der Mensch nicht bloß eine vergängliche Eintagsfliege, sondern besitzt als von Gott geliebtes Geschöpf einen unendlichen Wert. Das gilt auch und gerade für das kranke, alte und behinderte menschliche Leben[189)]. Eine darwinistische Weltanschauung, die den Wert des Menschen nach biologischen Nützlichkeitserwägungen berechnet, erblickt dagegen im behinderten Menschen eine biologische Last[190)]. In diesem Geist wandte sich schon Nietzsche gegen den christlichen Einsatz für die Behinderten: „Die Schwachen und Mißratenen sollen zugrunde gehn: erster Satz *unsrer* Menschenliebe. Und man soll ihnen noch dazu helfen."[191)]

Wenn die Soziobiologie vor dieser Konsequenz zurückschreckt und wie Wilson sogar noch für die Menschenrechte plädiert, so kann sie dies im Rahmen ihrer Weltanschauung nicht begründen. Das Postulat der Menschenwürde bedarf eines letzten Fundamentes und deutet damit auf eine Transzendenz hin[192)]. So erweist sich auch hier das christliche Menschenbild der soziobiologischen Weltanschauung überlegen.

6.3.5 Ethische Implikationen des Christusereignisses

Jesus Christus verkündete keine neue Morallehre. Da aber in ihm Gott selber Mensch geworden ist, wurde das Bild vom Menschen radikal verändert. Die Frage, was der Mensch sei, wird in Jesus Christus beantwortet: „Ecce homo!" „In Jesus von Nazaret selbst ist *das Bild des Menschen für den Menschen* dargestellt."[193)] Menschenbild und Ethik hängen aber zuinnerst zusammen. So wird eine christliche Moral ihr Spezifikum von dem Menschenbild her erhalten, das mit der Selbstmitteilung Gottes in Jesus Christus grundgelegt wurde und in den Schriften des Neuen Testaments seinen Niederschlag gefunden hat. Auch hier können nur Andeutungen zu einer aus dem Christusereignis folgenden Anthropologie und deren Bedeutung für eine Ethik gemacht werden.

In der Person Jesu Christi hat sich Gott selber in die Geschichte eingelassen und sich personal mitgeteilt. Damit wurde die Personalität des Menschen als dessen eigentliche Würde herausgestellt. Sittliche Weisungen dienen folglich nicht primär der Stabilisierung von Gesellschaftsformen, wie das die Soziobiologie behauptet, sondern haben die sittliche Entwicklung und Reifung der menschlichen Person zum eigentlichen und letzten Ziel[194)]. Weiterhin wird die Einzigartigkeit der menschlichen Person betont: „Die Begegnung mit Gott in der geschichtlichen Person Jesu Christi entnimmt den einzelnen der Gefangenschaft wie falschen Entlastung sozialer Zwänge und überführt ihn der unauslotbaren Einmaligkeit seiner Existenz."[195)]

Die trinitarische Struktur der Heilsgeschichte macht offenkundig, daß personale Wahrheit immer an personale Begegnung gebunden ist. Dies bedeutet keine Minderung der Autonomie der Person, wohl aber wird betont, daß eine Person erst in der Begegnung mit andern zu sich selber kommt. Das hat Folgen für das Verhältnis des einzelnen zur Gesellschaft: Beide sind aufeinander bezogen, bleiben jedoch in Spannung unterschieden. Eine Auflösung dieser Spannung in einen Privatismus oder in die Absorbierung des einzelnen durch die Gesellschaft widerspricht dem personalen Menschenbild[196]. „In dieser Jeeinmaligkeit und Gleichheit jedes und aller Menschen vor Gott ist eine Gemeinsamkeit der Menschen beschlossen, die es gleichermaßen verwehrt, daß der Mensch nur als Teil seiner Gattung und somit nur als Abstraktum und Kollektiv gewertet, eingesetzt und dahingegeben, wie daß er andererseits in der punktuellen Isolierung eines monadehaften Individuums, das ebenfalls lediglich ein Abstraktum darstellt, belassen wird."[197]

Durch die Selbstmitteilung Gottes in Jesus Christus wird dieser als der neue Mensch, der neue Adam vorgestellt und damit die Gottebenbildlichkeit des Menschen neu und unüberholbar bestätigt. „So bringt Jesus Christus als *das* Bild Gottes (2 Kor 4, 4; Kol 1, 15) zugleich die Gottebenbildlichkeit des Menschen (Gen 1, 26) zur Vollendung."[198] Gott hat den Menschen wunderbar geschaffen und noch wunderbarer erneuert. Die Würde jedes einzelnen Menschen wird im Christusereignis noch einmal bestätigt. Das gilt besonders für die Schwachen und von der Gesellschaft Verstoßenen, denen sich Jesus in besonderer Weise zuwandte. Die daraus folgende Betonung der Würde eines jeden Menschen führte beispielsweise zu konkreten Änderungen im Rechtswesen des römischen Reiches. Das bis dahin geltende Recht des Vaters, Kinder auszusetzen, wurde von Kaiser Valentinianus verboten. Unter Konstantin wurde das Töten von Sklaven als Mord deklariert[199].

Aus dem Inkarnationsgeschehen ergibt sich weiterhin eine Implikation für das Verhältnis der Menschen zueinander. Denn wenn Gott sich den Menschen gleich macht, so macht er die Menschen untereinander gleich. „Die Menschwerdung Gottes legt das geschichtliche Fundament einer Gleichheit unter den Menschen, wie sie radikaler nicht mehr gedacht werden kann."[200] Daraus folgt, daß alle bestehenden Institutionen und sozialen Ordnungen daraufhin befragt werden müssen, ob sie im Dienst an der Verwirklichung des Gleichheitsgrundsatzes stehen. Alle Ungleichheiten unter Menschen sind gegenüber dieser in der Inkarnation grundgelegten Gleichheit immer nur zweitrangig und vorläufig. Sie haben nur funktionalen Charakter und müssen auf die zugrundeliegende Gleichheit hin transparent sein. Diese Aussage beinhaltet noch kein direktes politisches Programm. Die Gleichheit bleibt eine strikt anthropologisch-theologische Kategorie. Das bedeutet, daß die ontologische Einzigartigkeit glaubenden Gottesverhältnisses alle konkreten sozialen und politischen Strukturen transzendiert. Keine gesellschaftliche Konkretion kann dieses Verhältnis je adäquat einfangen, so daß der Mensch immer zur schöpferischen Gestaltung der Sozialstrukturen aufgerufen bleibt. In erster Linie jedoch ist die praktizierte Gleichheit keine Frage sozialer Strukturen, sondern personalen Verhaltens[201].

Gleichheit im Sinne der Bibel meint also zuerst die Berufung aller zum Heil und die Gleichheit der Würde jeder menschlichen Person. „Vor Gott gibt es keine Unterscheidung der Personwürde nach den äußeren Lebensverhältnissen."[202] Eine solche Gleichheit war schon im Alten Testament grundgelegt. Das ganze Menschengeschlecht ist aus einer Erde geformt. „In der großen Stammtafel von Genesis 10 kehrt derselbe Gedanke wieder, daß es nur *einen* Menschen in den vielen Menschen gibt."[203] Die Absage an jeden Rassismus erhält dann in Jesus Christus eine neue Bestätigung: „Es gibt nicht mehr Juden und Griechen, nicht Sklaven und Freie, nicht Mann und Frau; denn ihr alle seid ‚einer' in Christus Jesus" (Gal 3, 28).

Eine solche wesenhafte Gleichheit der Menschen ist von der Biologie her kaum zu begründen. Der Biologe H. Mohr gibt das unumwunden zu: „Die Menschen sind *aus genetischen Gründen* sehr verschieden. Dem juridischen Postulat der Gleichheit vor dem Recht entspricht kein biologisches Korrelat."[204] Der Versuch von F. M. Wuketits, die Gleichheit aller Menschen aus der Tatsache herzuleiten, daß alle eine gemeinsame natürliche Wurzel haben, bleibt ungenügend. Denn die biologische Natur des Menschen ist ambivalent deutbar. Aus ihr lassen sich auch Rassismus und Ungleichheit herleiten[205].

Die Menschwerdung Gottes in Jesus Christus hat auch Folgen für die Deutung der menschlichen Geschichte. Die Gegenwart Gottes in der Geschichte verleiht dieser eine neue Qualität. „Sie ist Medium eines unzerstörbaren Sinns, dessen Zuspruch und Anspruch sich in jede Einzelsituation hinein mitteilt."[206] Es gibt folglich keine geschichtliche Situation, der der Mensch als Träger seiner Geschichte keinen Sinn mehr geben kann. Die Grundhaltung des Christen gegenüber seiner eigenen Geschichte ist somit Gefaßtheit und Gelassenheit. Der Glaubende muß nicht in Utopien fliehen, sondern vermag ganz in der Gegenwart zu leben, die er realistisch einschätzen kann. Seiner Würde als Person entsprechend darf er hier und jetzt sein unersetzbares Leben leben. Zu fällende Entscheidungen erfüllen ihn nicht mit der Angst, er könnte seine eigene Erfüllung verfehlen, denn er ist ja durch seine geschichtliche Unmittelbarkeit zu Gott auch schon ganz bei sich selbst. So ist er immer Herr seiner Lebensgeschichte, auch wenn diese erst leidend realisiert werden muß[207]. Die Unmittelbarkeit zu Gott ermöglicht dem Menschen aber auch die kritische Distanzierung zur eigenen Geschichte. „Er steht ihr in Freiheit gegenüber und bekundet so seine volle geschichtliche Verantwortlichkeit."[208] Damit bleibt einerseits der Ernst jeder geschichtlichen Entscheidung des Menschen gewahrt. Andererseits aber ist diese Welt nicht die letzte Wirklichkeit, so daß der Mensch nicht in seine vergangene Schuldgeschichte eingeschlossen wird: „Der Glaubende, der sich auf die endgültige ‚Korrektur' seiner Entscheidungen ausspannt, besitzt auch diese Kraft, die Notwendigkeit zeitlich nachfolgender Korrekturen bereitwillig anzuerkennen und daraufhin seine Entscheidungen prozeßhaft zu wagen."[209]

Eine weitere Implikation ergibt sich aus dem Glauben, daß der Mensch seine Existenz vor Gott nicht durch sein sittliches Leben erst rechtfertigen muß, sondern daß er die in Jesus Christus geschenkte Rechtfertigung von Gott her annehmen und aus dieser Gnade leben darf[210]. Der Mensch ist nicht das, was er aus sich macht, wie etwa im antiken und neuzeitlichen Humanismus. „Im christlichen Glauben entdeckt der Mensch seine

Menschlichkeit darin, daß er trotz seiner Unmenschlichkeit schon von Gott geliebt und trotz seiner Verfehlung schon zur Gottesebenbildlichkeit gerufen" ist[211]. Der Glaubende ist nicht auf Erfolg angewiesen, damit sein Leben gelingt. Er braucht sich „die Anerkennung und die Liebe Gottes nicht zu erwerben, sondern kann aus einem anerkannten und geliebten Dasein heraus frei handeln"[212]. Und weil der Glaubende von Gott in Jesus Christus angenommen ist, vermag er auch, sich selber anzunehmen. Aus dieser Erfahrung grundlosen Beschenktseins folgt, daß die konkreten Normen für den Christen kein Leistungsmaß, sondern ein der Unfreiheit der Sünde und der Konkupiszenz abgerungener Freiraum des Handels darstellen[213]. „Das sittliche Gebot, das in der sprachlichen Form eines Imperativs auftritt, zielt auf die in der geschichtlichen Wirklichkeit Jesu Christi eingeschlossene befreite Handlungsmöglichkeit des Glaubenden."[214] Der Glaube erzeugt ein neues Selbstverständnis, das die Grenzen des Zumutbaren auszuweiten vermag. Die Ausweitung wird nicht als unerreichbares Ideal, sondern als geschenkte Handlungsmöglichkeit verstanden. „In der Folge werden Grenzen hinausgeschoben, neue und bessere, dem eigenen Selbstverständnis entsprechendere Handlungsziele entdeckt, bessere Abwägungsstandards im Blick auf ihre konkrete Verwirklichung durchgesetzt; kurz, eine gegebene Situation wird umfassend verbessert, bestehende Zwänge werden nicht resignativ bestätigt, sondern fortschreitend abgebaut."[215] Auch die Erfahrung von Schuld treibt den Glaubenden nicht in die Resignation. Vielmehr hält sie ihn an, die Handlungsmöglichkeiten auszuweiten. Solche Anstrengung führt nicht in verkrampfte, um die eigene Bestätigung kreisende Leistung. Denn der Glaubende weiß ja, daß ihm seine Rechtfertigung schon geschenkt ist[216]. „Neuorientierung ist im wahrsten Sinn des Wortes ‚ermöglichte' Tat, weil die Überbrückung von Unheil zum Heil von Gott selbst getan wird, weil die Tat selbst letztlich nichts anderes ist als ein Sichgefallenlassen, ein Annehmen und Eingehen auf die Vergebung Gottes, welche die Gegenwart der Basileia impliziert."[217]

Das neutestamentliche Verständnis von Gnade als Ermöglichungsgrund allen menschlichen Handelns hatte zum Beispiel geschichtliche Folgen für das Verständnis des Rechts. Da das christliche Denken der Erfahrung des Bösen niemals resignativ gegenüberstehen kann, kann auch der Teufelskreis von Gewalt und Gegengewalt aufgebrochen werden. Strafe und Sanktion dienen primär nicht mehr der Vergeltung, sondern der Versöhnung. So nahm das Christentum einen Einfluß auf die Humanisierung des Rechtswesens. Der zunehmende Verzicht auf die Todesstrafe im Strafrecht entspringt einem christlichen Impuls[218]. Denn „im Angesicht des Todes Jesu Christi hat ... alles Töten endgültig seine theologische Legitimation verloren. Für den Christen liegt der Ernstfall nicht mehr im verhängnisvollen Töten-müssen, sondern im gnadenhaften Lebengewähren über die ganze Breite menschlichen Ausdrucks hinweg".[219] Wenn auch aktives Töten als „ultima ratio" noch legitim sein kann, so zielt das durch Jesus Christus verwandelte Menschenbild als Vorzugsrichtung etwa die Überwindung der Todesstrafe an.

Indem das Neue Testament die Gottes- und Nächstenliebe als Hauptgebot aufstellt, bekommt die christliche Ethik eine weitere inhaltliche Konkretisierung. Dieses Gebot bedeutet keine Blindheit für die menschlichen Naturanlagen, die zum Egoismus neigen. Die Heilige Schrift ist in dieser Hinsicht sehr realistisch. Aber sie schließt den Menschen nicht in seinem Egoismus ein. Das Leben Jesu zeigt, daß die eigentliche Erfüllung des Menschen in seiner Hingabe an Gott und den Nächsten liegt. Als Heilsbringer offenbart Jesus die Liebe, die sich nicht nur für die Freunde, sondern für alle Menschen hingibt. „Im Leiden und Sterben Jesu verdichtet sich diese pro-existente Haltung zu ihrer tiefsten Bedeutung. Jesus nimmt den herannahenden Tod, die physische und psychische Qual, Verlassenheit von Gott und Menschen auf sich, weil er stellvertretend Frevel und Schuld der Menschheit sühnen will." [220] Die Nachahmung der Selbsthingabe Jesu und die Erfüllung des Liebesgebotes, das in der Aufforderung zur Feindesliebe seine radikale Aufgipfelung erfährt, wird für den Glaubenden zur eröffneten Handlungsmöglichkeit, da er sich selber von Gott schon absolut geliebt weiß. „Die Forderung der Feindesliebe hebt die letzte Grenze auf, die menschliche Konvention und Vernunft oder natürliche, am persönlichen Wohl orientierte Sittlichkeit setzen." [221] Da im Gebot der Feindesliebe die Forderung Jesu nach bedingungsloser und voraussetzungsloser Zuwendung zu jedem Menschen ihre letzte Zuspitzung erfährt, kann sie als das Zentrum der „Ethik" Jesu bezeichnet werden. Das Gebot der Gottesliebe schließlich begründet den „Standpunkt der Moral": Die Interessen des Nächsten sind so wichtig wie die meinen. Denn der Primat der Gottesliebe impliziert, „daß der Unterschied zwischen mir und den anderen zu einem gleichgültigen Unterschied wird. Vor Gott ist niemand wichtiger als ich, und ich bin nicht wichtiger als irgendein anderer." [222]

Mit dieser Betonung der selbstlosen Liebe kann das Christentum sogar als „Motor" innerhalb der Evolution des Menschen wirken. Indem nämlich an die menschliche Fähigkeit appelliert wird, die biologischen Neigungen zu Egoismus und Verwandtenbegünstigung zu überwinden, wird die menschliche Fähigkeit zu solcher Selbststeuerung angefragt. Eine Moral, die das Handeln des Menschen auf ein Befolgen seiner natürlichen Neigungen beschränkt, nimmt die neuen geistigen Fähigkeiten des Menschen nicht ernst und bedeutet einen Rückfall auf die vorgeistige Stufe.

Für eine christliche Moral tritt das „Prinzip Liebe" an Stelle des Selektionsprinzips. Das der Soziobiologie zugängliche und von ihr erklärbare Kosten-Nutzen-Verhältnis zwischen den sogenannten „Altruisten" wird hier überschritten. Dies ist dem Glaubenden möglich, weil er antizipativ schon die Fülle Gottes besitzt. Er muß nicht mehr rechnend zwischen Selbstverlust und Selbstdurchsetzung abwägen. Er sieht im Nächsten keine Bedrohung der eigenen Selbstdurchsetzung mehr, sondern in der Gewißheit, selber von Gott grundlos geliebt zu sein, kann er auch den andern grundlos und daher unbegrenzt lieben. „Der Glaubende kennt keine Bedingungen oder Grenzen seiner Liebe, weder intensiv noch extensiv, da auch seine in Jesus Christus geschenkte Gotteserfahrung keine Bedingungen noch Grenzen besitzt." [223]

Der Christ sieht darum den Sinn seines Lebens nicht in der Erhaltung und Durchsetzung seines eigenen Selbst, sondern im Dienst am Bruder und in der Hingabe bis zur

Selbstaufopferung. Diese sind nur in einem christlichen Heilsverständnis zu begründen und nicht mehr aus der Natur ableitbar. Die soziobiologischen Schemata sind darum auch für diese Phänomene blind[224)].

Der Philosoph M. Horkheimer stellte die These auf, daß es keine logisch zwingenden Gründe gebe, warum der Mensch nicht hassen soll. „Rein wissenschaftlich betrachtet, ist der Haß, bei aller sozial-funktionalen Differenz nicht schlechter als die Liebe.“[225)] Erst die Annahme einer Transzendenz kann nach Horkheimer der Bevorzugung der Liebe vor dem Haß einen hinreichenden Grund geben.

Eine letzte ethische Implikation des Christusereignisses, die hier betrachtet werden soll, liegt in der Deutung von Leben und Tod. Der Glaube an die Auferstehung qualifiziert nämlich den Tod des Menschen in einer ganz neuen Weise. Leben und Tod sind nicht mehr gegeneinander auszuspielen. Durch Tod und Auferstehung Jesu Christi sind Leben und Tod des Menschen wurzelhaft miteinander versöhnt. Dies bedeutet, daß der Christ nicht mehr von der möglichen Vergeblichkeit seines Einsatzes bedroht ist. Der Tod bringt keine Katastrophe mehr, sondern Erfüllung. So kann der Christ ihn schon auf der Höhe seines Lebens umfangen. Unter dieser Voraussetzung erst ist Freiheit zum Leben möglich, welches mehr ist als Überleben um jeden Preis[226)]. Der Glaubende braucht weder aus Verzweiflung den Tod zu suchen noch muß er mit Gewalt nach Verlängerung seines Lebens trachten.

Der Tod stellt für den Glaubenden keine Bedrohung seiner Mühe mehr dar. Er reißt das vom Menschen Begonnene nicht einfach ins Nichts. Somit ist dem Glaubenden vollendete Geschichtsbeherrschung gegeben, weil „dem Tod sein Verhängnischarakter, seine Infragestellung alles Bestehenden bereits genommen wurde“[227)]. Daraus folgt eine Grundhaltung, die sich in den konkreten Einzelentscheidungen niederschlägt. Da das Leben unausweichlich auf den Tod zuläuft, ist jeder Moment des Lebens schon vom Tod geprägt. Alle sittlichen Entscheidungen stellen insofern den Ernstfall angesichts des Todes dar. Nun bezieht sich aber die Auferstehungshoffnung nicht nur auf das Ende des Lebens, sondern prägt auch dessen Einzelmomente. Wenn somit jede konkrete geschichtliche Situation Durchgang zum ewigen Leben ist, so bedeutet dies eine völlig neue Qualifizierung der menschlichen Geschichte. Keine geschichtliche Situation kann im Licht der Auferstehung mehr ausweglos erscheinen, keine entbehrt der Hoffnung und des Sinnes.

Wenn durch den Glauben Tod und Leben schon versöhnt sind, so braucht sich der Glaubende auch nicht mehr auf Kosten anderer angstvoll durchzusetzen. Ihm ist vielmehr Freiheit zu unbegrenzter Liebe geschenkt.[228)]

Weiterhin kann der Glaubende den eigenen Tod in Freiheit annehmen und muß ihn nicht verdrängen. Die bewußte Annahme des Todes verleiht dem menschlichen Daseinsvollzug seine letzte Wahrhaftigkeit. „Menschliches Leben ist so wahr, als es die unausweichliche Wahrheit des Sterbens in sich zu integrieren versteht.“[229)] Erst so ist auch die Ethik dazu befreit, nicht auf das leibliche Überleben um jeden Preis abzuzielen, sondern

„auf eine umfassendere Weise des Überlebens, die Sterben als anthropologische Kategorie integriert und so zu Sinnhaftigkeit aufsteigen läßt“[230].

Auch das Leiden erhält im Licht der Auferstehungsverheißung eine neue Bedeutung. Der Christ ist in seinen konkreten Entscheidungen nicht von der Grundhaltung der Flucht vor dem Leiden geprägt, sondern im Blick auf das Leiden Jesu kann menschliches Leid als sinnvoll erfahren werden. Selbst in den Extremsituationen seiner Existenz darf der Mensch der Nähe Gottes gewiß sein. Er vermag darum das Leiden gefaßt anzunehmen[231]. Wenn Leiden und Tod nicht das letzte Wort über den Menschen sind, so „ist auch nicht lähmende Sinnlosigkeit innerhalb der Geschichte und ihrer Entscheidungssituationen herrschend, sondern unzerstörbarer Sinn, dessen Bewußtsein eine verantwortliche Entscheidung erst freisetzt“[232]. Weil der Christ sich nicht mit dem Scheintrost eines Überlebens im Andenken der Gesellschaft[233] begnügen muß, ist er der Gesellschaft gegenüber vollendet frei. Sein Tun in dieser Welt muß auch nicht den Tod scheinbar dadurch zu überwinden versuchen, daß er dieser Erde gewaltsam seine Spuren aufprägt oder daß er sein Fortleben in die Utopie vom Fortschritt projiziert[234].

Der Soziobiologe R. Alexander deutet den „Himmel“ und das „ewige Leben“ als Belohnung für das genetische Erbgut, das sich in Verwandten dann erhält, wenn man sich während des Lebens „moralisch“ (im Sinne der Soziobiologie) verhalten hat[235]. Mit dem Scheintrost eines Überlebens in den „unsterblichen Genen“ (R. Dawkins) wird aber genau die entscheidende Frage nach dem Fortleben des Individuums, der Person umgangen[236]. Denn es ist doch das Individuum, das die Frage nach dem Fortleben stellt, und nicht das Gen! Die Antwort von Alexander und Dawkins mutet zudem angesichts des Leidens, der Ungerechtigkeit sowie der Last, die viele Menschen einer sittlichen Entscheidung wegen auf sich nehmen, zynisch an.

Schließlich ist es des Glaubenden hoffende Erwartung des Eschatons, des ewigen Lebens und der Erfüllung bei Gott, die ihn in eine kritische Distanz zu allen irdischen Erfüllungsangeboten treten lassen. Der Glaubende muß dieser Welt nicht mehr abgewinnen, als sie geben kann. Das bewahrt ihn vor der Ideologisierung politischer Konzepte und vor der Vergötzung oder Dämonisierung menschlicher Errungenschaften. Weder erwartet er vom technischen Fortschritt das absolute Heil, noch muß er ihn verdammen. Der Glaubende bewahrt den „irdischen Dingen“ gegenüber eine eigentümliche Distanz und Indifferenz, die ihn zu einem gelassenen Urteil befähigen. Wer sich diese Welt zunutze macht, der soll sich ja so verhalten, „als nutze er sie nicht; denn die Gestalt dieser Welt vergeht“ (1 Kor 7, 31)[237].

Der Glaubende unterliegt weder einem moralischen noch einem technischen Rechtfertigungszwang. Für ihn ist Leistung nicht das alleinige Kriterium der Lebensbewältigung. Wer jedoch nicht mehr daran glaubt, daß er von Gott schon geliebt und angenommen ist, muß sich wenigstens innerweltliche Anerkennung verschaffen. Die neuzeitliche technische Eroberungssucht des Menschen legt dafür ein beredtes Zeugnis ab. Nur der

Glaube kann solcher Verabsolutierung menschlichen Könnens wehren: „Während der rein irdisch gesonnene Mensch alles auf die Karte dieser Erde setzt, erwartet der von christlicher Hoffnung Lebende nicht, daß die Güter dieser Erde ... ihm volle Befriedigung oder gar das Glück bescheren können.“ [238] Wer sich jedoch ganz an diese Welt verliert und das göttliche Geheimnis der Welt nicht mehr anerkennt, für den nimmt die Liebe zur Welt nach C. F. v. Weizsäcker mehr und mehr einen dämonischen Charakter an. „Sehnsucht schlägt um in Gier, Erfüllung in Sattheit.“ [239]

Der Mensch will mehr, als ihm diese Erde geben kann. Er ist eine Verheißung, die nicht eingehalten werden kann. Die rein säkulare Interpretation des „cor inquietum“ (Augustinus) führt zur erbarmungslosen Treibjagd nach dieser Welt. Nach Nietzsche will alle Lust tiefe, tiefe Ewigkeit [240]. Eine solche aber kann die Erde nicht geben. Der gläubige Mensch hingegen kann warten. Er muß nicht der Zeit nachjagen, weil ihm die Ewigkeit schon geschenkt ist.

Aus diesen Überlegungen ergibt sich folgender Schluß: Das christliche Menschenbild vermag die Selbsterfahrung des Menschen als eines handelnden, leidenden, hoffenden und liebenden Wesens besser zu deuten und zu integrieren als die soziobiologische Weltanschauung. Während es für letztere keine echte Liebe gibt und der Mensch im Grunde den Täuschungen der Gene unterliegt, spricht die christliche Sicht vom Menschen diesem bei aller realistischen Einschätzung seiner egoistischen Neigungen auch die Fähigkeit zu, diese zu überschreiten und sich selbstlos für andere hinzugeben. Angesichts von Leid und Tod muß die Soziobiologie letztlich stumm bleiben. Denn Sinn haben diese nur unter dem Gesichtspunkt eines Fortlebens der Gene [241], welches aber selber wieder sinnlos ist. Hingegen kann der christliche Glaube auf die bedrängende menschliche Kontingenzerfahrung eine Antwort geben, die der menschlichen Praxis von Handeln und Leiden Gelassenheit ermöglicht und Sinn verleiht.

6.3.6 Die Frage nach dem Sinn

Die letzte Frage, die sich im Vergleich der Weltbilder von Soziobiologie und Christentum auftut, ist die Frage nach dem Sinn. Alles menschliche Handeln setzt immer schon einen Sinn voraus. Ethische Normen, die das Handeln konkret bestimmen, stellen ja eine praktische Aufschlüsselung vorlaufender Sinneinsicht dar. Die menschliche Selbsterfahrung als teleologisch verfaßtes Wesen weist über sich hinaus und fragt nach einem Sinn. Wie wir gesehen haben, ist die Frage nach dem Status der Teleologie nicht wissenschaftlich zu lösen, sondern fragt im Letzten danach, wie sich der Mensch selber verstehen will [242].

Die radikale Version der Soziobiologie lehnt jeden Sinn ab. Sie mündet sowohl in einen erkenntnistheoretischen wie praktischen Nihilismus. Ihr eigenes Selbstverständnis von Wissenschaft als Wahrheitssuche oder ihre ethischen Forderungen widersprechen diesem Weltbild, welches damit inkonsistent wird. Vor allem aber bleibt die Frage offen, warum denn die blinde Natur das Sehende hervorgebracht hat, warum die unbekümmerte Natur ein Wesen hervorgebracht hat, das sich bekümmert. Darin hätte die absolute Absurdität dieser Welt ihren Gipfel erreicht, „daß sie ein Wesen hervorbringt, das nach dem Sinn dieser Welt fragt“[243]. Es wäre „grausames Spiel“ der Natur, die den Menschen nach Sinn suchen ließe, den es nicht gibt[244]. Alle Vorschläge, daß der Mensch sich seinen Sinn selber geben oder selber setzen muß, haben etwas Titanisches an sich[245]. Es ist zu bezweifeln, ob der Mensch der Kontingenz der Welt, dem Leid und dem Tod einen Sinn zu *geben* in der Lage ist. L. Wittgenstein schreibt deshalb: „Der Sinn der Welt muß außerhalb ihrer liegen.“[246] Und weiter: „An einen Gott glauben heißt, die Frage nach dem Sinn des Lebens verstehen. An einen Gott glauben heißt sehen, daß es mit den Tatsachen der Welt noch nicht abgetan ist. An Gott glauben heißt sehen, daß das Leben einen Sinn hat.“[247]

Darum vermag das auf dem christlichen Glauben beruhende Weltbild dem Menschen als immer schon Sinn voraussetzendem und Sinn suchendem Wesen eine bessere Antwort zu geben als ein nihilistischer Evolutionismus. Die Fragen von R. Dawkins: „Hat das Leben einen Sinn? Wofür sind wir da? Was ist der Mensch?“ finden in seinem Hinweis, daß die Gene die Schöpfer der Menschen seien und ihre Erhaltung den letzten Grund für seine Existenz darstelle, nur eine ungenügende Antwort[248]. Das Auftreten des Menschen in dieser Welt wäre nämlich nur ein höchst zufälliges Ereignis. Der Mensch wäre ein Fremder in einem eisigen, schweigenden Universum, das gegenüber seinen Leiden und Verbrechen teilnahmslos bliebe. Man muß bezweifeln, ob dann die Existenz des Menschen wirklich noch als ein „Glückslos“ bezeichnet werden kann, wie Monod das annimmt. „Wenn uns nur der blinde Zufall ins Meer des Nichts hineingeworfen hat, dann gibt es Gründe genug, dies eher für ein Unglückslos zu halten.“[249]

Indem das soziobiologische Weltbild das Sinndefizit nicht auszufüllen vermag, paralysiert es das menschliche Handeln und entlarvt sich selber als soziobiologisch dysfunktional. Da aber die Soziobiologie als Wahrheitskriterium einer Theorie deren Funktionalität annimmt[250], ist sie dem Weltbild der abendländisch-christlichen Metaphysik unterlegen[251]. Dieses nämlich kann der Existenz des Menschen einen Sinn zusprechen. Gott selber ist es, der das All ins Dasein gerufen hat. In seiner Menschwerdung in Jesus Christus, die als Erniedrigung auch darin Ausdruck findet, daß sie sich an einem völlig peripheren Ort im Universum ereignet, bestätigt er den Sinn allen Menschseins. Der ganze Kosmos und alle Entwicklung sind durch Jesus Christus und auf ihn hin und finden in ihm ihren Sinn[252]. Leiden und Verbrechen des Menschen sind nicht mehr gleichgültig. Die Sehnsucht des Menschen, „daß das Unrecht nicht das letzte Wort sein möge“, „daß der Mörder nicht über das unschuldige Opfer triumphieren möge“[253], findet ihre Erfüllung.

Wenn der Existenz des Menschen von Gott her ein letzter Sinn gegeben wird, so bedeutet das nicht, daß der Mensch das absolute Sinnziel der Schöpfung ist. Er selber ist ja wieder auf Gott hin ausgerichtet und hat im transzendenten Gott sein Ziel[254].

Somit ist der Mensch das Wesen, das sich selber unendlich übersteigt. Sein Hunger nach Leben und Sinn weist über sich hinaus auf Gott, der allein der unausrottbaren Sehnsucht des Menschen Erfüllung geben kann. „Im Menschen, der Capax Dei geworden ist, übersteigt das Universum sich und seine Möglichkeiten".[255)] Und in dieser seiner Berufung zu Gott liegt die tiefste Würde des Menschen, die alle Begründung aus seinem evolutiven Gewordensein übersteigt.

7. Rückblick und Ergebnis

In dieser Dissertation wurde versucht, das Verhältnis von Naturwissenschaft und theologischer Ethik am Beispiel der Auseinandersetzung um das Menschenbild der Soziobiologie und dessen ethische Implikationen kritisch zu reflektieren. Das Zueinander von Moraltheologie und modernen Wissenschaften zu bedenken scheint dringlich geboten, da die letzteren eine Fülle von ethisch relevanten anthropologischen Daten und Theorien liefern. Seit einigen Jahrzehnten prätendieren vor allem die biologischen Wissenschaften, den Menschen immer umfassender zu erkennen. Sie versuchen nicht nur, die menschliche Physiologie von ihrer evolutiven Entstehungsgeschichte her zu erklären, sondern auch den menschlichen Geist, die Erkenntnis und das Denken des Menschen, sein Verhalten und schließlich das Phänomen der menschlichen Ethik. Wenn die Moraltheologie der Wirklichkeit des Menschen in ihrer ganzen Breite gerecht werden will, so muß sie sich der Herausforderung durch die Humanwissenschaften stellen. Da sie es als handlungsleitende Sinnwissenschaft auch mit den Möglichkeiten und Grenzen menschlichen Handelns zu tun hat, kann sie naturwissenschaftliche Informationen über den Menschen nicht übergehen. Andererseits ist sie gehalten, das Phänomen der Ethik als eine ursprüngliche menschliche Erfahrung gegen eine szientistische Vereinnahmung zu verteidigen und damit ihren eigenen Status als autonome Wissenschaft zu rechtfertigen.

In dieser Arbeit wurde die These vertreten, daß eine solche Auseinandersetzung nur auf der Ebene eines philosophischen Gesprächs möglich ist, da Moraltheologie und Naturwissenschaften aufgrund ihres unterschiedlichen Theoriestatus und der daraus folgenden Methodendisparatheit keine *direkte* Diskussion miteinander führen können. Als direkte Begegnungsmöglichkeit ist allenfalls eine gegenseitige Information denkbar. Da aber angesichts des großen gesellschaftlichen Einflusses der Naturwissenschaft und deren Tendenz, sich als umfassende Erklärungsformel aller Wirklichkeit zu etablieren, eine *kritische Auseinandersetzung* dringend gefordert ist, wurde in dieser Arbeit der Akzent auf die philosophische Diskussion zwischen Moraltheologie und Naturwissenschaften gelegt. Beide Bereiche können und müssen auf ihre eigenen philosophischen und insbesondere anthropologischen Voraussetzungen reflektieren, um dann miteinander in ein philosophisches Gespräch über diese ihre Vorentscheidungen eintreten zu können.

Als Partner und Kontrahent einer solchen Auseinandersetzung wurde die Soziobiologie gewählt, da bei dieser die philosophischen Voraussetzungen besonders deutlich zutage treten. Zudem beansprucht diese neue Wissenschaftsdisziplin, selbst das Gebiet der Ethik mit Hilfe ihrer theoretischen Konzepte naturwissenschaftlich erklären zu können. Um eine wissenschaftstheoretische Diskussion zu ermöglichen, war es zunächst einmal notwendig, die Positionen der Soziobiologie umfassend darzustellen und zu kritisieren. Erst auf diesem Hintergrund war es möglich, die philosophischen und anthropologischen Voraussetzungen offenzulegen, die dieser neuen evolutionstheoretischen Variante zugrundeliegen. Dabei ist vor allem deutlich geworden, daß die Soziobiologie und im Grunde, wenn auch zumeist mehr verdeckt und implizit, alle Naturwissenschaften, philosophische Vorentscheidungen treffen, die von ihrer jeweiligen Methodik her nicht mehr gedeckt werden können. Diesen Vorentscheidungen liegen weltanschauliche, soziale und politische Konzepte zugrunde. Für das Beispiel der Soziobiologie wurde gezeigt, daß sie auf der Metaphysik des monistischen Materialismus aufruht und in der wissenschaftsgeschichtlichen Tradition des Mechanismus steht, der jegliche teleologische Betrachtungsweise a priori ablehnt. Weiterhin wurde in dieser Arbeit die These vertreten, daß der soziobiologischen Theoriebildung auch soziale und politische Vorentscheidungen zugrundeliegen. Schließlich wurde deutlich, daß der Totalitätsanspruch, wie ihn die Soziobiologie erhebt, innerhalb ihres eigenen Methodenkontextes als exakter Naturwissenschaft nicht mehr zu begründen ist, da eine Theorie der Gesamtwirklichkeit durch ein Experiment weder verifiziert noch falsifiziert werden kann. Vielmehr liegt dem Anspruch auf eine Totalerklärung der Wirklichkeit bereits eine weltanschauliche Vorentscheidung voraus, die ihre Wurzeln in der neuzeitlichen Wissenschaftsgeschichte hat.

Für die Soziobiologie folgt daraus, daß ihr Versuch, alle Phänomene einschließlich das der menschlichen Ethik allein mit Hilfe ihrer evolutionstheoretischen Erklärungsstrategien vollständig zu erfassen, zum Scheitern verurteilt ist. Die sittliche Erfahrung ist eine ursprüngliche Erfahrung des Menschen, die die neuen Systemebenen von Bewußtsein und Freiheit voraussetzt. Solche neuen Ebenen können zwar innerhalb der evolutionären Geschichte des Menschen entstanden sein, haben aber, einmal entstanden, eine gewisse Unabhängigkeit von den Gesetzmäßigkeiten, die zu ihrer Entstehung beigetragen haben. Auch die sittliche Erfahrung kann daher eine von ihrer evolutiven Genese unabhängige Geltung beanspruchen. Sie ist mit Hilfe der biologischen Anpassungsvorteile, die das Phänomen der Ethik gehabt haben oder noch haben mag, nicht adäquat zu erklären.

Indem sich so die sittliche Erfahrung des Menschen als eine ursprüngliche und nicht reduzierbare Erfahrung erweist, wird der evolutionstheoretische Zugang zum Phänomen der Moral in seine wissenschaftstheoretischen Grenzen verwiesen. Grenzen deuten immer auch auf das jenseits Liegende hin. Der Bereich der sittlichen Erfahrung erhält hiermit seine wissenschaftstheoretische Rechtfertigung. Damit ist auch die von der Soziobiologie bestrittene Autonomie der Ethik als Wissenschaft wieder in ihr Recht eingesetzt.

Wenn die wissenschaftstheoretischen Grenzen der exakten Naturwissenschaften und daraus folgend die Autonomie der Ethik als Wissenschaft anerkannt sind, so kann die trotz dieser Disparatheit herrschende vielfältige Beziehungsstruktur zwischen beiden Bereichen näher bestimmt werden, ohne die Gefahr eines Reduktionismus heraufzubeschwören. In dieser Dissertation wurden daher einige Thesen aufgestellt, die das Verhältnis von Naturwissenschaft und Ethik auf dem Hintergrund der Auseinandersetzung mit der Soziobiologie zu reflektieren versuchen. Die Naturwissenschaften können beispielsweise durchaus einen gewissen Beitrag zur Bestimmung der menschlichen Natur leisten. Sie können Freiheit und Grenzen des Menschen und seiner Handlungsmöglichkeiten aufzeigen. Die Evolutionstheorie kann weiterhin die Richtung angeben, in der bisher die Hominisation verlaufen ist, und somit auf verschiedene, von der Evolution hervorgebrachte Güter hinweisen. Sodann können Naturwissenschaften auch Beiträge zur Erklärung der Normengenese liefern, indem sie die Funktion von Normen für das individuelle Überleben und das soziale Zusammenleben zu verstehen suchen. Indem die Naturwissenschaften dem Menschen neue Handlungsmöglichkeiten eröffnen, fordern sie die Ethik zu neuer Reflexion heraus. Schließlich fließen naturwissenschaftliche Erkenntnisse in Handlungsnormen ein; naturwissenschaftliche Sachkenntnis spielt damit bei der Bestimmung des ethisch Richtigen eine wichtige Rolle. Bei all diesen Wechselbeziehungen zwischen Naturwissenschaft und Ethik bleibt jedoch zu bedenken, daß die Naturwissenschaften das ursprüngliche Phänomen der Ethik nicht in seiner Fülle zu erfassen vermögen.

Zur näheren Verhältnisbestimmung von Naturwissenschaft und Ethik wurde im weiteren Verlauf dieser Dissertation die These vertreten, daß Menschenbild und Ethik aufeinander bezogen sind und die Naturwissenschaften von daher indirekt zur Gestaltung ethischer Praxis beitragen. Hier dürfte der wohl deutlichste Einfluß der Naturwissenschaften auf die Ethik anzusiedeln sein: Das Menschenbild, das der naturwissenschaftlichen Forschung zugrundeliegt und von ihr immer weiter ausdifferenziert wird, enthält ethische Implikationen, die auf sittliche Praxis hin entschlüsselt werden können. Am Beispiel der Soziobiologie konnte gezeigt werden, daß es immer das jeweils vorausliegende Menschenbild als Sinndeutung des menschlichen Daseins ist, welches allen ethischen Normen zugrundeliegt und diesen erst ihre Legitimation verleiht. Alle Ethik ist in die Praxis übersetzte Anthropologie.

Aus dieser These wurde gefolgert, daß alle Wissenschaften für ihre vorausliegende Anthropologie verantwortlich sind. Das gilt auch für die Moraltheologie, die erst durch die Offenlegung des von ihr vorausgesetzten Menschenbildes die legitime Geltung der von ihr aufgestellten konkreten Normen und Handlungsanweisungen evident machen kann.

Eine weitere Schlußfolgerung aus der Diskussion mit der Soziobiologie wurde für die Frage des Naturrechts gezogen. Dieses soll in erster Linie als Versuch verstanden werden, die Naturzwecke und die Freiheitszwecke des Menschen zu versöhnen. Die menschliche Natur, zu der als fundamentalste auch deren biologische Komponente gehört, bildet die Grundlage für die Ermöglichung menschlicher Freiheit und Personalität. Die menschliche Freiheit kann daher die menschliche Natur nicht völlig überspringen oder gar überwinden, da sie sich sonst selber aufhebt und wieder naturwüchsig wird. Somit soll Naturrecht hier als Postulat verstanden werden, im menschlichen Handeln die menschliche Natur erinnernd gegenwärtig zu halten. Dies bedeutet aber andererseits keine Gleichsetzung des menschlichen Handelns mit den Naturzwecken des Menschen. Vielmehr wurde im Verlauf der Diskussion ein weiterer Aspekt des Naturrechts betont: Naturrecht soll auch als regulative Idee verstanden werden, die alle geschichtlichen normativen Konkretionen noch einmal auf ihre Legitimität hin befragt. Der Mensch gestaltet in Freiheit seine Geschichte und bleibt dabei ständig auf der Suche nach denjenigen Freiheitszwecken, die dem in Wahrheit Gerechten immer besser entsprechen. Wie in dieser Dissertation gezeigt worden ist, stellt die Natur des Menschen kein empirisch feststellbares Faktum dar, sondern ist Ergebnis eines vielschichtigen Deutungsprozesses, in dem empirische Daten auf dem Hintergrund eines vorausliegenden Menschenbildes und Sinnhorizontes interpretiert werden. Alle Deutung der menschlichen Natur und die daraus folgenden konkreten Normen sind daher in einen geschichtlich immer weiter zu treibenden Verstehensprozeß eingelassen. Naturrecht kann folglich auch kein abgeschlossenes Normensystem meinen, sondern will die Frage nach dem von Natur aus Gerechten offenhalten, wobei die konkrete geschichtliche Wirklichkeit der Horizont ist, innerhalb dessen nach einem immer tieferen Verständnis der eigenen anthropologischen Zielvorstellungen gesucht werden muß. Die Idee des Naturrechts soll also sowohl die menschliche Natur als die freie Deutung und Gestaltung begrenzende als auch die menschliche Freiheit im Sinne einer geschichtlich unabschließbaren Suche nach dem von Natur aus Gerechten in Erinnerung halten.

Im letzten Kapitel der Arbeit wurde schließlich die These aufgestellt, daß naturwissenschaftliche Theorien und ein christliches Menschenbild einander nicht unversöhnlich gegenüberstehen. Zu Auseinandersetzungen kommt es dann, wenn sich eine Naturwissenschaft als Weltbild versteht. Es wurde hier zu zeigen versucht, daß ein auf der abendländisch-christlichen Metaphysik aufruhendes Menschenbild der reduktionistischen soziobiologischen Anthropologie sowohl in theoretischer wie in praktischer Hinsicht überlegen ist. Ein Weltbild, das von der Kategorie der Schöpfung Gottes ausgeht, kann die theoretischen Schwächen vermeiden, die ein monistisch verstandenes Evolutionsweltbild mit sich bringt, wenn es an die Phänomene von Bewußtsein und Freiheit, von Sittlichkeit und Schönheit, an die Entstehung von Neuem oder an die religiöse Erfahrung rührt. Aber auch was das praktische Selbstverständnis des Menschen als eines freien und handelnden Wesens anbelangt, ist das christliche Weltbild einem evolutionistischen überlegen. Dies wurde anhand einiger Perspektiven verdeutlicht, die sich aus einer theologischen Anthropologie für die Ethik ergeben. Das Spezifikum einer Ethik leitet sich aus der von ihr vorausgesetzten Anthropologie her. Eine christliche Ethik wird darum das Menschenbild, das sich aus der Selbstmitteilung Gottes in Jesus Christus ergibt, auf seine ethischen Implikationen hin zu entschlüsseln versuchen. Das Sinnverständnis, das dem Christen aus seinem gläubigen Welt- und Selbstverständnis erwächst, ist die letzte Quelle, aus der konkrete Normen und Handlungsanweisungen in geschichtlicher Ausfaltung fließen. Dieses durch die Offenbarung in Jesus Christus vermittelte Sinnverständnis stellt letztlich die Legitimationsgrundlage aller Werte und Normen einer christlichen Moral dar.

Während die soziobiologische Weltanschauung für viele ihrer konkreten sittlichen Forderungen – wie etwa für das Postulat der Menschenwürde oder die Aufforderung zur Pflege des Altruismus – keinen Grund anzugeben vermag, ohne den Rahmen ihres Weltbildes zu überschreiten, kann eine auf dem Glauben an Jesus Christus basierende Anthropologie den Menschen als freies und handelndes Wesen deuten, seiner Würde eine absolute Grundlage geben und schließlich seinem Leben und seinem Sterben Sinn verleihen.

Verzeichnis der Abkürzungen

CGMG	F. Böckle u. a. (Hg.), Christlicher Glaube in moderner Gesellschaft. Enzyklopädische Bibliothek in 30 Themenbänden und 7 Quellenbänden, Freiburg i. Br. (Herder) 1980 ff.
DS	H. Denzinger/A. Schönmetzer, Enchiridion Symbolorum, Definitionum et Declarationum de rebus fidei et morum, Freiburg i. Br. (Herder) ^{36}1976.
HChE	A. Hertz u. a. (Hg.), Handbuch der christlichen Ethik (3 Bände), Freiburg i. Br. (Herder) 1978.
HThT	K. Rahner (Hg.), Herders Theologisches Taschenlexikon, Freiburg i. Br. (Herder) 1972.
LThK	J. Höfer/K. Rahner (Hg.), Lexikon für Theologie und Kirche, Freiburg i. Br. (Herder) 1957 ff.
NR	J. Neuner/H. Roos, Der Glaube der Kirche in den Urkunden der Lehrverkündigung, Regensburg (Pustet) ^{10}1979.
QD	K. Rahner/H. Schlier (Hg.), Quaestiones Disputatae, Freiburg i. Br. (Herder) 1958 ff.
S. G.	Thomas von Aquin, Summa contra Gentiles, Romae (Forzani) 1888.
S. Th.	Ders., Summa Theologica, Romae (Forzani) 1886.
StL	Staatslexikon (Hg. von der Görres-Gesellschaft), Freiburg i. Br. (Herder) 1985 ff.

Anmerkungen

Anmerkungen zur Einleitung

1) Vgl. E. O. Wilson, Sociobiology, 562.
2) Ders., Biologie als Schicksal, 188.
3) Ebd., 181f. R. Löw, Leben aus dem Labor, 55, folgert daraus, daß Wilson die Theologie zu einer Unterabteilung der Soziobiologie machen will. U. Segerstrale, Colleagues in Conflict, 53–87, zeigt, daß damit ein lange gehegter Wunsch Wilsons in Erfüllung gehen würde, nämlich endlich zu beweisen daß die (christlichen) Theologen im Irrtum sind. Wilsons Abneigung gegen die christliche Religion und Theologie hat persönliche Wurzeln: Im fundamentalistischen Baptismus aufgewachsen hat er mit 15 Jahren ein Bekehrungserlebnis; sehr bald jedoch wendet er sich wieder von der Religion ab. Als Gründe dafür gibt er die betrügerische Tätigkeit der Kirche und seine Entdeckung der Evolution an.
4) Man denke auch an die Geschichte der Psychoanalyse oder der Soziologie. Vgl. W. Korff, Wie kann der Mensch glücken?, 49; J. M. Aubert, Pour une épistemologie de la morale chrétienne, 84; vgl. zu A. Comte besonders H. de Lubac, Über Gott hinaus, 95–100.
5) Vgl. G. S. Stent, Modern Biology, 195; J. R. Nelson, A Theologian's Response, 399: „It may be stated ..., that sociobiology poses a serious challenge to Christian faith and theology."
6) Vgl. W. Wickler, Nachwort, in: B. Hintersberger, Theologische Ethik, 161. Vgl. auch den Buchumschlag von W. Wickler/U. Seibt, Das Prinzip Eigennutz, auf welchem unter diesem Titel das altchristliche Symbol des Pelikans abgebildet ist, der sich die Brust aufreißt und seine Jungen mit dem eigenen Blut füttert.
7) Der Untertitel von E. O. Wilson, Sociobiology, lautet: „The New Synthesis".
8) Bislang fehlt im deutschen Sprachraum eine Gesamtdarstellung dieser Diskussion. Auch im englischen Sprachraum gibt es neben unzähligen speziellen Veröffentlichungen hauptsächlich Aufsatzsammlungen. Eine der wenigen Ausnahmen stellt Ph. Kitcher, Vaulting Ambition, dar; dort liegt freilich der Schwerpunkt nicht auf der philosophischen Diskussion.
9) So wird Wilson etwa tituliert von A. L. Caplan, Introduction, 3.
10) Vgl. M. T. McGuire, Sociobiology, 64.
11) Vgl. D. L. Hull, Sociobiology, 81: „Wilson is populary considered to be the father of sociobiology, his term ‚sociobiology' the appropriate name for the movement, and his book *Sociobiology: The New Synthesis* (1975) its official bible."
12) Vgl. G. Schubert, Soziobiologie und politisches Verhalten, 112.

13) Vgl. J. Maddox, Discussion about Genes, Mind and Culture, 213. F. A. Beach, Sociobiology, 116, bezeichnet Wilson sogar als „high priest of sociobiology". Und da Wilson den Tod von Beach's Disziplin der vergleichenden Psychologie prophezeit hat, sieht Beach sich selbst als „the ghostly echo of a voice from the grave" (ebd.).
14) Diese beinahe 700 Seiten starke und 5 Pfund schwere Veröffentlichung (darauf macht M. J. West-Eberhard, Born: Sociobiology, 89, aufmerksam) wurde mit einer Auflage von über 100000 Exemplaren das am meisten verkaufte Buch der Harvard University Press – und das trotz so spezieller und schwieriger Materie aus Populationsgenetik, Neurobiologie usw. Vgl. S. Rose u. a., Not in Our Genes, 234. Auf ideologische Einseitigkeiten des Buches von S. Rose u. a. weist N. Tennant, Philosophy and Biology, 45 ff., hin.
15) M. Sahlins, The Use and Abuse of Biology, IX; vgl. auch M. Blute, Review of Wilson: Sociobiology, 727.
16) Es kam zu Schlagzeilen in der New York Times, der Chicago Tribune usw. Vgl. A. Montagu, Introduction, 3; F. B. Livingstone, Cultural Causes, 307.
17) Vgl. C. J. Lumsden/E. O. Wilson, Das Feuer des Prometheus, 64; E. O. Wilson, Biologie als Schicksal, 7; A. L. Caplan, Say It Just, 144. Auch im deutschen Sprachraum kam es zu Auseinandersetzungen. Dabei spielt neben den übersetzten Werken von E. O. Wilson, R. Dawkins und D. P. Barash auch W. Wickler/U. Seibt, Das Prinzip Eigennutz, eine Rolle. Wickler und Seibt popularisierten mit diesem Buch die Soziobiologie weiter, äußerten sich freilich wesentlich vorsichtiger als Wilson oder Dawkins. Vgl. auch H. Hemminger, Der Mensch, 5: „Im deutschen Sprachraum fehlt eine kritische Bearbeitung der soziobiologischen Aussagen zum Menschen sogar völlig, obwohl die soziobiologischen Werke auch hier Bestseller-Auflagen erreichten."
18) Vgl. A. Leeds/V. Dusek, Editors' Note, VII; S. Rose u. a., Not in Our Genes, 235.
19) Wilson und Dawkins werden etwa in G. W. Barlow, The Development of Sociobiology, 8 ff., als zentrale Autoren der Soziobiologie genannt. Ph. Kitcher, Vaulting Ambition, 15, nennt Wilson, Alexander, Trivers, Dawkins, Barash u. a.; R. D. Masters, The Value, 135, bescheinigt diesen Vertretern der Soziobiologie im Gegensatz zu mehr popularisierenden Autoren ihre Wissenschaftlichkeit, so daß sie für die Soziobiologie repräsentativ erscheinen. R. Dawkins, Das egoistische Gen, liegt zudem bereits in 12 Sprachen vor!
20) Vgl. D. G. Freedman, Human Sociobiology, 4: „In any debate, it is helpful to have contestants whose positions are clear. We therefore owe thanks to Dawkins ... for his book *The Selfish Gene*. It is a perfect example of a strict mechanistic approach."
21) Nach dem Urteil des Genetikers R. Lewontin ist mit dem Erscheinen von Ph. Kitcher, Vaulting Ambition, im Jahr 1985 die Diskussion um die Soziobiologie beendet. Er schreibt auf dem Bucheinband: „*Vaulting Ambition* is indeed the last word on the subject of sociobiology." Das Werk von Kitcher dürfte nach dem Urteil des Verhaltensbiologen H. Markl in der Tat die derzeit sachkundigste Kritik der Soziobiologie darstellen (pers. Mitteilung). Nach unserem Urteil ist die Diskussion um die Soziobiologie noch nicht an ihr Ende gekommen. Die Beiträge aus dem Zeitraum 1975–1985 liefern jedoch schon mehr als genug Material zur Auswertung. So weit als möglich werden auch Veröffentlichungen aus den Jahren 1986 und 1987 berücksichtigt. Nachdem nun die politischen Debatten um die Soziobiologie abgeklungen sind, dürfte die Zeit für eine kritische Bewertung reif sein (so auf der Umschlagklappe des 1985 von J. H. Fetzer edierten Werkes „Sociobiology and Epistemology").

Anmerkungen zu Kap. 1

1) Vgl. B. Hintersberger, Theologische Ethik, 11 f.
2) Vgl. B. Schüller, Die Begründung sittlicher Urteile, 155–169; 216–235.
3) Vgl. zum Folgenden: F. Böckle, Fundamentalmoral, 236 ff.; ders., Natur als Norm, 75–90, bes. 77; B. Häring, Heilender Dienst, 46 f.
4) Auf den naturwissenschaftlichen Naturbegriff macht besonders H. Sachsse, Das Naturrecht in der Sicht der Naturwissenschaft, 41 f., aufmerksam.
5) Vgl. F. Böckle, La legge naturale, 200–213; ders., Rückblick und Ausblick, 122 ff.
6) Siehe dazu auch K. Rahner, Bemerkungen über das Naturgesetz, 239 ff.
7) W. Korff, Wege, 84.
8) Vgl. A. Verdross, Was ist Recht?, 315.
9) Man denke auch an Heraklits κατὰ φύσιν.
10) Dazu L. Oeing-Hanhoff, Der Mensch: Natur oder Geschichte?, 25; F. Böckle, Fundamentalmoral, 246 ff. Nach L. Strauss, Naturrecht und Geschichte, 161, darf Cicero jedoch nicht als Anhänger der stoischen Naturrechtslehre betrachtet werden.
11) Zit. nach B. Schüller, Die Begründung sittlicher Urteile, 216.
12) Ebd., 217; siehe auch J. Gründel, Wandelbares, 23.
13) So dargestellt bei H. Rotter, Spannungsfeld, 57.
14) E. Topitsch, Das Problem des Naturrechts, 166.
15) S. Th. I–II, q. 91, a. 2: „Inter caetera autem rationalis creatura excellentiori quodam modo divinae providentiae subjacet, inquantum et ipsa fit providentiae particeps, sibi ipsi, et aliis providens."
16) S. Th. I–II, q. 94, a. 1.
17) Vgl. M. Rhonheimer, Natur, 26; 36.
18) Eine solche Interpretation kritisiert etwa F. Böckle, Natur als Norm, 81.
19) Siehe hierzu die kritischen Bemerkungen zu A. Auers Interpretation des thomasischen Vernunftbegriffs bei M. Rhonheimer, Natur, 76.
20) Vgl. ebd., 72 f.; H. D. Schelauske, Naturrechtsdiskussion, 107 f.
21) M. Rhonheimer, Natur, 74 f.; 79.
22) Ebd., 74 f., Anm. 7, kritisiert Rhonheimer eine Interpretation der inclinationes naturales als bloßer Materie, wie sie von J. Th. Arntz, Die Entwicklung, 100, vertreten wird.
23) W. Korff, Wege, 84.
24) Vgl. ders., Norm und Sittlichkeit, 97.
25) W. Kluxen, Ethik und Ethos, 342.
26) S. Th. I–II, q. 94, a. 2; hier zit. nach W. Kluxen, Ethik und Ethos, 342.
27) Ebd., 347.
28) S. Th. I–II, q. 94, a. 2; dt. zit. nach B. Hintersberger, Theologische Ethik, 76.
29) S. Th. I–II, q. 94, a. 2.
30) Vgl. ebd.
31) S. Th. I–II, q. 95, a. 2; siehe auch W. Korff, Natur oder Vernunft, 834 f.
32) W. Korff, Wege, 89.
33) L. Oeing-Hanhoff, Der Mensch: Natur oder Geschichte?, 35.
34) B. Schüller, Die Begründung sittlicher Urteile, 235.
35) Vgl. H. Rotter, Zur Grundlegung, 117; J. Gründel, Naturgeschichtliche Voraussetzungen, 621: „So bezeichnete die traditionelle Moraltheologie Verhaltensweisen wie Masturbation, Empfängnisverhütung, Homosexualität und weitere perverse Verhaltensweisen jeweils als Sünden ‚contra naturam', dagegen außerehelichen Geschlechtsverkehr, Ehebruch, ja sogar Vergewaltigung – soweit der Koitus normal vollzogen wurde – als Sünden ‚secundum naturam'."

36) B. Schüller, Wieweit kann die Moraltheologie, 58.
37) J. Gründel, Wandelbares, 34.
38) So etwa A. Hertz, Das Naturrecht, 336.
39) H. Rotter, Zwölf Thesen, 99. Man vgl. auch F. Böckle, Sittliches Naturgesetz, 112.
40) H. Rotter, Zwölf Thesen, 100. Vgl. ders., Grundgebot Liebe, 139f.; W. Kerber, Geschichtlichkeit, 92–106, bes. 99.
41) T. Styczeń, Ethik und Anthropologie, 227.
42) Ebd. Siehe auch K. Demmer, Moralische Norm, 263: Christliche Sittlichkeit ist „praxisbezogene theologische Anthropologie".
43) S. G. II, 3: „Error circa creaturas redundat in falsam de Deo scientiam". Ähnlich: „Errores namque qui circa creaturam sunt, interdum a fidei veritate abducunt, secundum quod verae Dei cognitioni repugnant" (ebd.). Vgl. dazu K. Schmitz-Moormann, Evolution und Schöpfung, 248; zur Verwendung „naturwissenschaftlicher" Erkenntnisse durch Thomas siehe St. Pfürtner, Das Naturrecht, 207.
44) F. Flintrop, Die „Anthropologische Wende", 3.
45) W. Kerber, Geschichtlichkeit, 105; G. Altner, Zwischen Instinkt und Kultur, 406: „Sucht man das weite Feld gegenwärtiger Anthropologie nach integrierenden Ansätzen ab, so ergibt sich eine weitgehende Fehlanzeige."
46) W. Lepenies, Soziologische Anthropologie, 1; vgl. auch P. Vogler, Disziplinärer Methodenkontext, 3–21.
47) H.-G. Gadamer, Theorie, Technik, Praxis, XXXVI.
48) Vgl. W. Korff, Die ethische und theologische Relevanz, 157; F. Rauh, Die Funktion, 142.
49) W. Pannenberg, Anthropologie, 22; freilich hat Pannenberg hier nicht die phänomenologische Erkenntnisweise im Blick, denn diese beginnt immer mit dem konkreten Fall.
50) K. Demmer, Sittlich handeln aus Verstehen, 67; vgl. auch F. M. Wuketits, Grundriß der Evolutionstheorie, 154.
51) Vgl. J. Habermas, Art. Anthropologie, 18; F. M. Wuketits, Biologie und Kausalität, 141f.
52) E. O. Wilson, Biologie als Schicksal, 20; vgl. ders., Che cos'è la sociobiologia, 12. Ähnlich meint J. Monod, Zufall und Notwendigkeit, 19, daß der Biologie unter den Wissenschaften eine zentrale Stellung zuerkannt werden müsse.
53) F. M. Wuketits, Evolution, Erkenntnis, Ethik, 1; vgl. ebd., IX; 203.
54) Vgl. B. Irrgang, Biologie als Erste Philosophie?, 104. Siehe auch A. L. Caplan, Introduction, 2: „Sociobiology is the latest and most strident of a series of efforts in the biological sciences to direct scientific and humanistic attention toward the question of what is, fundamentally, the nature of human nature." Die Biologie wird sogar zum Begegnungsfeld von geistes- und naturwissenschaftlichem Denken: F. M. Wuketits, Wissenschaftstheoretische Probleme, 17.
55) E. O. Wilson, Biologie als Schicksal, 191.
56) H. Altner, Beiträge der Biologie, 9.
57) Vgl. dazu die Diskussion im Kapitel 5.1 und 5.2 dieses Buches.
58) A. Raffelt/K. Rahner, Anthropologie und Theologie, 15.
59) Zit. in B. Hintersberger, Theologische Ethik, 47.
60) Zit. nach der Übersetzung bei U. Hommes, Sicherheit, 518.
61) L. Roithinger, Ethik und Anthropologie, 36.
62) K. Demmer, Sein und Gebot, 155. Vgl. auch K. O. Knackstedt, Aussagen, 85.
63) R. Lay, Evolution als Schöpfung, 281; siehe auch H. Fries, Theologie als Anthropologie, 64. Umgekehrt wird die Theologie sogar von biologischer Seite her zu einem Dialog aufgefordert: „Die Biologie ist zu wichtig, als daß man sie nur den Biologen überlassen könnte." (J. Lederberg, zit. bei L. Scheffczyk, Die Theologie, 349).

64) Vgl. K. Demmer, Deuten und handeln, 28f.; 151f.; siehe auch Ph. Kaiser, Anspruch, 41. B. Häring, Ethik der Manipulation, 66: „Der moderne Naturbegriff im allgemeinen und insbesondere der Begriff der menschlichen Natur mit den ihr eingeborenen Bedürfnissen und Zielrichtungen können nicht mehr dasselbe sein wie in einer Epoche, die glaubte, die Schöpfung sei ein vollendetes Werk und der erste Mann zu Beginn sei das vollendete Modell aller künftigen Menschen gewesen."
65) K. Demmer, Sittlich handeln aus Verstehen, 237; vgl. J.-M. Aubert, Pour une herméneutique, 479; A. Auer, Autonome Moral, 212; A. Autiero, La natura umana, 254.
66) Vgl. A. Auer, Hat die autonome Moral, 13.
67) K. Rahner, Philosophie und Theologie, 12.
68) K. Demmer, Deuten und handeln, 14.
69) J. Hübner, Wissenschaft, Glaube und Ethik, 512.
70) So C. Caffarra, Teologia morale, 123; D. Mollenhauer, Gibt es sichere Erkenntis, 24f.
71) Nach der Darstellung bei B. Kanitscheider, Wissenschaftstheorie, 7.
72) D. Mollenhauer, Gibt es sichere Erkenntnis, 19; D. Mieth, Moral und Erfahrung, 23.
73) H. Schaefer, Kann die Wissenschaft, 301.
74) Vgl. dazu vor allem E. Ströker, Einführung in die Wissenschaftstheorie, 88ff.; G. Radnitzky/G. Andersson, Gibt es objektive Kriterien, 22. Vgl. dazu etwa die Äußerung von H. Mohr, Erkenntnistheoretische und ethische Aspekte, 526: Ob eine Theorie „in irgendeinem metaphysischen Sinn ‚wahr' ist, ist für den Wissenschaftler eine müßige Frage".
75) E. Ströker, Einführung in die Wissenschaftstheorie, 99; vgl. auch R. Löw, Naturwissenschaften, 85.
76) H. Krings, Pluralität des Wahrheitsbegriffs, 7.
77) Vgl. ebd.
78) K. Hübner, Zu Watkins', 452.
79) E. Ströker, Einführung in die Wissenschaftstheorie, 92.
80) K. Popper, Die erkenntnistheoretische Position, 36.
81) So dargestellt bei W. Baumer, Gestalt und Grenzen, 237; W. Wild, Vom Wahrheitsgehalt der Naturgesetze, 9f.
82) M. Müller, Philosophische Anthropologie, 14.
83) K. Rahner, Theologische Perspektiven, 38.
84) Vgl. J. Simon, Zum wissenschaftsphilosophischen Ort, bes. 443–446; R. Löw, Neue Träume, 689.
85) F. Rauh, Die Funktion, 143.
86) Siehe dazu D. Mieth, Moral und Erfahrung, 137ff.; vgl. zum letzten Vorwurf, die Theologie habe den Gedanken der Säkularisation, der Autonomie, der Subjektivität usw. für sich beansprucht, ja, sie sei von jeher positivistischer gewesen als der Positivismus, rationaler als der kritische Rationalismus, kritischer als die kritische Theorie und anthropologischer als die Anthropologie, jedoch die beiden exzellenten Darstellungen von R. Schaeffler, Wissenschaftstheorie und Theologie; und ders., Glaubensreflexion und Wissenschaftslehre, wo vom Autor das Wechselverhältnis von Theologie und Wissenschaftstheorie nachgewiesen wird.
87) D. Mieth, Moral und Erfahrung, 140. Man vgl. auch J. Hübner, Die Welt; ders., Vom Gegensatz, 599ff.
88) St. Pfürtner, Zur wissenschaftstheoretischen, 242; J. Gründel, Normen sittlichen Verhaltens, 150.
89) Vgl. hierzu K. Demmer, Il „nuovo", 81.
90) Vgl. T. Styczeń, Zur Frage, 145; ders., Autonome Ethik, 84f.
91) P. Feyerabend, Die Frage, 125.
92) Vgl. ders., Votum, 134–136.

93) Vgl. ders., Eine Lanze für Aristoteles, 196.
94) Ders., Votum, 137f.
95) Siehe J. Hick, Philosophy of Religion; man vgl. hierzu auch die Bemerkung von M. Bocheński, das Leben nach dem Tod sei doch „verifizierbar": Wenn man tot sei, werde man es schon sehen (mündl. Mitteilung).
96) W. Pannenberg, Wissenschaftstheorie und Theologie, 348.
97) R. Spaemann, Was ist das Neue?, 20.
98) So G. Ebeling, zit. bei F. Rauh, Sprachregelungen, 610; vgl. auch St. N. Bosshard, Über die Dialogfähigkeit, 711.
99) R. Spaemann, Was ist das Neue?, 20; vgl. auch Ch. Frey, Die Bedeutung, 305.
100) K. Demmer, Deuten und handeln, 14.
101) D. Mieth, Moral und Erfahrung, 40; vgl. K. Demmer, Deuten und Wählen, 245.
102) Vgl. ders., Sittlicher Anspruch, 64; siehe auch A. Auer, Ethische Implikationen, 299.
103) H.-H. Schrey, Einführung in die Ethik, 10. Daß die Theologie nicht weniger strenge Methoden hat als andere Wissenschaften und sich der geisteswissenschaftlichen Methoden oft in vorbildlicher Nüchternheit bedient, bestätigt C. F. v. Weizsäcker, Die Einheit der Natur, 35.
104) Vgl. dazu vor allem K. Demmer, „Christi vestigia ...", 6f.
105) B. Hintersberger, Theologische Ethik, 35.
106) Vgl. die Pastoralkonstitution „Gaudium et Spes" Nr. 36, in: LThK, Bd. 14, 385ff.
107) J. Hübner, Theologie und biologische Entwicklungslehre, 315.
108) Dazu Ch. Frey, Die Bedeutung, 308f.
109) H. Fischer, Zur Einführung, 16; vgl. auch Ph. Kaiser, Das Problem, 25f.
110) K. Demmer, Sittlich handeln aus Verstehen, 232.
111) K. Rahner, Die Theologie, 97; 98; ders., Zum Verhältnis, 105.
112) Ph. Kaiser, Anspruch, 42.
113) K. Rahner, Naturwissenschaft und Theologie, 509.
114) Vgl. ebd. 510; J. Gründel, Naturgeschichtliche Voraussetzungen, 619.
115) A. Auer, Ethische Implikationen, 320.
116) J. Hübner, Vom Gegensatz, 599.
117) So bei R. Lay, Evolution als Schöpfung, 282.
118) St. N. Bosshard, Über die Dialogfähigkeit, 710; vgl. K. Rahner, Theologische Pespektiven, 37; ders., Zum Verhältnis, 110f.
119) R. Lay, Evolution als Schöpfung, 282.
120) So J. Track, Die Stellung des Menschen, 401.
121) J. B. Metz, Zu einer interdisziplinär orientierten Theologie, 164; siehe auch W. Korff, Empirische Sozialforschung und Moral, 323.
122) Ph. Kaiser, Das Problem, 11.
123) K. Demmer, Sittlicher Anspruch, 66; F. Rauh, Sprachregelungen, 612.
124) Vgl. auch D. Mongillo, Per una teologia morale teologica, 96.
125) Man vergleiche dazu etwa die Bevorzugung von Artikeln von W. Kuhn in „Stimmen der Zeit", „Rheinischer Merkur", jüngst in der Reihe „Kirche und Gesellschaft", die naturwissenschaftlich sehr fragwürdig sind. H. v. Ditfurth, Wir sind nicht nur von dieser Welt, Anm. 31 und 48, macht auf die unzureichende Qualifikation und Argumentation Kuhns aufmerksam.
126) G. Theißen, Biblischer Glaube, 52; ebd., 55f. Auch Jesus ist eine solche Mutation (114) und schließlich sogar ein „unwahrscheinlicher ‚Treffer'" (208).
127) Ebd., 209.
128) Vgl. ebd., 176f.
129) So J. Gründel, zit. in: W. Lauer, Die Bedeutung, 505.

130) L. Scheffczyk, Die Theologie, 336; vgl. auch G. Sauter, Mensch sein, 87.
131) Vgl. G. Ebeling, Überlegungen, 38.
132) Vgl. dazu R. Spaemann, Kritik der politischen Utopie, 38.
133) Solche Versuche finden sich z. B. bei M. Thürkauf, Darwinismus, 139–155, in ziemlich massiver Form; nicht ganz frei davon ist auch J. Illies, Der Jahrhundert-Irrtum, etwa 88 f. Daß dieser „christliche" Biologe dabei von gnostischen/anthroposophischen Strömungen beeinflußt scheint, zeigen folgende Zeilen aus: ders., Schöpfung oder Evolution, 107 f: „Die doppelte Wahrheit unserer Herkunft weiß jedoch nicht nur um die Quelle des Heils – eben im Analogieschluß der tröstlichen Gewißheit eines ‚vom Geiste bist du genommen, zu Geist sollst du wieder werden', sondern auch um die des *Unheils* ... Der Abstieg der Urbilder war nicht nur eine Abrufung in die Körperwelt, sondern er war ein *Fall*, der nicht nur in die Materie, sondern (was etwas gänzlich anderes ist) in die *Sünde* führte." 112: „Wir dürfen an die *Schöpfung* glauben, und dieser Glaube selbst ist das Ziel und der kostbare Gewinn der *Evolution*, in der sich der Geist in die Materie begab, um sie heimzuholen, zurück in das Reich des Ewigen."
Eine ganz offensichtliche Vertauschung der Ebenen findet sich im wiederaufflammenden Streit „Mose oder Darwin" bei den Kreationisten. Siehe dazu J. Hübner, Die neue Verantwortung, 193 ff.; St. N. Bosshard, Evolutionismus und Kreationismus, 232–240; T. G. Bucher, Schöpfung und Evolution, 455–490. Man vgl. zum Versuch, die Evolutionstheorie durch Bibelstellen zu widerlegen, die Weisheit des hl. Thomas von Aquin, für den es zwecklos ist, „sich einzubilden, man könne einen Gegner zwingen, zuzugeben, daß er unrecht habe, indem man ihm beweist, daß er sich nach dem Maßstab der Grundsätze eines anderen irrt, nicht aber, daß er von seinen eigenen Prinzipien aus gesehen, im Irrtum ist. Nach dem großen Beispiel des hl. Thomas steht es fest oder sollte es zumindest feststehen, daß man sich entweder mit einem Menschen überhaupt nicht auseinandersetzen soll, oder daß man sich auf *seiner* Ebene mit ihm auseinandersetzen soll, nicht aber auf der eigenen." (G. K. Chesterton, Thomas von Aquin, 103).
134) F. Rauh, Sprachregelungen, 609. Vgl. ders., Der Glaube und die Naturwissenschaften, 617.
135) K. Demmer, Sittlich handeln aus Verstehen, 239.
136) K. Rahner, Zum Verhältnis, 104.
137) H. Münk, Moralische Normen, 362.
138) B. Hintersberger, Theologische Ethik, 36.
139) Vgl. H. Münk, Moralische Normen, 369; K. Demmer, Elementi base, 31.
140) Ders., Sittlich handeln aus Verstehen, 235.
141) Vgl. ders., Moralische Norm, 272.
142) W. Neidhard/H. Ott, Krone der Schöpfung?, 12; vgl. dazu besonders auch Ph. Kaiser, Das Problem, 30 ff.
143) K. Rahner, Philosophie und Theologie, 12.
144) Vgl. ebd., 14.
145) K. Demmer, Entscheidung und Verhängnis, 9.
146) W. Neidhard/H. Ott, Krone der Schöpfung?, 17.
147) W. Kerber, Geschichtlichkeit, 95.
148) So J. Gründel, Normen im Wandel, 56.
149) Siehe dazu besonders B. Fraling, Begründung, 141.
150) Vgl. W. Korff, Die ethische und theologische Relevanz; ders., Die naturale und geschichtliche Unbeliebigkeit, 147–164; ders., Materiale Grundlegungsfragen, 108 ff.; ders., Norm und Sittlichkeit; ders., Wege; vgl. auch W. Ernst, Grundfragen; J. Rief, Überlegungen, 120 ff.
151) W. Korff, Die ethische und theologische Relevanz, 160.

152) Vgl. ders., Materiale Grundlegungsfragen, 108; K. Demmer, Sittlich handeln aus Verstehen, 235, weist darauf hin, daß eine Kombination unterschiedlicher Disziplinen nicht genügt, um das *Gesamt* der vielschichtigen menschlichen Wirklichkeit zu erfassen.
153) W. Korff, Materiale Grundlegungsfragen, 113.
154) Vgl. ders., Wege, 86–88.
155) Ebd., 88.
156) Vgl. hierzu und zum Folgenden: ebd., 89f.; 93.
157) Vgl. ebd., 96f.
158) D. Mieth, Moral und Erfahrung, 35.
159) Vgl. D. Mieth, Moral und Erfahrung, 36–40; W. Korff, Norm und Sittlichkeit, 110ff.
160) D. Mieth, Moral und Erfahrung, 41.
161) Vgl. ders., Der Wissenschaftscharakter, veröffentlicht auch in: ders., Moral und Erfahrung, 135–163, bes. 141f.
162) Ebd., 142.
163) Ebd., 143f.; zum Folgenden vgl. ebd., 144.
164) Ch. Frey, Arbeitsbuch Anthropologie, 95–109; ders., Die Bedeutung, 297ff.
165) Vgl. ebd., 310f.
166) Siehe dazu B. Hintersberger, Theologische Ethik; J. Gründel, Die Bedeutung, 1629.
167) Vgl. B. Hintersberger, Theologische Ethik, 84ff.
168) Vgl. ebd., 91ff.
169) R. Spaemann, in: ders. u.a. (Hg.), Evolutionstheorie, 177.
170) Johannes Paul II., Ansprache, 146f.
171) R. Spaemann, Einführung, 2.
172) Vgl. Einleitung, Anm. 1. Es fällt auf, daß in den letzten Jahren immer mehr Biologen selber versuchen, eine philosophische Deutung ihrer Forschungsintentionen und Ergebnisse vorzunehmen. Vgl. bes. J. Monod, Zufall und Notwendigkeit, dessen Untertitel lautet: „Philosophische Fragen der modernen Biologie"; weiterhin die Werke von F. M. Wuketits, der sich als „Biophilosoph", versteht.
173) J. Ratzinger, Geleitwort, VIII.
174) Vgl. K. Rahner, Theologische Perspektiven, 34; vgl. auch F. Rauh, Der Glaube und die Naturwissenschaften, 625.
175) K. Rahner, Theologische Perspektiven, 42.
176) Dazu G. Gismondi, La componente epistemologica, 267.
177) Vgl. Ph. Kaiser, Anspruch, 44; K. Demmer, Sittlich handeln aus Verstehen, 238.
178) B. Fraling, Begründung, 149; vgl. ebd., 152.
179) Siehe zu diesen Fragen bes. Ch. Frey, Die Bedeutung, 301.
180) J. Hübner, Schöpfungsglaube, 65.
181) K. Rahner, Die Theologie, 98.
182) R. Walter, Christlicher Glaube, 1268.
183) K. Rahner, Die Theologie, 99.
184) D. Mieth, Moral und Erfahrung, 145. Daß der Glaube eine ideologiekritische Funktion ausüben kann, behauptet etwa H. Hemminger, Das Wirklichkeitsverständnis, 33f. Zur ideologiekritischen Funktion der Theologie vgl. R. Schaeffler, Glaubensreflexion und Wissenschaftslehre, Kapitel 8.3; J. Hübner, Schöpfungsglaube, 64ff.
185) Siehe N. Schiffers, Voranzeigen, 91.
186) K. Rahner, Theologie im Gespräch, 33. Nach W. H. Thorpe, Der Mensch, 18, sollten Theorien der modernen Biologie unter jedem nur möglichen Gesichtspunkt abgewogen und diskutiert werden. Wenn Theologen sich dieser Diskussion verschließen, versündigen sie sich geradezu gegen ihre Verpflichtung dem Geistesleben ihrer Zeit gegenüber.

187) Vgl. B. Fraling, Begründung, 147; K. Demmer, Leben in Menschenhand, 37.
188) Dazu N. Schiffers, Interdisziplinäre Zusammenarbeit, 148.
189) Vgl. J. Hübner, Die Welt, 16. Den spezifischen Beitrag der Theologie im Dialog mit den Wissenschaften betont auch C. Caffarra, Teologia morale, 132.
190) K. Rahner, Theologische Perspektiven, 44.
191) Wichtigste Werke der Verhaltensforschung: I. Eibl-Eibesfeldt, Die Biologie; ders., Grundriß; ders., Liebe und Haß; K. Lorenz, Das sogenannte Böse; ders., Vergleichende Verhaltensforschung; K. Lorenz/P. Leyhausen, Antriebe. Einseitigkeiten der Verhaltensforschung deckt etwa J. Rattner, Aggression, 35ff., oder H. Heinrichs, Der Irrtum des Konrad Lorenz, 125f., auf. Weitere Kritik an der Verhaltensforschung findet sich bei W. Schmidbauer, Biologie und Ideologie; ders. (Hg.), Evolutionstheorie und Verhaltensforschung; G. Roth (Hg.), Kritik der Verhaltensforschung. Als Beispiele für den Dialog Theologie – Verhaltensforschung seien neben den schon erwähnten Beiträgen von G. Altner, A. Autiero, F. Böckle, B. Fraling, J. Gründel, B. Hintersberger, W. Korff und F. Rauh noch J. Endres, Ethische Fragen, 109–147, J. Gründel, Ethik und Moraltheologie, 633–642, und ders., Verhaltensforschung und Theologische Ethik, 65–71, genannt.
192) Dazu W. Wickler, Die Biologie, 34ff., J. Gründel, Naturgeschichtliche Voraussetzungen, 618f.; K. Lorenz, Analogy, 229ff.
193) Siehe F. M. Wuketits, Grundriß der Evolutionstheorie, 154; W. Kerber, Geschichtlichkeit, 106.
194) J. Gründel, Naturgeschichtliche Voraussetzungen, 619; vgl. auch F. Rauh, Die Funktion, 144.
195) Zit. in: J. Gründel, Ethik und Moraltheologie, 634.
196) Ebd., 635; zum Folgenden vgl. ebd., 636ff.; ders., Verhaltensforschung und Theologische Ethik, 68; B. Hintersberger, Theologische Ethik, 86ff.
197) J. Gründel, Ethik und Moraltheologie, 638f.
198) Man vgl. dazu ders., Naturgeschichtliche Voraussetzungen, 622.
199) F. Rauh, Die Funktion, 157.

Anmerkungen zu Kap. 2

1) Vgl. Einleitung, Anm. 20. Für die folgenden Zitationen aus den soziobiologischen Werken habe ich, wo möglich, deutsche Übersetzungen herangezogen; bei eigenen Übersetzungen halte ich mich möglichst an den ursprünglichen Wortlaut.
2) So Th. Dobzhansky, zit. bei P. Koslowski, Evolution und Gesellschaft, 14. Der Immunitätsforscher P. Medawar meinte gar: „Für einen Biologen ist die Alternative zum Denken in Begriffen der Evolution, überhaupt nicht zu denken“ (Zit. bei D. P. Barash, Das Flüstern, 19). Zur Evolutionstheorie als Grundlage der Soziobiologie siehe bes. E. O. Wilson, Sociobiology, 4; ders., Introduction, 2; R. Dawkins, Das egoistische Gen, 1; M. Ruse, Sociobiology: Sense or Nonsense?, 6.
3) W. Zimmermann, Evolution, 20.
4) K. Günther, zit. in: R. Siewing, Biologische Evolution, 98. Zur Gesamtdarstellung der Evolutionstheorie vgl. G. Osche, Evolution; F. M. Wuketits, Grundriß der Evolutionstheorie.
5) Vgl. W. Schulz, Bedingungen des Lebens, 372.
6) Siehe Th. Dobzhansky u. a. (Hg.), Evolution, 98. Zum Folgenden vgl. F. M. Wuketits, Die systemtheoretische Innovation, 70f.; ders., Kausalitätsbegriff, 87.

7) E. Mayr, zit. nach J. Illies, Die Evolution des Lebendigen, 48; vgl. auch R. Löw, Art. Darwinismus, Sp. 1164.
8) F. M. Wuketits, Die systemtheoretische Innovation, 77.
9) H. Markl, Verwandtschaftsselektion, 1191; vgl. zum Folgenden ebd., 1191 f.
10) Ebd., 1191.
11) H. Hemminger, Der Mensch, 24.
12) D. E. Zimmer, Unsere erste Natur, 135.
13) J. Schurz, Denkkonsequenzen, 1199. Vgl. auch F. J. Ayala, The Mechanisms, 48.
14) E. O. Wilson, Sociobiology, 585.
15) D. St. Peters, Altruistisches Verhalten, 164.
16) Vgl. R. R. Warner, Behavioral, 153.
17) So R. Dawkins, Good Strategy, 331.
18) P. Meyer, Soziobiologie und Soziologie, 37.
19) Vgl. dazu R. Dawkins, Good Strategy, 331.
20) Die ESS wurde etwa zur Erklärung des Geschlechterverhältnisses 1:1 von Fisher entwickelt. Siehe hierzu W. D. Hamilton, Extraordinary Sex Ratios, 477–488. Beispiele für eine ESS finden sich etwa auch bei R. Dawkins, Das egoistische Gen, 82 ff.; J. Maynard Smith, Evolution and the Theory of Games, 41 f.
21) Vgl. hierzu W. Wickler/U. Seibt, Das Prinzip Eigennutz, 69.
22) So dargestellt bei E. O. Wilson, Che cos'è la sociobiologia, 5.
23) Wilson leitet die größte Ameisensammlung der Welt mit ca. 7000 Arten. Vgl. M. Ruse, Sociobiology: Sense or Nonsense?, 2; P. L. van den Berghe, Review of Wilson: Sociobiology, 732. Daß Insektenbiologen sich auch für den Menschen interessieren, ist nicht neu: A. C. Kinsey, der Verfasser des „Kinsey-Reports", war ein Spezialist für Wespen (vgl. E. A. Tiryakian, Biosocial Man, 701).
24) Vgl. E. O. Wilson, The Insect Societies; vgl. auch ders., A Consideration, 295.
25) J. C. King, The Genetics, 82: „Sociobiology resulted from extending entomological sociology to embrace the vertebrates." Vgl. D. Freeman, Sociobiology, 198.
26) Vgl. P. Meyer, Soziobiologie und Soziologie, 9, sowie die Buchbesprechungen von M. Blute, Review of Wilson: Sociobiology, 727–731; St. T. Emlen, An Alternative Case, 736–738; P. K. Smith, Review of Wilson: Sociobiology, 598 f.; D. S. Sade, The Evolution of Sociality, 261–263; N. Wade, Sociobiology, 1151–1155. Sehr kritische Besprechungen geben etwa: B. K. Eckland, Darwin rides again, 692–697; A. Köster-Lossack, Soziobiologie, 32–38; R. S. Morison, The Biology of Behavior, 247–251.
27) Siehe dazu auch V. C. Wynne-Edwards, Bull's-eye of sociality, 253.
28) E. O. Wilson, Biologie als Schicksal, 22; vgl. ders., A Consideration, 295; C. J. Lumsden/E. O. Wilson, Das Feuer des Prometheus, 46.
29) E. O. Wilson, Vorwort, 7; vgl. ders., Sociobiology, 4.
30) So D. P. Barash, Predictive Sociobiology, 211.
31) G. W. Barlow, The Development of Sociobiology, 3: „To biologists working in sociobiology the term signifies a strict application of evolutionary theory to the social behavior of animals." Der Versuch, eine evolutionäre Basis für das Verhalten zu finden, ist keineswegs neu. Am einflußreichsten war wohl der Entwurf H. Spencers im letzten Jahrhundert, den L. G. Miller, Fated Genes, 270, mit dem von Wilson vergleicht. Spencer hatte übrigens für seinen Versuch noch 12 dicke Bände benötigt. Vgl. hierzu H. Hemminger, Der Mensch, 8.
32) Vgl. A. Köster-Lossack, Soziobiologie, 32; E. O. Wilson, Biologie als Schicksal, 22; D. P. Barash, Evolution, 19, stellt die These auf, daß Wilson einfach einen großen Teil dessen zusammengestellt hat, was wissenschaftlich „in der Luft" lag und der Konsolidierung bedurfte.
33) P. Koslowski, Evolution und Gesellschaft, 14.

34) H. Hemminger, Der Mensch, 8.
35) Siehe vor allem R. Dawkins, Das egoistische Gen, 2; W. Wickler, Die Biologie, 72f.
36) Vgl. D. P. Barash, Soziobiologie und Verhalten, 18ff.; P. Meyer, Soziobiologie und Soziologie, 25.
37) D. E. Zimmer, Unsere erste Natur, 128. Zum Begriff „sozial" in der Verhaltensforschung macht K. Immelmann, Sozialstrukturen, 709, darauf aufmerksam, daß dieser Begriff hier völlig „wertfrei" angewandt wird und nicht mit der (positiv getönten) Anwendung im Bereich der menschlichen Gesellschaft identisch ist: „Er besagt, daß die betreffenden Verhaltensweisen Aufgaben innerartlicher Verständigung erfüllen. Soziales Verhalten in diesem Sinne ist jedes Verhalten zwischen Artgenossen einschließlich des aggressiven Verhaltens."
38) U. Kattmann, Überlebensmaschinen, 383f.
39) Ch. Darwin, Recapitulation, 28: „There are, it must be admitted, cases of special difficulty on the theory of natural selection; and one of the most curious of these is the existence of two or three defined castes of workers or sterile females in the same community of ants . . .". Darwin suchte das Problem zu lösen, indem er den Vorteil nicht auf der Ebene des Individuums suchte, sondern auf der von verwandten Tieren. Vgl. H. Flohr/W. Tönnesmann, Selbstverständnis, 22; E. Oeser, Zickzackweg, 24f.
40) D. St. Peters, Altruistisches Verhalten, 165.
41) Dazu H. Markl, Verwandtschaftsselektion, 1193. Man vergleiche auch schon die Äußerung von P. Kropotkin, Mutual Aid, 35, aus dem Jahr 1903: „In the animal world we have seen that the vast majority of species live in societies, and that they find in association the best arms for the struggle for life . . .".
42) H. Markl, Verwandtschaftsselektion, 1193.
43) E. O. Wilson, Sociobiology, 3; C.H. Waddington, Mindless Societies, 252–258, kritisiert, daß Wilson das altruistische Verhalten ins Zentrum der soziobiologischen Forschung gerückt hat. Indem er als Alternativen die soziale Kommunikation oder die Entwicklung der Geistigkeit vorschlägt, zeigt er, daß er das zentrale Problem der Soziobiologie nicht verstanden hat, daß nämlich seine Alternativvorschläge durchaus auf der Basis des reproduktiven Vorteils erklärt werden konnten, der Altruismus jedoch nicht. Vgl. dazu A. L. Caplan, Ethics, 307f.
44) U. Kattmann, Überlebensmaschinen, 384.
45) D. St. Peters, Altruistisches Verhalten, 180; vgl. P. J. Darlington, Altruism, 386: „Genes and the individuals carrying them must be selfish. Any kind of gene that consistently sacrificed itself to the benefit of other kinds, with no chance of any return, would eliminate itself from its gene pool."
46) B. Kanitscheider, Wissenschaftstheorie, 235. Wenn F. M. Wuketits fordert, dem ‚Egoismus der Gene' und dem ‚Prinzip Eigennutz' sei eine altruistische Komponente zur Seite zu stellen, so scheint er die Erklärungsstrategie der Soziobiologie nicht verstanden zu haben, gemäß der es auf der tieferliegenden Ebene der Gene eben keinen Altruismus geben kann. Vgl. F. M. Wuketits, Friedens- und Konfliktforschung, 49; ders., Evolution, Erkenntnis, Ethik, 126, wo Wuketits den Antagonismus von Egoismus und Altruismus mit S. Freud belegt.
47) Vgl. R. Alexander, Evolution, Social Behavior, 308: „Proximate functions are never their own reasons for existence, but, in evolutionary terms, exist to serve ultimate function, hence, take their particular forms because of their contribution to ultimate function . . . Ultimate function is invariably reproduction of the genetic materials . . .". Vgl. ders., The Biology, 13–21; siehe auch R. M. May, Sociobiology, 390.
48) D. St. Peters, Altruistisches Verhalten, 169.
49) E. O. Wilson, Sociobiology, 3. P. P. G. Bateson kritisierte in seiner Besprechung von Dawkins: The Selfish Gene, 317, den Versuch, in einem Tier nur die Weise der Gene zu sehen, mehr Gene zu machen. Sein Versuch einer Reductio ad absurdum („Ein Vogel ist die Weise eines

Nestes, neue Nester zu machen") geht jedoch fehl, da ein Nest kein echter Replikator ist. Vgl. R. Dawkins, Replikator Selection, 67f.

50) Vgl. J. T. Bonner, Kulturevolution, 22.

51) R. Dawkins, Das egoistische Gen, VIII. Vgl. F. M. Wuketits, Ist menschliches, 443.

52) Vgl. R. Dawkins, The Extended Phenotyp, 112; ders., Replicators and Vehicles, 46.

53) B. Kanitscheider, Wissenschaftstheorie, 234.

54) Dawkins, Replicator Selection, 73, erläutert dies an einem Beispiel: Es könnte durchaus sein, daß die Termiten samt ihrem komplizierten Staatenwesen zu diesem Leben durch das im Darm der Termiten lebende Protozoon manipuliert werden. Vielleicht sind es in Wirklichkeit die Gene des Protozoons, die das Termitennest regieren, indem sie phänotypische Macht auf das Verhalten der Termiten ausüben und die Arbeiter zur Sterilisation und zu sozialem Verhalten zwingen. Wohin diese Denkweise führen würde, zeigt die folgende Definition: „A termite is an intestinal microorganism's way of making more intestinal microorganisms" (R. A. McCain, Critical Reflections, 130). Vgl. auch die Besprechungen von Dawkins: The Extended Phenotype durch R. C. Richardson und M. V. Flinn.

55) Vgl. P. Meyer, Soziobiologie und Soziologie, 37, sowie K. Bratzler, Die Evolution, 96.

56) P. Meyer, Soziobiologie und Soziologie, 47.

57) R. Dawkins, The Extended Phenotype, 84.

58) P. Meyer, Soziobiologie und Soziologie, 48.

59) Siehe dazu die entsprechenden Kapitel in allen soziobiologischen Standardwerken. Bsp.: W. Wickler/U. Seibt, Das Prinzip Eigennutz, 81ff.

60) D. P. Barash, Soziobiologie und Verhalten, 83. R. L. Trivers, The Evolution of Reciprocal Altruism, 213, definiert Altruismus folgendermaßen: „Altruistic behavior can be defined as behavior that benefits another organism, not closely related, while being apparently detrimental to the organism performing the behavior, benefit and detriment being defined in terms of contribution to inclusive fitness." Vgl. auch D. St. Peters, Altruistisches Verhalten, 165f.; H.-U. Reyer, Soziale Strategien, 9.

61) W. D. Hamilton, The Genetical Evolution, 1–52; ders., The Evolution, 354ff. Vgl. auch J. Maynard Smith, The Evolution, 136–145. Eine umfangreiche Bibliographie zur Theorie der Sippenselektion bietet J. A. Kurland, Kin Selection, 255–274. Während Hamiltons Modell noch von einem einzelnen Gen, das den Altruismus codiert, ausgeht, wurde inzwischen auch ein Modell für eine multifaktorielle Vererbung des Merkmals entwickelt: S. Yokoyama/J. Felsenstein, A Model, 420ff.

62) Vgl. B. Kanitscheider, Wissenschaftstheorie, 234.

63) D. P. Barash, Soziobiologie und Verhalten, 90.

64) Vgl. bei L. Gallino, Oltre il gene egoista, XI.

65) H. Markl, Vom Eigennutz, 283. Der Biologe C. Bresch, Das sadistische Kohlenstoffatom, 32, scheint diese Argumentation nicht ganz verstanden zu haben, denn er unterstellt Dawkins die Aussage, daß Eltern und Kinder sowie Geschwister die Hälfte ihrer Gene gemeinsam hätten; dies sei ein Irrtum, denn in Wirklichkeit würden alle Mitglieder einer Art in fast allen Genen übereinstimmen. Bresch übersieht hier meines Erachtens, daß es bei all diesen Rechnungen immer nur um die *Wahrscheinlichkeit* der Gegenwart eines bestimmten Gens bei den Verwandten geht und zwar besonders im Fall einer *Variante* vom gewöhnlichen allgemeinen Erbgut. Ein ähnlicher Denkfehler findet sich bei I. Eibl-Eibesfeldt, Grundriß 422, der die Verwandtschaftsselektion als rechnerisch zwar überzeugend, praktisch jedoch kaum vorstellbar bezeichnet, „da ja alle Gruppenmitglieder den größten Teil des Erbgutes gemeinsam haben".

66) D. St. Peters, Altruistisches Verhalten, 178; vgl. auch R. L. Trivers/H. Hare, Haplodiploidy, 249–263.

67) Dazu H. Markl, Verwandtschaftsselektion, 1194.

68) Siehe W. Wickler/U. Seibt, männlich, 16. Ein Schütze trifft ja sein Ziel auch nicht mit Hilfe der Differentialgleichung, sondern durch eine andersartige Verrechnung der ihm von seinen Sinnesorganen gelieferten Daten. Vgl. dazu K. Immelmann, Einführung, 115, der von einem „quasirationalen“ Verhalten spricht: Das Verhalten der Tiere wurde von der natürlichen Auslese so passend auf die jeweiligen Umstände zugeschnitten, daß es dem menschlichen Beobachter wie das Ergebnis rationaler Entscheidungen erscheint. Vgl. auch G. Radnitzky, Die Evolution, 91.
69) H. Markl, Vom Eigennutz, 282f.; für P. J. Darlington, Altruism, 386, kann die Idee von der kin selection auch kaum über das Gebiet der Brutpflegebeziehungen und den Spezialfall der sozialen Hautflügler (Hymenoptera) hinaus angewendet werden.
70) G. S. Stent, Ethische Dilemmas, 13; zu folgendem Beispiel vgl. P. Meyer, Soziobiologie und Soziologie, 51ff.; R. L. Trivers, Sociobiology, 4f.
71) H.-U. Reyer, Soziale Strategien, 6.
72) Vgl. J. R. Krebs, u. a., Measuring Fitness, 205; W. Wickler/U. Seibt, Vom Egoismus, 75; H.-U. Reyer, Soziale Strategien, 6.
73) R. Dawkins, Replicator Selection, 74.
74) D. St. Peters, Altruistisches Verhalten, 174. R. Dawkins, Das egoistische Gen, 195, drückt das etwas salopper aus: „Kratz mir meinen Rücken, dann kratze ich deinen.“
75) D. P. Barash, Soziobiologie und Verhalten, 99. Grundlegend für die Idee des reziproken Altruismus ist R. L. Trivers, The Evolution of Reciprocal Altruism.
76) Vgl. R. Dawkins, Das egoistische Gen, 215ff.; R. Axelrod/W. D. Hamilton, The Evolution, 1396. R. Dawkins, In Defence, 556–573, verteidigt sich gegen die Vorwürfe von M. Midgley, Gene-juggling, 439–458, für die reziproker Altruismus die Fähigkeit von Tieren zum „Rechnen“ einschließen würde.
77) D. St. Peters, Altruistisches Verhalten, 174f.
78) So urteilt etwa S. J. Rothstein, Reciprocal Altruism, 255. Daß sich sogar Trivers Beispiel vom Altruismus des in Symbiose lebenden Putzerfisches durch einen indirekten evolutionären Weg etabliert haben kann (und nicht durch reziproken Altruismus, der mentale Fähigkeiten voraussetzen würde), zeigt W. Etkin, A Biological Critique, 86.
79) Vgl. D. P. Barash, Soziobiologie und Verhalten, 100.
80) Vgl. D. St. Peters, Altruistisches Verhalten, 166f.; D. P. Barash, Soziobiologie und Verhalten, 80ff.
81) V. C. Wynne-Edwards, Intergroup Selection, 623 folgert: „This in turn seems to entail that natural selection has occured between social groups as evolutionary units in their own right favouring the more efficient variants among social systems wherever they have appeared, and furthering their progressive development and adaptation.“
82) Vgl. D. T. Campbell, On the Conflicts, 1111; ders., The two Distinct Routes, 12f.; M. Ruse, Sociobiology: Sense or Nonsense?, 14. Eine gute Diskussion bietet J. Cassidy, Philosophical Aspects, 575–594.
83) Vgl. E. O. Wilson, Sociobiology, 30; ders., Group Selection, 631. Sehr vorsichtig gegenüber der Argumentation von Wynne-Edwards zeigt sich Wilson auch in: Introduction, 103. Dawkins radikale Ablehnung findet sich etwa in: ders., Das egoistische Gen, 12f. Freilich trifft sein Argument, daß eine differentiale Austilgung von Arten keine Gruppenselektion darstellt, weil Arten keine „Replikatoren“ seien, nicht: Arten sind Replikatoren. „But of course they are: Species give rise to species; species multiply.“ (R. D. Alexander/G. Borgia, Group Selection, 456).
84) Vgl. P. J. Darlington, Altruism, 386; J. Maynard Smith, Group Selection, 1145–1147; ders./G. R. Price, The Logic, 15–18.
85) Dazu G. A. Parker, Selfish Genes, 849. Möglichkeiten für eine Gruppenselektion zeigt M. J. Wade, A Critical Review, 101–114. Zur realistischen Beurteilung dieser Möglichkeiten fehlen

allerdings noch Feldstudien. Eine mögliche Bedeutung der Gruppenselektion zeigen auch R. Boyd/P. J. Richerson, Cultural Transmission, 338; B. J. Williams, A Critical Review, 184: „It is now clear, that kin selection is not independent of group selection." Wenn auch die die Gruppenselektion ermöglichenden extremen Situationen selten sind, so könnten in genau diesen Situationen neue Arten entstanden sein: So St. J. Gould, zit. in R. D. Masters, The Value, 148.

86) Vgl. H. Hemminger, Der Mensch, 90.

87) Vgl. P. J. Darlington, Altruism, 385. Die Möglichkeit der Manipulation zu altruistischem Verhalten durch die Eltern ist hier nicht diskutiert worden. Siehe dazu etwa D. P. Barash, Soziobiologie und Verhalten, 100f.

88) U. Kattmann, Überlebensmaschinen, 385.

89) Vgl. G. S. Stent, Ethische Dilemmas, 13f.

90) So etwa L. Gallino, Oltre il gene egoista, XIX. S. L. Washburn stellt z.B. fest, daß sich in N. A. Chagnon/W. Irons (Hg.), Evolutionary Biology, die Autoren ausschließlich auf die synthetische Theorie der vierziger Jahre und auf die Theorie der inklusiven Fitness stützen; sie bringen in ihrer 78seitigen Bibliographie fast keine Literatur der bedeutenden Entwicklungen der Evolutionstheorie (vgl. E. A. Hoebel, Anthropologie, 44). Kritische Literatur zur Evolutionstheorie findet sich etwa in P. Lüth, Der Mensch, 475; R. Spaemann/R. Löw, Die Frage Wozu?, 300ff.

91) Vgl. F. M. Wuketits, Kausalitätsbegriff, 101f.

92) So M. Jeuken, Evolution, 477–484.

93) J. Monod, Zufall und Notwendigkeit, 124: „Bei dem Gedanken an den gewaltigen Weg, den die Evolution seit vielleicht drei Milliarden Jahren zurückgelegt hat, an die ungeheure Vielfalt der Strukturen, die durch sie geschaffen wurden, und an die wunderbare Leistungsfähigkeit von Lebewesen – angefangen vom Bakterium bis zum Menschen – können einem leicht wieder Zweifel kommen, ob das alles Ergebnis einer riesigen Lotterie sein kann, bei der eine blinde Selektion nur wenige Gewinner ausersehen hat." Vgl. auch M. Eigen, Vorrede, 14f.; P. Erbrich, Ist die naturwissenschaftliche Evolutionstheorie hinreichend?, 160.

94) Ebd., 171.

95) Zit. bei W. Neidhard/H. Ott, Krone der Schöpfung?, 30.

96) I. Eisenstein, Ist die Evolutionstheorie wissenschaftlich begründet?, 271.

97) Vgl. ebd., 242; H. Kahle, Die „Mechanismen" der Evolution, 130.

98) P. Erbrich, Ist die naturwissenschaftliche Evolutionstheorie hinreichend?, 172.

99) K. Lorenz, zit. bei J. Illies, Die Evolution des Lebendigen, 48; R. Dawkins, Das egoistische Gen, 1.

100) K. Lorenz, Das sogenannte Böse, 20f.

101) Vgl. P. J. Darlington, Altruism, 385; G. Vollmer, Was können wir wissen?, Bd. 2, 29.

102) A. Koestler, Der Mensch, 202.

103) A. L. Caplan, Say it Just, 150.

104) Siehe vor allem A. Portmann, An den Grenzen, 138.

105) K. Popper, Natural Selection, 346: „Not all phenomena of evolution are explained by natural selection alone." Vgl. auch J. Illies, Die biologische Evolution, 962.

106) So dargestellt von St. J. Gould, Sociobiology and the Theory, 258.

107) W. F. Gutmann, Veränderungen im Evolutionsverständnis, 1301. Vgl. ders., Der Eingang essentialistischer Philosophie, 59–95; F. M. Wuketits, Evolution, Erkenntnis, Ethik, 38.

108) W. F. Gutmann, Entwickelt sich ein neues Evolutionsverständnis?, 84; vgl. auch ders./K. Bonik, Die Dynamik, 6–13; K. Vogel, Macht die biologische Evolution Sprünge?, 13.

109) Vgl. F. M. Wuketits, Schlüssel, 148; ders., Zum Konzept, 40.

110) P. Erbrich, „Kritische Evolutionstheorie“, 562.
111) Ebd., 565.
112) W. Wickler, zit. bei W. Kuhn, Darwins Evolutionstheorie, 6.
113) Vgl. D. St. Peters, Altruistisches Verhalten, 164f.; G. Radnitzky, Die Evolution, 88f.; M. Eigen, Vorrede, 13f.
114) So W. Stegmüller, Hauptströmungen der Gegenwartsphilosophie, Bd. 3, 235.
115) Vgl. R. D. Alexander, Darwinisms, 22; ders., Evolution and Culture, 62: Daß die Angaben der adaptiven Gründe nach E. Mayr für die Umwelten in geologischen Zeiträumen natürlich unmöglich sind, bedeutet nicht, daß sie prinzipiell nicht erbringbar wären oder daß sie nicht für die Selektion in der gegenwärtigen Umwelt festgestellt werden könnten.
116) A. Koestler, Der Mensch, 203 (im Original teilweise kursiv).
117) F. Kambartel, Zur grammatischen Unmöglichkeit, 44.
118) U. Kull, Evolution des Menschen, 10.
119) I. Eisenstein, Ist die Evolutionstheorie wissenschaftlich begründet?, 436.
120) R. Spaemann/R. Löw, Die Frage Wozu?, 241.
121) W. Stegmüller, Probleme und Resultate der Wissenschaftstheorie, Bd. 1, 761.
122) Derartige Zwischenformen erscheinen aber beinahe unmöglich, da bei einer Überführung von einem Typ in einen andern die Störung des Gesamtorganismus unvermeidlich wäre: Aus dem Fisch hätte nur dann ein lungenatmendes Landtier werden können, wenn dieses „einige Generationen lang den Atem angehalten hätte“ (v. Baer, zit. bei J. Illies, Schöpfung oder Evolution, 71). Im Organismenbereich kann es während der Evolution nirgends das Schild gegeben haben: „Wegen Umbau vorübergehend geschlossen“ (ebd., 72). Man vgl. auch die Bemerkung Chestertons, daß bei allem Reden über „missing links“ eines vergessen werde: daß missing links nämlich genau das sind: *fehlende* Zwischenglieder.
123) W. Gutmann, Der Eingang essentialistischer Philosophie, 85.
124) R. Spaemann/R. Löw, Die Frage Wozu?, 242; vgl. auch A. G. M. van Melsen, Evolution und Philosopie, 94f.
125) P. Meyer, Soziobiologie und Soziologie, 102.
126) Vgl. R. D. Alexander/P. W. Sherman, Local Mate Competition, 494–500; R. D. Masters, The Value, 137.
127) Vgl. H. Markl, Introduction, 6.
128) E. Mayr, Evolution, 42.
129) Siehe dazu auch E. Sober/R. C. Lewontin, Artifact, 159.
130) Vgl. R. C. Richardson, Biological Reductionism, 153; vgl. W. Etkin, Review of Dawkins: The Selfish Gene, 144: „Modern concepts of the interactions and linkage of genes not only negate the finespun calculations of inclusive fitness but have brought into question the concept of the isolated gene as the basic unit upon which natural selection operates.“
131) D. Hull, Units of Evolution, 33; 39f.
132) Zit. bei U. J. Jensen, Introduction, 10f.
133) R. Dawkins, Replicators and Vehicles, 58ff.
134) Zit. bei R. D. Masters, The Value, 147.
135) So etwa I. Eibl-Eibesfeldt, Die Biologie, 126.
136) St. J. Gould, Sociobiology and Human Nature, 283–290; R. C. Lewontin, Caricature of Darwinism, 283.
137) Vgl. A. Rosenberg, Adaptionalist Imperatives, 162.
138) E. O. Wilson, Sociobiology, 21f.: „The pervasive role of natural selection in shaping all classes of traits in organisms can be fairly called the central dogma of evolutionary biology.“ Vgl. auch A. L. Caplan, Sociobiology as a Strategy, 150.
139) St. J. Gould, Sociobiology and the Theory, 259.

140) Ders., Sociobiology and Human Nature, 288.
141) Siehe dazu A. L. Caplan, Sociobiology as a Strategy, 150; I. Eibl-Eibesfeldt, Die Biologie, 129. R. M. Burian, A Methodological Critique, 382, nennt das Erfinden solcher Geschichten ein „highly amusing parlor game“.
142) R. C. Lewontin, Sociobiology – A Caricature, 22: „So ... one could make a Darwinian explanation of the frequency of different sorts of rocks. There is variation in the hardness of rocks, they persist in time and indeed are being formed anew, and the harder rocks are more ‚adapted‘ to survive the weathering and erosion of wind and water. A similar story can be told about political parties ..., jokes, stars and discarded soft drink containers.“ Im Übrigen scheint mir das adaptive storytelling nichts anderes zu sein als eine Wiederkehr der Physikotheologie in säkularisiertem Gewande: Nur daß alle Merkmale und Eigenschaften jetzt nicht mehr der Weisheit eines Schöpfergottes, sondern dem Konstrukteur „Anpassung“ zugeschrieben werden. Man denke etwa an die „just-so-story“ der Physikotheologen, daß die Flöhe dazu geschaffen sind, den Menschen zur Sauberkeit zu erziehen, oder daß die Fliegen schwarz sind, damit sie der Mensch besser fangen kann. Vgl. dazu auch A. Gläßer, Theologie und Evolutionstheorie, 114 ff.
143) S. Rose u. a., Not in Our Genes, 263. Vgl. auch L. Gallino, Oltre il gene egoista, XXVII; XXIX; G. Masuch/H. Staudinger (Hg.), Geschöpfe ohne Schöpfer?, 63; M. Kimura, Die Neutralitätstheorie, 39 ff.
144) Es sei hier an die menschliche Hand erinnert, die sich hervorragend zum Maschinenschreiben eignet, aber nicht *dafür* selektioniert worden ist.
145) Vgl. dazu R. Lewontin, Sociobiology as an Adaptionist Program, 13. Weitere Kritik am „Adaptationalismus“ bei A. Knapp, Leben ist mehr als Überleben, 175 ff.
146) E. O. Wilson, Sociobiology, 144: „No organism is ever perfectly adapted.“ Vgl. auch R. Dawkins, The Extended Phenotype, 19.
147) Ph. Kitcher, Vaulting Ambition, 237: „Yet, in the heat of the quest for human nature, restraint and caution vanish.“ Mangelnde Alternativlösungen und besonders das Fehlen von Gegenbeispielen moniert auch W. Etkin, Book Review: The Selfish Gene, 144.
148) Vgl. S. Rose u. a., Not in Our Genes, 263.
149) So fordert R. C. Richardson, Biology and Ideology, 411.
150) H. Markl, Biologie, 71.
151) Vgl. R. D. Alexander, The Search, 83.
152) So Ph. Kitcher, Vaulting Ambition, 226.
153) P. Koslowski, Evolution und Gesellschaft, 38; G. F. Oster u. a., Methodology, 172: „Thus the most important caveat to the unwary empiricist is to eschew the naive view that nature always optimizes, or that every behavioral or anatomical feature of an animal is optimally designed.“
154) P. Koslowski, Evolution und Gesellschaft, 38.
155) Ebd., 39.
156) Ebd., 44.
157) So z. B. A. L. Caplan, Sociobiology as a Strategy, 156 f.
158) Vgl. E. O. Wilson, Sociobiology, 11 ff.; ähnlich beruft sich Wilson auf den „threshold effect“ (ebd., 573), um zu erklären, warum dieser Prozeß der kulturellen Evolution durch multiplier effects nur beim Homo sapiens vorkam. Vgl. R. M. Burian, A Methodological Critique, 383. Solche gegen jede Falsifikation immunisierten Erklärungsversuche (etwa auch von R. Alexander) wurden „intellectual jesuitry“ genannt. Siehe zu diesem Vorwurf und zur Verteidigung der Soziobiologie: M. Ruse, Sociobiology: A Philosophical Analysis, 366. Vgl. dazu oben, 1.2.1.
159) So urteilen J. S. Alper/H. Inouye, A Methodological Analysis, 79; vgl. auch P. Thompson, Is Sociobiology a Pseudoscience?, 363.

160) Vgl. ebd.; R. D. Alexander/P. W. Sherman, Local Mate Competition, 494ff., haben für einen konkreten Fall eine Falsifikation versucht. Vgl. auch G. L. Stebbins, In Defense, 389; M. Ruse, Sociobiology: Sense or Nonsense?, 111–118.
161) J. C. King, The Genetics, 82ff.; H. Hemminger, Der Mensch, 38.
162) Siehe dazu R. A. McCain, Critical Reflections, 126: Wilson gesteht die entscheidende Wichtigkeit von Polygenen zu, kehrt dann aber schnell wieder zur simplifizierenden „one – locus theory" zurück. Solche Inkonsequenz nennt McCain „the hedgeless hedge" (ebd.) und erinnert an jenen Irren, der erklärt, er sei überhaupt nicht abergläubisch (und dabei auf Holz klopft). Vgl. ebd., 127.
163) So zum Beispiel von R. D. Masters, The Value, 143. Vgl. zum Versuch eines Modells für eine polygenetische Basis eines Verhaltens B. Charlesworth, Models, 20f. sowie Anm. 61 dieses Kapitels.
164) R. D. Alexander, Darwinism, 37: „The potential error in this approach is failure to take sufficient account of the complexity and multiplicity of genic interactions, including their conflicts of interest."
165) L. Gallino, Oltre il gene egoista, XXIII: „La relazione gene/comportamento va scomposta dunque, al minimo, nella sequenza ambiente → geni → regolatori → geni strutturali → (proteine strutturali ed enzimi) → ambiente → (neutrotrasmettitori ed ormoni) → comportamento."
166) Dazu M. Midgley, Gene-juggling, 454; M. W. Feldman/R. C. Lewontin, The Heritability Hang-up, 1168; siehe auch die Diskussion um die Einheit der Selektion, oben 51.
167) Vgl. G. S. Stent, Introduction, 19.
168) R. Dawkins, In Defence, 567; so argumentiert auch M. Ruse, Sociobiology: Sense or Nonsense?, 102f., gegen Lewontin.
169) Vgl. R. Dawkins, In Defence, 567; ders., The Extended Phenotype, 175; ders., Twelve Misunderstandings, 189; ders., Der blinde Uhrmacher, 347.
170) Dazu D. S. Sade, Can „Fitness" Be Measured, 100; G. Schubert, The Sociobiology, 198. Vgl. aber R. Dawkins, Reply, 711: „If you believe that animal behavior is adaptive, und that its adaptation comes about through Darwinian natural selection, you have simply *got* to believe in the genetic control of behavioral differences ... The capacity to learn, speed of learning, tendency to learn particular things ... all these could be under genetic control." Vgl. ders., Good strategy, 331.
171) M. Daly, Contentious Genes, 81: „This confusion pervades not just *The Selfish Gene* but the entire field. The causal developmental gene and the population genetical gene are two incongruent concepts that have converged at the same bit of DNA."
172) H. Markl, Soziobiologie der Tiere, 215.
173) Vgl. R. D. Masters, The Value, 144; J. H. Barkow, Sociobiology, 178f. R. Dawkins, The Extended Phenotype, ist etwas vorsichtiger als in seinem früheren Buch. Er erwähnt, daß man etwa von einem möglichen ‚Gen für das Lesen' sprechen kann, ohne damit ein Gen zu intendieren, das allein das Lesen codieren würde (ebd., 23).
174) J. C. King, The Genetics, 86ff. Zu den Variabilisten zählen u. a. Th. Dobzhansky, E. Mayr, R. C. Lewontin und B. Wallace. Vgl. auch W. Etkin, A. Biological Critique, 50.
175) Dazu G. S. Stent, Ethische Dilemmas, 24. H. Mohr, Biologische Erkenntnis, 55 fordert: „Der Begriff ‚Gen' sollte immer dasselbe meinen, unabhängig von der biologischen Disziplin."
176) Hier zit. nach C. Bresch, Das sadistische Kohlenstoffatom, 30.
177) Vgl. G. S. Stent, Altruismus ohne Ethik?, 7; ders., Ethische Dilemmas, 24; P. W. Sherman, Why *are* people?, 88.
178) Dawkins gesteht dies übrigens zu; aber er wollte für sein Buch „Das egoistische Gen" einen packenden Titel finden. Vgl. hierzu G. S. Stent, Altruismus ohne Ethik?, 7. Dawkins weist

die Kritik Stents zurück: F. Crick habe Gen ähnlich definiert. Vgl. die Redeweise vom „selfish gene" bei T. Cavalier-Smith, How selfish is DNA?, 617; W. F. Doolittle/C. Sapienza, Selfish Genes, 601 ff.; L. E. Orgel/F. H. C. Crick, Selfish DNA, 604 ff.

179) Vgl. U. J. Jensen, Introduction, 10; D. Hull, Units of Evolution, 30: „Although he is likely to be shocked, if not offended, at being told so, Dawkins ... has made an important contribution to the metaphysics of evolution in his explication of ‚replicators'. Like Monsieur Jourdain, who was astonished to discover that he had been speaking prose all his life, Dawkins may well be surprised to discover that he has committed an act of metaphysics." Wie U. J. Jensen, Introduction, 11, feststellt, begibt sich Dawkins auf ein uraltes philosophisches Feld, „seeking the unity of the concrete and the universal".

180) Vgl. W. Etkin, A Biological Critique, 52; H. Caton, Domesticating Nature, 118.

181) H. Mohr, Biologische Erkenntnis, 59.

182) Vgl. D. St. Peters, Altruistisches Verhalten, 177 ff.; dies hängt aber doch mit der Definition von „Altruismus" zusammen; daher ist der Einwand nicht überzeugend.

183) Vgl. R. D. Alexander/P. W. Sherman, Local Mate Competition, 494 ff.; R. A. Metcalf, Measuring Fitness, 87 f.; H.-U. Reyer, Soziale Strategien, 11.

184) Auch E. O. Wilson, The Social Biology of Ants, 347, sprach schon 1963 von Mehrfachkopulationen bei Ameisen.

185) Wilson nimmt freilich an, daß bei vielen Ameisenarten eine „local mate competition" (eine auf Hamilton zurückgehende Alternativerklärung, nach der stärker in Weibchen als in Männchen investiert wird) unwahrscheinlich ist, so daß die Ergebnisse von Trivers und Hare doch nicht ganz ad acta zu legen sind. Vgl. dazu M. Ruse, Sociobiology: Sense or Nonsense?, 46 f.; 117. Für P. H. Harvey u. a., Mechanisms, 184, bedürfte es zur Beurteilung der Frage noch einiger Forschungen, etwa: „We do not yet have a good idea about the sequence in which the sperm of the different males are released. If random release occurs, then the supposed 3/4 relationship between worker females may be a gross overestimate."

186) Vgl. ebd., 188 f.

187) Vgl. W. Etkin, A Biological Critique, 72.

188) R. D. Alexander, The Evolution, 358 f.

189) Vgl. J. C. King, The Genetics, 99 f.

190) Vgl. etwa I. Eibl-Eibesfeldt, Die Biologie, 125. Inzwischen wurden jedoch einige weitere Fälle nachgewiesen: C. Vogel, in: Verantwortung und Ethik in der Wissenschaft, 143 f. Die beobachteten Fälle bleiben allerdings sehr selten, so daß Eibl-Eibesfeldt eher mit einer Pathologie rechnet (etwa als Folge von sozialem Stress) als mit einer „normalen" Verhaltenssituation. Ebenso: F. A. Beach, Sociobiology, 118 f. Eine streng genetische Determination zu diesem Verhalten ist überdies unwahrscheinlich, da der Infantizid in den verschiedenen Teilen Indiens variiert und somit von demographischen und ökologischen Faktoren abhängig scheint. Vgl. W. Etkin, A Biological Critique, 79. G. Schubert, The Sociobiology, 226, kritisiert die leichtfertige soziobiologische Behauptung von Kindermord innerhalb der ersten 6–7 Monate: „Nor is there a shred of evidence in support of the presumption that langurs, or any other monkeys, can count up to six, or to seven; to say nothing of their being able to distinguish between the passing of six and of seven months."

191) Ph. Kitcher, Vaulting Ambition, 121 f.

192) I. Eibl-Eibesfeldt, Die Biologie, 134.

193) Vgl. D. S. Sade, Can „Fitness" Be Measured, 111.

194) R. D. Masters, Is Sociobiology Reactionary?, 279 f. Hamiltons Modell zur Erklärung des Altruismus geht von streng determiniertem Verhalten aus. Ob dieses Modell noch gilt, wenn Tiere eine gewisse Lernkapazität besitzen, steht auf einem anderen Blatt. Vgl. auch W. Etkin, A Biological Critique, 71.

195) Vgl. ebd., 45 f.; 61 ff.; ders., Book Review: The Selfish Gene, 144 f.; G. A. Parker, Selfish Genes, 854: „A major weakness of current sociobiology theory is the omission of insights into evolutionary dynamics of animal learning; there is little or no formal modelling of the learning process." Besonders herausgestellt wurde dies in einer Studie der beiden Primatologen J. D. Baldwin/J. I. Baldwin, Beyond Sociobiology.
196) So H. Hemminger, Der Mensch, 79.
197) Vgl. R. D. Masters, The Value, 148 f.; U. Kattmann, Überlebensmaschinen, 385.
198) W. Wickler/U. Seibt, Das Prinzip Eigennutz, 130 f.
199) Vgl. H. Hemminger, Der Mensch, 14; 57 ff.; A. L. Caplan, Ethics, 304 f.; A. Mazur, On Wilson's Sociobiology, 697; K. Immelmann, Einführung, 5.
200) C. Vogel, Ethische Überlegungen, 133.
201) C. Bresch, Das sadistische Kohlenstoffatom, 32.
202) Wilson wurde beispielsweise vorgeworfen, er würde die Gaskammern im Nazideutschland rechtfertigen: E. Allen u. a., Against „Sociobiology", 260. Vgl. auch A. L. Caplan, Ethics, 309; G. W. Barlow, The Development of Sociobiology, 3: „Seldom has a field of science excited so much enthusiasm in recent years as has sociobiology while at the same time inspiring such vituperation."
203) E. O. Wilson, in: G. P. Baerends u. a., Multiple Review, 699. Siehe auch E. Tobach, The Methodology, 421. L. R. Graham, Between Science and Values, 202 f.: „One chapter out of twenty-seven does concern man, but the book can easily stand alone without that chapter. Wilson made some ambitious and foolish expansionist claims in chapters 1 and 27 about the eventual absorption of ethics and sociology by biology ...".
204) C. Vogel, Ethische Überlegungen, 133.
205) P. Meyer, Soziobiologie und Soziologie, 104. Ihm widersprechen S. Rose u. a., Not in Our Genes, 243. Vgl. auch E. O. Wilson, A Consideration, 296: Sociobiology „at the present time ... consists of perhaps 90 percent zoology and 10 percent human biology, but of course, inevitably, at least 90 percent of popular writing on the subject concerns the human applications."
206) St. J. Gould, Biological Potential, 344.
207) Ph. Kitcher, Vaulting Ambition, 435, faßt zusammen: „Sociobiology has two faces. One looks toward the social behavior of nonhuman animals. The eyes are carefully focused, the lips pursed judiciously. Utterances are made only with caution. The other face is almost hidden behind a megaphone. With great excitement, pronouncements about human nature blare forth."
208) A. L. Caplan, Introduction, 8: „Some sociobiologists have argued, that those disciplines which are explicitly concerned with human social behavour – anthropology, economics, political science, sociology, ethics, religion, and so on – cannot hope to achieve a scientific understanding of human behavior without recognizing and incorporating the biological models of sociobiological science."

Anmerkungen zu Kap. 3

1) E. O. Wilson, Biologie als Schicksal, 6.
2) Vgl. hierzu L. R. Graham, Between Science and Values, 196f.
3) D. P. Barash, Soziobiologie und Verhalten, 14, gibt zu: Das Kapitel über den Menschen ist „spekulativ und vielleicht sogar etwas unverschämt, dennoch hoffe ich, daß es so aufgenommen wird, wie es gemeint ist, nämlich als ein manchmal spaßhafter, aber trotzdem ernstgemeinter Versuch, uns selbst in einem anderen Licht zu sehen".
4) E. O. Wilson, Biologie als Schicksal, 8. Vgl. ders., Vorwort, 7.
5) K. M. Meyer-Abich, Frieden mit der Natur, 47. Lit. zur Evolution des Menschen findet sich etwa in F. M. Wuketits, Grundriß der Evolutionstheorie, 181ff.
6) Dazu R. Löw, Leben aus dem Labor, 26.
7) So F. M. Wuketits, Evolution, Erkenntnis, Ethik, 41.
8) E. O. Wilson, Che cos'è la sociobiologia, 13: „Quanto io affermo è la realissima possibilità che tutti i componenti noti della mente, compresa la volontà, abbiano una base neurofisiologica subordinata all'evoluzione genetica per selezione naturale." Vgl. auch F. M. Wuketits, Evolution, Erkenntnis, Ethik, 63.
9) Das ist nach A. Montagu, Introduction, 5, Wilsons Überzeugung.
10) Vgl. E. O. Wilson, Che cos'è la sociobiologia, 14.
11) Dazu O. H. Schindewolf, Phylogenie, 279.
12) U. Kull, Evolution des Menschen, 91. Zu diesem Experiment siehe besonders G. Gallup, Self-recognition, 329–338; P. Wilson, Man, the Promising Primate, 84.
13) E. O. Wilson, Biologie als Schicksal, 36.
14) Siehe F. M. Wuketits, Evolution, Erkenntnis, Ethik, 105.
15) E. O. Wilson, Biologie als Schicksal, 205, Anm. 8, bezieht sich explizit auf K. Lorenz, Die Rückseite des Spiegels. Vgl. auch D. P. Barash, Das Flüstern, 229; sodann den Sammelband von J. H. Fetzer (Hg.), Sociobiology and Epistemology, darin ganz besonders M. Ruse, Evolutionary Epistemology, 249–265.
16) Zur evolutionären Erkenntnistheorie vgl. bes. K. Lorenz/F. M. Wuketits (Hg.), Die Evolution des Denkens; dort wurde auch der grundlegende Aufsatz von K. Lorenz, Kants Lehre, wieder abgedruckt (95–124). Vgl. auch W. Lütterfels (Hg.), Transzendentale oder evolutonäre Erkenntnistheorie?
17) K. Lorenz, Die Rückseite des Spiegels, 9.
18) Ebd., 15.
19) B. Kanitscheider, Wissenschaftstheorie, 19.
20) So G. G. Simpson, Biology and the Nature of Science, 84.
21) Dazu K. Lorenz, Die Rückseite des Spiegels, 17. Wir können etwa an Fledermäuse denken, die mit ihrem Echolotsystem ein uns Menschen fremdes Sinnesorgan entwickelt haben. Wir können nur ein Echolot benutzen, das uns das Wahrgenommene optisch – auf Bildschirmen – vermittelt.
22) Vgl. F. M. Wuketits, Evolutionäre Erkenntnistheorie, 11.
23) K. Lorenz, Die Rückseite des Spiegels, 20. Vgl. auch F. M. Wuketits, Evolutionäre Erkenntnistheorie, 17; G. S. Stent, Limits, 1054.
24) Dazu B. Kanitscheider, Wissenschaftstheorie, 21.
25) So A. Gehlen, zit. bei F. M. Wuketits, Evolution, Erkenntnis, Ethik, 127.
26) Zu dieser Definition siehe D. E. Zimmer, Unsere erste Natur, 34f.
27) Vgl. G. Dux, Die Natur des Menschen, 79.
28) J. T. Bonner, Kulturevolution, 201.

29) Vgl. D. Mainardi, L'animale culturale, 17ff. J. T. Bonner, Kulturevolution, 189f., berichtet von der Entdeckung der Blaumeisen in Großbritannien, daß sie die Verschlußkappen der Milchflaschen durchpicken können, um dann die Sahneschicht abzuschlürfen. Diese „Technik" breitete sich sehr schnell aus.
30) W. T. Durham, Toward a Coevolutionary Theory (I), 429: „The conclusion is important: as the capacity for culture evolved, the developing culture characterizing a group of people, whatever else it was, must have been adaptive for them in terms of survival and reproduction" (im Orginal z.T. kursiv). Siehe auch St. T. Emlen, An Alternative Case, 737.
31) So beispielsweise L. Tiger/R. Fox, The Human Biogram, 62.
32) E. O. Wilson, Biologie als Schicksal, 38f. Vgl. ders., Tra ereditarietà e cultura, 156.
33) Vgl. ders., Biologie als Schicksal, 28.
34) Vgl. ders., Some Central Problems, 14.
35) Ders., Sociobiology, 560: „To the extent that the specific details of culture are nongenetic, they can be decoupled from the biological system and arrayed beside it as an auxiliary system."
36) Ders., Biologie als Schicksal, 79. Siehe auch K. Peter/N. Petryszak, Sociobiology versus Biosociology, 41.
37) K. Lorenz, Das sogenannte Böse, 345.
38) Dazu D. T. Campbell, On the Conflicts, 1104f. Kritiken zu Campbell finden sich in: American Psychologist 31 (1976), 341–384. Vgl. auch J. Hartung, Polygyny, 5: „Culture is adaptive or ‚functional', subserving the basic needs of its carriers and altering through time by a sort of mass trial-and-error in a process which is truly evolutionary."
39) Vgl. D. T. Campbell, On the Conflicts, 1105–1107; R. Cohen, Evolutionary Epistemology, 203–205.
40) H. Hemminger, Der Mensch, 97. Zum Folgenden vgl. ebd., 97–103.
41) Vgl. W. T. Durham, Toward a Coevolutionary Theory (I), 441; D. P. Barash, Soziobiologie und Verhalten, 270f.
42) R. Dawkins, Das egoistische Gen, 227. Vgl. dazu W. D. Hamilton, The Play, 759.
43) H. Hemminger, Der Mensch, 101.
44) Vgl. R. Dawkins, Das egoistische Gen, 227f.
45) Vgl. L. Gallino, Oltre il gene egoista, XXIV; H. Hemminger, Der Mensch, 98.
46) Dazu St. N. Bosshard, Evolution und Schöpfung, 116.
47) R. Dawkins, Das egoistische Gen, 79.
48) H. Markl, Vom Eigennutz, 281; vgl. auch W. Pannenberg, Anthropologie, 154.
49) Vgl. E. O. Wilson, Biologie als Schicksal, 14f.; J. T. Bonner, A New Synthesis, 129.
50) Vgl. W. Irons, Is Yomut, 417.
51) So stellt M. Sahlins, The Use and Abuse of Biology, 3, die Soziobiologie dar. Sahlins ist Anthropologe und steht der Soziobiologie sehr kritisch gegenüber.
52) Ebd., 5.
53) E. O. Wilson, Sociobiology, 22.
54) Vgl. zum Beispiel ders., Foreword, 12. Siehe auch J. Maynard Smith, The concepts, 28; R. D. Alexander, Natural Selection and the Analysis, 301f.
55) Man denke hierbei etwa an die mimischen Möglichkeiten, Gefühle auszudrücken, an das Ersinnen von ausgeklügelten Verwandtschaftsregeln oder an das quasi automatische Lächeln von Menschen, wenn sie ein Baby sehen. Vgl. dazu auch I. Eibl-Eibesfeldt, Das angeborene Können, 185.
56) E. O. Wilson, Vorwort, 7.
57) Ders., A Consideration 297; ders., Biology and the Social Sciences, 131f.
58) Vgl. E. O. Wilson, A Consideration, 296; ders., Che cos'è la sociobiologia, 6; ders., Foreword, IX.

59) Vgl. ebd., XII; D. P. Barash, Soziobiologie und Verhalten, 277f.
60) Vgl. E. O. Wilson, Foreword, XII.
61) Ders., Biologie als Schicksal, 114; vgl. auch D. P. Barash, Soziobiologie und Verhalten, 273f.
62) Vgl. V. A. McKusick/F. H. Ruddle, The Status, 390–405; M. Ruse/E. O. Wilson, Moral Philosophy, 177.
63) Dazu E. O. Wilson, A Consideration, 301; ders., Biologie als Schicksal, 50f.; L. Gallino, Oltre il gene egoista, XXXII.
64) E. O. Wilson, Sociobiology, 119.
65) Ebd., 562.
66) Vgl. ders., in: Harvard Gazette, January 16, 1976, zit. in: R. M. May, Sociobiology, 391.
67) Ein Einfluß der Gene wird angenommen für die Fähigkeit zum Erlernen von Sprache, Zahlen; Farbensehen; Extrovertiertheit/Introvertiertheit; Homosexualität; Alter der ersten sexuellen Aktivität; Neigung zum Alkoholismus; Phobien. Vgl. dazu E. O. Wilson, A Consideration, 300; C. J. Lumsden/A. C. Gushurst, Gene-Culture Coevolution, 9. E. O. Wilson, Biologie als Schicksal, 36f.: Auch die Tatsache, daß das menschliche Sozialverhalten dem der Schimpansen, die ja auch anatomisch und biochemisch dem Menschen sehr nah verwandt sind, in vielem sehr ähnlich ist, spricht für die Hypothese, daß das menschliche Sozialverhalten in seiner Entwicklung in gewissem Maß von genetischen Prädispositionen geleitet wird.
68) Vgl. L. Gallino, Oltre il gene egoista, XXXIII.
69) Vgl. E. O. Wilson, A Consideration, 301f.
70) Vgl. ders., Some Central Problems, 14; ders., Sociobiology, 550f.; M. Ruse, Sociobiology: A Philosophical Analysis, 360f.
71) W. Wickler/U. Seibt, Das Prinzip Eigennutz, 347.
72) D. P. Barash, Soziobiologie und Verhalten, 276f.
73) E. Staub, Entwicklung, 34; vgl. auch A. L. Caplan, A Critical Examination, 108.
74) Dazu auch R. Dawkins, Das egoistische Gen, 5.
75) Man vgl. hierzu vor allem R. Mattern, Altruism, 463.
76) Siehe schon Ch. Darwin, Die Abstammung, 167: „Wer bereit war, lieber sein Leben zu opfern als seine Kameraden zu verraten, wie mancher Wilde getan hat, wird häufig keine Nachkommen haben hinterlassen können, die seine edle Natur erbten."
77) Dazu W. Irons, Is Yomut, 420ff.; ders., Natural Selection, 11; W. H. Durham, Toward a Coevolutionary Theory (I), 439.
78) E. O. Wilson, Grundprobleme, 186.
79) R. D. Alexander, The Evolution, 376; ders./G. Borgia, Group Selection, 470; D. T. Campbell, Die Funktion, 178; G. Osche, Kulturelle Evolution, 47.
80) So etwa B. J. Williams, Kin Selection, 573.
81) I. Eibl-Eibesfeldt, Grundriß, 422.
82) R. Dawkins, In Defence, 558f.
83) B. Hassenstein, Evolution und Werte, 78. Vgl. auch N. Bischof, On the Phylogeny, 60f.
84) D. P. Barash, Soziobiologie und Verhalten, 297 (im Original z. T. kursiv).
85) H. Markl, Verwandtschaftsselektion, 1198.
86) E. O. Wilson, Sociobiology, 119f.: „... the human mind, already sophisticated in the intuitive calculus of blood ties and proportionate altruism ...".
87) P. Meyer, Soziobiologie und Soziologie, 107; vgl. R. L. Trivers, The Evolution of Reciprocal Altruism, 213ff.
88) Man fühlt sich hierbei an D. Defoe, Robinson Crusoe (dt. Übers., München 1976, 357) erinnert: „Daher antwortete ich dem französischen Kapitän, es sei wohl richtig, daß wir sie aus ihrer Notlage gerettet hätten, doch sei das nur unsere Pflicht, und wir hofften ebenso gerettet zu werden, wenn uns einmal das gleiche oder ein ähnliches Unglück zustieße. Wir hätten für

sie nichts anderes getan als sie für uns, wenn wir in ihrer und sie in unserer Lage gewesen wären."

89) Vgl. P. Meyer, Soziobiologie und Soziologie, 107f.; R. Dawkins, Das egoistische Gen, 220; P. L. van den Berghe, Bridging the Paradigms, 46.

90) Vgl. R. L. Trivers, The Evolution of Reciprocal Altruism, 221.

91) Dazu R. Axelrod/W. D. Hamilton, The Evolution of Cooperation; D. Krebs, Commentary, 64f.

92) Vgl. K. Bratzler, Die Evolution, 156f. Schon Ch. Darwin dachte übrigens an einen reziproken Altruismus: „Erstens wird jeder Mensch bei der zunehmenden Vervollkommnung seines Verstandes und seiner Voraussicht bald einsehen lernen, daß er, wenn er seinen Mitmenschen hilft, auch ein Anrecht auf ihre Hilfe erwirbt" (Ch. Darwin, Die Abstammung, 167).

93) R. L. Trivers, Sociobiology, 15. Solche Gefühlsdispositionen wären etwa Dankbarkeit oder Sympathie (vgl. ebd., 16ff.). Siehe auch P. J. Darlington, Altruism, 389.

94) E. O. Wilson, Biologie als Schicksal, 146.

95) Ebd., 148.

96) Ebd.

97) Vgl. ebd., 156.

98) Vgl. ebd., 149f.

99) Vgl. ebd., 146; 156f.

100) R. Dawkins, Das egoistische Gen, 3.

101) D. P. Barash, Das Flüstern, 158; vgl. ebd., 156.

102) Vgl. H. Mohr, Biologische Wurzeln der Ethik?, 33. Mohr zitiert allerdings ungenau: Bei Joh 15, 13 heißt es nicht Brüder, sondern Freunde. Vgl. auch M. T. Ghiselin, The Economy, 247: „Scratch an ‚altruist' and watch a ‚hypocrite' bleed." „No hint of genuine charity amiliorates our vision of society once sentimentalism has been laid aside." R. D. Alexander, Biologie und moralische Paradoxa, 166: „Bis jetzt hat man noch bei keinem Lebewesen Anzeichen für einen echten Altruismus gefunden, der sich ohne Diskriminierung auf die ganze Art oder die ganze Bevölkerung erstreckt." Besonders zugespitzt hat der Soziobiologe J. Wind, Man's Selfish Genes, 38, den Gedanken der biogenetischen „Eigennützigkeit": „I postulate that the most altruistic humans are likely to have the most selfish genes, i. e. those that have adopted a successful strategy" (im Original z. T. kursiv).

103) R. Dawkins, Das egoistische Gen, 105. Siehe auch D. L. Hull, Sociobiology, 80: „People in general, so the sociobiologists claim, are basically selfish. Genuine altruism is a myth."

104) So R. L. Trivers, Parental Investment, 62.

105) Vgl. D. P. Barash, Soziobiologie und Verhalten, 281. Ähnlich M. Ruse, Sociobiology: Sense or Nonsense, 58: „There will be a selective pressure toward adultery". Auch E. O. Wilson, Biologie als Schicksal, 120, spricht von einer durch die natürliche Selektion geförderten Tendenz zur Polygamie. Aus der Behauptung, daß der Mann von Natur aus ein „reluctant monogamist" sei und seine polygynen Tendenzen nicht vollständig unterdrücken könne, wird sogar eine soziobiologische Erklärung für Entstehung und Verbreitung der Pornographie abgeleitet: J. Sheper/J. Reisman, Pornography, 112. W. Wickler/U. Seibt, männlich, 150, sind im Gegensatz zu vielen anderen Soziobiologen vorsichtiger: Sie sehen in den verschiedenen menschlichen Sexualverhalten keine Beweise, sondern Hinweise für biologische Verhaltenswurzeln.

106) So dargestellt bei E. O. Wilson, Biologie als Schicksal, 44.

107) Ebd., 138; vgl. auch E. Kocher Adkins, Genes, 401ff.

108) E. O. Wilson, Sociobiology, 555.

109) Die Homozygotisierung vermindert die Variationsbreite in einer Population; rezessiv nachteilige Gene können sich phänotypisch ausprägen. Vgl. dazu U. Kull, Evolution des Menschen, 200.

110) E. O. Wilson, Biologie als Schicksal, 43.
111) Dazu R. Spaemann/R. Löw, Die Frage Wozu?, 107ff.
112) Vgl. A. Edel, Attempts, 112.
113) Vgl. Ch. Darwin, Die Abstammung, 121ff.; vgl. auch R. J. Richards, A Defense, 269; A. Knapp, Soziobiologie und christliche Moral, 227–230.
114) Vgl. H. Spencer, The Data of Ethics, 23.
115) Vgl. M. Stöckler, Ethik aus dem Labor?, 316; J. Savodnik, Biology, Philosophy of, 131.
116) Vgl. A. Edel, Attempts, 112.
117) Th. H. Huxley, Evolution and Ethics, 83; vgl. ebd., 31: „But it is none the less true that, since law and morals are restraints upon the struggle for existence between men in society, the ethical process is in opposition to the principle of the cosmic process, and tends to the suppression of the qualities best fitted for success in that struggle." Vgl. dazu auch M. Grene, The Understanding of Nature, 204; S. F. Gilbert, Altruism, 253.
118) Man vgl. dazu besonders M. Kriele, Recht und praktische Vernunft, 17.
119) E. O. Wilson, Sociobiology, 4. Siehe ebenfalls B. D. Davis, The Importance, 227. L. R. Graham, Between Science and Values, 7, bemerkt, daß Wilson nur das Tor zur Biologisierung der Ethik aufgestoßen, selber aber den Fuß kaum über die Schwelle gesetzt habe. Diese Zurückhaltung hat Wilson aber mit der Veröffentlichung von „Biologie als Schicksal" aufgegeben.
120) E. O. Wilson, Biologie als Schicksal, 12. Vgl. ders., Academic Vigilantism, 299; G. S. Stent, Ethische Dilemmas, 11; R. Mattern, Altruism, 462.
121) Diese Normdefinition schlagen H. Markl u. a., Evolution of Morals?, 248, vor.
122) Vgl. R. Cohen, Evolutionary Epistemology, 205.
123) Vgl. N. Bischof, On the Phylogeny, 62ff.
124) U. Kull, Evolution des Menschen, 215.
125) So H. Markl u. a., Evolution of Morals?, 241.
126) Vgl. ebd., 244f.
127) Vgl. etwa E. O. Wilson, Tra ereditarietà e cultura, 154; R. J. Richards, A Defense, 273.
128) Vgl. M. Ruse, Sociobiology: Sense or Nonsense?, 196f.
129) C. Vogel, Evolution und Moral, 479.
130) D. P. Barash, Soziobiologie und Verhalten, 107; 300. Vgl. auch D. T. Campbell, Social Morality Norms, 85; L. Tiger/R. Fox, The Human Biogram, 60: „Selection ... clearly favored those creatures with a propensity to obey rules, to feel guilty about breaking them, and, generally, to control their sexual and aggressive tendencies enough to let otherwise recalcitrant individuals form a working society."
131) Vgl. H. Markl u. a., Evolution of Morals?, 250.
132) Vgl. dazu besonders G. S. Stent, Introduction, 14; H. Markl u. a., Evolution of Morals?, 240.
133) Dazu vor allem O. J. Flanagan, Jr., Is Morality Epiphenomenal?, 207.
134) Vgl. H. Markl u. a., Evolution of Morals?, 242.
135) So E. O. Wilson, Sociobiology, 3.
136) Vgl. ebd.; C. J. Lumsden/E. O. Wilson, Das Feuer des Prometheus, 244. Siehe auch B. G. Hoebel, Neurogene, 100: „Die Zeit und damit weitere Forschungen werden uns zeigen, ob der chemische Code genügend Einzelheiten enthält, um in irgendeiner Weise ... dem Moralkodex zu entsprechen."
137) Vgl. ebd., 106.
138) Diese Forderung taucht bei Wilson wie ein basso continuo immer wieder auf: E. O. Wilson, Sociobiology, 562; ders., Biologie als Schicksal, 12f.; C. J. Lumsden/E. O. Wilson, Das Feuer des Prometheus, 243f. Diesem evolutionären Zugang Wilsons zur Ethik stimmte besonders der Philosoph M. Ruse zu: „I have come to the decision that he (= Wilson) is right. Only

by setting normative beliefs and behaviour against an evolutionary background can we hope to achieve a full understanding of morality. This is not a position I enjoy taking. Indeed, it goes against my training and my inclinations. It puts me apart from those whom I love most. But, I believe it is true." (M. Ruse, The Morality, 168). Da Ruse auch zusammen mit Wilson publiziert hat, wird in dieser Arbeit auch seine Position besonders berücksichtigt werden.

139) E. O. Wilson, Biologie als Schicksal, 13; vgl. ders., Animal and Human Sociobiology, 279f.

140) Ders., Sociobiology, 129.

141) Ders., Biologie als Schicksal, 154.

142) Ebd., 145. Dazu auch C. J. Cela-Conde, The Challenge, 294.

143) Dazu M. Ruse/E. O. Wilson, Moral Philosophy, 188.

144) Vgl. H. Markl u. a., Evolution of Morals?, 249f.

145) E. O. Wilson, Sociobiology, 3; siehe auch E. Tobach, The Methodology, 416.

146) E. O. Wilson, Biologie als Schicksal, 159.

147) Vgl. F. M. Wuketits, Evolution, Erkenntnis, Ethik, 143.

148) E. O. Wilson, Biologie als Schicksal, 159.

149) Ebd., 143. Vgl. auch M. Ruse/E. O. Wilson, Moral Philosophy, 174: „This accumulating empirical knowledge has profound consequences for moral philosophy. It renders increasingly less tenable the hypothesis that ethical truths are extrasomatic, in other words divinely placed within the brain or else outside the brain awaiting revelation."

150) E. O. Wilson in einer Diskussion: Siehe H. Maddox u. a., Discussion about Genes, Mind and Culture, 222.

151) M. Ruse/E. O. Wilson, Moral Philosophy, 186: „It is easy to conceive of an alien intelligent species evolving rules its members consider highly moral but which are repugnant to human beings, such as cannibalism, incest, the love of darkness and decay, parricide, and the mutual eating of faeces." Zum Folgenden vgl. ebd.

152) E. O. Wilson, Sociobiology, 562; vgl. M. Ruse, Sociobiology: Sense or Nonsense?, 204.

153) Vgl. ders., Evolutionary Ethics, 103; ders./E. O. Wilson, Moral Philosophy, 179: „Human beings function better if they are deceived by their genes into thinking that there is a desinterested objective morality binding upon them, which all should obey."

154) E. O. Wilson, Biologie als Schicksal, 11. Dies erinnert an das Wort von E. Gibbon: „Man traue keinem erhabenen Motiv für eine Handlung, wenn sich auch ein niedriges finden läßt." (Zit. in: C. Vogel, Ethische Überlegungen, 135).

155) E. O. Wilson, Sociobiology, 564; vgl. auch P. Singer, The Expanding Circle, 56f.

156) Vgl. R. Spaemann/R. Löw, Die Frage Wozu?, 258.

157) G. S. Stent, Ethische Dilemmas, 12; vgl. ders., Introduction, 14.

158) Besonders bei den den Menschen näher verwandten sozialen Wirbeltieren finden sich viele Verhalten, zu denen Analogien in menschlichen Normen feststellbar sind:
- Du sollst die Älteren ehren (bei Primaten tradieren die Älteren wichtige Erfahrungen).
- Du sollst nicht töten (Tötungshemmung).
- Du sollst nicht stehlen (allgemeine Konkurrenzregel).
- Du sollst nicht lügen (Die Kommunikation muß eindeutig sein).

Vgl. dazu besonders W. Wickler, Hat die Ethik, 134ff.; ders., Naturgesetzliches, 52.

159) Vgl. hierzu N. Bischof, On the Phylogeny, 56; I. Eibl-Eibesfeldt, Der vorprogrammierte Mensch, 63.

160) E. O. Wilson, Academic Vigilantism, 300.

161) Vgl. F. v. Hayek in einer Diskussion, zit. in: R. Riedl/F. Kreuzer (Hg.), Evolution und Menschenbild, 232.

162) Vgl. R. Dawkins, Das egoistische Gen, 227ff.; N. Bischof, On the Phylogeny, 70f.; R. Hettlage, Variationen des Darwinismus, 120.
163) W. Wickler/U. Seibt, Das Prinzip Eigennutz, 354.
164) W. Wickler in einer Diskussion, zit. in: P. Koslowski u.a. (Hg.), Die Verführung durch das Machbare, 155. Dagegen wurde eingewendet, daß das Verhältnis zwischen Viren und Virenträgern passiv sei („Befall"), das zwischen Menschen und Normen aber aktiv (Menschen „setzen" Normen); zum andern würde in diesem Modell nicht zwischen materialem Gehalt und formaler Geltung unterschieden.
165) Dazu W. Wickler, Hat die Ethik, 126.
166) Siehe D. P. Barash, Evolution, 30.
167) Vgl. D. T. Campbell, The Conflict, 243.
168) C. Vogel, Evolution und Moral, 482.
169) Vgl. D. T. Campbell, On the Conflicts, 1103ff. Campbell fordert von daher, daß z.B. religiöse ethische Normen in ihrem Wert hoch einzuschätzen sind. Siehe auch D. P. Barash, Soziobiologie und Verhalten, 300.
170) Ebd., 281.
171) Vgl. ebd., 284f.
172) E. O. Wilson, Biologie als Schicksal, 141.
173) Ebd., 135.
174) Vgl. ebd., 137–140.
175) Vgl. ders., The Relation of Science to Theology, 430.
176) Vgl. R. Spaemann/R. Löw, Die Frage Wozu?, 231. Vgl. ebenso F. M. Wuketits, Evolution, Erkenntnis, Ethik, 141f.
177) B. Kanitscheider, Wissenschaftstheorie, 237; vgl. auch D. T. Campbell, On the Conflicts, 1109.
178) Dazu R. C. Solomon u.a., Sociobiology, 290.
179) W. Wickler, Hat die Ethik, 132; vgl. ebd., 127.
180) D. P. Barash, Soziobiologie und Verhalten, 227.
181) Vgl. R. Dawkins, Das egoistische Gen, 3; 164; 237; siehe auch R. C. Solomon u.a., Sociobiology, 289.
182) E. O. Wilson, Biologie als Schicksal, 14.
183) Ebd., 95.
184) Ebd., 184.
185) Ebd.
186) Vgl. P. Singer, The Expanding Circle, 61f.
187) E. O. Wilson, Biologie als Schicksal, 184ff.
188) Vgl. ders., Academic Vigilantism, 301.
189) Ders., Sociobiology, 575. Siehe auch K. Bock, Human Nature and History, 88.
190) Vgl. E. O. Wilson, Sociobiology, 575; siehe auch S. Rose u.a., Not in Our Genes, 234f.
191) So E. O. Wilson, Biologie als Schicksal, 195.
192) Ebd., 165f.
193) Ebd., 160.
194) W. Wickler, Die Biologie, 146; vgl. ders., Hat die Ethik, 134.
195) D. T. Campbell, Die Funktion, 186; vgl. ders., On the Conflicts, 1117.
196) E. O. Wilson, Biologie als Schicksal, 174; vgl. ebd., 167.
197) Vgl. ebd., 165.
198) Vgl. dazu besonders R. Dawkins, Das egoistische Gen, 1.
199) Vgl. etwa E. O. Wilson, Biologie als Schicksal, 192.
200) Zit. bei H. de Lubac, Über Gott hinaus, 118.

201) D. P. Barash, Das Flüstern, 28.
202) R. Dawkins, Das egoistische Gen, 15.
203) D. P. Barash, Das Flüstern, 154.
204) Vgl. R. Dawkins, Das egoistische Gen, 25.
205) E. O. Wilson, Biologie als Schicksal, 194.
206) Vgl. ebd., 188f.
207) D. E. Zimmer, Unsere erste Natur, 303; vgl. E. O. Wilson, Biologie als Schicksal, 11.
208) Ders., Sociobiology, 575, hier zit. nach A. Köster-Lossack, Soziobiologie, 35.
209) J. Monod, Zufall und Notwendigkeit, 151.
210) Vgl. F. J. Ayala, The Mechanisms, 60f.
211) Besonders E. Haeckel sprach dem Menschen ab, die „Krone der Schöpfung" zu sein. Vgl. O. H. Schindewolf, Phylogenie, 230. Siehe auch K. Lorenz, Das sogenannte Böse, 322: „Den heutigen Menschen auf einer hoffentlich besonders rasch durchlaufenen Etappe seines Marsches durch die Zeit absolut zu setzen und für die schlechthin nicht mehr zu übertreffende Krone der Schöpfung zu erklären, erscheint dem Naturforscher als das überheblichste und gefährlichste aller haltlosen Dogmen."
212) So G. G. Simpson, The Biological Nature of Man, 472.
213) Darauf insistiert F. M. Wuketits, Evolution, Erkenntnis, Ethik, 4; ders., Grundriß der Evolutionstheorie, 43. Ähnlich R. D. Alexander, The Biology, 3.
214) So etwa H. Schaefer/P. Novak, Anthropologie und Biophysik, 55.
215) Vgl. R. L. Trivers, Geleitwort, V.
216) R. Dawkins, Das egoistische Gen, 2f. F. M. Wuketits, Zustand und Bewußtsein, 282, verteidigt Dawkins: Er würde sich einer metaphorischen Sprechweise bedienen. Er höre aber, was Dawkins selber zum Begriff der Überlebensmaschine sagt: „But that was no metaphor. I believe it is the literal truth, provided certain key words are defined in the particular ways favoured by biologists." (R. Dawkins, In Defence, 572f.; vgl. ebenso ders., Reply, 709).
217) Ders., Das egoistische Gen, 55f. Vgl. auch ders., The Extended Phenotype, VI: „The present book ... attempts to free the selfish gene from the individual organism which has been its conceptual prison." Dawkins gibt aber auch zu, daß man den individuellen Organismus betrachten kann: „The selfish organism, and the selfish gene with its extended phenotype, are two views of the same Necker Cube." (Ebd., 6. Ein „Necker Cube" ist ein dreidimensional gezeichneter Würfel, der in zwei verschiedenen Perspektiven gesehen werden kann).
218) Vgl. P. Koslowski, Menschengeschichte als Naturgeschichte?, 96.
219) V. B. Dröscher, Vom Egoismus der Selbstlosen, 65.
220) R. Dawkins, Das egoistische Gen, 24; hier in der Übersetzung von D. E. Zimmer, Unsere erste Natur, 127.
221) Vgl. R. Dawkins, Das egoistische Gen, VIII.
222) Vgl. ebd., 237.
223) E. O. Wilson, Sociobiology, 3. Wilson bezieht sich auf den berühmten Aphorismus von S. Butler, daß das Huhn nur die Methode des Eis ist, ein weiteres Ei zu machen.
224) Vgl. ebd., 23. Siehe auch ebd., 4: „The hypothalamic-limbic complex of a highly social species, such as man, ‚knows', or more precisely it has been programmed to perform as if he knows, that its underlying genes will be proliferated maximally only if it orchestrates behavioral responses that bring into play an efficient mixture of personal survival, reproduction, and altruism." Vgl. auch G. Holton, Sociobiology, 78.
225) E. O. Wilson, Biologie als Schicksal, 9.
226) Ebd., 24.
227) Ebd., 55.
228) R. Dawkins, Das egoistische Gen, 11.

229) Vgl. ders., Der blinde Uhrmacher, 140.
230) Ders., Das egoistische Gen, 145.
231) Vgl. ebd., 147.
232) Dazu D. P. Barash, Soziobiologie und Verhalten, 286.
233) E. O. Wilson, Biologie als Schicksal, 10.
234) Ebd., 76f.
235) G. Büchner, Sämtliche Dichtungen, 62.

Anmerkungen zu Kap. 4

1) Zit. nach V. E. Frankl, Der Wille zum Sinn, 168.
2) Dazu F. M. Wuketits, Grundriß der Evolutionstheorie, 152; H. M. Peters, Historische, 326; A. Remane, Die Bedeutung der Evolutionslehre, 301.
3) So E. Leacock, Social Behavior, 467: „In my view, to use identical parameters for both termites and macaques when analysing relations among reproductive strategies, social interaction patterns, and environmental influences, is as contrary to evolutionary understanding as is the extension of these parameters to humanity. Why should sociobiological writings ignore differences among animals when they implicitly recognize qualitative differences between animals and plants?“
4) Diese Kritik meldete vor allem S. L. Washburn, Animal Behaviour, 60f., an.
5) Etwa A. L. Caplan, A Critical Examination, 101.
6) Vgl. K. Goerttler, Morphologische Sonderstellung, 215–257; K. Wezler, Menschliches Leben, 339ff.
7) Vgl. dazu A. Portmann, Biologische Fragmente, 131.
8) F. Capra, Wendezeit, 327. Bei allen kritischen Vorbehalten, die man sonst gegenüber Capras Weltanschauung haben muß, dürfte seine Charakterisierung der neuzeitlichen Naturwissenschaft treffend sein.
9) So dargestellt bei C. Vogel, Zum biologischen Selbstverständnis, 243.
10) I. Kant, Mutmaßlicher Anfang der Menschengeschichte A 12 (IX, 92).
11) Man denke etwa an die Definition des Menschen als animal rationale.
12) H. Jonas, Werkzeug, Bild und Grab, 48.
13) J. T. Bonner, A New Synthesis, 130: „One cannot forget ..., how different from all other animals man really is, and how all these differences seem to be associated with the extraordinary tumorlike growth of the brain starting only a few million years ago.“ Vgl. auch G. Vollmer, Evolutionäre Erkenntnistheorie, 83.
14) Vgl. I. Schwidetzky, Das Menschenbild der Biologie, 171.
15) Dazu U. Kull, Evolution des Menschen, 78; F. M. Wuketits, Schlüssel, 203; H. Markl, Evolution, Genetik und menschliches Verhalten, 98.
16) K. Lorenz, Vergleichende Verhaltensforschung, 268.
17) Vgl. ders., Die ethischen Auswirkungen, 72; ders., Psychologie und Stammesgeschichte, 68.
18) Ders., Das Wirkungsgefüge der Natur, 334.
19) So F. Dostojewskij, zit. in: CGMG, Quellenband 2, 253.
20) Vgl. P. Overhage, Die Evolution zum Menschen hin, 396.
21) K. Lorenz, Die Rückseite des Spiegels, 227f.
22) Ebd., 48. Für die Mystiker des Mittelalters meinte fulguratio (= Blitzstrahl) einen Akt der Neuschöpfung.
23) Zit. nach P. Overhage, Der Affe in Dir, 359.

24) So K. Lorenz, Die Rückseite des Spiegels, 54 f.; 223; ders., Vergleichende Verhaltensforschung, 37.
25) Vgl. D. R. Griffin, Humanistic Aspects, 259. Höchst merkwürdig sind hingegen die widersprüchlichen Äußerungen von K. Bratzler, Die Evolution, der S. 141 f. den Tieren, ja sogar Viren und Bakterien Selbstbewußtsein zuspricht, dann aber S. 143 das Leben der ersten Menschen als „instinkthaft unbewußt" bezeichnet. Durch diesen zweideutigen Gebrauch des Wortes „Selbstbewußtsein" soll wohl der Unterschied zwischen Mensch und Tier möglichst eingeebnet werden.
26) Vgl. M. Grene, The Understanding of Nature, 272.
27) Vgl. J. Eccles, Die Psyche des Menschen, 2. (Das Urteil des Neurologen Eccles wird in dieser Arbeit des öfteren herangezogen, da dieser sich mit der Soziobiologie auseinandergesetzt hat, etwa: ebd., 184 ff.). Vgl. auch S. Barnett, Biological Determinism, 150.
28) Vgl. G. Medicus, Evolutionäre Psychologie, 138.
29) R. Sperry u. a., zitiert bei J. Eccles, Die Psyche des Menschen, 11. Siehe auch K. Popper/J. Eccles, Das Ich und sein Gehirn, 531.
30) P. Teilhard de Chardin, zit. bei A. Haas, Weltbild und Glaube, 28.
31) Vgl. R. Löw, Leben aus dem Labor, 27; G. Medicus, Evolutionäre Psychologie, 135. Vgl. auch Th. Luckmann, Personal Identity, 61.
32) Dazu U. Kull, Evolution des Menschens, 90. Übrigens meinte schon I. Kant, Anthropologie in pragmatischer Hinsicht BA 3 (X, 407), daß der Mensch sich dadurch über alle auf Erden lebenden Wesen erhebe, daß er in seiner Vorstellung das „Ich" haben kann.
33) J. L. Gould/C. G. Gould, The Insect Mind, 292, erwähnen als weitere Funktion des Selbstbewußtseins die Fähigkeit zur Lüge.
34) Vgl. E. Coreth, Was ist der Mensch?, 73 f.; Coreth läßt sich noch vom Konzept der Instinktreduktion leiten.
35) Schon bei höheren Tieren sind die Instinkte nicht mehr rigid, sondern z. B. durch Lernen modifizierbar. Vgl. P. Singer, The Expanding Circle, 28; G. Trentin, La cosidetta morale, 140.
36) U. Kull, Evolution des Menschen, 95; vgl. auch E. E. Hirsch, Die Steuerung, 280 f.
37) St. N. Bosshard, Erschafft die Welt sich selbst?, 188. Vgl. auch W. Neidhard/H. Ott, Krone der Schöpfung?, 117; P. Overhage, Das Problem der Hominisation, 152; ders., Die biologische Zukunft, 189 f.
38) B. Hassenstein, Das spezifisch Menschliche, 81.
39) M. Scheler, Die Stellung des Menschen im Kosmos (IX, 44); vgl. auch R. Schaeffler, Die Wechselbeziehungen, 161.
40) R. Huber, Die humane Alternative, 108. Siehe auch A. Portmann, Biologische Fragemente, 73; R. Löw, Ein Dogma wankt, 3477.
41) H. Jonas, Organismus und Freiheit, 262.
42) A. Gehlen, zit. bei Ch. Frey, Arbeitsbuch Anthropologie, 198. Eine ähnliche Unterscheidung findet sich schon bei Thomas von Aquin: Die nicht-vernünftigen Geschöpfe handeln nicht („non agunt"), sondern werden vielmehr geführt („sed magis aguntur"). Vgl. M. Rhonheimer, Natur, 67.
43) E. Mock, Marcic' Seinsrecht, 871.
44) H. Sturm, Gedanken zum Menschenbild der Biologie, 156.
45) Vgl. D. R. Griffin, Humanistic Aspects, 241.
46) Vgl. C. Vogel, Die biologische Evolution, 116; A. Remane u. a. Evolution, 265.
47) F. Flintrop, Die „Anthropologische Wende", 144.
48) Augustinus, zit. bei H. Jonas, Organismus und Freiheit, 262. Vgl. auch Augustinus, Confessiones, Buch X, 16 (524): „Factus sum mihi terra difficultatis et sudoris nimii."
49) E. Coreth, Was ist der Mensch?, 9. Vgl. R. Trigg, The Shaping of Man, 103: „Swallows or lions are probably not given to philosophical reflection. They just get on with the business of

living.“ Nach J. G. Murphy, Evolution, 17, macht die Fähigkeit zur Transzendenz den Menschen zum einzigen Tier, das zur Absurdität fähig ist.

50) M. Scheler, Die Stellung des Menschen im Kosmos (IX, 45).

51) Th. Dobzhansky, Vererbung und Menschenbild, 160. Vgl. ders., Ethics and Values, 263: „Human evolution has transcended biological evolution ... It does mean that with the appearance of mankind a new dimension or level of being was added to the previously existing ones.“ Vgl. auch P. Overhage, Experiment Menschheit, 34; ders., Die biologische Zukunft, 125f.

52) Vgl. G. Vollmer, Evolutionäre Erkenntnistheorie, 144; S. L. Washburn, The Evolution of Man, 154: „Language, that marriage of speech and cognitive abilities, may well have been the critical new factor ...“.

53) Dazu G. Osche, Kulturelle Evolution, 43; P. Overhage, Sprachexperimente, 325ff.

54) J. Eccles/D. N. Robinson, Das Wunder des Menschseins, 36.

55) A. Leeds, The Language of Sociobiology, 183: „Wilson attempts to dismiss Leslie White's designation of the human capacity ‚to symbol‘ as the *differentia specifica* of *Homo sapiens* by the specious argument that the apes learn symbols and even make some use of them. In fact, they learn them *only* in captivity, *only* in the presence of humans, *only* in the presence of experiments and experimenters, do *not* use them to build *systems* of thought (that is, metasymbols), and, at very best, command very few of them (perhaps, at most, a couple of hundred, compared to the scores of *thousands* commanded by any normal human being).“ Vgl. auch J. Dahl, Der unbegreifliche Garten, 194: Man übt „mit langmütigen Schimpansen eine dürftige Zeichensprache ein, bis sie nachgeben und, um endlich an ihre Banane zu kommen, das mitmachen, was die Experimentatoren dann stolz Kommunikation nennen“.

56) Vgl. H. Thomae, Das Problem der Personwerdung, 147. In der Zwischenzeit wurden Bedenken angemeldet, ob Affen wirklich eine Sprache gelernt haben oder nicht vielmehr auf die Fragen ihrer Lehrer mit Imitationen geantwortet haben, was ihnen durch unfreiwillige visuelle Signale ermöglicht worden war. Vgl. P. Wilson, Man, the Promising Primate, 141.

57) Dazu P. Meyer, Evolution und Gewalt, 22f.; G. Osche, Die Sonderstellung des Menschen, 389f.; J. Eccles/D. N. Robinson, Das Wunder des Menschseins, 150. Die sprachartige Kommunikation der Affen unterscheidet sich noch in weiteren Punkten von der wortsprachlichen Kommunikation der Menschen: Der semantische Wert jedes Zeichens bleibt beim Schimpansen konstant, die Syntaktik ist daher kontextfrei. Es fehlen Referenzzeichen wie „ich“ und „du“. Schimpansen verstehen keine hypothetischen Sätze (Konjunktiv). Sie stellen keine Ja- oder Nein-Fragen. Es gibt sogar Mutmaßungen, daß Schimpansen keine grammatische Kompetenz erreichen und deshalb gar nicht in Sätzen sprechen, sondern nur Signale unstrukturiert aneinander reihen. Vgl. dazu I. Eibl-Eibesfeldt, Grundriß, 190; P. Overhage, Die Evolution zum Menschen hin, 383.

58) J. Eccles/D. N. Robinson, Das Wunder des Menschseins, 161. Nach dem Urteil des Anatomen K. Goerttler kann ein Schimpanse aus zwei Gründen nicht sprechen lernen: „Erstens, weil sein Kehlkopf es nicht gestattet, zweitens, weil er nichts zu sagen hat.“ (Zit. nach W. Heitler, Die hierarchische Ordnung, 572).

59) K. Popper, in: ders./J. Eccles, Das Ich und sein Gehirn, 541.

60) Vgl. dazu G. Haeffner, Philosophische Anthropologie, 41.

61) R. Descartes, Discours de la Méthode, 92. Vgl. auch L. Oeing-Hanhoff, Der Mensch in der Philosophie Descartes', 378f.

62) Zit. bei P. Overhage, Das Problem der Hominisation, 273.

63) Vgl. P. L. van den Berghe, Bridging the Paradigms, 58.

64) Darauf weist besonders P. Wilson, Man, the Promising Primate, 146, hin.

65) J. Herbig, Im Anfang war das Wort, 170.

66) Ebd., 171.
67) R. Dawkins, Das egoistische Gen, 223.
68) Dazu G. Osche, Die Sonderstellung des Menschen, 392; A. Portmann, Der Mensch – ein Mängelwesen?, 50.
69) So wird der Mensch von D. Mainardi, L'animale culturale, 6, vom „Nackten Affen" abgegrenzt.
70) Zit. bei G. Osche, Die Sonderstellung des Menschen, 380.
71) C. Vogel bei einem Symposion zur Evolutionstheorie in Berchtesgaden (23. 10. 1987).
72) Vgl. G. Osche, Kulturelle Evolution, 38.
73) Vgl. hierzu G. Haeffner, Philosophische Anthropologie, 16.
74) G. Osche, Kulturelle Evolution, 38. Vgl. auch S. L. Washburn, Tools and Evolution, 63–75.
75) H. Jonas, Werkzeug, Bild und Grab, 50. Dazu auch: P. Overhage, Der Affe in Dir, 275; R. Riedl, Die Spaltung, 207.
76) H. Jonas, Organismus und Freiheit, 228.
77) Ders., Werkzeug, Bild und Grab, 54.
78) Vgl. ders., Organismus und Freiheit, 237f.
79) Ebd., 246.
80) Vgl. ebd., 247f.
81) Vgl. T. Appleton, Consciousness in Animals, 344. Die Mutmaßungen von V. B. Dröscher, Wie menschlich sind Tiere?, 44, über „Trauerfeierlichkeiten" von Elefanten, welche den Leichnam eines verstorbenen Elefanten vor Hyänen und Geiern schützen und sogar begraben, sind sehr zweifelhaft, da auch in der Hominidenevolution die Bestattung sehr spät auftaucht. Vgl. dazu H. Wheeler, Human Sociobiology, 313.
82) Vgl. O. Höffe, Der wissenschaftliche Tierversuch, 135.
83) O. Köhler, Erinnerung und Erwartung, 127.
84) J. T. Groiss, Die Evolution der Hominiden, 375, berichtet von Nachweisen für diesen Totenkult in Shanidar (Iraq); vgl. auch K. J. Narr, Von der Natur, 28f.
85) Zit. in J. Kremer, ... denn sie werden leben, 13. Als weiteres Beispiel sei Hölderlin genannt (zit. bei H. Thielicke, Mensch sein, 384):
„Freier atmen die Vögel des Waldes,
wenngleich des Menschen Brust sich herrlicher hebt,
und – der die dunkle Zukunft sieht, er muß auch
sehen den Tod und allein ihn fürchten."
86) Th. Dobzhansky, zit. bei J. Eccles, Das Rätsel Mensch, 117.
87) H. Jonas, Werkzeug, Bild und Grab, 55.
88) J. Ratzinger, Schöpfungsglaube und Evolutionstheorie, 244. Vgl. ders., Im Anfang schuf Gott, 40: Das Neue des Menschen gegenüber dem Tier liegt darin, daß der Mensch das Wesen ist, „das Gott zu denken vermag; er ist das Wesen, das beten kann".
89) Ders., Schöpfungsglaube und Evolutionstheorie, 244.
90) Dazu K. Popper/J. Eccles, Das Ich und sein Gehirn, 195.
91) C. Vogel, Evolution und Moral, 497. Vgl. auch W. D. Hamilton, Innate Social Aptitudes of Man, 147; J. Eccles/H. Zeier, Gehirn und Geist, 94f.
92) Th. Dobzhansky, zit. in F. Rauh, Das sittliche Leben des Menschen, 332.
93) J. Herbig, Im Anfang war das Wort, 200.
94) B. Hassenstein, Das spezifisch Menschliche, 95. Zum Problem der Willensfreiheit vgl. den Abschnitt 5.3.2 in dieser Arbeit.
95) B. Hassenstein, Evolution und Werte, 80. Siehe auch F. J. Ayala, La Naturaleza Humana, 418f.
96) Vgl. K. Horn, Die humanwissenschaftliche Relevanz, 212. Es gab jedoch auch Zeiten, in denen man Tiere für ihre Taten verantwortlich machte: Vom 14. bis zum 17. Jahrhundert wurden Pferde, Rinder und Hunde vom Scharfrichter getötet, falls sie einen Schaden verursacht hat-

ten; sie wurden gehenkt, verbrannt, ertränkt, erwürgt oder lebendig begraben. Es kam zu richtigen Strafprozessen gegen Tiere: „Im Jahr 1379 wurden in Burgund einige Muttersauen, die einen Jungen, der ihre Ferkel an den Schwänzen zog, zu Tode bissen, ihrerseits von Herzog Philipp dem Kühnen zum Tode verurteilt. Vor der Hinrichtung am Galgen steckte man sie in menschliche Gewänder. Auch wurden Hunderte von Schweinen als ‚Zuschauer' zur Hinrichtungsstätte getrieben, weil man sich offensichtlich von der Hinrichtung eine abschreckende Wirkung versprach." (O. Höffe, Der wissenschaftliche Tierversuch, 131; zum Folgenden vgl. ebd., 131f.) 1470 wurde ein Pferd auf dem Scheiterhaufen verbrannt, das der Hexerei schuldig befunden worden war. Sogar gegen Schnecken, Bienen und Ameisen wurden Prozesse angestrengt. Selbst im 19. Jahrhundert wurde in Vandover noch ein Pferd verurteilt, weil es Ursache eines Unglücks war. 1962 schließlich verurteilte ein amerikanisches Gericht einen Hund zu 20 Monaten Gefängnis, weil er zusammen mit einem Verbrecher an einem Einbruch teilgenommen hatte.

97) Vgl. H. E. Hengstenberg, Zur Revision, 61. Einen solchen Unterschied sah auch F. Dostojewskij, Die Brüder Karamasow, 321: „Ein Tier kann niemals so grausam sein wie der Mensch, so virtuos, so raffiniert grausam."

98) K. Bratzler, Die Evolution, fällt einer Begriffsverwirrung zum Opfer, wenn er S. 83 Tieren ein Gewissen zuspricht, S. 146 dem Neandertaler aber noch kein moralisches Empfinden zugesteht. Zum „Gewissen" des Schimpansen siehe M. Gruter, Soziobiologische Grundlagen, 107.

99) Das schlägt F. Rauh, Das sittliche Leben des Menschen, 162, vor.

100) C. Vogel, Die biologische Evolution, 117; vgl. ders./E. Voland, Evolution und Kultur, 53.

101) Vgl. R. Mattern, Altruism, 464.

102) Ch. Darwin, Die Abstammung, 121: „Ich unterschreibe vollständig die Meinung derjenigen Schriftsteller, welche behaupten, daß von allen Unterschieden zwischen dem Menschen und den Tieren das moralische Gefühl oder das Gewissen der weitaus bedeutungsvollste sei."

103) Als Beispiel sei E. O. Wilson, Sociobiology, 554, genannt: Menschen kooperieren manchmal in einer insektenhaften Weise („in insectan fashion").

104) I. Schwidetzky, Das Menschenbild der Biologie, 167.

105) So etwa H. Markl, Biologie, 80; vgl. hierzu auch K. Horn, Die humanwissenschaftliche Relevanz, 203; Ph. Kaiser, Anspruch, 43.

106) S. Barnett, Biological Determinism, 144.

107) Vgl. H. Hemminger, Der Mensch, 39.

108) Zum Beispiel E. O. Wilson, Slavery in Ants, 32: „The institution of slavery is not unique to human species." Wilson schränkt selber ein: „The slave-making ants offer a clear and interesting case of behavioral evolution, but the analogies with human behavior are much too remote to allow us to find in them any moral or political lesson" (ebd., 36). Vgl. auch M. Sahlins, The Use and Abuse of Biology, 6f.

109) Das betont besonders: Sociobiology Study Group, Sociobiology, 284; E. Allen u.a., Against „Sociobiology", 262f.; L. G. Miller, Fated Genes, 276.

110) So S. Rose u.a., Not in Our Genes, 249. R. M. Burian, A Methodological Critique, 378, nennt dieses Verfahren „back metaphor".

111) K. Lorenz, Analogy, 233. Vgl. H. Meynell, Ethology and Ethics, 301ff.

112) Vgl. S. L. Washburn, Human Behavior, 260f. Ph. Kitcher, Vaulting Ambition, 191: „In any case, despite the intricacy of some courtship ceremonies in the animal kingdom, animals do not exchange rings or vows...".

113) R. Dawkins, In Defence, 557: „When biologists talk about ‚selfishness' or ‚altruism' we are emphatically not talking about emotional nature, whether of human beings, other animals, or genes. We do not even mean the words in a *metaphorical* sense. We *define* altruism and

selfishness in purely behaviouristic ways: ‚An entity ... is said to be altruistic if it behaves in such a way as to increase another such entity's welfare at the expense of its own ... It is important to realize that the above definitions of altruism and selfishness are *behavioural*, not subjective. I am not concerned here with the psychology of motives ... My definition is concerned only with whether the *effect* of an act is to lower or raise the survival prospects of the presumed altruist and the presumed beneficiary.‘ Vgl. auch B. A. O. Williams, Conclusion, 309f. Diese Definition von „Altruismus" scheint übrigens auf E. Durkheim zurückzugehen, der dazu neigt, alle Handlungen altruistisch zu nennen, wenn sie nur dem anderen nützen, ohne dabei die Absicht oder das Wissen des Handelnden zu berücksichtigen. Vgl. dazu F. A. v. Hayek, Die drei Quellen, 33.

114) G. S. Stent, Ethische Dilemmas, 23.
115) Vgl. R. C. Solomon u. a., Sociobiology, 296; R. Hogan, Review of Campbell: On the Conflicts, 365.
116) Vgl. M. Midgley, Gene-juggling, 444f.; J. Eccles/H. Zeier, Gehirn und Geist, 51.
117) G. Schubert, Soziobiologie und politisches Verhalten, 116.
118) D. P. Barash, Soziobiologie und Verhalten, 82f.
119) L. Wittgenstein, Tractatus logico-philosophicus 5.6.2, in: Schriften, Bd. 1, 65: Die Grenzen meiner Sprache bedeuten die Grenzen meiner Welt.
120) Vgl. oben, Kapitel 2, Anm. 178.
121) Vgl. M. Midgley, Gene-juggling, 446; ders., Selfish Genes, 368f.
122) B. Hassenstein, Evolution und Werte, 78. Zum Prinzip der niveauadäquaten Terminologie vgl. E. Oeser, Informationsverdichtung, 115.
123) G. S. Stent, Introduction, 18.
124) Vgl. K. Lorenz, Moralanaloges Verhalten, 691–704; J. Illies, Die Evolution und der Weg des Menschen, 1168f.
125) So etwa F. Rauh, Evolutive Deutungsversuche, 20f.
126) Das schlagen H. Markl u. a., Evolution of Morals?, 239, vor.
127) Zit. bei S. Privitera, Moral und Erfahrung, 176.
128) J. Pieper, Der Philosophierende und die Sprache, 226.
129) R. Dawkins, Das egoistische Gen, 70.
130) R. Spaemann/R. Löw, Die Frage Wozu?, 257.
131) R. Löw, Kann das Gehirn sich selbst erkennen?, 161; vgl. ders., Evolution und Erkenntnis, 334.
132) R. Riedl, Biologie der Erkenntnis, 33. Vgl. dazu M. Grene, The Understanding of Nature, 42; W. Bröker, Evolutionäre Erkenntnistheorie, 20f.
133) J. Herbig, Im Anfang war das Wort, 180.
134) F. Seitelberger, Die Evolution zur Erkenntnis, 183. Seitelberger ist Neurologe.
135) Ebd., 184.
136) So H. Lübbe in einer Diskussion, in: R. Spaemann u. a. (Hg.), Evolutionstheorie, 94.
137) Vgl. R. Löw, Evolution und Erkenntnis, 335.
138) H. M. Baumgartner, Die innere Unmöglichkeit, 61.
139) Vgl. ders., Über die Widerspenstigkeit der Vernunft, 42. E.-M. Engels, Evolutionäre Erkenntnistheorie, 158, bemerkt, daß Riedl und Baumgartner von zwei verschiedenen Vernunftbegriffen ausgehen. Auch hier könnte daher eine Sprachverwirrung Ausgangspunkt der Kontroversen sein. G. Vollmers Versuche, den Zirkel aufzusprengen, lassen aber den entscheidenden Zirkelschluß außer acht: Sowohl die Erkenntnis als auch die wissenschaftliche Theorie über Erkenntnis sind Funktionen des menschlichen Gehirns. Die Wahrheit menschlicher Erkenntnis kann so nicht erklärt werden. Vgl. H. M. Baumgartner, Die innere Unmöglichkeit, 66. Letztlich bedarf auch die evolutionäre Erkenntnistheorie des *„Glaubens"* an die

Abbildtreue der menschlichen Erkenntnisstrukturen. Auch H. Thönnissen, Kopernikanische Wenden, 322f., gelingt es letztlich nicht, den Zirkel aufzusprengen.

140) C. F. v. Weizsäcker, Die Rückseite des Spiegels, gespiegelt, 187.

141) Diese Fabel erzählt H. U. v. Balthasar, Theologik, Bd. 1, 152.

142) So G. Vollmer, Evolutionäre Erkenntnistheorie, 102.

143) Vgl. E.-M. Engels, Was leistet die evolutionäre Erkenntnistheorie?, 125.

144) F. Nietzsche, Die fröhliche Wissenschaft, Nr. 344 (II, 208). Vgl. auch R. Löw, Nietzsche, 34.

145) M. Ruse, Sociobiology: Sense or Nonsense?, 204: „We know, from sociobiology, that people will ‚see' that which it is in their (evolutionary) interests to see. This seeing or perceiving is not necessarily of the truth." Vgl. auch R. D. Alexander, Evolution, Social Behavior, 311.

146) R. L. Trivers, Geleitwort, VI.

147) Vgl. auch P. Feyerabend, Wider den Methodenzwang, 50.

148) R. Löw, Evolution und Erkenntnis, 340. Vgl. auch E. v. Glasersfeld, Einführung in den radikalen Konstruktivismus, 22; K. Popper, Objektive Erkenntnis, 69f.

149) Vgl. F. M. Wuketits, Erkenntnis ohne Illusion, 48. Dies gesteht auch G. Vollmer, Was können wir wissen?, Bd. 1, 283, zu.

150) B. Kanitscheider, Wissenschaftstheorie, 22.

151) Vgl. W. Stegmüller, Evolutionäre Erkenntnistheorie, 25. Auch K. Popper nennt den Realismus lieber „metaphysisch" als „wissenschaftlich": Objektive Erkenntnis, 40.

152) Dazu neigt zum Beispiel F. M. Wuketits, Zustand und Bewußtsein, 40 passim.

153) W. Stegmüller, Metaphysik, Skepsis, Wissenschaft, 168 (im Original kursiv).

154) Vgl. ebd., 200.

155) Ebd., 174.

156) L. Kolakowski, Falls es keinen Gott gibt, 74.

157) Ebd., 81f.

158) F. Nietzsche, Die fröhliche Wissenschaft, Nr. 344 (II, 208).

159) K. Lorenz, Der Mensch in der Falle, 188.

160) Vgl. dazu O. Jacobi, Zur biologischen Deutung der Religion, 104f. Dieser Gedanke findet sich auch bei G. Theißen, Biblischer Glaube, 38.

161) Vgl. L. Kolakowski, Falls es keinen Gott gibt, 34.

162) M. Scheler, Vom Ewigen im Menschen (V, 255).

163) Zit. nach B. Flad-Schnorrenberg, Die Biologie des Geistes, 366.

164) Ganz besonders religionskritisch gebärdet sich F. M. Wuketits, Zustand und Bewußtsein, 269ff.

165) R. Löw, Evolution und Erkenntnis, 356. Vgl. auch R. Spaemann, Kommentar, 182.

166) Vgl. oben, Anm. 18.

167) Vgl. hierzu E. Fromm, Der Mensch, 190f.

168) Der Anspruch Vollmers auf eine kopernikanische Wende ist zu hoch gegriffen: Man schreibt einem neugeborenen Mädchen nicht ins Stammbuch: „Sie war die schönste Frau von Wien" (R. Kaspar, zit. bei E.-M. Engels, Was leistet die evolutionäre Erkenntnistheorie?, 145).

169) Vgl. J. Meurers, Metaphysik und Naturwissenschaft, 25. Den Realismus des hl. Thomas betont G. K. Chesterton, Thomas von Aquin, 167f.: „Demgegenüber steht die Philosophie des hl. Thomas auf dem normalen Standpunkt, daß Eier wirklich Eier sind. Der Hegelianer mag sagen, ein Ei sei in Wirklichkeit ein Huhn, da es ein Anteil eines endlosen Werdeprozesses ist, der Anhänger Berkeleys ist vielleicht der Meinung, daß Spiegeleier nur so existieren, wie ein Traum existiert, da man ebensogut den Traum als die Ursache der Eier bezeichnen kann wie diese als die Ursache des Traumes. Der Pragmatiker glaubt vermutlich, daß Rühreier uns am besten dann bekommen, wenn wir völlig vergessen, daß sie jemals Eier waren, und nur an das Herumrühren denken. Ein Schüler des hl. Thomas hingegen braucht nicht

sein Gehirn auszuleeren, um ein Ei zu leeren, er hat es nicht nötig, auf das Ei aus irgendeinem besonderen Gesichtswinkel zu blicken oder danach zu schielen oder auf einem Auge zu blinzeln, um es in neuartiger Vereinfachung zu sehen. Der Thomist steht im hellen Tageslicht der gesamten Menschengemeinschaft, er teilt die Auffassung der Allgemeinheit, daß Eier weder Hühner noch Träume sind noch bloße praktische Annahmen, sondern Dinge, deren Dasein uns durch die Autorität unserer gottgeschaffenen Sinne bezeugt wird."

170) Vgl. 1 Kor 13,9; 12. Vgl. auch Thomas von Aquin, De veritate, q. I, art. 9–12.
171) Vgl. oben, 4.1. Siehe auch G. Gilch, Auf der Spur des Lebendigen, 463.
172) Vgl. R. Lewontin, Le Monde, dim. 28. sept. 1980: „... ce qui fait l'individu, ce qui préside à son développement de la naissance à la mort, résulte de l'organisation sociale au sein de laquelle il a vu le jour et que, en ce sens, l'organisation sociale précède ontologiquement l'histoire individuelle." Vgl. auch J. Rattner, Aggression, 38f.
173) Vgl. R. S. Morison, The Biology of Behavior, 250.
174) E. Leach, Biology and Social Science, 268, sprach sogar von einer „Vergewaltigung" der Anthropologie durch die Biologie. Vgl. auch J. Marks u.a., A Return to Basics, 15.
175) E. O. Wilson, Sociobiology, 554.
176) So dargestellt bei G. S. Stent, Ethische Dilemmas, 19.
177) Vgl. M. Sahlins, The Use and Abuse of Biology, 26–34; daß Wilson und Sahlins aber mit zwei verschiedenen Begriffen von „kinship" operieren, zeigt G. G. Simpson, An Adversary View, 774.
178) Vgl. M. Sahlins, The Use and Abuse of Biology, 47; siehe auch J. Herbig, Im Anfang war das Wort, 198f.
179) Vgl. M. Sahlins, The Use and Abuse of Biology, 57–61.
180) Dazu E. O. Wilson, Biology and the Social Sciences, 134. M. Ruse, Sociobiology: Sense or Nonsense?, 122ff., zeigt, daß es auch Übereinstimmungen zwischen den soziobiologischen Voraussagen und anthropologischen Daten gibt und widerspricht von daher der Kritik Sahlins'. Vgl. auch A. Peacocke, Sociobiology and its Theological Implications, 175.
181) Dazu G. S. Stent, Ethische Dilemmas, 19.
182) Vgl. M. A. Etter, Sahlins and Sociobiology, 168; R. D. Alexander, Review of Sahlins: The Use and Abuse of Biology, 918.
183) Vgl. ebd., 919; R. D. Masters, The Value, 139.
184) Siehe oben, 169.
185) Vgl. M. Harris, Cultural Materialism, 128–139.
186) E. O. Wilson, Biology and the Social Sciences, 133.
187) Das schlägt vor: M. Harris, Cultural Materialism, 125ff.
188) Vgl. ebd., 123f.
189) Der Nachweis von universalen genetisch bedingten Verhalten durch die Soziobiologie beschränkt sich auf triviale Merkmale wie den Gesichtsausdruck des Menschen. Vgl. M. Edelman, Human Behavior, 3.
190) Dazu R. C. Solomon u.a., Sociobiology, 301f.; E. Allen u.a., Against „Sociobiology", 263f.
191) W. Schmidbauer, Biologie und Ideologie, 73.
192) G. Schubert, The Sociobiology, 200; J. T. Bonner, Kulturevolution, 36; H. Markl, Wie unfrei ist der Mensch?, 44f.
193) Dazu J. L. Fuller, Genes, Brains, and Behavior, 113.
194) W. Schmidbauer, in: ders. (Hg.), Evolutionstheorie und Verhaltensforschung, 260.
195) Ders., Biologie und Ideologie, 74.
196) M. Harris, Cultural Materialism, 121.
197) So I. Eibl-Eibesfeldt, Die Biologie, 129f. R. D. Alexander, Darwinism, 171, macht darauf aufmerksam, daß bei vielen Modellrechnungen der Umstand vergessen wird, daß bei unsi-

cherer Vaterschaft auch der Verwandtschaftsgrad zwischen Bruder und Schwester abnimmt, so daß eine Investition in die Kinder der Schwester nicht mehr so sehr lohnt. Die bei anthropologischen Untersuchungen zutage getretenen Abweichungen von den Vorhersagen weisen darauf hin, daß die menschlichen Investitionsstrategien komplexer sind als die einfachen Modellrechnungen. Vgl. S. J. C. Gaulin/A. Schlegel, Paternal Confidence, 308.

198) Vgl. E. Allen u.a., Against „Sociobiology", 263f. Fehlende empirische Evidenz bemängelt auch L. Terrenato, Evoluzione biologica, 28.

199) Siehe dazu P. Wilson, Man, the Promising Primate, 2.

200) Vgl. M. Edelman, Human Behavior, 3; M. Harris, Cultural Materialism, 134; W. Irons, Natural Selection, 5.

201) Vgl. W. D. Durham, Toward a Coevolutionary Theory (II), 40f.; I. Eibl-Eibesfeldt, Krieg und Frieden, 37.

202) E. O. Wilson, Sociobiology, 168: „But culture, aside from its involvement with language, which is truly unique, differs from animal tradition only in degree."

203) Entgegen der vorigen Zitation anerkennt Wilson die Einzigartigkeit der menschlichen Sprache in ihrer Symbolfähigkeit nicht. Vgl. M. Sahlins, The Use and Abuse of Biology, 61ff.

204) Darauf insistiert J. Eccles, Cultural Evolution, 282.

205) E. O. Wilson, Biology and the Social Sciences, 138.

206) So R. N. Brandon, Phenotypic Plasticity, 71.

207) Vgl. K. Bock, Human Nature and History, 85. Das gilt auch für den Infantizid; vgl. H. Hemminger, Der Mensch, 29f.

208) R. D. Alexander, Darwinism, 143: „In my opinion, for humans who understand their history, reproduction is likely to be bypassed deliberately, and often with relief; in its place we are likely to see the substitution of a combination of reduced reproduction and increased attention to more direct phenotypic satisfactions." Vgl. auch ders., Evolution and Culture, 78; J. H. Barkow, Culture and Sociobiology, 15.

209) So dargestellt bei G. S. Stent, Ethische Dilemmas, 16.

210) Vgl. M. Sahlins, The Use and Abuse of Biology, 11ff.; J. Silverberg, Sociobiology, 37; A. Boné, Du biologique au culturel, 25; F. J. Bogdany, Soziobiologie, 322.

211) R. C. Kwant, Glaube und Evolution, 241; vgl. auch H. Flohr/W. Tönnesmann, Selbstverständnis, 24.

212) K. Bock, Human Nature and History, 143f.

213) Vgl. ebd., 150–158.

214) Vgl. ebd., 177–184.

215) F. M. Wuketits, Evolution, Erkenntnis, Ethik, 140.

216) Dazu H. Hemminger, Der Mensch, 97; P. K. Smith, Review of Wilson: Sociobiology, 599: „... it does seem to me that Wilson underestimates the complexity and importance of cultural evolution in man, compared to biological evolution."

217) Vgl. H. Hemminger, Der Mensch, 99f.

218) B. J. Williams, Kin Selection, 581, nennt etwa die Praxis der Verhütungsmittel.

219) H. Hemminger, Der Mensch, 99.

220) Vgl. dazu L. G. Wispé/J. N. Thompson, Jr., The War Between the Words, 342f.; St. J. Gould, Sociobiology and the Theory, 265; G. Osche, Evolution, 109ff.

221) Vgl. D. T. Campbell, On the Conflicts, 1104; E. Boné, Du biologique au culturel, 26; Ch. Boehm, Comment on Campbell: On the Conflicts, 349: „Compared with biological evolution, social evolution includes a qualitatively different mechanism, in that humans are able to make conscious (or unconscious) inferences concerning the consequences of their own behavioral patterns."

222) F. M. Wuketits, Evolution, Erkenntnis, Ethik, 137.

223) Dazu A. Quinton, Ethics, 135f.
224) Vgl. St. J. Gould, Sociobiology and the Theory, 266.
225) F. M. Wuketits, Evolution, Erkenntnis, Ethik, 137.
226) Siehe R. Haller, Entwicklung, 212f.; P. Meyer, Soziobiologie und Soziologie, 89f.; A. G. M. van Melsen, Evolution und Philosophie, 13.
227) Vgl. H. Hemminger, Der Mensch, 101.
228) Vgl. U. Kull, Biologische Grundlagen, 188.
229) H. Hemminger, Der Mensch, 102.
230) Ebd.
231) R. Dawkins, Reply, 711: „Memes too have phenotypic effects on bodies, usually behavioral ones, and I hypothesize that these effects influence the survival and propagation of the same memes through the meme pool."
232) R. Dawkins, Das egoistische Gen, 233.
233) P. J. Greene, From Genes to Memes?, 706: „Dawkins is suggesting that a cultural trait spreads not because it is advantageous to either the group or to the individual, but rather because it is advantageous to *itself*!" Vgl. auch H. Hemminger, Der Mensch, 98; R. C. Lewontin, Caricature of Darwinism, 284. Kultur wäre dann folglich die Methode eines Mems, mehr Meme herzustellen. Vgl. J. A. Ball, Memes, 153.
234) R. Dawkins, Das egoistische Gen, 228. Auch in ders., The Extended Phenotype, 110, wird der Widerspruch nicht aufgelöst.
235) A. G. Fix, Genocentric, 706: „... there ist no reason to accept Dawkins' simplistic theory of competition between ideas as superior to other theories of cultural evolution".
236) Vgl. R. Dawkins, Das egoistische Gen, 228; hier wurde nur das „Gott-Mem" durch das „Soziobiologie-Mem" ersetzt.
237) Vgl. M. Grene, The Understanding of Nature, 349. Vgl. ebd., 198: „Isn't natural selection here a proper paradigm for the growth of knowledge? Don't those theories survive which predict successfully and those go to the wall that don't? So don't we judge claims to knowledge in terms of something analogous to the algebra of gene-frequencies: a greater probability of leaving descendants, that is, in this case, scientists who believe the theory, in the future?"
238) R. Löw, Leben aus dem Labor, 59.
239) Vgl. K. Popper, Natural Selection, 354.
240) Ders., Objektive Erkenntnis, 276.
241) R. L. Trivers, The Evolution of Reciprocal Altruism, 213–226; W. Etkin, A Biological Critique, 87f.
242) R. Dawkins, Das egoistische Gen, 2f. Gegen die Sichtweise des von Genen determinierten Roboters wehrt sich besonders G. D. Wassermann, Human Behavior, 180.
243) Vgl. oben, 71. Siehe auch E. O. Wilson, Sociobiology: A New Approach, 345; A. L. Caplan, Review of Wilson: Sociobiology, 306; J. D. Baldwin/J. I. Baldwin, Beyond Sociobiology, 51.
244) E. O. Wilson, Sociobiology, 120.
245) Dazu St. J. Gould, Biological Potential, 344–348.
246) H. Hemminger, Der Mensch, 34.
247) Vgl. J. Silverberg, Sociobiology, 57; J. D. Baldwin/J. I. Baldwin, Beyond Sociobiology, 57; M. A. Simon, Biology, 295. Die Polemik in S. Rose u. a., Not in Our Genes, 255, daß Finnen, da sie zu 99% Lutheraner sind, wohl ein Gen dafür haben müssen, verfehlt den entscheidenden Punkt: Das Lutheraner-Sein ist keine universale menschliche Eigenschaft. Eine genetische Grundlage für das allgemeine Phänomen der Religiosität wird von Wilson freilich angenommen. Vgl. Kapitel 3, Anm. 193.
248) Dazu St. J. Gould, Biological Potential, 346; Sociobiology Study Group, Sociobiology, 284; M. Edelman, Human Behavior, 32.

249) Vgl. M. Ruse, Is Human Sociobiology a New Paradigm?, 125.
250) Vgl. M. Harris, Cultural Materialism, 131.
251) Dazu J. C. King, The Genetics, 95; M. A. Simon, Biology, 302.
252) Vgl. Ph. Kitcher, Vaulting Ambition, 271–273.
253) Vgl. M. Ruse, Is Human Sociobiology a New Paradigm?, 123.
254) Siehe dazu Ph. Kitcher, Vaulting Ambition, 270; S. Rose, Pre-Copernican Sociobiology?, 45; S. A. Altmann, Comment on Bixler: Incest Avoidance, 643.
255) Vgl. J. S. Alper, Facts, 92; P. Meyer, Evolution und Gewalt, 21.
256) R. Trigg, The Shaping of Man, 123: Die natürliche Aversion gegen Schlangen führt nicht zu einem „Schlangen-Tabu".
257) Das schlägt R. H. Bixler, Incest Avoidance, 639–643, vor.
258) Ph. Kitcher, Vaulting Ambition, 205. Eine psychoanalytische Erklärung findet sich bei G. W. Kowalski u.a., Psychology, 266ff.
259) Das Inzest-Argument gleicht nach R. May einem Luftschloß, das mit nur wenigen Ankern am Boden der Tatsachen angekettet ist (zit. bei Ph. Kitcher, Vaulting Ambition, 280). Selbst M. Ruse, Sociobiology: Sense or Nonsense?, 163, gesteht zu: „There are times when the evidence is so thin that the reader must wonder why I have been at such pains in this book to defend human sociobiology."
260) Vgl. St. J. Gould, Biological Potential, 347.
261) Vgl. M. A. Simon, Biology, 297; P. H. Wolff, The Biology of Morals, 99.
262) Vgl. W. Etkin, A Biological Critique, 69f.
263) So etwa R. Dawkins, Reply, 711.
264) Vgl. St. J. Gould, Biological Potential, 347f.; D. P. Barash, Evolution, 28f.; ders., Soziobiologie und Verhalten, 270f.
265) H. Hemminger, Der Mensch, 37f.
266) Zu diesem Urteil kommt St. J. Gould, Sociobiology and the Theory, 264.
267) Vgl. H. Hemminger, Der Mensch, 41.
268) H. Markl, Biologie, 73.
269) So wurden die unterschiedlichsten menschlichen Verhaltensweisen mit Hilfe soziobiologischer Schemata zu erklären versucht: Von der Scheidungsrate bei Männern in den Vereinigten Staaten bis zum Vietnam-Krieg, von der Aversion gegen Spinat bei Kindern bis zum Sexualverhalten der Mittelschicht. Vgl. hierzu A. Leeds/V. Dusek, Editors' Note, IV; S. Rose u.a., Not in Our Genes, 258f.; R. C. Lewontin, Caricature of Darwinism, 283.
270) Vgl. R. D. Masters, Beyond Reductionism, 268.
271) Vgl. B. Morris, Evolution and Human Nature, 160f.
272) E. O. Wilson, Biologie als Schicksal, 39. Vgl. auch F. B. Livingstone, Cultural Causes, 320.
273) R. M. Burian, A Methodological Critique, 391: „Thus there is considerable question whether natural selection has had enough time to ‚track' the effects of changes in behavior and in social structure in humans during historical times."
274) Dazu: Sociobiology Study Group, Sociobiology, 288; E. Allen u.a., Against „Sociobiology", 263; R. C. Lewontin, Sociobiology – A Caricature, 29.
275) So behauptet die Sociobiology Study Group, Sociobiology, 285: „It is stated as *fact* that genetical differences underlie variations between cultures ...". Wilson, Sociobiology, 550, hatte dies jedoch nur als Möglichkeit angedeutet: „It is not valid to point to the absence of a behavioral trait in one or a few societies as conclusive evidence that the trait is environmentally induced and has no genetic disposition in man. The very opposite *could* be true" (Hervorhebung von mir). Vgl. auch E. O. Wilson, Academic Vigilantism, 296; D. E. Zimmer, Unsere erste Natur, 131. Zum politischen Hintergrund der Sociobiology Study Group vgl. 5.1.3.

276) Zit. nach R. M. May, Sociobiology, 392; vgl. auch N. Wade, Sociobiology, 1152; P. L. van den Berghe, Les Animaux Dénaturés, 349.
277) E. O. Wilson, Biologie als Schicksal, 24.
278) Ders., Sociobiology, 69.
279) Ebd., 13; 563. Siehe auch J. Hirsch, in: G. P. Baerends u.a., Multiple Review, 707f.
280) E. O. Wilson, zit. bei H. Flohr/W. Tönnesmann, Selbstverständnis, 24.
281) E. O. Wilson, Sociobiology, 562.
282) Ders., Biologie als Schicksal, 139.
283) Dazu auch D. Layzer, On the Evolution, 220f.; R. M. Burian, Human Sociobiology, 49.
284) Dazu A. Montagu, Introduction, 10f.; M. Midgley, Rival Fatalisms, 22: „It is quite true that the wilder rhetoric of sociobiology, the mystical language in which genes are sometimes treated as demonic fates ... suggests a crazily extreme view of causality."
285) So urteilt R. Trigg, The Shaping of Man, 125f.
286) Vgl. St. J. Gould, zit. bei L. Graham, Between Science and Values, 188; Th. Dobzhansky, Genetics and Equality, 112.
287) Vgl. J. C. King, The Genetics, 97.
288) H. Markl, Im Labyrinth der Gene.
289) Vgl. S. L. Washburn, Animal Behavior, 65.
290) D. E. Zimmer, Unsere erste Natur, 194.
291) H. Hemminger, Der Mensch, 84.
292) E. O. Wilson, Biology and Anthropology, 521.
293) M. Ridley/R. Dawkins, The Natural Selection, 32, bestätigen das an einem sehr drastischen Beispiel: „Civilized human behavior has about as much connection with natural selection as does the behavior of a circus bear on a unicycle." Vgl. auch C. Bresch, Das Ungeheuer unter den Papiertigern, 179.
294) Vgl. J. F. Hanna, Sociobiology, 49; G. D. Wassermann, Human Behavior, 176: „There are such a large number of genetic variables and environmental and developmental contingencies, and contingencies due do ageing of the brain's (etc.) machinery, at work, that a ‚how much' genetic and ‚how much' environmental control question becomes plainly absurd." Vgl. auch J. A. Busch, Sociobiology, 64.
295) Vgl. C. J. Lumsden/E. O. Wilson, Genes, Mind, and Culture, 350; dies., Das Feuer des Prometheus, 74ff. Man vgl. auch die Feststellung von G. Oster: „The Romantic Age of sociobiology is over" (zit. bei H. Markl, Introduction, 3).
296) Vgl. E. O. Wilson, Biology and the Social Sciences, 134.
297) Vgl. C. J. Lumsden/E. O. Wilson, Genes, Mind, and Culture, 3.
298) So auch der Titel des Werkes über die Koevolution. C. J. Lumsden/E. O. Wilson, Das Feuer des Prometheus, ist eine mehr popularisierende Fassung dieser Theorie. „Genes, Mind, and Culture" ist unter großem Zeitdruck entstanden, da eine ähnliche Theorie von Cavalli-Sforza und Feldman in Vorbereitung war. Wilson und Lumsden wollten die ersten sein. Vgl. U. Segerstrale, Colleagues in Conflict, 69.
299) C. J. Lumsden/E. O. Wilson, Das Feuer des Prometheus, 40; vgl. dies., Genes, Mind, and Culture, 1f.
300) Dazu W. Leinfellner, Das Konzept der Kausalität, 256.
301) Vgl. C. J. Lumsden/E. O. Wilson, Genes, Mind, and Culture, 35–98; vgl. auch C. R. Jeffery, Review of Lumsden/Wilson: Genes, Mind, and Culture, 242f.
302) Vgl. C. J. Lumsden/A. C. Gushurst, Gene-Culture Coevolution, 3; C. J. Lumsden/E. O. Wilson, Das Feuer des Prometheus, 41; vgl. dies., Genes, Mind, and Culture, 344; W. Leinfellner, Evolution of Intelligence, 166.
303) Vgl. C. J. Lumsden/E. O. Wilson, Das Feuer des Prometheus, 40f.

304) Vgl. ebd., 87.
305) Ebd., 91.
306) Vgl. ebd., 109; 216. Vgl. dies., Genes, Mind, and Ideology, 6.
307) Dies., Das Feuer des Prometheus, 124.
308) Ebd., 217.
309) Vgl. ebd., 124.
310) Vgl. M. Ruse/E. O. Wilson, Moral Philosophy, 180.
311) Vgl. C. J. Lumsden/E. O. Wilson, Genes, Mind, and Culture, 358–360; C. J. Lumsden/A. C. Gushurst, Gene-Culture Coevolution, 19.
312) Vgl. C. J. Lumsden/E. O. Wilson, Genes, Mind, and Culture, 85f.; 147ff.; dies., Das Feuer des Prometheus, 170; dies., Genes, Mind, and Ideology, 6; dies., Comment on Bixler: Incest Avoidance, 646.
313) Vgl. dies., Translation of Epigenetic Rules, 4382.
314) Vgl. C. J. Lumsden/E. O. Wilson, Genes, Mind, and Culture, 182; siehe auch R. Trigg, The Shaping of Man, XV.
315) Vgl. C. J. Lumsden/E. O. Wilson, Das Feuer des Prometheus, 240f.; dies., Genes, Mind, and Culture, 304; dies., Genes, Mind, and Ideology, 7.
316) C. Vogel/E. Voland, Evolution und Kultur, 58; vgl. auch C. J. Lumsden/E. O. Wilson, Genes, Mind, and Culture, 99.
317) Dazu E. Leach, Biology and Social Science, 268. Vgl. oben, 126f.
318) Vgl. C. R. Jeffery, Review of Lumsden/Wilson: Genes, Mind, and Culture, 242; A. Leeds/V. Dusek, Editors' Note, XXI.
319) So C. J. Lumsden/E. O. Wilson, Das Feuer des Prometheus, 209.
320) Vgl. M. Edelman, Human Behavior, 39.
321) Vgl. C. J. Lumsden/E. O. Wilson, Das Feuer des Prometheus, 214; R.Trigg, The Shaping of Man, 136; J. Maynard Smith/N. Warren, Models, 624.
322) Vgl. St. J. Gould, Genes on the Brain, 8; S. Rose, „It's only Human Nature", 167. Das Beispiel stammt aus O. J. Flanagan, Jr., Is Morality Ephiphenomenal?, 213.
323) Vgl. Ph. Kitcher, Vaulting Ambition, 286; R. A. McCain, Critical Reflections, 127.
324) H. Kummer, Soziobiologie, 104; vgl. auch J. H. Barkow, Sociobiology, 179f.; ders. Culture and Sociobiology, 11.
325) Vgl. L. Gallino, Oltre il gene egoista, XXXIX; R. N. Brandon, Phenotypic Plasticity, 71; W. C. Buckley, Introduction, 2.
326) W. L. Bühl, Art. Evolution, Sp. 524.
327) E. Leach, Biology and Social Science, 267, kritisiert sehr heftig diesen Zugang zum Phänomen der Kultur: „This book comes so close to being a parody of the genre to which it belongs that I have had difficulty in believing that it is not intended as an academic hoax ... The whole of this elaborate apparatus is devoid of meaning because it assumes that human culture can be broken down into clusters of traits ... which can then be counted and subjected to statistical analysis." Vgl. auch J. S. Alper/R. V. Lange, Lumsden-Wilson Theory, 3976; Ph. Kitcher, Vaulting Ambition, 342. Kritisch gegenüber Leach äußert sich J. H. Fetzer, Science and Sociobiology, 225f.
328) So R. C. Lewontin in einem Interview, zit. in U. Segerstrale, Colleagues in Conflict, 71.
329) Für A. Quinton hat die Aussage, daß die Gene zweckvolle Entscheidungen zulassen, ungefähr denselben Erklärungswert wie die Behauptung, daß die Polizei das Schreiben von Naturgedichten determiniert, weil sie nicht dagegen einschreitet. Vgl. J. Maddox u. a., Discussion about Genes, Mind and Culture, 218.
330) Vgl. M. T. McGuire, Sociobiology, 67. Angesichts der Überflüssigkeit soziobiologischer

Erklärungen könnte man nach Ph. Kitcher, Vaulting Ambition, 329, wie Laplace zu Napoleon sagen: Majestät, ich brauche diese Hypothese nicht!

331) So C. R. Jeffery, Review of Lumsden/Wilson: Genes, Mind and Culture, 243.

332) Vgl. dazu besonders A. Leeds/V. Dusek, Editors' Note, XXXIII, Anm. 83.

333) Vgl. J. Maynard Smith/N. Warren, Models, 624; J. Maynard Smith, The Birth of Sociobiology, 50. Man beachte, daß Maynard Smith der Humansoziobiologie grundsätzlich positiv gegenübersteht. Vgl. U. Segerstrale, Colleagues in Conflict, 73f.

334) Vgl. R. J. M. Dunbar, Sociobiology, 188: „To mathematicize is not necessarily to understand ... It is not a Mathematical framework that we lack, but a logical one". Vgl. auch J. S. Alper/H. Inouye, A Methodological Analysis, 80: „The presentation of a 40 page discussion of the principles of population biology containing approximately 50 equations comprehensible only to a reader trained in higher mathematics, tends to deter the nonexpert reader from criticizing the remainder of the work." J. Maynard Smith/N. Warren, Models, 626, urteilen ähnlich: „Mathematical models may help to clarify ideas, but the correctness of a theory of cultural evolution cannot be guaranteed merely by formulating it mathematically. There is no guarantee that theorizing by analogy with biological evolution will be illuminating." Fast schon sarkastisch klingt das Urteil von Ph. Kitcher, Vaulting Ambition, 393: „It is as if the authors had declared, ‚We can answer the detractors ... If they decry sociobiology as science, we will present it in a form that will silence all objections. Mathematics is the mark of good science, and we will give them mathematics. Indeed, we will give them more mathematics than they could ever ask for. We will give them more mathematics than they could ever use. We will give them more mathematics than they could ever understand.'"

335) Vgl. J. S. Alper/H. Inouye, A Methodological Analysis, 76f.; A. Leeds, The Language of Sociobiology, 188.

336) Vgl. C. J. Lumsden/E. O. Wilson, Genes, Mind, and Culture, 255; vgl. auch R. Trigg, The Shaping of Man, 134; 138.

337) Vgl. M. Ruse, Evolutionary Epistemology, 254f.

338) Vgl. dazu oben, 88; siehe auch D. R. DeNicola, Sociobiology and Religion, 413f.

339) Den Vorwurf des genetischen Determinismus erhob sehr vehement: Sociobiology Study Group, Sociobiology, 289.

340) C. J. Lumsden/E. O. Wilson, Das Feuer des Prometheus, 243; J. S. Wicken, Review of Lumsden/Wilson: Genes, Mind, and Culture, 189.

341) C. J. Lumsden/E. O. Wilson, Das Feuer des Prometheus, 243.

342) E. O. Wilson, Biologie als Schicksal, 76f.

343) Dazu Ph. Kitcher, Vaulting Ambition, 407; 415f.

344) Vgl. oben, 88.

345) Vgl. R. Dawkins, The Extended Phenotype, 11–16.

346) Vgl. ders., Das egoistische Gen, 237.

347) C. H. Waddington, Mindless Societies, 257: „That brings one to what is ... the weakest feature in the whole grand structure which Wilson has built up. Is it not surprising that in a book of 700 pages about social behavior (= Sociobiology) there is no explicit mention whatever of mentality? In the index, covering more than thirty pages of three columns each, there is no mention of mind, mentality, purpose, goal, aim, or any word of similar connotation."

348) Vgl. J. R. Searle, Sociobiology, 168f.; R. Trigg, The Shaping of Man, 110ff.

349) Darauf weist besonders D. L. Eckberg, Sociobiology and the Death of Sociology, 192, hin. Damit unterscheidet sich die Soziobiologie gar nicht so sehr vom Behaviorismus, für den das menschliche Verhalten (von der Umwelt) streng determiniert ist und der menschliche Geist keinerlei Einfluß hat. Vgl. dazu J. R. Searle, Sociobiology, 168.

350) Vgl. R. Trigg, The Shaping of Man, 103; 111f.; U. Kull, Evolution des Menschen, 93; H. Hemminger, Der Mensch, 95; E. Sober, Methodological Behaviorism, 192.
351) H. Markl, Soziobiologie der Tiere, 240.
352) Dazu I. Eibl-Eibesfeldt, Der vorprogrammierte Mensch, 278; H. Markl, Wie unfrei ist der Mensch?, 46; M. Bressler, Biological Determinism, 186.
353) Vgl. J. Ladrière, Approche philosophique, 372ff.; L. G. Miller, Philosophy, 323f.; W. R. Albury, Politics and Rhetoric in the Sociobiology Debate, 527.
354) K. Peter/N. Petryszak, Sociobiology versus Biosociology, 64: „Self-acting is the peculiar human activity that makes survival possible for a creature that lacks the animal fitness and whose survival depends on the type of action that it is able to generate out of itself" (im Original kursiv).
355) Zu dieser Definition vgl. L. Roithinger, Ethik und Anthropologie, 217f.
356) Vgl. G. E. Pugh, Values, 59; W. Irons, Cultural and Biological Success, 257.
357) Dazu H. Markl, Wie unfrei ist der Mensch?, 45; I. Eibl-Eibesfeldt, Grundriß, 654; R. Sperry, Naturwissenschaften, 162; J. Illies, Kulturbiologie, 30f.; ders., Nicht Tier, nicht Engel, 22.
358) H. Markl, Wie unfrei ist der Mensch?, 41f.
359) Ph. Kitcher, Vaulting Ambition, 413: „We can attribute to agents an overall plan for themselves and their lives, which constitutes their conception of value and of their own happiness. Those who are genuinely free are able to adjust their actions in accordance with this plan. They can prevent those desires that threaten its implementation from being effective in action. A disciplined person, for whom a morning run is simply a means to continued health and the ability to attain long-term goals, can overcome the temptation to laze in bed."
360) Dazu J. Illies, Zoologie des Menschen, 163f.
361) F. Seitelberger, Neurobiologische Grundlagen, 28.
362) So Ph. Kitcher, Vaulting Ambition, 413. Vgl. auch R. Trigg, The Shaping of Man, 174: „No bird can decide how to navigate nor whether it will migrate. They just follow the dictates of their genes. Human behavior is very different. It is – or ought to be – the result of rational deliberation."
363) Dazu ders., Evolutionary Ethics, 330.
364) Vgl. hierzu F. Seitelberger, Neue Aspekte, 688.
365) Vgl. P. Meyer, Soziobiologie und Soziologie, 91ff. Wir beziehen uns in dieser Arbeit besonders auf Meyer, da dieser eine ausgezeichnete Darstellung und Kritik der Soziobiologie von soziologischer Seite her bietet.
366) Vgl. ebd., 110f.; D. T. Campbell, „Downward Causation", 180.
367) P. Meyer, Soziobiologie und Soziologie, 114; vgl. ders., Evolution und Gewalt, 47.
368) Vgl. ders., Soziobiologie und Soziologie, 120.
369) Vgl. ebd., 95.
370) Vgl. M. Sahlins, The Use and Abuse of Biology, 7ff.; L. Eisenberg, The *Human* Nature, 126. Man beachte auch die Kritik von F. A. Jenner, Psychiatry, 150, an Wilsons Versuch, den menschlichen Geist mit Hilfe des Hypothalamus und limbischen Systems zu erklären: „This statement, in glossing over the problem of dualism that it tacitly raises, reveals a lack of appreciation of the actual difficulties presented by biological explanations of the human mind. It underplays the fact, that consciousness does not produce society; instead society forms much of the content of consciousness."
371) D. P. Barash, Soziobiologie und Verhalten, 304.
372) St. J. Gould, Evolutionäre Flexibilität, 32; vgl. ders., Genes on the Brain, 10.
373) So P. Singer, The Expanding Circle, 169; vgl. L. Gallino, Oltre il gene egoista, XXXVIII: „I comportamenti umani sin qui studiati *non sono* diretti a rendere massima la idoneità com-

plessiva del soggetto." Siehe auch St. T. Emlen, Ecological Determinism, 137 ff.; H. Hemminger, Der Mensch, 86.

374) F. M. Wuketits, Ist menschliches, 444.

375) P. Meyer, Soziobiologie und Soziologie, 80. Vgl. auch A. L. Caplan, Genetic Aspects, 547.

376) K. Peter/N. Petryszak, Sociobiology versus Biosociology, hier zit. nach H. Hemminger, Der Mensch, 95. Vgl. ebd., 91; 94.

377) G. Schubert, The Sociobiology, 212, zeigt an einem Beispiel, daß der Altruismus sozial vermittelt werden muß: „The winter of 1979 confirmed what we already knew: that several urban adults could stand on a bridge over the Chicago River and watch a child drown, with no more compulsion to intervene personally than if they were spectators at yet another incident of urban arson. These people did not turn to their pocked calculators for guidance in any decision as to whether or not the odds of ultimate social reciprocity favored intervention ... It seems to me that thirty or more years ago, a group of Chicagoans in a similar situation would have cooperated in trying to save the child. It is disingenuous to argue that the change is due to changes in the Chicago gene pool during that interval ... It is a social disease ... that is endemic in industrial urbanization." Schubert will damit die soziale Komponente des „Rettungsverhaltens" betonen, welches ein bevorzugtes Beispiel von Soziobiologen darstellt. Vgl. ders., Soziobiologie und politisches Verhalten, 120: „*Trivers*' Optimismus darüber, wie unsere Gene weiterhin Altruismus produzieren, ist heute eine gefährliche Quacksalbermedizin." Vgl. ebd., 114 f.; 126, Anm. 13.

378) Dazu P. J. Darlington, Altruism, 389.

379) C. Fried, Biology and Ethics, 215 f.: „Identity is necessary to anything recognizable as our system of morals, and difference or distinctness is necessary to identity ... At most I have shown that *a* conception of morality, perhaps that conception which is ours, depends on a concept of identity, and thus on the distinctness – including bodily distinctness – of persons." Vgl. auch D. M. Messick, Comment on Campbell: On the Conflicts, 367: „The confusion has to do with the unit of analysis. If the unit is the individual, then parental altruism is clearly altruism in a pure form, and the fact that it will be selected for does not change this quality."

380) D. P. Barash, Das Flüstern, 178; vgl. ebd.: „Das Interessante an alldem ist, daß es eine biologische Grundlage für so etwas wie die Goldene Regel geben könnte: ‚Tu für andere, was du möchtest, daß andere für dich tun.' Nach den Begriffen der Evolution ... klingt das etwas selbstsüchtiger: ‚Tu etwas für andere, wenn du Grund zu der Annahme hast, daß sie das gleiche für dich tun werden; wenn sie es nicht tun und du nicht mit ihnen verwandt bist, ... soll sie der Teufel holen.'"

381) Ebd.

382) Vgl. R. Trigg, The Shaping of Man, 118 f. „Thinking that the point of morality is helping others only in order that they might help us in return would seem an unduly cynical view to many" (119). Vgl. auch P. Singer, The Expanding Circle, 42: „If I am drowning in a raging surf and a stranger plunges in and rescues me, I shall be very grateful; but my gratitude will diminish if I learn that my rescuer first calculated the probability of receiving a sizable reward for saving my life, and took the plunge only because the prospects for the reward looked good."

383) Vgl. ebd.; G. Becker, Altruism, 821, Anm. 10.

384) P. Singer, The Expanding Circle, 134: „Genuine, non-reciprocal altruism, directed toward strangers does occur." Vgl. auch H. Caton, Domesticating Nature, 115.

385) P. Claudel, Der seidene Schuh, 332.

386) A. de Saint-Exupéry, Die Stadt in der Wüste, 196. Vgl. auch J. R. Nelson, A Theologian's Response, der Mt 5,46 zitiert: „Wenn ihr nämlich nur die liebt, die euch lieben, welchen Lohn könnt ihr dafür erwarten? Tun das nicht auch die Zöllner?" (403).

387) Dieses Beispiel führt Ph. Kitcher, Vaulting Ambition, 401, an. Siehe auch F. M. Wuketits, Evolution, Erkenntnis, Ethik, 143: „Von einer ‚tiefen menschlichen Beziehung' erwartet man sich offenbar mehr als bloß gegenseitigen Altruismus auf egoistischer Grundlage. Für diese Erwartungshaltung hat die Soziobiologie m.E. keine plausible Erklärung." R. Trigg, The Shaping of Man, 146, folgert daraus: „Once kin selection and reciprocal altruism have been exhausted as sources of explanation, sociobiology is bankrupt."
388) R. Dawkins, Das egoistische Gen, 3.
389) D. P. Barash, Das Flüstern, 177.
390) G. S. Stent, Ethische Dilemmas, 22.
391) Vgl. oben, 106. Vgl. auch F. J. Ayala, The Biological Roots of Morality, 236ff. R. Alexander, The Biology, 141: „We are thus evolved to be nepotists, even though, because of the role of social learning and the nature of consciousness, purpose, and deliberation, we are not *obliged* to be nepotists."
392) W. Schulz, Philosophische Probleme der Ethik, 1253.
393) Dazu H. Markl u.a., Evolution of Morals?, 241.
394) W. Schulz, Bedingungen des Lebens, 375.
395) Vgl. A. Hahn, Soziale Voraussetzungen, 62; B. Hassenstein, Tier und Mensch, 156.
396) So U. Kull, Biologische Grundlagen, 185.
397) Vgl. E. O. Wilson, Biologie als Schicksal, 159.
398) C. J. Lumsden/E. O. Wilson, Das Feuer des Prometheus, 255.
399) M. Ruse, Evolutionary Ethics, 102: „In a sense, therefore, the evolutionist's case is that ethics is a collective illusion of the human race, fashioned and maintained by natural selection in order to promote individual reproduction." Vgl. dazu A. L. Caplan, In What Ways, 538.
400) Vgl. oben, 88. Dieses Dilemma findet sich auch bei E. O. Wilson, Biophilia, 119; vgl. hierzu P. Singer, Life, the Universe and Ethics, 369.
401) R. Dawkins, Das egoistische Gen, 3. Vgl. oben, 88.
402) Vgl. dazu G. S. Stent, Ethische Dilemmas, 25.
403) B. Schüller, Gewissen und Schuld, 34f.
404) Ph. Kitcher, Vaulting Ambition, 420. Vgl. besonders den Beitrag von Wilsons Kollegin in Harvard, der Zoologin I. Nabi, Ethics of Genes, 183: „It really is very vexing. Just as I had learned to accept myself as a genetic robot and, indeed, felt relieved that I was not responsible for my moral imperfections, ... Dawkins tells me that, after all, I must try hard to be good and that I am not as manipulated as I thought ... Professor Wilson ... assured me that neurobiology was going to provide me with ‚a genetically accurate and hence completely fair code of ethics' (p. 575). I was euphoric at the prospect that my moral dilemmas at last had a real prospect of resolution, when suddenly my hopes were dashed by an article in which Professor Wilson warned me against the naturalistic fallacy ... You can imagine my perplexity. I do wish I knew what to believe."
405) R. Löw, Leben aus dem Labor, 56, spottet: Über den Aufruf zur Selbstlosigkeit werden die Gene und Meme der Überlebensmaschine Dr. Dawkins geschmunzelt haben. „Sie haben ihm dies vielleicht nach oben durchgefunkt, damit sich sein Buch besser verkauft, damit sich seine Gene besser vermehren."
406) Vgl. E. O. Wilson, Sociobiology, 564; M. Ruse/E. O. Wilson, Moral Philosophy, 180.
407) Dazu E. Tobach, The Methodology, 416; O. J. Flanagan, Jr., Is Morality Epiphenomenal?, 217.
408) P. Singer, The Expanding Circle, 85: „Endorsing capital punishment would be as much an expression of our feelings as taking our tea with lemon, rather than milk." Ph. Kitcher, Vaulting Ambition, 421: „Just as there is no objective standard against which those who like lutefisk are to be judged, so there is no objective appraisal of those who disagree with us about

the propriety of killing innocent children. Their hypothalamic-limbic complexes incline them to different emotional responses. That is all."

409) So Ph. Kitcher, ebd.

410) Aristoteles, Die Nikomachische Ethik, I, 1, 1094a1 (55).

411) Vgl. H. Jonas, Das Prinzip Verantwortung, 235f.

412) R. Spaemann/R. Löw, Die Frage Wozu?, 260.

413) Ebd., 265.

414) Dazu auch W. Wickler, Die Biologie, 56; ders., Ethologie und Ethik, 96.

415) R. Löw, Ethische Ziele, 169.

416) Vgl. L. Oeing-Hanhoff, Der Mensch: Natur oder Geschichte?, 18; B. Schüller, Wieweit kann die Moraltheologie, 47; 60.

417) B. Fraling, Begründung, 145. Vgl. zur Unbedingtheit der ethischen Erfahrung etwa T. Styczeń, Ethik und Anthropologie, 226; W. Vossenkuhl, Die Unableitbarkeit der Moral, 153.

418) B. Fraling, Begründung, 146; vgl. ebd., 142f.; R. Löw, Gen und Ethik, 48.

419) Dazu K. Demmer, Deuten und Wählen, 247–251; ders., Sein und Gebot, 100f.

420) Vgl. P. Wolff, The Biology of Morals, 93. G. W. Kowalski u. a., Psychology, 260: „Moreover, moral behavior must have a representation at the intentional, conscious level." So auch G. S. Stent, Introduction, 17: „... whatever else morals may be, or whatever is their biological basis, the concept of morality pertains to an *intentional state* of an agent."

421) Vgl. R. J. Richards, A Defense, 277.

422) E. O. Wilson, Biologie als Schicksal, 44.

423) Dazu H. Hemminger, Der Mensch, 36f.

424) E. O. Wilson, Biologie als Schicksal, 183; vgl. ebd., 10.

425) Vgl. O. J. Flanagan, Jr., Is Morality Epiphenomenal?, 207.

426) Diese Reduktion ist der Evolutionstheorie selbst nicht angemessen: M. A. Kaplan, Is Species Selfishness a Viable Concept?, 1.

427) F. v. Hayek, Die überschätzte Vernunft, 183f.; vgl. auch G. S. Stent, Introduction, 17: „Hence Dawkins' notions of altruism and selfishness lie outside the domain of moral discourse."

428) So P. Singer, The Expanding Circle, 77. Vgl. C. Vogel, Evolution und Moral, 475f.

429) Dazu K. Demmer, Sein und Gebot, 102.

430) Vgl. hierzu R. Spaemann, Kritik der politischen Utopie, 168.

431) Vgl. I. Kant, Grundlegung zur Metaphysik der Sitten BA 1 (VI, 18).

432) Das Beispiel stammt aus: W. Vossenkuhl, Anthropologische Grundlagen, 513f.; vgl. auch O. Höffe, Sittlich-politische Diskurse, 39.

433) So H. Kummer, Analogs of Morality, 50. Kummer folgert daraus: „Human morality is intimately related to the evolution of cognitive abilities, which made it both necessary and possible" (ebd.).

434) Zu diesem Urteil kommt P. H. Wolff, The Biology of Morals, 94.

435) Dazu R. Trigg, The Shaping of Man, 126; ders., Evolutionary Ethics, 330; Ch. Boehm, Some Problems with Altruism, 23. P. Singer, The Expanding Circle, betont die Rolle der Vernunft, die den Menschen befähigt, seine Verantwortung über den Kreis der Verwandtschaft und Freunde auszuweiten auf die Menschheit und die gesamte Biosphäre. Vgl. dazu auch W. A. Rottschaefer/D. L. Martinsen, Singer, Sociobiology, and Values, 159f.

436) D. Wandschneider, Ethik, 1148 (im Original teilweise kursiv).

437) J. Eccles/D. N. Robinson, Das Wunder des Menschseins, 91.

438) Vgl. H. Krings, Sokrates überlebt, 174f.

439) E. O. Wilson, Biologie als Schicksal, 10.

440) Vgl. M. Ruse, The Morality, 172.

441) J. Eccles/D. N. Robinson, Das Wunder des Menschseins, 90. Vgl. auch B. Irrgang, Im Anfang war der Egoismus, 241 f.
442) Vgl. H. Markl u. a., Evolution of Morals?, 244.
443) E. O. Wilson, Sociobiology, 563.
444) Vgl. oben, Kapitel 3, Anm. 140.
445) Dazu vor allem R. Mattern, Altruism, 466 ff.
446) R. D. Alexander, Darwinism, 272; ders., The Biology, 152; vgl. auch M. Ruse, Sociobiology: Sense or Nonsense?, 204.
447) R. Trigg, The Shaping of Man, 114.
448) Vgl. R. Simon/St. Zegura, Sociobiology and Morality, 777 f.
449) R. Löw, Evolution und Erkenntnis, 352.
450) Ebd.; siehe auch R. Spaemann/R. Löw, Die Frage Wozu?, 277. Das gilt auch für die Definition von R. D. Alexander, The Biology, 77: „Moral systems are systems of indirect reciprocity." Wenn Alexander den Interessenkonflikt als Quelle und Hintergrund der moralischen Systeme definiert (ebd., 194), so sieht er damit etwas Richtiges, wird aber nicht dem ganzen Phänomen der Sittlichkeit gerecht.
451) Vgl. H. Markl u. a., Evolution of Morals?, 234.
452) Vgl. T. Nagel, Ethics, 221.
453) So bei H. Markl u. a., Evolution of Morals?, 235.
454) Dazu R. Mattern, Altruism, 472.
455) Vgl. G. Radnitzky, Die Evolution, 110.
456) So P. H. Wolff, The Biology of Morals, 102. Vgl. auch B. D. Davis, The Importance, 281.
457) Vgl. P. Baelz, A Christian Perspective on the Biological Scene, 209 f.
458) Vgl. besonders T. Nagel, Ethics, 230.
459) J. Gründel, Naturgeschichtliche Voraussetzungen, 622. Vgl. ders., Ethik und Moraltheologie, 641 f. Vgl. dazu auch H. Schaefer, Der Mensch, 159: „Das Tier kann seinen Gegner nur angreifen, aber ihn niemals lieben. Feindesliebe ist ein Akt hoher Reflexion."
460) Vgl. H. Rotter, Kann das Naturrecht, 83; vgl. auch W. Wickler, Die Biologie, 24.
461) Vgl. W. Wuchterl, Kommentar, 230.
462) Vgl. Anm. 442. Siehe auch C. Vogel, Evolution und Moral, 480 f.; O. J. Flanagan, Jr., Is Morality Epiphenomenal?, 208.
463) Dagegen schlagen C. J. Lumsden/A. C. Gushurst, Gene-Culture Coevolution, 17, vor: „Human ethics, according to this model, is an ethics in which value is ultimately an expression of reproductive and survival advantage." Eine Kritik an dieser Sichtweise findet sich schon bei M. J. Wade, Review of Caplan (Hg.): The Sociobiology Debate, 659: „A second drawback stems from the tendency to ascribe evolutionary function to human values on the basis of the intent perceived to underlie the values. That is to say, when human values are studied as evolutionary units the relevant environment is human society and an appeal to the common wisdom often substitutes for a biologically rigorous functional analysis. In many cases, the circularity of the argument is simply reinforced by the evolutionary interpretation and little is added in the way of insight." Vgl. auch F. J. Ayala, The Biological Roots, 247.
464) Vgl. H.-E. Hengstenberg, Zur Revision, 61.
465) Zit. nach R. Spaemann/R. Löw, Die Frage Wozu?, 291.
466) R. Spaemann, Funktionale Religionsbegründung, 20 f.
467) Dazu ders., Sein und Gewordensein, 82; H. Mohr, Evolutionäre Ethik, 69.
468) Vgl. R. Spaemann/R. Löw, Die Frage Wozu?, 291.
469) M. Ruse, The Morality, 171; vgl. R. J. Richards, A Defense, 271.
470) Aristoteles, Die nikomachische Ethik VI, 5, 1140 b 6 ff. (186).

471) I. Kant, Kritik der praktischen Vernunft A 278 (VI, 293).
472) B. de Spinoza, Die Ethik V, 42 (699).
473) F. Böckle, Fundamentalmoral, 23; ders., Werte und Normbegründung, 61; vgl. K. Demmer, Sittlicher Anspruch, 69f.
474) R. Spaemann, Moralische Grundbegriffe, 37.
475) F. Böckle, Fundamentalmoral, 23. Vgl. H. Jonas, Auf der Schwelle, 8.
476) Dazu P. Singer, The Expanding Circle, 75.
477) E. Topitsch, Das Problem des Naturrechts, 175.
478) L. Wittgenstein, Tractatus logico-philosophicus 6.4.1, in: Schriften, Bd. 1, 80.
479) Das Beispiel findet sich bei P. Singer, The Expanding Circle, 79. Zum Verhältnis von Gütern und Werten siehe auch K. Demmer, Deuten und handeln, 41f.
480) Ders., Deuten und Wählen, 240; vgl. ders., Sittlicher Anspruch, 71.
481) J. W. Bennet, Anticipation, 849: „The basic meaning of adaptation in the sciences of human behavior is derived from the second of the two biological concepts, that is, coping mechanisms utilized by organisms during their lives. However, among humans this behavior is subject to interpretation by values, thus introducing a judgmental dimension in addition to the survival or need-satisfying function." Vgl. auch H. Rotter, Kann das Naturrecht, 93: Der Mensch entwirft eine Ordnung im Blick auf ein Ziel, in dem er den Sinn seines Daseins erblickt.
482) W. F. Gutmann, Der Eingang essentialistischer Philosophie, 70.
483) Vgl. R. C. Solomon u. a., Sociobiology, 288.
484) Vgl. ebd. 293.
485) R. Löw, Evolution und Erkenntnis, 352f.
486) Dazu E. Mayr, Evolution, 51.
487) Siehe hierzu besonders R. Löw, Evolution und Erkenntnis, 353; vgl. auch G. Pöltner, Wissenschaft – Feind des Menschen?, 94.
488) Vgl. oben, 88. Siehe auch P. Singer, The Expanding Circle, 79f.
489) Zum Problem Evolutionstheorie und Frage nach ihrem „Sinn": Ph. Kaiser, Anspruch, 45.
490) J. Fuchs, Biologie und Ehemoral, 232.
491) R. Löw, Ethische Ziele, 169; vgl. ders., Zum Verhältnis von Naturwissenschaft und Ethik, 29; C. Fried, Biology and Ethics, 210.
492) W. F. Gutmann, Der Eingang essentialistischer Philosophie, 78.
493) G. Vollmer, Mesokosmos, 50.
494) R. Löw, Gibt es eine Erosion der Werte?, 66.
495) C. Bresch, Zwischenstufe Leben, 297.
496) B. Hassenstein, Evolution und Werte, 81. F. M. Wuketits, Evolution, Erkenntnis, Ethik, 182, zeigt, daß eine Ethik, die sich an Gesetzen der Soziobiologie orientieren würde, pervertiert wäre: ihre Maxime lautete nämlich: „Handle stets so, daß du deine genetische Fitness maximieren kannst, wenn es sein muß, auch auf Kosten deiner Mitmenschen." Vgl. auch M. Dickemann, Comment on Cohen: Evolutionary Epistemology, 210: „Another view, based on a more accurate understanding of biological evolution ... is that since the evolutionary process is bloody, painful, and unjust by definition we would do well to model our ethical systems in opposition to it."
497) Dazu R. Spaemann, Sein und Gewordensein, 82.
498) Das gestehen durchaus zu D. P. Barash, Soziobiologie und Verhalten, 306ff.; R. D. Alexander, Natural Selection and Social Laws, 293.
499) F. M. Wuketits, Epilog: Eine neue „realistische Philosophie"?, 364.
500) Von hier aus wäre der Versuch von G. E. Pugh, The Biological Origin, zu kritisieren, die angeborenen Neigungen als primäre Werte zu bezeichnen. J. Eccles, Die Psyche des Men-

schen, 206, kommentiert die Liste der „angeborenen Werte" als gut gemischtes Sortiment, das auf einen Schimpansen genauso zuträfe wie auf einen modernen Menschen. Kritik findet sich auch bei E. Jantsch, Die Selbstorganisation des Universums, 358f.

501) F. Werfel, Die vierzig Tage, 207. Vgl. schon Juvenal (zit. bei I. Kant, Kritik der praktischen Vernunft A 283 (VI, 296)): „Summum crede nefas animam praeferre pudori, Et propter vitam vivendi perdere causas." (Halte es für den äußersten Frevel, das Leben der Ehre vorzuziehen, und um des Leben willen den Grund des Lebens zu zerstören).

502) O. Marquardt, zit. bei R. Löw, Gibt es eine Erosion der Werte?, 67. Zum Folgenden vgl. ebd.

503) A. de Saint-Exupéry, Die Stadt in der Wüste, 98.

504) W. Vossenkuhl, Die Unableitbarkeit der Moral, 145. Vgl. auch A. Flew, From Is to Ought, 148ff.; W. D. Hudson (Hg.), The Is/Ought Question.

505) So Ch. Frey, Die Bedeutung, 307.

506) Vgl. W. Vossenkuhl, Die Unableitbarkeit der Moral, 146.

507) Dazu T. Styczeń, Ethik und Anthropologie, 227; A. L. Caplan, A Critical Examination, 112; E. Morscher/R. Stranzinger, Einführende Betrachtung zur Ethik, 20; P. Valori, Filosofia morale e scienze umane, 50; A. Quinton, Ethics, 117.

508) Vgl. ebd., 118ff.; O. Höffe, Naturrecht, 9ff.; T. S. Kuhn, Die Struktur, 218f.

509) E. O. Wilson, Human Decency is Animal, hier zit. in der Übersetzung von D. E. Zimmer, Unsere erste Natur, 132.

510) Vgl. Kapitel 3, Anm. 120. Vgl. zum Folgenden R. Alexander, The Biology, 167f.

511) So urteilt D. T. Campbell, Social Morality Norms, 78f.; etwas vorsichtiger, aber durchaus kritisch gegenüber Wilsons Äußerung, die Ethik könne biologisiert werden, urteilt J. Maynard Smith, The Concepts, 29f.

512) Vgl. oben, 86f.

513) Vgl. G. W. Kowalski u. a., Psychology, 262; W. Wickler, Die Biologie, 87f.; D. T. Campbell, On the Conflicts, 1116; J. Gründel, Schuld und Versöhnung, 17. Wenn R. D. Alexander, The Biology, 77, moralische Normen von den Konzepten richtig/falsch her definiert, so bleibt die Frage nach gut/böse ausgeklammert!

514) Zur Unterscheidung gut/böse und richtig/falsch siehe etwa B. Schüller, Die Begründung sittlicher Urteile, 133ff.

515) E. O. Wilson, Human Decency is Animal, 50. Vgl. auch M. Ruse, Sociobiology: Sense or Nonsense?, 203.

516) Den Schluß hatte R. J. Richards, A Defense, 288f., gezogen. Kritik daran übten A. Gewirth, The Problem, 302; W. Hughes, Richards' Defense, 311.

517) Vgl. oben, 88. Siehe auch N. J. Mackintosh, A Proffering, 340: „Although Wilson pays lip service to this distinction between matters of fact and matters of value, we may be permitted to doubt whether his heart is in it."

518) Vgl. M. Grene, The Understanding of Nature, 204; Ph. Kitcher, Vaulting Ambition, 430.

519) E. O. Wilson, Academic Vigilantism, 301.

520) Das vermutet R. Mattern, Altruism, 468.

521) J. David, Theologische und naturrechtliche Gesichtspunkte, 63f.

522) Dazu L. R. Graham, Between Science and Values, 210f.

523) W. Vossenkuhl, Die Unableitbarkeit der Moral, 146f.

524) R. Dawkins, Das egoistische Gen, 164.

525) F. M. Wuketits, Evolution, Erkenntnis, Ethik, 181 (im Original kursiv).

526) W. Vossenkuhl, Die Unableitbarkeit der Moral, 148.

527) Vgl. ebd., 149.

528) Ebd., 150.

529) Ebd., 152.

530) B. Schüller, Die Begründung sittlicher Urteile, 39.
531) Vgl. M. Ruse, The Morality, 190f.; M. Grene, Sociobiology, 219.
532) Vgl. dazu besonders Ph. Kitcher, Vaulting Ambition, 418f.
533) F. M. Wuketits, Evolution, Erkenntnis, Ethik, 145f.; D. W. Paulsen, Review of Wilson: Sociobiology, 241: „We cannot blithely move from the explanation of the origin of certain patterns of behavior ... to the claim that they are justified."
534) A. L. Caplan, Ethics, 310.
535) Vgl. oben, Anm. 412. Siehe auch J. Mader, Moral, 70.
536) So beschreibt M. Ruse, The Morality, 192, die Haltung Wilsons.
537) Vgl. J. Hübner, Die Welt, 12; R. Mattern, Altruism, 473; R. C. Solomon u. a., Sociobiology, 304f.: „The sociobiological ambitions to, ‚in the end', explain all human morality, are presently irrefutable, useless and dangerous."
538) Dazu R. Spaemann, Sein und Gewordensein, 82.
539) Vgl. G. W. Kowalski u. a., Psychology, 262f.; R. C. Solomon u. a., Sociobiology, 305.
540) E. Pöppel in einer Diskussion zum Thema „Evolution und Ethik", in: P. Koslowski u. a. (Hg.), Die Verführung durch das Machbare, 157.
541) Vgl. R. Mattern, Altruism, 469ff.
542) Vgl. dazu auch F. M. Wuketits, Evolutionäre Ursprünge der Metaphysik, 224.
543) Vgl. D. E. Zimmer, Unsere erste Natur, 210.
544) Vgl. L. Kolakowski, Falls es keinen Gott gibt, 208.
545) Vgl. oben, Kapitel 3, Anm. 99.
546) Vgl. R. Schnackenburg, Die sittliche Botschaft, 84. Siehe auch R. Trigg, The Shaping of Man, 128f.
547) L. Kolakowski, Falls es keinen Gott gibt, 104.
548) Angelus Silesius, Cherubinischer Wandersmann, 24.
549) H. Küng, Christ sein, 492. Küng wird von Wilson zitiert in: Biologie als Schicksal, 9.
550) Vgl. K. Wuchterl, Kommentar, 230.
551) R. Spaemann in einer Diskussion, zit. in: R. Riedl/F. M. Wuketits (Hg.), Die Evolutionäre Erkenntnistheorie, 233.
552) Vgl. Hiob 13, 15.
553) Vgl. A. Peacocke, Sociobiology and its Theological Implications, 181.
554) Vgl. R. Spaemann, Die Frage nach der Bedeutung des Wortes Gott, 54–72.
555) N. J. Mackintosh, A Proffering, 340: „If the truth of a proposition is logically independent of one's motives for asserting it, it is even less dependent on the biological advantage its assertion may confer." Vgl. auch L. Kolakowski, Falls es keinen Gott gibt, 33f.
556) Vgl. R. Trigg, The Shaping of Man, 130f.
557) Vgl. R. Spaemann, Ende der Modernität?, 27f.; ders., Funktionale Religionsbegründung, 17.
558) F. Nietzsche, Unzeitgemäße Betrachtungen, Zweites Stück, 7 (I, 252).
559) Vgl. R. Spaemann, Einführung, 2.
560) Vgl. J. M. Gustafson, Sociobiology: A Secular Theology, 44. Siehe auch A. J. Morin, Sociobiology and Religion, 305: „And finally, if Wilson's reconciliation of science and religion is reduced from an intellectual to a political level, its implications are more frightening than absurd. It is all too easy to imagine the National Academy of Sciences as the Vatican of this new religion, promulgating rules of conduct based on the authority of a scientific priesthood, sending out missionaries to convert the heathen, and conducting heresy trials of those who deviate from a dogmatized version of scientific materialism. Thank you, but no."
561) F. M. Wuketits, Evolution, Erkenntnis, Ethik, 25. Wuketits selber hält sich jedoch nicht an diese Einschränkung, da er die Warum-Frage (negativ) beantwortet: Nicht als Krone der

Schöpfung! (ebd., 211). Dies ist aber eine Verneinung einer religiösen Antwort auf die Warum-Frage, die nicht mehr in den Kompetenzbereich des Naturwissenschaftlers fällt.

562) B. Fraling, Begründung, 152. Vgl. H. Jebsen-Marwedel, Entstehung, 421f.

563) Diese „Reduktionismusformel" ist entnommen aus: V. E. Frankl, Der Wille zum Sinn, 167.

564) J. Dahl, Der unbegreifliche Garten, 199. Dahl ist Schriftsteller und charakterisiert nach unserem Urteil das Welt- und Menschenbild der Soziobiologie sehr treffend. Vgl. hierzu auch P. Koslowski, Evolution und Gesellschaft, 29; R. A. McCain, Critical Reflections, 137.

565) J. Dahl, Der unbegreifliche Garten, 206.

566) Vgl. E. O. Wilson, Biologie als Schicksal, 55f.

567) Vgl. ebd., 23.

568) Vgl. J. Dahl, Der unbegreifliche Garten, 204f.; H. Hemminger, Der Mensch, 106f.

569) Vgl. J. Dahl, Der unbegreifliche Garten, 187.

570) Dazu R. C. Solomon u.a., Sociobiology, 293. Eine nachdenklich stimmende Aufzählung von Eigenschaften, mit denen die Soziobiologen die „menschliche Natur" charakterisieren, findet sich in: Sociobiology Study Group, Sociobiology, 282.

571) Vgl. H. Hemminger, Der Mensch, 14f.; 96.

Anmerkungen zu Kap. 5

1) F. Bacon, Neues Organ der Wissenschaften, 59.

2) Vgl. I. Kant, Der Streit der Fakultäten A 25, 26 (IX, 290). Siehe auch B. Irrgang, Im Anfang war der Egoismus, 227f.

3) So H.-E. Hengstenberg, Evolutionismus, 78f.

4) P. Koslowski, Evolution und Gesellschaft, 9.

5) R. Spaemann, Sein und Gewordensein, 90. Zum Folgenden vgl. ebd.

6) Vgl. oben, Kapitel 2, Anm. 179.

7) P. Koslowski, Evolution und Gesellschaft, 30.

8) Ebd., 31.

9) Ebd., 32.

10) W. Wickler verteidigt in seinem Vorwort zu C. J. Lumsden/E. O. Wilson, Das Feuer des Prometheus, 9, Wilsons Versuch einer Totalerklärung. A. L. Caplan, Sociobiology, Human Nature, 33, behauptet hingegen, die Soziobiologie würde gar nicht alles menschliche Sozialverhalten zu erklären versuchen. Dem widersprechen aber die vielfältigen Versuche von Soziobiologen, selbst das homosexuelle Verhalten und den weiblichen Infantizid zu erklären, wie im 4. Kapitel gezeigt worden ist.

11) Vgl. P. Koslowski, Evolution und Gesellschaft, 20. U. Segerstrale, Colleagues in Conflict, 58: „It was this wish of Wilson's to make scientific materialism triumph over irrational religious dogma that made him state his case strongly."

12) Vgl. M. Midgley, Gene-juggling, 446; L. G. Miller, Fated Genes, 273; A. L. Caplan, A Critical Examination, 111.

13) R. Spaemann, Philosophie als institutionalisierte Naivität, 141.

14) M. Müller, Philosophische Anthropologie, 15.

15) Vgl. W. Korff, Wege, 105. D. L. Hull, Sociobiology, 79, nennt den Versuch, die Soziologie auf die Biologie zu reduzieren, „interdisciplinary arrogance".

16) Dazu V. E. Frankl, Der Pluralismus der Wissenschaften, 375.

17) O. J. Hartmann, Die Selbstverleugnung des Geistes, 245. Vgl. auch oben, 124.

18) P. Koslowski, Evolutionstheorie als Soziobiologie und Bioökonomie, 51.

19) E. O. Wilson, Biologie als Schicksal, 181; vgl. auch P. Koslowski, Evolution und Gesellschaft, 53.
20) Vgl. F. H. Tenbruck, Die unbewältigten Sozialwissenschaften, 57; 63 ff.; M. W. Fischer, Wissenschaftskritik und Naturrecht, 557; 575 f. Vgl. besonders A. J. Morin, Sociobiology and Religion, 304 f.: „Thus Wilson stands in a long line of missionaries who have equated science with religion in this sense and who have preached the gospel of scientific materialism as a substitute for other creeds."
21) E. O. Wilson, Biologie als Schicksal, 9. Wilson ignoriert allerdings die aristotelische Definition der Seele, die durch Thomas von Aquin für die katholische Theologie sehr einflußreich geworden ist. Vgl. R. D. Masters, Sociobiology: Science or Myth?, 250.
22) Dazu auch P. Koslowski, Evolution und Gesellschaft, 70 f., Anm. 106.
23) Vgl. A. Leeds/V. Dusek, Editors' Note, XVII.
24) Vgl. St. Toulmin, The Return to Cosmology, 22; B. A. O. Williams, Conclusion, 319.
25) J. Monod, Zufall und Notwendigkeit, 106.
26) Vgl. ebd., 129; St. N. Bosshard, Erschafft die Welt sich selbst?, 97 ff. Zur Kritik an Monod vgl. bes. E. Schoffeniels, Antizufall; R. Riedl, Die Strategie der Genesis, 33, berichtet, daß schon zu Beginn der Mutationslehre gefragt wurde, ob durch eine Reihe bloßer Zufälle aus einem Teich voller Amöben die Pariser Akademie entstanden sein kann. M. Eigen/R. Winkler, Das Spiel, 13, sehen bei Monod eine animistische Aufwertung der Rolle des Zufalls am Werk, welche den komplementären Aspekt des Gesetzmäßigen vernachlässigt.
27) Vgl. W. Wild, Zur anthropologischen Relevanz der modernen Physik, 15.
28) Dazu W. Stegmüller, Hauptströmungen der Gegenwartsphilosophie, Bd. 3, 206.
29) Vgl. W. F. Gutmann/K. Bonik, Die Dynamik, 28 f.
30) So H. Thielicke, Mensch sein, 410.
31) S. Rose, Pre-Copernican Sociobiology, 45.
32) Vgl. oben, 91. Vgl. etwa auch L. R. Kass, The New Biology, 785: „Man is a collection of molecules, an accident on the stage of evolution."
33) A. Zimmermann, Das Bild vom Menschen, 103.
34) E. O. Wilson, Sociobiology, 575. Vgl. auch J. B. Schneewind, Sociobiology, 238 f.
35) H. Hemminger, Der Mensch, 107.
36) Dazu M. Midgley, Selfish Genes, 376 f.; S. Barnett, Biological Determinism, 153; Ph. Hefner, Is/Ought, 392.
37) Eine solche Philosophie schlägt vor: R. Dawkins, The Extended Phenotype, 11. Vgl. dazu A. Koestler, Der Mensch, 12 f.
38) P. Koslowski, Evolution und Gesellschaft, 34.
39) B. Pascal, Schriften zur Religion, 109.
40) Vgl. ebd., 159 f. Siehe zu diesem Abschnitt vor allem H. Jonas, Organismus und Freiheit, 294 ff.; B. Kanitscheider, Die Stellung des Menschen in der Natur, 218.
41) Vgl. D. Mollenhauer, Hat die Naturwissenschaft, 64.
42) F. Nietzsche, zit. bei H. Jonas, Organismus und Freiheit, 296.
43) E. Wölfel, Welt als Schöpfung, 15.
44) C. S. Lewis, Über den Schmerz, 17.
45) A. Haas, Weltbild und Glaube, 24; vgl. ebd., 9; 23 f.
46) H. Jonas, Organismus und Freiheit, 315.
47) Jes 22, 13.
48) So urteilt H. Jonas, Organismus und Freiheit, 316.
49) Marquis de Sade, zit. bei A. Baruzzi, Mensch und Maschine, 126; vgl. hierzu A. Knapp, Soziobiologie und christliche Moral, 235.
50) Vgl. E. O. Wilson, Biologie als Schicksal, 9. Siehe dazu auch oben, 92. Ein Beispiel aus E. O. Wilson, Biophilia, 36: „. . .The answer is that I open an ant colony as I would the back of

a Swiss watch. I am enchanted by the intricacy of its parts and the clean, thrumming precision. But I never see the colony as anything more than an organic machine.

51) Vgl. A. G. M. van Melsen, Evolution und Philosophie, 36.

52) Vgl. besonders die ausgezeichnete Studie von R. Löw, Philosophie des Lebendigen, 27f.; H. Sachsse, Über den zwiefachen Zugang, 214.

53) Vgl. ebd., 218; F. M. Wuketits, Zustand und Bewußtsein, 78.

54) Vgl. K. Popper, Objektive Erkenntnis, 219f.

55) H. Jonas, Organismus und Freiheit, 116.

56) R. Descartes, Discours de la Méthode, 91f.

57) Zit. bei F. Capra, Wendezeit, 61. Später wurden solche Maschinen zu ungewöhnlicher Perfektion geführt: Vaucansons mechanische Ente konnte automatisch gehen, schnattern, fressen und ausscheiden. Vgl. J. P. Changeux, Der neuronale Mensch, 25.

58) Der Descartes-Schüler Malebranche meint daher, daß Tiere schreien, ohne Schmerzen zu haben. Sie scheinen nur empfindende Wesen zu sein. Sehen kann der Mensch in der Tat nur Grimassen der Tiere, nicht aber ihren wirklichen Empfindungszustand. In der Folge dieser Auffassung wurden grausame Vivisektionen durchgeführt: Heißes Blei wurde in die Arterien lebender Tiere eingespritzt, um nach dem Erkalten des Bleis die Gefäßsysteme studieren zu können. Vgl. dazu R. Löw, Leben aus dem Labor, 62; F. Rauh, Das sittliche Leben des Menschen, 8.

59) R. Descartes, Discours de la Méthode, 91. Zum Gesamt der Problematik: R. Löw, Philosophie des Lebendigen, 85f.; A. Unsöld, Evolution, 93; U. Steinvorth, Freiheitstheorien, 56.

60) R. Descartes, zit. bei F. Capra, Wendezeit, 61. Vgl. auch L. Oeing-Hanhoff, Der Mensch in der Philosophie Descartes', 377.

61) Dazu A. Baruzzi, Mensch und Maschine, 30; R. B. Carter, Descartes' Bio-Physics, 240.

62) Vgl. L. Oeing-Hanhoff, Der Mensch in der Philosophie Descartes', 378. Zur Philosophie von La Mettrie vgl. M. Grmek, A Survey, 181–195; W. Metz, Julien Offray de la Mettrie, 235–272.

63) Vgl. G. Pflug, Julien de la Mettrie, 523; L. Cohen-Rosenfield, From Beast Machine to Man Machine, 143; R. Löw, Philosophie des Lebendigen, 84.

64) Zit. bei A. Baruzzi, Mensch und Maschine, 87. Man vgl. dazu auch die Bemerkung des Physiologen Carl Vogt etwa hundert Jahre später, daß das Gehirn Gedanken genauso produziere wie die Niere den Urin. Ein Zuhörer kommentierte: Wenn man Vogt so reden hört, könne man fast glauben, es sei wirklich so... Vgl. hierzu R. Löw, Zur Auflösung der Qualitätenlehre, 212.

65) Vgl. A. Bammé u.a., Maschinen-Menschen, 54.

66) Dazu G. Altner, Mensch – Natur – Zeit, 42; ders., Zwischen Leben und Tod, 338f.

67) Ders., Mensch – Natur – Zeit, 42.

68) Vgl. R. D. Masters, Evolutionsbiologie, 33.

69) Vgl. B. Schüller, Die Bedeutung der Erfahrung, 272; R. D. Masters, The Value, 156.

70) Vgl. L. Strauss, Naturrecht und Geschichte, 188; J. B. Schneewind, Sociobiology, 236.

71) Vgl. R. D. Masters, Is Sociobiology Reactionary?, 282f. Zur Ähnlichkeit und Differenz zwischen Hobbes' Gesellschaftstheorie und der Soziobiologie vgl. B. Irrgang, Im Anfang war der Egoismus, 243ff. Zum Verhältnis von Wissenschaft und philosophischem System siehe M. Midgley, De-Dramatizing Darwinism, 211; ders., Gene-juggling, 439; 446; J.-M. Aubert, Pour une épistemologie, 96.

72) Zit. bei E. Topitsch, Das Verhältnis, 215.

73) Dazu R. E. D. Clark, Darwin und die Folgen, 123; vgl. auch U. Eibach, Experimentierfeld: Werdendes Leben, 175; R. Kaspar, Der Aufbau des Menschlichen, 163.

74) Vgl. H. G. Marten, Sozialbiologismus, 21; auch Martens Aussagen sind vorsichtig zu werten, da sie auf dem Hintergrund einer politischen Vorentscheidung gemacht werden.

75) So definiert von H. Schemm, Mitglied der bayerischen Regierung 1933–1937; zit. nach B. Müller-Hill, Die Philosophen und das Lebendige, 196. Diese Studie ist ansonsten mit kritischen Augen zu lesen, da sie politisch einseitig gefärbt ist.
76) Vgl. H.-G. Zmarzlik, Der Sozialdarwinismus in Deutschland, 152.
77) Zit. nach R. E. D. Clark, Darwin und die Folgen, 127.
78) M. T. Ghiselin, The Economy, 212. Man vgl. auch ebd., 42. Siehe hierzu auch R. Hettlage, Variationen des Darwinismus, 120.
79) R. Dawkins, Das egoistische Gen, 146. D. P. Barash, Das Flüstern, 117, spricht vom Kind als einem „Wetteinsatz".
80) R. Dawkins, Das egoistische Gen, 146.
81) P. Koslowski, Evolution und Gesellschaft, 28.
82) M. Sahlins, The Use and Abuse of Biology, 101; vgl. ebd., 88. R. Trigg, The Shaping of Man, 107; D. Haraway, The Biological Enterprise, 207: „I want to show how sociobiology is the science of capitalist reproduction." Diese Mutmaßung wird bestätigt durch einen Artikel in der Zeitschrift „Business Week" mit dem Titel: „A Genetic Defense of the Free Market" (zit. bei J. Beckwith, The Political Uses of Sociobiology, 313).
83) A. Leeds, The Language of Sociobiology, 176, weist darauf hin, wie Kung-Buschleute von Wilson in den Kategorien seiner eigenen Gesellschaft beschrieben werden: „The Kung have been totally recast here as Americans – perhaps even as academicians." Dies auch gegen den Einwand von M. Ruse, Sociobiology: Sense or Nonsense?, 82 und F. H. Willhoite, Rank and Reciprocity, 240, daß die soziologische Herkunft einer Kategorie oder eines Arguments noch nichts über seine Gütigkeit besagt. Leeds zeigt aber, daß Wilsons Kategorien eine einseitige Auswahl darstellen und somit die Wirklichkeit verzerren.
84) Vgl. D. L. Hull, Sociobiology, 81; Sociobiology Study Group, Sociobiology, 282.
85) Vgl. N. Wade, Sociobiology, 1155. Die Kritik der Sociobiology Study Group muß mit Vorbehalten betrachtet werden, da ihr politische Vorentscheidungen zugrundeliegen. Ihre Analyse von Wilsons gesellschaftspolitischen Vorurteilen dürfte jedoch zutreffen.
86) Zu tätlichen Auseinandersetzungen kam es beim Kongreß der American Association for the Advancement of Science im Februar 1978 in Washington: Eine Abordnung des „ International Committee Against Racism" stürmte das Podium und goß, unter Parolen, die Wilson des Genozids anklagten, einen Krug Wasser über ihm aus. Vgl. A. Leeds/V. Dusek, Editors' Note, XV. Siehe auch D. E. Zimmer, Unsere erste Natur, 129; B. Morris, Evolution and Human Nature, 165.
87) Vgl. H. G. Marten, Sozialbiologismus, 11; H. Hemminger, Der Mensch, 8 f. In den Niederlanden allerdings wurde die Soziobiologie vom offiziellen Dutch Advice Council for Science Policy unter die kritisch zu beurteilenden Wissenschaften gezählt, da ihre Ausgangspunkte ethisch bedenklich seien. Vgl. dazu V. S. E. Falgar, Sociobiology and Political Ideology, 133.
88) Vgl. F. J. Bogdany, Soziobiologie, 313; Ph. Hefner, Is/Ought, 392.
89) H. Hemminger, Der Mensch, 117. Vgl. auch Sociobiology Study Group, Sociobiology, 280; R. Mattern, Altruism, 470. V. S. E. Falgar, Sociobiology and Political Ideology, 129, zitiert R. Lewontin: Wenn der Mensch nur ein plumper Roboter ist, der durch seine Gene kontrolliert wird, so wird die Politik zu einem Zweig der Molekularbiologie.
90) Vgl. A. Köster-Lossack, Soziobiologie, 34.
91) Vgl. E. Allen, Against „Sociobiology", 260; U. Segerstrale, Colleagues in Conflict, 53. Eine Anspielung auf die nationalsozialistische Ideologie findet sich auch im Artikel der British Society for Social Responsibility in Science, The New Synthesis is an Old Story, 346: In einer Karikatur werden Ameisen gezeigt, die Hakenkreuz-Armbinden tragen und mit dem „deutschen Gruß" salutieren.
92) Film „Sociobiology: Doing What Comes Naturally", distributed by Document Associates, Inc. 880 Third Avenue, New York, N.Y.

93) Zit. nach J. S. Alper u. a., Sociobiology Is a Political Issue, 480.

94) Vgl. J. Maynard Smith, The Concepts, 29: This film „makes a crude use of sociobiological images (one could hardly call them arguments) to justify such views as that woman's place is in the nursery and in bed, and man's in the boardroom and on the football field." J. S. Alper u. a., Sociobiology Is a Political Issue, 477: „For instance... Wilson suggests that sociobiological theory leads to the prediction that women are unlikely to occupy certain of the high-status positions in society." Vgl. E. O. Wilson, Human Decency is Animal, 38: „In hunter-gatherer societies, men hunt and women stay at home. This strong bias persists in most agricultural societies and, on that ground alone, appears to have a genetic origin. No solid evidence exists as to when the division of labor appeared in man's ancestors or how resistant to change it might be during the continuing revolution for women's rights. My own guess is that the genetic bias is intense enough to cause a substantial division of labor even in the most free and egalitarian of future societies... Thus, even with identical education and equal access to all professions, men are likely to play a disproportionate role in political life, business, and science. But this is only a guess, and even if correct, could not be used to argue for anything less than sex blind admission and free personal choice."

95) D. P. Barash, Soziobiologie und Verhalten, 272.

96) Vgl. J. S. Alper, Ethical and Social Implications, 204f. A. Leeds/V. Dusek, Editors' Note, V, berichten von einer Feministin, die die Theorie von Trivers gehört hatte und sich danach sterilisieren ließ – als konsequent feministische Antwort auf diese Thesen. Nach K. Bratzler, Die Evolution, 97, wird aber der Feminismus ohnehin ein Opfer langfristiger biologischer Strategien werden: Da die immer mehr Berufe ergreifenden Feministinnen das Kindergebären den Nichtfeministinnen überlassen, wird aus evolutionärer Sicht der Feminismus der natürlichen Auslese zum Opfer fallen.

97) Vgl. M. Ruse, Sociobiology: Sense or Nonsense?, 95.

98) Vgl. dazu einen Artikel im Playboy Magazin „Do Men *Need* to Cheat on their Women? A New Science Says Yes", zit. nach J. Beckwith, The Political Uses of Sociobiology, 313: „Males ... tend to be more promiscous because in time past that was their best way to reproduce the most offspring. If you get caught fooling around, don't say the devil made you do it. It's the devil in your DNA".

99) Vgl. R. Richardson, Biology and Ideology, 416f. Männliche Samenzellen sind zwar kleiner als weibliche Eizellen, doch es werden sehr viele Samenzellen freigesetzt, um eine einzige Zeugung zu erreichen, so daß die Frage, ob die männliche Investition in die Zygote geringer ist als die weibliche, offen ist.

100) Vgl. B. Morris, Evolution and Human Nature, 162f.; D. E. Zimmer, Unsere erste Natur, 300; J. Beckwith, The Political Uses of Sociobiology, 311f.; A. Montagu, Introduction, 13.

101) Vgl. E. O. Wilson, Biologie als Schicksal, 7; ders., Genes and Racism, 627; D. P. Barash, Soziobiologie und Verhalten, 268–270.

102) So E. O. Wilson, zit. bei R. M. May, Sociobiology, 392.

103) Vgl. W. R. Albury, Politics and Rhetoric, 523f.

104) Vgl. C. J. Lumsden/E. O. Wilson, Das Feuer des Prometheus, 68f.; St. J. Gould, Biological Potential, 349; H. Altner, „Licht wird fallen...", 42.

105) Vgl. J. Beckwith, The Political Uses of Sociobiology, 312; Ph. Kitcher, Vaulting Ambition, 9. Selbst M. Ruse, Sociobiology: Sense or Nonsense?, 125, muß die Soziobiologie gegen die Soziobiologen in Schutz nehmen: „It cannot be denied that some of the sociobiologists themselves have said some pretty silly things."

106) Vgl. E. O. Wilson, Biologie als Schicksal, 180; C. J. Lumsden/E.O. Wilson, Genes, Mind, and Culture, 355; dies., Genes, Mind and Ideology, 8. Vgl. auch G. C. Homans, Nature Versus Nurture, 347.

107) Vgl. G. Altner, Der Mensch als Produkt seiner Gene, 191.
108) Vgl. H. G. Marten, Sozialbiologismus, 256; J. S. Alper/H. Inouye, A Methodological Analysis, 81.
109) Vgl. H. Krings, Sokrates überlebt, 175.
110) Vgl. oben, 1.3.2.
111) Siehe hierzu K. Demmer, Sittlicher Anspruch, 96; G. Gismondi, Dati, teorie e oggettività, 370.
112) Vgl. J. A. Busch, Sociobiology, 69; G. S. Stent, Molecular Biology, 779.
113) F. Nietzsche, Die fröhliche Wissenschaft, Nr. 344 (II, 207).
114) E. Coreth, Die Welt des Menschen als Phänomen und Problem, 41.
115) Vgl. F. H. Tenbruck, Die unbewältigten Sozialwissenschaften, 56.
116) Ebd., 269.
117) T. S. Kuhn, Die Struktur, 10.
118) R. Löw, Naturwissenschaften, 84.
119) P. Feyerabend, Der wissenschaftstheoretische Realismus, 168. Vgl. auch W. Baumer, Gestalt und Grenzen, 237.
120) Dazu E. Feil, Verstehen und Verständigung, 214.
121) Vgl. D. St. Peters, Biologische Einsicht, 5.
122) T. S. Kuhn, Die Struktur, 123; vgl. ebd., 145; P. Sitte, Das Weltbild der Naturwissenschaften, 378; W. Stegmüller, Evolutionäre Erkenntnistheorie, 29.
123) Vgl. A. Leeds/V. Dusek, Editors' Note, IX; XVI; M. W. Fischer, Wissenschaftskritik und Naturrecht, 581; J. Track, Erfahrung und Interpretation, 136.
124) H. Hemminger, Das Wirklicheitsverständnis, 17; siehe auch G. Gismondi, Metodologia delle scienze e teologia, 35.
125) E. O. Wilson, Sociobiology, 4f.
126) Vgl. oben, 54.
127) Vgl. M. Ruse, Is Human Sociobiology a New Paradigm?, 119–143; R. D. DeNicola, Sociobiology and Religion, 408; A. L. Caplan, Sociobiology as a Strategy, 145; R. A. McCain, Critical Reflections, 125.
128) Vgl. R. M. Burian, A Methodological Critique, 392f. M. Ruse, Is Sociobiology a New Paradigm?, hält die Soziobiologie zwar für ein Paradigma, was den soziologischen Aspekt des Paradigmawechsels anbelangt, nicht aber im epistemologischen Sinn von Paradigma, da die Soziobiologie nur einen Darwinschen Gedanken durchgesetzt habe. Nach unserem Urteil trifft dies nicht ganz zu, da die Soziobiologie durch ihre Kombination von Darwinismus mit einer (Darwin unbekannten) Populationsgenetik und Ökologie doch eine „neue" Synthese darstellt.
129) Vgl. oben, 173; J. Zyciński, Wissenschaft und Wahrheit, 308; R. H. Brown, The Nature of Science, 210.
130) Dazu R. Spaemann, Was ist das Neue?, 19.
131) D. St. Peters, Biologische Einsicht, 4.
132) Vgl. ebd.
133) Vgl. oben, Kapitel 1, Anm. 82.
134) I. Kant, Kritik der reinen Vernunft, Vorrede zur zweiten Auflage B XIII (III, 23).
135) Vgl. J. Meurers, Metaphysik und Naturwissenschaft, 16. Nach Goethe wird die Natur sogar in die Folterkammer geschickt, wo sie aber verstummt:
"... am lichten Tag
Läßt sich Natur des Schleiers nicht berauben,
Und was sie deinem Geist nicht offenbaren mag,
Das zwingst du ihr nicht ab mit Hebeln und mit Schrauben."
(Zit. bei H. Sachsse, Über den zwiefachen Zugang, 299).

136) E. Chargaff, Warnungstafeln, 183; vgl. auch H. Sachsse, Der Begriff der Evolution, 54.
137) Eine Kausalerklärung im Sinne des Hempel-Oppenheim-Schemas erfordert die Angabe von Ausgangs- und Randbedingungen sowie eines Naturgesetzes, gemäß dem die Ausgangsbedingungen das zu erklärende Ereignis hervorbringen.
138) W. Stegmüller, zit. bei R. Löw, Leben aus dem Labor, 86. Zum Kausalitätskonzept vgl. ebd., 84f.; G. G. Simpson, Biology and the Nature of Science, 83.
139) L. Wittgenstein, Tractatus logico-philosophicus 6.3.7.1, in: Schriften, Bd. 1, 79.
140) R. Spaemann, Die christliche Religion, 258.
141) J. Pieper, Der Philosophierende und die Sprache, 229.
142) Vgl. J. Hübner, Die neue Verantwortung, 205.
143) Zit. bei L. Strauss, Naturrecht und Geschichte, 180. Dieses Kriterium gilt freilich nicht uneingeschränkt, da auch das Moment der Geschichte in den Naturwissenschaften eine Rolle spielen kann: Die Geologie erforscht Eiszeiten, ohne sie reproduzieren zu können.
144) Vgl. H. Sachsse, Der Begriff der Evolution, 54.
145) Zit. bei F. M. Wuketits, Evolution, Erkenntnis, Ethik, 155.
146) Dazu R. Löw, Philosophie des Lebendigen, 79.
147) So E. Chargaff, zit. bei K. Lorenz, Der Abbau des Menschlichen, 90. Auch Goethe spottete noch (zit. bei R. Riedl, Die Strategie der Genesis, 32):
„Daran erkenn ich den gelehrten Herrn!
Was ihr nicht tastet, steht euch meilenfern,
Was ihr nicht faßt, das fehlt euch ganz und gar,
Was ihr nicht rechnet, glaubt ihr, sei nicht wahr,
Was ihr nicht wägt, hat für euch kein Gewicht,
Was ihr nicht münzt, das, meint ihr, gelte nicht."
148) Zit. bei P. Davies, Gott und die moderne Physik, 284.
149) G. Holton, zit. bei J. Eccles, Gehirn und Seele, 142.
150) Zit. in: CGMG, Quellenband 2, 210.
151) C. F. v. Weizsäcker, Zum Weltbild der Physik, 25.
152) Zit. bei Ch. Leuthold, Plädoyer für ein lebendiges Denken, 274. Vgl. auch W. J. Revers, Die scientistische Einäugigkeit des modernen Realitätsbewußtseins, 158.
153) E. O. Wilson/W. H. Bossert, Einführung in die Populationsbiologie, 1.
154) Vgl. oben, 136; siehe auch M. Midgley, Rival Fatalisms, 33f.
155) Vgl. hierzu K. Popper, Objektive Erkenntnis, 150.
156) Vgl. K. Lorenz, Vergleichende Verhaltensforschung, 90f.
157) Vgl. R. L. Trivers, Sociobiology, 36; M. Ruse, Sociobiology: Sense or Nonsense?, 204.
158) Vgl. E. O. Wilson, Sociobiology, 547; A. Montagu, Introduction, 4f.
159) Vgl. C. F. v. Weizsäcker, Zum Weltbild der Physik, 30.
160) H. Sachsse, Der Mensch als Partner der Natur, 48.
161) Vgl. ders., Über den zwiefachen Zugang, 232.
162) Auf die Notwendigkeit, auch in der modernen Biologie so etwas wie einen „Beobachterstandpunkt" zu entdecken, weist besonders R. Löw, Leben aus dem Labor, 87, hin. Vgl. ders., Kosmologie und Anthropologie, 316f.
163) Vgl. oben, 4.1.2; siehe auch R. Löw, Die Aktualität, 402; J. Cottingham, Neo-Naturalism and its Pitfalls, 457f.
164) R. Löw, Leben aus dem Labor, 43f.
165) Ebd., 61.
166) Vgl. J. Habermas, Erkenntnis und Interesse, 1145; P. E. Hodgson, Voraussetzungen und Grenzen der Wissenschaft, 166f.
167) Vgl. L. Oeing-Hanhoff, Zur Geschichte, 55; L. Scheffczyk, Die Theologie, 353.

168) So G. Altner, Die Überlebenskrise, 23. Vgl. auch W. de Boer, Der Ursprung der modernen Wissenschaft, 364.
169) F. Bacon, Neues Organ der Wissenschaften, 26 („knowledge and human power are synonymous"). Hier schließen wir uns der Deutung Bacons durch R. Spaemann und R. Löw an. Vgl. etwa R. Spaemann, Art. Natur, 958; R. Löw, Kosmologie und Anthropologie, 313. Siehe weiterhin H. Sachsse, Über den zwiefachen Zugang, 219.
170) F. Bacon, Neues Organ der Wissenschaften, 60.
171) Dazu H. Jonas, Organismus und Freiheit, 284.
172) Vgl. F. Bacon, Neues Organ der Wissenschaften, 236; G. Altner, Technisch-wissenschaftliche Welt und Schöpfung, 104.
173) R. Spaemann, Unter welchen Umständen, 104.
174) Zit. nach R. Löw, Zur Auflösung der Qualitätenlehre, 209.
175) Dazu M. W. Fischer, Wissenschaftskritik und Naturrecht, 581; J. Mader, Moral, 187.
176) R. Löw, Zur Interpretation evolutionärer Entwicklungen, 23.
177) M. Frisch, Homo faber, 211.
178) F. H. Tenbruck, Die unbewältigten Sozialwissenschaften, 272.
179) Zit. bei G. Radnitzky, Wertfreiheitsthese, 82; vgl. M. W. Fischer, Wissenschaftskritik und Naturrecht, 566.
180) Vgl. L. Strauss, Naturrecht und Geschichte, 43. Daraus folgt der kategorische Imperativ: „Folge, wie du willst, Gott oder dem Teufel, doch welche Wahl du auch immer triffst, triff sie aus ganzem Herzen, mit deiner ganzen Seele und mit all deiner Kraft" (zit. ebd., 47).
181) Vgl. H. Jonas, Technik, Medizin und Ethik, 81.
182) Vgl. J. Monod, Zufall und Notwendigkeit, 153 f.; vgl. auch C. F. v. Weizsäcker: „Wertneutralität ist selbst ein Wert" (zit. bei M. Drieschner, Einführung in die Naturphilosophie, 129).
183) F. Nietzsche, Zur Genealogie der Moral, Dritte Abhandlung, Nr. 24 (II, 890). Vgl. auch F. Hammer, Selbstzensur für Forscher?, 31.
184) Vgl. St. Toulmin, How Can We Reconnect, 418; A. Belsey, The Moral Responsibility, 114 f.; R. C. Solomon u. a., Sociobiology, 294; J. S. Alper u. a., The Implications of Sociobiology, 424: „Our central point is that sociobiology – like all science – proceeds in a social context; ‚pure objectivity' is as much a myth for sociobiologists as for science reporters."
185) Dazu G. Gismondi, Dati, teorie e oggettività, 273.
186) Vgl. M. Drieschner, Einführung in die Naturphilosophie, 129.
187) K. Demmer, Deuten und handeln, 17.
188) Vgl. R. Löw, Nietzsche, 156.
189) Vgl. dazu I. Eibl-Eibesfeldt, Die Biologie, 129.
190) Vgl. R. Spaemann/R. Löw, Die Frage Wozu?, 217; R. Löw, Leben aus dem Labor, 45.
191) Vgl. R. Riedl, Die Strategie der Genesis, 320.
192) Vgl. J. Maynard Smith, The Concepts, 24.
193) H. Jonas, Organismus und Freiheit, 22.
194) F. Nietzsche, Die fröhliche Wissenschaft, Nr. 109 (II, 116).
195) H. Jonas, Organismus und Freiheit, 22; vgl. auch J. Meurers, Metaphysik und Naturwissenschaft, 94 ff.
196) H. Jonas, Organismus und Freiheit, 25. R. Löw, Philosophie des Lebendigen, 23, macht darauf aufmerksam, daß durch den Versuch, das Lebendige auf das Tote zu reduzieren, *beide* Begriffe sinnlos werden.
197) C. S. Lewis, Die Abschaffung des Menschen, 81.
198) Vgl. Lk 24,5. Schon Goethe karikierte einen solchen Versuch:
„Wer will was Lebendiges erkennen und beschreiben,
Sucht erst den Geist herauszutreiben,

Dann hat er die Teile in seiner Hand,
Fehlt, leider! nur das geistige Band."
(Zit. nach V. E. Frankl, Der Wille zum Sinn, 168). Das Urteil von R. Dubos, daß sich Biologen dann am wohlsten fühlen, wenn das Ding, das sie untersuchen, nicht mehr lebt (zit. bei F. Capra, Wendezeit, 109), scheint aber doch zu pauschal und daher übertrieben.

199) Vgl. H. Jonas, Organismus und Freiheit, 118f.
200) J. Meurers, Metaphysik und Naturwissenschaft, 95 (im Original kursiv).
201) H. Jonas, Organismus und Freiheit, 141.
202) Ebd., 142.
203) H. Zemanek, Naturwissenschaft, 79; vgl. auch H. Jonas, Organismus und Freiheit, 143.
204) Vgl. ebd., 118–121; M. Grene, The Understanding of Nature, 178.
205) F. Ricken, Anthropozentrismus oder Biozentrismus?, 15.
206) H. Jonas, Evolution und Freiheit, 153.
207) R. Löw, Wahrheit und Evolution, 116.
208) Vgl. H. Jonas, Organismus und Freiheit, 89; R. Spaemann/R. Löw, Die Frage Wozu?, 280.
209) A. G. M. van Melsen, Evolution und Philosophie, 115; vgl. auch H. Jonas, Organismus und Freiheit, 143.
210) Vgl. R. Löw, Kann das Gehirn sich selbst erkennen?, 163; W. Heisenberg, Physik und Philosophie, 95.
211) Vgl. E. Chargaff, Das Feuer des Heraklit, 223.
212) Vgl. W. Weischedel, Die philosophische Hintertreppe, 147.
213) C. S. Lewis, Perelandra, 207.
214) Vgl. H. Sachsse, Über den zwiefachen Zugang, 239.
215) Vgl. B. Ribes, Biology and Ethics, 37: „Ultimately, life cannot be comprehended. A comprehension of life would imply, overall, that we lived and existed outside life, and that life could be frozen or set in space and time. Life can only be known through recognition."
216) Vgl. H. Jonas, Organismus und Freiheit, 59; R. Spaemann, Naturteleologie, 484.
217) Ders., Ende der Modernität?, 24.
218) Ders., Naturteleologie, 488.
219) Vgl. V. E. Frankl, Die Sinnfrage in der Psychotherapie, 73.
220) R. Spaemann/R. Löw, Die Frage Wozu?, 286.
221) Ebd., 289.
222) I. Kant, Kritik der Urteilskraft A 334 (VIII, 516).
223) Vgl. R. Löw, Philosophie des Lebendigen, 127ff.; R. Spaemann/R. Löw, Die Frage Wozu?, 293; T. Lenoir, Christliche Antworten, 122; E. Nagel, Teleology Revisited, 288f.; J. Losee, Wissenschaftstheorie, 110; M. Ewers, Philosophie, 20.
224) K. Düsing, Teleologie und natürlicher Weltbegriff, 37.
225) P. Erbrich, „Kritische Evolutionstheorie", 562.
226) Dazu R. Spaemann/R. Löw, Die Frage Wozu?, 293f.
227) Vgl. ebd., 283. Kritik an Spaemanns Versuch, das Teleologiekonzept über das organische Leben hinaus anzuwenden, findet sich bei E. Zwierlein, Das höchste Paradigma des Seienden, 126ff.: Der Versuch, diese Extrapolationsgrenze mit Hilfe des Gottesbegriffs zu überwinden, bringt philosophische Probleme mit sich.
228) Vgl. etwa E. Mayr, Evolution, 201.
229) Die Fehldeutung einer backward causation findet sich etwa bei H. Mohr und R. Riedl; vgl. R. Riedl, Die Spaltung, 152. Vgl. zur hier vorgestellten Aristoteles-Interpretation bes. R. G. Collingwood, The Idea of Nature, 84f.; St. Toulmin, Teleology, 141; F. J. Ayala, Teleological Explanations, 14f.; E.-M. Engels, Teleologie ohne Telos?, 156f.; W. Kullmann, Wesen und Bedeutung, 28.

230) Vgl. H. Sachsse, Der Mensch als Partner der Natur, 32; J. Losee, Wissenschaftstheorie, 22; H. Jonas, Organismus und Freiheit, 170.
231) W. Stegmüller, Einige Beiträge zum Problem der Teleologie, 26, engt die teleologische Erklärung auf den Fall bewußter Zielsetzung ein.
232) R. Spaemann, Naturteleologie, 489; vgl. R. Löw, Die Unverzichtbarkeit, 167.
233) Die hier vorgestellte Deutung von Teleologie impliziert nicht, daß die Zwecke der Lebewesen nur im Bewußtsein Gottes existieren, so wie das Ziel des Pfeils im Bewußtsein des Schützen liegt. Diese Lehre des hl. Thomas von Aquin könnte nämlich auch so gedeutet werden, daß die Lebewesen selber gar keine Zwecke hätten. Vgl. dazu R. Spaemann, Naturteleologie und Handlung, 483.
234) Vgl. J. Jacobs, Teleology, 390; H. Jonas, Das Prinzip Verantwortung, 140ff.
235) Dazu W. Kullmann, Die Teleologie in der aristotelischen Biologie, 58f.
236) Vgl. beispielsweise R. Dawkins, Replicators and Vehicles, 45; F. Duchesneau, Téléologie et détermination, 136.
237) Vgl. R. Spaemann/R. Löw, Die Frage Wozu?, 218.
238) Vgl. ebd., 290.
239) Vgl. T. Lenoir, Christliche Antworten, 122f. P. Grassé: „In Wahrheit beinhalten die Begriffe ‚Pseudo-Teleologie' und ‚Teleonomie' einen Tribut an die Finalität, wie der Begriff ‚Heuchelei' der Tugend Reverenz erweist" (zit. bei A. Koestler, Der Mensch, 225).
240) R. Löw, Philosophie des Lebendigen, 299; vgl. auch H. Titze, Ist Evolution ein Zufall?, 251.
241) C. J. Lumsden/E. O. Wilson, Das Feuer des Prometheus, 241.
242) H. Jonas, Organismus und Freiheit, 186.
243) Vgl. R. Löw, Philosophie des Lebendigen, 300; B. von Wulffen, Über die Schutzwürdigkeit der Erde, V.
244) Vgl. E. Mayr, Evolution, 209; G. Bateson, Ökologie des Geistes, 605.
245) Hierzu R. Spaemann/R. Löw, Die Frage Wozu?, 250f.; H. W. Beck, Biologie und Weltanschauung, 34 (Beck ist Kreationist; sein Buch ist unter entsprechendem Vorbehalt zu lesen).
246) Vgl. R. Löw, Kann das Gehirn sich selbst erkennen?, 164; ders., Philosophie des Lebendigen, 28. A. N. Whitehead, Die Funktion der Vernunft, 16, spottet: „Ich finde, Wissenschaftler, deren Lebenszweck in dem Nachweis besteht, daß sie zwecklose Wesen sind, sind ein hochinteressanter Untersuchungsgegenstand."
247) R. Spaemann, Naturteleologie, 490.
248) R. Löw, Ein Dogma wankt, 3480.
249) Vgl. auch E. Zwierlein, Das höchste Paradigma des Seienden, 123; F. Ricken, Anthropozentrismus oder Biozentrismus?, 14f.
250) R. Spaemann/R. Löw, Die Frage Wozu?, 290.
251) So B. Kanitscheider, Wissenschaftstheorie, 235.
252) E. O. Wilson, Biologie als Schicksal, 20.
253) Vgl. ders., Biology and the Social Sciences, 127; D. Freeman, Sociobiology, 199; H. R. Holcomb III, Criticism, 54.
254) Vgl. E. O. Wilson, Che cos'è la sociobiologia, 11; W. H. Thorpe, Reductionism in Biology, 110.
255) Dazu J. Ladrière, Über den Begriff „Kriterium", 299; St. Angelov, Besonderheiten der gegenwärtigen Wissenschaft, 33; A. Leeds, The Language of Sociobiology, 190.
256) Vgl. A. Rosenberg, Sociobiology, 154; F. J. Ayala, Biology, 211.
257) Vgl. C. J. Lumsden/E. O. Wilson, Das Feuer des Prometheus, 253.
258) Dazu R. Löw, Philosophie des Lebendigen, 21.
259) J. Huxley nannte einen solchen Reduktionismus „nothing-else-buttery", D. MacKay einen „nothing-else-but-ism". Vgl. K. Lorenz, Das Wirkungsgefüge der Natur, 145; ders., Der Abbau des Menschlichen, 197.

260) Vgl. M. Midgley, Rival Fatalisms, 25; H. Meschkowski, Was wir wirklich wissen, 166. Vor einem totalen Reduktionismus warnt auch E. Mayr, Evolution, 91f.: „Diese Methode erinnert mich an die traurige Erfahrung, die ein Waschbär machte, den ich einmal in einem Zoo beobachtete. Als ich ihm ein Stückchen Zucker gab, lief er damit zu einem Wasserbecken und wusch es kräftig, bis plötzlich nichts mehr in seinen Pfoten zurückblieb. Etwas Ähnliches wird jeder erfahren, der mit der Reduktionsmethode an biologische Systeme herangeht. Die Moral von der Geschichte ist: kein komplexes System darf so weit auseinandergenommen werden, daß nichts Wichtiges mehr übrigbleibt."

261) B. Welte, Determination und Freiheit, 26; da Welte dieses Buch als Antwort auf die Verhaltensforschung versteht, werden wir uns in dieser Arbeit noch öfter auf ihn beziehen. Vgl. auch R. Löw, Ein Dogma wankt, 3477: „Es gibt zwar materielle Bedingungen, unter denen das Sein von Phänomenen stehen kann, aber Bedingungen erklären bekanntlich das Bedingte so wenig wie der Marmorblock eine Statue."

262) H. Jonas, Organismus und Freiheit, 281; vgl. auch J. Hemleben, Biologie und Christentum, 63; H.-E. Hengstenberg, Evolutionismus, 78.

263) Vgl. oben, 172; M. Grene, The Understanding of Nature, 55f.

264) Dazu auch H. Hemminger, Das Wirklichkeitsverständnis, 24.

265) P. Koslowski, Evolution und Gesellschaft, 24.

266) Vgl. ebd., 46; H. Jonas, Technik, Medizin und Ethik, 84; F. Kambartel, Zur grammatischen Unmöglichkeit, 47f.

267) Vgl. oben, 112f.; R. Löw, Philosophie des Lebendigen, 275; I.Prigogine/I. Stengers, Dialog mit der Natur, 221ff.

268) H. Primas/W. Gans, Quantenmechanik, 27.

269) Vgl. Z. Kochanski, Kann Biologie zur Physiko-Chemie reduziert werden?, 104; J. S. Alper/H. Inouye, A Methodological Analysis, 71; A. Peacocke, Reductionism, 324; K. Lorenz, Vergleichende Verhaltensforschung, 37.

270) Vgl. R. Löw, Zur Auflösung der Qualitätenlehre, 207; 210. Vgl. auch A. N. Whitehead, Wissenschaft und moderne Welt, 69f.

271) B. Rensch, Das universale Weltbild, 248; vgl. auch M. Grene, The Understanding of Nature, 263; R. Löw, Zur Auflösung der Qualitätenlehre, 209.

272) So U. Kull, Evolution des Menschen, 81.

273) Vgl. R. Löw, Zur Auflösung der Qualitätenlehre, 206; vgl. zum Folgenden ders., Kosmologie und Anthropologie, 313; ders., Nietzsche, 100.

274) Zit. in: ders., Zur Auflösung der Qualitätenlehre, 214.

275) Vgl. ders., Qualitätenlehre und Materierekonstruktion, 101.

276) Vgl. H. Sachsse, Das Naturrecht in der Sicht der Naturwissenschaft, 45f.

277) Vgl. H. Jonas, Organismus und Freiheit, 85; W. Heitler, Über die Komplementarität, 444; H. Thielicke, Mensch sein, 416f.

278) Dazu auch F. Capra, Wendezeit, 382. R. Löw, Zur Auflösung der Qualitätenlehre, 213, weist darauf hin, daß im Zuge der Ent-Anthropomorphisierung der neuzeitlichen Wissenschaften die Qualitätswahrnehmung durch den Menschen immer mehr erschwert wird: „Unter Meile, Klafter und Elle ließe sich noch viel vorstellen, unter einem Meter schon weniger, kaum noch etwas unter der neuen Definition des Meter, ‚dem 1650763, 73fachen der Vakuumwellenlänge des orangefarbenen Kryptonisotops Kr 86."

279) C. S. Lewis, Die Abschaffung des Menschen, 81f.

280) Vgl. F. Bacon, Neues Organ der Wissenschaften, 49; P. Feyerabend, Wider den Methodenzwang, 196, Anm. 2.

281) F. Nietzsche, Die fröhliche Wissenschaft, Nr. 109 (II, 116).

282) R. Spaemann, Was ist das Neue?, 13. Vgl. auch den Buchtitel G. Breuer, Der sogenannte

Mensch. Das Dictum, daß der Mensch sich selber zum Anthropomorphismus wird, findet sich auch bei Adorno und Horkheimer: Vgl. K. Hübner, Die nicht endende Geschichte des Mythischen, 23f.

283) So D. P. Barash, Das Flüstern, 112.
284) H. Jonas, Organismus und Freiheit, 118.
285) B. Pascal, Schriften zur Religion, 107.
286) Vgl. K. Popper/J. Eccles, Das Ich und sein Gehirn, 39.
287) Vgl. H. Jonas, Das Prinzip Verantwortung, 136f.
288) Siehe K. Popper, Scientific Reduction, 259f.; F. J. Ayala, Introduction, X; K. Lorenz, Vergleichende Verhaltensforschung, 32f.
289) Dazu A. Koestler, Der Mensch, 38f.; Z. Kochanski, Kann Biologie zur Physiko-Chemie reduziert werden?, 96.
290) Vgl. oben, 98. Siehe auch O. Koehler, Der Mensch, 58.
291) Vgl. K. Lorenz, Vergleichende Verhaltensforschung, 36; B. Kanitscheider, Begriffliche und materiale Einheit der Wissenschaft, 156.
292) Vgl. K. Lorenz, Die Rückseite des Spiegels, 49; L. v. Bertalanffy, Biologie und Weltbild, 17; G. J. M. de Klerk, Mechanism and Vitalism, 9.
293) Vgl. zum Beispiel E. O. Wilson, Sociobiology, 7. Siehe auch A. Leeds, The Language of Sociobiology, 185.
294) Dieses Beispiel wird angeführt von F. J. Ayala, Biology, 212; G. Vollmer, Evolutionäre Erkenntnistheorie, 82. Das Ganze erinnert an den Film „Die Feuerzangenbowle", in dem der Physiklehrer seine Experimente mit folgendem Satz beginnt: „Jetzt stell'n wir uns mal janz dumm!"
295) Vgl. W. H. Thorpe, Der Mensch, 43.
296) Vgl. R. Löw, Darwinismus und die Entstehung des Neuen, 72; K. Popper/J. Eccles, Das Ich und sein Gehirn, 46.
297) Vgl. R. Löw, Kosmologie und Anthropologie, 319: Logisch handelt es sich hier um das Problem, „ein und dasselbe Tortenstück sowohl aufzuessen als auch übrigzubehalten".
298) Vgl. R. Löw, Darwinismus und die Entstehung des Neuen, 72; J. Meurers, Die wissenschaftstheoretische Position, 17. F. M. Wuketits, Kausalitätsbegriff, 107, kritisiert Versuche, durch Wortschöpfungen darüber hinwegzutäuschen, daß man keine Erklärung hat und zitiert Goethe: „Wo Begriffe fehlen, da stellt ein Wort zur rechten Zeit sich ein." Dies trifft aber doch auch auf den von ihm favorisierten Begriff „Fulguration" zu!
299) K. Lorenz, Die Rückseite des Spiegels, 53; vgl. auch L. Roithinger, Ethik und Anthropologie, 167f.; 172.
300) R. Löw, Darwinismus und die Entstehung des Neuen, 77.
301) Ebd.
302) R. Spaemann/R. Löw, Die Frage Wozu?, 278; vgl. auch R. Löw, Art. Evolution I, Sp. 520; K. Popper/J. Eccles, Das Ich und sein Gehirn, 35.
303) H. Primas/W. Gans, Quantenmechanik, 31.
304) Zit. bei M. Jeuken, The Biological, 18; vgl. auch R. Spaemann, Das „sum", 374.
305) Vgl. R. Spaemann, Naturteleologie, 493. P. Claudel deutet das Wort „Connaissance" (=Kenntnis, Wissen) als „Con-naissance", das heißt Zusammen-geboren-sein. Daraus folgt die zum Verstehen nötige Analogie. Vgl. dazu H. Thielicke, Mensch sein, 33.
306) Vgl. F. H. Tenbruck, Die unbewältigten Sozialwissenschaften, 97; J. Herbig, Im Anfang war das Wort, 186; K. Lorenz, Vorwort, VIII.
307) G. Pöltner, Wissenschaft – Feind des Menschen?, 89.
308) R. Löw, Wozu taugt das Christentum?, 8.
309) W. Neidhard/H. Ott, Krone der Schöpfung?, 47.

310) Dazu R. Spaemann, Über den Begriff einer Natur des Menschen, 106.
311) Vgl. W. Lambert, Franz von Baaders Philosophie, 184; K. Bock, Human Nature and History, 142 f.
312) Zit. nach M. Wagenschein, Rettet die Phänomene, 265 f. Vgl. C. S. Lewis, Die böse Macht, 84: „Seine wissenschaftliche Ausbildung hatte zur Folge gehabt, daß ihm Gelesenes und Geschriebenes realer erschienen als Dinge, die er sah."
313) R. Spaemann, Die christliche Religion, 258. Vgl. auch C. E. Curran, Moral Theology in Dialogue with Biomedicine and Bioethics, 68.
314) Vgl. J. Dahl, Der feuchte Blick des Hominiden, 356; A. Knapp, Eine Marionette, 16.
315) A. de Saint-Exupéry, Die Stadt in der Wüste, 394.
316) R. Löw, Zum Verhältnis von Naturwissenschaft und Ethik, 39.
317) Vgl. F. Nietzsche, Die fröhliche Wissenschaft, Nr. 344 (II, 208): „Dergestalt führt die Frage: warum Wissenschaft? zurück auf das moralische Problem: *wozu überhaupt Moral*, wenn Leben, Natur, Geschichte ‚unmoralisch' sind?" Vgl. auch F. Wagner, Verantwortung und Wissenschaft, 253.
318) Vgl. auch L. Kolakowski, Falls es keinen Gott gibt, 199; E. Link, Theologische Erwägungen, 135.
319) Dazu R. Spaemann, Ende der Modernität?, 26; R. Löw, Neue Träume, 689.
320) Vgl. ders., Kosmologie und Anthropologie, 309.
321) Zit. nach Ch. Leuthold, Plädoyer für ein lebendiges Denken, 475 f.
322) R. Spaemann, Philosophie als institutionalisierte Naivität, 142.
323) B. Pascal, Schriften zur Religion, 234. Vgl. ebd., 96: „Das Herz hat seine Ordnung, die Vernunft hat die ihre, die nach Grundsätzen und Beweisen vorgeht; das Herz hat eine andere. Man beweist nicht, daß man geliebt werden soll, indem man der Ordnung nach die Gründe für die Liebe auseinanderlegt: das wäre lächerlich." Vgl. hierzu auch D. Mieth, Moral und Erfahrung, 26 ff.
324) J. Ratzinger, Im Anfang schuf Gott, 39.
325) R. Guardini, Die Technik und der Mensch, 46.
326) Vgl. R. Löw, Philosophie des Lebendigen, 304. Die hier vorgestellte Deutung von conceptio und conceptus verdanke ich einer mündlichen Mitteilung von Prof. F. Ulrich, Regensburg.
327) R. Guardini, Die Technik und der Mensch, 46.
328) W. Korff, Empirische Sozialforschung und Moral, 325. Vgl. auch Th. W. Adorno, Einleitung, 26 f.; H. Lübbe, Die Begründbarkeit von Normen, 183 f.
329) D. Mieth, Moral und Erfahrung, 56.
330) P. Feyerabend, Wider den Methodenzwang, 70, referiert die Deutung der Gottebenbildlichkeit des Menschen, daß alle Menschen zusammengenommen dieses Ebenbild darstellen, so daß jeder von ihnen nur einen Teil der Wahrheit besitzt. Ähnlich M. Midgley, Rival Fatalisms, 16: „The truth is never to be found in one piece, ready-made. Instead, it has been cut into a thousand fragments and scattered to the four winds."
331) E. Zwierlein, Das höchste Paradigma des Seienden, 129.
332) H. Markl, Evolution, Genetik und menschliches Verhalten, 44; vgl. ders., Art. Biologische Anthropologie, Sp. 173.
333) Augustinus, Confessiones, Buch IV, 22 (174). Vgl. auch F. Flintrop, Die „Anthropologische Wende", 145.
334) Vgl. oben, 4.4.3.
335) C. J. Lumsden/E. O. Wilson, Genes, Mind, and Culture, 3 (hier in der Übersetzung von F. M. Wuketits, Evolution, Erkenntnis, Ethik, 102).
336) E. O. Wilson, Biologie als Schicksal, 183.
337) Vgl. ebd., 10; J. Flanagan, Jr., Is Morality Epiphenomenal?, 208.

338) H. Jonas, Macht oder Ohnmacht der Subjektivität?, 21. Auch der Epiphänomenalismus findet in Nietzsche einen Vorläufer: „Psychologisch nachgerechnet, kommt uns der ganze Begriff (der Ursache) aus der subjektiven Überzeugung, daß *wir* Ursache sind, nämlich daß der Arm sich bewegt ... Aber das ist ein Irrthum ... Es gibt weder Ursachen noch Wirkungen ... Ein Geschehen ist weder bewirkt noch bewirkend. Causa ist ein Vermögen zu wirken, hinzu erfunden zum Geschehen" (zit. bei R. Löw, Nietzsche, 44, Anm. 64).
339) Vgl. H. Jonas, Macht oder Ohnmacht der Subjektivität?, 25.
340) Platon, Phaidon 98e – 99a (III, 141–143).
341) Vgl. dazu K. Popper/J. Eccles, Das Ich und sein Gehirn, 213; H. Jonas, Macht oder Ohnmacht der Subjektivität?, 39f.
342) Ebd., 47f. (im Original kursiv).
343) Ders., Organismus und Freiheit, 189.
344) Ders., Macht oder Ohnmacht der Subjektivität?, 49 (im Original kursiv).
345) Ebd., 53 (der erste Satz steht im Original kursiv gedruckt).
346) Ebd., 56.
347) G. K. Chesterton, Das Abenteuer des Glaubens, 59.
348) Vgl. K. Popper, Natural selection, 349f; ders., Some Remarks, 183.
349) J. Eccles/D. N. Robinson, Das Wunder des Menschseins, 63.
350) Dazu R. Trigg, The Shaping of Man, 173.
351) Vgl. H. Mohr, Freiheit und die biologische Natur des Menschen, 37; ders., Buchbesprechung von P. Koslowski u.a. (Hg.): Die Verführung durch das Machbare, 94; ders., Natur und Moral, 14; 17.
352) H. Jonas, Das Prinzip Verantwortung, 134. Wir haben hier im großen und ganzen die glänzende Widerlegung des Epiphänomenalismus durch H. Jonas vorgetragen. Es bleibt rätselhaft, wie F. M. Wuketits, Zustand und Bewußtsein, 210, diesen als einen Vertreter des Epiphänomenalismus bezeichnen kann, wo er doch die Werke von Jonas zitiert.
353) C. J. Lumsden/E. O. Wilson, Das Feuer des Prometheus, 114, bekennen sich zur Identitätstheorie. Vgl. auch J. P. Changeux, Der neuronale Mensch, 345; H. Sachsse, Wie entsteht der Geist?, 91; A. Gierer, Die physikalischen Grundlagen, 68; K. Popper/J. Eccles, Das Ich und sein Gehirn, 120.
354) Dazu J. L. Ruiz de la Peña, Gehirn, Geist, Maschine, 195–199.
355) Vgl. K. Popper/J. Eccles, Das Ich und sein Gehirn, 87f.; 120.
356) H. Sachsse, Wie entsteht der Geist?, 99 (im Original teilweise kursiv).
357) B. Rensch, Stammesgeschichte des Geistigen, 46; vgl. ders., Polynomistic Determination, 253; ders., Das universale Weltbild, 244.
358) Vgl. J. Eccles/H. Zeier, Gehirn und Geist, 130.
359) Materie wird für La Mettrie „im Empfinden ihrer selbst bewußt, weil der Materie selbst dies Bewußtsein innewohnt, in ihr schlummert und nur auf die Empfindung wartet, auf sie gerichtet ist und zu ihr drängt" (A. Baruzzi, Mensch und Maschine, 83).
360) So B. Rensch, Gesetzlichkeit, 71.
361) K. Popper/J. Eccles, Das Ich und sein Gehirn, 101 (im Original kursiv).
362) Vgl. B. Rensch, Das universale Weltbild, 291.
363) Dazu A. Flew, A Rational Animal, 92. Dort auch das folgende Zitat von J. B. S. Haldane: „If my mental processes are determined wholly by the motions of atoms in my brain, I have no reason to suppose that my beliefs are true ... and hence I have no reason for supposing my brain to be composed of atoms" (93).
364) So A. P. Gütersloh, Sonne und Mond, 98.
365) H. Jonas, Das Prinzip Verantwortung, 127.
366) Dazu J. Eccles/D. N. Robinson, Das Wunder des Menschseins, 201.

367) Vgl. K. Popper/J. Eccles, Das Ich und sein Gehirn, 156f.
368) Ebd., 436.
369) Vgl. M. Grene, The Understanding of Nature, 352.
370) Vgl. R. Sperry, Naturwissenschaften, 48.
371) Vgl. ebd., 57f.
372) Ebd., 92. Vgl. ders., Changed Concepts of Brain and Consciousness, 46.
373) Ders., Naturwissenschaften, 123.
374) Dazu G. Vollmer, Evolutionäre Erkenntnistheorie und Leib-Seele-Problem, 29.
375) H. Jonas, Macht oder Ohnmacht der Subjektivität?, 77.
376) Ebd., 77f.
377) Vgl. ebd., 79.
378) Ders., Das Prinzip Verantwortung, 128.
379) Vgl. ebd. sowie A. Zimmermann, Das Bild vom Menschen, 116f.
380) A. Griffel, Der Mensch, 182f.; 184.
381) Vgl. B. Welte, Determination und Freiheit, 42.
382) H. Sachsse, Wie entsteht der Geist?, 101.
383) Vgl. E. Coreth, Was ist der Mensch?, 82; D. Dörner, Die Psychologie, 122. Um das Bewußtsein weiß der Mensch nur aus eigener Erfahrung: „Es gibt einen Gegenstand, und nur einen auf der ganzen Welt, von dem wir mehr wissen, als man durch Beobachtung von außen erfahren kann. Dies eine ist der Mensch. Menschen beobachten wir nicht allein, wir sind selbst Menschen. In diesem Fall tun wir sozusagen einen Blick hinter die Kulissen: hier sind wir im Bilde“ (C. S. Lewis, Christentum schlechthin, 32).
384) Vgl. B. Welte, Person und Welt, 13; ders., Determination und Freiheit, 74; R. Löw, Wozu Philosophie?, 7f.
385) M. Planck, Vorträge und Erinnerungen, 163.
386) G. K. Chesterton, Das Abenteuer des Glaubens, 90.
387) L. Wittgenstein, Schriften, Bd. 1, 173.
388) „Modus quo corporibus adhaerent spiritus comprehendi ab hominibus non potest; et hoc tamen homo est.“ (Augustinus, De Civ. Dei, XXI, 10; hier zit. nach B. Pascal, Schriften zur Religion, 108).
389) Vgl. oben, 93; 137ff.
390) Zit. bei H. Meschkowski, Was wir wirklich wissen, 128.
391) I. Kant, Kritik der reinen Vernunft A 189 (III, 226).
392) Zit. bei R. Mosis, Weltverständnis, 219; vgl. auch H. Drieschner, Einführung in die Naturphilosophie, 4; K. M. Meyer-Abich, Determination und Freiheit, 30.
393) M. Planck, Vorträge und Erinnerungen, 303.
394) So dargestellt bei B. Rensch, Gesetzlichkeit, 104; vgl. auch M. Planck, Vorträge und Erinnerungen, 359.
395) Vgl. ebd., 310–312.
396) Zit. bei K. Rawer/O. H. Pesch, Kausalität – Zufall – Vorsehung, 56.
397) Vgl. ebd., 72; A. Keller, Vom Vorzug, 367f.; R. Riedl, Die Strategie der Genesis, 314f.
398) Vgl. B. Kanitscheider, Wissenschaftstheorie, 47.
399) K. Popper, Objektivere Erkenntnis, 232.
400) Ebd., 233.
401) Dazu B. Hassenstein, Willensfreiheit und Verantwortlichkeit, 202.
402) H. Mohr, Freiheit und die biologische Natur des Menschen, 38. Vgl. auch A. Meesen, Freiheit, Determinismus und Zufall, 106; M. Volkenstein, About the Freedom of Will, 67.
403) Vgl. dazu auch J. Eccles/H. Zeier, Gehirn und Geist, 147.
404) B. Rensch, Gesetzlichkeit, 154.

405) A. Griffel, Der Mensch, 193; vgl. E. Coreth, Was ist der Mensch?, 106.
406) F. Seitelberger, Die Evolution zur Erkenntnis, 181; vgl. ders., Gehirn und Geist, 72; M. Volkenstein, About the Freedom of Will, 69; siehe auch oben, 4.4.3.
407) A. Koestler, Der Mensch, 279f.; vgl. auch A. Griffel, Der Mensch, 210.
408) B. Welte, Determination und Freiheit, 110.
409) U. Steinvorth, Freiheitstheorien, 13. Zur Freiheit der Indifferenz vgl. besonders I. v. Loyola, Geistliche Übungen, 64f.
410) B. Welte, Determination und Freiheit, 110.
411) Vgl. ebd.; V. E. Frankl, Der Wille zum Sinn, 163.
412) B. Welte, Determination und Freiheit, 106.
413) Ebd., 107.
414) F. Seitelberger, Neurobiologische Grundlagen, 27.
415) Thomas von Aquin: „Ille homo proprie dicitur liber qui non est alterius causa sed est causa sui ipsius" (zit. bei E. Coreth, Vom Sinn der Freiheit, 22). Man beachte auch die Bemerkung Chisholms: „Wenn wir handeln, ist jeder von uns ein unbewegter erster Beweger", zit. bei U. Steinvorth, Freiheitstheorien, 240.
416) O. Höffe, Sittlich-politische Diskurse, 30.
417) S. Th. I–II, q. 1, a. 1: „Illae solae actiones vocantur proprie *humanae*, quarum homo est dominus."
418) Dazu A. Anzenbacher, Was ist Ethik?, 27.
419) „Ubicumque est intellectus, est liberum arbitrium" (zit. bei F. Seitelberger, Neurobiologische Grundlagen, 28, welcher sich mit dieser Formel identifiziert).
420) E. Coreth, Was ist der Mensch?, 90.
421) Dazu G. Picht, Im Horizont des Universums, 257.
422) B. Hassenstein, Willensfreiheit und Verantwortlichkeit, 213.
423) Ebd., 214; vgl. ders., Das spezifisch Menschliche, 92ff.; P. Davies, Gott und die moderne Physik, 119.
424) Vgl. O. D. Creutzfeldt, Ergebnisse und Grenzen moderner Hirnforschung, 988f.; O. J. Hartmann, Die Selbstverleugnung des Geistes, 247.
425) Dazu I. Kant, Grundlegung zur Metaphysik der Sitten, BA 38 (VI, 42). Siehe auch A. Anzenbacher, Zur Konvergenz, 294.
426) Vgl. O. Höffe, Sittlich-politische Diskurse, 34; L. Oeing-Hanhoff, Anfang, 60.
427) F. Seitelberger, Neurobiologische Grundlagen, 41.
428) W. Kluxen, Philosophische Ethik bei Thomas von Aquin, 207. Thomas von Aquin: „Totius libertatis radix est in ratione constituta quae super actum suum reflectitur" (zit. bei J. B. Metz, Christliche Anthropozentrik, 62).
429) Dazu J. Eccles/D. N. Robinson, Das Wunder des Menschseins, 134.
430) E. Coreth, Vom Sinn der Freiheit, 48.
431) Freilich müßte man diese Berechnung vor der Person selber geheimhalten, da eine solche Vorhersage selbst einen Einfluß auf die Entscheidung nehmen kann: Die Person könnte beispielsweise der Vorausberechnung aus Trotz zuwiderhandeln. Vgl. hierzu den Diskussionsbeitrag von Z. Alszeghy in: N. A. Luyten (Hg.), Zufall, Freiheit, Vorsehung, 191. Vgl. auch I. Kant, Kritik der praktischen Vernunft A 178, 179 (VI, 225); N. Bischof, Verstehen und Erklären, 206; P. Singer, The Expanding Circle, 82.
432) G. Haeffner, Philosophische Anthropologie, 142.
433) I. Kant, Kritik der praktischen Vernunft A 170 (VI, 220).
434) Ders., Grundlegung zur Metaphysik der Sitten BA 97 (VI, 81).
435) Ebd. BA 109 (VI, 88).
436) Ders., Kritik der praktischen Vernunft A 174 (VI, 222).

437) Ders., Grundlegung zur Metaphysik der Sitten BA 120, 121 (VI, 96); vgl. ebd., BA 113–115 (VI, 91f.); ders., Kritik der reinen Vernunft B 830 (IV, 675).
438) Vgl. ders., Kritik der praktischen Vernunft A 81 (VI, 161); W. Schulz, Philosophie in der veränderten Welt, 701f.
439) Vgl. I. Kant, Kritik der praktischen Vernunft A 5, Anmerkung (VI, 108).
440) Vgl. ebd., A 53, 54 (VI, 139f.).
441) Ebd., A 84 (VI, 163).
442) Ebd., A 175 (VI, 223); vgl. auch K. M. Meyer-Abich, Determination und Freiheit, 31.
443) Vgl. ebd., 38; W. Vossenkuhl, Freiheit zu handeln, 127.
444) Vgl. I. Kant, Kritik der praktischen Vernunft A 128 (VI, 192).
445) Dazu K. M. Meyer-Abich, Determination und Freiheit, 33f.
446) Vgl. auch O. Höffe, Sittlich-Politische Diskurse, 30f.
447) K. Wojtyla, Person: Subjekt und Gemeinschaft, 26.
448) Aristoteles, Die nikomachische Ethik III, 7, 1113b (hier zit. in der Übersetzung bei E. Coreth, Vom Sinn der Freiheit, 29). Vgl. auch O. Höffe, Sittlich-politische Diskurse, 23; H. Sachsse, Das Naturrecht in der Sicht der Naturwissenschaft, 54.
449) Vgl. A. Griffel, Der Mensch, 215. B. Rensch, Gesetzlichkeit, 126ff. zitiert freilich den Vorschlag eines dem Determinismus anhängenden Generalstaatsanwalts, den Schuldvorwurf abzuschaffen. Die Strafe soll nur noch die Gesellschaft schützen. Die Begriffe von „Schuld" und „Verantwortung" sollen dabei aber nicht aufgegeben werden, da sie selber wichtige Determinanten für die menschliche Lebensführung seien. Rensch folgert: „Deshalb sollten Kinder in der Familie wie in der Schule mit entsprechenden Begriffen in der gleichen Weise *indoktriniert* werden, wie das durch die Begriffe des Guten, der Ehrlichkeit, der Gerechtigkeit, der Liebe usw. ... geschieht" (129). Vgl. auch F. M. Wuketits, Der panpsychistische Identismus, 26.
450) P. Koslowski, Evolution und Gesellschaft, 62.
451) Vgl. K. Demmer, Deuten und handeln, 13.
452) Ders., Sittlich handeln aus Verstehen, 27.
453) Ders., Deuten und handeln, 45; vgl. auch ders., Leben in Menschenhand, 19.
454) Vgl. E. Coreth, Vom Sinn der Freiheit, 46; T. Styczeń, Zur Frage, 120.
455) Dazu E. Coreth, Was ist der Mensch?, 108.
456) P. Koslowski, Evolution und Gesellschaft, 49.
457) Vgl. 4.5.1.
458) E. O. Wilson, Biologie als Schicksal, 74.
459) K. Demmer, Deuten und handeln, 171.
460) Ebd., 172; vgl. ders., Erwägungen, 613.
461) Vgl. ders., Deuten und handeln, 173.
462) Dieser Satz wird Martin Luther zugeschrieben. Vgl. dazu St. Pfürtner, Zur wissenschaftstheoretischen, 223; F. Böckle, Normen und Gewissen, 300f.
463) R. Spaemann, Moralische Grundbegriffe, 7.
464) Vgl. J. B. Schneewind, Sociobiology, 237: „Once we see genetic behavior for what it is – a mindless, limitless, compulsive drive toward making copies of oneself – we will not be tempted to suppose that it somehow parallels even a crude human morality."
465) Vgl. A. Gewirth, The Problem, 304; C. Fried, Biology and Ethics, 211.
466) Vgl. oben, 17f.
467) T. Styczeń, Autonome Ethik, 84; vgl. ders., Zur Frage, 149f.
468) Hierzu K. Demmer, Deuten und handeln, 13.
469) Ebd., 17; vgl. ders., Das theologische Argument, 67.
470) Ders., Leben in Menschenhand, 42.

471) Vgl. ebd., 43; M. Riedel, Sein und Sollen, 37.
472) F. Dürrenmatt, Die Physiker, 64. Zum Folgenden vgl. A. Knapp, Biologie und Moral, 20–31.
473) F. Bacon, Neues Organ der Wissenschaften, 60; vgl. auch G. S. Stent, Paradoxes of Progress, 3.
474) Vgl. ders., Ethische Dilemmas, 9; H. Staudinger, Forschung – ein Spiel?, 27f.
475) Schon die Griechen kannten die Ambivalenz der Technik: Sie konnten sich den Gott Hephäst, den Gott des Feuers und der technischen Künste, nicht anders als hinkend vorstellen. Vgl. L. Scheffczyk, Die Theologie, 346.
476) Zit. bei M. Stöckler, Ethik aus dem Labor?, 315.
477) So R. Löw, Ethische Ziele, 168.
478) Vgl. H. Jonas, Technik, Medizin und Ethik, 304.
479) J. Hübner, Vom Gegensatz, 599. Man denke beispielsweise an K. Lorenz, Die acht Todsünden, 7, der bewußt in die Fußstapfen des Bußpredigers Abraham a Santa Clara tritt.
480) So D. Mieth, Moral und Erfahrung, 13.
481) Ph. Kaiser, Anspruch, 45f.; siehe auch den Abschnitt 4.1 dieser Arbeit.
482) Vgl. J. Gründel, Naturgeschichtliche Voraussetzungen, 620.
483) F. Rauh, Die Funktion, 156.
484) W. Korff, Die naturale und geschichtliche Unbeliebigkeit, 152.
485) Ebd., 158; vgl. ebd., 153; F. Böckle/A. W. v. Eiff, Wissenschaft und Ethos, 129.
486) Vgl. B. Hassenstein, Evolution und Werte, 81; B. Schüller, Die Begründung sittlicher Urteile, 234.
487) Dazu H. Markl, Evolution, Genetik und menschliches Verhalten, 51.
488) W. Wickler, Ethologie und Ethik, 97.
489) Vgl. F. Rauh, Die Funktion, 156f.
490) Vgl. W. Kerber, Geschichtlichkeit, 102f.; P. Filiasi-Carcano, La crisi della morale, 10f.; F. Rauh, Theologische Grenzprobleme, 74; E. Chiavacci, Morale, 11.
491) Vgl. A. Raffelt/K. Rahner, Anthropologie und Theologie, 29; A. L. Caplan, Genetic Aspects, 543f.; B. D. Davis, A Middle Course, 316.
492) I. Eibl-Eibesfeldt, Grundriß, 654. Vgl. auch ders., Stammesgeschichtliche Anpassungen, 55f.; B. Hassenstein, Das spezifisch Menschliche, 81f.
493) Vgl. T. W. Köhler, Osservazioni, 104f.; K. Demmer, Sittlich handeln aus Verstehen, 225.
494) A. Auer, Autonome Moral, 39; vgl. auch G. H. Neumann, Moral und Verhaltensforschung, 114.
495) Dazu M. Stöckler, Ethik aus dem Labor?, 316; K. Demmer, Sittlich handeln aus Verstehen, 231; H. Markl, Soziobiologie der Tiere, 241.
496) Vgl. K. Demmer, Sittlich handeln aus Verstehen, 232.
497) Vgl. W. Leinfellner, Das Konzept der Kausalität, 258; F. M. Wuketits, Evolution, Erkenntnis, Ethik, 180.
498) Vgl. oben, 156; B. Hassenstein, Evolution und Werte, 81.
499) Vgl. W. Wickler/U. Seibt, Das Prinzip Eigennutz, 49.
500) Vgl. besonders K. Demmer, Sittlich handeln aus Verstehen, 234f.; ders., Deuten und handeln, 136.
501) Vgl. oben, 4.5.4; siehe auch D. Mieth, Moral und Erfahrung, 55.
502) H. Schaefer, Kann die Wissenschaft, 315.
503) F. M. Wuketits, Evolution, Erkenntnis, Ethik, 145; vgl. auch R. Spaemann, Sein und Gewordensein, 82.
504) Vgl. hierzu F. A. von Hayek, Die drei Quellen, 19f.
505) Vgl. G. D. Wassermann, Human Behavior, 182.
506) W. Korff, Die ethische und theologische Relevanz, 165. Vgl. L. R. Graham, Between Science and Values, 371; H. Brooks, Technology and Values, 17–35.

507) Vgl. H. Jonas, Das Prinzip Verantwortung, 15; ders., Technik, Medizin und Ethik, 272. Man beachte auch das Wort „sagesse oblige", zit. bei K. Popper, Die moralische Verantwortung, 439, sowie Koh 1, 18: „Wer das Können mehrt, der mehrt die Sorge".
508) Dazu E. Boné, Les images de l'Homme, 296; M. Stöckler, Ethik aus dem Labor?, 315f.
509) Vgl. K. Demmer, Sittlich handeln aus Verstehen, 237.
510) So forderte der Physiker E. Teller, daß der Wissenschaftler das, was er verstanden hat, auch anwenden soll (zit. bei H. Lenk, Philosophie, Ethik und menschliches Handeln, 470). Vgl. dazu C. Caffarra, Teologia morale, 124; E. Chargaff, Unbegreifliches Geheimnis, 85; G. Anders, Die Antiquiertheit des Menschen, 17.
511) W. Korff, Empirische Sozialforschung und Moral, 325.
512) Vgl. ders., Die ethische und theologische Relevanz, 159f.; W. Wickler, Hat die Ethik, 126; K. R. Hammond/L. Adelman, Science, Values, and Human Judgment, 389.
513) Vgl. D. T. Campbell, Social Morality Norms, 75f.; G. W. Kowalski u. a., Psychology, 262f.; M. Stöckler, Ethik aus dem Labor?, 316; B. Voorzanger, No Norms And No Nature, 257ff.
514) B. Hintersberger, Theologische Ethik, 82.
515) G. Ginters, Analytische Ansätze, 128; vgl. auch K. Demmer, Sittlich Handeln aus Erfahrung, 675.
516) Dazu B. Schüller, Die Bedeutung der Erfahrung, 279; R. A. McCormick, Neuere Überlegungen, 50f.
517) Vgl. M. Honecker, Technischer Sachzwang, 594: „Das Sein gibt nur die Rahmenbedingungen eines Sollens, es ist noch nicht dessen Begründung. Die Mahnung: ‚Wenn es Glatteis gibt, laß den Wagen stehen', verweist auf eine natürliche Gegebenheit. Aber die Gegebenheit als solche leistet noch nicht die Begründung für das, was man tun soll. Sie zeigt nur, welche Bedingungen der Begründung eines Handelns gesetzt sind." Vgl. auch A. Auer, Die normative Kraft des Faktischen, 622.
518) Vgl. D. Mieth, Moral und Erfahrung, 17f.; W. Wickler, Die Biologie, 25.
519) W. Korff, Wege, 92f.; vgl. auch B. Fraling, Begründung, 148.
520) Vgl. H. Schaefer, Kann die Wissenschaft, 312.
521) Zit. bei Th. Ginsburg, Gedanken eines jüdischen Wissenschaftlers, 32.
522) Dazu K. Demmer, Deuten und handeln, 136ff.
523) Vgl. H. Markl, Naturwissenschaft und Traditionswandel, 263.
524) K. Demmer, Deuten und handeln, 149; vgl. ders., Das bioethische Gespräch, 490; ders., Gehirnverpflanzung, 695; A. Ganoczy, Neue Aufgaben, 421; L. Schäfer, Die Naturwissenschaften und die menschlichen Werte, 194.
525) Vgl. A. G. M. van Melsen, Evolution und Philosophie, 25; I. Prigogine/I. Stengers, Dialog mit der Natur, 15.
526) Vgl. hierzu F. Wagner, Die Manipulation des Menschen, 13; H. Staudinger, Verantwortung und Fortschritt, 7; L. R. Graham, Between Science and Values, 361f.
527) R. Dawkins, Das egoistische Gen, 1f.; 24.
528) Siehe J. Monod, Zufall und Notwendigkeit, 150f.
529) Vgl. P. Singer, Ethics and Sociobiology, 151.
530) Vgl. L. R. Kass, The New Biology, 785; G.-H. Neumann, Menschenbild und Experiment Mensch, 139; W. Heitler, Über die Komplementarität, 439.
531) Zu Wilson vgl. oben, Kapitel 4, Anm. 509; zu Dawkins: R. Dawkins, Das egoistische Gen, 3. Siehe dazu auch G. S. Stent, You Can Take the Ethics, 35; S. H. Katz, Biocultural Evolution, 165; Ph. Hefner, Is/Ought, 380f.
532) Vgl. oben, 5.1.1; 5.1.3. Zum Folgenden ausführlich A. Knapp, Biologisches Menschenbild, 147–168.
533) J. Dahl, Der unbegreifliche Garten, 191.

534) Vgl. oben 4.7, bes. Anm. 565 des 4. Kapitels.
535) Vgl. I. Savodnik, Biology, Philosophy of, 128 f.
536) Vgl. die Definition des Molekularbiologen J. Lederberg: „Jetzt können wir den Menschen definieren. Genotypisch besteht er jedenfalls aus einer 180 Zentimeter langen bestimmten molekularen Folge von Kohlenstoff-, Wasserstoff-, Stickstoff- und Phosphatatomen – das ist die Länge der DNS, die im Kern des Ursprungseies und im Kern jeder reifen Zelle zu einer dichten Spirale gedreht ist, die fünf Milliarden gepaarte Nukleotide lang ist" (zit. in R. Schneider, Der Wert des Wissens, 24).
537) R. Löw, Leben aus dem Labor, 155.
538) Dazu F. M. Wuketits, Zustand und Bewußtsein, 94; W. Kütemeyer, Wissenschaft, 117 f.; J. Herbig, Der Bio-Boom, 60; Ch. Birch, A Biological Basis, 254. Nach J. Dahl, Buchbesprechung von E. Lausch: Manipulation, 399, ist dies eine Denkweise, „für die folgerichtig eine mißlungene Operation dereinst nur noch als Sachbeschädigung gelten wird".
539) F. Wagner, Die Manipulation des Menschen, 49; vgl. auch G. Altner, Bestialisierung der Forscherphantasie?, 69.
540) Vgl. oben, 89.
541) Vgl. G. E. Pugh, The Biological Origin, 408 ff. Eine ähnliche Argumentation findet sich bei R. Alexander, The Biology, 211 ff.
542) B. G. Hoebel, Neurogene, 96; vgl. auch M. Gruter, Soziobiologische Grundlagen, 108 f. Man beachte, daß beide Beiträge in juristischen Schriftenreihen erschienen sind!
543) Vgl. M. Gruter, Die Bedeutung, 230.
544) Vgl. oben, 77; D. P. Barash, Soziobiologie und Verhalten, 281.
545) J. H. Beckstrom, Die elterliche Fürsorge, 249 f.
546) Vgl. ebd., 244; 259.
547) Zit. nach J. Pieper, Über das christliche Menschenbild, 7.
548) Dazu K. Demmer, Entscheidung und Verhängnis, 13, Anm. 13.
549) Vgl. T. Rendtorff, Ethik, 122 f.
550) Vgl. B. Welte, Im Spielfeld der Unendlichkeit, 48; 50; K. Demmer, Deuten und handeln, 45.
551) Vgl. ders., Sittlich handeln aus Verstehen, 51.
552) H. Thielicke, Mensch sein, 24; vgl. auch K. Demmer, Deuten und Wählen, 237.
553) Vgl. H. Rotter, Freiheit ohne Normen?, 69.
554) Vgl. K. Demmer, Deuten und handeln, 45 f.
555) Vgl. ders., Coscienza, 31; J.-M. Aubert, Pour une herméneutique, 94.
556) Vgl. oben, 25.
557) K. Demmer, Sittlicher Anspruch, 67.
558) Vgl. B. Hintersberger, Theologische Ethik, 67; T. Styczeń, Autonome Ethik, 93.
559) E. O. Wilson, Biology and Anthropology, 137, meint in naiver Weise, daß das Gespenst des Biologismus und Sozialdarwinismus nicht mehr zu fürchten sei. Hingegen kommt der Biologe S. L. Washburn, Human Behavior, 277, zu der Auffassung, daß die Soziobiologen die Fehler der Sozialdarwinisten wiederholen. Wer aus der Geschichte nichts lernt, der ist eben verurteilt, sie zu wiederholen.
560) G. S. Stent, Ethische Dilemmas, 22.
561) R. Dawkins, Selfish Genes in Race or Politics, 528.
562) H. Flohr/W. Tönnesmann, Selbstverständnis, 16.
563) Dazu auch Ch. Frankel, Sociobiology, 263; C. Vogel, Ethische Überlegungen, 135 f.
564) Vgl. J. S. Alper, Ethical and Social Implications, 210 f.
565) Vgl. H. Hemminger, Der Mensch, 96; A. Belsey, The Moral Responsibility, 116 f.; H. Lenk, Mitverantwortung, 106 f.; D. L. Hull, Scientific Bandwagon, 150 f.
566) Vgl. oben, 158 f.

567) Vgl. W. Korff, Wie kann der Mensch glücken?, 55.
568) Vgl. oben, 5.2.2.
569) R. Löw, Philosophie des Lebendigen, 303.
570) Dazu R. Trigg, The Shaping of Man, 158f.
571) R. Löw, Philosophie des Lebendigen, 303.
572) Vgl. oben, 153.
573) Vgl. R. Löw, Philosophie des Lebendigen, 303.
574) Vgl. ebd., 306; Th. Würtenberger, Das Naturrecht, 441; I. Eibl-Eibesfeldt, Die Biologie, 864; J. Cottingham, Neo-Naturalism and its Pitfalls, 466.
575) R. Dawkins, Das egoistische Gen, 237.
576) So P. Koslowski, Evolution und Gesellschaft, 56; vgl. auch B. Sitter, Plädoyer für das Naturrechtsdenken, 18f.
577) R. Spaemann macht in R. Riedl/F. M. Wuketits (Hg.), Die Evolutionäre Erkenntnistheorie, 255f., auf eine analoge Betrachtungsweise bei Thomas von Aquin aufmerksam: Man könne nach Thomas Kriege astrologisch voraussagen, weil die Menschen zu bestimmten Zeiten bestimmte Neigungen haben. Man kann aber nicht voraussagen, wie sich der einzelne verhalten wird, weil dieser sich zu diesem Potential noch einmal verhalten kann: Sidera inclinant non necessitant.
578) P. Koslowski, Evolution und Gesellschaft, 58.
579) W. Korff, Die naturale und geschichtliche Unbeliebigkeit, 156.
580) K. Demmer, Deuten und handeln, 136.
581) W. Kasper, Autonomie und Theonomie, 23; vgl. auch K. Demmer, „Christi vestigia ...", 29.
582) R. D. Masters, The Value, 157: „Whereas the fact-value dichotomy has proved relatively sterile, biology is impelling us toward a reconsideration of the ways of life that are ‚according to nature'."
583) H. Markl, Evolution, Genetik und menschliches Verhalten, 53.
584) Ders., Biologie, 82 (im Original kursiv); vgl. ders., Soziobiologie der Tiere, 240.
585) Darauf insistiert I. Eibl-Eibesfeldt, Grundriß, 515.
586) Dazu besonders R. D. Alexander, The Biology, 220ff.
587) Siehe hierzu auch L. Berg, Das theologische Menschenbild, 84.
588) W. Korff, Die naturale und geschichtliche Unbeliebigkeit, 154.
589) Vgl. U. Kattmann, Überlebensmaschinen, 385.
590) Vgl. H. Markl, Im Labyrinth der Gene; ders., Soziobiologie der Tiere, 241.
591) N. Bischof, On the Phylogeny, 59: „The earlier assertion, favored by anti-Darwinian diehards, that moral-analogous behavior contradicts the principle of natural selection because selection can produce only unconstrained selfishness has been refuted by the recent work of sociobiology." R. Mattern, Altruism, 471: „Some previous attempts to establish the rationality of ethical behavior are based on a narrow reading of natural human drives as egoistic. Wilson's theory, if successful, could show that the set of natural drives includes natural inclinations to benefit others." Das bestätigt auch R. D. Alexander, The Biology, 139: „But generosity and altruism are older than Dawkins implies, and far more complex. I hypothesize that they are as integral a part of human nature as being ‚born selfish'."
592) Vgl. dazu oben, 142.
593) B. Hassenstein, Evolution und Werte, 62.
594) W. C. Allee, Where Angels, 46: „Despite many known appearences to the contrary, human altruistic drives are as firmly based on the animal ancestry as is man himself." Vgl. auch R. D. Masters, The Value, 156; I. Eibl-Eibesfeldt, Liebe und Haß, 15.
595) Vgl. W. C. Allee, Where Angels, 52f.
596) St. N. Bosshard, Evolution und Schöpfung, 117; vgl. auch J. Gründel, Ethik und Moraltheologie, 642.

597) Dazu B. Hassenstein, Evolution und Werte, 81.
598) Vgl. G. Altner, Evolution und Schöpfung, 275; W. C. Allee, Where Angels, 56.
599) F. M. Wuketits, Evolution, Erkenntnis, Ethik, 131 f.
600) Vgl. D. St. Peters, Altruistisches Verhalten, 183; W. Wickler, Die Biologie, 64; K. Lorenz, Das sogenannte Böse, 350 f. Vgl. auch H. Rotter, Kann das Naturrecht, 87: „Nicht die bloße Erhaltung und Durchsetzung seines eigenen Selbst ist es, worin der Christ den Sinn seines Lebens sieht, sondern der Dienst am Bruder und die Hingabe bis zur Selbstaufopferung. Das alles sind Wertentscheidungen, die sich nicht aus der Natur ableiten lassen, sondern die nur in einem christlichen Heilsverständnis zu begründen sind."
601) Vgl. dazu besonders R. D. Alexander, The Biology, 164.
602) R. D. Alexander, ebd., 227 ff. versucht, die biologischen Neigungen zu ergründen, die dem Rüstungswettlauf zugrundeliegen. Vgl. ebd., 257.
603) Vgl. K. Lorenz, Der Abbau des Menschlichen, 151; ders., Die acht Todsünden, 20 f.
604) K. Demmer, Sein und Gebot, 240.
605) Ders., Leben in Menschenhand, 46.
606) Ebd., 45.
607) R. Spaemann, Die Aktualität des Naturrechts, 274.
608) C. S. Lewis, Die Abschaffung des Menschen, 70: „Der Sieg des Menschen über die Natur erweist sich im Augenblick seines scheinbaren Gelingens als Sieg der Natur über den Menschen."
609) P. Koslowski, Evolution und Gesellschaft, 57.
610) K. Demmer, Leben in Menschenhand, 46.
611) Ders., Deuten und handeln, 137.
612) Vgl. I. Kant, Die Metaphysik der Sitten A 63 ff. (VII, 549 ff.). Man denke auch an die gesamte Lehre von der beatitudo in der moraltheologischen Tradition, etwa S. Th. I–II, q. 2–5.
613) Hier erinnere man sich an die Lehre von den „ungeordneten Neigungen", wie sie sich etwa in der sechzehnten Anweisung des Exerzitienbuches des Ignatius von Loyola findet (in der hier zitierten Ausgabe: 19 f.).
614) K. Demmer, Leben in Menschenhand, 44.
615) Vgl. ders., Sittlich handeln aus Verstehen, 67 f.; 227 f.
616) W. Korff, Die naturale und geschichtliche Unbeliebigkeit, 162 f.
617) Dazu H. D. Schelauske, Naturrechtsdiskussion, 104; R. Specht, Grenzen naturrechtlichen Denkens, 150.
618) W. Korff, Die naturale und geschichtliche Unbeliebigkeit, 149 f.
619) Ders., Norm und Sittlichkeit, 101.
620) H. Rotter, Genügt ein heilsgeschichtlich-personaler Ansatz?, 39.
621) Ebd., 40.
622) Vgl. M. W. Fischer, Wissenschaftskritik und Naturrecht, 581.
623) Vgl. K. Demmer, Ein Kind um jeden Preis?, 224.
624) B. Pascal, Schriften zur Religion, 234. Vgl. auch M. Honecker, Verantwortung am Lebensbeginn, 502.
625) Dazu L. Strauss, Naturrecht und Geschichte, 8.
626) Dazu R. Spaemann, Moralische Grundbegriffe, 15. Eine Aufzählung von sittlichen Normen, die sich in sehr vielen Kulturen finden, bietet C. S. Lewis, Die Abschaffung des Menschen, 91 ff.
627) Vgl. W. Wickler, Die Biologie, 144; siehe auch K. Lorenz, Das sogenannte Böse, 349.
628) D. T. Campbell, On the Conflicts, 1104: „I qualify my ‚respect-for-tradition' argument by emphasizing, that the wisdom produced by evolutionary processes (biological or social) is wisdom about past worlds." Vgl. auch ders., Social Morality Norms, 89.

629) Vgl. ders., On the conflicts, 1120.
630) Vgl. dazu auch R. Cohen, Evolutionary Epistemology, 207.
631) Daß solche Evolutionsgesetze für das Finden von Normen durchaus eine Rolle gespielt haben können, bestätigt zum Beispiel P. Knauer, Fundamentalethik, 353: „Jedenfalls scheint es, daß empirische Einzelnormen ursprünglich geradezu durch ‚trial und error', also empirisch gewonnen wurden. Wie lassen sich z. B. die wesentlichen Sexualnormen begründen?"
632) Vgl. J. Gründel, Wandelbares, 42; H. D. Schelauske, Naturrechtsdiskussion, 325f.
633) Dazu W. Korff, Empirische Sozialforschung und Moral, 326f.
634) Vgl. A. Auer, Autonome Moral, 25; siehe auch ebd., 129f.
635) Vgl. ebd., 37.
636) Zit. ebd., 59.
637) Vgl. ebd., 67.
638) Ebd., 107; vgl. auch B. Fraling, Begründung, 153f.
639) Vgl. H. Hemminger, Die Suche nach Realität, 264; C. F. v. Weizsäcker, Die Einheit der Natur, 114f.
640) Vgl. J. Monod, Zufall und Notwendigkeit, 157; siehe auch W. Heumann, Evolution, 134.
641) Vgl. H. D. Schelauske, Naturrechtsdiskussion, 110; A. Verdross, Was ist Recht?, 318.
642) F. Keiter: „Die einen Völker wagen es kaum, ihre toten Lieben zu berühren, die anderen würden es pietätslos finden, sie nicht aufzuessen" (zit. bei H. Sachsse, Das Naturrecht in der Sicht der Naturwissenschaft, 47).
643) R. Löw, Leben aus dem Labor, 91.
644) L. Strauss, Naturrecht und Geschichte, 2; vgl. auch C. S. Lewis, Christentum schlechthin, 25: „Wenn unsere sittlichen Vorstellungen richtig sind, die der Nazis dagegen weniger richtig, so muß es etwas geben – eine letzte, wirklich seiende Sittlichkeit –, woran beide gemessen werden können."
645) Zit. bei A. Süsterhenn, Das Naturrecht, 12.
646) Zit. ebd.
647) B. Pascal, Schriften zur Religion, 150.
648) R. Löw, Menschen, 5; vgl. R. Spaemann, Moralische Grundbegriffe, 14.
649) Vgl. L. Strauss, Naturrecht und Geschichte, 10; R. Löw, Leben aus dem Labor, 91.
650) Vgl. M. Rhonheimer, Natur als Grundlage der Moral, 258.
651) Vgl. oben, 15f.
652) Vgl. auch B. Sitter, Plädoyer für das Naturrechtsdenken, 23.
653) Zit. bei J. Ratzinger, Theologische Prinzipienlehre, 78.
654) Vgl. B. Sitter, Plädoyer für das Naturrechtsdenken, 23, der hier einen Ausdruck I. Kants aufgreift.
655) Ebd.
656) R. Spaemann, Kritik der politischen Utopie, 184.
657) Zit. bei H. D. Schelauske, Naturrechtsdiskussion, 82.
658) Vgl. B. Sitter, Plädoyer für das Naturrechtsdenken, 14; ders., Kritizistische Kritik, 41; O. Höffe, Naturrecht, 6; R. Spaemann, Kritik der politischen Utopie, 198.
659) Vgl. ebd., 187.
660) Dazu J. Ritter, „Naturrecht", 149f.
661) Vgl. R. Spaemann, Kritik der politischen Utopie, 188–190.
662) Vgl. W. van den Daele, Mensch nach Maß, 205.
663) R. Spaemann, Kritik der politischen Utopie, 196; vgl. ders., Art. Natur, 965.
664) Vgl. oben, 5.2.2.
665) Dazu K. Demmer, Deuten und handeln, 151ff.
666) Vgl. J. Ritter, „Naturrecht", 168.

667) Vgl. A. Süsterhenn, Das Naturrecht, 12.
668) Vgl. A. Anzenbacher, Zur Konvergenz, 303; F. Böckle, Was bedeutet „Natur", 53f.
669) Vgl. ders., Rückblick und Ausblick, 134; J. Fuchs, Glaube, Sittlichkeit, Recht, 761; E. Wolf, Naturrecht und Gerechtigkeit, 56f.
670) Vgl. F. Böckle, Was ist das Proprium einer christlichen Ethik?, 158.
671) Aristoteles, Die Nikomachische Ethik V, 10, 1134 b 25–30 (169); vgl. auch L. Strauss, Naturrecht und Geschichte, 162f.; J. Llompart, Die geschichtliche, 111.
672) K. Demmer, Deuten und Handeln, 20; vgl. auch J.-M. Aubert, Y-a-t-il des normes morales universelles?, 186f.; J. Messner, Naturrecht ist Existenzordnung, 553.
673) Vgl. F. Rauh, Das sittliche Leben des Menschen, 306; H. Ryffel, Das Problem des Naturrechts heute, 515; F. Böckle, Rückblick und Ausblick, 129f.
674) Vgl. K. Demmer, Deuten und Handeln, 30.
675) Vgl. ebd., 52f.
676) Vgl. ebd., 55; J. David, Wandelbares Naturrecht?, 491f.
677) So K. Demmer, Sittlich handeln aus Verstehen, 33; 55.
678) So dargestellt bei R. Löw, Darwinismus und die Entstehung des Neuen, 76.
679) Vgl. D. Mieth, Norma morale, 190; B. Sitter, Kritizistische Kritik, 34; A. Auer, Die Bedeutung der christlichen Botschaft, 29f.; H. Kohlenberger, Das Naturrecht in kulturparadigmatischer Sicht, 79.
680) Vgl. auch M. Kriele, Recht und praktische Vernunft, 23f.
681) Dies als Antwort auf den Vorwurf von E. Topitsch, Das Problem des Naturrechts, 170. Vgl. auch J. Moltmann, Mensch, 101.

Anmerkungen zu Kap. 6

1) Vgl. K. Demmer, Leben in Menschenhand, 37.
2) Vgl. ebd.
3) Ders., Das theologische Argument, 77f.; vgl. auch J. Hübner, Vom Gegensatz, 599.
4) Vgl. K. Demmer, Das theologische Argument, 77f.; A. G. M. van Melsen, Glaube und Weltbild, 223.
5) Vgl. auch P. Koslowski, Evolution und Gesellschaft, 20f.; J. Track, Die Stellung des Menschen, 400.
6) K. Demmer, Moralische Norm, 272. Vgl. ders., Elementi base, 31.
7) Das wären vornehmlich die schon im 1. Kapitel zitierten Autoren. Vgl. oben, 3.
8) So K. Demmer, Sein und Gebot, 155.
9) W. Kasper, Christologie und Anthropologie, 220.
10) Dazu K. Demmer, Das theologische Argument, 82.
11) Ders., Sittlich handeln aus Verstehen, 160.
12) Ebd.
13) Vgl. oben, 1.2.1; 5.3.2.
14) Vgl. J. David, Wandelbares Naturrecht?, 490.
15) Vgl. K. Demmer, Leben in Menschenhand, 43.
16) Vgl. ders., Deuten und handeln, 14.
17) Vgl. oben, 256ff.; siehe auch H. Rotter, Spannungsfeld, 99.
18) R. Spaemann, Einsprüche, 56.
19) Siehe hierzu E. Wolf, Naturrecht und Gerechtigkeit, 63.
20) So T. Styczeń, Autonome Ethik, 95.

21) K. Demmer, Entscheidung und Verhängnis, 21.
22) Ebd., 40. Vgl. auch F. Furger, Objektivität und Verbindlichkeit, 26.
23) B. Schüller, Wie weit kann die Moraltheologie, 54.
24) K. Demmer, Entscheidung und Verhängnis, 123; vgl. auch D. Mieth, Das „christliche Menschenbild" – eine unzeitgemäße Betrachtung?, 11.
25) K. Demmer, Entscheidung und Verhängnis, 239.
26) H. U. v. Balthasar, Neun Sätze zur christlichen Ethik, 73.
27) Dazu K. Demmer, Sittlich handeln aus Verstehen, 140; 143.
28) Vgl. ders., „Il nuovo", 89; ders., Entscheidung und Verhängnis, 120.
29) D. Mieth, Das „christliche Menschenbild" und seine Relevanz, 58.
30) K. Demmer, Deuten und handeln, 168.
31) Ders., Entscheidung und Verhängnis, 43.
32) Ebd.
33) Zur Wirkungsgeschichte des Christusereignisses vgl. P. Hoffmann/V. Eid, Jesus von Nazareth und eine christliche Moral, 14.
34) Vgl. K. Demmer, Entscheidung und Verhängnis, 42; 50.
35) Ders., Deuten und handeln, 82.
36) Vgl. ders., Entscheidung und Verhängnis, 45.
37) H. Münk, Moralische Normen, 367.
38) K. Demmer, Sittlich handeln aus Verstehen, 164f.
39) Ders., Entscheidung und Verhängnis, 46. Vgl. ders., Sittlich handeln aus Verstehen, 165.
40) F. Böckle, Werte und Normbegründung, 64. Vgl. auch A. Nossol, Christsein, 24; J. Fuchs, Autonome Moral und Glaubensethik, 56.
41) H. Münk, Moralische Normen, 366.
42) K. Demmer, Deuten und handeln, 85; vgl. ders., Art. Naturrecht, Sp. 1311.
43) Ders., Deuten und handeln, 94.
44) Ebd.
45) Vgl. ders., Leben in Menschenhand, 19f.; ders., Der Dienst der Versöhnung, 156.
46) Vgl. ders., Deuten und handeln, 94; ders., Elementi base, 42.
47) Ders., Ein Kind um jeden Preis?, 224.
48) Dazu ders., Il „nuovo", 90; J.-M. Aubert, Y-a-t-il des normes morales universelles?, 182; H. Rotter, Zwölf Thesen, 124f.
49) Auf diese Funktionen begrenzt A. Auer, Hat die autonome Moral, 14, den Einfluß der christlichen Botschaft für die Normenfindung.
50) H. Gleixner, Die Relevanz des christlichen Glaubens für die Ethik, 320.
51) Vgl. DS 3017: „Verum etsi fides supra rationem, nulla tamen umquam inter fidem et rationem vera dissensio esse potest: cum idem Deus, qui mysteria relevat et fidem infundit, animo humano rationis lumen indiderit ...".
52) Vgl. hierzu E. Link, Theologische Erwägungen, 132.
53) H. Hemminger, Das Wirklichkeitsverständnis, 32.
54) Vgl. R. Spaemann, Sein und Gewordensein, 88.
55) Dazu P. Koslowski, Evolution und Gesellschaft, 73.
56) Vgl. G. W. F. Hegel, Phänomenologie des Geistes, 24.
57) A. Auer, Ethische Implikationen, 322.
58) Vgl. oben, 190f.
59) G. Altner, Die große Kollision, 10; siehe dazu F. Capra, Wendezeit, 40; G. S. Stent, Ethische Dilemmas, 55f.
60) Vgl. Ch. Schönborn, Schöpfungskatechese und Evolutionstheorie, 91–116; J. Ratzinger, Das Fest des Glaubens, 18f., Anm. 12.

61) Vgl. oben, 113.
62) Vgl. auch J. Ratzinger, Der Auftrag, 534.
63) M. Jeuken, Evolution, 479.
64) J. Track, Die Stellung des Menschen, 402.
65) Vgl. E. Link, Theologische Erwägungen, 140; J. Ratzinger, Schöpfungsglaube und Evolutionstheorie, 234. Für M. Heidegger ist diese Frage, warum überhaupt Seiendes ist und nicht vielmehr nichts, die weiteste, tiefste und ursprünglichste Frage. Vgl. dazu L. Podeur, Modernes Weltbild, 90.
66) Vgl. Ph. Kaiser, Das Problem, 13.
67) L. Scheffczyk, Einführung in die Schöpfungslehre, 26.
68) E. Link, Theologische Erwägungen, 142. Vgl. auch L. Scheffczyk, Evolution und Schöpfung, 65f.
69) H.-E. Hengstenberg, Evolution und Schöpfung, 81. Vgl. S. Th. I, qu. 44, a. 1.
70) Vgl. K. Schmitz-Moormann, Menschenwürde, 56.
71) Zit. bei A. Haas, Weltbild und Glaube, 13. Dieser Satz darf aber nicht dahingehend mißverstanden werden, daß die Geschöpfe auch ihren eigenen actus essendi hervorbringen würden. Vgl. hierzu H.-E. Hengstenberg, Evolutionismus, 86.
72) L. Scheffczyk, Ursprung und Sinn der Welt, 16.
73) Viele Naturwissenschaftler unterliegen einem solchen Mißverständnis von Schöpfung. Dem liegt ein deistisches Gottesbild zugrunde: Gott stößt den Urknall an und setzt sich dann zur Ruhe, um höchstens noch bei der Entstehung des Lebens und des Menschen in den Ablauf der Weltmaschine einzugreifen. Dagegen ist anzuführen, daß Gott den ganzen Prozeß am Sein erhält und jedem seiner Momente gleich nahe ist. Theologen werden von Naturwissenschaftlern oft zu Recht kritisiert, daß sie aus den naturwissenschaftlichen Ergebnissen diejenigen herausgreifen, die am besten in ihr Weltbild passen. In gleicher Weise wäre jedoch vielen Naturwissenschaftlern die Frage zu stellen, ob nicht auch sie eine Sichtweise der Schöpfungstheologie herausgreifen, die am besten in ihr „Feindbild" paßt. Die christliche Schöpfungstheologie wird zum Beispiel oft mit extremen kreationistischen Positionen identifiziert. Hingegen werden die bedeutenden Ansätze von K. Rahner, L. Scheffczyk u.a. nicht berücksichtigt. Es scheint, daß man eine Karikatur der christlichen Schöpfungslehre einer differenzierten Schöpfungstheologie vorzieht. Vgl. jüngst R. Dawkins, Der blinde Uhrmacher, 372.
74) H.-E. Hengstenberg, Sein und Ursprünglichkeit, 92. Man vergleiche auch die Verse von A. Silesius, Cherubinischer Wandersmann, 129:
„Gott schafft die Welt annoch. Kommt dir dies fremde für?
So wiss: es ist bei ihm kein Vor noch Nach wie hier!
Dort in der Ewigkeit geschiehet alls zugleich,
es ist kein Vor noch Nach, wie hier im Zeitenreich."
75) H.-E. Hengstenberg, Sein und Ursprünglichkeit, 94. Vgl. auch Johannes Paul II., Ansprache, 146: „Evolution setzt Schöpfung voraus; Schöpfung stellt sich im Licht der Evolution als ein zeitlich erstrecktes Geschehen – als creatio continua – dar, in dem Gott als der ‚Schöpfer des Himmels und der Erde' den Augen des Glaubens sichtbar wird."
76) Vgl. M. Jeuken, Evolution, 478.
77) J. Ratzinger, Schöpfungsglaube und Evolutionstheorie, 243.
78) L. Scheffczyk, Einführung in die Schöpfungslehre, 86.
79) W. Wild, Zur anthropologischen Relevanz der modernen Physik, 16.
80) R. Spaemann, Sein und Gewordensein, 87.
81) Ebd.: „Der Sinn eines maschinengeschriebenen Textes steht und fällt nicht damit, daß die Schreibmaschine darauf programmiert ist, genau diesen Text hervorzubringen."
82) Vgl. R. Löw, Kosmologie und Anthropologie, 320.

83) Vgl. oben, 207f.
84) L. Scheffczyk, Einführung in die Schöpfungslehre, 86.
85) H.-E. Hengstenberg, Evolutionismus, 85.
86) Damit bleibt der Satz des hl. Thomas, daß Gott „sine motu“ schafft, gewahrt. Vgl. ebd. Siehe auch S. Th. I, qu. 45, a. 3.
87) R. Löw, Zur Interpretation, 19; vgl. auch H.-E. Hengstenberg, Evolutionismus, 85.
88) L. Scheffczyk, Evolution und Schöpfung, 69.
89) K. Rahner, Art. Evolution (II.), 259.
90) Vgl. L. Scheffczyk, Evolution und Schöpfung, 66; ders., Einführung in die Schöpfungslehre, 85.
91) K. Rahner, Die Einheit von Geist und Materie, 210. Vgl. auch H. Ringeling, Überlegungen, 32; L. J. O'Donovan, Der Dialog mit dem Darwinismus, 218.
92) K. Rahner, Art. Evolution (II.), 255.
93) Ders., Evolution – Freiheit – Erbsünde, 81.
94) Vgl. ders., Art. Evolution (II.), 260; K. Rawer/O. H. Pesch, Kausalität – Zufall – Vorsehung, 94f.
95) F. Rauh, Das sittliche Leben des Menschen, 44f.
96) J. Ratzinger, Schöpfungsglaube und Evolutionstheorie, 244.
97) P. Koslowski, Evolutionstheorie als Soziobiologie und Bioökonomie, 49.
98) Vgl. oben, 91.
99) Vgl. oben, 1. Kapitel, Anm. 133.
100) So etwa, wenn Wilson schreibt, daß Amerika als das höchstentwickeltste Land der Welt das zweitreligiöseste ist nach Indien. Vgl. E. O. Wilson, Biologie als Schicksal, 160. Siehe auch P. Koslowski, Evolution und Gesellschaft, 75f., sowie oben, 173.
101) P. Koslowski, Evolution und Gesellschaft, 77.
102) Vgl. L. Scheffczyk, Die Frage nach der Gottebenbildlichkeit, XXIIff.; ders., Einführung in die Schöpfungslehre, 106.
103) So dargestellt bei E. Schlink, Die biblische Lehre, 92.
104) A. Peters, Der Mensch, 200f.
105) Dazu R. Mosis, Weltverständnis, 238.
106) Ebd.
107) Vgl. E. Schlink, Die biblische Lehre, 92f.; L. Berg, Das theologische Menschenbild, 39.
108) So etwa bei J. U. Dalferth/E. Jüngel, Person und Gottebenbildlichkeit, 71f. Man vergleiche dazu schon die Kritik an einer ähnlichen Deutung K. Barths durch J. K. Stamm, Die Imago-Lehre von Karl Barth, 62.
109) R. Mosis, Weltverständnis, 238.
110) Weitere Begründungen für diese Deutung finden sich ebd., 238f.
111) Dazu E. Schlink, Die biblische Lehre, 92; O. Loretz, Der Mensch als Ebenbild Gottes, 122f.; K.-H. Ohlig, Die Welt ist Gottes Schöpfung, 37; G. M. Teutsch, Soziologie und Ethik der Lebewesen, 125.
112) G. v. Rad, zit. bei L. Scheffczyk, Einführung in die Schöpfungstheologie, 112.
113) Vgl. R. Mosis, Weltverständnis, 240.
114) G. Brunner, Art. Schöpfung, 116.
115) S. Th. I–II, prol.: „Quia ... homo factus ad imaginem Dei dicitur, secundum quod per imaginem significatur *intellectuale, et arbitrio liberum, et per se potestativum*, postquam praedictum est de exemplari, scilicet de Deo ... restat ut consideremus de ejus imagine, idest de homine: secundum quod et ipse est suorum operum principium, quasi liberum arbitrium habens, et suorum operum potestatem.“ Vgl. auch G. Söhngen, Die biblische Lehre, 367; W. Korff, Die ethische und theologische Relevanz, 162; ders., Der Rückgriff auf die Natur, 287.

116) Vgl. oben, 1. Kapitel, Anm. 15.
117) W. Korff, Wie kann der Mensch glücken?, 245; vgl. auch F. Dander, Gottes Bild, 215.
118) Vgl. F. M. Wuketits, Zustand und Bewußtsein, 269 ff. Vgl. auch K. Bratzler, Die Evolution, 176 f.
119) Zit. bei G. Sauter, Mensch sein, 89 f.
120) NR 280. Vgl. auch J. Pieper, Über das christliche Menschenbild, 12.
121) Dazu auch G. Klages, Das Bild vom Menschen, 17 f.; L. Scheffczyk, Christwerden, 229.
122) Vgl. Ch. Frey, Arbeitsbuch Anthropologie, 246.
123) Zum Verhältnis von Personbegriff und Imago-Dei-Lehre vgl. W. Pannenberg, Der Mensch – ein Ebenbild Gottes?, 37.
124) A. Schwan, Humanismen und Christentum, 54; vgl. auch J. Hübner, Theologie und biologische Entwicklungslehre, 266.
125) Vgl. auch E. Schlink, Die biblische Lehre, 93.
126) Vgl. G. Ebeling, Die Evidenz des Ethischen, 356. Siehe auch P. L. Berger, Auf den Spuren der Engel, 78 f.: „Der moralische Imperativ, ein Kind vor einem Mörder zu retten, erweist sich gegen relativierende Analysen als merkwürdig immun ... Einen solchen Imperativ zu bestreiten, scheint uns unmöglich. Mit der Frage nach dieser ‚Unmöglichkeit' stoßen wir wieder auf ein Zeichen der Transzendenz."
127) So dargestellt von H. Krings in einer Diskussion, in: Verantwortung und Ethik in der Wissenschaft, 232 f.
128) Vgl. H. Lenk, Mitverantwortung, 105.
129) F. Furger, Gibt es eine Ethik ohne Gott?, 93; vgl. auch M. Zentgraf, Kritische Überlegungen, 230; D. Mieth, Gotteserfahrung und Weltverantwortung, 200.
130) M. Horkheimer, Die Sehnsucht nach dem ganz Anderen, 61.
131) So M. Horkheimer, zit. bei L. Oeing-Hanhoff, Anfang, 63.
132) F. Dostojewskij, Die Brüder Karamasow, 786.
133) So zit. bei L. Kolakowski, Falls es keinen Gott gibt, 172. Nach E. Villar, Die Antrittsrede der amerikanischen Päpstin, 87, gilt aber auch umgekehrt: „Ohne Gott ist nichts erlaubt, nichts! Denn ohne Gott gibt es niemand, der Ihnen verzeihen könnte, Sie müßten bis ans Ende Ihrer Tage in der Hölle ihres eigenen Gewissens leben." Ähnlich bei A. Camus, Der Fall, 111, der den modernen gottlosen Moralpredigern vorhält: „Aber sie glauben immer nur an die Sünde, nie an die Gnade."
134) L. Kolakowski, Falls es keinen Gott gibt, 173.
135) W. Korff, Der Unbedingtheitsanspruch des Sittlichen, 165.
136) Vgl. ebd.; M. Honecker, Erfahrung und Entscheidung, 501.
137) Vgl. dazu Ch. Link, Der Mensch als Geschöpf und als Schöpfer, 44.
138) Vgl. H. Jonas, Das Prinzip Verantwortung, 231. Siehe auch W. Huber, Sozialethik als Verantwortungsethik, 66 f.
139) H. Jonas, Technik, Medizin und Ethik, 77. Vgl. auch Th. Strohm, Umweltethik, 119 f.
140) F. Furger, Gibt es eine Ethik ohne Gott?, 90.
141) F. Böckle, Werte und Normbegründung, 54; vgl. ders., Was bedeutet „Natur", 48.
142) Diesen Vorwurf erhebt etwa E. Drewermann, Der tödliche Fortschritt, 67 ff.
143) Vgl. oben, 5. Kapitel, Anm. 172.
144) G. Altner, Technisch-wissenschaftliche Welt und Schöpfung, 99.
145) H. Hemminger, Das Wirklichkeitsverständnis, 27.
146) Vgl. O. Höffe, Sittlich-politische Diskurse, 198; L. Scheffczyk, Die Theologie, 350.
147) Vgl. G. Altner, Die große Kollision, 47.
148) Vgl. hierzu G. Klages, Das Bild vom Menschen, 15; G. Altner, Ökologisch orientierte Theologie, 238. Papst Johannes Paul II. betont diesen Gedanken in seiner Enzyklika „Redemptor

Hominis“, Nr. 15 (196): Es war „der Wille des Schöpfers, daß der Mensch der Natur als ‚Herr‘ und besonnener und weiser ‚Hüter‘ und nicht als ‚Ausbeuter‘ und skrupelloser ‚Zerstörer‘ gegenübertritt.“

149) Vgl. R. Löw, Die Unverzichtbarkeit, 176.
150) Ders., Zur Interpretation, 25.
151) L. Scheffczyk, Ursprung und Sinn der Welt, 10.
152) J. U. Dalferth/E. Jüngel, Person und Gottebenbildlichkeit, 77. Vgl. auch H. Fries, Der Mensch im Mittelpunkt, 14.
153) Vgl. auch J. Hübner, Die neue Verantwortung, 106; G. Masuch/H. Staudinger (Hg.), Geschöpfe ohne Schöpfer?, 127 f.; G. M. Teutsch, Soziologie und Ethik der Lebewesen, 124; G. Greshake, Gott in allen Dingen finden, 18.
154) J. U. Dalferth/E. Jüngel, Person und Gottebenbildlichkeit, 68. Vgl. auch M. Rock, Theologie der Natur, 101.
155) So Jersy Lec, zit. bei W. de Boer, Der Ursprung der modernen Wissenschaft, 360.
156) W. Korff, Wie kann der Mensch glücken?, 247. Vgl. auch H. Ringeling, Überlegungen, 39.
157) D. Birnbacher, Sind wir für die Natur verantwortlich?, 110.
158) Ebd.
159) Vgl. Gen 9,9 f.
160) L. Scheffczyk, Einführung in die Schöpfungslehre, 74.
161) Vgl. R. Löw, Art. Natur, Sp. 1296.
162) W. Korff, Der Unbedingtheitsanspruch des Sittlichen, 166.
163) Von einer solchen Erfahrung spricht F. M. Wuketits, Evolution und Ethik, 327.
164) A. Portmann, Ehrfurcht vor dem Leben, 262.
165) M. Honecker, Verantwortung am Lebensbeginn, 160; vgl. auch M. Rock, Theologie der Natur, 100 f.
166) H. Jonas, Das Prinzip Verantwortung, 92; vgl. ders., Technik, Medizin und Ethik, 292 f.
167) Ders., Warum wir heute eine Ethik der Selbstbeschränkung brauchen, 75.
168) Dazu L. Scheffczyk, Einführung in die Schöpfungslehre, 74 f.
169) Vgl. auch A. Haas, Weltbild und Glaube, 11 f.
170) K. Demmer, Leben in Menschenhand, 47.
171) R. Dawkins, Der blinde Uhrmacher, 310.
172) Vgl. oben, 159 f.; K. Schmitz-Moormann, Menschenwürde, 53.
173) Dazu R. Hasenstab, Die Menschenrechte, 109.
174) Vgl. E. Coreth, Was ist der Mensch?, 164.
175) Vgl. M. Kriele, Recht und praktische Vernunft, 11.
176) Vgl. dazu F. Pototschnig, „Ius naturale in iure canonico“, 887.
177) Vgl. A. Schwan, Humanismen und Christentum, 17; A. Auer, Die Bedeutung der christlichen Botschaft, 33; K. Demmer, Christliches Ethos, 456.
178) Vgl. D. Mieth, Das „christliche Menschenbild“ und seine Relevanz, 48. Siehe dazu auch P. Hoffmann/V. Eid, Jesus von Nazareth und eine christliche Moral, 11; A. Paus, Vorwort, in: ders. (Hg.), Menschenwürdige Gesellschaft, 7 f.
179) K. Schmitz-Moormann, Menschenwürde, 64.
180) Zit. nach J. G. Ziegler, Die Frage nach ethischen Prinzipien, 388; vgl. dazu besonders K. Schmitz-Moormann, Menschenwürde, 9 f.
181) R. Spaemann, Über den Begriff der Menschenwürde, 25.
182) Ebd., 26. Vgl. ders., Über nichtrationale Voraussetzungen, 125. Auch G. Marcel, Die Menschenwürde, 155, spricht von einer „heiligen Qualität“ der menschlichen Würde.
183) R. Spaemann, Über den Begriff der Menschenwürde, 27. Vgl. auch W. Kluxen, Anerkennung des Menschen, 102 f.; H. Rombach, Der Einzelne und das Ganze, 31 f.

184) Dazu vor allem R. Spaemann, Über den Begriff der Menschenwürde, 29; ders., Kein Recht auf Leben?, 75.
185) Vgl. K. Schmitz-Moormann, Menschenwürde, 34; J. G. Ziegler, Prinzipielle und konkrete Überlegungen, 134 f.
186) K. Schmitz-Moormann, Menschenwürde, 92; vgl. auch B. Sitter, Kritizistische Kritik, 68.
187) Vgl. W. Korff, Wie kann der Mensch glücken?, 113; Ch. Schönborn, L'homme créé par Dieu, 353.
188) Siehe hierzu auch L. Berg, Das theologische Menschenbild, 60; J. Moltmann, Welches Recht hat das Ebenbild Gottes?, 281; W. Pannenberg, Der Mensch – ein Ebenbild Gottes?, 33.
189) Vgl. H. Rotter, Freiheit ohne Normen?, 71; J. Hoffmann, Biotechnologie, 106; J. Ratzinger, Im Anfang schuf Gott, 38 f.; G. H. Neumann, Moral und Verhaltensforschung, 138.
190) Dazu besonders L. Kolakowski, Killing handicapped babies, 1096 f.
191) F. Nietzsche, Der Antichrist, Nr. 2 (II, 1166); vgl. auch ders., Ecce Homo. Warum ich ein Schicksal bin, Nr. 8 (II, 1159).
192) Vgl. auch P. Valori, Significato e metodologia, 70.
193) H. Fries, Der Mensch im Mittelpunkt, 15. Im folgenden werden Ideale beschrieben, die aus einem christlichen Menschenbild folgen. Daß diese Ideale nicht immer der Praxis entsprechen, ist eine andere Frage.
194) Vgl. K. Demmer, Elementi base, 50.
195) Ders., Entscheidung und Verhängnis, 213. Vgl. ders., La difesa della vita, 55.
196) Vgl. ders., Elementi base, 52 f.
197) A. Schwan, Humanismen und Christentum, 58.
198) W. Kasper, Autonomie und Theonomie, 38.
199) Vgl. A. Grabner-Haider, Ethos und Religion, 105.
200) K. Demmer, Deuten und handeln, 125.
201) Vgl. ders., Entscheidung und Verhängnis, 72 f.; ders., Elementi base, 54.
202) H. Rotter, Spannungsfeld, 94.
203) J. Ratzinger, Im Anfang schuf Gott, 37.
204) H. Mohr, Biologische Wurzeln der Ethik?, 13.
205) Vgl. F. M. Wuketits, Evolution, Erkenntnis, Ethik, 199; siehe auch R. Remane, Die Bedeutung der Evolutionslehre, 294; Th. Dobzhansky, Vererbung und Menschenbild, 93.
206) K. Demmer, Leben in Menschenhand, 26 f.
207) Vgl. ders., Elementi base, 70; ders., Entscheidung und Verhängnis, 97.
208) Ebd., 76.
209) Ebd., 98.
210) Vgl. H. Rotter, Grundgebot Liebe, 107; H. Merklein, Die Gottesherrschaft, 133; 172.
211) J. Moltmann, Mensch, 165.
212) Ebd., 166. Das auch als Antwort auf Wilsons Fehldeutung von christlicher Sittlichkeit. Siehe dazu oben, 163 f.
213) Vgl. K. Demmer, Sittlich handeln aus Verstehen, 181.
214) Ders., Entscheidung und Verhängnis, 95.
215) Ders., Deuten und handeln, 112.
216) Vgl. ders., Entscheidung und Verhängnis, 129.
217) H. Merklein, Die Gottesherrschaft, 205.
218) Dazu K. Demmer, Entscheidung und Verhängnis, 78 f.; ders., „Christi vestigia ...", 49; ders., Il „nuovo", 93.
219) Ders., Entscheidung und Verhängnis, 83 f.
220) St. N. Bosshard, Erschafft die Welt sich selbst?, 221 f.
221) H. Merklein, Die Gottesherrschaft, 235.

222) R. Spaemann, Kritik der politischen Utopie, 67; vgl. auch R. Trigg, The Shaping of Man, 144.
223) K. Demmer, Entscheidung und Verhängnis, 22.
224) Vgl. H. Rotter, Kann das Naturrecht, 87.
225) M. Horkheimer, Die Sehnsucht nach dem ganz Anderen, 60. Man vergleiche auch das Wort von Dostojewskij: „Ich erkläre, daß die Menschenliebe ohne den Glauben an die Unsterblichkeit der Seele etwas Unvorstellbares, Unverständliches, ja Unmögliches ist" (zit. bei H. de Lubac, Über Gott hinaus, 195f.).
226) Vgl. K. Demmer, Sittlicher Anspruch, 90; ders., La difesa della vita, 56.
227) Ders., Deuten und handeln, 108; vgl. ebd., 126.
228) Vgl. ders., Entscheidung und Verhängnis, 22.
229) Ebd., 55.
230) Ebd., 56. Vgl. auch G. Altner, Leidenschaft für das Ganze, 158; ders., Theologische Reflexionen zur Krise der technischen Zivilisation, 231.
231) Vgl. K. Demmer, Entscheidung und Verhängnis, 58; C. E. Curran, Moral Theology in Dialogue with Biomedicine and Bioethics, 72.
232) K. Demmer, Moralische Norm, 279.
233) Das schlägt etwa K. Bratzler, Die Evolution, 228, vor.
234) Vgl. auch K. Demmer, Moralische Norm, 278f.
235) Vgl. R. D. Alexander, Biologie und menschliche Paradoxa, 171; ders., The Biology, 206.
236) Vgl. R. Dawkins, Das egoistische Gen, 40. Zur Kritik vgl. P. Singer, Life, 370.
237) Vgl. dazu besonders G. Altner, Technisch-wissenschaftliche Welt und Schöpfung, 98.
238) M. Rock, Theologie der Natur, 101; vgl. auch K. O. Knackstedt, Aussagen, 88; W. Korff, Leitideen verantworteter Technik, 142.
239) C. F. v. Weizsäcker, Zum Weltbild der Physik, 135.
240) Vgl. F. Nietzsche, Also sprach Zarathustra, Vierter und letzter Teil, Das trunkene Lied, Nr. 11 (II, 557).
241) So deutet etwa R. S. Morison, Reflections on Some Social Implications of Modern Biology, 102, den Tod: „Biology . . . can explain that death is not just some oddity that God invented for some inscrutable purpose. Science has a good explanation for death in terms of natural selection. Continuous natural selection is hard to conceive of unless the organisms that have done their part in one stage of the process get out of the way to make room for the next."
242) Vgl. oben, 202.
243) K. Schmitz-Moormann, Menschenwürde, 88.
244) Vgl. oben, 113f.
245) Eine Selbstsinngebung schlägt etwa A. Unsöld, Evolution, 134, vor.
246) L. Wittgenstein, Tractatus logico-philosophicus 6.4.1, in: Schriften, Bd. 1, 80.
247) Ebd., 166f.
248) Vgl. R. Dawkins, Das egoistische Gen, 1; 24. E. O. Wilson, Biophilia, 81: „We are in the fullest sense a biological species and will find little ultimate meaning apart from the remainder of life."
249) J. Ratzinger, Im Anfang schuf Gott, 44.
250) Vgl. oben, 124.
251) Dazu P. Koslowski, Evolution und Gesellschaft, 72–78.
252) Vgl. Kol 1, 16.
253) M. Horkheimer, Die Sehnsucht nach dem ganz Anderen, 61; 62.
254) So L. Scheffczyk, Die Theologie, 355f.
255) K. Schmitz-Moormann, Menschenwürde, 90.

Literaturverzeichnis

Von den Sammelbänden, aus denen einzelne Beiträge zitiert wurden, werden im Literaturverzeichnis die wichtigsten eigens aufgeführt. Da in dieser Arbeit ein großer Teil der Literatur aus dem nichtdeutschen Sprachraum stammt, wird zur besseren Identifikation bei allen zitierten Werken der Verlag mit angegeben. Aus dem gleichen Grund wurde auf Abkürzungen weitgehend verzichtet. Bei Zitaten von Platon, Aristoteles, Kant, Nietzsche u.a. wird neben der üblichen Zählweise die Seitenzahl der hier verwendeten Ausgabe in Klammer angegeben (Bandzahl römisch, Seitenzahl arabisch).

AA. VV. (Autori Vari), Ricerca morale e scienze umane, Bologna (Ed. Dehoniane) 1979.

Adorno, Th. W., Einleitung, in: ders. u. a., Der Positivismusstreit in der deutschen Soziologie, Neuwied-Berlin (Luchterhand) ^{2}1970, 7–79.

Albury, W. R., Politics and Rhetoric in the Sociobiology Debate, in: Social Studies of Science 10 (1980), 519–536.

Alexander, R. D., Biologie und moralische Paradoxa, in: M. Gruter/M. Rehbinder (Hg.), Der Beitrag der Biologie, 161–173.

– Darwinism and Human Affairs, Seattle (Univ. of Washington Press) 1979.

– Evolution and Culture, in: N. A. Chagnon/W. Irons (Hg.), Evolutionary Biology, 59–78.

– Evolution, Social Behavior, and Ethics, in: C. Callahan/H. T. Engelhardt (Hg.), The Roots of Ethics, 307–338.

– Natural Selection and Social Laws, ebd., 265–306.

– Natural Selection and the Analysis of Human Sociality, in: C. E. Goulden (Hg.), The Changing Scenes in Natural Sciences, 1776–1976, Lancester/Penns. (Fulton Press) 1977, 283–337.

– Review of Sahlins: The Use and Abuse of Biology, in: American Anthropologist 79 (1977), 917–920.

– The Biology of Moral Systems, New York (de Gruyter) 1987.

– The Evolution of Social Behavior, in: Annual Review of Ecology and Systematics 5 (1974), 325–383.

– The Search for a General Theory of Behavior, in: Behavioral Science 20 (1975), 77–100.

Alexander, R. D./Borgia, G., Group Selection, Altruism, and the Levels of Organization of Life, in: Annual Review of Ecology and Systematics 9 (1978), 449–474.

Alexander, R. D./Sherman, P. W., Local Mate Competition and Parental Investment in Social Insects, in: Science 196 (1977), 494–500.
Allee, W. C., Where Angels Fear to Tread: A Contribution from General Sociology to Human Ethics, in: A. L. Caplan (Hg.), The Sociobiology Debate, 41–56.
Allen, E., u. a., Against „Sociobiology", ebd. 259–264.
Alper, J. S., Ethical and Social Implications, in: M. S. Gregory u. a. (Hg.), Sociobiology and Human Nature, 195–212.
– Facts, Values, and Biology, in: The Philosophical Forum 13 (1981/82), 85–108.
Alper, J. S./Inouye, H., A Methodological Analysis of Sociobiology, ebd., 67–84.
Alper, J. S./Lange, R. V., Lumsden-Wilson Theory of Gene-Culture Coevolution, in: Proceedings of the National Academy of Sciences of the USA 27 (1981), 3976–3979.
Alper, J. S., u. a., Sociobiology Is a Political Issue, in: A. L. Caplan (Hg.), The Sociobiology Debate, 476–488.
– The Implications of Sociobiology, in: Science 192 (1976), 424–427.
Altmann, S. A., Comment on Bixler: Incest Avoidance, in: Current Anthropology 22 (1981), 643.
Altner, G., Bestialisierung der Forscherphantasie? Zwischenbilanz der Debatte über Gentechnologie, in: Evangelische Kommentare 19 (1986), 68–71.
– Der Mensch als Produkt seiner Gene. Kritische Erwägungen zur Soziobiologie, in: Evangelische Kommentare 14 (1981), 190–192.
– Die große Kollision. Mensch und Natur, Graz (Styria) 1987.
– Die Überlebenskrise in der Gegenwart, Darmstadt (Wiss. Buchgesellschaft) 1987.
– Evolution und Schöpfung – unverzichtbare Perspektiven im Streit um eine moderne Weltsicht, in: R. Riedl/F. Kreuzer (Hg.), Evolution und Menschenbild, 264–279.
– Leidenschaft für das Ganze. Zwischen Weltflucht und Machbarkeitswahn, Stuttgart (Kreuz) 1980.
– Mensch – Natur – Zeit. Die Vieldimensionalität der Zeit und ihre Konsequenzen, in: Scheidewege 15 (1985/86), 37–46.
– Ökologisch orientierte Theologie zwischen Sozialethik und Naturrecht, in: Una Sancta 34 (1979), 230–240.
– Technisch-wissenschaftliche Welt und Schöpfung, in: CGMG, Bd. 20, 85–118.
– Theologische Reflexionen zur Krise der technischen Zivilisation, in: Scheidewege 8 (1978), 220–236.
– Zwischen Instinkt und Kultur. Renaissance der Anthropologie, in: Evangelische Kommentare 5 (1972), 406–408.
– Zwischen Leben und Tod. Zum Zeitbegriff der Evolutionstheorie, in: Scheidewege 10 (1980), 338–349.
Altner, H., Beiträge der Biologie zur Beschreibung des Menschen und seiner Entfaltungsmöglichkeiten, in: W. Kasper (Hg.), Unser Wissen vom Menschen. Möglichkeiten und Grenzen anthropologischer Erkenntnisse, Düsseldorf (Patmos) 1977, 9–28.
– „Licht wird fallen auf die Herkunft des Menschen": Das Bild des Menschen im Blick der Evolutionstheorie, in: D. Henrich (Hg.), Evolutionstheorie und ihre Evolution (Schriftenreihe der Univ. Regensburg, Bd. 7), Regensburg 1982, 29–47.
Anders, G., Die Antiquiertheit des Menschen, Bd. 2: Über die Zerstörung des Lebens im Zeitalter der dritten industriellen Revolution, München (Beck) ^{3}1984.
Angelov, St., Besonderheiten der gegenwärtigen Wissenschaft, in: D. Wahl (Hg.), Ethische Probleme der Wissenschaft, Berlin (Akademie-Verlag) 1978, 31–40.
Anzenbacher, A., Was ist Ethik? Eine fundamentalethische Skizze, Düsseldorf (Patmos) 1987.
– Zur Konvergenz von klassisch-naturrechtlicher und formalistischer Ethik, in: Trierer Theologische Zeitschrift 92 (1983), 292–305.

Appleton, T., Consciousness in Animals, in: Zygon 11 (1976), 337–345.
Aristoteles, Die Nikomachische Ethik (ed. O. Gigon), München (dtv) 1972.
Arntz, J. Th., Die Entwicklung des naturrechtlichen Denkens innerhalb des Thomismus, in: F. Böckle (Hg.), Das Naturrecht im Disput, Düsseldorf (Patmos) 1966, 87–120.
Aubert, J.-M., Pour une épistemologie de la morale chrétienne, in: Studia Moralia 18 (1980), 83–106.
– Pour une herméneutique du droit naturel, in: Recherches de science religieuse 59 (1971), 449–492.
– Y-a-t-il des normes morales universelles?, in: Revue des sciences religieuses 55 (1981), 170–188.
Auer, A., Autonome Moral und christlicher Glaube, Düsseldorf (Patmos) ^{2}1984.
– Die Bedeutung der christlichen Botschaft für das Verständnis und die Durchsetzung der Grundwerte, in: A. Paus (Hg.), Werte – Rechte – Normen, Graz (Styria) 1979, 29–85.
– Die normative Kraft des Faktischen. Zur Begegnung von Ethik und Sozialempirie, in: M. Seckler u.a. (Hg.), Begegnung, 614–632.
– Ethische Implikationen von Wissenschaft, in: Wissenschaft an der Universität heute. Festschrift zum 500-jährigen Jubiläum der Universität Tübingen, Bd. 2, Tübingen (Attempto) 1977, 291–334.
– Hat die autonome Moral eine Chance in der Kirche?, in: G. Virt (Hg.), Moral begründen – Moral verkünden, Innsbruck (Tyrolia) 1985, 9–30.
Augustinus, Confessiones. Bekenntnisse, lat. und dt., München (Kösel) 1955.
Autiero, A., La natura umana tra biologia e teologia, in: Rivista di Teologia Morale 62 (1984), 253–258.
Axelrod, R./Hamilton, W. D., The Evolution of Cooperation, in: Science 211 (1981), 1390–1396.
Ayala, F. J., Biology as an Autonomous Science, in: American Scientist 56 (1968), 207–221.
– Introduction, in: ders./Th. Dobzhansky (Hg.), Studies in the Philosophy of Biology, VII–XVI..
– 'La Naturaleza Humana a la Luz de la Evolución', in: Estudios Filosoficos 31 (1982), 397–441.
– Teleological Explanations in Evolutionary Biology, in: Philosophy of Science 37 (1970), 1–15.
– The Biological Roots of Morality, in: Biology and Philosophy 2 (1987), 235–252.
– The Mechanisms of Evolution, in: Scientific American 239 (1978), 48–61.
Ayala, F. J./Dobzhansky, Th. (Hg.), Studies in the Philosophy of Biology. Reduction and Related Problems, London (MacMillan) 1974.
Bacon, F., Neues Organ der Wissenschaften, Darmstadt (Wiss. Buchgesellschaft) 1962.
Baelz, P., A Christian Perspective on the Biological Scene, in: Zygon 19 (1984), 209–212.
Baerends, G. P., u.a., Multiple Review of Wilson: Sociobiology, in: Animal Behaviour 24 (1976), 698–718.
Baldwin J. D./Baldwin J. I., Beyond Sociobiology, New York (Elsevier) 1981.
Ball, J. A., Memes as Replicators, in: Ethology and Sociobiology 5 (1984), 145–161.
Balthasar, H. U. v., Neun Sätze zur christlichen Ethik, in: J. Ratzinger u a., Prinzipien christlicher Moral, Einsiedeln (Johannes) 1975, 67–93.
– Theologik, Bd. 1, Wahrheit der Welt, Einsiedeln (Johannes) 1985.
Bammé, A., u.a., Maschinen-Menschen, Mensch-Maschinen. Grundrisse einer sozialen Beziehung, Reinbek bei Hamburg (Rowohlt) 1983.
Barash, D. P., Das Flüstern in uns, Frankfurt a.M. (Fischer) 1981.
– Evolution as a Paradigm for Behavior, in: M. S. Gregory u.a. (Hg.), Sociobiology and Human Nature, 13–32.
– Predictive Sociobiology: Mate Selection in Damselfishes and Brood Defense in White-Crowned Sparrows, in: G. W. Barlow/J. Silverberg (Hg.), Sociobiology, 209–226.
– Soziobiologie und Verhalten, Berlin (Parey) 1980.

Barkow, J. H., Culture and Sociobiology, in: American Anthropologist 80 (1978), 5–20.
– Sociobiology: Is this the New Theory of Human Nature?, in: A. Montagu (Hg.), Sociobiology Examined, 171–197.
Barlow, G. W., The Development of Sociobiology: A Biologist's Perspective, in: ders./J. Silverberg (Hg.), Sociobiology, 3–24.
Barlow, G. W./Silverberg, J. (Hg.), Sociobiology: Beyond Nature/Nurture?, (AAAS Selected Symposium 35), Boulder/Colo. (Westview Press) 1980.
Barnett, S., Biological Determinism and the Tasmanian Native Hen, in: A. Montagu (Hg.), Sociobiology Examined, 135–157.
Baruzzi, A., Mensch und Maschine, München (Fink) 1973.
Bateson, G., Ökologie des Geistes. Anthropologische, psychologische, biologische und epistemologische Perspektiven, Frankfurt a.M. (Suhrkamp) 1981.
Bateson, P. P. G., Review of Dawkins: The Selfish Gene, in: Animal Behaviour 26 (1978), 316–318.
Bauer, K. H., u.a., Was ist das – der Mensch? Beiträge zu einer modernen Anthropologie, München (Piper) 1968.
Baumer, W., Gestalt und Grenzen naturwissenschaftlicher Methodik, in: Theologie der Gegenwart 28 (1985), 234–240.
Baumgartner, H. M., Die innere Unmöglichkeit einer evolutiven Erklärung der menschlichen Vernunft, in: R. Spaemann u.a. (Hg.), Evolutionstheorie, 55–71.
– Über die Widerspenstigkeit der Vernunft, sich aus Geschichte erklären zu lassen. Zur Kritik des Selbstverständnisses der evolutionären Erkenntnistheorie, in: H. Poser (Hg.), Wandel des Vernunftbegriffs, Freiburg i.Br. (Alber) 1981, 39–64.
Beach, F. A., Sociobiology and Interspecific Comparisons of Behavior, in: M. S. Gregory u.a. (Hg.), Sociobiology and Humane Nature, 116–135.
Beck, H. W., Biologie und Weltanschauung, Neuhausen-Stuttgart (Hänssler) 1979.
Becker, G., Altruism, Egoism, and Genetic Fitness: Economics and Sociobiology, in: Journal of Economic Literature 14 (1976), 817–826.
Beckstrom, J. H., Die elterliche Fürsorge als Entscheidungskriterium in Sorgerechtsverfahren. Ein Anwendungsfall der Soziobiologie, in: M. Gruter/M. Rehbinder (Hg.), Der Beitrag der Biologie, 243–260.
Beckwith, J., The Political Uses of Sociobiology in the United States and Europe, in: The Philosophical Forum 13 (1981/82), 311–321.
Belsey, A., The Moral Responsibility of the Scientist, in: Philosophy 53 (1978), 113–118.
Bennett, J. W., Anticipation, Adaptation, and the Concept of Culture in Anthropology, in: Science 192 (1976), 847–853.
Berg, L., Das theologische Menschenbild, Köln (Bachem) 1969.
Berger, P. L., Auf den Spuren der Engel. Die moderne Gesellschaft und die Wiederentdeckung der Transzendenz, Frankfurt a.M. (Fischer) 1981.
Bertalanffy, L. v., Biologie und Weltbild, in: M. Lohmann (Hg.), Wohin führt die Biologie?, 13–31.
Birch, Ch., A Biological Basis for Human Purpose, in: Zygon 8 (1973), 244–260.
Birnbacher, D., Sind wir für die Natur verantwortlich?, in: ders. (Hg.), Ökologie und Ethik, Stuttgart (Reclam) 1980, 103–139.
Bischof, N., On the Phylogeny of Human Morality, in: G. S. Stent (Hg.), Morality as a Biological Phenomenon, 53–74.
– Verstehen und Erklären in der Wissenschaft vom Menschen, in: M. Lohmann (Hg.), Wohin führt die Biologie?, 175–211.
Bixler, R. H., Incest Avoidance as a Function of Environment *and* Heredity, in: Current Anthropology 22 (1981), 639–643.
Blute, M., Review of Wilson: Sociobiology, in: Contemporary Sociology 5 (1976), 727–731.

Bock, K., Human Nature and History. A Response to Sociobiology, New York (Columbia Univ. Press) 1980.

Böckle, F., Fundamentalmoral, München (Kösel) 1977.

– La legge naturale e la legge cristiana, in: AA. VV., La legge naturale, Bologna (Ed. Dehoniane) 1970, 197–217.

– Natur als Norm in der Moraltheologie, in: F. Henrich (Hg.), Naturgesetz und christliche Ethik, 75–90.

– Normen und Gewissen, in: Stimmen der Zeit 111 (1986), 291–302.

– Rückblick und Ausblick, in: ders. (Hg.), Das Naturrecht im Disput, Düsseldorf (Patmos) 1966, 121–150.

– Sittliches Naturgesetz in geschichtlicher Wirklichkeit, in: F. Henrich (Hg.), Naturgesetz und christliche Ethik, 103–115.

– Was bedeutet „Natur" in der Moraltheologie?, in: ders. (Hg.), Der umstrittene Naturbegriff. Person – Natur – Sexualität in der kirchlichen Morallehre, Düsseldorf (Patmos) 1987, 45–68.

– Was ist das Proprium einer christlichen Ethik?, in: Zeitschrift für evangelische Ethik 11 (1967), 148–159.

– Werte und Normbegründung, in: CGMG, Bd. 12, 37–89.

Böckle, F./Eiff., A. W. v., Wissenschaft und Ethos, in: CGMG, Bd. 20, 119–147.

Boehm, Ch., Comment on Campbell: On the Conflicts, in: American Psychologist 31 (1976), 348–351.

– Some Problems with Altruism in the Search for Moral Universals, in: Behavioral Science 24 (1979), 15–24.

Boer, W. de, Der Ursprung der modernen Wissenschaft, in: Universitas 39 (1984), 357–368.

Bogdany, F. J., Soziobiologie. Möglichkeiten und Grenzen der ‚Neuen Synthese', in: Kölner Zeitschrift für Soziologie und Sozialpsychologie 32 (1980), 312–324.

Boné, E., Du biologique au culturel – L'essence de l'hominisation, in: Civiltà delle macchine 27 (1979), 24–26.

– Les images de l'Homme et leurs suggestions éthiques dans les sciences d'aujourd'hui, in: Revue des Questions Scientifiques 154 (1983), 281–302.

Bonner, J. T., A New Synthesis of the Principles that Underlie all Animal Societies, in: Scientific American 233 (1975), 129–132.

– Kulturevolution bei Tieren, Berlin (Parey) 1983.

Bosshard, St. N., Erschafft die Welt sich selbst? Die Selbstorganisation von Natur und Mensch aus naturwissenschaftlicher, philosophischer und theologischer Sicht, Freiburg i. Br. (Herder) 1985 (= QD 103).

– Evolution und Schöpfung, in: CGMG, Bd. 3, 87–127.

– Evolutionismus und Kreationismus. Anmerkungen zu einer aktuellen Kontroverse, in: Stimmen der Zeit 111 (1986), 232–240.

– Über die Dialogfähigkeit der Theologie, in: Stimmen der Zeit 110 (1985), 704–712.

Boyd, R./Richerson, P. J., Cultural Transmission and the Evolution of Cooperative Behavior, in: Human Ecology 10 (1982), 325–351.

Brandon, R. N., Phenotypic Plasticity, Cultural Transmission, and Human Sociobiology, in: J. H. Fetzer (Hg.), Sociobiology and Epistemology, 57–73.

Bratzler, K., Die Evolution des sittlichen Verhaltens, Berlin (Duncker & Humblot) 1984.

Bresch, C., Das sadistische Kohlenstoffatom, in: Biologie in unserer Zeit 9 (1979), 30–32.

– Das Ungeheuer unter den Papiertigern oder Die außerordentliche wissenschaftliche Rolle der Soziobiologie, in: O. Schatz (Hg.), Brauchen wir eine andere Wissenschaft?, Graz (Styria) 1981, 173–180.

– Zwischenstufe Leben. Evolution ohne Ziel?, Frankfurt a. M. (Fischer) 1979.

Bressler, M., Biological Determinism and Ideological Indeterminacy, in: E. White (Hg.), Sociobiology and Human Politics, 181–191.
Breuer, G., Der sogenannte Mensch. Was wir mit Tieren gemeinsam haben und was nicht, München (Kösel) 1981.
British Society for Social Responsibility in Science, The New Synthesis is an Old Story, in: New Scientist 70 (1976), 346–348.
Bröker, W., Evolutionäre Erkenntnistheorie. Erwägungen zu ihrer theologischen Relevanz, in: N. A. Luyten (Hg.), Wege zum Wirklichkeitsverständnis. Struktur und Ereignis I, Freiburg i. Br. (Alber) 1982, 11–30.
Brooks, H., Technology and Values: New Ethical Issues Raised by Technological Progress, in: Zygon 8 (1973), 17–35.
Brown, R. H., The Nature of Science, in: Zygon 14 (1979), 201–215.
Brunner, G., Art. Schöpfung, in: B. Stöckle (Hg.), Wörterbuch der ökologischen Ethik, Freiburg i. Br. (Herder) 1986, 110–117.
Bucher, T. G., Schöpfung und Evolution. Eine wissenschaftstheoretische Alternative?, in: Freiburger Zeitschrift für Philosophie und Theologie 32 (1985), 455–490.
Büchner, G., Sämtliche Dichtungen, Leipzig (H. Fikentscher) o. J.
Buckley, W. C., Introduction, in: Behavioral Science 24 (1979), 1–4.
Bühl, W. L., Art. Evolution, in: StL, Bd. 2, Sp. 523–526.
Burian, R. M., A Methodological Critique of Sociobiology, in: A. L. Caplan (Hg.), The Sociobiology Debate, 376–395.
– Human Sociobiology and Genetic Determinism, in: The Philosophical Forum 13 (1981/82), 43–66.
Busch, J. A., Sociobiology and General Systems Theory: A Critique of the New Synthesis, in: Behavioral Science 24 (1979), 60–71.
Caffarra, C., Teologia morale e scienze positive, in: Studia Moralia 14 (1976), 121–133.
Callahan, D./Engelhardt, H. T. (Hg.), The Roots of Ethics. Science, Religion, and Values, New York (Plenum Press) 1979.
Campbell, D. T., Die Funktion des Rechts und der Primärgruppen bei der sozialen Kontrolle, in: M. Gruter/M. Rehbinder (Hg.), Der Beitrag der Biologie, 175–189.
– „Downward Causation“ in Hierarchically Organized Biological Systems, in: F. J. Ayala/Th. Dobzhansky (Hg.), Studies in the Philosophy of Biology, 179–186.
– On the Conflicts Between Biological and Social Evolution and Between Psychology and Moral Tradition, in: American Psychologist 30 (1975), 1103–1126.
– Social Morality Norms as Evidence of Conflict Between Biological Human Nature and Social System Requirements, in: G. S. Stent (Hg.), Morality as a Biological Phenomenon, 75–92.
– The Conflict Between Social and Biological Evolution and the Concept of Original Sin, in: Zygon 10 (1975), 234–249.
– The Two Distinct Routes beyond Kin Selection to Ultrasociality: Implications for the Humanities and Social Sciences, in: D. L. Bridgeman (Hg.), The Nature of Prosocial Development. Interdisciplinary Theories and Strategies, New York (Academic Press) 1982, 11–41.
Camus, A., Der Fall, Reinbek bei Hamburg (Rowohlt) 1986.
Caplan, A. L. (Hg.), The Sociobiology Debate. Readings on the Ethical and Scientific Issues Concerning Sociobiology, New York (Harper & Row) 1978.
– A Critical Examination of Current Sociobiological Theory: Adequacy and Implications, in: G. W. Barlow/J. Silverberg (Hg.), Sociobiology, 97–121.
– Ethics, Evolution, and the Milk of Human Kindness, in: ders. (Hg.), The Sociobiology Debate, 304–314.

– Art. Genetic Aspects of Human Behavior: Philosophical and Ethical Issues, in: W. T. Reich (Hg.), Encyclopedia of Bioethics, Bd. 1, New York (The Free Press) 1978, 541–548.
– Introduction, in: ders. (Hg.), The Sociobiology Debate, 1–13.
– In What Ways Are Recent Developments in Biology and Sociobiology Relevant to Ethics? in: Perspectives in Biology and Medicine 22 (1978/79), 536–550.
– Review of Wilson: Sociobiology, in: Philosophy of Science 43 (1976), 305–306.
– Say It Just Ain't So: Adaptional Stories and Sociobiological Explanations of Social Behavior, in: The Philosophical Forum 13 (1981/82), 144–160.
– Sociobiology as a Strategy in Science, in: The Monist 67 (1984), 143–160.
– Sociobiology, Human Nature and Psychological Egoism, in: Journal of Social and Biological Structures 2 (1979), 27–38.
Capra, F., Wendezeit. Bausteine für ein neues Weltbild, Berlin (Scherz) 1983.
Carter, R. B., Descartes' Bio-Physics, in: Philosophia Naturalis 22 (1985), 223–249.
Cassidy, J., Philosophical Aspects of the Group Selection Controversy, in: Philosophy of Science 45 (1978), 575–594.
Caton, H., Domesticating Nature: Thoughts on the Ethology of Modern Politics, in: E. White (Hg.), Sociobiology and Human Politics, 99–133.
Cavalier-Smith, T., How Selfish is DNA?, in: Nature 285 (1980), 617–620.
Cela-Conde, C. J., The Challenge of Evolutionary Ethics, in: Biology and Philosophy 1 (1986), 293–297.
Chagnon, N. A./Irons, W. (Hg.), Evolutionary Biology and Human Social Behavior. An Anthropological Perspective, North Scituate/Mass. (Duxbury Press) 1979.
Changeux, J. P., Der neuronale Mensch. Wie die Seele funktioniert – die Entdeckungen der neuen Gehirnforschung, Reinbek bei Hamburg (Rowohlt) 1984.
Chargaff, E., Das Feuer des Heraklit. Skizzen aus einem Leben vor der Natur, Stuttgart (Klett-Cotta) ³1981.
– Unbegreifliches Geheimnis. Wissenschaft als Kampf für und gegen die Natur, Stuttgart (Klett-Cotta) ²1981.
– Warnungstafeln. Die Vergangenheit spricht zur Gegenwart, Stuttgart (Klett-Cotta) 1982.
Charlesworth, B., Models of Kin Selection, in: H. Markl (Hg.), Evolution of Social Behavior, 11–26.
Chesterton, G. K., Das Abenteuer des Glaubens, Olten (Walter) o. J.
– Thomas von Aquin, Heidelberg (Kerle) ²1957.
Chiavacci, E., Morale e autocomprensione dell'uomo nel mondo contemporaneo, in: T. Goffi (Hg.), Problemi e prospettive di teologia morale, 5–30.
Clark, R. E. D., Darwin und die Folgen. Zur Geschichte und Kritik der Entwicklungslehre, Wien (Herold) 1954.
Claudel, P., Der seidene Schuh, Salzburg (O. Müller) 1939.
Cohen, R., Evolutionary Epistemology and Human Values, in: Current Anthropology 22 (1981), 201–208; 216–217.
Cohen-Rosenfield, L., From Beast Machine to Man Machine. The Theme of Animal Soul in French Letters from Descartes to La Mettrie, Oxford (Octagon) 1940.
Collingwood, R. G., The Idea of Nature, London (Oxford Univ. Press) 1945.
Coreth, E., Die Welt des Menschen als Phänomen und Problem in: J. B. Lotz (Hg.), Neue Erkenntnisprobleme in Philosophie und Theologie, Freiburg i. Br. (Herder) 1968, 39–63.
– Vom Sinn der Freiheit, Innsbruck (Tyrolia) 1985.
– Was ist der Mensch? Grundzüge einer philosophischen Anthropologie, Innsbruck (Tyrolia) 1973.
Cottingham, J., Neo-Naturalism and its Pitfalls, in: Philosophy 58 (1983), 455–470.

Creutzfeldt, O. D., Ergebnisse und Grenzen moderner Hirnforschung, in: Universitas 39 (1984), 979–989.
Curran, C. E., Moral Theology in Dialogue with Biomedicine and Bioethics, in: Studia Moralia 23 (1985), 57–79.
Dahl, J., Buchbesprechung von E. Lausch: Manipulation. Der Griff nach dem Gehirn, in: Scheidewege 3 (1973), 395–399.
– Der feuchte Blick des Hominiden, in: Scheidewege 10 (1980), 350–360.
– Der unbegreifliche Garten und seine Verwüstung, in: P. Koslowski u. a. (Hg.), Die Verführung durch das Machbare, 183–210.
Dalferth, J. U./Jüngel, E., Person und Gottebenbildlichkeit, in: CGMG, Bd. 24, 57–99.
Daly, M., Contentious Genes: A Commentary on *The Selfish Gene* by Richard Dawkins, in: Journal of Social and Biological Structures 3 (1980), 77–81.
Dander, F., Gottes Bild und Gleichnis in der Schöpfung nach der Lehre des hl. Thomas von Aquin, in: L. Scheffczyk (Hg.), Der Mensch als Bild Gottes, 206–259.
Darlington, P. J., Altruism: Its Characteristics and Evolution, in: Proceedings of the National Academy of Sciences of the USA 75 (1978), 385–389.
Darwin, Ch., Die Abstammung des Menschen, Stuttgart (Kröner) ^{4}1982.
– Recapitulation of the Arguments pro and contra Natural Selection, in: G. Altner (Hg.), Der Darwinismus. Die Geschichte einer Theorie, Darmstadt (Wiss. Buchgesellschaft) 1981, 27–51.
David, J., Theologische und naturrechtliche Gesichtspunkte zur Beurteilung ethischer Fragen, in: F. Henrich (Hg.), Naturwissenschaft vor ethischen Problemen, München (Kösel) 1969, 53–87.
– Wandelbares Naturrecht?, in: W. Maihofer (Hg.), Naturrecht oder Rechtspositivismus?, 480–493.
Davies, P., Gott und die moderne Physik, München (Bertelsmann) 1986.
Davis, B. D., A Middle Course Between Irrelevance and Scientism, in: A. L. Caplan (Hg.), The Sociobiology Debate, 315–318.
– The Importance of Human Individuality for Sociobiology, in: Zygon 15 (1980), 275–293.
Dawkins, R., Das egoistische Gen, Berlin (Springer) 1978.
– Der blinde Uhrmacher. Ein neues Plädoyer für den Darwinismus, München (Kindler) 1987.
– Good Strategy or Evolutionary Stable Strategy?, in: G. W. Barlow/J. Silverberg (Hg.), Sociobiology, 331–367.
– In Defence of Selfish Genes, in: Philosophy 56 (1981), 556–573.
– Replicators and Vehicles, in: B. Bertram u. a. (Hg.), Current Problems in Sociobiology, Cambridge (Cambridge Univ. Press) 1982, 45–64.
– Replicator Selection and the Extended Phenotype, in: Zeitschrift für Tierpsychologie 47 (1978), 61–76.
– Reply to Fix and Greene, in: Contemporary Sociology 7 (1978), 709–712.
– Selfish Genes in Race or Politics, in: Nature 289 (1981), 528.
– The Extended Phenotype. The Gene as the Unit of Selection, Oxford (Freeman) 1982.
– Twelve Misunderstandings of Kin Selection, in: Zeitschrift für Tierpsychologie 51 (1979), 184–200.
Demmer, K., „Christi vestigia sequentes eiusque imagini conformes…“ (LG 40). Appunti di teologia morale fondamentale, Roma (PUG) 1986.
– Christliches Ethos und Menschenrechte, in: Gregorianum 60 (1979), 453–479.
– Coscienza e norma morale, in: Fondazione e interpretazione della norma, Brescia (Morcelliana) 1986, 13–50.
– Das bioethische Gespräch. Initiativen katholischer Universitäten, in: Herder-Korrespondenz 40 (1986), 489–493.

– Das theologische Argument und der Paradigmenwechsel, in: Freiburger Zeitschrift für Philosophie und Theologie 34 (1987), 65–89.
– Der Dienst der Versöhnung als Berufung des Christen im Kontext autonomer Sittlichkeit, in: P. Hünermann u. a. (Hg.), Theorie der Sprachhandlungen und heutige Ekklesiologie. Ein philosophisch-theologisches Gespräch, Freiburg i. Br. (Herder) 1987 (= QD 109), 150–174.
– Deuten und handeln. Grundlagen und Grundfragen der Fundamentalmoral, Freiburg i. Ue. (Universitätsverlag) 1985.
– Deuten und Wählen. Vorbemerkungen zu einer moraltheologischen Handlungstheorie, in: Gregorianum 62 (1981), 231–275.
– Ein Kind um jeden Preis?, in: Trierer Theologische Zeitschrift 94 (1985), 223–243.
– Elementi base di un' antropologia cristiana, in: T. Goffi (Hg.), Problemi e prospettive di teologia morale, 31–84.
– Entscheidung und Verhängnis. Die moraltheologische Lehre von der Sünde im Licht christologischer Anthropologie, Paderborn (Bonifacius) 1976.
– Erwägungen zum „intrinsece malum", in: Gregorianum 68 (1987), 613–637.
– Gehirnverpflanzung – ethische Implikationen, in: Gregorianum 65 (1984), 695–718.
– Il „nuovo" nell'attuale problematica intorno allo specifico dell'etica cristiana, in: L. Alvarez-Verdes (Hg.), Il problema del nuovo nella teologia morale, Roma (Ed. Rogate) 1986, 79–98.
– La difesa della vita presupposto alla pace: I problemi del morire, in: La medicina per la civiltà della pace (ed. orrizonte medico) 1985, 55–63.
– Leben in Menschenhand. Grundlagen des bioethischen Gesprächs, Freiburg i. Ue. (Universitätsverlag) 1987.
– Moralische Norm und theologische Anthropologie, in: Gregorianum 54 (1973), 263–305.
– Art. Naturrecht (IV, 1,2), in: StL, Bd. 3, Sp. 1308–1312.
– Sein und Gebot. Die Bedeutsamkeit des transzendentalphilosophischen Denkansatzes in der Scholastik der Gegenwart für den formalen Aufriß der Fundamentalmoral, München (Schöningh) 1971.
– Sittlicher Anspruch und Geschichtlichkeit des Verstehens, in: H. Rotter (Hg.), Heilsgeschichte und ethische Normen, Freiburg i. Br. (Herder) 1984 (= QD 99), 64–98.
– Sittlich Handeln aus Erfahrung, in: Gregorianum 59 (1978), 661–690.
– Sittlich handeln aus Verstehen. Strukturen hermeneutisch orientierter Fundamentalmoral, Düsseldorf (Patmos) 1980.
DeNicola, D. R., Sociobiology and Religion: A Discussion of the Issues, in: Zygon 15 (1980), 407–423.
Descartes, R., Discours de la Méthode, frz.-dt., Hamburg (Meiner) 1960.
Dickemann, M., Comment on Cohen: Evolutionary Epistemology, in: Current Anthropology 22 (1981), 209–210.
Ditfurth, H. v., Wir sind nicht nur von dieser Welt. Naturwissenschaft, Religion und die Zukunft des Menschen, Hamburg (Hoffmann und Campe) 1981.
Dobzhansky, Th., Ethics and Values in Biology and Cultural Evolution, in: Zygon 8 (1973), 261–281.
– Genetics and Equality, in: Science 137 (1962), 112–115.
– Vererbung und Menschenbild, München (Nymphenburger Verlagshandlung) 1966.
Dobzhansky, Th., u. a., Evolution, San Francisco (Freeman) 1977.
Doolittle, W. F./Sapienza, C., Selfish Genes, the Phenotype Paradigma and Genome Evolution, in: Nature 284 (1980), 601–603.
Dörner, D., Die Psychologie und das Problem der Einheit der Wissenschaften, in: B. Kanitscheider (Hg.), Materie – Leben – Geist, 121–128.
Dostojewskij, F., Die Brüder Karamasow, München (dtv) 1978.

Drewermann, E., Der tödliche Fortschritt. Von der Zerstörung der Erde und des Menschen im Erbe des Christentums, Regensburg (Pustet) [3]1983.
Drieschner, M., Einführung in die Naturphilosophie, Darmstadt (Wiss. Buchgesellschaft) 1981.
Dröscher, V. B., Vom Egoismus der Selbstlosen. Warum Tiere anderen Tieren helfen, in: Die Zeit, Nr. 42, 9. Oktober 1981, 65.
– Wie menschlich sind Tiere?, München (dtv) 1985.
Duchesneau, F., Téléologie et détermination positive de l'ordre biologique, in: Dialectica 32 (1978), 135–153.
Dunbar, R. I. M., Sociobiology, Biosophy, and Human Behavior, in: Ethology and Sociobiology 2 (1981), 187–190.
Durham, W. H., Toward a Coevolutionary Theory of Human Biology and Culture (I), in: A. L. Caplan (Hg.), The Sociobiology Debate, 428–448.
– Toward a Coevolutionary Theory of Human Biology and Culture (II), in: N. A. Chagnon/W. Irons (Hg.), Evolutionary Biology, 39–59.
Dürrenmatt, F., Die Physiker, Zürich (Arche) 1962.
Düsing, K., Teleologie und natürlicher Weltbegriff. Untersuchungen zu Strukturen der alltäglichen Erfahrungswelt, in: Neue Hefte für Philosophie 20 (1981), 31–59.
Dux, G., Die Natur des Menschen und die Weltanschauung unserer Zeit, in: W. Kasper (Hg.), Unser Wissen vom Menschen. Möglichkeiten und Grenzen anthropologischer Erkenntnisse, Düsseldorf (Patmos) 1977, 52–80.
Ebeling, G., Die Evidenz des Ethischen und die Theologie, in: Zeitschrift für Theologie und Kirche 57 (1960), 318–356.
– Überlegungen zur Theologie in der interdisziplinären Forschung, in: J. B. Metz/T. Rendtorff (Hg.), Die Theologie in der interdisziplinären Forschung, 35–43.
Eccles, J., Cultural Evolution versus Biological Evolution, in: Zygon 8 (1973), 282–293.
– Das Rätsel Mensch, München (Reinhardt) 1982.
– Die Psyche des Menschen, München (Reinhardt) 1984.
– Gehirn und Seele. Erkenntnisse der Neurophysiologie, München (Piper) 1987.
Eccles, J./Robinson, D. N., Das Wunder des Menschseins. Gehirn und Geist, München (Piper) 1985.
Eccles, J./Zeier, H., Gehirn und Geist. Biologische Erkenntnisse über Vorgeschichte, Wesen und Zukunft des Menschen, Frankfurt a.M. (Fischer) 1984.
Eckberg, D. L., Sociobiology and the Death of Sociology, in: American Sociologist 12 (1977), 191–196.
Eckland, B. K., Darwin Rides Again, in: American Journal of Sociology 82 (1977), 692–697.
Edel, A., Attempts to Derive Definitive Moral Patterns from Biology, in: A. L. Caplan (Hg.), The Sociobiology Debate, 111–116.
Edelman, M., Human Behavior and Sociobiological Models of Natural Selection, in: The Philosophical Forum 13 (1981/82), 1–42.
Eibach, U., Experimentierfeld: Werdendes Leben. Eine ethische Orientierung, Göttingen (Vandenhoeck & Ruprecht) 1983.
Eibl-Eibesfeldt, I., Das angeborene Können – Erkenntnisse der Verhaltensforschung, in: Universitas 23 (1968), 185–194.
– Der vorprogrammierte Mensch. Das Ererbte als bestimmender Faktor im menschlichen Verhalten, München (dtv) [5]1984.
– Die Biologie des menschlichen Verhaltens. Grundriß der Humanethologie, München (Piper) 1984.
– Grundriß der vergleichenden Verhaltensforschung, München (Piper) [6]1980.
– Krieg und Frieden aus der Sicht der Verhaltensforschung, München (Piper) [6]1984.

– Liebe und Haß. Zur Naturgeschichte elementarer Verhaltensweisen, München (Piper) [11]1984.
– Stammesgeschichtliche Anpassungen im Verhalten des Menschen, in: H.-G. Gadamer/P. Vogler (Hg.), Neue Anthropologie, Bd., 2, 3–59.
Eigen, M., Vorrede zur deutschen Ausgabe, in: J. Monod, Zufall und Notwendigkeit, 9–16.
Eigen, M./Winkler, R., Das Spiel. Naturgesetze steuern den Zufall, München (Piper) [7]1985.
Eisenberg, L., The *Human* Nature of Human Nature, in: Science 176 (1972), 123–128.
Eisenstein, I., Ist die Evolutionstheorie wissenschaftlich begründet? Das Artproblem in biologischer und philosophischer Sicht, in: Philosophia Naturalis 15 (1975), 241–292; 404–445.
Emlen, St. T., An Alternative Case for Sociobiology, in: Science 192 (1976), 736–738.
– Ecological Determinism and Sociobiology, in: G. W. Barlow/J. Silverberg (Hg.), Sociobiology, 125–150.
Endres, J., Ethische Fragen, aufgeworfen durch ethologische Lösungen, in: Studia Moralia 8 (1970), 109–147.
Engels, E.-M., Evolutionäre Erkenntnistheorie – ein biologischer Ausverkauf der Philosophie?, in: Zeitschrift für allgemeine Wissenschaftstheorie 14 (1983), 139–166.
– Teleologie ohne Telos?, in: Zeitschrift für allgemeine Wissenschaftstheorie 13 (1982), 122–165.
– Was leistet die evolutionäre Erkenntnistheorie? Eine Kritik und Würdigung, in: Zeitschrift für allgemeine Wissenschaftstheorie 16 (1985), 113–146.
Erbrich, P., Ist die naturwissenschaftliche Evolutionstheorie hinreichend?, in: Philosophia Naturalis 14 (1973), 156–172.
– „Kritische Evolutionstheorie", in: Theologie und Philosophie 58 (1983), 556–565.
Ernst, W., Grundfragen heutiger Moraltheologie. Ein Überblick, in: Studia Moralia 18 (1980), 33–81.
Etkin, W., A Biological Critique of Sociobiology Theory, in: E. White (Hg.), Sociobiology and Human Politics, 45–97.
– Review of Dawkins: The Selfish Gene, in: Perspectives in Biology and Medicine 22 (1978/79), 143–145.
Etter, M. A., Sahlins and Sociobiology, in: American Ethnologist 5 (1978), 160–169.
Ewers, M., Philosophie des Organismus in teleologischer und dialektischer Sicht, Münster (Lit-Verlag) 1986.
Falgar, V. S. E., Sociobiology and Political Ideology: Comments on the Radical Point of View, in: Journal of Human Evolution 13 (1984), 129–135.
Feil, E., Verstehen und Verständigung. Zur Problematisierung neuzeitlichen Wissenschaftsverständnisses, in: Freiburger Zeitschrift für Philosophie und Theologie 28 (1981), 206–251.
Feldman, M. W./Lewontin, R. C., The Heritability Hang-up, in: Science 190 (1975), 1163–1168.
Fetzer, J. H. (Hg.), Sociobiology and Epistemology, Dordrecht (Reidel) 1985.
– Science and Sociobiology, ebd., 217–246.
Feyerabend, P., Der wissenschaftstheoretische Realismus und die Autorität der Wissenschaften, Braunschweig (Vieweg) 1978.
– Die Frage, ob die Theologie eine Wissenschaft sei, ist weder interessant noch gehaltvoll, in: ders./Ch. Thomas (Hg.), Wissenschaft und Tradition, 125–128.
– Eine Lanze für Aristoteles, in: G. Radnitzky/G. Andersson (Hg.), Fortschritt und Rationalität der Wissenschaft, Tübingen (Mohr) 1980, 157–198.
– Votum (Diskussion: Ist Theologie eine Wissenschaft?), in: ders./Ch. Thomas (Hg.), Wissenschaft und Tradition, 133–138.
– Wider den Methodenzwang, Frankfurt a.M. (Suhrkamp) 1986.
Feyerabend, P./Thomas Ch. (Hg.), Wissenschaft und Tradition, Zürich (Verlag der Fachvereine) 1983.

Filiasi-Carcano, P., La crisi della morale e la funzione delle scienze umane, in: AA. VV., Ricerca morale e scienze umane, 9–30.
Fischer, H. (Hg.), Anthropologie als Thema der Theologie, Göttingen (Vandenhoeck & Ruprecht) 1978.
– Zur Einführung: Tendenzen zur Verselbständigung der theologischen Anthropologie, ebd., 9–19.
Fischer, M. W., Wissenschaftskritik und Naturrecht. Wider die Anmaßungen eines zur absoluten Wahrheit erhobenen Szientismus, in: D. Mayer-Maly/P. M. Simons (Hg.), Das Naturrechtsdenken, 557–584.
Fix, A. G., Genocentric Social Theory, in: Contemporary Sociology 7 (1978), 705–706.
Flad-Schnorrenberg, B., Die Biologie des Geistes und der Geist der Biologie, in: Scheidewege 10 (1980), 361–366.
Flanagan, O. J., Jr., Is Morality Epiphenomenal? The Failure of the Sociobiological Reduction of Ethics, in: The Philosophical Forum 13 (1981/82), 207–225.
Flew, A., A Rational Animal, Oxford (Clarendon Press) 1978.
– From Is to Ought, in: A. L. Caplan (Hg.), The Sociobiology Debate, 142–162.
Flinn, M. V., Review of Dawkins: The Extended Phenotype, in: Ethology and Sociobiology 5 (1984), 215–217.
Flintrop, F., Die „Anthropologische Wende" der Neuzeit, in: G. K. Pöppel (Hg.), Das Bild des Menschen in der Wissenschaft, 137–150.
Flohr, H./Tönnesmann, W., Selbstverständnis und Grundlagen von Biopolitics, in: dies. (Hg.), Politik und Biologie. Beiträge zur Life-Sciences-Orientierung der Sozialwissenschaften, Berlin (Parey) 1983, 11–30.
Fraling, B., Begründung ethischen Verhaltens, in: Ph. Kaiser/D. St. Peters (Hg.), Evolutionstheorie und ethische Fragestellungen, 141–162.
Frankel, Ch., Sociobiology and its Critics, in: Zygon 15 (1980), 255–273.
Frankl, V. E., Der Pluralismus der Wissenschaften und das Menschliche im Menschen, in: A. Koestler/J. R. Smythies (Hg.), Das neue Menschenbild. Die Revolutionierung der Wissenschaften vom Leben, Wien (Molden) 1970, 374–385.
– Der Wille zum Sinn. Ausgewählte Vorträge über Logotherapie, Bern (Huber) ^{3}1982.
– Die Sinnfrage in der Psychotherapie, München (Piper) ^{2}1985.
Freedman, D. G., Human Sociobiology: A Holistic Approach, New York (Free Press) 1979.
Freeman, D., Sociobiology: The „Antidiscipline" of Anthropology, in: A. Montagu (Hg.), Sociobiology Examined, 198–219.
Frey, Ch., Arbeitsbuch Anthropologie. Christliche Lehre vom Menschen und humanwissenschaftliche Forschung, Stuttgart (Kreuz) 1979.
– Die Bedeutung der säkularen Wissenschaften für die Ethik, in: HChE, Bd. 1, 297–316.
Fried, C., Biology and Ethics: Normative Implications, in: G.S. Stent (Hg.), Morality as a Biological Phenomenon, 209–220.
Fries, H., Der Mensch im Mittelpunkt. Eine Einführung, in: J. Hüttenbügel (Hg.), Gott – Mensch – Universum. Der Christ vor den Fragen der Zeit, Graz (Styria) 1974, 11–28.
– Theologie als Anthropologie, in: K. Rahner/H. Fries (Hg.), Theologie in Freiheit und Verantwortung, München (Kösel) 1981, 30–69.
Frisch, M., Homo faber. Ein Bericht, Frankfurt a.M. (Suhrkamp) 1957.
Fromm, E., Der Mensch – Wer ist er wirklich?, in: H. Huber/O. Schatz (Hg.), Glaube und Wissen, 190–201.
Fuchs, J., Autonome Moral und Glaubensethik, in: D. Mieth/F. Compagnoni (Hg.), Ethik im Kontext des Glaubens, 46–74.
– Biologie und Ehemoral, in: Gregorianum 43 (1962), 225–253.

– Glaube, Sittlichkeit, Recht, in: D. Mayer-Maly/P. M. Simons (Hg.), Das Naturrechtsdenken, 751–762.
Fuller, J. L., Genes, Brains, and Behavior, in: M. S. Gregory u. a. (Hg.), Sociobiology and Human Nature, 98–115.
Furger, F., Gibt es eine Ethik ohne Gott? – Oder: Wie stellt Ethik die Gottesfrage?, in: Theologische Berichte 12, Zürich (Benziger) 1983, 63–93.
– Objektivität und Verbindlichkeit sittlicher Urteile. Eine Problemskizze, in: W. Kerber (Hg.), Sittliche Normen, 13–32.
Gadamer, H.-G., Theorie, Technik, Praxis – die Aufgabe einer neuen Anthropologie, in: ders/P. Vogler (Hg.), Neue Anthropologie, Bd. 1, IX–XXXVII.
Gadamer, H.-G./Vogler, P. (Hg.), Neue Anthropologie, Bd. 1–6, München (dtv) 1972.
Gallino, L. (Hg.), Sociobiologia e natura umana, Torino (Einaudi) 1980.
– Oltre il gene egoista, ebd., VII–XLVI.
Gallup, G., Self-Recognition in Primates. A Comparative Approach to the Bidirectional Properties of Consciousness, in: American Psychologist 32 (1977), 329–338.
Ganoczy, A., Neue Aufgaben der christlichen Anthropologie, in: Concilium 9 (1973), 417–425.
Gaulin, S. J. C./Schlegel, A., Paternal Confidence and Paternal Investment: A Cross Cultural Test of a Sociobiological Hypothesis, in: Ethology and Sociobiology 1 (1980), 301–309.
Gewirth, A., The Problem of Specificity in Evolutionary Ethics, in: Biology and Philosophy 1 (1986), 297–305.
Ghiselin, M. T., The Economy of Nature and the Evolution of Sex, Berkeley (Univ. of Californ. Press) 1974.
Gierer, A., Die physikalischen Grundlagen der Biologie und das Selbstverständnis des Menschen, in: M. Lohmann (Hg.), Wohin führt die Biologie?, 57–84.
Gilbert, S. F., Altruism and Other Unnatural Acts: T. H. Huxley on Nature, Man and Society, in: Perspectives in Biology and Medicine 22 (1978/79), 346–358.
Gilch, G., Auf der Spur des Lebendigen. Neue Zugänge zum biologischen Weltbild, in: Evangelische Kommentare 5 (1972), 461–465.
Ginsburg, Th., Gedanken eines jüdischen Wissenschaftlers zu Judentum und Wissenschaft, in: P. Feyerabend/Ch. Thomas (Hg.), Wissenschaft und Tradition, 29–38.
Ginters, R., Analytische Ansätze in der Ethik, in: D. Mieth/F. Compagnoni (Hg.), Ethik im Kontext des Glaubens, 120–134.
Gismondi, G., Dati, teorie e oggettività nel confronto tra scienze e teologia, in: Rassegna di teologia 22 (1981), 366–378.
– La componente epistemologica nel confronto tra scienze e teologia, in: Rassegna di teologia 20 (1979), 259–268.
– Metodologia delle scienze e teologia, ebd., 26–37.
Glasersfeld, E. v., Einführung in den radikalen Konstruktivismus, in: P. Watzlawick (Hg.), Die erfundene Wirklichkeit. Wie wissen wir, was wir zu wissen glauben? Beiträge zum Konstruktivismus, München (Piper) 3 1985, 16–38.
Gläßer, A., Theologie und Evolutionstheorie im 19. Jahrhundert, in: Ph. Kaiser/D. St. Peters (Hg.), Evolutionstheorie und ethische Fragestellungen, 109–140.
Gleixner, H., Die Relevanz des christlichen Glaubens für die Ethik, in: Theologie und Glaube 76 (1986), 307–323.
Goerttler, K., Morphologische Sonderstellung des Menschen im Reich der Lebensformen auf der Erde, in: H.-G. Gadamer/P. Vogler (Hg.), Neue Anthropologie, Bd. 2, 215–257.
Goffi, T. (Hg.), Problemi e prospettive di teologia morale, Brescia (Queriniana) 1976.
Gould, J. L./Gould C. G., The Insect Mind: Physics or Metaphysics?, in: D. R. Griffin (Hg.), Ani-

mal Mind – Human Mind (Dahlem Konferenzen, Life Sciences Research Report 21), Berlin (Springer) 1982, 269–298.
Gould, St. J., Biological Potential vs. Biological Determinism, in: A. L. Caplan (Hg.), The Sociobiology Debate, 343–351.
– Evolutionäre Flexibilität und menschliches Bewußtsein, in: P. Koslowski u. a. (Hg.), Evolution und Freiheit, 24–35.
– Genes on the Brain, in: The New York Review of Books 30 (1983), H. 11, 5; 6; 8; 10.
– Sociobiology and Human Nature. A Postpanglossian Vision, in: A. Montagu (Hg.), Sociobiology Examined, 283–290.
– Sociobiology and the Theory of Natural Selection, in: G. W. Barlow/J. Silverberg (Hg.), Sociobiology, 257–269.
Grabner-Haider, A., Ethos und Religion. Entstehung neuer Lebenswerte in der modernen Gesellschaft, Mainz (Grünewald) 1983.
Graham, L. R., Between Science and Values, New York (Columbia Univ. Press) 1981.
Greene, P. J., From Genes to Memes?, in: Contemporary Sociology 7 (1978), 706–709.
Gregory, M. S., u. a. (Hg.), Sociobiology and Human Nature, San Francisco (Jossey-Bass Publishers) 1978.
Grene, M., Sociobiology and the Human Mind, ebd., 213–224.
– The Understanding of Nature. Essays in the Philosophy of Biology, Dordrecht (Reidel) 1974.
Greshake, G., Gott in allen Dingen finden. Schöpfung und Gotteserfahrung, Freiburg i. Br. (Herder) 1986.
Griffel, A., Der Mensch – Wesen ohne Verantwortung?, Regensburg (Habbel) 1975.
Griffin, D. R., Humanistic Aspects of Ethology, in: M. S. Gregory u. a. (Hg.), Sociobiology and Human Nature, 240–259.
Grmek, M., A Survey of the Mechanical Interpretations of Life from Greek Atomists to the Followers of Descartes, in: A. D. Breck/W. Yourgrau (Hg.), Biology, History, and Natural Philosophy, New York (Plenum Press) 1972, 181–195.
Groiss, J. T., Die Evolution der Hominiden, in: R. Siewing (Hg.), Evolution, 357–378.
Gründel, J., Die Bedeutung einer Konvergenzargumentation für die Gewißheitsbildung und für die Zustimmung zur absoluten Geltung einzelner sittlicher Normen, in: Wahrheit und Verkündigung (Festschrift M. Schmaus), München (Schöningh) 1967, 1607–1630.
– Ethik und Moraltheologie im Dialog mit der Ethologie, in: M. Seckler u. a. (Hg.), Begegnung, 633–642.
– Naturgeschichtliche Voraussetzungen sittlichen Handelns, in: Concilium 12 (1976), 618–622.
– Normen im Wandel. Eine Orientierungshilfe für christliches Leben heute, München (Don Bosco Verlag) 1980.
– Normen sittlichen Verhaltens in der Gesellschaft, in: A. Paus (Hg.), Menschenwürdige Gesellschaft, 111–179.
– Schuld und Versöhnung, Mainz (Grünewald) 1985.
– Verhaltensforschung und Theologische Ethik, in: St.-E. Szydzik (Hg.), Christliches Gesellschaftsdenken im Umbruch, Regensburg (Pustet) 1977, 65–71.
– Wandelbares und Unwandelbares in der Moraltheologie, Düsseldorf (Patmos) 1966.
Gruter, M., Die Bedeutung der biologisch orientierten Verhaltensforschung für die Suche nach den Rechtstatsachen, in: ders./M. Rehbinder (Hg.), Der Beitrag der Biologie, 225–241.
– Soziobiologische Grundlagen der Effektivität des Rechts, in: Rechtstheorie 11 (1980), 96–109.
Gruter, M./Rehbinder, M. (Hg.), Der Beitrag der Biologie zu Fragen von Recht und Ethik (Schriftenreihe zur Rechtssoziologie und Rechtstatsachenforschung, Bd. 54), Berlin (Duncker & Humblot) 1983.
Guardini, R., Die Technik und der Mensch, Mainz (Grünewald) 1981.

Gustafson, J. M., Sociobiology: A Secular Theology. Review of E. O. Wilson, On Human Nature, in: Hastings Center Report 9 (1979), 44–45.

Gütersloh, A. P., Sonne und Mond, München (Piper) ²1984.

Gutmann, W. F., Der Eingang essentialistischer Philosophie ins Evolutionsdenken seit Darwin, in: Ph. Kaiser/D. St. Peters (Hg.), Evolutionstheorie und ethische Fragestellungen, 59–95.

– Entwickelt sich ein neues Evolutionsverständnis? Das Analogie-Denken Darwins und die physikalistische Evolutionstheorie, in: Biologische Rundschau 17 (1979), 84–99.

– Veränderungen im Evolutionsverständnis – Neue Aspekte der Evolutionsforschung, in: Universitas 33 (1978), 1297–1304.

Gutmann, W. F./Bonik, K., Die Dynamik von Selbstorganisation und Destruktion im heutigen Evolutionsverständnis, München (Minerva) 1980.

Haas, A., Weltbild und Glaube eines Naturwissenschaftlers, München (Wewel) 1986.

Habermas, J., Art. Anthropologie, in: Fischer-Lexikon Philosophie, Frankfurt a. M. (Fischer) 1958, 18–35.

– Erkenntnis und Interesse, in: Merkur (1965), 1139–1153.

Haeffner, G., Philosophische Anthropologie, Stuttgart (Kohlhammer) 1982.

Hahn, A., Soziale Voraussetzungen von Individualität, in: A. Schavan/B. Welte (Hg.), Person und Verantwortung. Zur Bedeutung und Begründung von Personalität, Düsseldorf (Patmos) 1980, 53–70.

Haller, R., Entwicklung, Sprache und Erkenntnis, in: R. Riedl/F. Kreuzer (Hg.), Evolution und Menschenbild, 206–224.

Hamilton, W. D., Extraordinary Sex Ratios, in: Science 156 (1967), 477–488.

– Innate Social Aptitudes of Man: An Approach from Evolutionary Genetics, in: R. Fox (Hg.), Biosocial Anthropology, London (Malaby Press) 1975, 133–155.

– The Evolution of Altruistic Behavior, in: American Naturalist 97 (1963), 354–356.

– The Genetical Evolution of Social Behavior, in: Journal of Theoretical Biology 7 (1964), 1–52.

– The Play by Nature, in: Science 196 (1977), 757–759.

Hammer, F., Selbstzensur für Forscher?, Osnabrück (Fromm) 1983.

Hammond, K. R./Adelman, L., Science, Values, and Human Judgment, in: Science 194 (1976), 389–396.

Hanna, J. F., Sociobiology and the Information Metaphor, in: J. H. Fetzer (Hg.), Sociobiology and Epistemology, 31–55.

Haraway, D., The Biological Enterprise: Sex, Mind, and Profit from Human Engineering to Sociobiology, in: Radical History Review 20 (Spring/Summer 1979), 206–237.

Häring, B., Ethik der Manipulation, Graz (Styria) 1977.

– Heilender Dienst. Ethische Probleme der modernen Medizin, Mainz (Grünewald) 1972.

Harris, M., Cultural Materialism: The Struggle for a Science of Culture, New York (Vintage) 1979.

Hartmann, O. J., Die Selbstverleugnung des Geistes. Über den „Animismus" in der exakten Naturwissenschaft, in: Scheidewege 2 (1972), 231–248.

Hartung, J., Polygyny and Inheritance of Wealth, in: Current Anthropology 23 (1982), 1–8.

Harvey, P. H., u. a., Mechanisms of Kin-Correlated Behavior. Group Report, in: H. Markl (Hg.), Evolution of Social Behavior, 183–202.

Hasenstab, R., Die Menschenrechte als Richtpunkte und Garantie vieldimensionaler Autonomie. Anmerkungen zu einem Votum Johannes Schwartländers, in: D. Mieth/H. Weber (Hg.), Anspruch der Wirklichkeit, 97–117.

Hassenstein, B., Das spezifisch Menschliche nach den Resultaten der Verhaltensforschung, in: H.-G. Gadamer/P. Vogler (Hg.), Neue Anthropologie, Bd. 2, 60–97.

– Evolution und Werte, in: R. Riedl/F. Kreuzer (Hg.), Evolution und Menschenbild, 59–81.

– Tier und Mensch, in: CGMG, Bd. 3, 129–158.

– Willensfreiheit und Verantwortlichkeit. Naturwissenschaftliche und juristische Aspekte, in: ders. u. a., Freiburger Vorlesungen zur Biologie des Menschen, Heidelberg (Quelle & Meyer) 1979, 202–221.
Hayek, F. A. v., Die drei Quellen der menschlichen Werte, Tübingen (Mohr) 1979.
– Die überschätzte Vernunft, in: R. Riedl/F. Kreuzer (Hg.), Evolution und Menschenbild, 164–192.
Hefner, Ph., Is/Ought: A Risky Relationship Between Theology and Science, in: Zygon 15 (1980), 377–395.
Hegel, G. W. F., Phänomenologie des Geistes, Frankfurt a. M. (Suhrkamp) 1973.
Heinrichs, H., Der Irrtum des Konrad Lorenz, in: Bild der Wissenschaft 1981, 125–126.
Heisenberg, W., Physik und Philosophie, Stuttgart (Hirzel) ^{4}1984.
Heitler, W., Die hierarchische Ordnung der Natur, in: Scheidewege 4 (1974), 564–576.
– Über die Komplementarität von lebloser und lebender Materie, in: Scheidewege 8 (1978), 439–459.
Hemleben, J., Biologie und Christentum, Stuttgart (Urachhaus) 1971.
Hemminger, H., Das Wirklichkeitsverständnis der Naturwissenschaft (Impulse Nr. 23, hg. von der Evangelischen Zentralstelle für Weltanschauungsfragen), Stuttgart 1986.
– Der Mensch – eine Marionette der Evolution? Eine Kritik an der Soziobiologie, Frankfurt a. M. (Fischer) 1983.
– Die Suche nach Realität in der Naturwissenschaft und im Glauben, in: Kerygma und Dogma 33 (1987), 246–278.
Hengstenberg, H.-E., Evolution und Schöpfung. Eine Antwort auf den Evolutionismus Teilhard de Chardins, München (Pustet) 1963.
– Evolutionismus und Schöpfungslehre, in: R. Spaemann u. a. (Hg.), Evolutionismus und Christentum, 75–89.
– Sein und Ursprünglichkeit. Zur philosophischen Grundlegung der Schöpfungslehre, Salzburg (Pustet) 1958.
– Zur Revision des Begriffs der menschlichen Natur, in: Philosophia Naturalis 14 (1973), 53–94.
Henrich, F. (Hg.), Naturgesetz und christliche Ethik. Zur wissenschaftlichen Diskussion nach Humanae vitae, München (Kösel) 1970.
Herbig, J., Der Bio-Boom. Geschäfte mit dem Leben, Hamburg (Stern) 1982.
– Im Anfang war das Wort. Die Evolution des Menschlichen, München (Hanser) ^{2}1985.
Hertz, A., Das Naturrecht, in: HChE, Bd. 1, 317–338.
Hettlage, R., Variationen des Darwinismus in der Soziologie, in: D. Henrich (Hg.), Evolutionstheorie und ihre Evolution (Schriftenreihe der Univ. Regensburg, Bd. 7), Regensburg 1982, 109–125.
Heumann, W., Evolution frühesten Lebens, in: R. Siewing (Hg.), Evolution, 119–134.
Hick, J., Philosophy of Religion, Englewood Cliff, N. J. (Prentice-Hall) 1963.
Hintersberger, B., Theologische Ethik und Verhaltensforschung. Probleme – Methoden – Ergebnisse, München (Kösel) 1978.
Hirsch, E. E., Die Steuerung des menschlichen Verhaltens, in: M. Gruter/M. Rehbinder (Hg.), Der Beitrag der Biologie, 275–291.
Hodgson, P. E., Voraussetzungen und Grenzen der Wissenschaft, in: G. Radnitzky/G. Andersson (Hg.), Voraussetzungen und Grenzen der Wissenschaft, Tübingen (Mohr) 1981, 155–172.
Hoebel, B. G., Neurogene und chemische Grundlagen des Glücksgefühls, in: M. Gruter/M. Rehbinder (Hg.), Der Beitrag der Biologie, 87–109.
Hoebel, E. A., Anthropologie, Recht und Genetik, ebd., 39–49.
Höffe, O., Der wissenschaftliche Tierversuch: Eine bioethische Fallstudie, in: E. Ströker (Hg.), Ethik der Wissenschaften?, 117–142.

– Naturrecht ohne naturalistischen Fehlschluß. Ein rechtsphilosophisches Programm, Wien (Verlag des Verb. d. Wissenschaftl. Gesellschaften Österreichs) 1980.
– Sittlich-politische Diskurse. Philosophische Grundlagen, Politische Ethik, Biomedizinische Ethik, Frankfurt a.M. (Suhrkamp) 1981.
Hoffmann, J., Biotechnologie, Gentechnologie und Reproduktionsbiologie in theologischer Sicht, in: R. Föhl (Hg.), Genforschung – Fluch oder Segen?, München (Schweitzer) 1985, 104–143.
Hoffmann, P./Eid, V., Jesus von Nazareth und eine christliche Moral, Freiburg i.Br. (Herder) 1975 (= QD 66).
Hogan, R., Review of Campbell: On the Conflicts, in: American Psychologist 31 (1976), 363–366.
Holcomb III, H. R., Criticism, Commitment, and the Growth of Human Sociobiology, in: Biology and Philosophy 2 (1987), 43–63.
Holton, G., Sociobiology: The New Synthesis?, in: M. S. Gregory u.a. (Hg.), Sociobiology and Human Nature, 75–97.
Homans, G. C., Nature Versus Nurture: A False Dichotomy, in: Contemporary Sociology 8 (1979), 345–348.
Hommes, U., Sicherheit als Maß der Freiheit? Descartes' Idee der „mathesis universalis" und die praktische Philosophie der Neuzeit, in: M. Riedel (Hg.), Rehabilitierung der praktischen Philosophie, Bd. 2, Rezeption – Argumentation – Diskussion, Freiburg i.Br. (Rombach) 1974, 501–520.
Honecker, M., Erfahrung und Entscheidung. Zur Begründung einer theologischen Ethik, in: Zeitschrift für Theologie und Kirche 75 (1978), 485–502.
– Technischer Sachzwang oder ethische Autonomie. Theologische Überlegungen zu einer aktuellen Diskussion, in: Evangelische Kommentare 10 (1977), 592–594.
– Verantwortung am Lebensbeginn, in: R. Föhl (Hg.), Genforschung – Fluch oder Segen?, München (Schweitzer) 1985, 144–160.
Horkheimer, M., Die Sehnsucht nach dem ganz Anderen, Hamburg (Furche) 1970.
Horn, K., Die humanwissenschaftliche Relevanz der Ethologie im Lichte einer sozialwissenschaftlich verstandenen Psychoanalyse, in: G. Roth (Hg.), Kritik der Verhaltensforschung, 190–221.
Huber, H./Schatz, O (Hg.), Glaube und Wissen, Wien (Herder) ²1981.
Huber, R., Die humane Alternative. Cerebralisation oder Animalisation, in: G.-K. Kaltenbrunner (Hg.), Wir sind Evolution, Freiburg i.Br. (Herder) 1981, 94–111.
Huber, W., Sozialethik als Verantwortungsethik, in: A. Bondolfi u.a. (Hg.), Ethos des Alltags, Zürich (Benziger) 1983, 55–76.
Hübner, J., Die neue Verantwortung für das Leben. Ethik im Zeitalter von Gentechnologie und Umweltkrise, München (Kaiser) 1986.
– Die Welt als Gottes Schöpfung ehren. Zum Verhältnis von Theologie und Naturwissenschaft heute, München (Kaiser) 1982.
– Schöpfungsglaube und Theologie der Natur, in: Evangelische Theologie 37 (1977), 49–68.
– Theologie und biologische Entwicklungslehre. Ein Beitrag zum Gespräch zwischen Theologie und Naturwissenschaft, München (Beck) 1966.
– Vom Gegensatz zum Dialog. Naturwissenschaft und Theologie widersprechen sich nicht, in: Lutherische Monatshefte 18 (1979), 599–601.
– Wissenschaft, Glaube und Ethik. Über die Voraussetzungen christlich-ethischer Urteilsbildung im Blick auf die moderne Medizin, in: Evangelische Theologie 41 (1981), 507–524.
Hübner, K., Die nicht endende Geschichte des Mythischen, in: Scheidewege 16 (1986/87), 16–29.
– Zu Watkins': „Hübner über Falsifikation, ‚grue' und Wahrheit", in: G. Radnitzky/G. Andersson (Hg.), Fortschritt und Rationalität der Wissenschaft, Tübingen (Mohr) 1980, 449–452.
Hudson, W. D. (Hg.), The Is/Ought Question: A Collection of Papers on the Central Problem in Moral Philosophy, New York (St. Martin's Press) 1969.

Hughes, W., Richards' Defense of Evolutionary Ethics, in: Biology and Philosophy 1 (1986), 306–315.
Hull, D. L., Scientific Bandwagon or Traveling Medicine Show?, in: M. S. Gregory u.a. (Hg.), Sociobiology and Human Nature, 136–163.
– Sociobiology: Another New Synthesis, in: G. W. Barlow/J. Silverberg (Hg.), Sociobiology, 77–96.
– Units of Evolution: A Metaphysical Essay, in: U. J. Jensen/R. Harré (Hg.), The Philosophy of Evolution, New York (St. Martin's Press) 1981, 23–44.
Huxley, Th. H., Evolution and Ethics, New York (D. Appleton and Co) 1894.
Ignatius von Loyola, Geistliche Übungen, Freiburg i.Br. (Herder) ²1976.
Illies, J., Der Jahrhundert-Irrtum. Würdigung und Kritik des Darwinismus, Frankfurt a.M. (Umschau) ²1984.
– Die biologische Evolution als bleibende Herausforderung des Denkens, in: Universitas 16 (1981), 959–966.
– Die Evolution des Lebendigen. Fakten und Deutungen, in: G.-K. Kaltenbrunner (Hg.), Wir sind Evolution, Freiburg i.Br. (Herder) 1981, 29–56.
– Die Evolution und der Weg des Menschen – Versuch einer Synthese, in: Universitas 33 (1978), 1167–1176.
– Kulturbiologie des Menschen, München (Piper) 1978.
– Nicht Tier, nicht Engel. Der Mensch zwischen Natur und Kultur, Zürich (interfrom) 1975.
– Schöpfung oder Evolution. Ein Naturwissenschaftler zur Menschwerdung, Zürich (interfrom) ²1980.
– Zoologie des Menschen. Entwurf einer Anthropologie, München (Piper) 1971.
Immelmann, K., Einführung in die Verhaltensforschung, Berlin (Parey) ³1983.
– Sozialstrukturen im Tierreich, in: Universitas 38 (1983), 709–716.
Irons, W., Cultural and Biological Success, in: N. A. Chagnon/ W. Irons (Hg.), Evolutionary Biology, 257–272.
– Is Yomut Social Behavior Adaptive?, in: G. W. Barlow/J. Silverberg (Hg.), Sociobiology, 417–463.
– Natural Selection, Adaptation, and Human Social Behavior, in: N. A. Chagnon/ W. Irons (Hg.), Evolutionary Biology, 4–38.
Irrgang, B., Biologie als Erste Philosophie? Überlegungen zur Voraussetzungsproblematik und zum Theoriestatus einer Evolutionären Erkenntnistheorie, in: Philosophische Rundschau 33 (1986), 103–121.
– Im Anfang war der Egoismus. Die Soziobiologie als Neubegründung der Sozialphilosophie, in: A. Schöpf (Hg.), Aggression und Gewalt. Anthropologisch-sozialwissenschaftliche Beiträge, Würzburg (Königshausen u. Neumann) 1985, 227–245.
Jacobi, O., Zur biologischen Deutung der Religion, in: Materialdienst der Evangelischen Zentralstelle für Weltanschauungsfragen, Stuttgart, 49 (1986), 102–105.
Jacobs, J., Teleology and Reduction in Biology, in: Biology and Philosophy 1 (1986), 389–399.
Jantsch, E., Die Selbstorganisation des Universums. Vom Urknall zum menschlichen Geist, München (dtv) 1979.
Jebsen-Marwedel, H., Entstehung des Lebens – Glauben und Wissenschaft, in: Universitas 38 (1983), 421–427.
Jeffery, C. R., Review of Lumsden/Wilson: Genes, Mind, and Culture, in: Contemporary Sociology 11 (1982), 242–243.
Jenner, F. A., Psychiatry, Biology and Morals, in: G. S. Stent (Hg.), Morality as a Biological Phenomenon, 141–170.
Jensen, U. J., Introduction: Preconditions for Evolutionary Thinking, in: ders./R. Harré (Hg.), The Philosophy of Evolution, New York (St. Martin's Press) 1981, 1–20.

Jeuken, M., Evolution – Wissenschaft und Weltanschauung, in: Stimmen der Zeit 198 (1983), 477–484.
– The Biological and Philosophical Definitions of Life, in: Acta Biotheoretica 24 (1975), 14–21.
Johannes Paul II., Ansprache anläßlich der Privataudienz für die Teilnehmer des Symposions „Christlicher Glaube und Evolutionstheorie" am 26. April 1985, in: R. Spaemann u.a. (Hg.), Evolutionismus und Christentum, 143–147.
– Enzyklika „Redemptor Hominis", in: Herder-Korrespondenz 33 (1979), 186–209.
Jonas, H., Auf der Schwelle der Zukunft: Werte von gestern und die Welt von morgen, in: ders./D. Mieth, Was für morgen lebenswichtig ist, Freiburg i.Br. (Herder) 1983, 5–32.
– Das Prinzip Verantwortung. Versuch einer Ethik für die technologische Zivilisation, Frankfurt a.M. (Insel) ^{3}1982.
– Evolution und Freiheit, in: P. Koslowski u.a. (Hg.), Evolution und Freiheit, 147–161.
– Macht oder Ohnmacht der Subjektivität? Das Leib-Seele-Problem im Vorfeld des Prinzips Verantwortung, Frankfurt a.M. (Insel) 1981.
– Organismus und Freiheit. Ansätze zu einer philosophischen Biologie, Göttingen (Vandenhoeck & Ruprecht) 1973.
– Technik, Medizin und Ethik, Frankfurt a.M. (Insel) 1985.
– Warum wir heute eine Ethik der Selbstbeschränkung brauchen, in: E. Ströker (Hg.), Ethik der Wissenschaften?, 75–86.
– Werkzeug, Bild und Grab. Vom Transanimalischen im Menschen, in: Scheidewege 15 (1985/86), 47–58.
Kahle, H., Die „Mechanismen" der Evolution. Eine Überprüfung aus der Sicht von Genetik und Paläontologie, in: Scheidewege 12 (1982), 112–131; 320–364.
Kaiser, Ph., Anspruch und Bedingtheit theologischer Aussagen, in: ders./D. St. Peters (Hg.), Evolutionstheorie und ethische Fragestellungen, 33–57.
– Das Problem von Schöpfung zu reden. Zum Gespräch zwischen Theologie und Naturwissenschaften, in: ders./D. St. Peters (Hg.), Evolutionstheorie und Schöpfungsverständnis, Regensburg (Pustet) 1984, 9–46.
Kaiser, Ph./Peters, D. St. (Hg.), Evolutionstheorie und ethische Fragestellungen, Regensburg (Pustet) 1981.
Kambartel, F., Zur grammatischen Unmöglichkeit einer evolutionstheoretischen Erklärung der humanen Welt, in: R. Spaemann u.a. (Hg.), Evolutionstheorie, 35–53.
Kanitscheider, B. (Hg.), Materie – Leben – Geist. Zum Problem der Reduktion der Wissenschaften, Berlin (Duncker & Humblot) 1979.
– Begriffliche und materiale Einheit der Wissenschaft, ebd., 149–183.
– Die Stellung des Menschen in der Natur. Gegenwärtige Tendenzen der Reanthropozentrierung im Erkenntnisprozeß der Naturwissenschaft, in: G. Dautzenberg u.a. (Hg.), Theologie und Menschenbild, Frankfurt a.M. (Lang) 1978, 211–242.
– Wissenschaftstheorie der Naturwissenschaft, Berlin (de Gruyter) 1981.
Kant, I., Werke (ed. W. Weischedel), Bd. 1–10, Darmstadt (Wiss. Buchgesellschaft) 1983.
Kaplan, M. A., Is Species Selfishness a Viable Concept?, in: Journal of Social and Biological Structures 2 (1979), 1–7.
Kaspar, R., Der Aufbau des Menschlichen. Über die Grundlagen anthropologischer Konstanten, in: G.-K. Kaltenbrunner (Hg.), Am Ende der Weisheit? Menschlichkeit jenseits von Computern und Ideologen, Freiburg i.Br. (Herder) 1984, 157–171.
Kasper, W., Autonomie und Theonomie. Zur Ortsbestimmung des Christentums in der modernen Welt, in: D. Mieth/H. Weber (Hg.), Anspruch der Wirklichkeit, 17–41.
– Christologie und Anthropologie, in: Tübinger Theologische Quartalschrift 162 (1982), 202–221.

Kass, L. R., The New Biology: What Price Relieving Man's Estate?, in: Science 174 (1971), 779–788.
Kattmann, U., Überlebensmaschinen für Gene? Soziobiologen deuten menschliches Verhalten, in: Lutherische Monatshefte 20 (1981), 383–385.
Katz, S. H., Biocultural Evolution and the Is/Ought Relationship, in: Zygon 15 (1980), 155–168.
Keller, A., Vom Vorzug, kein Zukunftsbild zu haben, in: Stimmen der Zeit 199 (1981), 363–376.
Kerber, W. (Hg.), Sittliche Normen. Zum Problem ihrer allgemeinen und unwandelbaren Geltung, Düsseldorf (Patmos) 1982.
– Geschichtlichkeit konkreter sittlicher Normen aus der Sicht der Philosophie und der Humanwissenschaften, ebd., 92–106.
Kimura, M., Die Neutralitätstheorie der molekularen Evolution, Berlin (Parey) 1987.
King, J. C., The Genetics of Sociobiology, in: A. Montagu (Hg.), Sociobiology Examined, 82–107.
Kitcher, Ph., Vaulting Ambition. Sociobiology and the Quest for Human Nature, Cambridgs/Mass. (The MIT Press) 1985.
Klages, G., Das Bild vom Menschen in der Sicht der Evangelischen Theologie, in: K. G. Pöppel (Hg.), Das Bild des Menschen in der Wissenschaft, 9–25.
Klerk, G. J. M. de, Mechanism and Vitalism. A History of the Controversy, in: Acta Biotheoretica 28 (1979), 1–10.
Kluxen, W., Anerkennung des Menschen. Ethische Prinzipien und Abtreibung, in: P. Hoffacker u. a. (Hg.), Auf Leben und Tod. Abtreibung in der Diskussion, Bergisch Gladbach (Lübbe) 1985, 99–114.
– Ethik und Ethos, in: Philosophisches Jahrbuch 73 (1965), 339–355.
– Philosophische Ethik bei Thomas von Aquin, Hamburg (Meiner) ^{2}1980.
Knackstedt, K. O., Aussagen katholischer Theologie zum Menschenbild, in: G. K. Pöppel (Hg.), Das Bild des Menschen in der Wissenschaft, 83–91.
Knapp, A., Biologie und Moral (Hg. von der Evang. Zentralstelle f. Weltanschauungsfragen), Stuttgart 1986.
– Biologisches Menschenbild und Moral, in: Scheidewege 17 (1987/88), 120–141.
– Eine Marionette an den Fäden des Erbguts, in: Deutsches Allgemeines Sonntagsblatt Nr. 33 (14. August 1988), 16.
– Leben ist mehr als Überleben, in: W. H. Arnold (Hg.), Entwicklung. Interdisziplinäre Aspekte zur Evolutionstheorie, Stuttgart (Urachhaus) 1989, 175–204.
– Soziobiologie und christliche Moral, in: Internationale Katholische Zeitschrift 17 (1988), 227–241.
Knauer, P., Fundamentalethik: Teleologische und deontologische Normenbegründung, in: Theologie und Philosophie 55 (1980), 321–360.
Kochanski, Z., Kann Biologie zur Physiko-Chemie reduziert werden?, in: B. Kanitscheider (Hg.), Materie – Leben – Geist, 67–120.
Kocher Adkins, E., Genes, Hormones, Sex and Gender, in: G. W. Barlow/J. Silverberg (Hg.), Sociobiology, 385–415.
Koehler, O., Der Mensch – ein besseres Tier?, in: K. H. Bauer u. a., Was ist das – der Mensch?, 55–66.
Koestler, A., Der Mensch – Irrläufer der Evolution, Bern (Goldmann) 1981.
Kohlenberger, H., Das Naturrecht in kulturparadigmatischer Perspektive, in: D. Mayer-Maly/P. M. Simons (Hg.), Das Naturrechtsdenken, 67–75.
Köhler, O., Erinnerung und Erwartung, in: H. Rombach (Hg.), Die Frage nach dem Menschen, 105–129.
Köhler, T. W., Osservazioni teorico-scientifiche sulla determinazione del rapporto tra morale e scienze comportamentistiche, in: AA. VV., Ricerca morale e scienze umane, 101–124.

Kolakowski, L., Falls es keinen Gott gibt, München (Piper) 1982.
– Killing handicapped babies – ein philosophisches Problem, in: Merkur 27 (1973), 1093–1100.
Korff, W., Der Rückgriff auf die Natur. Eine Rekonstruktion der thomanischen Lehre vom natürlichen Gesetz, in: Philosophisches Jahrbuch 94 (1987), 285–296.
– Der Unbedingtheitsanspruch des Sittlichen, in: HChE, Bd. 1, 165–167.
– Die ethische und theologische Relevanz der Humanwissenschaften, in: D. Mieth/F. Compagnoni (Hg.), Ethik im Kontext des Glaubens, 157–185.
– Die naturale und geschichtliche Unbeliebigkeit menschlicher Normativität, in: HChE, Bd. 1, 147–164.
– Empirische Sozialforschung und Moral, in: Concilium 4 (1968), 323–330.
– Leitideen verantworteter Technik, in: Münchener Theologische Zeitschrift 38 (1987), 134–142.
– Materiale Grundlegungsfragen heutiger Ethik, in: HChE, Bd. 1, 108–113.
– Natur oder Vernunft als Kriterium der Universalität des Sittlichen?, in: Concilium 17 (1981), 831–836.
– Norm und Sittlichkeit. Untersuchungen zur Logik der normativen Vernunft, Mainz (Grünewald) 1973.
– Wege empirischer Argumentation, in: HChE, Bd. 1, 83–107.
– Wie kann der Mensch glücken? Perspektiven der Ethik, München (Piper) 1985.
Koslowski, P., Evolutionstheorie als Soziobiologie und Bioökonomie. Eine Kritik ihres Totalitätsanspruchs, in: R. Spaemann u. a. (Hg.), Evolutionismus und Christentum, 29–56.
– Evolution und Gesellschaft. Eine Auseinandersetzung mit der Soziobiologie, Tübingen (Mohr) 1984.
– Menschengeschichte als Naturgeschichte? Soziobiologie und Bioökonomie in sozialphilosophischer Perspektive, in: ders. u. a. (Hg.), Evolution und Freiheit, 93–121.
Koslowski, P., u. a. (Hg.), Die Verführung durch das Machbare. Ethische Konflikte in der modernen Medizin und Biologie, Stuttgart (Hirzel) 1983.
– (Hg.), Evolution und Freiheit. Zum Spannungsfeld von Naturgeschichte und Mensch, Stuttgart (Hirzel) 1984.
Köster-Lossack, A., Soziobiologie – ein trojanisches Pferd in den Sozialwissenschaften, in: Wechselwirkung 2 (August 1979), 32–38.
Kowalski, G. W., u. a., Psychology. Group Report, in: G. S. Stent (Hg.), Morality as a Biological Phenomenon, 259–282.
Krebs, D., Commentary and Critique: Sociobiological Approaches to Prosocial Development, in: D. L. Bridgeman (Hg.), The Nature of Prosocial Development. Interdisciplinary Theories and Strategies, New York (Academic Press) 1982, 61–69.
Krebs, J. R., u. a., Measuring Fitness in Social Systems. Group Report, in: H. Markl (Hg.), Evolution of Social Behavior, 205–218.
Kremer, J., ... denn sie werden leben, Stuttgart (Kath. Bibelwerk) 1972.
Kriele, M., Recht und praktische Vernunft, Göttingen (Vandenhoek & Ruprecht) 1979.
Krings, H., Pluralität des Wahrheitsbegriffs, in: Zur Debatte 12 (Nov./Dez. 1982), 7–8.
– Sokrates überlebt. Zum Verhältnis von Evolution und Geschichte, in: P. Koslowski u. a. (Hg.), Evolution und Freiheit, 162–176.
Kropotkin, P., Mutual Aid: A Factor of Evolution, in: A. L. Caplan (Hg.), The Sociobiology Debate, 35–40.
Kuhn, T. S., Die Struktur wissenschaftlicher Revolutionen, Frankfurt a. M. (Suhrkamp) 1976.
Kuhn, W., Darwins Evolutionstheorie. Eine bleibende Herausforderung, in: Kirche und Gesellschaft, Nr. 116, Köln (Bachem) 1985.
Kull, U., Biologische Grundlagen menschlichen Verhaltens, in: Universitas 37 (1982), 183–189.
– Evolution des Menschen. Biologische, soziale und kulturelle Evolution, Stuttgart (Metzler) 1979.

Kullmann, W., Die Teleologie in der aristotelischen Biologie. Aristoteles als Zoologe, Embryologe und Genetiker, in: Heidelberger Akademie der Wissenschaften. Philosophisch-historische Klasse, 2. Abhandlung 1979, 1–72.
– Wesen und Bedeutung der „Zweckursache" bei Aristoteles, in: Berichte zur Wissenschaftsgeschichte 5 (1982), 25–39.
Kummer, H., Analogs of Morality Among Nonhuman Primates, in: G. S. Stent (Hg.), Morality as a Biological Phenomenon, 35–52.
– Soziobiologie, in: W. Michaelis (Hg.), Bericht über den 32. Kongreß der Deutschen Gesellschaft für Psychologie in Zürich 1980, Göttingen 1981, 96–105.
Küng, H., Christ sein, München (dtv) 1976.
Kurland, J. A., Kin Selection Theory: A Review and Selective Bibliography, in: Ethology and Sociobiology 1 (1980), 255–274.
Kütemeyer, W., Wissenschaft, Methode und Mensch, von der Medizin aus gesehen, in: F. Wagner (Hg.), Menschenzüchtung. Das Problem der genetischen Manipulation des Menschen, München (Beck) 1969, 113–133.
Kwant, R. C., Glaube und Evolution, in: H. van der Linde/H. Fiolet (Hg.), Neue Perspektiven nach dem Ende des konventionellen Christentums, Wien (Herder) 1968, 241–267.
Ladrière, J., Approche philosophique de la problématique bioéthique, in: Revue des Questions Scientifiques 152 (1981), 353–383.
– Über den Begriff „Kriterium", in: Concilium 18 (1982), 299–305.
Lambert, W., Franz von Baaders Philosophie des Gebets. Ein Grundriß seines Denkens, Innsbruck (Tyrolia) 1978.
Lauer, W., Die Bedeutung der Moralpsychologie für die christliche Ethik. Zu Inhalt und Methode einer neuen Wissenschaft, in: Theologie und Philosophie 48 (1973), 504–513.
Lay, R., Evolution als Schöpfung, in: R. Riedl/F. Kreuzer (Hg.), Evolution und Menschenbild, 280–295.
Layzer, D., On the Evolution of Intelligence and Social Behavior, in: A. Montagu (Hg.), Sociobiology Examined, 220–253.
Leach, E., Biology and Social Science: Wedding or Rape?, in: Nature 291 (1981), 267–268.
Leacock, E., Social Behavior, Biology and the Double Standard, in: G. W. Barlow/J. Silverberg (Hg.), Sociobiology, 465–488.
Leeds, A., The Language of Sociobiology: Reduction, Emergence, History, Social Science, Normativeness, in: The Philosophical Forum 13 (1981/82), 161–206.
Leeds, A./Dusek, V., Editors' Note, ebd., I–XXXIV.
Leinfellner, W., Das Konzept der Kausalität und der Spiele in der Evolutionstheorie, in: K. Lorenz/F. M. Wuketits (Hg.), Die Evolution des Denkens, 215–260.
– Evolution of Intelligence, in: P. Weingartner/J. Czermak (Hg.), Erkenntnis- und Wissenschaftstheorie. Akten des 7. Internationalen Wittgenstein-Symposiums, Wien (Hölder-Pichler-Tempsky) 1983, 161–167.
Lenk, H., Mitverantwortung ist anteilig zu tragen – auch in der Wissenschaft, in: H. M. Baumgartner/H. Staudinger (Hg.), Entmoralisierung der Wissenschaften? Physik und Chemie, München (Fink) 1985, 102–109.
– Philosophie, Ethik und menschliches Handeln in der heutigen Situation, in: Universitas 37 (1982) 469–474.
Lenoir, T., Christliche Antworten auf den Darwinismus, in: R. Spaemann u. a. (Hg.), Evolutionismus und Christentum, 117–142.
Lepenies, E., Soziologische Anthropologie, München (Hanser) 1971.
Leuthold, Ch., Plädoyer für ein lebendiges Denken in der Naturwissenschaft, in: P. Feyerabend/Ch. Thomas (Hg.), Wissenschaft und Tradition, 269–281.

Lewis, C. S., Christentum schlechthin, Freiburg i.Br. (Herder) 1959.
– Die Abschaffung des Menschen, Einsiedeln (Johannes) 1979.
– Die böse Macht, Lüdenscheid (Claren) 1981.
– Perelandra, Lüdenscheid (Claren) 1980.
– Über den Schmerz, München (Kösel) 1978.
Lewontin, R. C., Caricature of Darwinism, in: Nature 266 (1977), 283–284.
– Sociobiology – A Caricature of Darwinism, in: F. Suppe/P. Asquith (Hg.), Philosophy of Science Association 1976, East Lansing, Mich. 1976, Bd. 2, 22–31.
– Sociobiology as an Adaptionist Program, in: Behavioral Science 24 (1979), 5–14.
Link, Ch., Der Mensch als Geschöpf und als Schöpfer, in: J. Moltmann (Hg.), Versöhnung mit der Natur?, München (Kaiser) 1986, 15–47.
Link, E., Theologische Erwägungen zum Thema Weltbild, in: B. Kanitscheider (Hg.), Materie – Leben – Geist, 129–148.
Livingstone, F. B., Cultural Causes of Genetic Change, in: G. W. Barlow/J. Silverberg (Hg.), Sociobiology, 307–329.
Llompart, J., Die geschichtliche und übergeschichtliche Unbeliebigkeit im Naturrechtsdenken der Gegenwart. Eine rechtsphilosophische-ideengeschichtliche Skizze, in: D. Mayer-Maly/P. M. Simons (Hg.), Das Naturrechtsdenken, 97–116.
Lohmann, M. (Hg.), Wohin führt die Biologie? Ein interdisziplinäres Kolloquium, München (dtv) 1970.
Lorenz, K., Analogy as a Source of Knowledge, in: Science 185 (1974), 229–234.
– Das sogenannte Böse, Wien (Borotha-Schoeler) 1963.
– Das Wirkungsgefüge der Natur und das Schicksal des Menschen, München (Piper) [4]1983.
– Der Abbau des Menschlichen, München (Piper) [2]1983.
– Der Mensch in der Falle, in: F. Kreuzer (Hg.), Nichts ist schon dagewesen. Konrad Lorenz, seine Lehre und ihre Folgen, München (Piper) 1984, 185–190.
– Die acht Todsünden der zivilisierten Menschheit, München (Piper) [18]1985.
– Die ethischen Auswirkungen des technomorphen Denkens, in: H. Huber/O. Schatz (Hg.), Glaube und Wissen, 51–74.
– Die Rückseite des Spiegels. Versuch einer Naturgeschichte menschlichen Erkennens, München (Piper) 1973.
– Kants Lehre vom Apriorischen im Lichte gegenwärtiger Biologie, in: ders./F. M. Wuketits (Hg.), Die Evolution des Denkens, 95–124.
– Moralanaloges Verhalten geselliger Tiere, in: Universitas 11 (1956), 691–704.
– Psychologie und Stammesgeschichte, in: ders., Vom Weltbild des Verhaltensforschers, München (dtv) [13]1984, 35–95.
– Vergleichende Verhaltensforschung. Grundlagen der Ethologie, München (dtv) [2]1984.
Lorenz, K./Leyhausen, P., Antriebe tierischen und menschlichen Verhaltens. Gesammelte Abhandlungen, München (Piper) 1968.
Lorenz, K./Wuketits, F. M. (Hg.), Die Evolution des Denkens, München (Piper) 1983.
Lorentz, O., Der Mensch als Ebenbild Gottes (Gen 1,26ff.), in: L. Scheffczyk (Hg.), Der Mensch als Bild Gottes, 114–130.
Losee, J., Wissenschaftstheorie. Eine historische Einführung, München (Beck) 1977.
Löw, R., Art. Darwinismus, in: StL. Bd. 1, Sp. 1163–1166.
– Darwinismus und die Entstehung des Neuen, in: Scheidewege 13 (1983/84), 60–84.
– Die Aktualität von Nietzsches Wissenschaftskritik, in: Merkur 38 (1984), 399–409.
– Die Unverzichtbarkeit des Naturbegriffs für die Moraltheologie, in: W. Baier u.a. (Hg.), Weisheit Gottes – Weisheit der Welt (Festschrift J. Ratzinger), St. Ottilien (EOS) 1987, 157–177.
– Ein Dogma wankt. Neue Thesen zur Teleologie, in: Deutsches Ärzteblatt 83 (1986), 3475–3480.

– Ethische Ziele und naturwissenschaftliche Entwicklung. Probleme einer vernachlässigten Beziehung, in: Chemie in unserer Zeit 14 (1980), 168–175.
– Art. Evolution (I), in: StL, Bd. 2, Sp. 518–521.
– Evolution und Erkenntnis – Tragweite und Grenzen der evolutionären Erkenntnistheorie in philosophischer Absicht, in: K. Lorenz/F. M. Wuketits (Hg.), Die Evolution des Denkens, 331–360.
– Gen und Ethik. Philosophische Überlegungen zum Umgang mit menschlichem Erbgut, in: P. Koslowski u. a. (Hg.), Die Verführung durch das Machbare, 33–48.
– Gibt es eine Erosion der Werte? Das Verhältnis der Ethik zur Wirklichkeit, in: Die politische Meinung, Nr. 229, 31 (1986), 62–68.
– Kann das Gehirn sich selbst erkennen?, in: A. Locker (Hg.), Evolution – kritisch gesehen, Salzburg (Pustet) 1983, 157–171.
– Kosmologie und Anthropologie. Philosophische Überlegungen zum Verhältnis von Kosmos und Mensch, in: Scheidewege 15 (1985/86), 306–321.
– Leben aus dem Labor. Gentechnologie und Verantwortung – Biologie und Moral, München (Bertelsmann) 1985.
– Menschen aus dem Labor, in: Kirche und Gesellschaft, Nr. 127, Köln (Bachem) 1986.
– Art. Natur, in: StL, Bd. 3, Sp. 1291–1295.
– Naturwissenschaften: Theorie und Geschichte, in: Chemie in unserer Zeit 13 (1979), 82–86.
– Neue Träume eines Geistersehers. Bemerkungen zu Hoimar von Ditfurth: „Wir sind nicht nur von dieser Welt", in: Scheidewege 12 (1982), 685–697.
– Nietzsche – Sophist und Erzieher, Weinheim (Chemie) 1984.
– Philosophie des Lebendigen. Der Begriff des Organischen bei Kant, sein Grund und seine Aktualität, Frankfurt a. M. (Suhrkamp) 1980.
– Qualitätenlehre und Materiekonstruktion. Zur systematischen Aktualität von Schellings Naturphilosophie, in: L. Hasler (Hg.), Schelling, Stuttgart (Frommann-Holzboog) 1981, 99–106.
– Wahrheit und Evolution, in: Internationale Katholische Zeitschrift 16 (1987), 314–319.
– Wozu Philosophie? Die Relevanz der Philosophie für die Biowissenschaften, in: Arzt und Christ 33 (1987), 3–13.
– Wozu taugt das Christentum? Substantielle Positionen in der wissenschaftlich-technischen Zivilisation, in: Denken und Glauben. Zeitschrift der kath. Hochschulgemeinde für die Grazer Universitäten, 22./23. Juni 1986, 5–13.
– Zum Verhältnis von Naturwissenschaft und Ethik, in: Scheidewege 16 (1986/87), 30–45.
– Zur Auflösung der Qualitätenlehre in der Philosophie der Neuzeit, in: Zeitschrift für Didaktik der Philosophie 7 (1985), 206–216.
– Zur Interpretation evolutionärer Entwicklungen bei Augustinus und Thomas von Aquin, in: R. Spaemann u. a. (Hg.), Evolutionismus und Christentum, 7–27.
Lubac, H. de, Über Gott hinaus. Tragödie des atheistischen Humanismus, Einsiedeln (Johannes) 1984.
Lübbe, H., Die Begründbarkeit von Normen und die sogenannte Wertfreiheit der Wissenschaften, in: A. Paus (Hg.), Werte – Rechte – Normen, Graz (Styria) 1979, 171–202.
Luckmann, Th., Personal Identity as an Evolutionary and Historical Problem, in: M. v. Cranach u. a. (Hg.), Human Ethology. Claims and Limits of a New Discipline, Cambridge/Mass. (Cambridge Univ. Press) 1979, 56–74.
Lumsden, C. J./Gushurst, A. C., Gene-Culture Coevolution: Humankind in the Making, in: J. H. Fetzer (Hg.), Sociobiology and Epistemology, 3–28.
Lumsden, C. J./Wilson, E. O., Comment on Bixler: Incest Avoidance, in: Current Anthropology 22 (1981), 646–647.

– Das Feuer des Prometheus. Wie das menschliche Denken entstand, München (Piper) 1984.
– Genes, Mind, and Culture. The Coevolutionary Process, Cambridge/Mass. (Harvard Univ. Press) 1981.
– Genes, Mind and Ideology, in: The Sciences 21 (1981), H. 9, 6–8.
– Translation of Epigenetic Rules of Individual Behavior into Etnographic Patterns, in: Proceedings of the National Academy of Sciences of the USA 77 (1980), 4382–4386.
Lüth, P., Der Mensch ist kein Zufall. Umrisse einer modernen Anthropologie, Stuttgart (DVA) 1982.
Lütterfels, W. (Hg.), Transzendentale oder evolutionäre Erkenntnistheorie?, Darmstadt (Wiss. Buchgesellschaft) 1987.
Luyten, N. A. (Hg.), Zufall, Freiheit, Vorsehung, Freiburg i. Br. (Alber) 1975.
Mackintosh, N. J., A Proffering of Underpinnings, in: A. Montagu (Hg.), Sociobiology Examined, 336–341.
Maddox, J., u. a., Discussion about Genes, Mind and Culture, in: Zygon 19 (1984), 213–232.
Mader, J., Moral, Philosophie und Wissenschaft. Probleme der Ethik in Tradition und Gegenwart, Wien (Oldenbourg) 1979.
Maihofer, W. (Hg.), Naturrecht oder Rechtspositivismus?, Darmstadt (Wiss. Buchgesellschaft) 1962.
Mainardi, D., L'animale culturale, Milano (Rizzoli) 1974.
Marcel, G., Die Menschenwürde und ihr existentieller Grund, Frankfurt a. M. (Knecht) 1965.
Markl, H. (Hg.), Evolution of Social Behavior: Hypotheses and Empirical Tests (Dahlem Konferenzen, Life Sciences Research Report 18), Weinheim (Chemie) 1980.
– (Hg.), Natur und Geschichte, München (Oldenbourg) 1983.
– Biologie und menschliches Verhalten, in: M. Gruter/M. Rehbinder (Hg.), Der Beitrag der Biologie, 67–84.
– Art. Biologische Anthropologie, in: StL, Bd. 1, Sp. 173–181.
– Evolution, Genetik und menschliches Verhalten. Zur Frage wissenschaftlicher Verantwortung, München (Piper) 1986.
– Im Labyrinth der Gene. Zwischen Erbanlagen und Freiheit: Der Beitrag der Evolutionsbiologie zu einem Bild vom Menschen, in: Frankfurter Allgemeine Zeitung, Nr. 237 (Sa, 12. 10. 1985).
– Introduction, in: ders. (Hg.), Evolution of Social Behavior, 1–10.
– Naturwissenschaft und Traditionswandel, in: P. Feyerabend/Ch. Thomas (Hg.), Wissenschaft und Tradition, 259–264.
– Soziobiologie der Tiere, in: M. Svilar (Hg.), Mensch und Tier, Bern (Lang) 1985, 211–243.
– Verwandtschaftsselektion und soziales Verhalten bei Tieren, in: Universitas 32 (1977), 1191–1199.
– Vom Eigennutz des Uneigennützigen, in: Naturwissenschaftliche Rundschau 24 (1971), 281–289.
– Wie unfrei ist der Mensch? Von der Natur in der Geschichte, in: ders. (Hg.), Natur und Geschichte, 11–50.
Markl, H., u. a., Evolution of Morals? Morals of Evolution? Group Report, in: G. S. Stent (Hg.), Morality as a Biological Phenomenon, 233–258.
Marks, J., u. a., A Return to Basics, in: Nature 302 (1983), 15–16.
Marten, H. G., Sozialbiologismus. Biologische Grundpositionen der politischen Ideengeschichte, Frankfurt a. M. (Campus) 1983.
Masters, R. D., Beyond Reductionism: Five Basic Concepts in Human Ethology, in: M. v. Cranach u. a. (Hg.), Human Ethology. Claims and Limits of a New Discipline, Cambridge/Mass. (Cambridge Univ. Press) 1979, 265–284.
– Evolutionsbiologie, politische Theorie und die Entstehung des Staates, in: M. Gruter/M. Rehbinder (Hg.), Der Beitrag der Biologie, 15–36.

– Is Sociobiology Reactionary? The Political Implications of Inclusive-Fitness-Theory, in: Quarterly Review of Biology 57 (1982), 275–292.
– „Sociobiology: Science or Myth?", in: Journal of Social and Biological Structures 2 (1979), 245–252.
– The Value – and Limits – of Sociobiology: Toward a Revival of Natural Right, in: E. White (Hg.), Sociobiology and Human Politics, 135–165.
Masuch, G./Staudinger, H. (Hg.), Geschöpfe ohne Schöpfer? Der Darwinismus als biologisches und theologisches Problem, Wuppertal (Brockhaus) 1987.
Mattern, R., Altruism, Ethics, and Sociobiology, in: A. L. Caplan (Hg.), The Sociobiology Debate, 462–475.
May, R. M., Sociobiology: A New Synthesis and an Old Quarrel, in: Nature 260 (1976), 390–392.
Mayer-Maly, D./Simons, P. M. (Hg.), Das Naturrechtsdenken heute und morgen. Gedächtnisschrift für René Marcic, Berlin (Duncker & Humblot) 1983.
Maynard Smith, J., Evolution and the Theory of Games, in: American Scientist 64 (1976), 41–45.
– Group Selection and Kin Selection: A Rejoinder, in: Nature 201 (1964), 1145–1147.
– The Birth of Sociobiology, in: New Scientist 107 (1985), H. 9, 48–50.
– The Concepts of Sociobiology, in: G. S. Stent (Hg.), Morality as a Biological Phenomenon, 23–34.
– The Evolution of Behavior, in: Scientific American 239 (1978), 136–145.
Maynard Smith, J./Price, G. R., The Logic of Animal Conflict, in: Nature 246 (1973), 15–18.
Maynard Smith, J./Warren N., Models of Cultural and Genetic Change, in: Evolution 36 (1982), 620–627.
Mayr, E., Evolution und die Vielfalt des Lebens, Berlin (Springer) 1979.
Mazur, A., On Wilson's Sociobiology, in: American Journal of Sociology 82 (1977), 697–700.
McCain, R. A., Critical Reflections on Sociobiology, in: Review of Social Economy 38 (1980), 123–139.
McCormick, R. A., Neuere Überlegungen zur Unveränderlichkeit sittlicher Normen, in: W. Kerber (Hg.), Sittliche Normen, 46–57.
McGuire, M. T., Sociobiology: Its Potential Contributions to Psychiatry, in: Perspectives in Biology and Medicine 23 (1979/80), 50–69.
McKusick, V. A./Ruddle, F. H., The Status of the Gene Map of the Human Cromosomes, in: Science 196 (1977), 390–405.
Medicus, G., Evolutionäre Psychologie, in: J. A. Ott u. a. (Hg.), Evolution, Ordnung und Erkenntnis, 126–150.
Meesen, A., Freiheit, Determinismus und Zufall im Rahmen der klassischen Physik, in: N. A. Luyten (Hg.), Zufall, Freiheit, Vorsehung, 103–123.
Merklein, H., Die Gottesherrschaft als Handlungsprinzip. Untersuchung zur Ethik Jesu, Würzburg (Echter) ³1984.
Meschkowski, H., Was wir wirklich wissen. Die exakten Wissenschaften und ihr Beitrag zur Erkenntnis, München (Piper) 1984.
Messick, D. M., Comment on Campbell: On the Conflicts, in: American Psychologist 31 (1976), 366–369.
Messner, J., Naturrecht ist Existenzordnung, in: W. Maihofer (Hg.), Naturrecht oder Rechtspositivismus?, 527–553.
Metcalf, R. A., Measuring Fitness in Social Insects, in: H. Markl (Hg.), Evolution of Social Behavior, 81–96.
Metz, J. B., Christliche Anthropozentrik. Über die Denkform des Thomas von Aquin, München (Kösel) 1962.
– Zu einer interdisziplinär orientierten Theologie, in: M. Seckler u. a. (Hg.), Begegnung, 163–177.

Metz, J. B./Rendtorff, T. (Hg.), Die Theologie in der interdisziplinären Forschung, Düsseldorf (Patmos) 1971.

Metz, W., Julien Offray de la Mettrie, in: Janus 49 (1960), 235–272.

Meurers, J., Die wissenschaftstheoretische Position einer evolutiven Welterklärung, in: Philosophia Naturalis 8 (1964), 9–21.

– Metaphysik und Naturwissenschaft. Eine philosophische Studie über naturwissenschaftliche Problemkreise der Gegenwart, Darmstadt (Wiss. Buchgesellschaft) 1976.

Meyer, P., Evolution und Gewalt. Ansätze zu einer bio-soziologischen Synthese, Berlin (Parey) 1981.

– Soziobiologie und Soziologie. Eine Einführung in die biologischen Voraussetzungen sozialen Handelns, Darmstadt-Neuwied (Luchterhand) 1982.

Meyer-Abich, K. M., Determination und Freiheit, in: CGMG, Bd. 4, 5–45.

– Frieden mit der Natur, in: Frankfurter Hefte 39 (1984), 46–53.

Meynell, H., Ethology and Ethics, in: Philosophy 45 (1970), 290–305.

Midgley, M., De-Dramatizing Darwinism, in: The Monist 67 (1984), 200–215.

– Gene-juggling, in: Philosophy 54 (1979), 439–458.

– Rival Fatalisms: The Hollowness of the Sociobiology Debate, in: A. Montagu (Hg.), Sociobiology Examined, 15–38.

– Selfish Genes and Social Darwinism, in: Philosophy 58 (1983), 365–377.

Mieth, D., Das „christliche Menschenbild" – eine unzeitgemäße Betrachtung? Zu den Wandlungen einer theologisch-ethischen Formel, in: Tübinger Theologische Quartalschrift 163 (1983), 1–15.

– Das „christliche Menschenbild" und seine Relevanz für die christliche Ethik, in: P. Althaus (Hg.), Der Mensch und sein sittlicher Auftrag, Freiburg i. Br. (Herder) 1983, 45–72.

– Der Wissenschaftscharakter der Theologie, in: Freiburger Zeitschrift für Philosophie und Theologie 23 (1976), 13–41.

– Gotteserfahrung und Weltverantwortung. Über die christliche Spiritualität des Handelns, Darmstadt (Wiss. Buchgesellschaft) 1982.

– Moral und Erfahrung. Beiträge zur theologisch-ethischen Hermeneutik, Freiburg i. Ue. (Universitätsverlag) ^{3}1982.

– Norma morale e autonomia dell'uomo. Problema della legge morale naturale e sua relazione con la legge nuova, in: T. Goffi (Hg.), Problemi e prospettive di teologia morale, 173–197.

Mieth, D./Compagnoni, F. (Hg.), Ethik im Kontext des Glaubens. Probleme – Grundsätze – Methoden, Freiburg i. Ue. (Universitätsverlag) 1978.

Mieth, D./Weber, H. (Hg.), Anspruch der Wirklichkeit und christlicher Glaube. Probleme und Wege theologischer Ethik heute, Düsseldorf (Patmos) 1980.

Miller, L. G., Fated Genes, in: A. L. Caplan (Hg.), The Sociobiology Debate, 269–279.

– Philosophy, Dichotomies, and Sociobiology, ebd., 319–324.

Mock, E., Marcic' Seinsrecht und die menschliche Normativität, in: D. Mayer-Maly/P. M. Simons (Hg.), Das Naturrechtsdenken, 865–875.

Mohr, H., Biologische Erkenntnis, ihre Entstehung und Bedeutung, Stuttgart (Teubner) 1981.

– Biologische Wurzeln der Ethik? (Hg. von der Juristischen Studiengesellschaft Karlsruhe), Heidelberg (C. F. Müller) 1983.

– Buchbesprechung von P. Koslowski u. a. (Hg.): Die Verführung durch das Machbare, in: Biologie in unserer Zeit 15 (1985), 93–95.

– Erkenntnistheoretische und ethische Aspekte der Naturwissenschaft, in: Naturwissenschaftliche Rundschau 18 (1965), 525–534.

– Evolutionäre Ethik. Das moralische Gesetz in uns, in: Die politische Meinung, Nr. 229, 31 (1986), 69–75.

– Freiheit und die biologische Natur des Menschen, in: P. Koslowski u.a. (Hg.), Evolution und Freiheit, 36–53.
– Natur und Moral. Ethik in der Biologie, Darmstadt (Wiss. Buchgesellschaft) 1987.
Mollenhauer, D., Gibt es sichere Erkenntnis in der Naturwissenschaft?, in: Ph. Kaiser/D. St. Peters (Hg.), Evolutionstheorie und ethische Fragestellungen, 11–32.
– Hat die Naturwissenschaft der Verweltlichung der Welt Vorschub geleistet? Die Biologie und die Säkularisierung im 19. Jahrhundert, in: Ph. Kaiser/D. St. Peters (Hg.), Evolutionstheorie und Schöpfungsverständnis, Regensburg (Pustet) 1984, 47–83.
Moltmann, J., Mensch. Christliche Anthropologie in den Konflikten der Gegenwart, Gütersloh (Mohn) ^{2}1983.
– Welches Recht hat das Ebenbild Gottes?, in: Evangelische Kommentare 9 (1976), 280–282.
Mongillo, D., Per una teologia morale teologica, in: AA. VV., Ricerca morale e scienze umane, 67–100.
Monod, J., Zufall und Notwendigkeit. Philosophische Fragen der modernen Biologie, München (dtv) ^{7}1985.
Montagu, A. (Hg.), Sociobiology Examined, New York (Oxford Univ. Press) 1980.
– Introduction, ebd., 3–14.
Morin, A. J., Sociobiology and Religion: Conciliation or Confrontation, in: Zygon 15 (1980), 295–306.
Morison, R. S., Reflections on Some Social Implications of Modern Biology, in: Zygon 11 (1976), 96–114.
– The Biology of Behavior, in: A. L. Caplan (Hg.), The Sociobiology Debate, 247–251.
Morris, B., Evolution and Human Nature, New York (Avon Books) 1983.
Morscher, E./Stranzinger, R. (Hg.), Ethik. Grundlagen, Probleme und Anwendungen. Akten des 5. Internationalen Wittgenstein-Symposiums, Wien (Hölder-Pichler-Tempsky) 1981.
– Einführende Betrachtungen zur Ethik, ebd., 15–22.
Mosis, R., Weltverständnis – Weltverhalten. Alttestamentliche Schöpfungstexte und naturwissenschaftlich-technische Welt, in: Ph. Kaiser/D. St. Peters (Hg.), Evolutionstheorie und Schöpfungsverständnis, Regensburg (Pustet) 1984, 219–257.
Müller, M., Philosophische Anthropologie, Freiburg i.Br. (Alber) 1974.
Müller-Hill, B., Die Philosophen und das Lebendige, Frankfurt a.M. (Campus) 1981.
Münk, H., Moralische Normen, theologische Gewißheit und Humanwissenschaften, in: Trierer Theologische Zeitschrift 85 (1976), 362–373.
Murphy, J. G., Evolution, Morality and the Meaning of Life, Totowa, N. J. (Rowman and Littlefield) 1982.
Nabi, I., Ethics of Genes, in: Nature 290 (1981), 183.
Nagel, E., Teleology Revisited, in: The Journal of Philosophy 74 (1977), 261–301.
Nagel, T., Ethics as an Autonomous Theoretical Subject, in: G. S. Stent (Hg.), Morality as a Biological Phenomenon, 221–232.
Narr, K. J., Von der Natur der frühesten Menschheit, in: W. Böhme (Hg.), Freiheit in der Evolution (Herrenalber Texte 57), Karlsruhe 1984, 9–35.
Neidhart W./Ott. H., Krone der Schöpfung? Humanwissenschaften und Theologie, Stuttgart (Kreuz) 1977.
Nelson, J. R., A Theologian's Response to Wilsons „On Human Nature", in: Zygon 15 (1980), 397–405.
Neumann, G.-H., Menschenbild und Experiment Mensch, in: F. Henrich (Hg.), Naturwissenschaft vor ethischen Problemen, München (Kösel) 1969, 137–157.
– Moral und Verhaltensforschung. Der Mensch und seine ethischen Normen, Essen (Ludgerus) 1974.

Nietzsche, F., Werke (ed. K. Schlechta), Bd. 1–3, Darmstadt (Wiss. Buchgesellschaft) 1966.
Nossol, A., Christsein als radikale Proexistenz. Christologisch-ethische Erwägungen, in: J. Piegsa/H. Zeimentz (Hg.), Person im Kontext des Sittlichen. Beiträge zur Moraltheologie, Düsseldorf (Patmos) 1979, 22–29.
O'Donovan, L. J., Der Dialog mit dem Darwinismus, in: H. Vorgrimler (Hg.), Wagnis Theologie, Freiburg i. Br. (Herder) 1979, 215–229.
Oeing-Hanhoff, L., Anfang und Ende der „Welt" als Probleme der Philosophie, in: W. Böhme (Hg.), Mensch und Kosmos (Herrenalber Texte 33), Karlsruhe 1981, 48–77.
– Der Mensch in der Philosophie Descartes', in: H. Rombach (Hg.), Die Frage nach dem Menschen, 375–409.
– Der Mensch: Natur oder Geschichte? Die Grundlagen und Kriterien sittlicher Normen im Licht der philosophischen Tradition, in: F. Henrich (Hg.), Naturgesetz und christliche Ethik, 11–47.
– Zur Geschichte und Herkunft des Begriffs „Fortschritt", in: R. Löw u. a. (Hg.), Fortschritt ohne Maß? Eine Ortsbestimmung der wissenschaftlich-technischen Zivilisation, München (Piper) 1981, 48–67.
Oeser, E., Informationsverdichtung als universelles Ökonomieprinzip der Evolution, in: J. A. Ott u. a. (Hg.), Evolution, Ordnung und Erkenntnis, 112–125.
– Zickzackweg auf dem Grat der Wahrheit, in: F. Kreuzer (Hg.), Nichts ist schon dagewesen. Konrad Lorenz, seine Lehre und ihre Folgen, München (Piper) 1984, 19–35.
Ohlig, K.-H., Die Welt ist Gottes Schöpfung. Kosmos und Mensch in Religion, Philosophie und Naturwissenschaften, Mainz (Grünewald) 1984.
Orgel, L. E./Crick, F. H. C., Selfish DNA: The Ultimate Parasite, in: Nature 284 (1980), 604–607.
Osche, G., Die Sonderstellung des Menschen in biologischer Sicht: Biologische und kulturelle Evolution, in: R. Siewing (Hg.), Evolution, 379–395.
– Evolution. Grundlagen – Erkenntnisse. Entwicklungen der Abstammungslehre, Freiburg i. Br. (Herder) [10]1979.
– Kulturelle Evolution: biologische Wurzeln, Vergleich ihrer Mechanismen mit denen des biologischen Evolutionsgeschehens, in: B. Hassenstein u. a., Freiburger Vorlesungen zur Biologie des Menschen, Heidelberg (Quelle & Meyer) 1979, 33–50.
Oster, G. F., u. a., Methodology and Sociobiology Modeling. Group Report, in: H. Markl (Hg.), Evolution of Social Behavior, 165–180.
Ott, J. A., u. a. (Hg.), Evolution, Ordnung und Erkenntnis, Berlin (Parey) 1985.
Overhage, P., Das Problem der Hominisation, in: ders./K. Rahner, Das Problem der Hominisation, Freiburg i. Br. (Herder) 1961 (= QD 12/13), 91–374.
– Der Affe in Dir. Vom tierischen zum menschlichen Verhalten, Frankfurt a. M. (Knecht) 1972.
– Die biologische Zukunft des Menschen, Frankfurt a. M. (Knecht) 1977.
– Die Evolution zum Menschen hin. Der Weg der Hominisation, in: J. Hüttenbügel (Hg.), Gott-Mensch-Universum. Der Christ vor den Fragen der Zeit, Graz (Styria) 1974, 357–423.
– Experiment Menschheit. Die Steuerung der menschlichen Evolution, Frankfurt a. M. (Knecht) 1967.
– Sprachexperimente mit Schimpansen. Zerfließen die Grenzen zwischen Mensch und Tier?, in: Stimmen der Zeit 196 (1978), 325–332.
Pannenberg, W., Anthropologie in theologischer Perspektive, Göttingen (Vandenhoeck & Ruprecht) 1983.
– Der Mensch – ein Ebenbild Gottes?, in: K. H. Bauer u. a., Was ist das – der Mensch?, 27–41.
– Wissenschaftstheorie und Theologie, Frankfurt a. M. (Suhrkamp) 1973.
Parker, G. A., Selfish Genes, Evolutionary Games and the Adaptiveness of Behavior, in: Nature 274 (1978), 849–855.

Pascal, B., Schriften zur Religion, Einsiedeln (Johannes) 1982.
Paulsen, D. W., Review of Wilson: Sociobiology, in: Theory and Decision 7 (1976), 239–241.
Paus, A. (Hg.), Menschenwürdige Gesellschaft, Graz (Styria) 1977.
Peacocke, A., Reductionism: A Review of the Epistemological Issues and their Relevance to Biology and the Problem of Consciousness, in: Zygon 11 (1976), 307–334.
– Sociobiology and its Theological Implications, in: Zygon 19 (1984), 171–184.
Peter, K./Petryszak, N., Sociobiology versus Biosociology, in: A. Montagu (Hg.), Sociobiology Examined, 39–81.
Peters, A., Der Mensch, Gütersloh (Mohn) 1979.
Peters, D. St., Altruistisches Verhalten im Lichte moderner Selektionstheorien, in: Ph. Kaiser/ D. St. Peters (Hg.), Evolutionstheorie und ethische Fragestellungen, 163–188.
– Biologische Einsicht und ethische Entscheidung, München (Minerva) 1978.
Peters, H. M., Historische, soziologische und erkenntniskritische Aspekte der Lehre Darwins, in: H.-G. Gadamer/P. Vogler (Hg.), Neue Anthropologie, Bd. 1, 326–352.
Pflug, G., Julien de La Mettrie und die biologischen Theorien des 18. Jahrhunderts, in: Deutsche Vierteljahresschrift für Literaturwissenschaft und Geistesgeschichte 27 (1953), 509–527.
Pfürtner, St., Das Naturrecht und die Krise des kirchlichen Lehramts, in: F. Böckle/E.-W. Böckenförde (Hg.), Naturrecht in der Kritik, Mainz (Grünewald) 1973, 189–221.
– Zur wissenschaftstheoretischen Begründung der Moral, in: N. Luhmann/St. Pfürtner (Hg.), Theorietechnik und Moral, Frankfurt a. M. (Suhrkamp) 1978, 176–250.
Picht, G., Im Horizont des Universums. Die geschichtliche Natur des Menschen (I), in: Lutherische Monatshefte 15 (1976), 256–259.
Pieper, J., Der Philosophierende und die Sprache, in: Philosophisches Jahrbuch 93 (1986), 226–235.
– Über das christliche Menschenbild, Leipzig (J. Hegner), o. J.
Planck, M., Vorträge und Erinnerungen, Darmstadt (Wiss. Buchgesellschaft) 1983.
Platon, Werke in 8 Bänden (ed. G. Eigler), Darmstadt (Wiss. Buchgesellschaft) 1974.
Podeur, L., Modernes Weltbild und christlicher Glaube, Salzburg (O. Müller) 1981.
Pöltner, G., Wissenschaft – Feind des Menschen?, in: Arzt und Christ 32 (1986), 87–95.
Pöppel, K. G. (Hg.), Das Bild des Menschen in der Wissenschaft, Hildesheim (Olms) 1978.
Popper, K., Die erkenntnistheoretische Position der Evolutionären Erkenntnistheorie, in: R. Riedl/ F. M. Wuketits (Hg.), Die Evolutionäre Erkenntnistheorie, 29–37.
– Die moralische Verantwortung des Wissenschaftlers, in: Meyers Enzyklopädisches Lexikon, Bd. 25, Mannheim 1979, 435–439.
– Natural Selection and the Emergence of Mind, in: Dialectica 32 (1978), 339–355.
– Objektive Erkenntnis. Ein evolutionärer Entwurf, Hamburg (Hoffmann und Campe) ^{4}1984.
– Scientific Reduction and the Essential Incompleteness of All Science, in: F. J. Ayala/Th. Dobzhansky (Hg.), Studies in the Philosophy of Biology, 259–283.
– Some Remarks on Panpsychism and Epiphenomenalism, in: Dialectica 31 (1977), 177–186.
Popper, K./Eccles, J., Das Ich und sein Gehirn, München (Piper) ^{5}1985.
Portmann, A., An den Grenzen des Wissens. Vom Beitrag der Biologie zu einem neuen Weltbild, Frankfurt a. M. (Fischer) 1976.
– Biologische Fragmente zu einer Lehre vom Menschen, Basel (Schwabe) 1969.
– Der Mensch – ein Mängelwesen?, in: K. H. Bauer u. a., Was ist das – der Mensch?, 43–54.
– Ehrfurcht vor dem Leben und die Biologie unserer Zeit, in: Universitas 32 (1977), 257–264.
Pototschnig, F., „Ius naturale in iure canonico", in: D. Mayer-Maly/P. M. Simons (Hg.), Das Naturrechtsdenken, 877–887.
Prigogine, I./Stengers, I., Dialog mit der Natur. Neue Wege naturwissenschaftlichen Denkens, München (Piper) 1981.

Primas, H./Gans, W., Quantenmechanik, Biologie und Theoriereduktion, in: B. Kanitscheider (Hg.), Materie – Leben – Geist, 15–42.
Privitera, S., Moral und Erfahrung. Die Vieldeutigkeit eines Programms, in: Theologie und Glaube 74 (1984), 165–176.
Pugh, G. E., The Biological Origin of Human Values, New York (Basic Books) 1977.
– Values and the Theory of Motivation, in: Zygon 14 (1979), 53–81.
Quinton, A., Ethics and the Theory of Evolution, in: A. L. Caplan (Hg.), The Sociobiology Debate, 117–141.
Radnitzky, G., Die Evolution der Erkenntnisfähigkeit, des Wissens und der Institutionen, in: R. Riedl/F. Kreuzer (Hg.), Evolution und Menschenbild, 82–120.
– Wertfreiheitsthese: Wissenschaft, Ethik und Politik, in: ders./G. Andersson (Hg.), Voraussetzungen und Grenzen der Wissenschaft, Tübingen (Mohr) 1981, 47–126.
Radnitzky, G./Andersson, G., Gibt es objektive Kriterien für den Fortschritt der Wissenschaft? Induktivismus, Falsifikationismus, Relativismus, in: dies. (Hg.), Fortschritt und Rationalität der Wissenschaft, Tübingen (Mohr) 1980, 3–24.
Raffelt, A./Rahner, K., Anthropologie und Theologie, in: CGMG, Bd. 24, 5–55.
Rahner, K., Bemerkungen über das Naturgesetz und seine Erkennbarkeit, in: Orientierung 19 (1955), 239–243.
– Die Einheit von Geist und Materie im christlichen Glaubensverständnis, in: ders., Schriften zur Theologie, Bd. 6, Einsiedeln (Benziger) 1968, 185–214.
– Die Theologie im interdisziplinären Gespräch der Wissenschaften, in: ders., Schriften zur Theologie, Bd. 10, Einsiedeln (Benziger) 1972, 89–103.
– Art. Evolution (II), in: HThT, Bd. 2, 254–262.
– Evolution – Freiheit – Erbsünde, in: W. Böhme (Hg.), Freiheit in der Evolution (Herrenalber Texte 57), Karlsruhe 1984, 74–87.
– Naturwissenschaft und Theologie, in: Stimmen der Zeit 199 (1981), 507–514.
– Philosophie und Theologie, in: Theologie und Philosophie 47 (1972), 1–15.
– Theologie im Gespräch mit den modernen Wissenschaften, in: J. B. Metz/T. Rendtorff (Hg.), Die Theologie in der interdisziplinären Forschung, 27–34.
– Theologische Perspektiven zum Dialog mit den Naturwissenschaften, in: CGMG, Bd. 3, 34–76.
– Zum Verhältnis zwischen Theologie und heutigen Wissenschaften, in: ders., Schriften zur Theologie, Bd. 10, Einsiedeln (Benziger) 1972, 104–112.
Rattner, J., Aggression und menschliche Natur. Individual- und Sozialpsychologie der Feindseligkeit und Destruktivität des Menschen, Olten (Walter) ^{2}1971.
Ratzinger, J., Das Fest des Glaubens. Versuche zur Theologie des Gottesdienstes, Einsiedeln (Johannes) 1981.
– Der Auftrag des Bischofs und des Theologen angesichts der Probleme der Moral in unserer Zeit, in: Internationale Katholische Zeitschrift 13 (1984), 524–538.
– Geleitwort, in: R. Spaemann u. a. (Hg.), Evolutionismus und Christentum, VII-IX.
– Im Anfang schuf Gott. Vier Predigten über Schöpfung und Fall, München (Wewel) 1986.
– Schöpfungsglaube und Evolutionstheorie, in: H. J. Schultz (Hg.), Wer ist das eigentlich – Gott?, München (Kösel) 1969, 232–245.
– Theologische Prinzipienlehre. Bausteine zur Fundamentaltheologie, München (Wewel) 1982.
Rauh, F., Das sittliche Leben des Menschen im Lichte der vergleichenden Verhaltensforschung (Eichstätter Studien, Bd. 2), Kevelaer (Butzon & Bercker) 1969.
– Der Glaube und die Naturwissenschaften, in: Universitas 31 (1976), 617–626.
– Die Funktion der vergleichenden Verhaltensforschung für das Humanum, in: J. Gründel u. a. (Hg.), Humanum. Moraltheologie im Dienst des Menschen, Düsseldorf (Patmos) 1972, 142–157.

– Evolutive Deutungsversuche von Religion und Moral, in: Ch. Hörgl u. a. (Hg.), Wesen und Weisen der Religion, München (Hueber) 1969, 13–32.
– Sprachregelungen an der Grenze zwischen Theologie und Naturwissenschaft. Terminologische Voraussetzungen eines Dialogs, in: M. Seckler u. a. (Hg.), Begegnung, 605–613.
– Theologische Grenzprobleme der Evolutionstheorie, in: Ch. Hörgl/F. Rauh (Hg.), Grenzfragen des Glaubens. Theologische Grundfragen als Grenzprobleme, Einsiedeln (Benziger) 1967, 53–77.
Rawer, K./Pesch, O. H., Kausalität – Zufall – Vorsehung, in: CGMG, Bd. 4, 47–119.
Remane, A., Die Bedeutung der Evolutionslehre für die allgemeine Anthropologie, in: H.-G. Gadamer/P. Vogler (Hg.), Neue Anthropologie, Bd. 1, 293–325.
Remane, A., u. a., Evolution. Tatsachen und Probleme der Abstammungslehre, München (dtv) ^{5}1980.
Rendtorff, T., Ethik. Grundelemente, Methodologie und Konkretionen einer ethischen Theologie, Bd. 1, Stuttgart (Kohlhammer) 1980.
Rensch, B., Das universale Weltbild. Evolution und Naturphilosophie, Frankfurt a. M. (Fischer), 1977.
– Gesetzlichkeit, psychophysischer Zusammenhang, Willensfreiheit und Ethik, Berlin (Duncker & Humblot) 1979.
– Polynomistic Determination of Biological Process, in: F. J. Ayala/Th. Dobzhansky (Hg.), Studies in the Philosophy of Biology, 241–255.
– Stammesgeschichte des Geistigen, in: W. Böhme (Hg.), Wie entsteht der Geist? (Herrenalber Texte 23), Karlsruhe 1980, 41–47.
Revers, W. J., Die scientistische Einäugigkeit des modernen Realitätsbewußtseins, in: Scheidewege 9 (1979), 154–166.
Reyer, H.-U., Soziale Strategien und ihre Evolution, in: Naturwissenschaftliche Rundschau 35 (1982), 6–17.
Rhonheimer, M., Natur als Grundlage der Moral. Eine Auseinandersetzung mit autonomer und teleologischer Ethik, Innsbruck (Tyrolia) 1987.
Ribes, B., Biology and Ethics, Paris (UNESCO) 1978.
Richards, R. J., A Defense of Evolutionary Ethics, in: Biology and Philosophy 1 (1986), 265–293.
Richardson, R. C., Biological Reductionism and Genic Selectionism, in: J. H. Fetzer (Hg.), Sociobiology and Epistemology, 133–160.
– Biology and Ideology: The Interpretation of Science and Politics, in: Philosophy of Science 51 (1984), 396–420.
– Review of Dawkins: The Extended Phenotype, ebd., 357–359.
Ricken, F., Anthropozentrismus oder Biozentrismus? Begründungsprobleme der ökologischen Ethik, in: Theologie und Philosophie 62 (1987), 1–21.
Ridgley, M./Dawkins, R., The Natural Selection of Altruism, in: J. P. Rushton/R. M. Sorrentino (Hg.), Altruism and Helping Behavior, Hillsdale, N. J. (Erlbaum) 1981, 19–39.
Riedel, M., Sein und Sollen – Bemerkungen zur Ethik, in: Universitas 33 (1978), 37–42.
Riedl, R., Biologie der Erkenntnis. Die stammesgeschichtlichen Grundlagen der Vernunft, Berlin (Parey) ^{2}1980.
– Die Spaltung des Weltbildes. Biologische Grundlagen des Erklärens und Verstehens, Berlin (Parey) 1984.
– Die Strategie der Genesis. Naturgeschichte der realen Welt, München (Piper) 1984.
Riedl, R./Kreuzer, F. (Hg.), Evolution und Menschenbild, Hamburg (Hoffmann und Campe) 1983.
Riedl, R./Wuketits, F. M. (Hg.), Die Evolutionäre Erkenntnistheorie. Bedingungen – Lösungen – Kontroversen, Berlin (Parey) 1987.

Rief, J., Überlegungen zum Gegenstand der Moraltheologie, in: D. Mieth/H. Weber (Hg.), Anspruch der Wirklichkeit, 118–134.

Ringeling, H., Überlegungen zum ethischen Sinn der Evolution, in: G. W. Hunold/W. Korff (Hg.), Die Welt für morgen. Ethische Herausforderungen im Anspruch der Zukunft, München (Kösel) 1986, 31–40.

Ritter, J., „Naturrecht" bei Aristoteles, in: ders., Metaphysik und Politik, Frankfurt a.M. (Suhrkamp) 1969, 133–179.

Rock, M., Theologie der Natur und ihre anthropologisch-ethischen Konsequenzen, in: Birnbacher, D. (Hg.), Ökologie und Ethik, Stuttgart (Reclam) 1980, 72–102.

Roithinger, L., Ethik und Anthropologie. Zur Analyse und Fundierung der Moral durch die Human- und Sozialwissenschaften, Wien (H. Böhlaun Nachf.) 1985.

Rombach, H. (Hg.), Die Frage nach dem Menschen (Festschrift M. Müller), Freiburg i.Br. (Alber) 1966.

– Der Einzelne und das Ganze. Sozialphilosophische Überlegungen zur Frage nach einer menschenwürdigen Gesellschaft, in: A. Paus (Hg.), Menschenwürdige Gesellschaft, 23–71.

Rose, S., „It's only Human Nature": The Sociobiologist's Fairyland, in: A. Montagu (Hg.), Sociobiology Examined, 158–170.

– Pre-Copernican Sociobiology?, in: New Scientist 80 (1978), H. 10, 45–46.

Rose, S., u.a., Not in Our Genes. Biology, Ideology, and Human Nature, New York (Pantheon) 1984.

Rosenberg, A., Adaptionalist Imperatives and Panglossian Paradigms, in: J. H. Fetzer (Hg.), Sociobiology and Epistemology, 161–179.

– Sociobiology and the Preemption of Social Science, Baltimore/Maryland (The John Hopkins Univ. Press) 1980.

Roth, G. (Hg.), Kritik der Verhaltensforschung, München (Beck) 1974.

Rothstein, S. I., Reciprocal Altruism and Kin Selection Are Not Clearly Separable Phenomena, in: Journal of Theoretical Biology 87 (1980), 255–261.

Rotter, H., Freiheit ohne Normen?, Innsbruck (Tyrolia) 1977.

– Genügt ein heilsgeschichtlich-personaler Ansatz zur Lösung ethischer Probleme?, in: G. Virt (Hg.), Moral begründen – Moral verkünden, Innsbruck (Tyrolia) 1985, 31–45.

– Grundgebot Liebe. Mitmenschliche Begegnung als Grundansatz der Moral, Innsbruck (Tyrolia) 1983.

– Kann das Naturrecht die Moraltheologie entbehren?, in: Zeitschrift für Katholische Theologie 96 (1974), 76–96.

– Spannungsfeld Ehe und Familie, Innsbruck (Tyrolia) 1980.

– Zur Grundlegung einer christlichen Sexualethik, in: Stimmen der Zeit 93 (1975), 115–126.

– Zwölf Thesen zur heilsgeschichtlichen Begründung der Moral, in: ders. (Hg.), Heilsgeschichte und ethische Normen, Freiburg i.Br. (Herder) 1984 (= QD 99), 99–127.

Rottschaefer, W. A./Martinsen, D. L., Singer, Sociobiology, and Values: Pure Reason versus Empirical Reason, in: Zygon 19 (1984), 159–170.

Ruiz de la Peña, J. L., Gehirn, Geist, Maschine, in: Internationale Katholische Zeitschrift 16 (1987), 193–204.

Ruse, M., Evolutionary Epistemology: Can Sociobiology Help?, in: J. H. Fetzer (Hg.), Sociobiology and Epistemology, 249–265.

– Evolutionary Ethics: A Phoenix Arisen, in: Zygon 21 (1986), 95–112.

– Is Human Sociobiology a New Paradigm?, in: The Philosophical Forum 13 (1981/82), 119–143.

– Is Sociobiology a New Paradigm?, in: Philosophy of Science 54 (1987), 98–104.

– Sociobiology: A Philosophical Analysis, in: A. L. Caplan (Hg.), The Sociobiology Debate, 355–375.

– Sociobiology: Sense or Nonsense?, Dordrecht (Reidel) ²1985.
– The Morality of the Gene, in: The Monist 67 (1984), 167–199.
Ruse, M./Wilson, E. O., Moral Philosophy as Applied Science, in: Philosophy 61 (1986), 173–192.
Ryffel, H., Das Problem des Naturrechts heute, in: W. Maihofer (Hg.), Naturrecht oder Rechtspositivismus?, 494–526.
Sachsse, H., Das Naturrecht in der Sicht der Naturwissenschaft, in: Natur und Natürlichkeit (Dokumente der Paulus-Gesellschaft, Bd. 10), München 1968, 39–60.
– Der Begriff der Evolution in der Sicht der Naturwissenschaft und der Philosophie, in: W. Böhme (Hg.), Das Ende der Evolution (Herrenalber Texte 52), Karlsruhe 1983, 42–59.
– Der Mensch als Partner der Natur. Überlegungen zu einer nachcartesianischen Naturphilosophie und ökologischen Ethik, in: G.-K. Kaltenbrunner (Hg.), Überleben und Ethik. Die Notwendigkeit, bescheiden zu werden, Freiburg i. Br. (Herder) 1976, 27–54.
– Über den zwiefachen Zugang zum Verständnis des Lebendigen, in: M. Lohmann (Hg.), Wohin führt die Biologie?, 213–240.
– Wie entsteht der Geist? Überlegungen zur Funktion des Bewußtseins, in: W. Böhme (Hg.), Wie entsteht der Geist? (Herrenalber Texte 23), Karlsruhe 1980, 91–105.
Sade, D. S., Can „Fitness" Be Measured in Primate Populations?, in: H. Markl (Hg.), Evolution of Social Behavior, 97–114.
– The Evolution of Sociality, in: Science 190 (1975), 261–263.
Sahlins, M., The Use and Abuse of Biology. An Anthropological Critique of Sociobiology, Ann Arbor (The Univ. of Michigan Press) 1976.
Saint-Exupéry, A. de, Die Stadt in der Wüste (= ders., Gesammelte Schriften, Bd. 2), München (dtv) 1978.
Sauter, G., Mensch sein – Mensch bleiben. Anthropologie als theologische Aufgabe, in: H. Fischer (Hg.), Anthropologie als Thema der Theologie, 71–118.
Savodnik, I., Art. Biology, Philosophy of, in: W. T. Reich (Hg.), Encyclopedia of Bioethics, Bd. 1, New York (The Free Press) 1978, 127–132.
Schaefer, H., Der Mensch und das Ende seiner Menschlichkeit, in: K. H. Bauer u. a., Was ist das – der Mensch?, 155–169.
– Kann die Wissenschaft eine neue Ethik entwickeln?, in: Internationale Dialogzeitschrift 3 (1970), 300–316.
Schaefer, H./Novak, P., Anthropologie und Biophysik, in: H.-G . Gadamer/P. Vogler (Hg.), Neue Anthropologie, Bd. 1, 22–58.
Schaeffler, R., Die Wechselbeziehungen zwischen Philosophie und katholischer Theologie, Darmstadt (Wiss. Buchgesellschaft) 1980.
– Glaubensreflexion und Wissenschaftslehre, Freiburg i. Br. (Herder) 1980 (= QD 82).
– Wissenschaftstheorie und Theologie, in: CGMG, Bd. 20, 5–83.
Schäfer, L., Die Naturwissenschaften und die menschlichen Werte, in: Universitas 36 (1981), 193–201.
Scheffczyk, L. (Hg.), Der Mensch als Bild Gottes, Darmstadt (Wiss. Buchgesellschaft) 1969.
– Christwerden als Vollendung der Menschwerdung?, in: N. A. Luyten (Hg.), Aspekte der Personalisation. Auf dem Weg zum Personsein, Freiburg i. Br. (Alber) 1979, 218–241.
– Die Frage nach der Gottebenbildlichkeit in der modernen Theologie. Eine Einführung, in: ders. (Hg.), Der Mensch als Bild Gottes, IX-LIV.
– Die Theologie und das Ethos der Wissenschaften, in: Münchener Theologische Zeitschrift 25 (1974), 336–358.
– Einführung in die Schöpfungslehre, Darmstadt (Wiss. Buchgesellschaft) ³1987.
– Evolution und Schöpfung, in: R. Spaemann u. a. (Hg.), Evolutionismus und Christentum, 57–73.

– Ursprung und Sinn der Welt (Antwort des Glaubens, Nr. 22; Hg.: Informationszentrum Berufe der Kirche), Freiburg i.Br. 1981.
Schelauske, H. D., Naturrechtsdiskussion in Deutschland. Ein Überblick über zwei Jahrzehnte: 1945–1965, Köln (Bachem) 1967.
Scheler, M., Gesammelte Werke, Bern (Francke) 1954 (Bd. 5), 1976 (Bd. 9).
Schiffers, N., Interdisziplinäre Zusammenarbeit – eine ökumenische Forderung, in: M. Seckler u.a. (Hg.), Begegnung, 147–161.
– Voranzeigen für ein interdisziplinäres Gespräch zwischen Naturwissenschaftlern und Theologen, in: J. B. Metz/T. Rendtorff (Hg.), Die Theologie in der interdisziplinären Forschung, 89–92.
Schindewolf, O. H., Phylogenie und Anthropologie aus paläontologischer Sicht, in: H.-G. Gadamer/P. Vogler (Hg.), Neue Anthropologie, Bd. 1, 230–292.
Schlink, E., Die biblische Lehre vom Ebenbilde Gottes, in: L. Scheffczyk (Hg.), Der Mensch als Bild Gottes, 88–113.
Schmidbauer, W. (Hg.), Evolutionstheorie und Verhaltensforschung, Hamburg (Hoffmann und Campe) 1974.
– Biologie und Ideologie. Kritik der Humanethologie, Hamburg (Hoffmann und Campe) 1973.
Schmitz-Moormann, K., Evolution und Schöpfung. Eine Konferenz über Naturwissenschaften und Religion, in: Herder-Korrespondenz 40 (1986), 247–249.
– Menschenwürde – Anspruch und Wirklichkeit, Zürich (interfrom) 1979.
Schnackenburg, R., Die sittliche Botschaft des Neuen Testaments, Bd. 1, Von Jesus zur Urkirche, Freiburg i.Br. (Herder) 1986.
Schneewind, J. B., Sociobiology, Social Policy, and Nirvana, in: M. S. Gregory u.a. (Hg.), Sociobiology and Human Nature, 225–239.
Schneider, R., Der Wert des Wissens und die Verantwortung des Wissenschaftlers: Untersuchungen am Beispiel der modernen Biologie, Meisenheim (Hain) 1976.
Schoffeniels, E., Anti-Zufall. Die Gesetzmäßigkeit der Evolution biologischer Systeme, Stuttgart (Hirzel) 1984.
Schönborn, Ch., L'homme créé par Dieu: le fondement de la dignité de l'homme, in: Gregorianum 65 (1984), 337–363.
– Schöpfungskatechese und Evolutionstheorie. Vom Burgfrieden zum konstruktiven Konflikt, in: R. Spaemann u.a. (Hg.), Evolutionismus und Christentum, 91–116.
Schrey, H.-H., Einführung in die Ethik, Darmstadt (Wiss. Buchgesellschaft) ²1977.
Schubert, G., Soziobiologie und politisches Verhalten, in: H. Flohr/W. Tönnesmann (Hg.), Politik und Biologie. Beiträge zur Life-Sciences-Orientierung der Sozialwissenschaften, Berlin (Parey) 1983, 111–126.
– The Sociobiology of Political Behavior, in: E. White (Hg.), Sociobiology and Human Politics, 193–238.
Schüller, B., Die Bedeutung der Erfahrung für die Rechtfertigung sittlicher Verhaltensregeln, in: K. Demmer/B. Schüller (Hg.), Christlich glauben und handeln, Düsseldorf (Patmos) 1977, 261–286.
– Die Begründung sittlicher Urteile. Typen ethischer Argumentation in der Moraltheologie, Düsseldorf (Patmos) ²1980.
– Gewissen und Schuld, in: J. Fuchs (Hg.), Das Gewissen. Vorgegebene Norm verantwortlichen Handelns oder Produkt gesellschaftlicher Zwänge?, Düsseldorf (Patmos) 1979, 34–55.
– Wieweit kann die Moraltheologie das Naturrecht entbehren?, in: Lebendiges Zeugnis 1965, 41–65.
Schulz, W., Bedingungen des Lebens – philosophische Ethik in der heutigen veränderten Situation, in: Universitas 34 (1979), 371–380.

– Philosophie in der veränderten Welt, Pfullingen (Neske) 1972.
– Philosophische Probleme der Ethik und des menschlichen Verhaltens, in: Universitas 36 (1981), 1251–1257.
Schurz, J., Denkkonsequenzen der Naturwissenschaft für das Weltbild, in: Universitas 30 (1975), 1195–1204.
Schwan, A., Humanismen und Christentum, in: CGMG, Bd. 19, 5–63.
Schwidetzky, I., Das Menschenbild der Biologie. Ergebnisse und Probleme der naturwissenschaftlichen Anthropologie, Stuttgart (Fischer) 1971.
Searle, J. R., Sociobiology and the Explanation of Behavior, in: M. S. Gregory u. a. (Hg.), Sociobiology and Human Nature, 164–182.
Seckler, M., u. a. (Hg.), Begegnung. Beiträge zu einer Hermeneutik des theologischen Gesprächs, Graz (Styria) 1972.
Segerstrale, U., Colleagues in Conflict: An ‚In Vivo' Analysis of the Sociobiology Controversy, in: Biology and Philosophy 1 (1986), 53–87.
Seitelberger, F., Die Evolution zur Erkenntnis. Leistungspotenzen und Leistungsprodukte des menschlichen Gehirns, in: P. Weingartner/J. Czermak (Hg.), Erkenntnis- und Wissenschaftstheorie. Akten des 7. Internationalen Wittgenstein-Symposiums, Wien (Hölder-Pichler-Tempsky) 1983, 174–184.
– Gehirn und Geist, in: Arzt und Christ 25 (1979), 61–77.
– Neue Aspekte und Erkenntnisse der Gehirnforschung, in: Universitas 35 (1980), 683–688.
– Neurobiologische Grundlagen der menschlichen Freiheit, in: W. Böhme (Hg.), Mensch und Kosmos (Herrenalber Texte 33), Karlsruhe 1981, 26–47.
Shepner, J./Reisman, J., Pornography: A Sociobiological Attempt at Understanding, in: Ethology and Sociobiology 6 (1985), 103–114.
Sherman, P. W., Why *Are* People? A Comparative Review of *The Selfish Gene* (R. Dawkins) and *The Use and Abuse of Biology* (M. Sahlins), in: Human Biology 50 (1978), 87–95.
Siewing, R. (Hg.), Evolution. Bedingungen – Resultate – Konsequenzen, Stuttgart (Fischer) ^{2}1982.
– Biologische Evolution, ebd., 95–118.
Silesius, Angelus, Cherubinischer Wandersmann, Leipzig (Dietrich) o. J.
Silverberg, J., Sociobiology, the New Synthesis? An Anthropologist's Perspective, in: G. W. Barlow/J. Silverberg (Hg.), Sociobiology, 25–74.
Simon, J., Zum wissenschaftsphilosophischen Ort der Theologie, in: Zeitschrift für Theologie und Kirche 77 (1980), 435–452.
Simon, M. A., Biology, Sociobiology, and the Understanding of Human Social Behavior, in: A. Montagu (Hg.), Sociobiology Examined, 291–310.
Simon, R./Zegura, St., Sociobiology and Morality, in: Social Research 46 (1979), 776–786.
Simpson, G. G., An Adversary View of Sociobiology, in: Science 195 (1977), 773–774.
– Biology and the Nature of Science, in: Science 139 (1963), 81–88.
– The Biological Nature of Man, in: Science 152 (1966), 472–478.
Singer, P., Life, the Universe and Ethics. Review of E. O. Wilson, *Biophilia*, in: Biology and Philosophy 1 (1986), 367–371.
– The Expanding Circle. Ethics and Sociobiology, New York (Farrar, Straus, Giroux) 1981.
Sitte, P., Das Weltbild der Naturwissenschaften als Aufgabe der Forschung, in: Universitas 37 (1982), 375–384.
Sitter, B., Kritizistische Kritik am Naturrecht – ein Ritt gegen Windmühlen?, in: Freiburger Zeitschrift für Philosophie und Theologie 28 (1981), 26–69.
– Plädoyer für das Naturrechtsdenken. Zur Anerkennung von Eigenrechten der Natur, Basel (Helbing & Lichtenhahn) 1984.

Smith, P. K., Review of Wilson: Sociobiology, in: British Journal of Psychology 67 (1976), 598–599.
Sober, E., Methodological Behaviorism, Evolution, and Game Theory, in: J. H. Fetzer (Hg.), Sociobiology and Epistemology, 181–200.
Sober, E./Lewontin, R. C., Artifact, Cause and Genic Selection, in: Philosophy of Science 49 (1982), 157–180.
Sociobiology Study Group of Science for the People, Sociobiology – Another Biological Determinism, in: A. L. Caplan (Hg.), The Sociobiology Debate, 280–290.
Söhngen, G., Die biblische Lehre von der Gottebenbildlichkeit des Menschen, in: L. Scheffczyk (Hg.), Der Mensch als Bild Gottes, 364–404.
Solomon, R. C., u. a., Sociobiology, Morality, and Culture. Group Report, in: G. S. Stent (Hg.), Morality as a Biological Phenomenon, 283–308.
Spaemann, R., Das „sum" im „Cogito sum", in: Zeitschrift für philosophische Forschung 41 (1987), 373–382.
– Die Aktualität des Naturrechts, in: F. Böckle/E.-W. Böckenförde (Hg.), Naturrecht in der Kritik, Mainz (Grünewald) 1973, 262–276.
– Die christliche Religion und das Ende des modernen Bewußtseins, in: Internationale Katholische Zeitschrift 8 (1979), 251–270.
– Die Frage nach der Bedeutung des Wortes „Gott", in: Internationale Katholische Zeitschrift 1 (1972), 54–72.
– Einführung, in: ders. u. a. (Hg.), Evolutionismus und Christentum, 1–5.
– Einsprüche. Christliche Reden, Einsiedeln (Johannes) 1977.
– Ende der Modernität?, in: P. Koslowski u. a. (Hg.), Moderne oder Postmoderne? Zur Signatur des gegenwärtigen Zeitalters, Weinheim (Chemie) 1986, 19–40.
– Funktionale Religionsbegründung und Religion, in: P. Koslowski u. a. (Hg.), Die religiöse Dimension der Gesellschaft, Tübingen (Mohr) 1985, 9–25.
– Kein Recht auf Leben? Zur Auseinandersetzung um den Schutz des ungeborenen Kindes, in: P. Hoffacker u. a. (Hg.), Auf Leben und Tod. Abtreibung in der Diskussion, Bergisch Gladbach (Lübbe) 1985, 71–97.
– Kommentar zu „Materialismus, Idealismus und Evolutionäre Erkenntnistheorie", in: R. Riedl/F. M. Wuketits (Hg.), Die Evolutionäre Erkenntnistheorie, 178–183.
– Kritik der politischen Utopie, Stuttgart (Klett) 1977.
– Moralische Grundbegriffe, München (Beck) [2]1983.
– Art. Natur, in: H. Krings u. a. (Hg.), Handbuch philosophischer Grundbegriffe, München (Kösel) 1973, 956–968.
– Naturteleologie und Handlung, in: Zeitschrift für philosophische Forschung 32 (1978), 481–493.
– Philosophie als institutionalisierte Naivität, in: Philosophisches Jahrbuch 81 (1974), 139–142.
– Sein und Gewordensein. Was erklärt die Evolutionstheorie?, in: ders. u. a. (Hg.), Evolutionstheorie, 73–91.
– Über den Begriff der Menschenwürde, in: Scheidewege 15 (1985/86), 20–36.
– Über den Begriff einer Natur des Menschen, in: K. Michalski (Hg.), Der Mensch in den modernen Wissenschaften, Castelgandolfo-Gespräche 1983, Stuttgart (Klett-Cotta) 1985, 100–116.
– Über nichtrationale Voraussetzungen des Vernunftgebrauchs, in: M. Zöller (Hg.), Aufklärung heute. Bedingungen unserer Freiheit, Zürich (interfrom) 1980, 116–127.
– Unter welchen Umständen kann man noch von Fortschritt sprechen?, in: R. Löw u. a. (Hg.), Fortschritt ohne Maß? Eine Ortsbestimmung der wissenschaftlich-technischen Zivilisation, München (Piper) 1981, 96–112.
– Was ist das Neue? Vom Ende des modernen Bewußtseins, in: Die politische Meinung 27 (1982), 11–27.

Spaemann, R./Löw, R., Die Frage Wozu? Geschichte und Wiederentdeckung des teleologischen Denkens, München (Piper) 1981.
Spaemann, R., u.a. (Hg.), Evolutionismus und Christentum, Weinheim (Chemie) 1986.
– (Hg.), Evolutionstheorie und menschliches Selbstverständnis, Weinheim (Chemie) 1984.
Specht, R., Grenzen naturrechtlichen Denkens. Zur Naturrechtsargumentation in „Humanae vitae", in: H. Göppert/W. Wickler (Hg.), Sexualität und Geburtenkontrolle, Freiburg i.Br. (Herder) 1970, 139–167.
Spencer, H., The Data of Ethics: The Biological View, in: A. L. Caplan (Hg.), The Sociobiology Debate, 23–26.
Sperry, R., Changed Concepts of Brain and Consciousness: Some Value Implications, in: Zygon 20 (1985), 41–57.
– Naturwissenschaften und Wertentscheidung, München (Piper) 1985.
Spinoza, B. de, Die Ethik, lat. und dt., Stuttgart (Reclam) 1977.
Stamm, J. K., Die Imago-Lehre von Karl Barth und die alttestamentliche Wissenschaft, in: L. Scheffczyk (Hg.), Der Mensch als Bild Gottes, 49–68.
Staub, E., Entwicklung prosozialen Verhaltens. Zur Psychologie der Mitmenschlichkeit, München (Urban & Schwarzenberg) 1982.
Staudinger, H., Forschung – ein Spiel?, in: E. Ströker (Hg.), Ethik der Wissenschaften?, 27–42.
– Verantwortung und Fortschritt in der Wissenschaft, in: Merkur 34 (1980), 1–16.
Stebbins, G. L., In Defense of Evolution: Tautology or Theory?, in: American Naturalist 111 (1977), 386–390.
Stegmüller, W., Einige Beiträge zum Problem der Teleologie und der Analyse von Systemen mit zielgerichteter Organisation, in: ders., Aufsätze zur Wissenschaftstheorie, Darmstadt (Wiss. Buchgesellschaft) 1980, 21–56.
– Evolutionäre Erkenntnistheorie, Realismus und Wissenschaftstheorie, in: R. Spaemann u.a. (Hg.), Evolutionstheorie, 5–34.
– Hauptströmungen der Gegenwartsphilosophie, Stuttgart (Kröner), Bd. 3, ^{7}1986.
– Metaphysik, Skepsis, Wissenschaft, Berlin (Springer) ^{2}1969.
– Probleme und Resultate der Wissenschaftstheorie, Bd. 1, Erklärung, Begründung, Kausalität, Berlin (Springer) ^{2}1983.
Steinvorth, U., Freiheitstheorien in der Philosophie der Neuzeit, Darmstadt (Wiss. Buchgesellschaft) 1987.
Stent, G. S. (Hg.), Morality as a Biological Phenomenon (Dahlem Konferenzen, Life Sciences Research Report 9), Berlin (Abakon) 1978.
– Altruismus ohne Ethik?, in: Spektrum der Wissenschaft (Erst-Edition) 1978, 6–8.
– Ethische Dilemmas der Humanbiologie, in: Mannheimer Forum 82/83, 1983, 9–59.
– Introduction: The Limits of the Naturalistic Approach to Morality, in: ders. (Hg.), Morality as a Biological Phenomenon, 13–21.
– Limits to the Scientific Understanding of Man, in: Science 187 (1975), 1052–1057.
– Modern Biology and its Challenge to Philosophy, in: 16th Congress of Philosophy, Düsseldorf 1978, 195–202.
– Molecular Biology and Metaphysics, in: Nature 248 (1974), 779–781.
– Paradoxes of Progress, San Francisco (Freemann) 1978.
– You Can Take the Ethics Out of Altruism But You Can't Take the Altruism Out of Ethics, in: The Hastings Center Report 7 (1977), H. 6, 33–36.
Stöckler, M., Ethik aus dem Labor? Zum Einfluß der Naturwissenschaften auf die Ethik, in: E. Morscher/R. Stranzinger (Hg.), Ethik, 315–317.
Strauss, L., Naturrecht und Geschichte, Stuttgart (Koehler) 1956.

Strohm, Th., Umweltethik in der Industriegesellschaft als theologische Aufgabe, in: J. Moltmann (Hg.), Versöhnung mit der Natur?, München (Kaiser) 1986, 94–140.
Ströker, E. (Hg.), Ethik der Wissenschaften? Philosophische Fragen, München (Fink) 1984.
– Einführung in die Wissenschaftstheorie, Darmstadt (Wiss. Buchgesellschaft) 1977.
Sturm, H., Gedanken zum Menschenbild der Biologie, in: G. K. Pöppel (Hg.), Das Bild des Menschen in der Wissenschaft, 151–169.
Styczeń, T., Autonome Ethik und Ethik mit einem christlichen „Proprium" als methodologisches Problem, in: D. Mieth/F. Compagnoni (Hg.), Ethik im Kontext des Glaubens, 75–100.
– Ethik und Anthropologie in methodologischer Sicht, in: Theologie und Glaube 62 (1972), 219–233.
– Zur Frage einer unabhängigen Ethik, in: K. Wojtyla u. a., Der Streit um den Menschen. Personaler Anspruch des Sittlichen, Kevelaer (Butzon & Bercker) 1979, 111–175.
Süsterhenn, A., Das Naturrecht, in: W. Maihofer (Hg.), Naturrecht oder Rechtspositivismus?, 11–26.
Tenbruck, F. H., Die unbewältigten Sozialwissenschaften oder die Abschaffung des Menschen, Graz (Styria) 1983.
Tennant, N., Philosophy and Biology: Mutual Enrichment or One-Sided Encroachment?, in: La Nuova Critica (N. F.) 1 (1987), 39–53.
Terrenato, L., Evoluzione biologica ed evolutione culturale, ebd., 27–36.
Teutsch, G. M., Soziologie und Ethik der Lebewesen. Eine Materialsammlung, Bern (Lang) 1975.
Theißen, G., Biblischer Glaube in evolutionärer Sicht, München (Kaiser) 1984.
Thielicke, H., Mensch sein – Mensch werden. Entwurf einer christlichen Anthropologie, München (Piper) 1976.
Thomae, H., Das Problem der Personwerdung. Entwicklungs- und persönlichkeitspsychologische Aspekte, in: N. A. Luyten (Hg.), Aspekte der Personalisation. Auf dem Weg zum Personsein, Freiburg i. Br. (Alber) 1979, 141–160.
Thomas von Aquin, De veritate, Quaestio I, lat. – dt., Hamburg (Meiner) 1986.
Thompson, P., Is Sociobiology a Pseudoscience?, in: P. D. Asquith/R. N. Giere (Hg.), Philosophy of Science Association 1980, East Lansing, Mich. 1980, Bd. 1, 363–370.
Thönnissen, L., Kopernikanische Wenden. Eine wissenschaftsgeschichtliche Studie aus dem naturwissenschaftlich-philosophischen Grenzbereich, in: Philosophia Naturalis 22 (1985), 294–327.
Thorpe, W. H., Der Mensch in der Evolution. Naturwissenschaft und Religion, München (Nymphenburger Verlagshandlung) 1969.
– Reductionism in Biology, in: F. J. Ayala/Th. Dobzhansky (Hg.), Studies in the Philosophy of Biology, 109–138.
Thürkauf, M., Darwinismus – die Dogmatisierung von Spekulationen, in: A. Locker (Hg.), Evolution – kritisch gesehen, Salzburg (Pustet) 1983, 139–156.
Tiger, L./Fox, R., The Human Biogram, in: A. L. Caplan (Hg.), The Sociobiology Debate, 57–63.
Tiryakian, E. A., Biosocial Man, *Sic et Non*, in: American Journal of Sociology 82 (1977), 701–706.
Titze, H., Ist Evolution ein Zufall?, in: Philosophia Naturalis 20 (1983), 249–255.
Tobach, E., The Methodology of Sociobiology from the Viewpoint of a Comparative Psychologist, in: A. L. Caplan (Hg.), The Sociobiology Debate, 411–423.
Topitsch, E., Das Problem des Naturrechts, in: W. Maihofer (Hg.), Naturrecht oder Rechtspositivismus?, 159–177.
– Das Verhältnis zwischen Sozial- und Naturwissenschaften. Eine methodologisch-ideologiekritische Untersuchung, in: Dialectica 16 (1962), 211–231.
Toulmin, St., How Can We Reconnect the Sciences with the Foundations of Ethics?, in: D. Callahan/H. T. Engelhardt (Hg.), The Roots of Ethics, 403–423.

– The Return to Cosmology. Postmodern Science and the Theology of Nature, Berkeley (Univ. of California Press) 1985.
– Teleology in Contemporary Science and Philosophy, in: Neue Hefte für Philosophie 20 (1981), 140–152.
Track, J., Die Stellung des Menschen im Evolutionsprozeß – Theologische Aspekte, in: R. Siewing (Hg.), Evolution, 397–412.
– Erfahrung und Interpretation. Überlegungen zum Verhältnis von Anthropologie und Ethik aus sprachkritischer Sicht, in: H. Fischer (Hg.), Anthropologie als Thema der Theologie, 131–144.
Trentin, G., La cosidetta morale di K. Lorenz, in: Rivista di Teologia Morale 6 (1974), 137–150.
Trigg, R., Evolutionary Ethics, in: Biology and Philosophy 1 (1986), 325–335.
– The Shaping of Man. Philosophical Aspects of Sociobiology, New York (Schocken Books) 1983.
Trivers, R. L., Geleitwort, in: R. Dawkins, Das egoistische Gen, V-VII.
– Parental Investment and Sexual Selection, in: T. H. Clutten-Brock/P. H. Harvey (Hg.), Readings in Sociobiology, San Francisco (Freeman) 1978, 52–97.
– Sociobiology and Politics, in: E. White (Hg.), Sociobiology and Human Politics, 1–43.
– The Evolution of Reciprocal Altruism, in: A. L. Caplan (Hg.), The Sociobiology Debate, 213–226.
Trivers, R. L./Hare, H., Haplodiploidy and the Evolution of the Social Insects, in: Science 191 (1976), 249–263.
Unsöld, A., Evolution kosmischer, biologischer und geistiger Strukturen, Stuttgart (Wiss. Verlagsgesellschaft) ²1983.
Valori, P., Filosofia morale e scienze umane, in: AA. VV., Ricerca morale e scienze umane, 41–65.
– Significato e metodologia della ricerca morale oggi. Scienze umane, filosofia, teologia, in: Gregorianum 58 (1977), 55–86.
van den Berghe, P. L., Bridging the Paradigms: Biology and the Social Sciences, in: M. S. Gregory u. a. (Hg.), Sociobiology and Human Nature, 33–52.
– Les Animaux Dénaturés, in: Contemporary Sociology 8 (1979), 348–350.
– Review of Wilson: Sociobiology, in: Contemporary Sociology 5 (1976), 731–733.
van den Daele, W., Mensch nach Maß? Ethische Probleme der Genmanipulation und Gentherapie, München (Beck) 1985.
van Melsen, A. G. M., Evolution und Philosophie, Köln (Bachem) 1966.
– Glaube und Weltbild, in: H. van der Linde/H. Fiolet (Hg.), Neue Perspektiven nach dem Ende des konventionellen Christentums, Wien (Herder) 1968, 221–240.
Verantwortung und Ethik. Symposium der Max-Planck-Gesellschaft, Schloß Ringberg/Tegernsee, Mai 1984, München 1984.
Verdross, A., Was ist Recht? Die Krise des Rechtspositivismus und das Naturrecht, in: W. Maihofer (Hg.), Naturrecht oder Rechtspositivismus?, 309–321.
Villar, E., Die Antrittsrede der amerikanischen Päpstin, Frankfurt a. M. (Ullstein) 1984.
Vogel, C., Die biologische Evolution menschlicher Kulturfähigkeit, in: H. Markl (Hg.), Natur und Geschichte, 101–127.
– Ethische Überlegungen zur Anthropologie und Ethologie, in: Verantwortung und Ethik in der Wissenschaft, 115–136.
– Evolution und Moral, in: H. Maier-Leibnitz (Hg.), Zeugen des Wissens, Mainz (v. Hase & Koehler) 1986, 467–507.
– Zum biologischen Selbstverständnis des Menschen, in: Naturwissenschaftliche Rundschau 30 (1977), 241–250.
Vogel, C./Voland, E., Evolution und Kultur (Funkkolleg Psychobiologie, Studienbegleitbrief 2, Studieneinheit 5, Dt. Institut für Fernstudien an der Universität Tübingen), Weinheim (Beltz) 1986, 42–76.

Vogel, K., Macht die biologische Evolution Sprünge?, Wiesbaden (Steiner) 1983.
Vogler, P., Disziplinärer Methodenkontext und Menschenbild, in: H.-G. Gadamer/P. Vogler (Hg.), Neue Anthropologie, Bd. 1, 3–21.
Volkenstein, M., About the Freedom of Will, in: Journal of Social and Biological Structures 3 (1980), 67–72.
Vollmer, G., Evolutionäre Erkenntnistheorie. Angeborene Erkenntnisstrukturen im Kontext von Biologie, Linguistik, Philosophie und Wissenschaftstheorie, Stuttgart (Hirzel) [3]1983.
– Evolutionäre Erkenntnistheorie und Leib-Seele-Problem, in: W. Böhme (Hg.), Wie entsteht der Geist? (Herrenalber Texte 23), Karlsruhe 1980, 11–40.
– Mesokosmos und objektive Erkenntnis – Über Probleme, die von der evolutionären Erkenntnistheorie gelöst werden, in: K. Lorenz/F. M. Wuketits (Hg.), Die Evolution des Denkens, 29–91.
– Was können wir wissen?, Bd. 1 (Die Natur der Erkenntnis), Bd. 2 (Die Erkenntnis der Natur), Stuttgart (Hirzel) 1985.
Voorzanger, B., No Norms And No Nature – The Moral Relevance of Evolutionary Biology, in: Biology and Philosophy 2 (1987), 253–270.
Vossenkuhl, W., Anthropologische Grundlagen der Philosophie der Sozialwissenschaften, in: Zeitschrift für philosophische Forschung 36 (1982), 513–529.
– Die Unableitbarkeit der Moral aus der Evolution, in: P. Koslowski, u. a. (Hg.), Die Verführung durch das Machbare, 141–154.
– Freiheit zu handeln. Analytische und transzendentale Argumente für eine kausale Handlungstheorie, in: H. M. Baumgartner (Hg.), Prinzip Freiheit, Freiburg i. Br. (Alber) 1979, 97–138.
Waddington, C. H., Mindless Societies, in: A. L. Caplan (Hg.), The Sociobiology Debate, 252–258.
Wade, M. J., A Critical Review of the Models of Group Selection, in: Quarterly Review of Biology 53 (1978), 101–114.
– Review of Caplan (Hg.): The Sociobiology Debate, in: Perspectives in Biology and Medicine 23 (1979/80), 658–660.
Wade, N., Sociobiology: Troubled Birth for a New Discipline, in: Science 191 (1976), 1151–1155.
Wagenschein, M., Rettet die Phänomene!, in: J. Dahl/H. Schickert (Hg.), Die Erde weint. Frühe Warnungen vor der Verwüstung, München (dtv) 1987, 265–282.
Wagner, F., Die Manipulation des Menschen durch Genwissenschaft. Geschichte, Methoden, Ziele und Folgen, in: ders. (Hg.), Menschenzüchtung. Das Problem der genetischen Manipulation des Menschen, Beck (München) 1969, 13–49.
– Verantwortung und Wissenschaft, in: Scheidewege 2 (1972), 249–261.
Walter, R., Christlicher Glaube in moderner Gesellschaft. Zum Dialog zwischen Theologie und Humanwissenschaften, in: Universitas 35 (1980), 1265–1270.
Wandschneider, D., Ethik zwischen Genetik und Metaphysik, in: Universitas 38 (1983), 1139–1149.
Warner, R. R., Behavioral and Life-History-Characteristics, in: G. W. Barlow/J. Silverberg (Hg.), Sociobiology, 151–188.
Washburn, S. L., Animal Behavior and Social Anthropology, in: M. S. Gregory u. a. (Hg.), Sociobiology and Human Nature, 53–74.
– Human Behavior and the Behavior of Other Animals, in: A. Montagu (Hg.), Sociobiology Examined, 254–282.
– The Evolution of Man, in: Scientific American 239 (1978), 146–154.
– Tools and Human Evolution, in: Scientific American 203 (1960), 63–75.
Wassermann, G. D., Human Behaviour and Biology, in: Dialectica 37 (1983), 169–184.
Weischedel, W., Die philosophische Hintertreppe, München (dtv) 1975.

Weizsäcker, C. F. v., Die Rückseite des Spiegels, gespiegelt, in: ders., Der Garten des Menschlichen, München (Hanser) 1977, 187–205.
– Die Einheit der Natur, München (dtv) [5]1986.
– Zum Weltbild der Physik, Stuttgart (Hirzel) 1976.
Welte, B., Determination und Freiheit, Frankfurt a. M. (Knecht) 1969.
– Im Spielfeld der Unendlichkeit. Gedanken zur Deutung menschlichen Daseins, Frankfurt a. M. (Knecht) 1967.
– Person und Welt, in: A. Schavan/B. Welte (Hg.), Person und Verantwortung. Zur Bedeutung und Begründung von Personalität, Düsseldorf (Patmos) 1980, 9–25.
Werfel, F., Die vierzig Tage des Musa Dagh, Frankfurt a. M. (Fischer) 1979.
West-Eberhard, M. J., Born: Sociobiology, in: Quarterly Review of Biology 51 (1976), 89–92.
Wezler, K., Menschliches Leben in der Sicht des Physiologen, in: H.-G. Gadamer/P. Vogler (Hg.), Neue Anthropologie, Bd. 1, 292–385.
Wheeler, H., Human Sociobiology. An Exploratory Essay, in: Journal of Social and Biological Structures 1 (1978), 307–318.
White, E. (Hg.), Sociobiology and Human Politics, Lexington (D. C. Heath) 1981.
Whitehead, A. N., Die Funktion der Vernunft, Stuttgart (Reclam) 1974.
– Wissenschaft und moderne Welt, Frankfurt a. M. (Suhrkamp) 1984.
Wicken, J. S., Review of Lumsden/Wilson: Genes, Mind and Culture, in: Zygon 18 (1983), 189–192.
Wickler, W., Die Biologie der Zehn Gebote. Warum die Natur für uns kein Vorbild ist, München (Piper) [5]1981.
– Ethologie und Ethik – Normenfindung oder Normenkritik?, in: F. Henrich (Hg.), Naturgesetz und christliche Ethik, 91–101.
– Hat die Ethik einen evolutionären Ursprung?, in: P. Koslowski u. a. (Hg.), Die Verführung durch das Machbare, 125–140.
– Naturgesetzliches im Verhalten der Tiere und des Menschen, in: F. Henrich (Hg.), Naturgesetz und christliche Ethik, 49–71.
– Vorwort, in: C. J. Lumsden/E. O. Wilson, Das Feuer des Prometheus, 7–10.
Wickler, W./Seibt, U., Das Prinzip Eigennutz, Hamburg (Hoffmann und Campe) 1977.
– männlich – weiblich. Der große Unterschied und seine Folgen, München (Piper) 1983.
– Vom Egoismus der Gene, in: Mannheimer Forum 77/78, 1978, 65–121.
Wild, W., Vom Wahrheitsgehalt der Naturgesetze, in: Zur Debatte 12 (Nov./Dez. 1982), 9–10.
– Zur anthropologischen Relevanz der modernen Physik, in: Sekretariat der Deutschen Bischofskonferenz (Hg.), Quid est homo? Zur anthropologischen Relevanz der modernen Wissenschaften, Bonn 1982, 11–17.
Willhoite, F. H., Rank and Reciprocity: Speculations on Human Emotions and Political Life, in: E. White (Hg.), Sociobiology and Human Politics, 239–281.
Williams, B. A. O., Conclusion, in: G. S. Stent (Hg.), Morality as a Biological Phenomenon, 309–320.
Williams, B. J., A Critical Review of Models in Sociobiology, in: Annual Review of Anthropology 10 (1981), 163–192.
– Kin Selection, Fitness and Cultural Evolution, in: G. W. Barlow/J. Silverberg (Hg.), Sociobiology, 573–587.
Williams, G. C., Conclusion, in: H. Markl (Hg.), Evolution of Social Behavior, 233–242.
Wilson, E. O., Academic Vigilantism and the Political Significance of Sociobiology, in: A. L. Caplan (Hg.), The Sociobiology Debate, 291–303.
– A Consideration of the Genetic Foundation of Human Social Behavior, in: G. W. Barlow/J. Silverberg (Hg.), Sociobiology, 295–306.

– Animal and Human Sociobiology, in: C. E. Goulden (Hg.), Changing Scenes in Natural Sciences 1776–1976, Lancester/Penns. (Fulton Press) 1977, 273–281.
– Biologie als Schicksal. Die soziobiologischen Grundlagen menschlichen Verhaltens, Frankfurt a.M. (Ullstein) 1980.
– Biology and Anthropology: A Mutual Transformation?, in: N. A. Chagnon/W. Irons (Hg.), Evolutionary Biology, 519–521.
– Biology and the Social Sciences, in: Daedalus 106 (1977), 127–140.
– Biophilia, Cambridge/Mass. (Harvard Univ. Press) 1984.
– Che cos'è la sociobiologia, in: L. Gallino (Hg.), Sociobiologia e natura umana, 3–16.
– Foreword, in: A. L. Caplan (Hg.), The Sociobiology Debate, XI–XIV.
– Genes and Racism, in: Nature 289 (1981), 627.
– Group Selection and its Significance for Ecology, in: BioScience 23 (1973), 631–638.
– Grundprobleme der Soziobiologie, in: R. M. May (Hg.), Theoretische Ökologie, Weinheim (Chemie) 1980, 183–194.
– Human Decency is Animal, in: New York Times Magazine (12. 10. 1975), 38–50.
– Introduction, in: Ecology, Evolution and Population Biology. Readings from Scientific American, San Francisco (Freeman) 1974, 3–9 passim.
– Slavery in Ants, in: Scientific American 232 (1975), 32–36.
– Sociobiology: A New Approach to Understanding the Basis of Human Nature, in: New Scientist 70 (1976), 342–345.
– Sociobiology. The New Synthesis, Cambridge/Mass. (Harvard Univ. Press) 1975.
– Some Central Problems of Sociobiology, in: Social Sciences Information 14 (1975), H. 6, 5–18.
– The Insect Societies, Cambridge/Mass. (Harvard Univ. Press) 1971.
– The Relation of Science to Theology, in: Zygon 15 (1980), 425–434.
– The Social Biology of Ants, in: Annual Review of Entomology 8 (1963), 345–368.
– Tra ereditarietà e cultura. Un dibatto fra Edward O. Wilson e Marvin Harris, in: L. Gallino (Hg.), Sociobiologia e natura umana, 149–161.
– Vorwort, in: D. P. Barash, Soziobiologie und Verhalten, 7–8.
Wilson, E. O./Bossert, W. H., Einführung in die Populationsbiologie, Berlin (Springer) 1973.
Wilson, P., Man, the Promising Primate. The Conditions of Human Evolution, New Haven (Yale Univ. Press) ^{2}1983.
Wind, J., Man's Selfish Genes, Social Behavior and Ethics, in: Journal of Social and Biological Structures 3 (1980), 33–41.
Wispé, L. G./Thompson, J. N., Jr., The War Between the Words. Biological Versus Social Evolution and Some Related Issues, in: American Psychologist 31 (1976), 341–347.
Wittgenstein, L., Schriften, Frankfurt a.M. (Suhrkamp), Bd. 1, 1960.
Wojtyla, K., Person: Subjekt und Gemeinschaft, in: ders. u.a., Der Streit um den Menschen. Personaler Anspruch des Sittlichen, Kevelaer (Butzon & Bercker) 1979, 11–68.
Wolf, E., Naturrecht und Gerechtigkeit. Zum Problem des Naturrechts, in: W. Maihofer (Hg.), Naturrecht oder Rechtspositivismus?, 52–72.
Wölfel, E., Welt als Schöpfung. Zu den Fundamentalsätzen der christlichen Schöpfungslehre heute, München (Kaiser) 1981.
Wolff, P. H., The Biology of Morals from a Psychological Perspective, in: G. S. Stent (Hg.), Morality as a Biological Phenomenon, 93–104.
Wuchterl, K., Kommentar zu „Evolutionäre Ursprünge der Metaphysik“, in: R. Riedl/F. M. Wuketits (Hg.), Die Evolutionäre Erkenntnistheorie, 229–232.
Wuketits, F. M., Biologie und Kausalität. Biologische Ansätze zur Kausalität, Determination und Freiheit, Berlin (Parey) 1981.

– Der panpsychistische Identismus im Sinne von Rensch als Denkmöglichkeit moderner Naturphilosophie, in: Philosophia Naturalis 17 (1978), 10–30.
– Die systemtheoretische Innovation der Evolutionslehre. Historische und erkenntnislogische Voraussetzungen einer Theorie der Systembedingungen der Evolution, in: J. A. Ott u. a. (Hg.), Evolution, Ordnung und Erkenntnis, 69–81.
– Epilog: Eine neue „realistische Philosophie"?, in: K. Lorenz/F. M. Wuketits (Hg.), Die Evolution des Denkens, 361–367.
– Erkenntnis ohne Illusion, in: Conceptus 17 (1983), 44–56.
– Evolutionäre Erkenntnistheorie – Die neue Herausforderung, in: K. Lorenz/F. M. Wuketits (Hg.), Die Evolution des Denkens, 11–28.
– Evolutionäre Ursprünge der Metaphysik, in: R. Riedl/F. M. Wuketits (Hg.), Die Evolutionäre Erkenntnistheorie, 220–229.
– Evolution, Erkenntnis, Ethik. Folgerungen aus der modernen Biologie, Darmstadt (Wiss. Buchgesellschaft) 1984.
– Evolution und Ethik, in: E. Morscher/R. Stranzinger (Hg.), Ethik, 325–327.
– Friedens- und Konfliktforschung. Verhaltensbiologische und evolutionstheoretische Aspekte, in: Zeitschrift für Wissenschaftsforschung 3 (1985), 47–54.
– Grundriß der Evolutionstheorie, Darmstadt (Wiss. Buchgesellschaft) 1982.
– Ist menschliches Sozialverhalten genetisch programmiert?, in: Die Umschau 86 (1986), 442–445.
– Kausalitätsbegriff und Evolutionstheorie, Berlin (Duncker & Humblot) 1980.
– Schlüssel zur Biologie, Düsseldorf (Econ) 1986.
– Wissenschaftstheoretische Probleme der modernen Biologie, Berlin (Duncker & Humblot) 1978.
– Zum Konzept der „inneren" Selektion: Stellungnahme zu einer evolutionstheoretischen Kontroverse, in: Paläontologische Zeitschrift 59 (1985), 35–41.
– Zustand und Bewußtsein. Leben als biophilosophische Synthese, Hamburg (Hoffmann und Campe) 1985.

Wulffen, B. v., Über die Schutzwürdigkeit der Erde, in: Süddeutsche Zeitung, Nr. 210 (13./14. 9. 1986), V.

Würtenberger, Th., Das Naturrecht und die Philosophie der Gegenwart, in: W. Maihofer (Hg.), Naturrecht oder Rechtspositivismus, 429–443.

Wynne-Edwards, V. C., Bull's-eye of Sociality, in: Nature 259 (1976), 253–254.
– Intergroup Selection in the Evolution of Social Systems, in: Nature 200 (1963), 623–626.

Yokoyama, S./Felsenstein, J., A Model of Kin Selection for an Altruistic Trait Considered as a Quantitative Character, in: Proceedings of the National Academy of Sciences of the USA 75 (1978), 420–422.

Zemanek, H., Naturwissenschaft, Technik und menschlicher Geist, in: H. Huber/O. Schatz (Hg.), Glaube und Wissen, 74–115.

Zentgraf, M., Kritische Überlegungen zum Versuch einer philosophischen Letztbegründung der Ethik, in: Neue Zeitschrift für systematische Theologie 27 (1985), 223–234.

Ziegler, J. G., Die Frage nach ethischen Prinzipien angesichts des technischen Fortschritts sowie der Gentechnik und Gentransplantation, in: Theologie und Glaube 75 (1985), 380–392.
– Prinzipielle und konkrete Überlegungen zum Problem der Euthanasie, in: Trierer Theologische Zeitschrift 85 (1976), 129–149.

Zimmer, D. E., Unsere erste Natur. Die biologischen Ursprünge menschlichen Verhaltens, München (Kösel) 1979.

Zimmermann, A., Das Bild vom Menschen in der heutigen Philosophie unter besonderer Berücksichtigung seiner Freiheit und Personalität, in: P. Althaus (Hg.), Der Mensch und sein sittlicher Auftrag, Freiburg i. Br. (Herder) 1983, 97–125.

Zimmermann, W., Evolution und Naturphilosophie, Berlin (Duncker & Humblot) 1968.
Zmarzlik, H.-G., Der Sozialdarwinismus in Deutschland – Ein Beispiel für den gesellschaftspolitischen Mißbrauch naturwissenschaftlicher Erkenntnisse, in: G. Altner (Hg.), Kreatur Mensch. Moderne Naturwissenschaft auf der Suche nach dem Humanum, München (dtv) 1969, 147–156.
Zwierlein, E., Das höchste Paradigma des Seienden. Anliegen und Probleme des Teleologiekonzepts Robert Spaemanns, in: Zeitschrift für philosophische Forschung 41 (1987), 117–129.
Zyciński, J., Wissenschaft oder Wahrheit?, in: Internationale Katholische Zeitschrift 16 (1987), 301–313.

Personenregister

Sachregister